機械技術者를 위한

베어링 技術

韓國鋼球工業株式會社
代表理事 李 英 信

產業圖書出版公社

서 문

우리나라는 농업국에서 공업국으로 된 지도 30여년이 되어 수많은 공산품들이 생산되고 있다. 이에 관련된 각종 기계와 설비를 제작 및 운전하는 데에는 기계요소 중의 핵심인 구름베어링이 광범위하게 사용되고 있다. 그러나, 이 분야에 대한 전문서적이 보급되지 않은 것은 물론 대학교재에도 소개정도로 다루고 있을 뿐이다. 산업현장의 생산 및 정비기술자, 연구소의 설계자들이 구름베어링의 기술에 대하여 많은 애로를 느껴 왔다.

본인은 이를 해결하기 위하여 국내 최대 베어링 제조사인 한화기계(주)에 16년간 생산, 품질관리 및 A/S 분야에 근무하면서 경험, 수집한 자료 , 외국서적 및 논문을 6년간에 걸쳐 일과 후에 체계적으로 정리하여 각 분야에 근무하는 기계 기술자들에게 구름베어링에 대한 올바른 이해로 업무수행에 도움이 되도록 기술하였다.

이 책의 주요 내용은 베어링의 역사, 종류 및 용도, 선정방법, 수명계산, 정밀도 및 측정방법, 원재료, 크리어런스의 선정, 예압의 선정, 윤활 및 밀봉장치, 끼워맞춤, 설치 및 해체, 손상 및 대책, 정력학, 동력학, 마찰과 온도상승, 진동과 음향 등 구름베어링에 관한 기술을 총망라 하였다.

특히, 금번 증보판은 볼베어링의 주요 부품인 스틸볼 제조사인 한국강구(주)에 근무중 최근 2년 간에 걸쳐 구름베어링을 실제로 사용중에 발생하게 되는 문제점과 의문점을 120여개 선정하여 해답을 제시하여 베어링의 제조사와 사용자의 A/S상 해결점을 찾는데 도움이 되도록 기술하였다.

또한. 부록에는 베어링의 진동에 따른 오실로스코프 상의 파형, 자동차에 사용되는 베어링의 위치, 볼베어링의 참고표, 볼베어링의 궤도곡률반경 측정법, 센터리스 연마기에서 가공물의 중심 계산, 연마지석의 입도와 가공면의 조도, 볼베어링의 시일홈 가공용 바이트형상, 청정도 등에 관련된 자료를 첨부하였다.

기계기술자 여러분들에게 업무수행에 있어서 조금이라도 도움이 되기를 소망하면서 혹시 미흡한 점 또는 잘못된 점을 조언하여 주시면 계속 보완해 나가겠으며 선후배들의 많은 성원을 믿는 바이다.

2001 년 11 월

저자 씀

목 차

1. 총 론

1.1. 베어링 공업의 발달

베어링의 공업생산에 대한 사회의 요구는 산업혁명시대까지 거슬러 올라가게 된다. 그 산업혁명은 다음의 4 단계로 분류된다. 제1단계는 1780년 ~ 1820년대로 방적기계와 증기기관의 발명, 신 제강법에 의한 양질과 염가의 철강 생산으로 기계공업이 탄생한 시기이다. 제2단계는 1840년 ~ 1870년대로 철도와 전신이 보급된 시기이며, 영국을 중심으로 신기술이 유럽과 미국으로 전파되는 산업혁명의 성숙기이다. 제3단계는 1890년 ~ 1920년대로 전력, 자동차, 화학공업의 시대이다. 제4단계는 1940년 이후로 석유화학, 전자, 컴퓨터, 원자력을 이용하는 시대이다.

산업혁명의 제1단계에서 베어링은 새로 발명된 기계의 회전부를 지지하는 역할을 했다. 이들 기계가 본격적으로 대량생산을 하게 된 것은 산업혁명의 제3단계로 진입하면서 부터였다. 이제까지 기계제조사에서 기계부품의 하나로서 개별적으로 만들어지던 베어링은 전문제조사가 등장하여 대량생산을 하게 되었다.

이것은 베어링이 다른 기계요소와 다른 생산과 사용상의 특성 — 국제적 호환성과 규격성 — 을 갖기 때문이다.

오늘날까지 세계에 명성을 떨치고 있는 구름베어링 제조사들의 설립시기는 대부분이 1890년 ~ 1920년 산업혁명의 제3단계였다. 동시에 이 시기는 1885년 가솔린자동차의 발명에 이어 포드시스팀(Ford System)에 의해 승용차의 대량생산이 시작된 1910년대와 일치한다. 구름베어링은 생산재 기계용 수요 보다 승용차라는 소비재 기계용 수요에 의존하면서 공업으로 성장하였다.

산업혁명의 제1단계 및 제2단계에서 동력, 생산, 수송에 혁신적인 수단을 가져온 각종 기계의 베어링은 대부분 미끄럼베어링이었다. 이들 기계의 생산량이 적었을 때에는 베어링의 설계, 제작, 조립, 조정 등의 모든 작업은 기계 제조사가 했다. 자동차의 수요가 증가와 함께 베어링의 수요도 증가하여 베어링의 설계와 제작을 전문적으로 하는 제조사가 필요하게 되었다.

당시에 이미 병기산업(兵器産業)에서 채용이 되었던 기계의 부품에 호환성을 갖는 설계방식을 구름베어링에 응용하여 정밀한 가공법과 측정법을 베어링의 생산에 도입하여 동일한 기능을 갖는 베어링의 치수와 부하용량의 규격화를 실시하였다. 그 결과로 각 기계 제조사에서 만드는 것 보다 저렴한 가격으로 높은 정밀도의 베어링을 공급할 수가 있게 되었다.

베어링의 사용자측에서 보면 구름베어링은 1) 국제적인 규격품이며, 2) 국제적으로 호환성이 있고, 3) 베어링의 설계가 간단하고, 4) 제작은 구멍과 축의 가공만으로 용이하며, 5) 조립 후에 별도 조정이 필요 없고, 6) 그리이스 윤활을 할 수가 있어 베어링의 구조와 보수가 간단하다는 장점이 미끄럼베어링에 비해 1) 외경이 크고, 2) 강성이 작고, 3) 음향과 진동이 크다는 단점을 보충하고도 남음이 있다.

베어링 제조사측에서는 1) 규격품이며, 2) 대량생산을 할 수가 있고, 3) 전용기에 의해 정밀가공을 할 수가 있고, 4) 저렴한 가격으로 생산할 수가 있다는 장점이 있다. 이러한 이유로 인하여 구름베어링의 사용분야가 대량생산되는 방향으로 확대되어 왔다.

1.2. 베어링의 원리

두 물체가 접촉하고 있을 때 물체의 표면을 확대하여 보면 작은 기복(起伏)과 요철(凹凸)이 있고, 하중을 가하여 두 면을 접촉시키도록 하면 표면 돌기의 높은 곳만 접촉한다. 이와같은 접촉을 실접촉(Real Contact)이라 하여, 겉보기접촉(Gloss Contact)과 구별한다. 그림 1.1에서 A_n는 겉보기접촉면적이고 A_r은 실접촉면적이다. 실접촉면적에서는 상대하는 고체는 응착력에 의하여 결합되어 있기 때문에 이 응착력을 전단(剪斷)하기 위하여 필요한 힘이 마찰력이라고 생각된다. 이밖에 단단한 편의 물체 일부가 상대편 물체에 파고 들어가 생기는 마찰과 탄성이력(Elastic Hysterisis) 손실에 의한 마찰이 있으나 응착부의 전단에 의한 마찰이 전체 마찰의 거의 대부분을 차지한다.

옛날부터 사람들이 여러가지 경험을 쌓은 결과로 면C를 될 수 있는 대로 미끄럽게 다듬거나 그림 1.2(b)와 같이 동식물유를 도포하면 마찰력 F_2가 적게 되는 것을 발견하였다. 즉, 미끄럼썰매의 발견이었다. 더욱이 그림 1.2(c)와 같이 물체 A와 B 사이에 미끈한 둥근 굴림대 R을 많이 넣으면 훨씬 쉽게 물체 A를 움직일 수가 있는 것도 알아냈다. 즉, 구름썰매의 발명이었다.

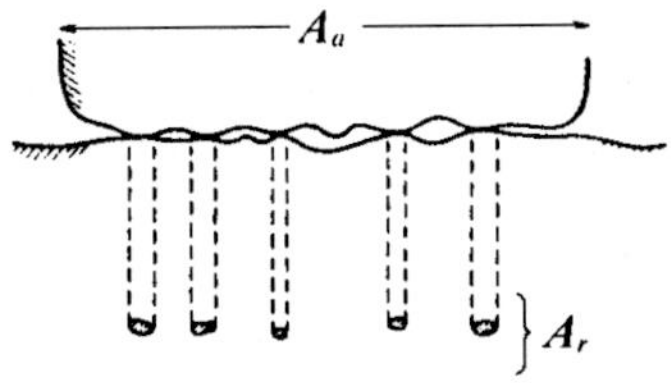

그림 1.1 실접촉(Rabinowicz가 그린그림)

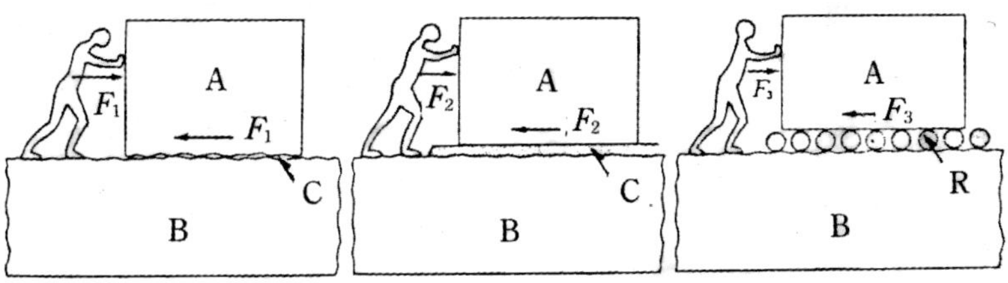

그림 2

a) 미끄럼(고체접촉)　　b) 미끄럼(윤활)　　c) 구름

그림 1.2 미끄럼운동과 구름운동

이 때, 마찰력의 크기는 다음과 같이 된다.

$$F_1 > F_2 > F_3$$

베어링은 이것과 같은 원리를 사용해서 힘과 무게 —하중— 을 지지하면서 물체를 작은 마찰력으로 회전운동과 직선운동을 시켜 동력과 변위를 전달하기 위한 안내에 사용되는 기계요소이다.

운동이 직선방향일 때는 그림 1.2(b)를 미끄럼직동안내, 그림 1.2(c)를 구름직동안내라고 부른다. 회전운동일 때는 그림 1.2(b)의 물체 B를 길게 연장하여 둥글게 된 회전축 A의 주위를 한 바퀴 감으면 그림 1.3(a), (b)와 같은 미끄럼베어링(Sliding Bearing)이 된다. 미끄럼베어링의 종류에는 그림 1.3(a)와 같이 축A와 베어링 B의 사이에 오일이 필요가 없는 윤활성 재료를 사용한 자기윤활베어링과 다공질재료에 오일을 침투시킨 함유베어링이 있으며, 그림 1.3(b)와 같이 축과 베어링 사이의 공간에 축의 회전에 의해 유막을 자동적으로 형성하는 동력학적 유체윤활(Hydrodynamic Lubrication) 베어링과 외부에서 압력유를 공급하여 회전축을 부상시키는 정력학적 유체윤활(Hydrostatic Lubrication) 베어링이 있다. 최근에는 자석의 흡인력과 반발력을 이용하여 회전축을 부상시키는 자기(Magnetic) 베어링과 오일 대신에 공기 등을 이용한 기체(Gas) 베어링이 사용되고 있다.

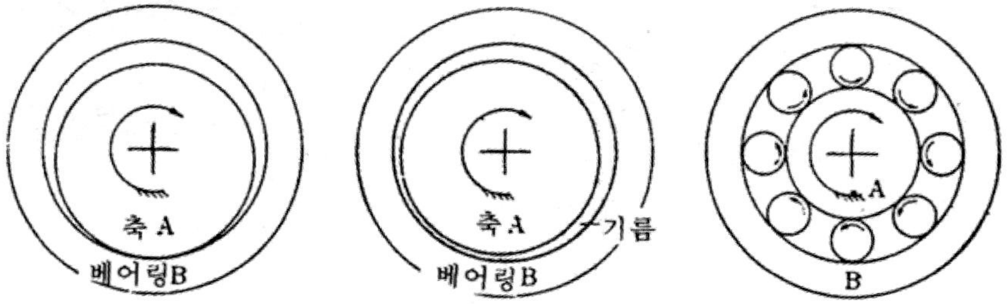

a) 미끄럼베어링 b) 미끄럼베어링 c) 구름베어링

그림 1.3 미끄럼베어링과 구름베어링

구름베어링(Rolling Bearing)은 그림 1.3 (c)의 A와 B의 사이에 볼(Ball)을 넣은 볼베어링(Ball Bearing)과 로울러(Roller)를 넣은 로울러베어링(Roller Bearing)이 있다. 구름베어링의 볼과 로울러는 미끄럼베어링에서의 오일과 같은 역할을 한다. 그렇다고 오일이 필요 없는 것은 아니다. 실제로 구름베어링은 구름운동 이외에 미끄럼운동을 하는 부분도 있으므로 오일을 사용하여야만 마찰을 적게 하고 고속에도 견딜 수 있다. 그림 1.4는 구름베어링의 변천과정을 나타낸다.

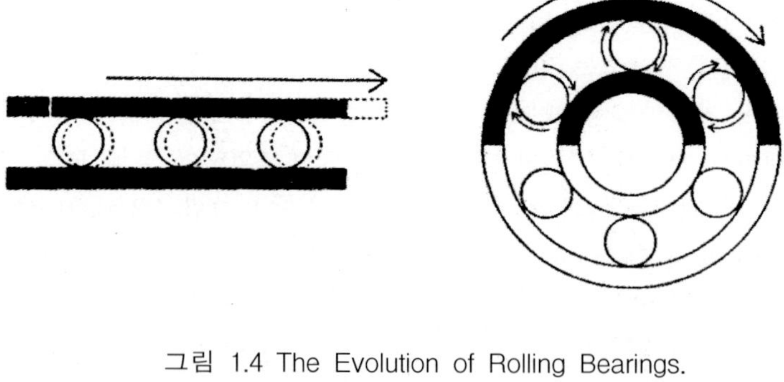

그림 1.4 The Evolution of Rolling Bearings.

1.3. 구름베어링과 미끄럼베어링

기계에 구름베어링을 사용하느냐 미끄럼베어링을 사용하느냐 하는 문제는 오래 전부터 있었으며 지금도 기계 설계자에게 갈등을 일으키게 하고 있다. 구름베어링의 성능은 고속회전, 허용하중, 수명, 크기, 강성, 마찰, 음향 중 어느 한 가지도 이상적으로 설계, 제작, 설치, 조정된 미끄럼베어링을 따르지 못한다. 그럼에도 불구하고, 구름베어링 공업이 발전을 계속하고 있는 것은 사용방법이 쉽고 경제성이 좋다는 이점 때문이다.

미끄럼베어링이 이론선도형의 진보를 하는데 비해 구름베어링은 경험선도형의 진보를 하기 때문에 구름베어링은 미끄럼베어링을 따라가는 형태이며 대체제품을 개발하고 생산성, 규격성, 호환성, 취급의 용이성, 경제성의 장점을 살려 발전해 오고 있다.

구름베어링은 원형의 궤도(軌道)를 갖고 그 사이를 구르는 볼(Ball) 또는 로울러(Roller)의 구름마찰에 의해서 작용하는 베어링이다. 이 책에서는 구름베어링(Rolling Bearing)에 대해서만 기술하는 것이기 때문에 미끄럼베어링(Sliding Bearing)과 혼동할 우려가 없는 경우에는 구름베어링을 단지 베어링(Bearing)이라고 약칭한다.

이것은 JIS에 의한 구름베어링의 정의이고 ISO의 구름베어링의 용어에서는 「원형의 궤도」라는 말은 없고 직동구름안내(Linear Rolling Bearing)를 포함하고 있다. 구름베어링이 미끄럼베어링에 대해 성능이 우수한 점은 정지마찰이 적은 것이며 하나의 베어링에서 레이디얼과 스러스트의 양쪽 하중(Load)을 받을 수가 있다는 점이다.

표 1.1에 나타낸 것과 같이 기계적 성능과 사용중 성능에 많은 불리한 점이 있음에도 불구하고 실제로 구름베어링이 미끄럼베어링에 비해서 유리하여 많이 사용하고 있는 이유는 윤활의 편리, 교환의 용이 등 사용상, 취급상의 편리라고 하는 경제성이다.

윤활의 편리는 유막 의존성이 적기 때문에 대부분의 사용 개소는 간단한 그리이스(Grease)로 완전히 할 수가 있다는 것이다. 교환의 용이란 구름베어링이 국제적으로 호환성이 있어 고장시에 쉽게 교환할 수가 있을 뿐만 아니라 미끄럼베어링이 소손(燒損)시 기계의 회전축까지 교환할 필요가 있는 것에 대하여 구름 베어링은 교환시 이런 문제점이 거의 없다.

미끄럼베어링은 오일리스베어링(Oilless Bearing)을 제외하고 대부분 사용기계의 생산공장에서 자가(自家) 제조된다.

구름베어링은 제조 정밀도가 높고 재료가 특수하기 때문에 제조에 필요한 특별한 설비를 필요로 하므로 모두 전문 제조사에서 제조된다. 이로 인하여 구름베어링의 제조업이 발달한 배경이 된다.

표1.1 구름베어링과 미끄럼베어링의 비교

특 성			구름베어링 (Rolling Bearing)	미끄럼베어링 (Sliding Bearing)
기계적 성질	하중	충격	접촉면적이 적어 부적합하다.	적합하다.
		변동	적합하다	유막이 파단될 시 손상이 발생한다.
		기동	양호하다	유막 형성이 늦을 시 손상이 발생한다.
	마찰		정지마찰계수가 $10^{-3} \sim 10^{-2}$로 작다.	정지마찰계수가 $10^{-2} \sim 10^{-1}$로 크다.
			회전중의 동 마찰계수는 어느 것이나 10^{-3} 정도로 양자가 거의 같다.	
	속도한계		전동체의 원심력과 리테이너 등의 윤활이 고속의 한계	유막의 난류전이와 과열이 고속의 한계
	베어링체적		축경에 대하여 베어링의 외경이 크다.	축경에 대하여 베어링의 외경이 작다.
	홀스브리넬		대형베어링 운송 중에 홀스브리넬이 발생하는 수가 있다.	홀스브리넬은 발생하지 않는다.
사용중의 특성	진동		전동체의 탄성지지 때문에 진동 감쇠는 작다.	유체역학적 진동 감쇠는 크다.
	음향		비교적 크다.	비교적 작다.
	윤활제		주로 윤활 그리이스	주로 윤활유
	윤활방법		주로 그리이스 윤활로 간단. 오일윤활의 경우에도 유량이 적다.	주로 오일윤활로 복잡. 유량도 많다.
	강성		전동체의 탄성 때문에 예압에 의해 강성을 높이더라도 중심축 이동량이 비교적 크다.	중심축 이동량이 비교적 적다.
	수명과 파손		재료의 피로에 의한 수명 계산식이 있고 고속일 때는 타붙음에 의한 파손도 있다.	유체역학적으로 수명이 무한하고, 파손은 타붙음 마모가 추이고, 고하중일 때는 박리도 있다.
	설치오차		비교적 민감	비교적 둔감
	먼지영향		수명, 마모 특히 음향에 민감	베어링 합금의 매입성(埋込性)
경제성	보수		주로 그리이스의 윤활로 보수가 간단 윤활유일 때도 비교적 간단하다.	주로 오일윤활 급유로 누설방지를 위한 노력이 크다.
	비용		표준형 양산품은 일반적으로 싸다.	자가제작이 쉽고 약간 비싸다.
	선택성		전문 제조사제로 규격화되어 있기 때문에 임의의 치수 베어링은 제작, 구입이 곤란.	자가제작이 쉽고, 임의의 치수 베어링 제작, 구입이 쉽다.
	교환성		베어링만 교환하면 좋은 것이 많다.	베어링 교환 시 축의 수리, 교환을 요하는 것이 많다.
특수환경	고온		베어링에 고온재료를 사용해서 고온한계는 높다. 오히려 윤활제의 내고온성이 한계로 된다.	베어링재료에 내열재료를 사용하기 어렵기 때문에 일반적으로 고온 한계는 낮다.
	저온		저온 시동의 특성이 양호하다.	윤활유의 점도 증가와 응고 때문에 저온특성이 불량하다.
	이상분위기		스텐레스강, 고온 베어링 재료에 의한 베어링	플라스틱 재료를 사용한다.

1.4. 구름마찰

하중 P를 받고 있는 볼 또는 원통이 평면상에서 힘 F를 받아 구를 때 볼 또는 원통이 정확한 형상이고 강체(剛體)라고 하면 볼과 원통은 평면과 점 또는 직선으로 접하고 힘 F는 0 으로서 마찰 없이 구를 것이다. 그러나, 물체는 강체가 아니고 탄성체(彈性體)이므로 그림 1.5의 AB 부분에는 압축응력(壓縮應力)이 증가하고 AC 부분에는 그것이 감소하므로 탄성이력(Elastic Hysterisis) 손실에 의한 마찰이 생긴다. 그림 1.6과 같이 볼 또는 원통과 평면과의 접촉부분은 변형이 생기고 작은 접촉면에서 미소한 미끄럼이 생겨서 마찰을 발생시킨다. 이와같이 구름마찰은 대부분 탄성이력의 손실과 미소한 미끄럼이 생긴다. 이밖에 접촉면 내의 응착결합과 소성변형에 의한 마찰도 있으나 그 영향은 작다고 생각된다.

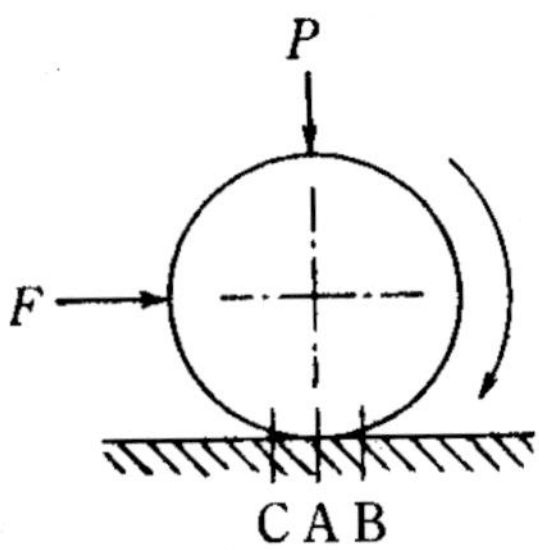

그림 1.5 탄성체 접촉의 탄성 히스테리시스 손실

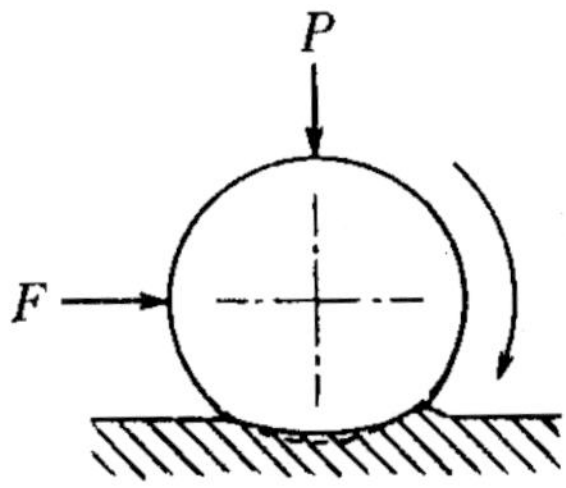

그림 1.6 탄성체 접촉의 미소한 미끄럼

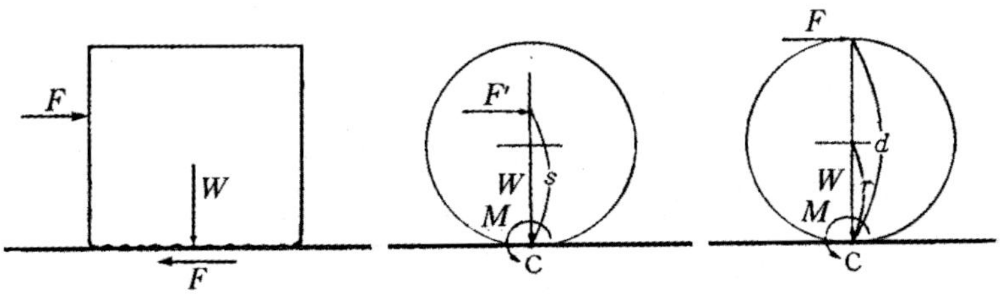

a) 미끄럼마찰 b) 구름마찰 c) 구름마찰

그림 1.7 미끄럼마찰력과 구름마찰력의 비교

무게 W인 물체를 그림 1.7(a)와 같이 평면상을 미끄럼 이동시키는 대신에 동일 무게 W인 원주(圓柱)를 그림 1.7(b)와 같이 평면상으로 굴리면 미끄러질 때보다도 적은 힘 F로 움직일 수가 있다.

프랑스의 실험 물리학자인 쿠롱(C.A.Coulomb: 1736년 ~ 1806년)과 영국의 수력학자인 레이놀즈(O. Reynolds: 1842년 ~ 1912년)는 그림1.7(c)와 같이 원주를 굴리기 위해서 원주의 표면에 연하여 가한 힘 F는 원주의 반경 r에 반비례하고 무게 W에 정비례하는 것을 실험적으로 보였다.

원주의 직경 d, 비례정수를 λ라고 하면 다음 식으로 주어진다.

$$F=\lambda\frac{W}{2r} \quad 1.1$$

이 식을 고쳐 쓰면

$$\begin{aligned} M &= F\times 2r \\ &= Fd \\ &= \lambda W \end{aligned} \quad 1.2$$

이 되어 이 식을 미끄럼마찰 관계식 $F=\mu\cdot W$와 비교하면 구름마찰의 경우는 수직력 W에 비례하는 것은 힘 F만이 아니고 원주와 평면의 접촉점인 점 C주위의 회전모먼트 $F\times 2r$ 즉, 마찰모먼트 M_R인 것을 알 수가 있다.

힘을 가한 위치가 그림 1.7(b)와 같이 평면에서 S인 거리일 때는 필요한 힘을 F 라고 하면

$$F\cdot S=M_R=\lambda W \quad 1.3$$

즉,

$$F'=\lambda\frac{W}{S} \quad 1.4$$

로 되기 때문에 F의 크기는 힘을 가한 위치 S에 의하여 다른 것을 알 수 있다. 이와 같이 구름마찰계수는 미끄럼마찰계수와 의미가 다르기 때문에 이 둘을 직접 비교할 수가 없다. 그러나, 실용적으로 보아 구름마찰과 미끄럼마찰이 어느 정도 다른가를 비교하기 위해서 구름마찰계수 μ_R을 다음과 같이 나타낼 수가 있다. 이것은 원주상에 물건이 놓여 있는 경우 즉, 그림 1.7(c)의 상태를 가정하고 있다.

$$\mu_R=\frac{F}{W} \quad 1.5$$

이 μ_R과 λ와의 관계는 식 1.2와 식 1.5에서 다음과 같이 된다.

$$\lambda = \mu_R d \tag{1.6}$$

식 1.4와 식 1.6에서 구름 마찰력은

$$F' = \mu_R \frac{d}{S} W \tag{1.7}$$

레이놀즈(O.Reynolds)와 소노다(曾田) 등의 실험에 의해서 구름마찰계수는 $\mu_R < 10^{-3}$이 되는 것으로 알려지고 있다. 특히, 정밀하게 가공된 금속 평면상에 볼 베어링용의 볼을 굴리면 μ_R은 10^{-5}정도로 되는 것도 있다. 착력점이 원주 표면에 연하여 있는 경우에는 구름마찰력은 똑같은 무게의 물건을 미끄러지게 하는 마찰력의 1/100 ~ 1/10,000로 되는 수도 있다.

구름마찰모멘트에는 여기서 기술하는 것과는 별도로 구름속도에 비례해서 크게 되는 인자(因子)도 있기 때문에 빠른 구름의 경우에는 더욱 큰 값으로 된다는 것을 생각하여 둘 필요가 있다.

마찰계수 μ_R은 표 1.2와 같이 실험에 의해 구해진다. 이 μ_R의 값은 베어링의 내경 d 에 관계없이 거의 같은 값이고 이들의 마찰모멘트 M_R은 하중을 P 라고 하면

$$M_R = \mu_R \cdot P \cdot d/2 \tag{1.8}$$

에 의해서 미끄럼베어링에 준해서 표현된다. 이 마찰모멘트의 값은 신품의 베어링의 경우와 고점도의 윤활유를 사용했을 때에는 다소 크게 된다.

시일형 베어링에서는 시일(Seal)과 궤도륜(軌道輪)의 사이에 마찰이 상당히 큰 값으로 된다.

표 1.2 베어링의 마찰계수 μ_R

베어링의 종류	실험자		제조사
	PALMGREN	STYRI	NACHI
자동조심볼베어링	0.0010	0.0008	0.0008~0.0012
원통로울러베어링	0.0010	0.0007	0.0010~0.0015
스러스트볼베어링	0.0013	0.0014	0.0010~0.0015
깊은홈볼베어링	0.0015	0.0017	0.0010~0.0015
테이퍼로울러베어링	0.0018	0.0018	0.0017~0.0025
니들로울러베어링	0.0045	-	-
앵귤러볼베어링 (15°, 스러스트 하중)	-	0.0032	0.0012~0.0018
구면로울러베어링	0.0018	-	0.0020~0.0025

1.5. 구름베어링의 구조와 종류

1.5.1. 구조와 부품

1) 구조의 개요

베어링은 원칙적으로 2개의 궤도륜(Race)과 여러 개의 전동체(Rolling Element) 와 리테이너(Retainer) 등의 부품으로 되어 있다. 궤도륜은 전동체가 구르는 길인 궤도(Raceway)를 갖는 베어링 부품이다. 레이디얼 베어링(Radial Bearing)에서는 내측에 있어 축에 설치되는 궤도륜을 내륜(Inner Ring)이라 하고, 외측에 있어 하우징(Housing)에 설치되는 궤도륜을 외륜(Outer Ring)이라고 한다. 스러스트 베어링(Thrust Bearing)에서는 축에 설치되는 궤도륜을 내륜(Shaft Washer)이라 하고, 하우징 내에 위치하는 궤도륜을 외륜(Housing Washer)이라 한다. 전동체는 2개의 궤도륜의 사이를 구르는 볼(Ball) 또는 로울러(Roller)이다. 리테이너는 전동체와 같이 회전하는 부품으로 전동체를 적당한 간격으로 유지하고 안내하는 역할을 한다.

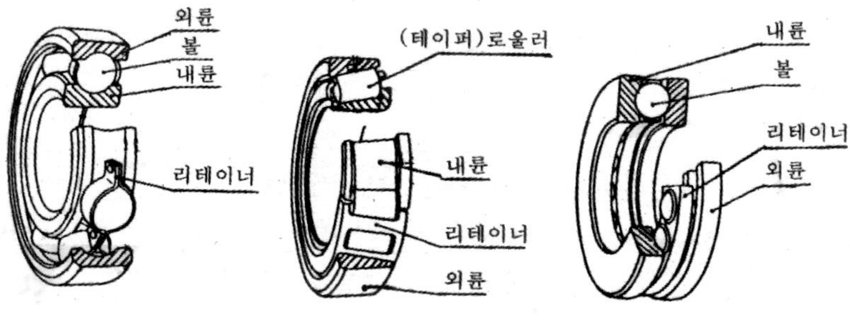

a) 깊은홈볼베어링 b) 테이퍼로울러베어링 c) 스러스트 볼베어링

그림 1.8 베어링의 구조

이상의 궤도륜(외륜, 내륜), 전동체, 리테이너의 3종류의 베어링 부품은 베어링의 종류, 형식, 사용목적에 따라 형상을 달리한다. 그림 1.8은 베어링 구조의 기본을 나타내고 있다.

접촉각(Contact Angle)이란 베어링에 하중을 가할 때 전동체와 궤도륜과의 접촉부위에 작용하는 전동체 하중의 방향과 베어링 중심축에 수직한 평면과의 이루는 각이다. 베어링에 가해지는 하중이 작게 되어 전동체 하중이 무한소로 될 때의 설계상 명목적인 접촉각을 호칭접촉각(Nominal Angle of Contact)라 한다.

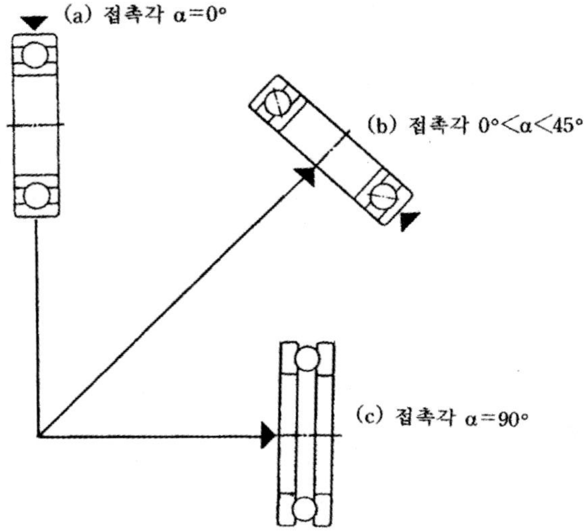

그림 1.9 베어링의 호칭접촉각

그림 1.9에서 (a)의 베어링 호칭접촉각은 0°이고, (b)의 베어링 호칭접촉각은 0°를 초과하고 45°이하이고, (c)의 베어링 호칭접촉각은 90° 이다.

따라서, 접촉각이 0° 이면 레이디얼베어링으로, 0°~45°이면 앵귤러볼베어링, 테이퍼로울러베어링으로, 45°~90°이면 스러스트베어링으로 분류하고 있다.

2) 부품

베어링을 구성하고 있는 부품의 공통적인 형상과 요구조건을 아래와 같이 기술한다.

a) 궤도륜(軌道輪)

궤도륜은 내륜과 외륜이 있고 링(Ring)의 형상으로 내륜 내경면과 외륜 외경면은 원통면이고 측면은 평면이다. 궤도의 표면을 궤도면(Raceway Surface)이라 하나 그의 단면의 형상은 형식에 따라 다르다.

b) 전동체(轉動體)

전동체에는 볼과 로울러가 있고, 보통 볼은 강으로 만들어져 있어서 강구(鋼球)라고도 한다. 전동체가 궤도륜의 궤도와 구르면서 접촉하는 전동면(轉動面)의 형상에 따라 볼(Steel Ball), 원통로울러(Cylindrical Roller), 침상로울러(Nee dle Roller), 원추로울러(Tapered Roller), 구면로울러(Spherical Roller)가 있으며 그림 1.10에 나타내고 있다.

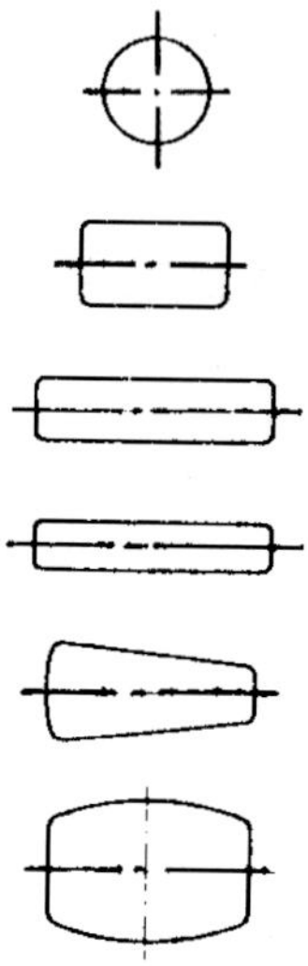

볼(Ball)

원통로울러(Cylindrical Roller)

봉상로울러(Bar Roller)

침상로울러(Needle Roller)

원추로울러(Tapered Roller)

구면로울러(Spherical Roller)

그림 1.10 전동체의 종류

원통로울러는 보통 길이가 직경 보다 길지 않은 것이며 가늘고 긴 원통로울러를 침상로울러 라고 하며 직경 5mm 이하로 길이가 직경의 3 ~ 10배 정도이다. 이에 대하여 직경이 5mm를 초과하고 길이가 직경의 3 ~ 10배이면 봉상(奉狀)로울러라고 부르는 수도 있다.

전동체의 호칭치수, 직경의 치수허용차, 진원도, 진구도 등의 형상공차는 규격에 규정되어 있다. 전동체 직경의 상호차는 전동체 모집단 내에 직경 평균치의 최대치와 최소치의 차로서 크기와 등급에 따라 다르나 보통 1 ~ 3μm 이며 절대로 혼합하여 사용해서는 안된다.

c) 리테이너(Retainer)

리테이너는 일명 케이지(Cage) 라고도 하며 전동체를 부분적으로 감싸서 원주 방향으로 일정한 간격을 유지시키는 역할을 한다. 서로 인접하고 있는 전동체 사이에 하나씩 두어 전동체의 간격을 일정하게 유지시키는 부품을 세퍼레이터(Separator)라고 한다.

리테이너에는 타발(프레스) 리테이너, 기계가공 리테이너, 성형 리테이너, 핀형 리테이너 등이 있다. 거의 대부분의 베어링은 프레스(Press) 리테이너이나 기계가공 리테이너도 사용한다. 리테이너는 일체형(One-Piece Type)과 이체형

(Two- Piece Type)이 있고, 이체형은 전동체를 넣은 후에 리벳(Rivet)으로 체결한다. 리테이너가 있는 베어링은 리테이너가 없는 총(總) 베어링(Full Complement Bearing) 보다 마찰이 작고 고속회전에 적합하다. 그 이유는 그림 1.11에서 내륜이 화살표 방향으로 회전하면 볼의 회전은 화살표와 같이 되어 리테이너가 없는 경우는 A와 같이 접하여 그 접촉점의 미끄럼속도는 볼 속도의 2배가 된다. 리테이너가 있는 경우는 B와 같이 리테이너와의 미끄럼속도는 볼 속도와 같게 되고 리테이너 없는 베어링의 절반이 되기 때문이다.

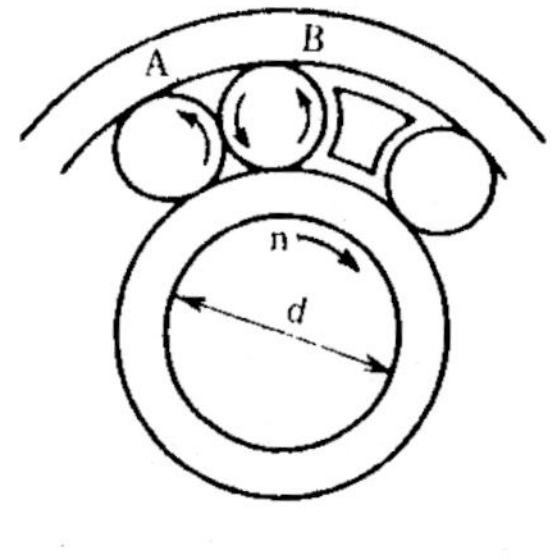

그림 1.11 리테이너의 유무 비교

프레스 리테이너는 저탄소강판을 소성가공하며 대량생산에 적합하고, 기계가공 리테이너는 단조품이나 봉재를 절삭가공 하고, 성형 리테이너는 합성수지를 사출, 다이캐스팅, 소결 등으로 성형하며, 핀형(Pin Type) 리테이너는 중공로울러(Hollow Roller)의 중심구멍을 통하여 핀이 로울러의 양끝에 있는 원형판에 고정하는 것으로 만들어진다

1.5.2. 종류

구름베어링 용어(JIS B0104)에 규정되어 있는 것과 같이 베어링의 종류는 형식, 보조형식, 주요 치수계열에 의하여 분류된다. 주요 분류법에 의한 베어링 종류에 대하여 기술한다.

1) 형식에 의한 분류

베어링의 형식이란 베어링의 작용에 영향을 주는 구조의 종류를 말한다.

베어링은 주로 레이디얼하중(Radial Load)을 받도록 된 호칭접촉각 45° 이하의 레이디얼베어링(Radial Bearing)과 주로 스러스트하중(Thrust Load)을 받도록 된 호칭접촉각 45° 를 초과한 스러스트베어링(Thrust Bearing)이 있다.

전동체의 형상 즉, 볼(Ball) 또는 로울러(Roller)에 의해서 볼베어링과 로울러베어링으로 분류되어, 레이디얼 볼베어링(Radial Ball Bearing), 레이디얼 로울러 베어링(Radial Roller Bearing), 스러스트 볼베어링(Thrust Ball Bearing), 스러스트 로울러베어링(Thrust Roller Bearing)으로 분류된다.

내외륜의 궤도와 전동체와의 접촉방식에 의해서 레이디얼 콘택트(Radial Contact), 액시얼 콘택트(Axial Contact), 앵규러 콘택트(Angular Contact), 자동조심 (Self Aligning)의 분류가 전술한 분류와 조합된다.

레이디얼 콘택트는 호칭접촉각이 0°, 액시얼 콘택트는 호칭접촉각이 90°, 앵귤러 콘택트는 호칭접촉각이 0° 를 초과하고 90° 미만이다. 자동조심은 궤도면이 구면(球面)의 일부분으로 되어 있어 내륜과 외륜의 궤도와 양 중심축이 설치오차에 의한 어떤 각도를 이룰 수가 있고, 각운동을 할 수 있는 성질을 갖고 있기 때문에 궤도륜과 전동체는 특별한 접촉을 하는 방식이다. 스러스트 베어링은 한 방향의 스러스트하중을 받는 단식 스러스트 베어링(Single Direction Thrust Bearing)과 양방향의 스러스트하중을 받는 복식 스러스트베어링(Double Direction Thrust Bearing)이 있다. 진동체의 열수가 1열, 2열, 3열 이상에 의해서 단열베어링(Single Row Bearing), 복열베어링(Double Row Bearing), 다열베어링(Multi Row Bearing)이 있다. 베어링을 분리할 때 전동체가 있는 궤도륜과 전동체가 없는 궤도륜으로 분리할 수 있는 베어링을 분리형 베어링(Separable Bearing), 분리할 수 없는 베어링을 비분리형 베어링(Non-Separable Bearing)이라고 한다.

자동조심베어링은 외경면 또는 내경면이 구상인 조심자리 레이디얼베어링과 외륜의 배면의 일부가 구상인 조심자리 스러스트베어링이 있다. 각각 조심륜(Aligning Ring)과 조심와셔(Aligning Seat Washer) 또는 하우징(Housing)의 구상자리와 조합하여 조심작용을 한다.

볼베어링과 로울러베어링의 일반적인 특성을 비교하면 표 1.3과 같이 되며, 양자의 선택 기준은 한마디로 말하면 대하중에 대해서는 로울러베어링을, 고속회전에 대해서는 볼베어링이라고 할 수가 있다.

표 1.3 볼 베어링과 로울러 베어링의 일반적 특성

항 목	볼베어링	로울러베어링
하 중	비교적 소하중	대하중
회전수	고속회전	비교적 저속회전
마 찰	적 다	비교적 크 다
내충격성	약 하 다	비교적 강하다

이들을 형식별로 자세히 기술하면 표 1.4와 같이 된다.

표 1.4 구름베어링 형식의 분류

						Bearing Bore (㎜)
Rolling Bearings	Radial Bearings	Ball Bearings	Deep Groove Ball Bearings			3~400
			Maximum Type Ball Bearings			25~100
			Magneto Bearings			4~20
			Angular Contact Ball Bearings	Single Row		10~200
				Double Row		17~75
			Self-aligning Ball Bearings			5~110
		Roller Bearings	Cylindrical Roller Bearings	Single Row		20~500
				Double Row		25~360
			Tapered Roller Bearings	Single Row	Metric Series	15~400
					Inch Series	12 ~206.375
				Double Row	Metric Series	80~260
			Spherical Roller Bearings			25~1400
	Thrust Bearings	Ball Bearings	Thrust Ball Bearings	Single Direction		10~360
				Double Direction		15~220
		Roller Bearings	Cylindrical Roller Thrust Bearing			40~200
			Spherical Roller Thrust Bearing			120~500

Rolling Element ○ □

2) 보조형식에 의한 분류

보조형식이란 베어링 형식 이외에 보조적인 설계사양에 의한 구조의 종류를 말한다. 보조기호에는 리테이너기호, 시일 또는 쉬일드기호, 궤도륜 형상기호, 조합기호 등이 있고 보조형식에 의한 주요한 베어링의 종류를 다음과 같이 기술한다.

a) 총볼베어링과 총로울러베어링

일반 베어링에는 리테이너가 있으나 리테이너가 없고 볼 또는 로울러를 가능한 많이 넣은 베어링을 총(總)볼베어링 또는 총(總)로울러베어링(Full Complement Ball or Roller Bearing)이라고 한다.

b) 시일, 쉬일드 베어링

주로 깊은홈볼베어링에 시일(Seal) 또는 쉬일드(Shield)를 붙인 베어링을 시일 베어링(Sealed Bearing) 또는 쉬일드 베어링(Shielded Bearing), 시일 또는 쉬일드가 없는 베어링을 개방베어링(Open Bearing)이라고 한다. 한편, 시일베어링과 쉬일드베어링을 총칭해서 밀봉베어링(Enclosed Bearing)이라고 하며 제조사가 미리 그리이스를 주입하기 때문에 그리이스봉입베어링(Prelubricated Bearing)이라는 말이 많이 통용되고 있다.

c) 원통구멍베어링과 테이퍼구멍베어링

내륜 내경면이 원통형구멍인 베어링을 원통구멍베어링, 테이퍼형구멍인 베어링을 테이퍼구멍베어링이라고 한다. 테이퍼구멍베어링은 어댑터 또는 해체 스리이브를 설치하여 원통축에 설치하던가 또는 테이퍼축에 직접 설치된다. 내경면의 테이퍼는 보통은 1/12 이나 폭이 넓은 베어링은 1/30 이다.

d) 스냅링 붙이 베어링과 후랜지 붙이 베어링

하우징에 대하여 베어링의 축방향 위치를 결정하기 위하여 베어링의 외륜 외경면에 스냅링을 붙인 베어링을 스냅링붙이베어링(Bearing With Locating Snap Ring), 후랜지를 붙인 베어링을 후랜지붙이베어링 (Flanged Bearing)이라고 한다. 스냅링붙이베어링은 깊은홈볼베어링에, 후랜지붙이베어링은 미니츄어베어링과 테이퍼로울러베어링에 주로 많다.

e) 조합 베어링

앵규러볼베어링과 테이퍼로울러베어링은 같은 베어링을 2개 또는 그 이상을 한 조(Pair)로서 사용할 때 그 베어링을 조합베어링이라고 하고 베어링의 정면(Front Face)을 향해서 조합된 것을 정면조합(Face to Face), 배면을 향해서 조합된 것을 배면조합(Back to Back), 정면과 배면을 향해서 조합된 것을 병열조합(Tandem) 이라고 한다. 레이디얼 베어링의 내륜과 외륜의 배면은 스러스트

하중을 받는 궤도륜의 측면이고, 베어링의 배면은 외륜의 배면을 말하고, 정면은 배면의 반대측 궤도륜의 측면을 말한다.

1.5.3. 표준형과 특수형

JIS의 용어에는 없지만 표준형 베어링(Standard Bearing)과 특수형 베어링(Special Bearing)이라는 말이 통용되고 있다. 표준형 베어링이란 일반적으로 많은 종류의 기계에 범용으로 쓰이는 베어링이고 JIS 규격에 규정되어 있다. 특수형 베어링이란 어떤 종류의 기계의 특정부분에만 적용하도록 설계, 전용된 베어링이다.

1.5.4. 각 부분의 명칭

베어링 각 부분의 명칭 중에 중요한 것은 JIS B0104에서 발췌하여 그림 1.12에 나타낸다.

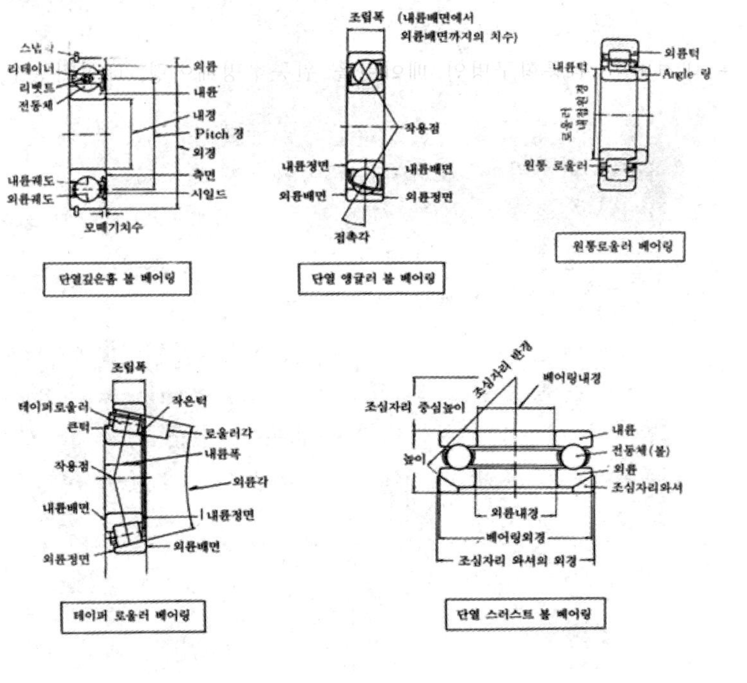

그림 1.12 베어링 각 부분의 명칭

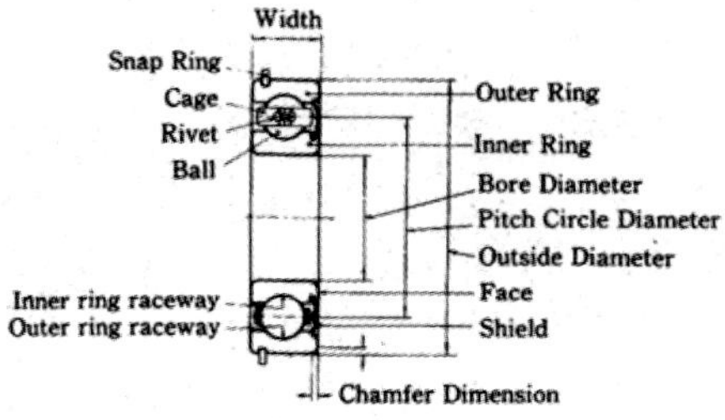

Single Row Deep Groove Ball Bearing

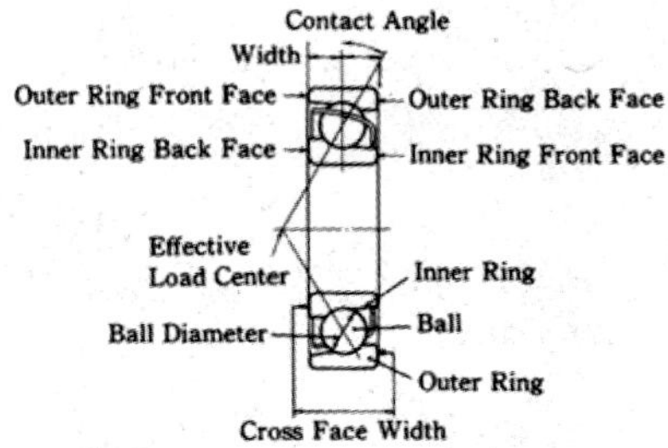

Single Row Angular Contact Ball Bearing

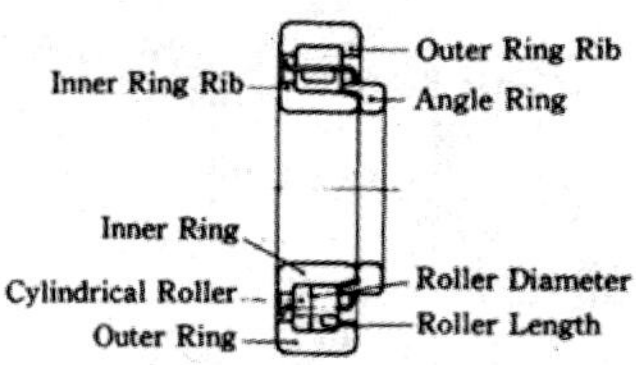

Cylindrical Roller Bearing

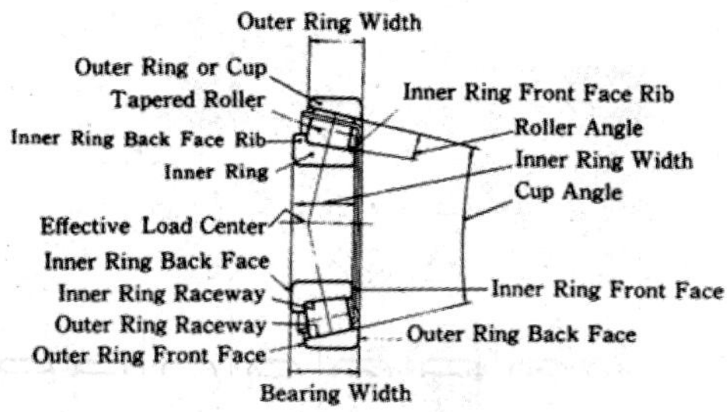

Note · Cone is Inner ring with Cage and rollers

Tapered Roller Bearing

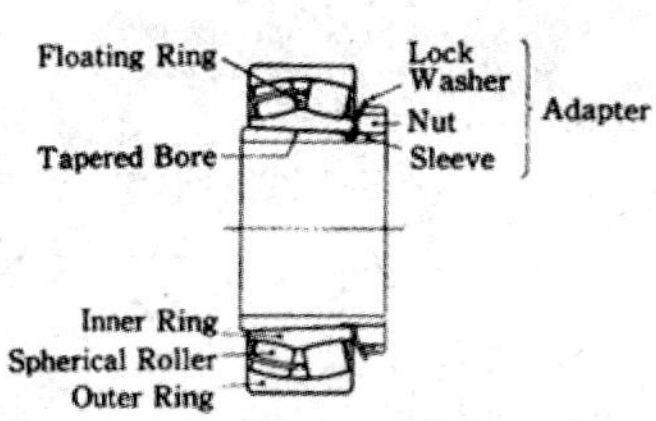

Spherical Roller Bearing

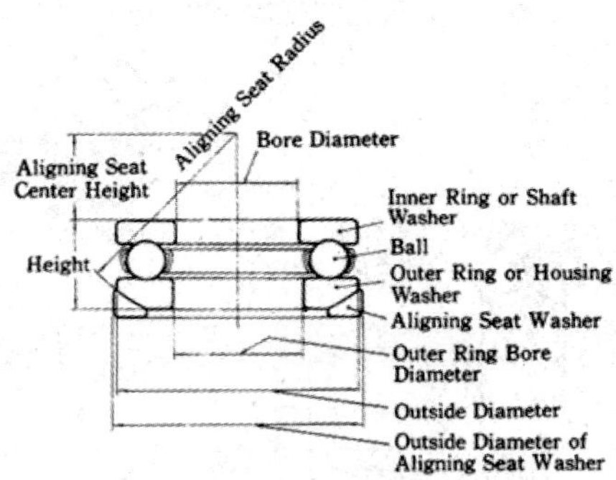

Single Direction Thrust Ball Bearing

그림 1.13 베어링 각 부분의 명칭(영문)

1.5.5. 약화방법

베어링 내부의 상세한 치수는 사용자가 알 수가 없으므로 정확한 도면을 그리는 것은 불가능하다. 대부분 그것이 반드시 필요하지도 않은 경우가 많다.

따라서, 사용자가 기계의 조립도 상에 베어링을 제도할 때는 약화방법(略畵方法) JIS BOO05(구름베어링 제도)에 규정되어 있는 대로 그림 1.14와 그림 1.15같이 그리면 된다.

	깊은홈 볼 베어링	앵귤러 볼 베어링	자동조심 볼 베어링	원통로울러 베어링					니들로울러 베어링		테이퍼 로울러 베어링	자동조심 볼 베어링	평면자리 스러스트 볼베어링		스러스트 자동조심 로울러 베어링
													단식	복식	
형식 기호	6	7	1	NJ	NU	NF	N	NN	NA	RNA	3	2	5	5	2

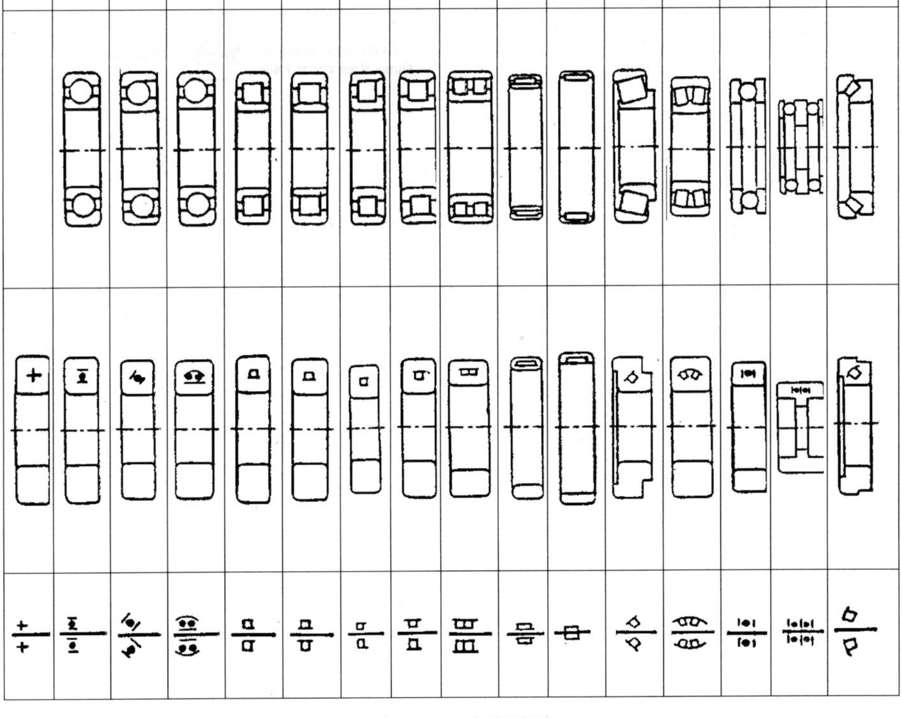

그림 1.14 약화방법

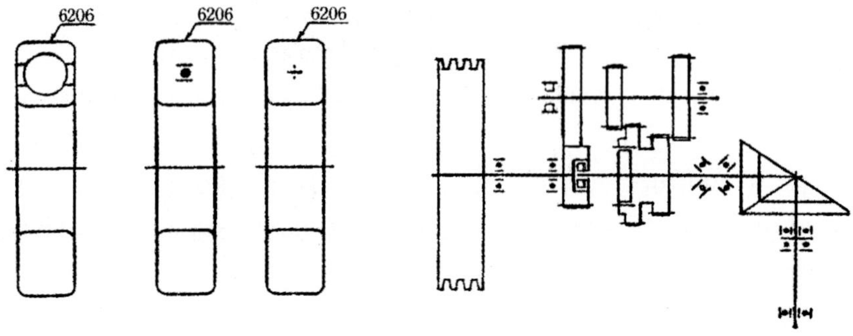

그림 1.15 약화방법의 표기

2. 구름 베어링(Rolling Bearing)의 역사

구름베어링이 오늘날의 구조로 형식을 갖추도록 된 것은 금세기의 초이지만 구름마찰의 이용면에서 역사적으로 거슬러 올라가 보면 기원전에 근원을 두고 있다. 베어링의 자체 역사는 더욱 오래고 그것은 태고(太古)부터 오랜 세월을 인류가 마찰과 싸워서 온 기록에도 있다. 마찰과 구름을 연결하여 인류가 발명한 걸작인 구름베어링(Rolling Bearing)은 BC 400년 ~ AD 1800년에 이르는 기나긴 요람시대에서 1800년 ~ 1900년의 유소년기를 지나서 현재의 청장년기를 맞이하고 있다.

각 발달사에 대하여 계속 기술한다.

2.1. 초기 베어링의 변천

1) BC 4000년

구름운동을 차(車)에 이용한 최고(最古)의 시대는 BC 4000년이라고 생각되어진다. 현재 남아 있는 최고의 차(車)는 목제 전차(戰車)용 실제 차륜으로 BC 3 300년경에 만들어진 것으로 추정되고 있으나 고고학적 고찰에 의해 더욱 수 백년 이전까지 그 문화를 거슬러 올라갈 수도 있을 것이다.

그림 2.1 바퀴달린 차와 썰매의 상형문자 (BC 3000년경)

2) BC 1900년

이 시대에는 모두 금속제 차가 사용되도록 되어 있다고 한다. 그러나 중량물의 운반용에는 당시 아직 사용되지 않았다.

그림 2.2와 같이 윤활제를 부어 넣으면서 미끄러지는 방법이 취해진 것 같다.

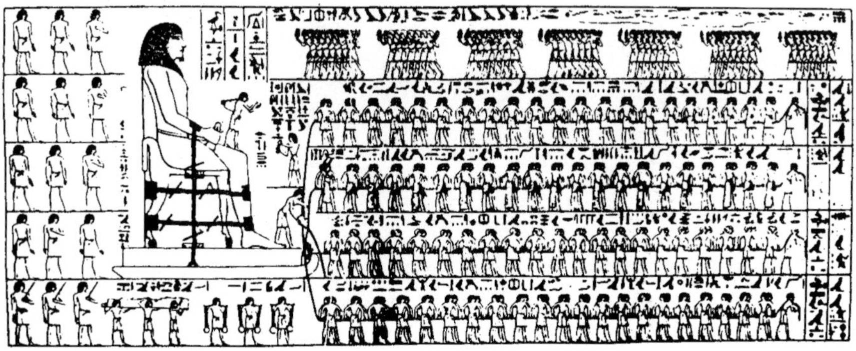

그림 2.2 윤활제를 사용하는 미끄럼운반

3) BC 1100년

앗시리아인들이 큰 돌을 운반하기 위해 로울러를 사용하여 구름운반을 했다.

그림 2.3 앗시리아인들의 구름운반 (BC 1100년경)

4) BC 700년

BC 650년경에 제작되었다고 하는 유명한 니니베(Nineveh)의 대부조(大浮彫)의 하나에는 그림 2.4와 같이 폭을 갖는 차륜(車輪)이 붙은 운반차와 다수의 로울러(Roller)를 사용한 운반방법이 보여진다.

흥미로운 것은 대부분의 로울러가 분명히 운반하려는 방향으로 그의 중심축을 향해 놓여 있다고 할 수가 있고 이것은 어쩌면 화법이 유치했기 때문이라고 생각되었지만 실제로는 로울러를 회전시킬 생각이 아니였나 또는 미끄러지게 하기 위한 것인지는 밝혀지지 않았다.

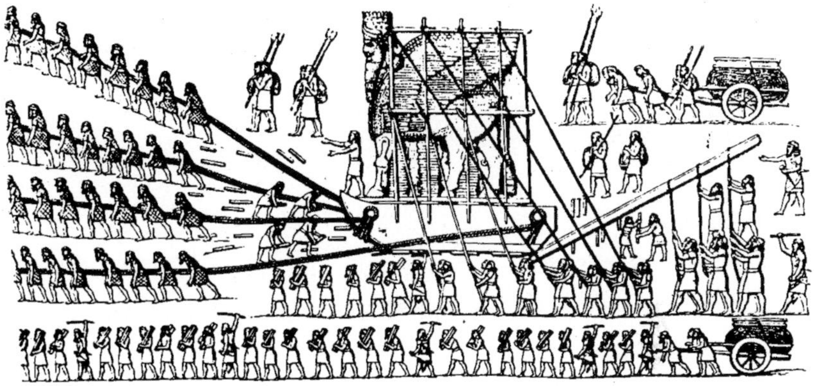

그림 2.4 중량물의 운반에 로울러와 윤활제를 사용

5) BC 500년

그리스의 역사가인 헤로도투스(Herodotus)는 그의 저서 중에서 배의 진수용 및 군용 발사기계에 로울러를 사용한 사실을 기술하고 있다.

6) BC 300년

BC 330년경 그리스의 기술자인 디아데스(Diades)는 그림 2.5와 같이 리테이너붙이 로울러로 된 직동로울러베어링(Linear Roller Bearing)의 초기의 것을 당시 공성기계(攻城機械)인 성벽 파괴공이(Battering Ram)에 이용하여 그 운동을 원활히 했다고 하는 것이 BC 20년 로마의 기술자이며 건축가인 비트루비우스(Vitruvius)에 의해 기술되고 있다. 아마도 리테이너(Retainer)로서는 최고(最古)의 것이라고 생각된다.

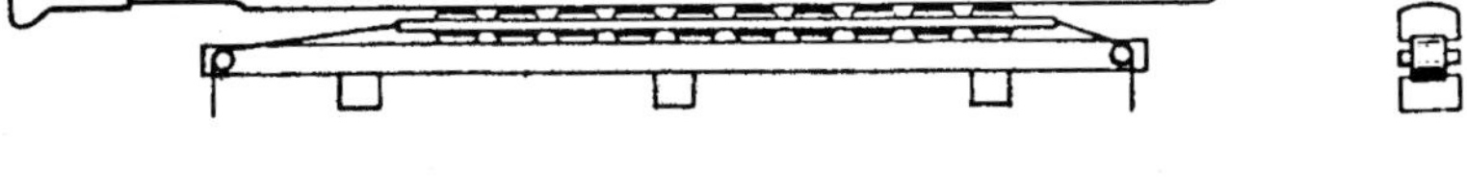

그림 2.5 성벽 파괴용 공이

7) BC 20년

비트루비우스(Vitruvius)는 알테미스 사원의 건축에 관한 기술 중에서 커다란 돌기둥의 운반에도 리테이너가 붙은 로울러가 사용되어진 것을 밝히고 있다. 단지 이 경우 로울러는 원통형의 돌로 그의 끝에는 철제의 핀(Pin)이 붙어 있어 목제 후레임(Frame)의 리테이너에 꼭 끼어 있는 구조인 것 같고 이것을 소가 끌어서 땅 위를 이동시켰다고 한다.

8) AD 50년

그림 2.6과 같은 일종의 스러스트 볼베어링(Thrust Ball Bearing)이 배 갑판상의 회전 입상대(立像臺)로서 사용되었다는 설이 있다. 그것은 1894년에 이태리 로마에서 남동쪽으로 18 마일 떨어진 곳에 있는 네미호수(Lake. Nemi)라는 작은 화산 호수의 하나에서 발견된 청동제품과 1928년에 이 호수를 간척(干拓)했을 시에 발견된 배의 유물로 부터의 추정이지만 스러스트 볼베어링이라고 할 수가 있다.

그림 2.6. 가장 오래 된 스러스트 베어링의 유물(AD 50년경)

그림 2.7은 축을 갖는 8개의 청동제 볼과 2매의 목제판으로 구성되어 있으며, 하측판이 고정측이고 상측판이 회전측이 된다. 축은 동제(銅製)의 박판과 못으로 눌려져 있기 때문에 볼은 하판과의 사이에서는 구름운동을 하는 것이 된다.

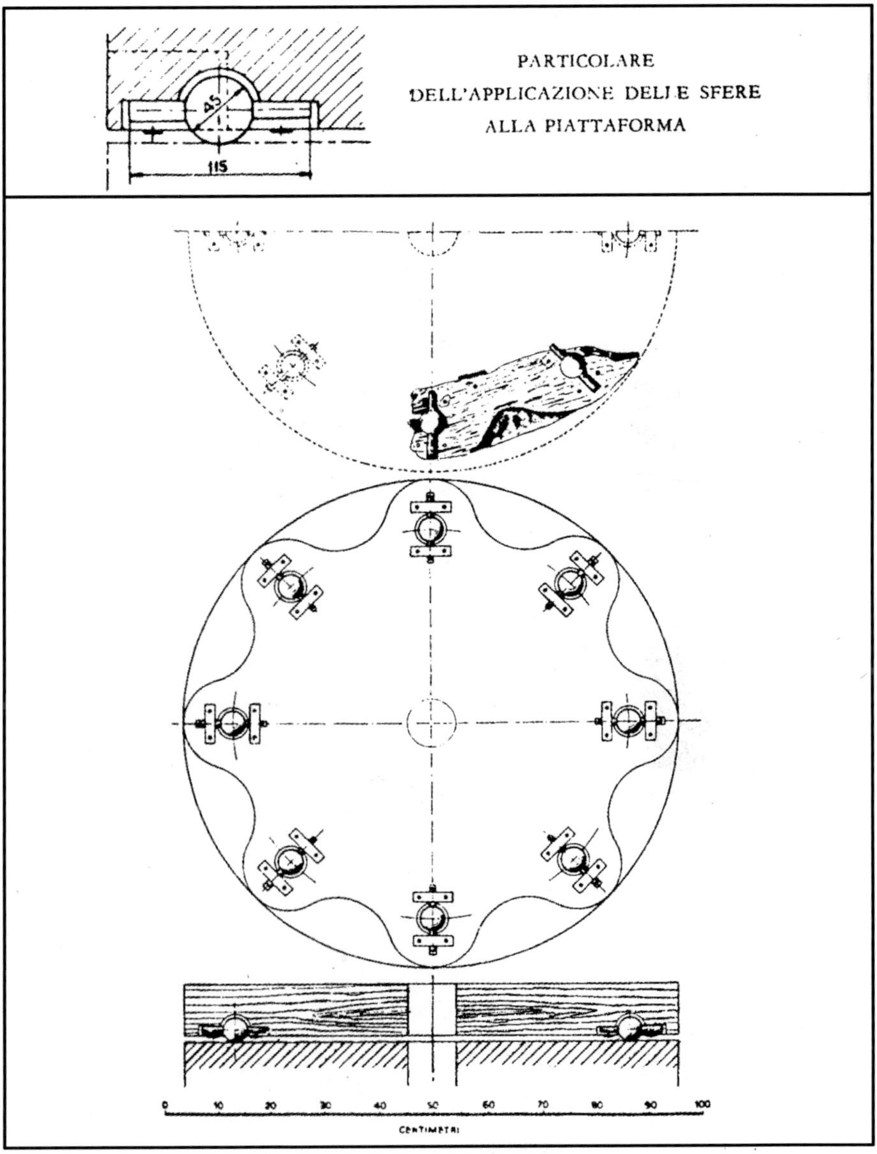

그림 2.7 가장 오래된 스러스트 베어링의 복원도.

9) AD 50 ~ 1500년

이 기간에는 특기할 사항이 없다.

10) AD 1500년 ~ 1600년

1520년경 포차(砲車)의 움직임을 용이하게 하기 위하여 주철제(鑄鐵製) 볼이 사용되어 스페인 지브롤터(Gibraltar) 계곡의 길 양측에서 발견되었다고 한다. 1556년에 아그리코라(Agricola)라는 독일 기술자가 두레박(Dipper) 운동기구에 대하여 기술하고 있다. 그림 2.8은 그 기구에 쓰이는 로울러 장치를 나타낸다. 또 수차축(水車軸)의 낙하추에도 이 장치를 이용하고 있다.

그림 2.8 두레박 운동기구에 사용되는 로울러 장치

1588년에는 이태리 기술자 라메리(Ramelli)가 그의 저서중에서 여러가지 기계에 대하여 로울러베어링의 이용방법을 동판화(銅板畵)로 소개하고 있다.

11) AD 1600년 ~ 1700년

이 기간에는 구름베어링 응용의 기록이 없다.

12) AD 1700 ~ 1800년

1710년 프랑스 드몽드랑(De. Mondran)이 원판상에서 회전하는 차륜(車輪)을 갖는 차량에 대한 계획을 발표했다. 포차에 이용된 기록도 있다. 1716년 영국의 시계 제조업자 설리(Henry, Sully)가 크로노미터(Chronometer)의 평형륜(平衡輪)에 로울러베어링(Roller Bearing)을 사용해서 고정밀도를 얻어 1716년 오픈경연대회(Open Competition Institute by the Board of Longitude, London)에서 수상했다. 구름베어링이 계측기에 사용된 최초의 사례이다. 같은 시기에 아트우드(Attwood)가 중력 가속도 측정장치에 이것을 이용했다고 알려지고 있다.

1770년에는 러시아의 캐더린(Catherine; 1729 ~ 1796) 여왕이 피터(Piotr; 1672 ~ 1725) 대왕의 석상을 만들기 위해 길이 13m, 무게 1500 톤의 큰바위를 핀란드에서 러시아까지 운반하는 데에 청동제의 볼과 U 형상의 레일을 사용했다는 것이 동판화 및 파미노프(Faminoff)의 저서에 남아 있다. 이것은 현재의 직동구름안내(Linear Roller Bearing)의 원형이라고 할 수가 있으며 그리스 기술자 카브리스(Carbris)가 고안한 것으로 알려지고 있다.

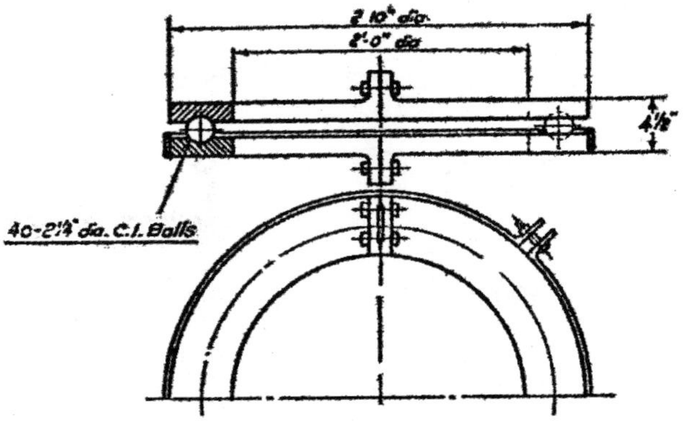

그림 2.9 최초의 스러스트 볼베어링 (1780년경)

1780년 영국에서 실용화되었다는 그림 2.9에 나타낸 스러스트볼베어링은 궤도(軌道)의 홈 반경이 볼 직경의 61%이었다는 흥미있는 기록도 있다.

1787년 영국 특허 1580에는 그림 2.10과 같은 베어링이 있다.

그림 2.10 리테이너 붙이 로울러베어링

1794년에는 보간(P. Vaughan)이 최초로 레이디얼볼베어링을 발명하여 영국특허 2006을 얻었으며 그림 2.11에 나타낸다. 또한 같은 해에 제작된 리테이너 붙이 스러스트로울러베어링은 약 100년 후 1909년에 미국에서 발견되었다. 로울러 수는 6개로 상당히 큰 크라우닝(Crowning)이 된 원통로울러였다.

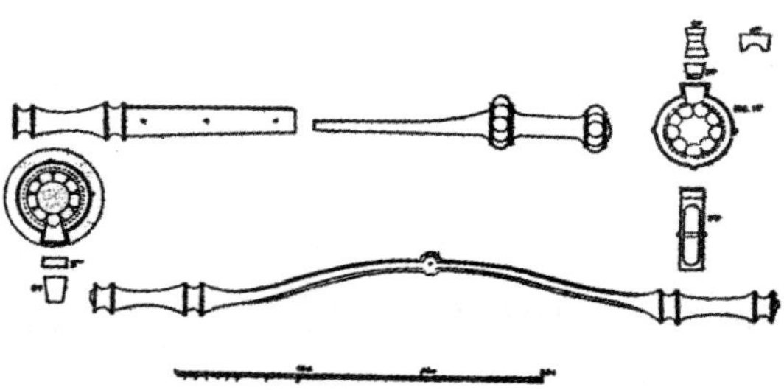

그림 2.11 최초의 레이디얼볼베어링

13) AD 1800 ~ 1900년

1802년 프랑스의 카르디네(Cardinet)가 고안한 스러스트 베어링이 있다. 이것은 그림 2.12같이 스러스트 테이퍼로울러베어링과 스러스트 볼베어링이 있고, 1881년에 Hertz가 유명한 탄성이론(彈性理論)을 발표하였다.

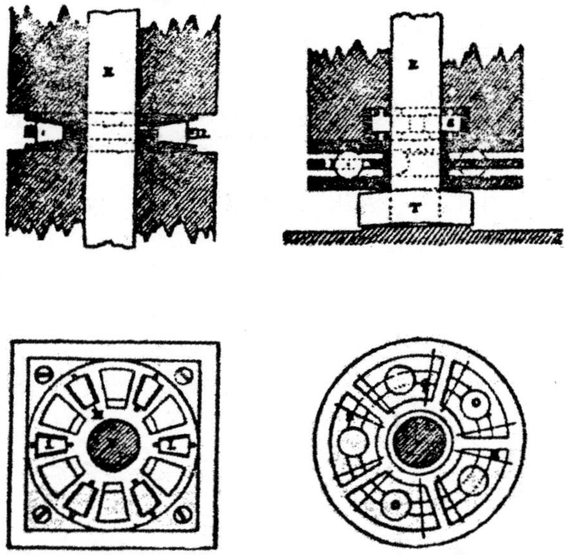

그림 2.12 최초의 특허 스러스트 베어링(1802)

14) 1900년 이후

각종의 잡다한 구조로 된 로울러베어링이 고안되고 개발되고 또한 도태되어 현존한 형식으로 통합되어 왔다.

2.2. 베어링 형식별 발달사

1) 깊은홈볼베어링(Deep Groove Ball Bearing)

최초의 레이디얼 볼베어링(Radial Ball Bearing)은 1794년 영국의 보간(P.Vaughan)에 의해 발명되었으며 그림 2.13과 같이 필링슬롯타입(Filling Slot Type)이었다.

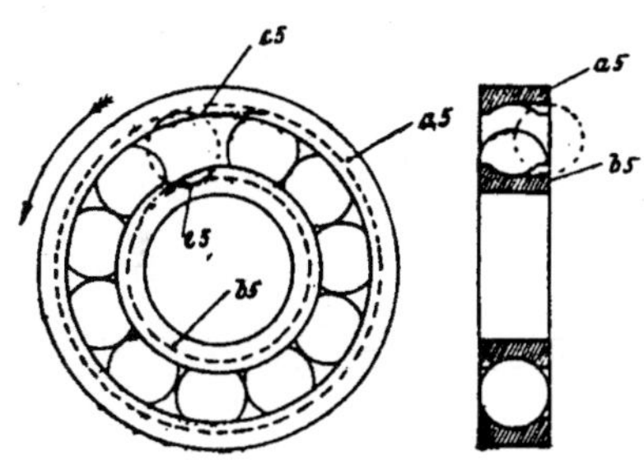

그림 2.13 깊은홈볼베어링(1794년)

현재 필링슬롯타입은 1903년 1월 독일 F&S의 독일 특허 151483으로 되어 있고 동년 12월에 프랑스 MAB도 동일한 것으로 독일 특허 155661을 얻었다. 필링 슬롯이 없는 형식도 1903년 독일 DWF가 독일 특허 168449를 얻었다. 그림 2.14와 같이 내외륜을 편심시켜 초승달형의 공간에 볼을 삽입(挿入)한 후 동심(同心)위치로 복귀시키고 볼을 등간격으로 배열하여 리테이너로 지지하는 형식이다. 이 편심조립(偏心組立) 방법은 1903년 독일의 콘러드(Robert Conrad)에 의해 발명되었기에 이 형식을 콘러드형(Conrad Type)이라 부르며 영국의 특허 12206으로 등록되어 있다.

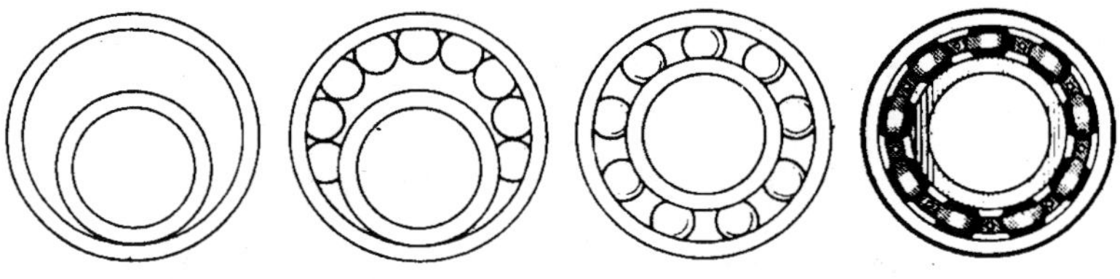

그림 2.14 콘러드형 베어링의 조립

2) 매그니토우볼베어링(Magneto Ball Bearing)

1844년 미국 특허 29516에 보이는 것이 이 형식에서 최초의 것이지만 현재에 있는 구조를 처음으로 명백히 기술한 것은 1902년 호프만(Hoffmann)의 영국 특허 15130이다.

3) 앵규러볼베어링(Angular Ball Bearing)

앵규러접촉(Angular Contact) 상태에 있는 볼베어링은 1800년대 부터 자전차용 볼베어링으로서 고안하여 실용화되어 왔으나 내외륜을 갖는 앵규러 볼베어링으로서는 단열(單列)은 1881년 영국의 피어스(L.H. Pearce)의 발명으로 2680이고 복열(複列)은 1894년 영국 특허 11379가 최초이다.

4) 자동조심볼베어링(Self Aligning Ball Bearing)

구름베어링(Rolling Bearing)에 자동조심성을 갖도록 외륜(外輪)의 외경면을 구면(球面)으로 고안한 것으로 1885년 미국 특허 324568에 나타나 있지만 이것이 외륜궤도면(外輪軌道面)을 구면으로 하는 방법이 유리하다고 된 것은 1899년 영국의 히드(F.H. Heath)의 발명으로 현재의 형식으로 된 것이 그림 2.15에 나타난 것과 같은 것은 1907년 스웨덴의 윙퀴스트(Sven Wingquist)에 의해 스웨덴 특허로 되었다. 이 베어링을 생산하기 위한 공장을 만들었는데 이것이 오늘날 세계 제일의 베어링 제조사인 SKF의 초석이 되었다. 1902년에는 외륜궤도면이 구면인 단열 볼베어링이 호프만(Hoffmann)에 의해 영국 특허 15131로 되었다.

5) 자동조심로울러베어링(Self Aligning Roller Bearing)

외륜궤도면을 구면으로 한 로울러 베어링은 1902년 독일의 발렌슈타인(A. Wallenstein)이 발명하여 독일 특허 135220이 최초이다. 이것은 단열(單列)이다. 복열(複列)은 자동조심볼베어링의 발명자인 윙퀴스트(Sven Wingquist)가 1911년에 단열및 복열을 영국 특허 1617을 얻었다. 그러나, 현재의 구조로 된 것은 SKF 소유의 팜그렌(A. Palmgren)이 고안한 1920년의 독일 특허 331454 및 331651로서 그림 2.16과 그림 2.17에 나타낸 것으로 어느 것이나 작은 턱이 없는 것이 현재의 것과 다른 점이다.

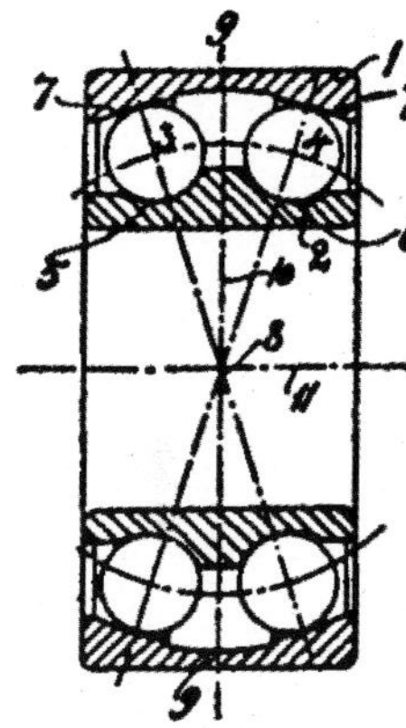

그림 2.15 자동조심 볼베어링(1907년)

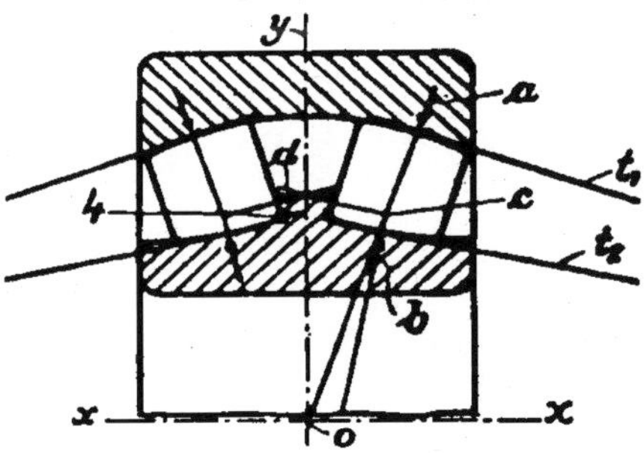

그림 2.16
자동조심로울러베어링(1920년)

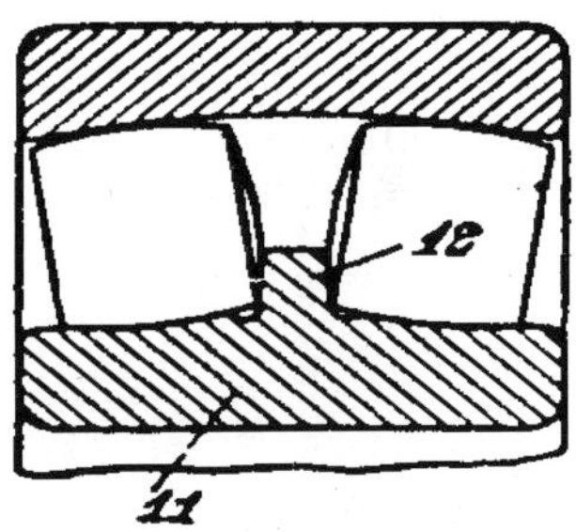

그림 2.17
자동조심로울러베어링 (1920년)

그림 2.18은 외륜측에 안내링을 갖는 구조가 독일 특허 594993으로서 SKF에서 고안되어 폭이 좁은 자동조심로울러베어링으로서 중요한 자리를 차지했다.

또한 특수한 것으로는 내륜궤도면이 구면으로 된 것이 1909년 미국 특허 9288

00으로 되어 있고, 현재 장구형 로울러베어링이란 것은 미국 쉐이퍼(Shafer)가 제작하고 있지만 일반적이 아니다.

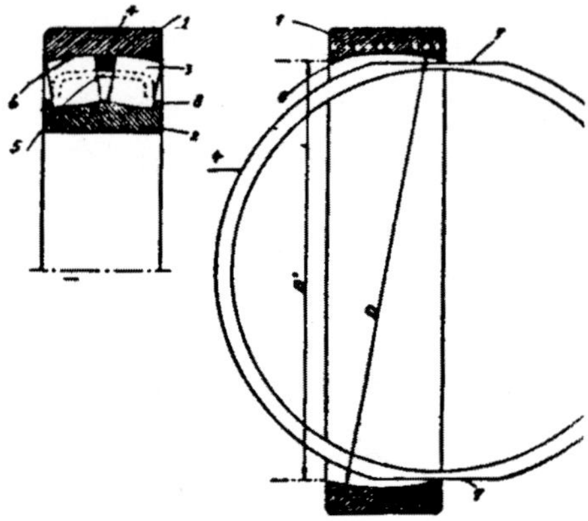

그림 2.18 안내링을 갖는 자동조심로울러베어링(1933년)

6) 원통로울러베어링(Cylindrical Roller Bearing)

이 베어링의 역사는 오래고 1700년대까지 거슬러 올라가지만 뚜렷이 나타난 것은 1811년 독일의 하체테(Hachette)의 발명으로 그림 2.19는 1863년의 것이고 그림 2.20은 1909년의 것으로 현재 있는 것과 유사한 형식의 것으로 추측된

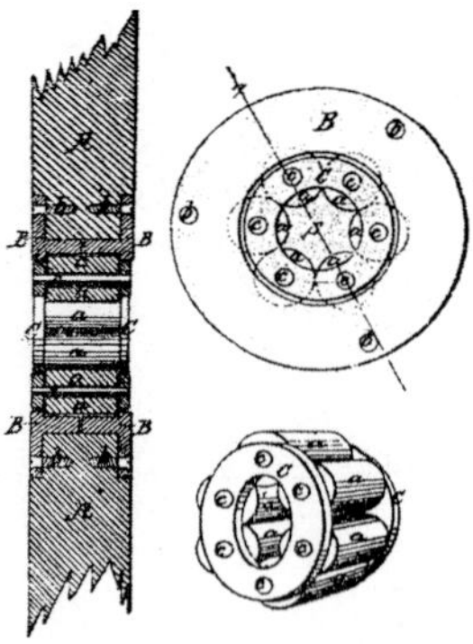

그림 2.19 원통로울러 베어링(1863년)

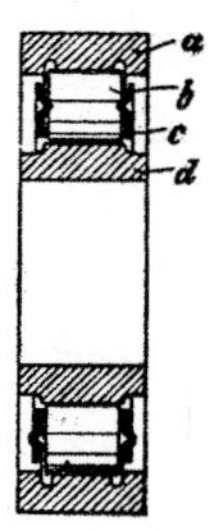

그림 2.20 개량형 원통로울러베어링 (1507년)

다. 이것은 오스트레일리아(Australia) 특허 54931이고 궤도면을 원호상의 단면으로 하여 로울러 단면의 응력집중(應力集中)을 피한 구조이다.

7) 니들로울러베어링(Needle Roller Bearing)

원통로울러베어링은 초기에는 오히려 니들로울러베어링에 가까운 길이가 긴 로울러가 많이 사용되었기 때문에 니들로울러베어링의 역사는 사실상 의외로 오래고 1858년 영국 특허 4.2에 보이고 있다. 리테이너가 붙은 것은 1888년 미국의 사프넥(W.S. Sharpneck)의 발명으로 미국 특허 91695로 그림 2.21과 같은 구조이다.

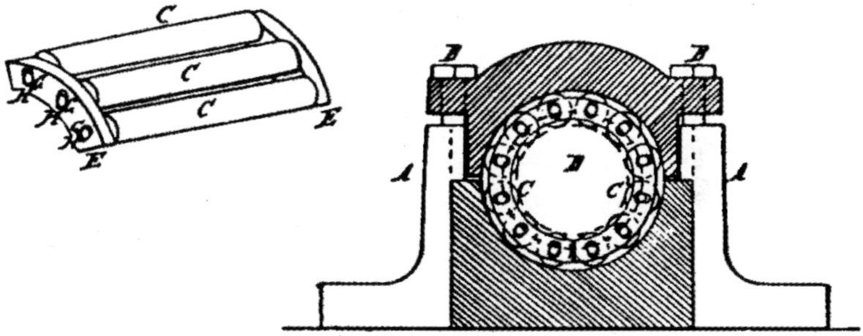

그림 2.21 니들로울러베어링(1869년)

8) 테이퍼로울러베어링(Tapered Roller Bearing)

테이퍼로울러베어링은 1867년 미국의 린치(G.F Lynch)에 의해 발명되었으며 미국 특허 62143이나, 이것은 비교적 테이퍼가 완만하고 상당히 긴 로울러가 사용되었다. 1898년 미국의 팀켄(Henry Timken)이 마차의 차축에 테이퍼로울

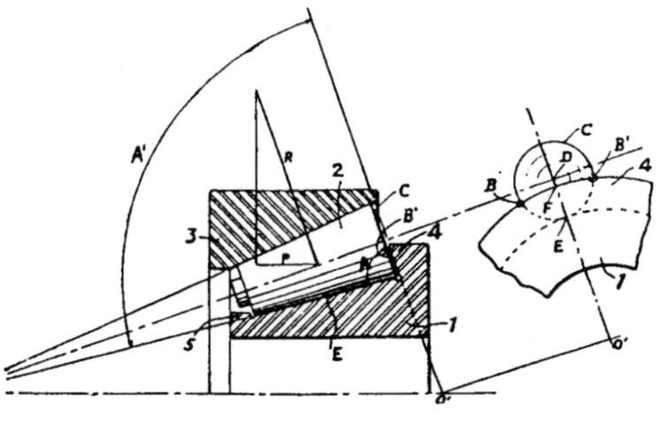

그림 2.22 테이퍼로울러베어링 (1918년)

러베어링을 부착하기 위한 공장을 만든 것이 오늘날 유명한 베어링 제조사인 Timken의 초석이 되었다. 팀켄의 로울러의 축방향 안내방법이 달랐지만 1918

년 미국 특허 1258634에 그림 2.22와 같은 소위 팀켄(Timken Type)을 발명하였다. 1920년 독일 특허 331651에 있는 그림 2.23은 팜그렌(A.Palmgren)이 고안한 SKF의 특허이다.

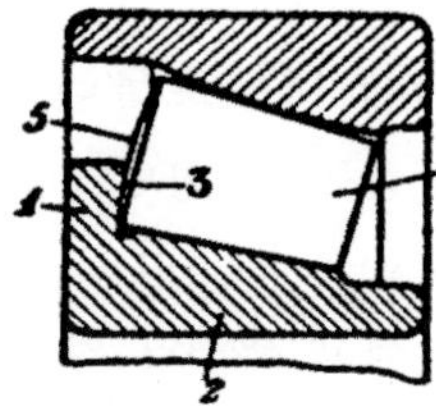

그림2.23
테이퍼로울러베어링
(1920년)

9) 스러스트 볼베어링(Thrust Ball Bearing)

최초의 스러스트 볼베어링은 그림 2.9이고 처음 특허로 된 현존의 것에 가까운 것은 그림 2.12이며, 1802년 프랑스의 카르디네(M. Cardinet)에 의해 발명되었고 프랑스 특허 263이다.

복식(複式) 스러스트 볼베어링이 거의 현존한 구조로 고안된 것은 1893년 영국 특허 13483이고, 구면좌(球面座)의 것은 1908년 독일 특허 220968로 자동조심로울러베어링으로 유명한 윙퀴스트(Sven Wingquist)가 발명한 것이다.

복열(複列) 스러스트 볼베어링은 1860의 미국 특허 30547로 처음 나타났다.

10) 스러스트 자동조심로울러베어링(Thrust Self Aligning Roller Bearing)

SKF소유의 1920년 독일 특허 331454에 보이는 것으로 근대까지 비교적 특수품으로 되어 왔으나 현재는 시리즈화 되어 많이 이용되고 있다.

스러스트 테이퍼로울러베어링은 1802년 프랑스의 카르디네(M.Cardinet)가 발명했다.

11) 쉬일드 및 시일 베어링(Shielded, Sealed Bearing)

쉬일드베어링(Shielded Bearing)과 시일베어링(Sealed Bearing)은 밀봉장치가 베어링의 양측에 있는 것으로 그리이스(Grease)를 미리 주입한 상태이며 이 형식의 베어링이 처음 사용된 기록은 1908년 영국 특허 11787로 되어 있으며 그림 2.24는 쉬일드형이다.

일본에서 개발된 라비린즈(Labyrinth)인 그림 2.25의 비접촉고무시일 베어링이 지금까지 두각을 나타내어 왔다. 이것은 고속회전에 따른 접촉시일 베어링에서는 사용에 한계가 있기 때문에 고속을 이용하여 비접촉부분의 라비린즈(Labyrinth)효과를 얻어 그리이스의 누설을 적게 하는 것을 특징으로 하고 있다. 동시에 마찰이 적다는 점도 부차적으로 얻은 이점이다.

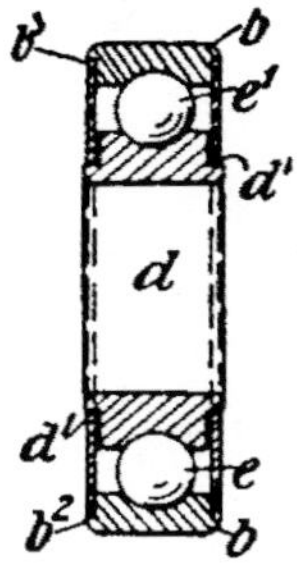

그림 2.24 밀봉 베어링(1908년)

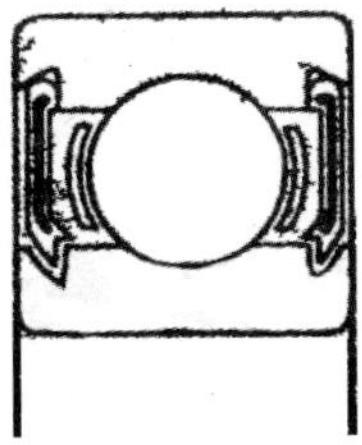

그림 2.25 비접촉시일 베어링

3. 베어링 형식별 특성과 용도

3.1. 표준형 베어링(Standard Bearing)

1) 깊은홈볼베어링(Deep Groove Ball Bearing)

구름베어링(Rolling Bearing) 중에서 가장 많이 사용되는 베어링이다. 궤도륜의 홈은 이곳을 구르는 볼의 반경 보다 약간 큰 반경의 원호 (볼 직경의 51 ~ 54%)로 되어 있어 볼과 궤도륜은 점접촉(點接觸)을 한다.(그림 3.1)

이 베어링은 레이디얼하중과 축방향하중 또는 그것의 합성하중을 받을 수가 있다. 구조가 간단하기 때문에 다른 베어링에 비하여 정도가 높은 것을 제작하기가 쉽다. 외경이 9 mm 이상이고 내경이 10 mm 미만인 것을 특히 구분하여 소경(小徑) 레이디얼볼베어링이라고한다.

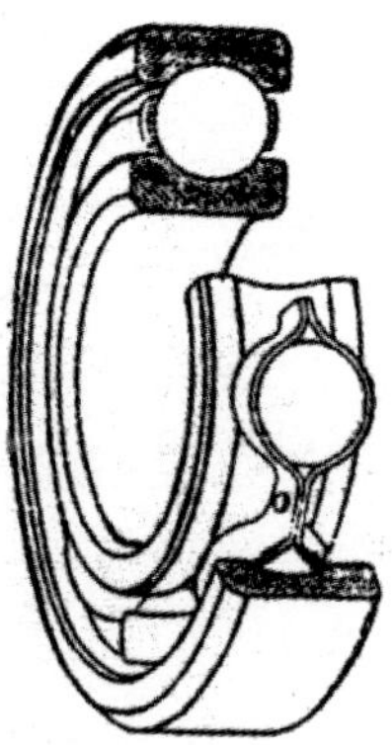

그림 3.1 단열깊은홈 베어링

단열 깊은홈볼베어링은 개방형(Open Type) 베어링 이외에 이 베어링을 변형시켜 철제 측판(Steel Side Plate)을 가진 쉬일드 베어링(Shielded Bearing), 고무 시일(Rubber Seal)을 갖는 시일 베어링(Sealed Bearing), 외륜의 외경면에 직각으로 스냅링(Snap Ring)을 갖는 스냅링베어링 또는 이들 특성을 결합한 여러 종류가 있다.(그림 3.2)

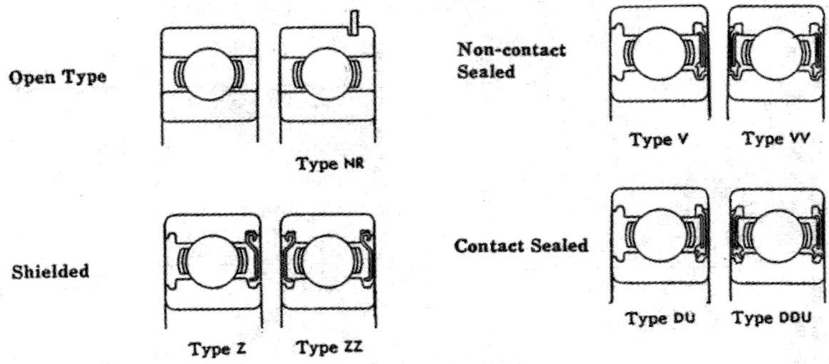

그림 3.2 단열 깊은홈베어링의 종류

a) 특성

① 마찰이 적고 고속회전에 적합하다.

② 크리어런스의 등급은 용도에 따라 여러 종류가 있다.

③ 호칭접촉각은 0°이나 축방향하중에 따라 20°까지 된다.

④ 높은 레이디얼하중과 축방향하중을 받을 수가 있다.

⑤ 밀봉형에 적합한 구조이다.

⑥ 저소음과 저진동에 적합하다.

⑦ 가격이 저렴하여 가장 광범위하게 사용된다.

b) 용도

승용차의 뒷바퀴, 미션, 전장품, 전동기, 계기류, 내연기관, 가스터빈, 건설기계, 운반기계, 일반기계, 농기계.

2) 맥시멈 볼베어링(Maximum Ball Bearing)

표준형 깊은홈볼베어링 보다 볼이 더 많은 것으로 부하능력(Load Capacity)을 향상시킨 것이다. 추가되는 볼을 더 넣기 위해 내외륜의 측면에 필링스롯(Filling Slot)을 갖고 있다.

BL2와 BL3의 치수는 단열 깊은홈볼베어링인 62 계열과 63 계열과 동일하며 쉬일드를 추가로 설치하기도 한다. (그림 3.3)

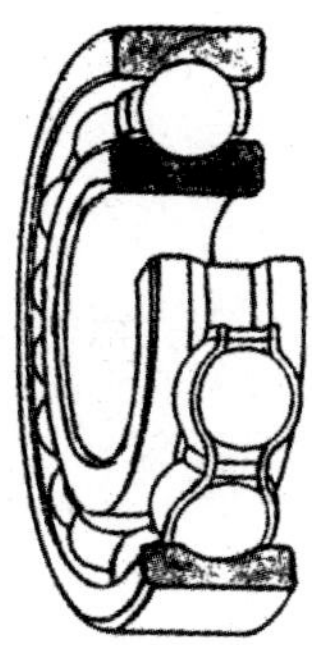

그림 3.3 맥시멈 볼베어링

a) 특성

① 동일한 크기의 표준형 단열 깊은홈볼베어링 보다 부하용량이 크다.

② 큰 축방향하중과 고속회전에 부적당하다.

③ 외륜의 필링홈은 반드시 무부하측(Unloaded Side)에 위치해야 한다.

b) 용도

제한된 공간에 부하능력이 큰 것이 요구되는 용도.

3) 매그니토우볼베어링(Magneto Ball Bearing)

소형발전기(Magneto)용으로 개발이 되었기에 이런 이름이 되었으며 내륜의 궤도(軌道)는 깊은홈볼베어링 보다 다소 얕으며 턱이 없는 측의 외륜 내경은 카운터보어(Counter Bore)로 되어 있다. 따라서, 외륜을 분리할 수가 있어 베어링 교환이 편리하다.(그림 3.4)

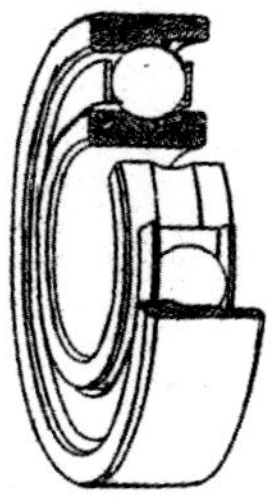

그림 3.4 매그니토우볼베어링

a) 특성

① 외륜에 한쪽만 턱이 있어 외륜 분리형으로 교환에 편리하다.

② 축치수에 제한이 있는 경우에 편리하다.

③ 외륜은 호환성이 있다.

④ 외륜 외경이 플러스 공차의 계열은 BM 번호, 마이너스 공차의 계열은 EN 번호로 표시된다.

⑤ 궤도 깊이가 얕으므로 큰 스러스트하중을 받을 수가 없다.

⑥ 2개를 대응해서 사용하여 설치시에 축방향 크리어런스(Clearance)를 조정한다.

⑦ 외경이 50 mm 이하의 소형 베어링에 한정한다.

b) 용도

소형발전기, 자이로, 계기류, 연료분사펌프.

4) 단열 앵규러볼베어링(Single Row Angular Contact Ball Bearing)

볼과 내외륜 궤도의 접촉점을 연결하는 선이 레이디얼방향에 대하여 일정한 각도(접촉각 α)를 갖고 접촉을 하도록 되어 있다. 베어링은 비분리형이지만 깊은홈 볼베어링 보다 볼 수가 많다. 축방향하중은 한방향 만을 받을 수 있고 합성하중도 받을 수가 있다. (그림 3.5)

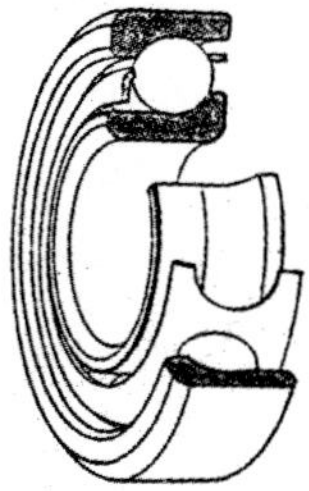

그림 3.5
앵규러볼베어링

a) 특성

① 깊은홈볼베어링 보다 기본정격하중이 크다.

② 접촉각은 기호 C의 15°, 기호 A의 30°, 기호 B의 40°가 있다.

③ 접촉각 15°의 것이 고정밀도용으로 사용된다.

④ 2개 이상 조합하여 조합베어링(DB, DF, DT)으로 사용된다.

⑤ 배면조합(DB)은 모멘트하중을 받는 경우, 정면조합(DF)은 설치오차를 피할 수가 없는 경우, 병렬조합(DT)은 축방향하중이 큰 경우에 사용한다.

⑥ 접촉각이 클수록 축방향의 부하능력이 커진다.

⑦ 예압을 가하는 것에 의하여 베어링의 강성을 조정할 수 있다.

⑧ 고속회전에 사용되며 조심성은 매우 나쁘다.

b) 용도

연삭기스핀들, 고주파전동기, 가스터빈, 원심분리기, 소형자동차의 앞바퀴.

표 3.1 앵규러볼베어링 조합의 특징

항목	정면조합(DF)	배면조합(DB)	병렬조합(DT)
	Face-to-Face	Back-to-Back	Tandem
설치도	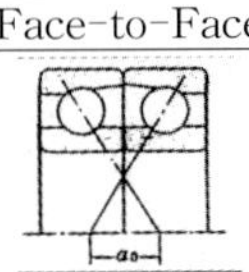	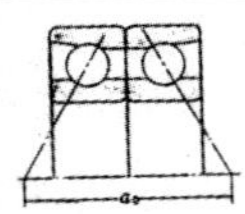	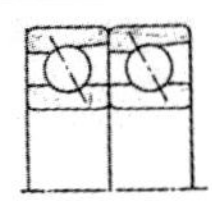
작용점간의거리	짧다	길다	—
강성	작다	크다	—
모먼트하중	약하다	강하다	—
각변위량	크다	작다	—
설치오차	일반적으로 유리하다.	일반적으로 불리하다.	
레이디얼하중	모든 하중을 받는다.	모든 하중을 받는다.	모든 하중을 받는다.
축방향하중	양방향 하중을 받는다.	양방향 하중을 받는다.	한방향 하중을받는다.

5) 복열 앵규러볼베어링(Double Row Angular Contact Ball Bearing)

2개의 단열 앵규러 볼베어링을 배면조합(DB)을 한 것에 해당되며 양 축방향하중을 받는다.(그림 3.6)

a) 특징

① 양 축방향하중을 받을 수가 있어 고정측 베어링으로 사용된다.

② 조합베어링 보다 베어링 폭이 작기 때문에 공간이 절약된다.

③ 구조가 복잡하므로 고정밀 베어링을 만들기 곤란하다.

④ 모먼트의 부하능력이 크다.

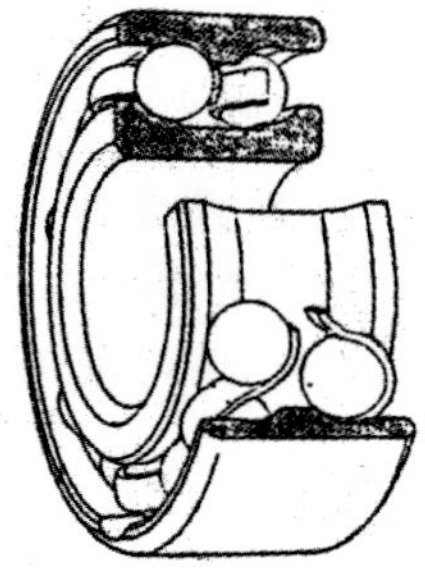

그림 3.6
복열 앵규러베어링

b) 용도

유압펌프, 루쓰부로어(Roots Blower), 공기압축기, 변속기, 분사펌프, 인쇄기계.

6) 자동조심볼베어링(Self Aligning Ball Bearing)

외륜궤도가 구면이므로 외륜에 대하여 2열로 볼이 조립된 내륜이 자유롭게 기울어질 수가 있어 설치오차(축의 중심 불일치), 축의 휠에 대하여 베어링의 중심과 축의 중심이 자동적으로 조정된다.(그림 3.7, 그림 3.8, 그림 3.9, 그림 3.10)

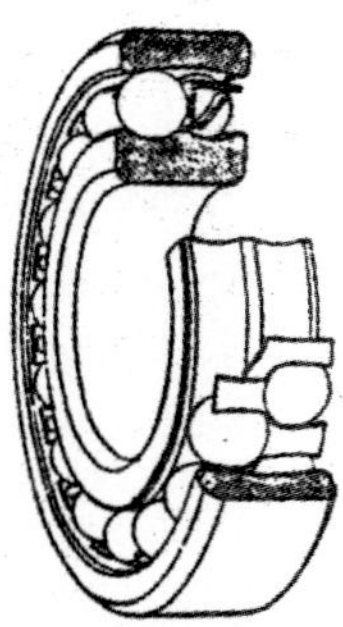

그림 3.7 자동조심볼베어링

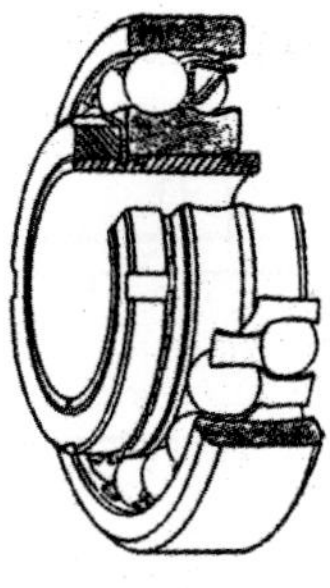

그림 3.8 어댑터 붙이 자동조심볼베어링

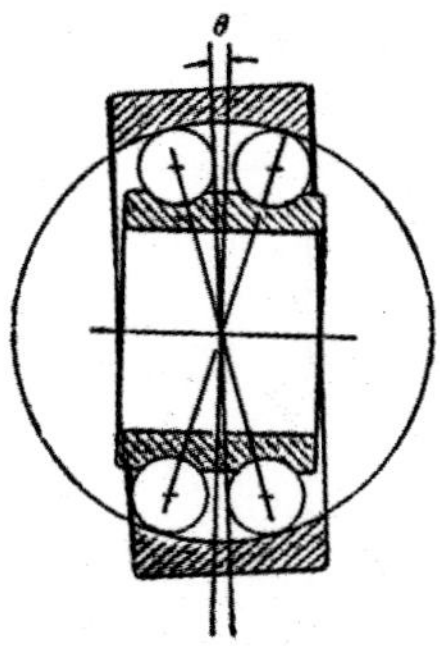

그림 3.9 자동조심볼 베어링의 조심성

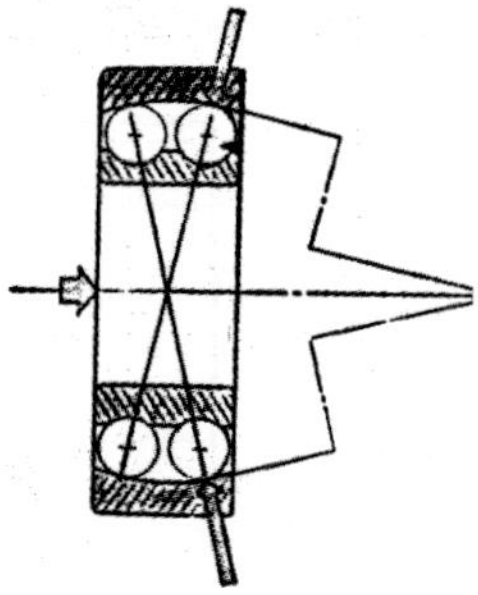

그림 3.10 스러스트 하중을자동조심볼 베어링의 하중

a) 특성

① 외륜궤도면은 베어링 중심에 곡률의 중심을 갖는 凹구면이다.

② 외륜의 경사에 대하여 전동체의 접촉상태는 영향을 받지 않는다.

③ 설치오차에 의한 베어링 내부에 하중이 발생하지 않는다.

④ 큰 곡률반경에 의한 큰 접촉압력이 발생하지만 볼 수가 많으므로 레이디얼 부하능력은 깊은홈볼베어링에 비하여 떨어지지 않는다.

⑤ 접촉각이 작고 축방향하중에 의한 접촉각의 증가가 거의 없으므로 축방향 부하능력은 작다.

⑥ 접촉각은 $6^{\circ} \sim 20^{\circ}$ 이고 조심성은 어긋남이 4° 까지 맞출 수 있다.

b) 용도

목공기계, 방적기계.

7) 원통로울러베어링(Cylindrical Roller Bearing)

로울러베어링 중에서 가장 단순한 구조의 베어링이고 내외륜과 로울러는 선접촉으로 되어 있어 레이디얼 부하능력이 크고 고속회전에 적합하다(그림 3.11, 그림 3.12, 그림 3.13, 그림3.14)

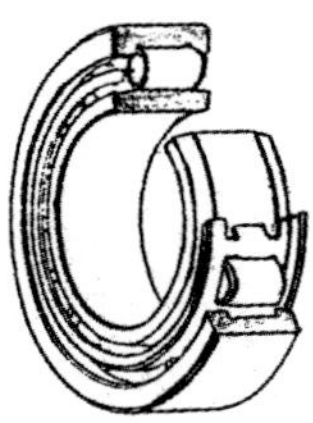

그림3.11 원통로울러베어링

a) 특성

① 온도변화에 의한 축의 신축, 설치오차에 의한 축과 하우징의 축방향위치 어긋남 등에 의한 무리한 하중을 피할 수가 있다.

② 로울러와 궤도면과는 선접촉(Crowning 경우 수정 선접촉)이고, 점접촉

에 비하여 레이디얼 부하능력이 크다.

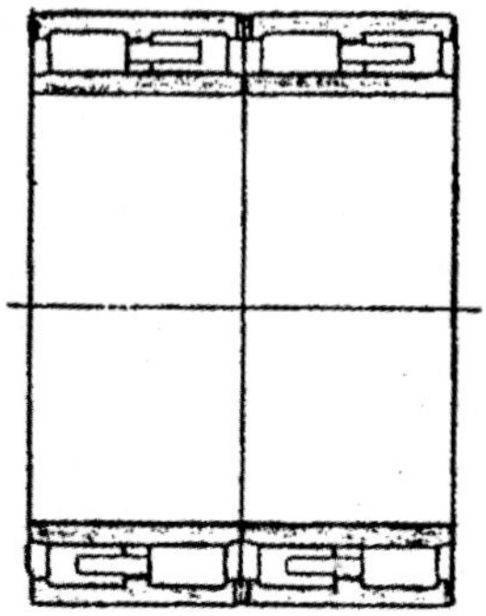

그림 3.12 4열 원통로울러베어링

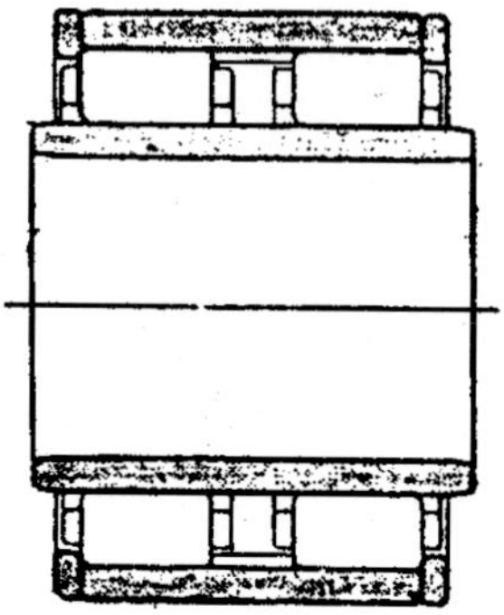

그림 3.13 복열 원통로울러베어링

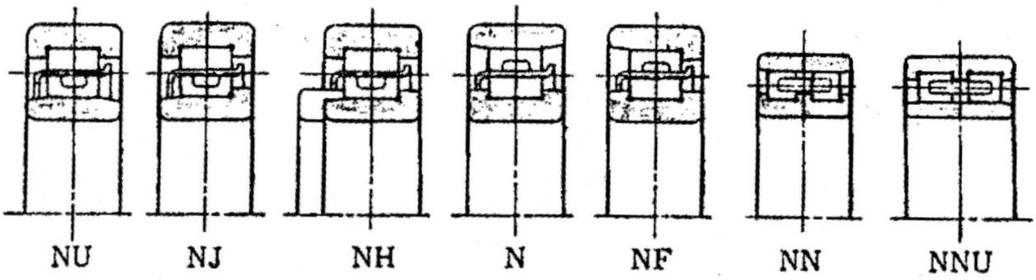

그림 3.14 원통로울러베어링

③ N형 NU형은 내외륜이 축방향으로 상대운동이 가능하며 자유측 베어링으로 사용된다.

④ NF형, NJ형, NP형, NH형은 고정측 베어링으로 사용된다.

⑤ NN형은 레이디얼 부하능력이 크고 고속회전에도 적합하다.

⑥ 고부하용으로 WS형이 있으며 로울러 수가 종래 보다 증가하여 기본정격하중을 1.2 ~ 1.5 배로 증가시킨 것이다.

b) 용도

중대형의 표준전동기, 차량용 주전동기, 전동 발전기, 액슬박스, 내연기관, 가스터빈, 공작기계, 크래셔, 진동스크린, 운반기계, 압연기, 산업기계.

8) 테이퍼로울러베어링(Tapered Roller Bearing)

내외륜및 로울러는 각 정점이 직선상의 한 점에 모이도록 설계되어 있다. 로울러는 내륜의 큰턱에 안내되어 구른다.

단열 테이퍼로울러베어링은 합성하중을 받을 수가 있으나 레이디얼하중만 또는 양 축방향하중을 받는 경우는 축방향 위치를 결정하기 위하여 2개를 대향해서 사용해야 한다.(그림 3.15, 그림 3.16, 그림 3.17, 그림 3.18)

a) **특성**

① 로울러와 궤도면과는 선접촉(또는 수정 선접촉)으로 부하능력이 크다.

② 정점(Cone Apex)이 있기 때문에 순수 구름 접촉을 한다.

③ 로울러는 부하를 받으면 내륜 큰턱방향으로 분력을 발생시킨다.

④ 내륜 큰턱방향의 분력이 발생하면 로울러의 두부(頭部)와 큰턱의 사이에 미끄럼이 발생하여 마찰이 증가하고 허용속도는 원통로울러베어링 보다 떨어진다.

⑤ 접촉각(외륜의 원추각)의 크기에 따라 보통경사형, 중간경사형(미터 계열;기호 C), 급경사형(미터계열;기호 D)으로 나눈다.

⑥ 1개 만으로 사용되는 경우는 거의 없다.

⑦ 미터계열은 ISO시리즈, 인치계열은 팀켄(Timken) 시리즈로 많이 사용된다.

b) **용도**

자동차의 전륜및 후륜, 디후렌셜, 공작기계, 철도차량, 압연기, 건설기계, 운반기계, 인쇄기계, 감속기.

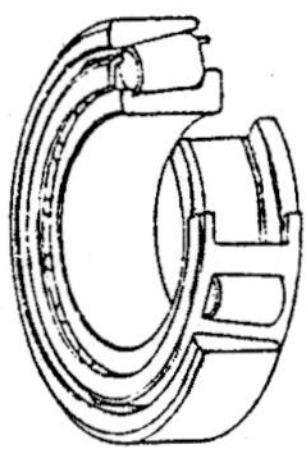

그림 3.15 테이퍼로울러 베어링

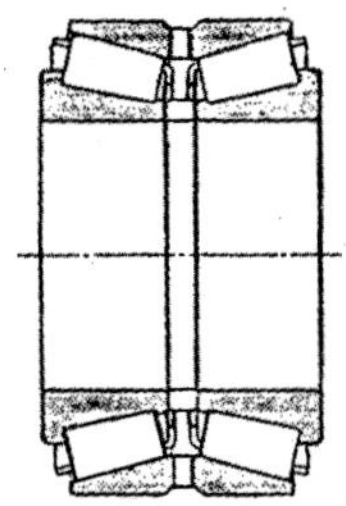

그림 3.16 복열 테이퍼 로울러베어링

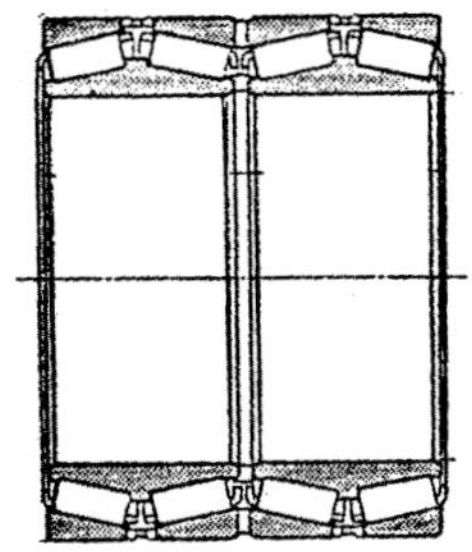

그림 3.17 4열 테이퍼로울러 베어링(철도차량용)

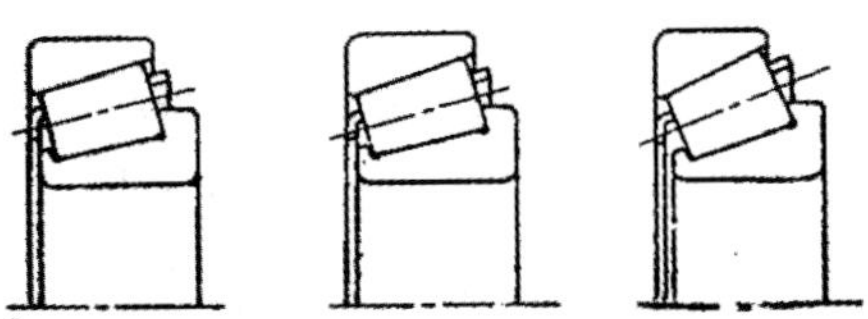

그림 3.18 테이퍼로울러베어링

9) 자동조심로울러베어링(Spherical Roller Bearing)

외륜 궤도는 베어링의 중심위치를 중심으로 하는 구면으로 되어 있고 내륜 궤도는 2열로 되어 있다. 내경을 테이퍼로 한 경우는 어댑터, 해체스리이브를 사용하여 베어링을 교환한다. 스리이브에 의해 크리어런스(Clearnce)를 조정이 가능하다.(그림 3.19)

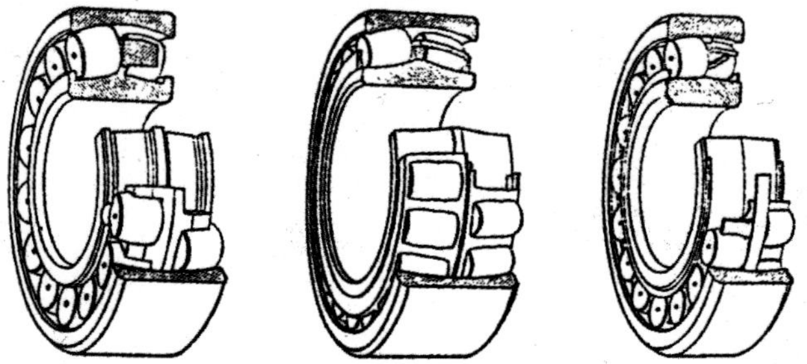

a) 내륜 중간턱안내　b) 내륜 유동륜안내　c) 외륜 유동륜안내

그림 3.19 자동조심로울러베어링

a) 특성

① 외륜궤도면은 베어링의 중심에 곡률 중심을 갖는 요구면(凹球面)이다.

② 외륜이 경사지더라도 전동체의 접촉상태가 변하지 않으므로 내부에 부하의 발생이 없다.

③ 부하능력이 상당히 크다.

③ 중하중, 충격하중에도 적당하다.

b) 용도

제지기계, 감속장치, 철도차량 차축, 압연기, 크래셔, 인쇄기계, 목공기계.

10) 니들로울러베어링(Needle Roller Bearing)

로울러의 직경 D와 길이 L의 관계가 다음 범위를 갖는 것을 니들로울러베어링이라 한다.(그림 3.20, 그림 3.21)

$$D \leq 5\text{㎜}$$
$$3 \leq L/D \leq 10$$

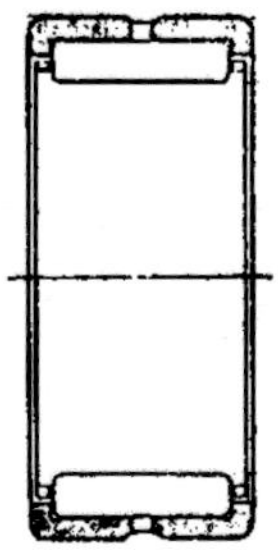

그림 3.20 니들로울러베어링

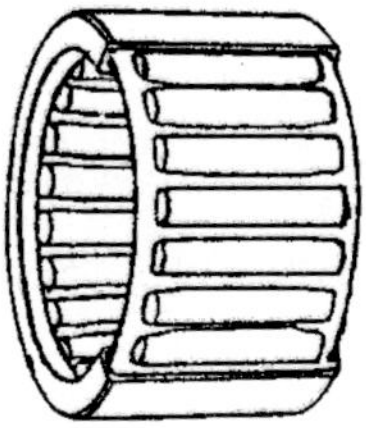

그림 3.21 니들로울러베어링 (리테이너 보유)

a) 특성

① 원통로울러베어링(Cylindrical Roller Bearing) 보다 마찰이 크다.
② 요동운동(Oscillatory motion), 경하중으로 간헐운동을 하는데 적합하다.
③ 고속회전용에는 부적합하다.
④ 베어링이 점유하는 공간이 적다.
⑤ 스러스트의 부하능력이 없다.
⑥ 내륜이 없고 고정밀도 베어링은 아니다.
⑦ 자유측 베어링으로만 사용한다.

b) 용도

자동차의 트랜스밋션, 유니버설죠인트, 소형엔진의 크랭크축, 피스톤핀, 에어펌프, 전자크러치, 유압기기, 감속장치.

11) 스러스트 볼베어링(Thrust Ball Bearing)

접촉각(Contact Angle)이 45° 초과하는 볼베어링을 스러스트베어링으로 분류한다. 축에 끼우는 궤도륜(軌道輪)을 회전륜(回轉輪) 또는 내륜, 하우징에 끼우는 궤도륜을 고정륜(固定輪) 또는 외륜이라고 부른다.(그림 3.22)

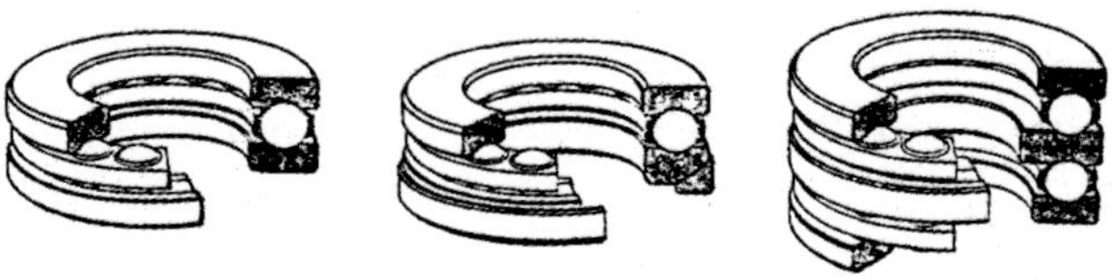

a) 단식 평면자리　b) 단식 조심자리　c) 복식 평면자리

그림 3.22 스러스트 볼베어링

a) 특성

① 접촉각이 90° 인 스러스트 볼베어링은 어떠한 레이디얼하중도 받을 수가 없다.

② 단식은 일방향 하중을, 복식은 양방향 하중을 받을 수가 있다.

③ 윤활제가 원심력에 의해 튀어 나가므로 고속회전에는 부적당하다.

④ 구면자리 형식은 설치오차의 영향을 받지 않는다.

b) 용도

자동차의 킹핀(King-Pin), 공작기계의 주축, 직립선반의 터닝테이블, 트럭, 크레인, 파워셔블.

12) 스러스트 원통로울러베어링(Cylindrical Roller Thrust Bearing)

베어링의 기하학적 이유로 로울러와 궤도의 사이에 큰 스라이딩(Sliding)이 발생된다.

스라이딩은 밀집된 로울러 보다 각 케이지 포켓(Cage Pocket)에 소수의 짧은 로울러를 사용하므로 줄일 수가 있다.

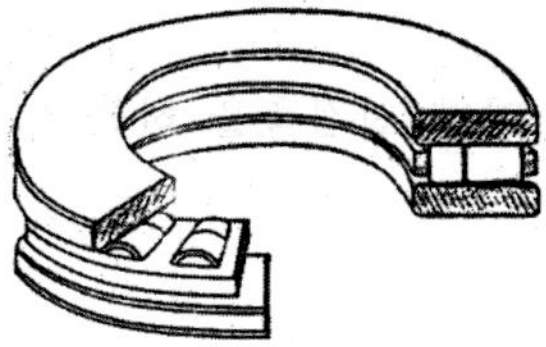

그림 3.23 스러스트 원통로울러베어링

로울러가 직진하여 탈락할 느낌이 드나 운동학적으로 검토하면 로울러는 미끄럼을 수반하면서 원주상을 회전한다.(그림 3.23)

a) 특성

① 윤활이 좋으면 케이지도 충분히 안내된다.

② 고속회전에 부적당하다.

③ 형상이 간단하므로 고정밀도 베어링의 제작이 가능하다.

④ 전동체와 궤도면과는 선접촉(또는 수정 선접촉)이고 중 스러스트하중, 충격하중에 적합하다.

b) 용도

대형자동차의 킹핀, 축방향 프런저펌프, 프라스틱 압출기, 직립선반의 턴테이블, 통신위성용 퍼래보러 안테너의 지지축, 크레인의 훅크.

13) 스러스트 테이퍼로울러베어링(Tapered Roller Thrust Bearing)

로울러와 후랜지의 사이에 접촉으로 생긴 미끄럼마찰력은 베어링을 상대적 저속회전용으로 사용을 제한한다. 접촉각을 45° 이상으로 하여 스러스트하중을 받는 것도 있다.(그림 3.24)

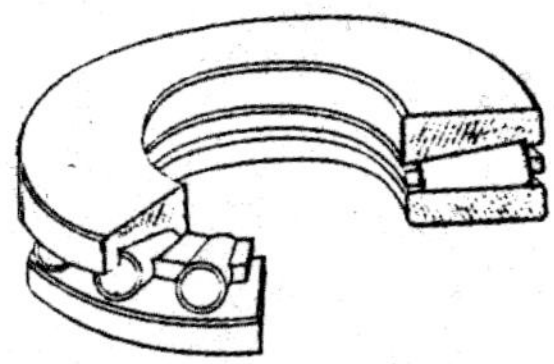

그림 3.24 스러스트테이퍼 로울러베어링

a) 특성

① 중 스러스트하중, 충격하중에 적합하다.

② 축방향 강성이 강하다.

③ 스러스트 원통로울러베어링과 같은 전동면에 차동미끄럼이 없다.

b) 용도

대형트럭의 킹핀, 압연기.

14) 스러스트 자동조심로울러베어링(Spherical Roller Thrust Bearing)

외륜궤도면이 회전축선 상에 곡률중심(曲率中心)을 갖는 구면(球面)으로 되어 있다. 로울러는 이 구면과 선접촉을 하는 비대칭(非對稱) 통 모양이다.(그림 3.25)

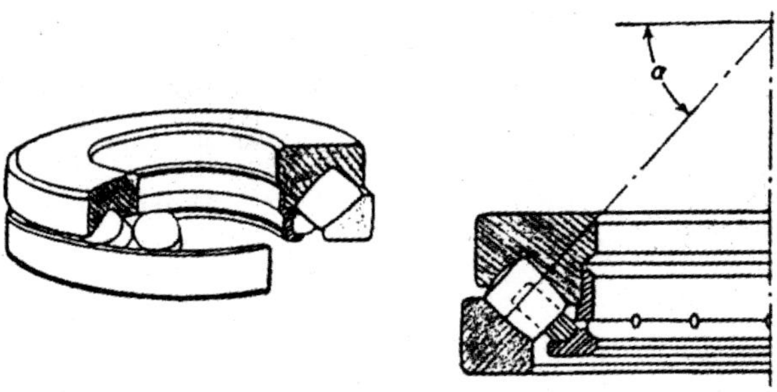

그림 3.25 스러스트 자동조심로울러베어링

a) 특성

① 다른 형식에 비하여 미끄럼면이 많다.

② 부하능력이 크고 자동조심성이 있다.

③ 스러스트하중에 대응하는 일정한 비율의 레이디얼하중을 받을 수가 있

다.

④ 다른 형식에 비하여 마찰계수가 작다.

⑤ 로울러의 두부와 회전륜의 큰턱, 리테이너와 안내스리이브 등의 접촉면은 그리이스 윤활이 곤란하므로 통상 오일 윤활을 한다.

b) 용도

수력발전기, 수직형 전동기, 압출기, 프로펠러축, 감속기, 집크레인, 석탄밀

15) 미니어츄어볼베어링(Miniature Bal1 Bearing)

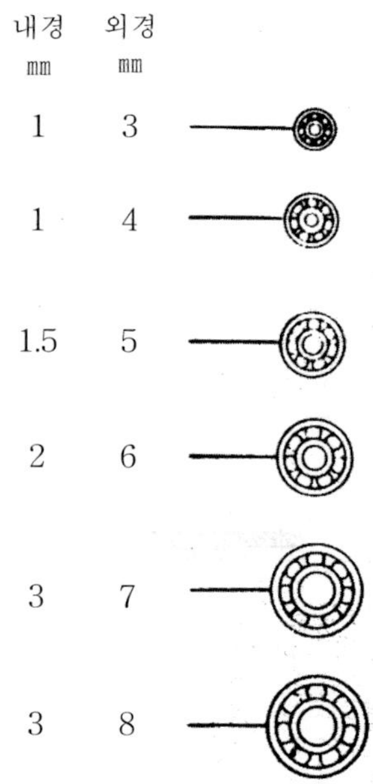

그림 3.26 미니어츄어 볼 베어링

미니어츄어베어링은 베어링 외경이 9 mm 또는 3/8″ 미만의 베어링이고 극소베어링이라고도 하며, 그림 3.26은 실물의 크기를 나타내고 있다. 베어링 외경이 9 mm 이상으로 내경 10mm 미만의 베어링을 소경(小徑)베어링이라고 한다.

미니어츄어볼베어링은 이처럼 가장 치수가 작은 베어링이지만 베어링의 형식으로는 깊은 홈볼베어링이 많고 앵규러볼베어링도 있다.

VTR의 회전드럼스핀들(Drum Spindle), 컴퓨터의 자기디스크스핀들(Disc Spindle) 등은 회전중에 축의 흔들림이 1 μm 이하가 되어야 하므로 그림 3.27과 같이 축과 내륜을 일체화하여 양 축간에 코일스프링(Coil Spring)을 끼워서 예압을 주어서 사용하기도 한다.

이와같이 축과 내륜을 일체화시킨 베어링을 인티그럴사프트베어링(Integral Shaft Bearing)이라고 한다.

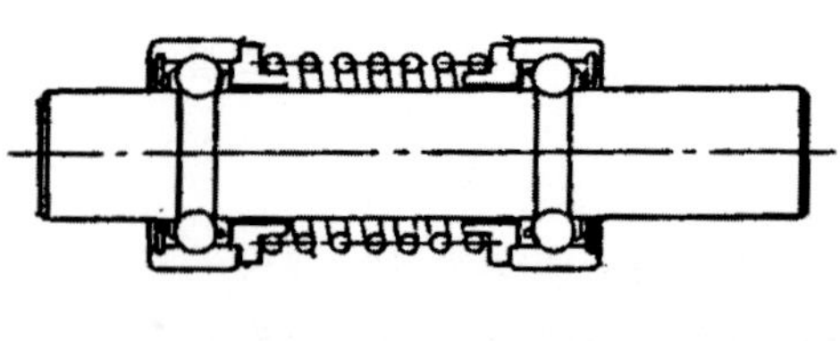

그림 3.27 인티그럴사프트베어링

a) 특성

① 유사한 크기의 베어링에 비하여 궤도홈의 곡률반경이 크다.

② 수명은 재료의 구름피로 보다는 그리이스의 수명에 의해 결정된다.

③ 기동토르크가 아주 작아야 한다.

b) 용도

OA 기기, VTR, 공업용 계기, 소형 회전기기, 컴퓨터.

16) 직동구름안내(Linear Bearing)

직선운동을 하는 이동물체의 안내에 볼 또는 로울러를 이용한 것을 직동구름안내라고 한다. 구름안내는 전동체의 종류에 따라 볼, 원통로울러, 니들로울러, 궤도의 형상에 따라 평면, 환축, 스프라인축, 이형레일, 순환방식에 따라 순환식과 비순환식이 있다.

일반적으로 볼구름안내는 중·경하중, 저마찰에, 원통로울러구름안내는 중(重)하중, 고강성에 적용한다. 순환식은 전동체가 순환하므로 이동물체의 이동스트로크(Stroke)에 제한이 없으나 비순환식은 축이 이동하면 리테이너는 그 축 이동 길이의 1/2 만큼 이동하고 스트로크에 제한을 받는다.

이들 분류의 조합에 따라 많은 종류의 구름안내가 있고, 제조사 별로 각기 설계·제작하고 독자적인 상품명을 붙이고 있다.(그림 3.28, 그림 3.29)

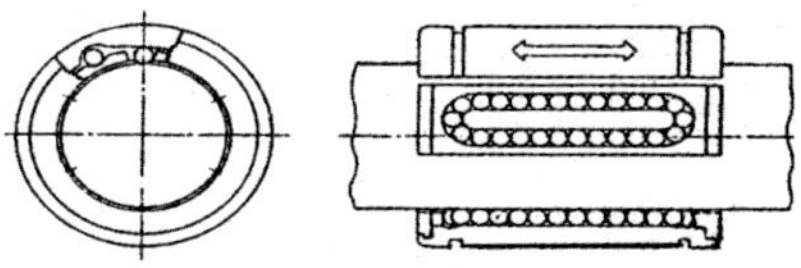

그림 3.28 환축 순환식 볼구름안내

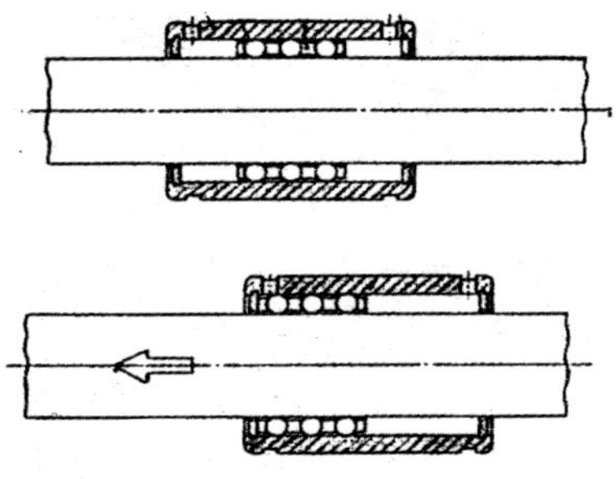

그림 3.29 평면 비순환식 로울러구름안내

a) 특성

① 기동마찰과 동마찰의 차이가 적다.

② 정확한 위치 결정이 가능하다.

③ 직동구름안내의 정격수명 단위는 10^6 회전 대신에 50 km의 주행거리로 정의되고 있다.

b) 용도

공작기계, 산업용 로보트, 정밀계측기, 의료기기, OA기기.

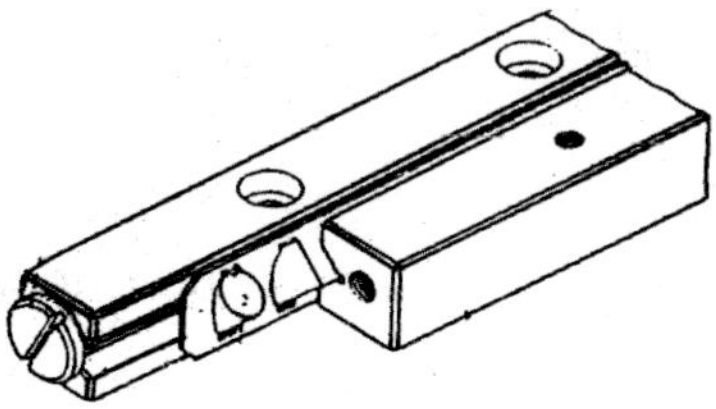

그림 3.30 환축 비순환식 볼구름안내

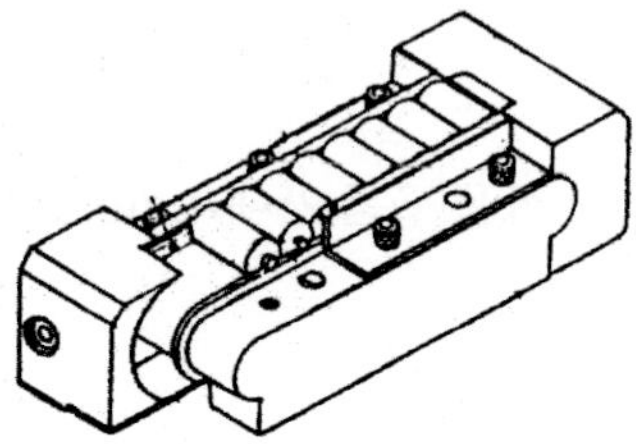

그림 3.31 평면 순환식 로울러구름안내

17) 구름베어링 유니트(Rolling Bearing Unit)

구름베어링 유니트는 유니트용 볼베어링과 하우징을 조합시킨 것이다. 유니트용 베어링은 그림 3.32와 같이 외륜 외경이 구면(球面)이고 내륜 폭이 큰 밀봉형 깊은홈볼베어링의 일종이다. 유니트용 베어링의 내륜 폭치수를 제외한 치수들은 UC200 계열에서는 6200 계열 치수를, UC300 계열에서는 6300 계열 치수를 따른다. 유니트 하우징은 주철(Cast Iron) 또는 강판을 프레스 가공한 것을 사용한다. 베어링 유니트의 형식은 하우징 형상에 따라 여러 종류가 있다. (그림 3.33)

a) 특성

① 베어링 외경면과 하우징 내경면이 구면이므로 조심성을 갖는다.

② 내륜을 축에 고정하기 위하여 셀 스크류(Set Screw), 편심 칼러(Eccentric Locking Collar) 및 어댑터 스리이브(Adapter Sleeve)를 사용한다.

③ 밀봉형이나 외부에서 그리이스의 재보급이 가능하다

b) 용도

농기계, 엘리베이터, 호퍼, 콘베이어 시스템, 산업기계.

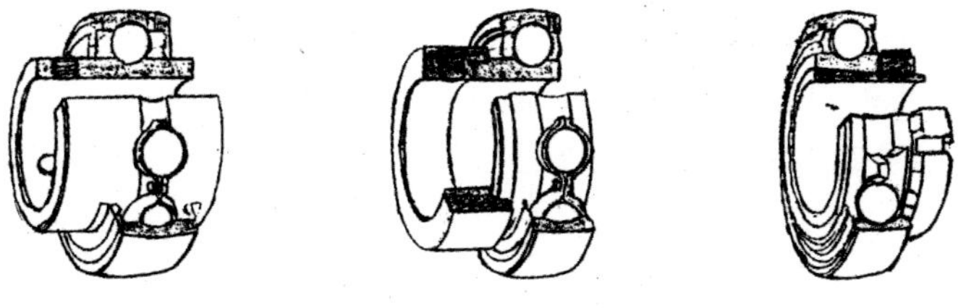

a) 셀 스크류형　b) 편심 체결 칼러형　c) 어댑터스리이브형

그림 3.32 유니트 베어링의 종류

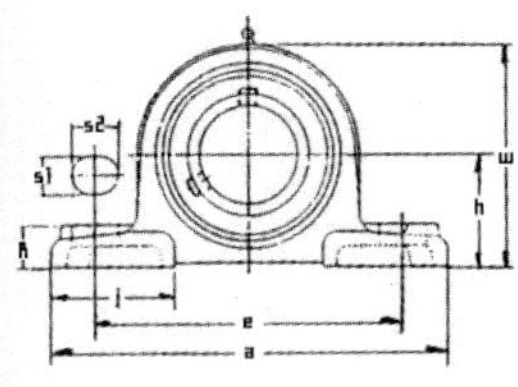

a) 필로우형 유니트(UCP)

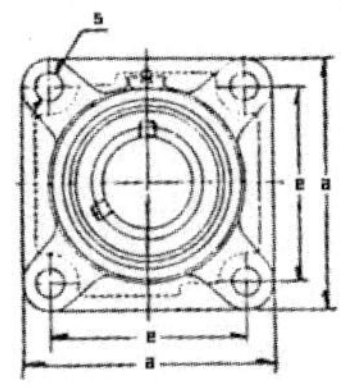

b-1) 후랜지형 유니트(UCF)

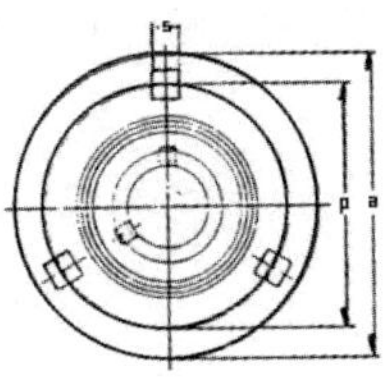

b-2) 후랜지형 유니트(UCFC)

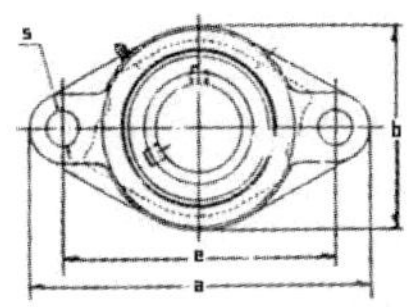

b-3) 후랜지형 유니트(UCFL)

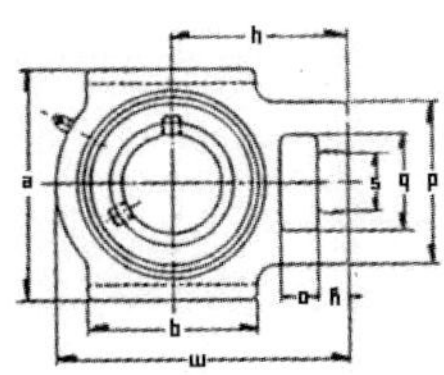

c) 테이크업유니트(UCT)

그림 3.33 각종 베어링 유니트의 종류

18) 플러머블록(Plummier Block)

플러머블록은 캐나다에서 사용되는 명칭이나 미국에서는 필로우블록(Pillow Block)이라고 하며 주철(Grey Cast Iron)제 상하 분리형 하우징에 레이디얼 베어링을 조합한 것이다.(그림 3.34)

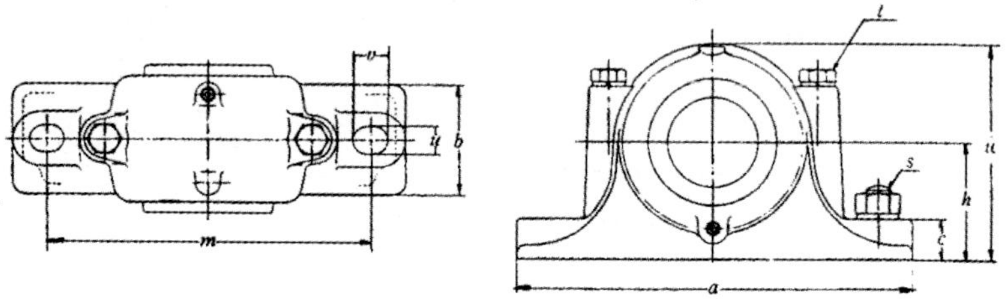

그림 3.34 플러머 블록

a) 특성

① 경제적이고 보수 유지가 용이하다.

② 베어링 하우징은 헐거운 끼워맞춤으로 되어 있어 축방향 구속이 없다.

③ 설치시 약간의 위치오차가 있다.

④ 축의 팽창을 하우징이 스스로 보완 할 수가 있다.

⑤ 베어링의 위치결정은 로케이팅링(Locating Ring)으로 한다.

b) 용도

동력전달장치.

19) 선회베어링

선회베어링은 각종 산업기계의 선회부에 이용되며 간헐적으로 어느 각도를 요동하던가 또는 동일 회전방향으로 분당 수 회전의 저속회전을 한다. 베어링의 종류는 단열 스러스트 앵귤러볼베어링, 복열 스러스트 앵규러볼베어링이 있으나 주로 단열이 많이 사용되고 있다.(그림 3.35)

a) 단열 스러스트 앵규러볼베어링　　b) 복열 스러스트 앵규러볼베어링

그림 3.35 선회베어링의 종류

a) 특성

① 베어링의 크기가 외경 400 ~ 5000 mm로 상당히 크다.

② 선회륜에 기어가 있는 내치차형과 외치차형이 있다.

③ 회전속도가 극히 낮다.

b) 용도

대포, 탱크, 파워쇼벨, 크레인, 불도저, 퍼래보러의 안테너

3.2. 특수형 베어링 (Special Bearing)

1) 자동차용 전용 베어링

이런 베어링에는 크러치릴리즈볼베어링(Clutch Release Ball Bearing), 킹핀스러스트베어링(King Pin Thrust Bearing), 워터펌프볼베어링(Water Pump Ball Bearing), 허브유니트(Hub Unit) 등이 있으며 허브유니트를 제외하고는 1969년부터 JIS로 되어 있다.(그림3.36. 그림3.37, 그림 3.38)

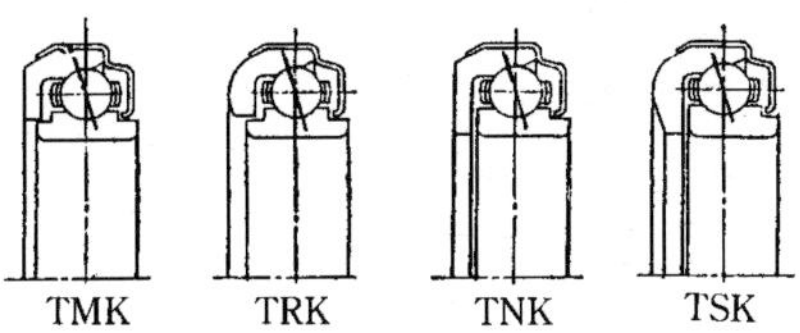

3.36 크러치릴리즈 볼베어링

그림 3.37 킹핀 스러스트 로울러베어링

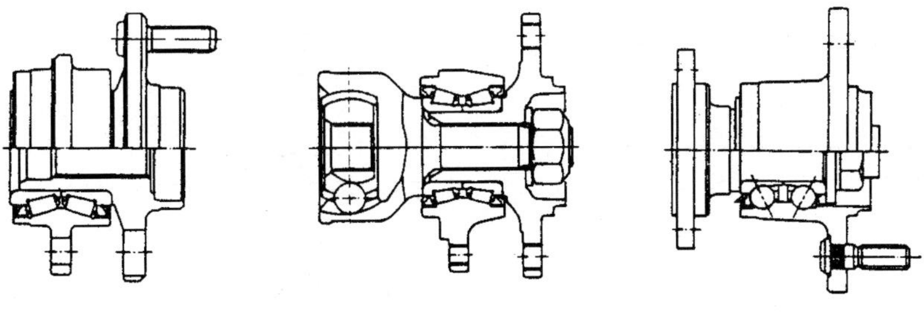

그림 3.38 허브유니트베어링

2) 자동차용 허브유니트

자동차는 최근 수년간 FF(Front Engine, Front Drive)화가 급속히 진행됨에 따라 휠 베어링(Wheel Bearing)에 커다란 변화가 일어나고 있다.

종래에 휠 1개당 테이퍼로울러베어링 또는 레이디얼볼베어링이 2개가 그림 3.39와 같이 사용되었으나 유니트화의 필요성 이 다음과 같이 강력하게 대두되었다.

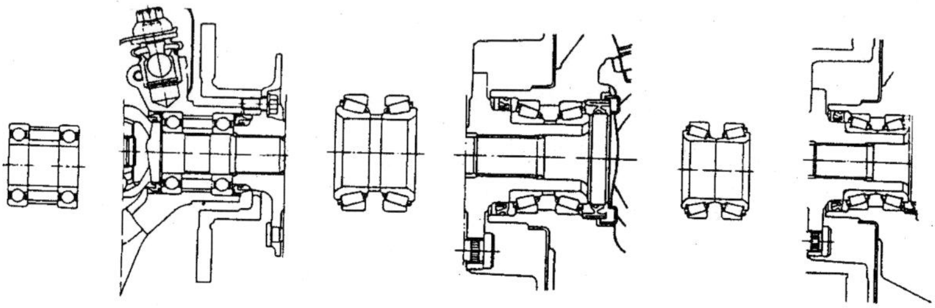

그림 3.39 전통적인 허브유니트베어링

① 베어링의 조립간격 조정이 불필요

② 베어링 조립공정의 합리화

③ 경량 · 콤팩트(Compact)화.

④ 신뢰성의 향상

⑤ 총비용의 절감

현재 실용화되고 있는 휠 베어링 유니트(Wheel Bearing Unit)은 형식과 변천을 그림 3.40 에서 세대별로 분류하고 상대평가를 나타내고 있다.

제1세대(1st Generation)는 외륜 일체형 복열 베어링으로 그리이스를 주입하고 시일(Seal)이 부착되어 있다.

제2세대(2nd Generation)는 주변 부품인 허브(Hub) 또는 너클(Knuckle)의 어느 한편을 베어링 궤도륜으로 일체화한 형식이다.

제3세대(3rd Generation)는 주변 부품인 허브와 너클을 베어링 궤도륜과 일체화한 형식이고 제2세대를 더욱 발전시킨 것이다.

항 목		Ball 베어링						Taper Roller 베어링			
		기존형식	제 1 세대		제 2 세대	제 3 세대	제 4 세대	기존형식		제 1 세대	제 2 세대
		단열깊은홈 Ball 베어링	복열 Angular Ball 베어링	Angular Unit 베어링	Hub Unit 베어링	Hub Unit 베어링	Hub Unit Joint	단연 Taper Roller 베어링	Set light 베어링	Taper Unit 베어링	Hub Unit 베어링
형 상		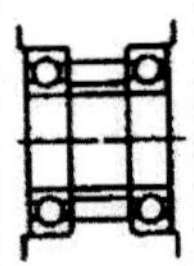	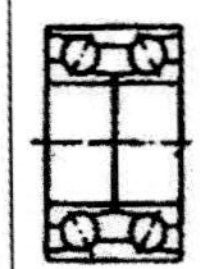	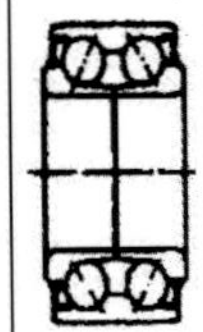	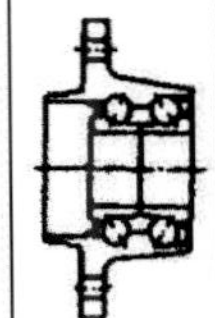	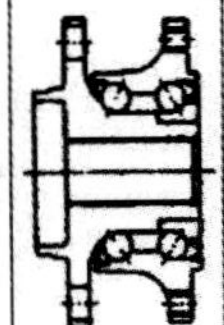	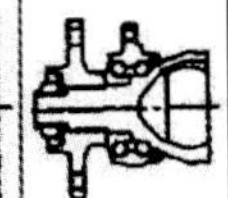	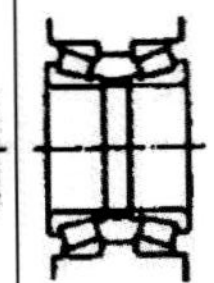	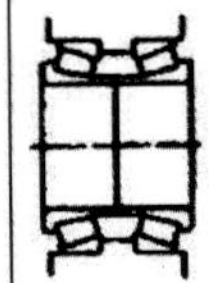	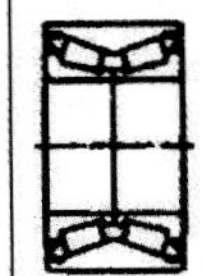	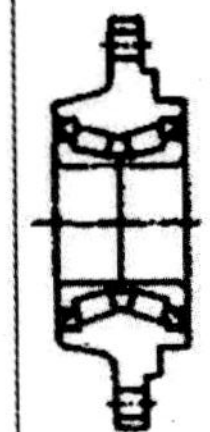
조립틈새조정		Spacer 선택	무조정	무조정	무조정	무조정	무조정	Spacer 선택	무조정	무조정	무조정
Line 조립성		0	+	++	+++	++++	+++++	0	+	++	+++
공간부 Grease 충진		필요	필요	불필요	불필요	불필요	불필요	필요	필요	불필요	불필요
요구 가공정도	Knuckle	보통	보통	보통	보통	-	-	보통	높음	보통	보통
	베어링	보통	아주 높음	높음	높음	높음	높음	보통	높음	높음	높음
Compact 정도	반대방향	0	+	+	++	++	+++	0	0	0	+
	축방향	0	+	++	+++	++++	+++++	0	0	+	++
외부 Dust Seal의 필요성		필요	필요	간이화	간이화 또는 불필요	간이화 또는 불필요	불필요	필요	필요	간이화 또는 불필요	간이화 또는 불필요
정비성		0	+	++	+++	+++	+++	0	+	++	+++

그림 3.40 Wheel용 각 형식의 상대평가

제4세대(4th Generation)는 CVJ(Constant Velocity Joint)와 베어링을 일체화 시킨 것으로 허브 스프라인(Hub Spline)의 폐지와 조립의 합리화 및 콤팩트화를 추진한 형식이나 실용화 단계에 이르지 못하고 있다.

3) 철도차량용 베어링

철도차량에는 객차용과 화차(무개차, 유개차)용이 있다. 철도차량의 구름베어링의 종류는 테이퍼로울러베어링, 자동조심베어링, 원통로울러베어링, 레이디얼볼베어링 등이 각각 특징에 따라 사용되고 있다.

차축용 베어링은 차량의 중량및 적재하중에 의한 정적및 진동적인 레이디얼하중 이외에 레일의 연결부분이나 분기점을 통과할 때의 충격적인 레이디얼하중, 가감속의 레이디얼하중, 커브진 곳을 선회할 때의 진동적 또는 충격적인 스러스트하중을 받는다. 이들 하중에 의해 베어링 수명은 영향을 받으나 정확히 계산을 할 수가 없기 때문에 기본적인 하중에 경험적인 계수를 고려한 평균하중으로 수명을 계산한다.

a) 테이퍼로울러베어링

테이퍼로울러베어링은 그 구조에서 레이디얼하중과 스러스트하중을 동시에 받을 수가 있으므로 베어링 주변의 구조가 간결하다. 내외륜을 분리할 수가 있기 때문에 궤도면의 점검이 용이하나 크리어런스(Clearance)의 조정이 필요하다.

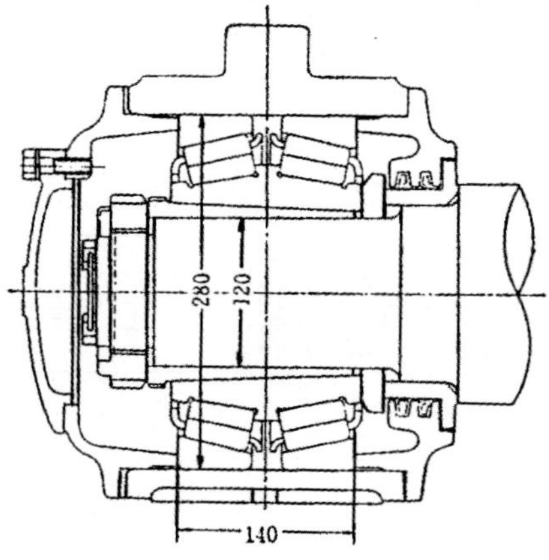

그림 3.41 전차 차축용 조립식 테이퍼로울러베어링

초기에는 스리이브(Sleeve)에 의해 내륜을 고정하였으며 그림 3.41은 사용예이다. 베어링의 크리어런스는 액슬박스(Axle Box)와 전면 커버의 사이에 쉼(Shim)을 삽입하여 조정하고 있다.

이 스리이브 조임방식은 저널(Journal)부분이 고정밀도를 요구되지 않고 베어링의 설치및 해체가 용이한 이점이 있으나 큰 압입력, 스리이브와 베어링의 내경과의 테이퍼(Taper)의 불일치 등으로 운전중에 스리이브가 느슨해져서 내경면에 크립(Creep)이 생기거나 베어링의 크리어런스가 커지고, 베어링의 한측만 닿아서 조기 후레이킹(Flaking)을 일으켜 베어링을 손상시키는 사례가 많았다. 이 문제는 베어링의 제조사에서 외륜 사이에 적절한 크리어런스를 갖는 스페이서(Spacer)를 넣음으로써 해결되었다.

현재는 베어링이 저널부에 직접 압입되는 것으로 변경하여 이런 형태의 베어링만 제조 및 사용이 되고 있다. 이런 베어링에는 A축에 HH221434/HH221410, B-1축에 945D/932, B-2축에 946D/932, C축에 EE153049D/EE173101 등이 사용되고 있다. 그림 3.42는 이런 종류에 대한 조립도이다.

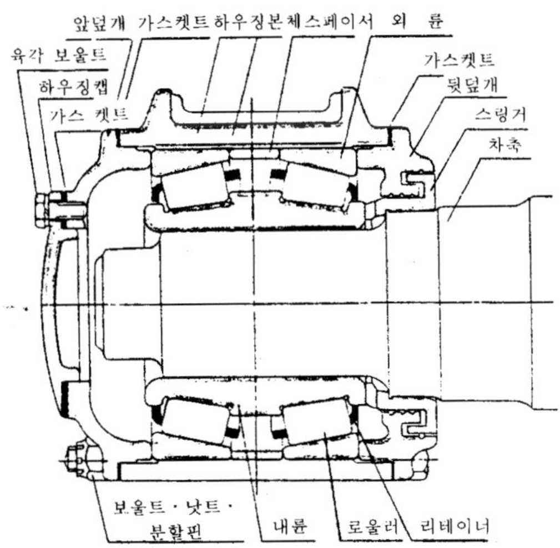

그림 3.42 A축, B-1축. B-2축, C축용 베어링의 조립도

일본에서는 1958년에 고속 컨테이너 수송용 화차(貨車)가 개발되면서 구름베어링(턱붙이 원통로울러베어링)이 사용되었으나 그 후 일반 화차에도 정비, 취급, 조정이 간단한 밀봉형 테이퍼로울러베어링(RCT ; Rotating Cap Type)이 대부분 사용되고 있다. 미국철도협회(AAR: Association of American Railroad)

에서는 차축 등급을 B, C, D, E, F, G의 6종으로 설정하여 표준화하여 이것에 적합한 패키지(Package)형의 베어링을 설정하고 있다. 이들 베어링은 호환성을 가지고 있으며 사용하기가 쉽고 대량생산으로 가격이 싸고 보수하기에 쉽기 때문에 세계 각국에 널리 사용되고 있다. 그림 3.43은 RCT 베어링의 조립도이다.

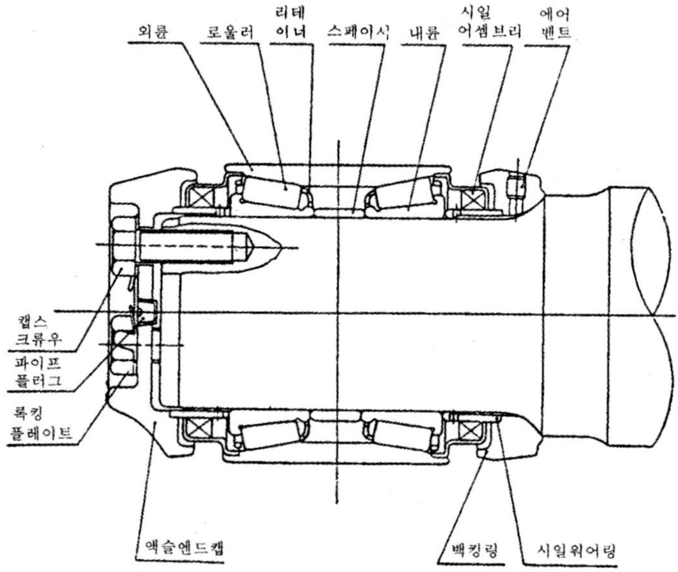

그림 3.43 RCT 베어링 조립도

b) 자동조심로울러베어링

대차형식에 의해 베어링 내에서 액슬박스(Axle Box)와 차축 중심의 기울기가 자유도(自由度)를 가질 필요가 있을 경우에 한 개의 자동조심로울러베어링이 사용되어 왔으며 그림 3.44는 1958년 일본의 협궤에서 145 km/h에 성공한 것이다. 베어링의 수명을 증가하기 위해서 베어링의 외경을 크게 하지 않는 한 부하용량이 부족하게 되고, 외경을 크게 하면 베어링 주위의 설계가 곤란하고 가격도 상승하게 된다. 현재는 2개의 자동조심로울러베어링을 나란히 설치하고 그 사이에 내륜 스페이서(Spacer)를 넣고 있다. 이 경우 자동조심성이 상실하게 되고 저널(Journal) 부분의 길이가 길어져 중량이 증가하는 결점이 있다.

자동조심베어링을 사용한 차량은 세계적으로 유럽지역에서는 많이 사용하고 있으나 내외륜 비분리형으로 취급이 불편하고 본래의 자동조심성의 특징의 상실로 인하여 점점 감소하고 있는 추세이다. 그림 3.45는 유럽의 국제철도연합에

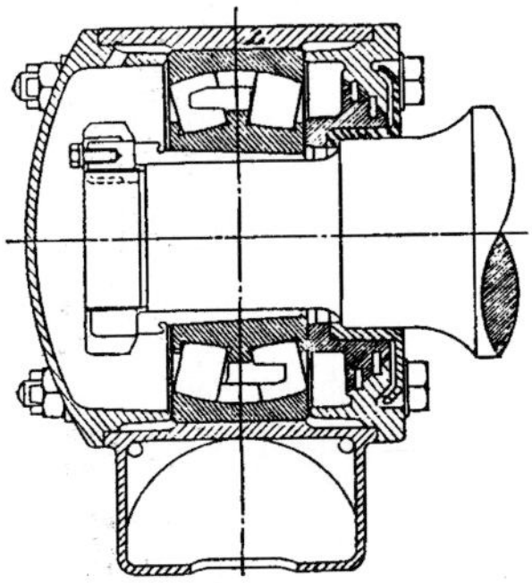

그림 3.44 차축용 자동조심로울러베어링

서 표준화되어 있는 화차용 액슬박스(Axle Box)의 구조이며 2개의 자동조심로울러베어링이 내륜 스페이서를 끼고 차축에 직접 설치되어 있다.

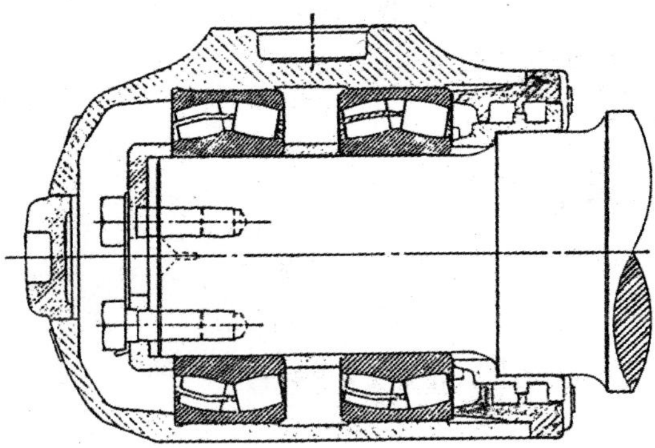

그림 3.45 자동조심 로울러 베어링을 사용한 UIC표준 Axle Box

c) 원통로울러베어링

차축용 베어링에 원통로울러베어링을 사용한 사례는 고속차량에서 일반차량까지 세계적으로 매우 많다. 초기에는 스러스트하중을 어떻게 받는가가 문제로 되어 그 완충장치의 설계와 함께 여러가지 시도를 하였으나 모두 복잡하여 보편화되지 못하였다.

원통로울러베어링은 다음과 같은 이점으로 사용하는 빈도가 많아졌다.

- 외경을 작게 콤팩트한 설계를 할 수가 있고 액슬박스를 포함한 중량을 줄일 수가 있다.
- 베어링의 레이디얼 크리어런스와는 독립적으로 베어링 내부에 축방향 크

리어런스를 1~2 mm 정도 갖게 해서 대차나 차측의 오차를 피하고 있다.
- 설치, 해체가 용이하고 베어링 내부를 상세히 점검할 수가 있고 보수도 용이하다.
- 스러스트하중을 별도로 부하할 수가 있어 이 베어링에서는 레이디얼하중만을 설계를 할 수가 있다.

이런 이점이 있는 반면에 궤도륜의 살 두께가 얇기 때문에 저널 부분의 정도 영향을 베어링이 그대로 받는다. 로울러의 스큐(Skew) 방지나 선단응력(Edge Stress)을 피하는 설계와 제작 등 고도의 기술이 필요하다.

현재 스러스트하중을 받는 방법으로 다음에 기술하는 2개의 형식이 실용화되어 사용되고 있다.

① 볼베어링을 전면 커버측에 갖는 형식

그림 3.46은 전차, 디젤기관차에 표준형식으로서 사용되고 있으며, 원통로울러 베어링에 내륜턱이 없고 축방향으로 자유롭기 때문에 레이디얼하중 만을 받는다. 스러스트하중을 받는 볼베어링은 앵귤러콘택트베어링이고 스러스트하중의 완충에는 고무를 사용하고 있다.

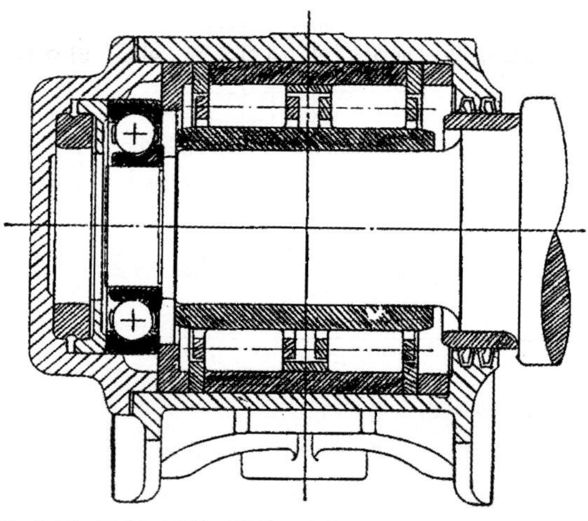

그림 3.46 모하 90형 전차 자축용 원통로울러베어링

이 형식의 액슬박스를 사용하고 있는 모하90형 전동차는 135 km/h를 기록했다. 이 형식에서 보다 발전된 것이 고속열차용 차축베어링이고 그림 3.47에 그 구조를 나타내고 있다. 원통로울러베어링은 2 개의 NU형이며 그 사이에 외륜 스페이서를 갖는 내륜 일체형이다. 1963년 일본의 고속열차에 사용되어 256 km/h의 기록을 나타내어 세계적으로 높은 평가를 받았다.

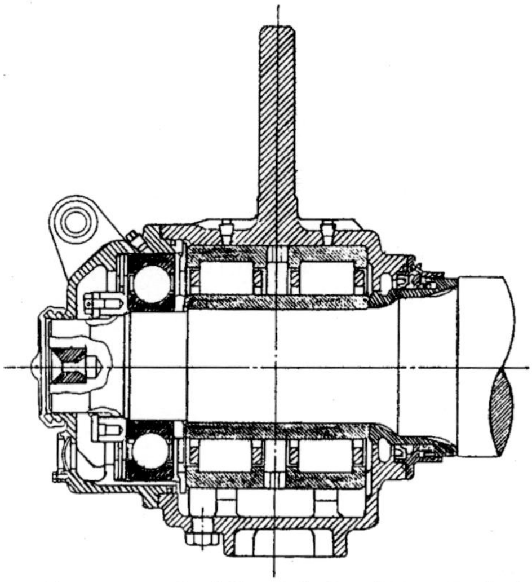

그림 3.47 고속열차 자축용 원통로울러베어링

② 턱붙은 원통로울러베어링의 형식

이 형식은 원통로울러베어링의 내외륜에 있는 턱으로 스러스트하중을 받는 것으로 유럽에서 표준화되어 있다. 그림 3.48은 고속 컨테이너화차용으로 개발한 차축용 베어링의 구조이다.

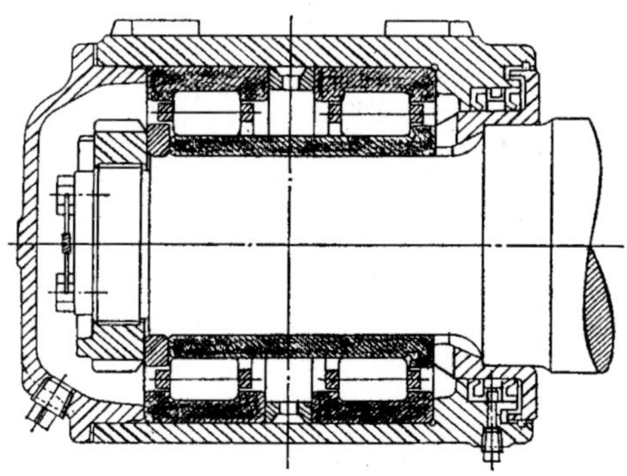

그림 3.48 고속 콘테이너 화물용 원통로울러베어링

이 형식은 구조가 간단하고 고장이 적으며 조정이 불필요하고 보수가 편리하다. 콤팩트한 설계로 가격도 비교적 저렴하기 때문에 전동차용, 화차용에 많이 사용되고 있다.

4. 베어링의 기하학적 관계

4.1. 피치경, 크리어런스 및 궤도륜 상사

볼베어링의 운전특성은 경방향 크리어런스(Diametral Clearance)에 크게 영향을 받는다. 그림 4.1에 나타낸 단열 볼베어링의 단면은 레이디얼 크리어런스(Radial Clearance)와 여러가지 직경을 나타낸다.

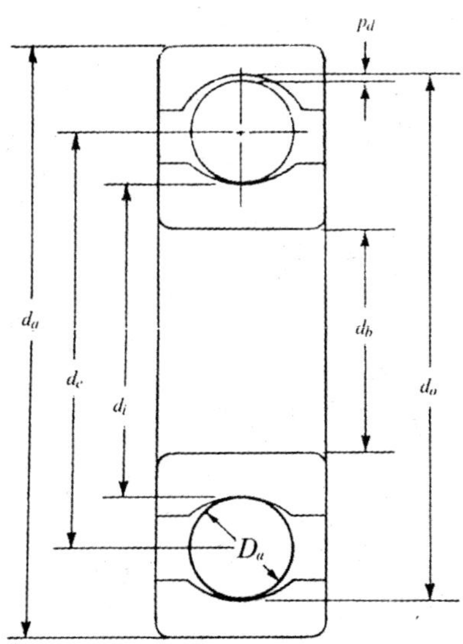

그림 4.1 단열 볼베어링의 단면

피치직경(Pitch Diameter) d_e 는 대략적으로 내륜 궤도경과 외륜 궤도경의 산술평균이며 다음 식으로 주어진다.

$$d_e = d_i + \frac{1}{2}(d_o - d_i)$$

$$d_e = \frac{1}{2}(d_o + d_i) \tag{4.1}$$

경방향 크리어런스 P_d는 다음 식으로 주어진다.

$$P_d = d_o - d_i - 2D_o \tag{4.2}$$

P_d 값이 정(Positive)이면 헐거운 베어링(Loose Bearing)이고, 부(Negative)이면 조임 베어링(Tight Bearing)이 된다. 경방향 크리어런스를 단열 레이디얼 베어링에서는 레이디얼 크리어런스(Radial Clearance), 레이디얼 플레이(Radial Play), 다이어메트럴 플레이(Diametral Play), 다이어메트럴 쉐이크니스(Diametral Shakeness)라고도 한다.

궤도륜곡률(Race Curvature)은 베어링축을 관통하고 궤도를 횡단하는 평면 내에 볼에 대한 궤도륜의 상사 정도이다. 이것은 퍼센트 또는 소수로 나타낸다.

궤도륜곡률은 그림 4.2에서 다음 식으로 주어진다.

$$f = \frac{r}{D_a} \tag{4.3}$$

완전상사(Perfect Conformity)는 궤도륜의 곡률반경이 볼의 반경과 같고 $f=0.5$가 된다. 궤도륜이 볼에 대한 상사에 근접해 질수록 접촉에 의한 마찰열은 증가된다. 반면에, 궤도륜곡률이 벌어지면 기하학적 상사(Geometrical Conformity)의 감소와 마찰이 감소되나 최대접촉응력은 증가하여 베어링의 피로수명은 감소된다.

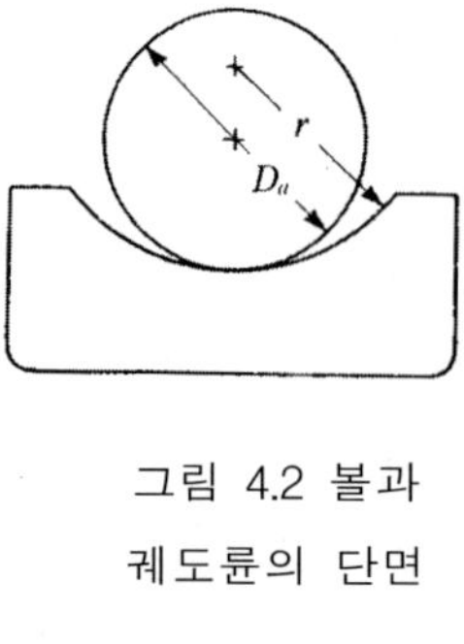

그림 4.2 볼과 궤도륜의 단면

고속회전에서 피로수명(Fatigue Life)은 그림 4.3과 같이 외륜곡률(Outer Race Curvature)이 증가하면 감소하나 내륜곡률(Inner Race Curvature)이 증가하면 거의 영향을 받지 않는다.

이것은 원심력이 외륜에 불리하게 작용하여 최대접촉응력을 증가시키기 때문이다. 대부분의 볼베어링은 궤도륜 상사(Race Conformity Ratio)의 범위는 $0.51 \leq f \leq 0.54$이며, $f = 0.52$가 가장 일반적이다. 외륜궤도 상사비는 내륜의 것보다는 항상 약간 크게 만든다. 이것은 외륜접촉과 내륜접촉에서 접촉응력 (Contact Stress)을 같게 하기 위한 것이다. 궤도륜 상사비의 차이는 보통 0.02를 초과하지 않는다.

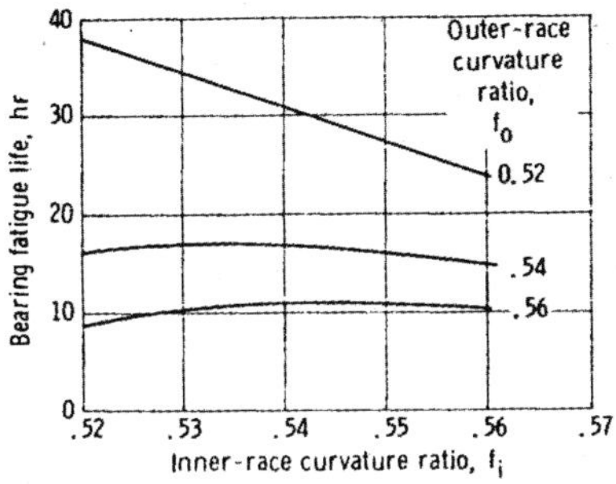

20 mm bore Ball Bearing

Radial Load Fr= 0

Thrust Load Fa= 445N

120,000 rpm

Initial Contact Angle β_f = 20°

그림 4.3 궤도륜 곡률에 의한 베어링수명

4.2. 접촉각

레이디얼 베어링은 그림 4.4(a)와 같이 경방향 크리어런스를 갖도록 설계되어 있기 때문에 축방향 크리어런스(Axial Clearance)를 갖는다. 이 크리어런스는 궤도륜 상사비와 함께 무부하 베어링이 되게 하며 베어링의 자유접촉각(Fre

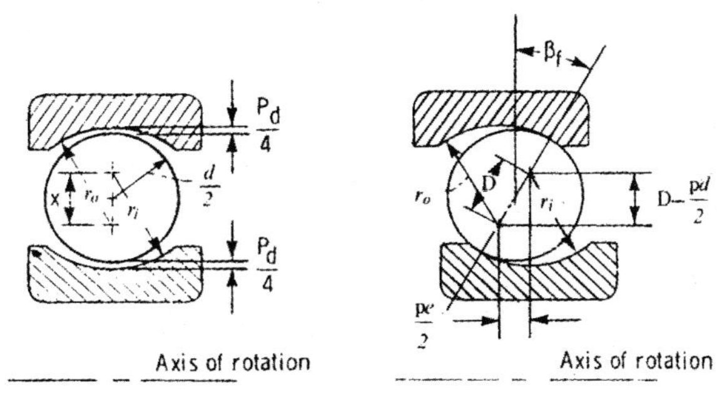

a) 초기 위치　　　　　　b) 이동 후 위치

그림 4.4 레이디얼 볼 베어링 내외륜의 축방향 이동 전후 단면

e Contact Angle)을 결정한다. 그림 4.4(b)는 측정할 수 없는 작은 힘이 가해졌을 때 내외륜의 축방향으로 이동하여 접촉한 레이디얼 볼베어링을 나타낸다. 자유접촉(Free Contact)를 거론하기 전에 곡률 중심거리의 정의는 그림 4.4(b)에서 다음 식으로 주어진다.

$$\frac{P_d}{4}+D_a+\frac{P_d}{4}=r_a-x+r_i$$

$$x=r_a+r_i-D_a-\frac{P_d}{2} \qquad 4.4$$

$$D_a=r_o-D+r_i$$

$$D=r_o+r_i-D_a \qquad 4.5$$

이들 식으로부터 다음 식이 얻어진다.

$$x=D-\frac{P_d}{2} \qquad 4.6$$

식 4.3을 식 4.5 에 대입하면 다음 식으로 주어진다.

$$D=r_o+r_i-D_a$$

$$=(f_0+f_i-1)D_a$$

$$=BD_a \qquad 4.7$$

$$B=f_o+f_i-1 \qquad 4.8$$

식 4.8의 B 값은 총곡률(Total Curvature) 또는 총상사비(Total Conformity Ratio)라고도 하며 볼에 대한 외륜과 내륜의 상사량이다. 이것에 의해 모든 베어링의 치우침(Deflection) 계산이 이루어진다.

자유접촉각(Free Contact Angle)은 측정할 수 없는 작은 힘이 가해졌을 때 베어링 축에 수직인 평면과 볼 및 궤도륜들의 접촉점을 통과하는 선으로 이루어진 각이다.

자유접촉각은 다음 식으로 주어진다.

$$\cos\beta_f=\frac{D-P_d/2}{D}$$

$$\beta_f=\cos^{-1}\left(1-\frac{P_d}{2D}\right) \qquad 4.9$$

식 4.2와 식 4.5를 식 4.9에 대입하면 다음 식이 구해진다.

$$\beta_f = \cos^{-1}\left[\frac{r_0 + r_i - \frac{1}{2}(d_0 - d_i)}{r_0 + r_i - D_a}\right] \qquad 4.10$$

식 4.10에서 볼의 크기가 증가되고 다른 것이 일정하면 자유접촉각은 감소된다. 표 4.1은 각종 베어링의 자유접촉각 (공칭 접촉각) 을 나타낸다.

표 4.1 The Free Contact Angle of The Different Bearing Types

Bearing type	Free contact angle β_f
Deep Groove Ball Bearing, radially displaced	0°
Deep Groove Ball Bearing, axially displaced	5° ~15°
Single-Row Angular Contact Ball Bearing	15° ~40°
Double-Row Angular Contact Ball Bearing	35° ~40°
Self-Aligning Ball Bearing	5° ~20°
Cylindrical Roller Bearing	0°
Needle Roller Bearing	0°
Tapered Roller Bearing	10~30°
Barrel Roller Bearing	0°
Spherical Roller Bearing	4~18°
Thrust Ball Bearing	90°
Angular Contact Thrust Ball Bearing	60°
Spherical Roller Thrust Bearing	50°
Cylindrical Roller Thrust Bearing	90°

(계산 예)

볼의 직경 D_a=9.525 mm, 궤도홈 곡률반경비의 합 $(r_i + r_0)/D_a = 104\%$, 레이디얼 크리어런스 $P_d = 0.025$ mm일 때, 초기 접촉각은 얼마인가?

$$\begin{aligned} D &= (fi + f_0 - 1)D_a \\ &= (1.04 - 1) \times 9.525 \\ &= 0.381 \end{aligned}$$

$$\begin{aligned} \beta_f &= \cos^{-1}(1 - \frac{P_d}{2D}) \\ &= \cos^{-1}(1 - \frac{0.025}{2 \times 0.381}) \\ &= \cos^{-1} 0.96719 \\ &= 14.71^\circ \end{aligned}$$

자유접촉각(초기 접촉각) β_f 인 볼베어링에 스러스트하중 F_a가 가해지면 접촉각은 크게 되며 이 때의 접촉각 β 는 다음 식으로 주어진다.

$$\frac{\cos\beta_f}{\cos\beta}=1+\frac{C\cdot B_a}{r_i+r_i-D_a}\left(\frac{F_a}{Z\cdot D_a^2\cdot\sin\beta}\right)^{2/3} \qquad 4.11$$

(여기서 , C : 표16.4에 주어지는 접촉탄성계수)

윗 식은 해석적으로 풀 수가 없기 때문에 β 는 순차적으로 여러 값을 대입하여 등식이 성립하도록 반복하여 계산한다.

한편, 깊은홈볼베어링 또는 앵귤러볼베어링이 표준적인 궤도홈의 곡률반경을 갖는 경우에는 접촉각 β 는 근사식은 다음 식으로 주어진다.

$$\frac{\cos\beta_f}{\cos\beta}=1+0.0517\left(\frac{Q}{D_a^2}\right)^{2/3} \qquad 4.12$$

볼베어링에서 접촉각은 베어링의 강성과 수명에 지대한 영향을 준다. 그림 4.5는 dn값이 150만에서 중형 베어링에 대하여 초기접촉각 β_f 일 때 피로수명의 전형적인 산포를 나타낸다. 그림 4.5의 제안된 접촉각 범위는 고속에서 운전하는 베어링의 대표적인 것이다.

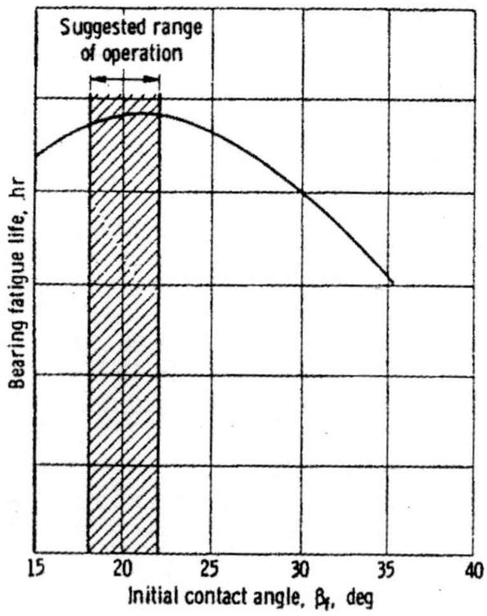

그림 4.5 초기 접촉각과 수명의 관계

식 4.7과 식 4.9로부터 경방향 크리어런스 P_d 는 다음 식으로 된다.

$$P_d = 2BD_a\,(1 - \cos\beta_f) \qquad 4.13$$

이것은 식 4.2 에 주어진 경방향 크리어런스의 변형된 정의이다.

자유끝흔들림(Free Endplay) P_e 는 궤도륜들이 동축으로 중심이 되어 있고 측정할 수 없는 작은 힘이 가해졌을 때 외륜에 대하여 내륜의 최대 축방향이동량(Maximum Axial Movement)이다. 이것은 다음 식으로 주어진다.

$$P_d = 2BD_a \sin\beta_f \qquad 4.14$$

보통 발견되는 총상사(Total Conformity)의 4개 값에 대하여 자유접촉각(Free Contact Angle)과 $P_d/2D_a$의 비율인 끝흔들림(Endplay)의 변화를 그림 4.6에 나타낸다.

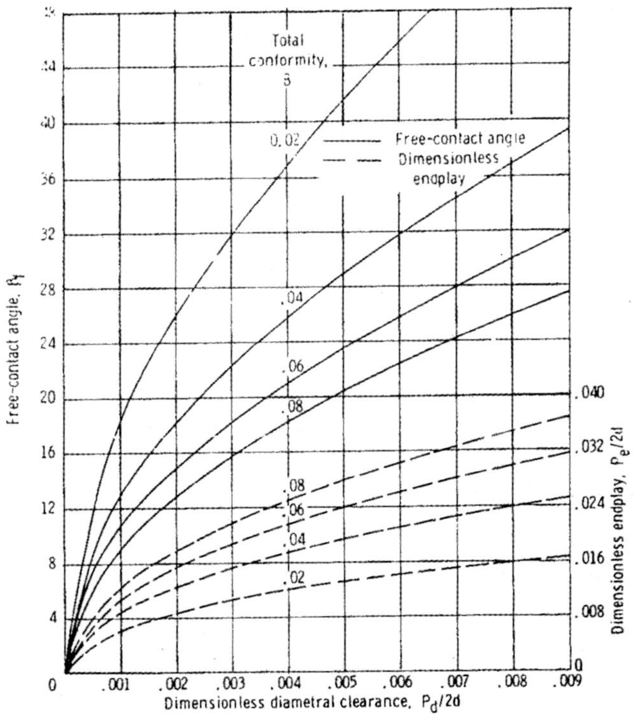

그림 4.6 총상사 4개 값에 대하여 $P_d/2D_a$함수로서의 접촉각과 끝흔들림

식 4.13과 식 4.14에서 β_f 를 소거하면 자유끝흔들림과 경방향 크리어런스의 사이에 다음 관계가 성립한다.

$$P_d = 2BD_a[(2BD_a)^2 - P_e^2]^{1/2} \qquad 4.15$$

$$P_e = (4BD_aP_d - P_d^2)^{1/2} \qquad 4.16$$

볼베어링의 턱높이(Shoulder Height)는 그림 4.7에서 보여주는 것처럼 궤도륜 홈(Race Groove)의 깊이로서 턱에서 홈 밑까지의 측정한 값이다. 이것은 다음 식으로 주어진다.

$$h = r(1 - \cos\theta) \qquad 4.17$$

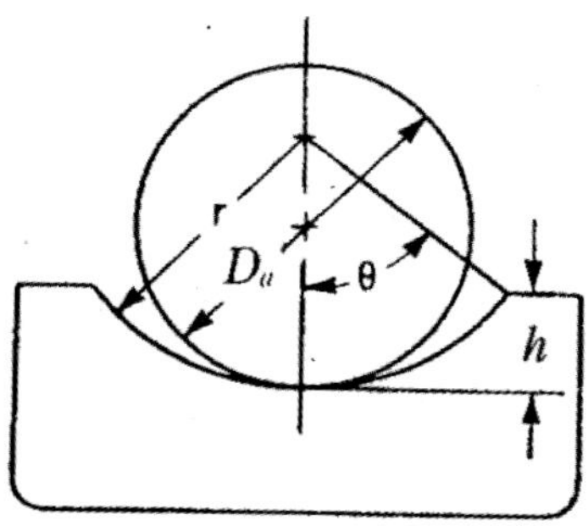

그림 4.7 볼베어링의 턱높이

스러스트하중이 가해지지 않은 상태에서 궤도륜 내의 볼과 궤도륜의 완전한 접촉을 유지하기 위한 최대 경방향 크리어런스는 다음 식으로 주어진다.

식 4.13에서 $B_f = \theta$ 의 경우이므로

$$\begin{aligned}(P_d)_{\max} &= 2BD_a(1 - \cos\theta)\\ &= 2BD_a(h/r)\\ &= 2BD_a(h/fD_a)\\ &= 2BD_a/f(h/D_a)\\ &= 2Dh/r \qquad 4.18\end{aligned}$$

가 된다.

5. 베어링의 선정

5.1. 선정방법

5.1.1. 선정의 기본

구름베어링을 사용하는 기계장치, 기기 등에 대하여 수요자의 요구성능이 점점 엄해져서 베어링에 요구되는 조건과 성능도 점점 다양화되고 있다.

수많은 형식과 치수 중에서 그것들의 용도에 적합한 베어링을 선정하기 위하여 여러가지 측면에서 검토해야 하며 이에 대한 주요 항목은 표 5.1에 나타내고 있다.

표 5.1 선정의 주요 조건

베어링에 대한 요구 조건 (기계의 사용조건)	선정 단계			
	형식	배열	치수	기타
허용공간	○		○	
하중(크기, 방향, 성질)	○	○	○	
허용회전수	○		○	○
수명(피로및 마모)			○	
정밀도 등급	○			○
강성	○	○	○	
조심성과 설치오차	○	○		○
축방향 위치 결정	○	○		
사용온도			○	○
마찰토르크(모먼트)	○			○
음향특성	○			○
설치, 해체(구조, 보수)	○	○	○	
시장성	○	○	○	

베어링의 선정에 있어서 축계(軸系)로서 베어링의 부하능력, 성능, 배열, 공간, 치수, 시장성 등을 종합하여 보면 우선 깊은홈볼베어링(Deep Groove Ball Bearing)의 사용이 검토의 출발점이 된다. 즉, 구름베어링을 사용할 때에는 최초에 깊은홈볼베어링의 사용을 생각하고 이것으로 능력이 부족할 경우에는 필요로 하는 능력에 대하여 그림 5.1의 화살표 방향으로 순차적으로 검토한다. 이 경우에 납기와 가격에서 어려움이 증가되는 수도 있다.

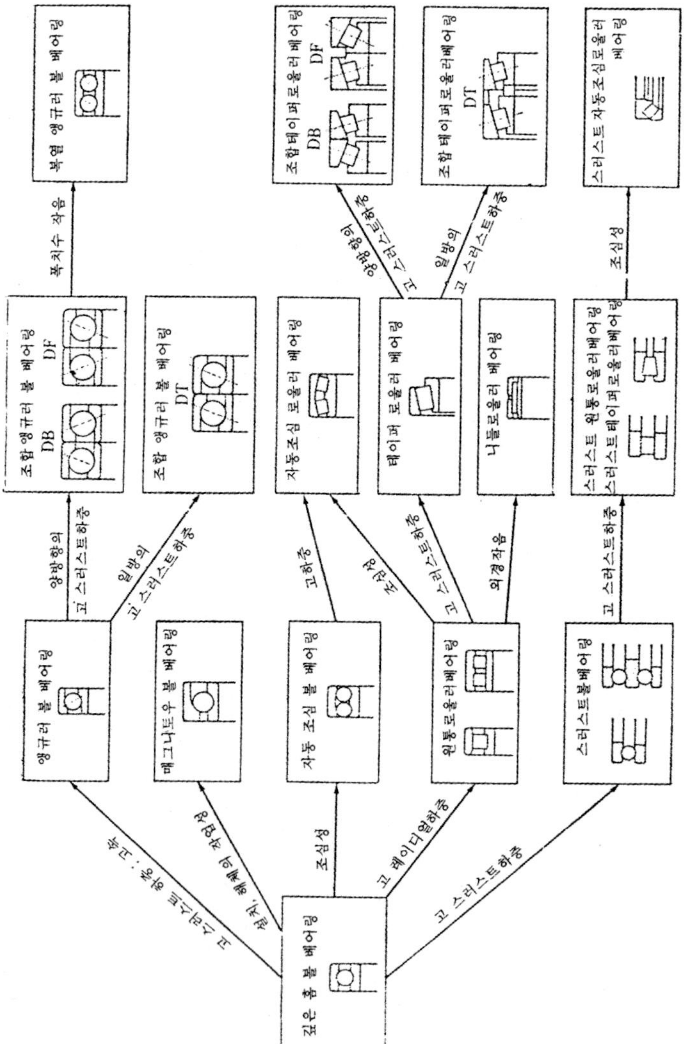

그림 5.1 베어링 선정의 기본적인 사고방법

표 5.2 베어링 형식과 성능

특성 \ 형식		레이디얼 베어링										스러스트 베어링			
		볼 베어링						로울러 베어링				볼베어링	로울러 베어링		
		깊은 홈	매그니토우	단 열 앵귤러	조 합 앵귤러	복 열 앵귤러	자동조심	원통	니들	테이퍼	자동조심	볼	원통	테이퍼	자동조심
성능	부하능력	↕↔	↕←	↕←	↕↔	↕↔	↕↔	↕↔ ↕←	↕	↕←	↕↔	↔	←	←	↕←
	허용 회전속도비	1.0	0.7	a-15° :1.4 a-40° :0.8	0.8	0.6	0.7	1.0	0.6	0.6	0.6	0.2	0.2	0.3	0.3
	회전정도	A	C	A	A	C	C	A	C	A	C	B	A	C	C
	마찰비 (P/C>0.2)	1.0	1.3	1.3	1.4	1.4	0.8	0.8	1.3	1.3	1.3	0.7	2.0	1.3	1.0
	강성	C	C	C	B	B	C	A	A	A	A	B	A	A	A
	음, 진동	A	C	B	B	C	C	A	C	C	C	C	C	C	C
	예압	○	○	○	○	×	×	○ NN	×	○	×	×	×	×	×
설치성	허용 설치오차	클리어런스 보통: ±8' C: -12'	±2'	±2'	±0	±0	±4°	±4'	±2'	±2'	±1°	±0	±0	±0	±3°
	조심성	×	×	×	×	×	○	×	×	×	조심자리 ○	○	×	×	○
	내륜과 외륜의 분리	×	○	×	×	×	×	○	○	○	×	○	○	○	○
	내륜 테이퍼 구멍	×	×	×	×	×	○	복열 ○	×	×	○	×	×	×	×
	고정측용	○	×	×	○	○	○	○ NH.NHP	×	복열 ○	○	×	×	×	×
	자유측용	끼워맞춤면 ○	×	×	끼워맞춤 면 ○	좌동 ○	좌동 ○	○ N. NU	○	끼워맞춤 면 ○	좌동 ○	×	×	×	×

주) 1. ↕: 레이디얼하중 부하능력. ↔: 양방향의 스러스트 하중 부하능력 ←: 일방향의 스러스트 하중 부하능력
2. A: 특히 우수, B: 충분히 가능, C: 기대할 수 없음.
3. O: 적용 가능, X: 적용 불가능

구름베어링의 형식별 특성에 대하여 표 5.2에 기술되어 있다. 이 특성을 활용하는데 중요한 것은 표준품으로 대량생산이 되고 있는 베어링을 사용하는 것이다. 구름베어링은 KS 규격과 제조사의 Catalogue에 많은 형식과 치수가 나타나 있지만 그것에 기재되어 있다고 할지라도 항상 쉽게 구할 수가 없으며, 반대로 Catalogue에 없는 베어링이 특정한 용도에 대량으로 필요시에는 제조사에 주문생산이 가능하다. 베어링의 형식과 치수를 선정하는데 이 점을 잘 고려할 필요가 있다.

1) 허용공간

베어링과 그의 주변의 설계와의 허용되는 공간에는 제한이 있어 이 범위 내에서 베어링의 형식과 치수를 선정해야 한다. 대부분의 경우 기계 설계상 축경(軸徑)이 먼저 결정되므로 베어링의 내경을 기준으로 베어링을 선정하게 된다. 구름베어링에는 동일한 내경에 대하여 많은 형식과 치수 계열이 있기 때문에 이 중에서 적당한 형식을 선택해야 한다. 그림 5.2는 레이디얼 베어링의 치수계열과 해당 베어링 형식을 나타낸다.

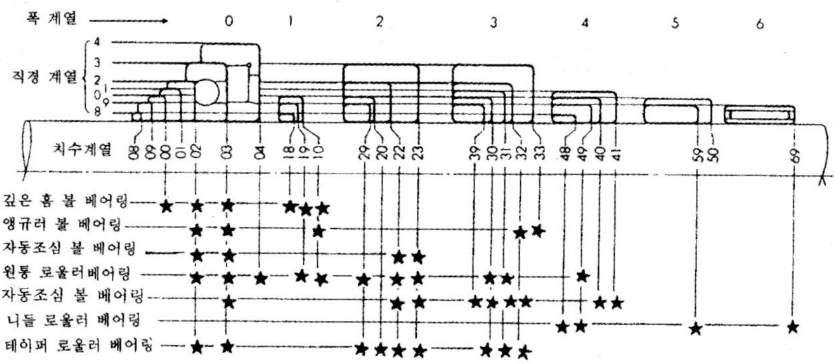

그림 5.2 레이디일 베어링의 치수계열과 베어링 형식

2) 하중의 크기와 방향

베어링의 부하능력(負荷能力)을 나타내는 기본정격하중(基本定格荷重)과 그것에서 구해지는 스러스트 부하능력을 베어링 형식별로 비교하면 대략 그림 5.3과 같다. 동일 치수계열의 베어링을 비교하여 보면 로울러베어링(Roller Bearing)의 편이 부하능력이 크므로 충격하중이 가해지는 용도에도 유리하다.

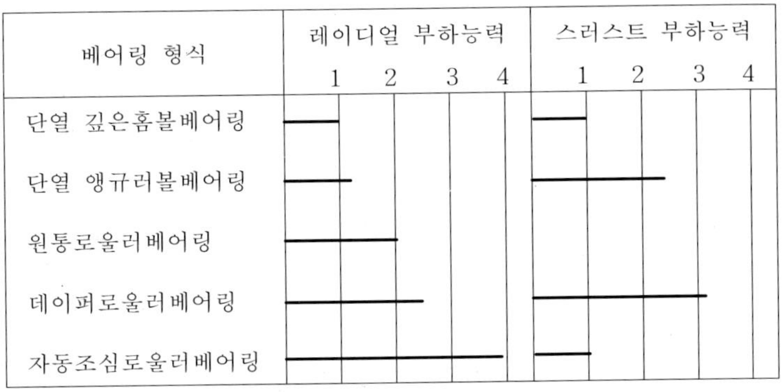

그림 5.3 베어링 형식에 의한 부하능력 비교

3) 허용회전수

구름베어링은 형식과 크기에 따라 회전속도에 한계가 있다. 회전속도가 증가하면 구름마찰에 의해 온도상승이 크게 된다. 허용회전수는 베어링의 온도가 어느 한계 이상으로 발열하지 않고 운전이 되는 경험적인 값이다. 허용회전수는 베어링의 형식과 크기, 리테이너의 형식과 재질, 베어링의 하중, 윤활법, 베어링 주변의 냉각능력에 따라 다르다. 그림 5.4는 베어링의 형식에 따른 허용회전수의 상대적 비교이다.

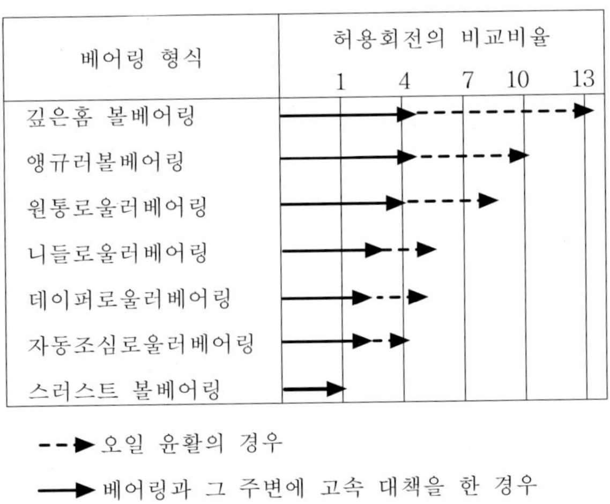

그림 5.4 베어링 형식에 따른 허용회전수의 상대적 비교

베어링의 Catalogue에는 베어링형식별. 크기별, 윤활방식별로 허용회전수가 기재되어 있다. 이 값은 보통하중조건($P \leq 0.1C, Fa/Fr \leq 0/2$)을 기준한 것이며 허용되는 회전수이다. 단, 오일 윤활의 경우는 유욕윤활을 기준한 것이다. 일반적인 베어링의 운전속도는 베어링의 Catalogue에 기재된 허용회전수의 60 ~ 70%가 바람직하다. 이 이상을 초과하는 경우에는 윤활에 추가적인 조치를 취해야 한다.

a) 허용회전수의 보정

베어링 내경(d_m)이 100mm를 초과하는 경우 베어링 하중 P가 기본동정격하중 C의 10%를 초과하는 경우, 스러스트하중 F_a가 레이디얼하중 F_r의 20 % 초과하는 경우 등은 각각 베어링 Catalogue에 기재되어 있는 허용회전수에 그림 5.5, 그림 5.6 및 그림 5.7의 보정계수를 곱하여 허용회전수를 보정한다.

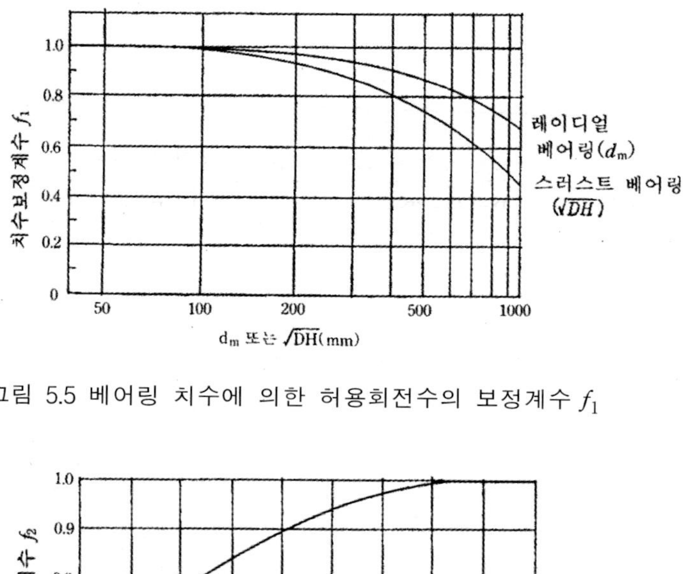

그림 5.5 베어링 치수에 의한 허용회전수의 보정계수 f_1

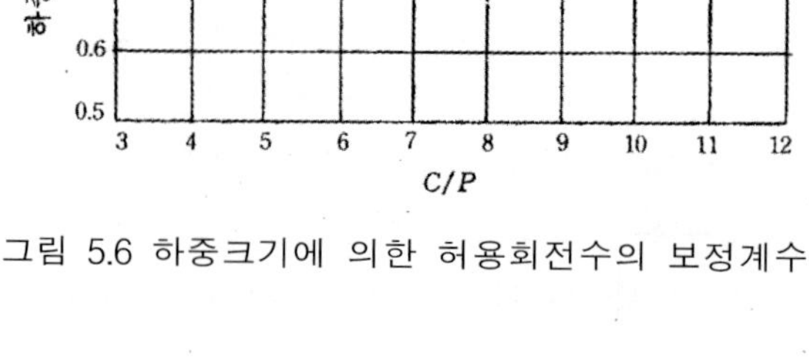

그림 5.6 하중크기에 의한 허용회전수의 보정계수 f_2

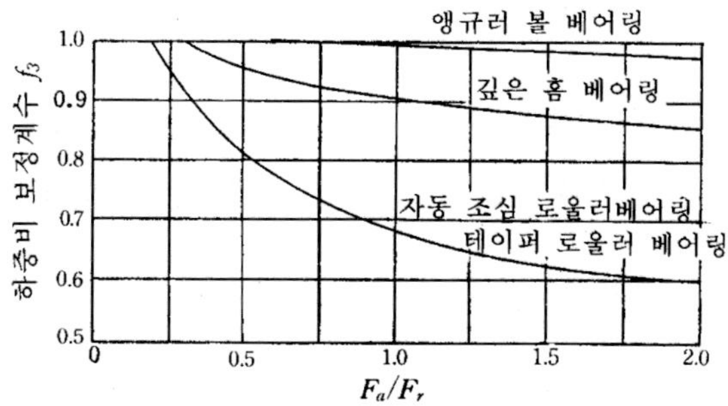

그림 5.7 합성하중에서 허용회전수의 보정계수 f_3

베어링의 회전수가 허용회전수를 초과하는 사용조건에서는 베어링의 정밀도, 크리어런스, 리테이너의 형식과 재료, 윤활법을 충분히 고려한 베어링을 선정하면 베어링 Catalogue에 기재되어 있는 허용회전수에 표 5.3의 보정계수를 곱하여 얻어진 회전수까지 채택이 가능하다.

표 5.3 고속 대책에 의한 허용회전수의 보정계수

Bearing Type	Factor
Deep Groove Ball Bearing	3.0
Angular Contact Ball Bearing (a= 15°)	1.5
Angular Contact Ball Bearing (n= 30″)	2.0
Cylindrical Roller Bearing (Single Row)	2.5
Tapered Roller Bearing	2.0
Spherical Roller Bearing	1.5
Self-Aligning Ball Bearing	1.5
Thrust Ball Bearing	1.4
Cylindrical Roller Thrust Bearing	2.0
Spherical Roller Thrust Bearing	2.3

고속으로 사용하는 베어링은 깊은홈볼베어링, 앵귤러볼베어링 및 원통로울러베어링 등이다. 허용회전수를 초과하여 사용하는 경우에는 고정밀도(P_5 급, P_4 급)의 베어링으로 레이디얼 크리어런스(Radial Clearance)를 크게 하고 리테

이너는 동 합금 또는 합성수지 등을 사용한다.

b) 접촉 러버시일형 볼베어링의 허용회전수

밀봉형 볼베어링 중에 접촉러버시일(Rubber Seal)형의 허용회전수는 시일 선단의 미끄럼마찰에 의하여 제한을 받으며 비접촉형의 60 ~ 70%이며 베어링 Catalogue에 기재되어 있다.

4) 조심성과 조립오차

하중에 의한 축의 휨, 축과 하우징의 정도불량, 설치오차 등에 의하여 베어링의 내륜과 외륜의 사이에 경사가 생긴다.

구름베어링에 허용되는 경사각은 베어링 형식과 사용조건에 따라 다르지만 보통 0.0012 rad(4′) 이하의 작은 값이다. 내륜과 외륜에 큰 경사가 예상되는 경우에는 자동조심베어링, 베어링유니트 등의 조심성(調心性)이 있는 베어링형식을 선정한다.

표 5.4는 베어링 형식별 허용조심각의 추천하는 값이며, 그림 5.8과 그림 5.9는 조심각을 표시한 것이다.

표 5.4 베어링 형식별 허용조심각

Type of Bearing	Allowable Misalignment		Remarks
	Radians	Degrees	
Single Row Deep Groove Ball Bearings	0.0006 ~ 0.003	2′ ~ 10′	Varies depending on bearing size, clearance during operation, and bearing load
Angular Contact Ball Bearing	0.0006	2′	
Self-aligning Ball Bearing	0.07 ~ 0.12	4° ~ 7°	Allowable value varies depending on the dimensions around the bearing.
Cylindrical Roller Bearing Width Series 0, 1 Width Series 2	 0.0012 0.0006	 4′ 2′	
Bouble Row Cylindrical Roller Bearing	Negligible		
Tapered Roller Bearing	0.0009	3′	
Spherical Roller Bearing	0.017 ~ 0.0044	1° ~ 2° 30′	Varies depending on dimensional series and load conditions. Figures given are for normal load.
Thrust Bearings with Flat Seats	None		
Spherical Roller Thrust Bearings	0.017 ~ 0.035	1° ~ 2°	Varies depending of dimensional series and load conditions. Figures given are for normal load

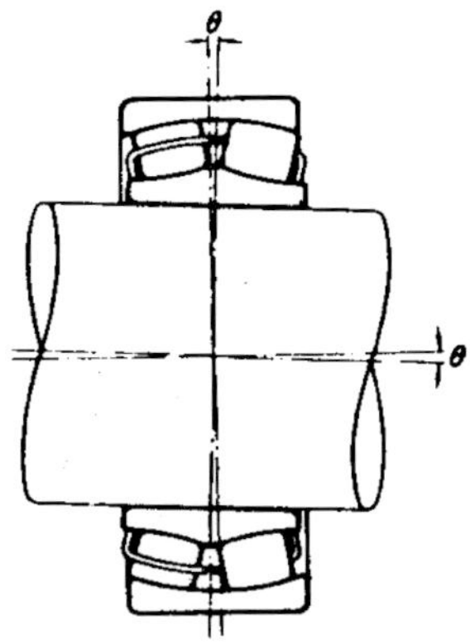

그림 5.8 자동조심로울러베어링의 허용조심각

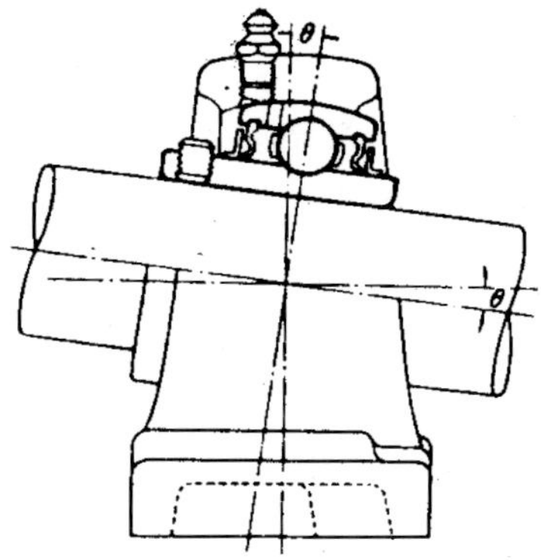

그림 5.9 베어링유니트의 허용조심각

5) 강성

구름베어링이 하중을 받으면 궤도륜(軌道輪)과 전동체(轉動體)와의 접촉부위에 탄성변형이 생긴다. 베어링의 강성(剛性)은 베어링의 하중과 내륜, 외륜및 전동체의 탄성변형량의 비율에 의해 정해진다. 공작기계의 주축 등에서는 축의 강성과 함께 베어링의 강성을 높게 할 필요가 있기 때문에 볼베어링 보다 로울러베어링을 선택하는 경우가 많다. 미리 베어링을 부(負)의 크리어런스의 상태로 하여 사용하는 예압법(豫壓法)에 의해 베어링의 강성을 높이기도 한다. 이 방법은 앵규러볼베어링, 테이퍼로울러베어링 등에 적용되고 있다.

6) 음향과 토르크

구름베어링은 정밀한 가공기술에 의하여 제작되고 있기 때문에 음향과 토르크가 작다. 깊은홈볼베어링, 원통로울러베어링 등에는 용도에 맞는 음향등급이 정해져 있고, 고정밀도 미니어츄어볼베어링에는 기동토르크가 규정되어 있다. 전동기와 계기 등과 같이 저소음과 저토르크가 요구되는 기기에는 깊은홈볼베어링이 적용되고 있다.

7) 회전정밀도

베어링이 회전할 때에는 내륜과 외륜의 사이에 상대적인 움직임—흔들림—이 생긴다. 베어링을 지지하는 회전체의 흔들림을 작게 할 필요가 있는 경우와 고속회전에 사용할 경우에는 정밀도등급이 5급 또는 4급의 고정밀도 베어링을 사용한다.

회전밀정도는 여러가지 항목으로 규정되어 있고 베어링 형식에 의해 규격화되어 있는 등급이 있다. 높은 회전정밀도가 필요한 용도에는 깊은홈볼베어링, 앵귤러볼베어링, 원통로울러베어링 등이 적용되고 있다. 표 5.5에 고정밀도 베어링의 적용한 예를 나타내고 있다.

표 5.5 고정밀도 베어링의 적용 사례

Required Characteristics and Operating Conditions	Applications	Bearing Accuracy Class
High runout accuraccy of bearing is required.	Magnetic Disks for Computers	P5, P4, ABEC5
	Main Shaftes of Machine Tools	P5, 4, ABEC7
	Rolls of Rotary Printing Presses	P5
	Rotary Tables of Vertical Lathes, etc.	P5, P4
	Roll Necks of Cold Rolling Mill Back-up Rolls	P4 or better
	Revolving Seats for Parabolic Antennas	P4 or better
Rotational speed of bearings is exceedingly high.	Dental Spindles	ABEC 5P, ABEC 7P
	Gyroscopes	P4, ABEC 7P
	High Frequensy Spindles	P4, ABEC 7P
	Superchargers	P5, P4
	Centrifugal Separators	P5, P4
	Main Shafts of Jet Engines	P4, or better
Bearing torque or friction and its variation must be as small as possible	Gyro Gimbals	P4, ABEC 7P
	Synchronous Motors	ABEC 5P, ABEC 7P
	Potentiometers	ABEC 7P

8) 설치와 해체

원통로울러베어링, 니들로울러베어링, 테이퍼로울러베어링 등 내륜과 외륜이 분리되는 형식의 편이 설치와 해체에 편리하다. 정기검사 등에 의해 베어링의 설치와 해체를 비교적 많이 행하는 경우는 상기와 같은 베어링 형식이 적용되고 있다. 테이퍼내경의 자동조심베어링은 스리이브를 사용함으로써 비교적 쉽게 설치와 해체를 할 수가 있다.

9) 가격

구름베어링은 동일한 재료로 만들고 있지만 종류에 따라 제조공정과 사용되는 수량이 다르기 때문에 가격의 차도 크다. 표 5.6은 보통 사용되고 있는 치수 범위 내에서 베어링의 가격을 개략적으로 그 비(比)를 나타내고 표 5.7은 베어링의 정밀도 등급과 가격과의 개략적 비를 나타냈다.

표 5.6 형식에 의한 동일 내경의 베어링 가격비(개략)

베어링내경 / 베어링형식	40 ~ 100mm	120mm ~
깊은홈볼베어링	1	1
앵규러볼베어링	2	1.1
원통로울러 베어링	2	1
테이퍼로울러베어링	1.5	3
자동조심로울러베어링	3 ~ 8	1.5 ~ 2.5
스러스트 볼베어링	0.8	0.5
스러스트 자동조심로울러베어링	—	1.5 ~ 3

표 5.7 베어링 정밀도 등급과 가격비(개략)

정밀도 등급	가격비
P0(보통급)	1
P6(상급)	2
P5(정밀급)	3
P4(초정밀급)	5

5.1.2. 배열선정

회전축은 그의 양단을 베어링으로 지지하고 선정한 베어링을 회전축 상에 배치하기 위해서는

- 온도변화에 의한 축의 팽창, 수축.
- 베어링의 설치 해체의 용이.
- 베어링을 포함한 회전계(回轉系) 전체로서의 강성과 예압법.

- 축의 휨, 조립오차에 의한 내륜과 외륜의 경사.
- 최적 위치에서 하중의 부하와 전달

등을 검토해야 한다.

회전축의 일단에 조립된 베어링은 하우징(Housing)에 대하여 축방향으로 움직이지 않도록 고정하고 다른 일단의 베어링은 축이 하우징에 대하여 축방향으로 자유로 움직일 수가 있도록 한 베어링으로 한다. 전자를 고정측 베어링 (Fixed-End Bearing), 후자를 자유측 베어링(Free-End Bearing)이라고 부른다. 고정측에는 레이디얼하중(Radial Load)과 함께 액시얼하중(Axial Load)을 받을 수 있는 형식의 베어링을 선정한다. 고정측 베어링을 제외한 다른 베어링은 레이디얼하중 만을 받을 수 있는 자유측 베어링으로 하고 온도변화에 의한 축의 팽창과 수축을 피하도록 하고 축방향의 설치위치의 조정에도 이용한다.

온도변화에 의한 축의 팽창과 수축에 대한 대책이 충분하지 않으면 베어링에 이상하중(Abnormal Load)이 걸리고 베어링이 조기에 파손되는 원인이 된다.

자유측 베어링으로서는 내륜과 외륜이 분리가 가능하고 축방향으로도 이동이 가능한 원통로울러베어링(NU형, N형), 니들로울러베어링이 적용되고 있고 설치가 쉬운 것도 많다. 비분리형 베어링을 자유측으로 사용할 경우에는 보통 외륜과 하우징과의 끼워맞춤을 헐거운 끼워맞춤(Loose Fit)으로 하고 운전중에 축의 팽창을 베어링과 함께 피하도록 한다.

베어링 간의 간격이 짧고 축의 신축의 영향이 적은 경우에는 일방향 만의 스러스트하중을 받을 수 있는 앵귤러볼베어링, 테이퍼로울러베어링 등을 2개 대향시켜 사용한다. 설치후 축방향 크리어런스는 너트(Nut), 쉼(Shim) 등으로 조정한다. 자유측과 고정측의 구별과 베어링 배열및 형식은 그림 5.10에, 실제 베어링 배열에 적용되고 있는 사례는 표 5.8에 나타낸다.

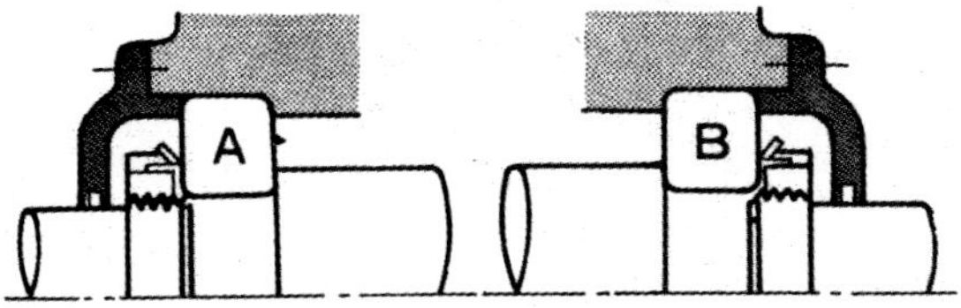

固定側　　　　　　　　自由側(분리형베어링)

베어링 A
깊은홈볼베어링
조합 앵규러볼베어링
자동조심볼베어링
복열 앵규러볼베어링
턱륜붙이 원통로울러베어링
(NH, NUP형)
복열 테이퍼로울러베어링
자동조심로울러베어링

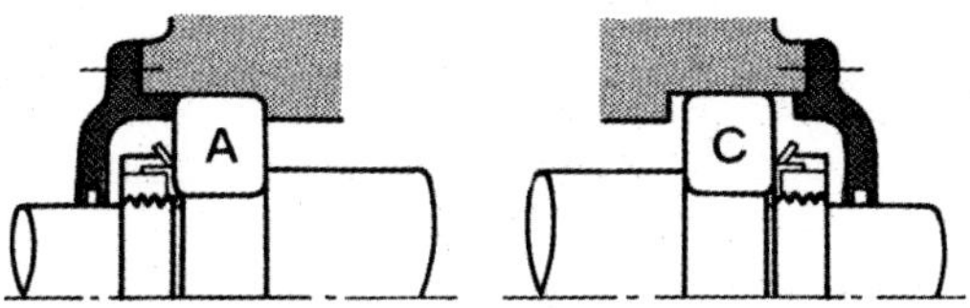

固定側　　　　　　　　自由側(분리형베어링)

베어링 B
원통로울러베어링(NU, N형)
니들로울러베어링(NA형)

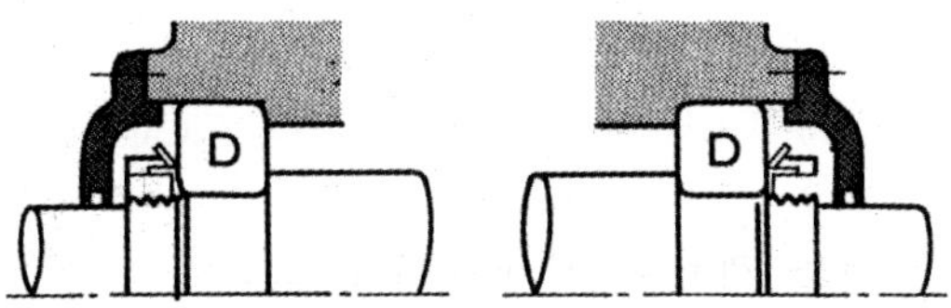

固定側・自由側의 구별이 없다.

베어링 C[1)]
깊은홈볼베어링
조합 앵규러볼베어링(배면조합)
복열 앵규러볼베어링
자동조심볼베어링
복열 테이퍼로울러베어링
자동조심로울러베어링

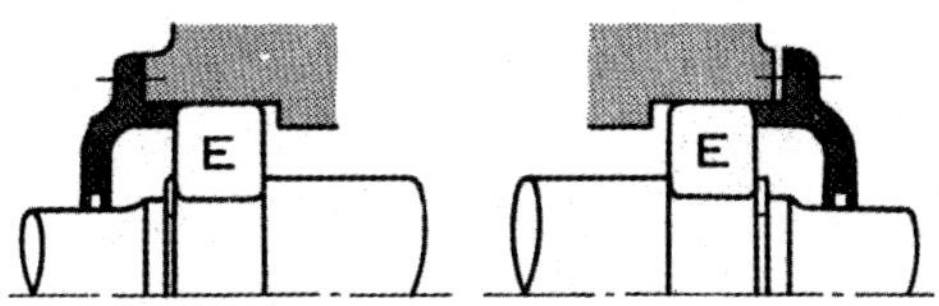

固定側・自由側의 구별이 없다.

베어링 D, E[2)]
앵규러볼베어링
테이퍼로울러베어링
매그니토우볼베어링
원통로울러베어링(NJ, NF형)

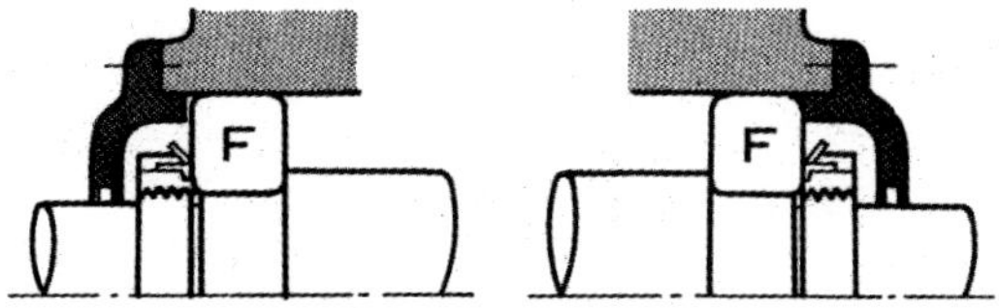

固定側・自由側의 구별이 없다.

베어링 F
깊은홈볼베어링
자동조심로울러베어링
자동조심볼베어링

주 1) 그림은 외륜 외경에서 축의 신축을 피해주도록 되어 있으나 내경측에서 피해줄 수도 있다.
2) 각 형식마다 베어링을 2개씩 짝지어 사용한다.

그림 5.10 베어링의 배열과 형식

표 5.8 대표적인 베어링 배열과 적용

베어링 배열		특 징	적 용
고정측	자유측		
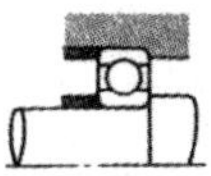		• 축의 신축이 있어도 베어링에 이상 축방향하중이 걸리지 않는 표준적인 배열이다. • 설치오차가 적은 경우 고속 용도에 적합하다.	중형 전동기, 송풍기
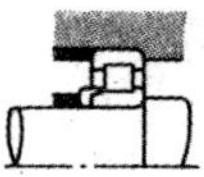		• 중하중과 충격하중에 견디며 액시얼하중도 어느 정도 부하할 수 있다. • 원통로울러베어링은 각 형식이 분리형이므로 내, 외륜 모두 간섭량이 필요할 때에 적합하다.	철도차량용 주전동기
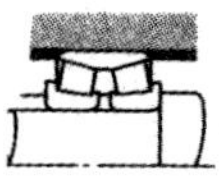		• 비교적 하중이 큰 경우에 사용된다. • 고정측 베어링에 강성을 주기 위하여 배면 설치를 이용한다. • 축, 하우징 모두 정밀도를 좋게 하고 설치오차도 적게 할 필요가 있다.	테이블로울러, 선반주축
		• 큰 액시얼하중이 걸리지 않는 경우로 내외륜 모두 간섭량을 필요로 할 때에도 적용할 수 있다.	Calender Roll, 기관차 차축
	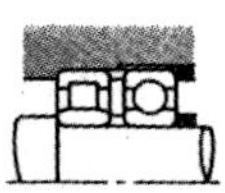	• 고속회전으로 레이디얼하중이 크고 축방향하중도 걸리는 경우에 적합하다. • 깊은홈볼베어링의 외경과 하우징 내경과의 사이에 크리어런스를 주어 레이디얼하중이 걸리지 않게 한다.	기관차 변속기
		• 일반적인 배열이다. • 경방향하중 이외에 어느 정도의 액시얼하중도 부하할 수가 있다.	양쪽흡입형 와류펌프
		• 설치오차나 축의 처짐등이 있을 때 가장 적당한 배열이다. • 하중이 큰 일반기계, 산업기계등에 적당하다.	감속기 테이블로울러, 크레인의 주행 차륜 차축
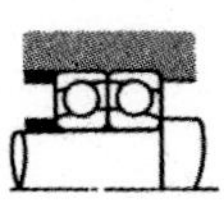		• 비교적 큰 액시얼하중이 좌우 어떤 방향에서도 적용하는 경우에 적합하다. • 조형 앵규러볼베어링 대신에 복열 앵규러볼베어링을 사용하는 경우도 있다.	감속기

베어링 배열 고정측, 자유측의 구별이 없는 경우	특 징	적 용
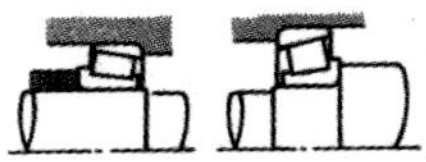 背面 설치 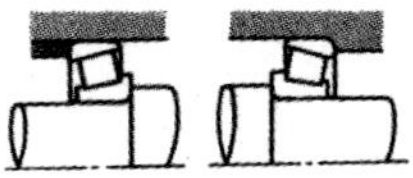 正面 설치	• 중하중이나 충격하중에 견딜 수가있으므로 널리 활용되는 배열이다. • 배면설치는 베어링간 거리가 짧고 모멘트하중이 작용하는 경우에 • 정면설치는 내륜에 간섭량이 필요한 경우에 설치가 용이하고 일반적으로 설치오차가 있을 때 유리하다. • 예압을 준 상태에서 사용하는 경우에는 예압의 크기와 크리어런스 조정에 주의를 요한다.	차동기어장치의 pinion축, 자동차후륜, 감속기
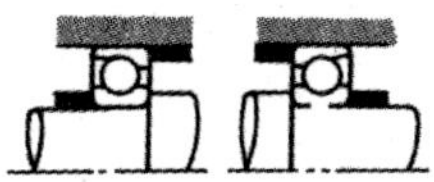 背面 설치	• 레이디얼하중이 크지 않고 액시얼하중이 비교적 클 때 고속용으로 이용된다. • 예압을 주어 축에 강성을 갖게 할 경우에 적합하다. • 모먼트하중에 대해서는 정면설치에 비하여 배면설치가 유리하다.	연삭기 휠축
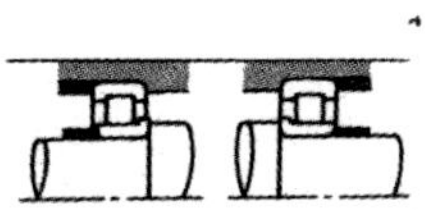 NJ+NJ설치	• 중하중과 충격하중에 견딘다. • 운전중에 축방향 크리어런스가 너무 작아지지 않게 한다. • 내외륜 모두 간섭량이 필요할 때에도 사용할 수 있다. • NF형+NF형의 설치도 있다.	건설기계용 감속장치
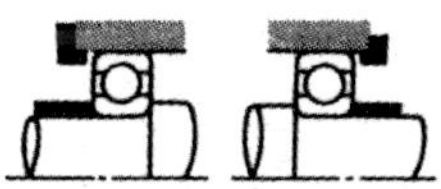	• 일방향 베어링 외륜 측면에 스프링을 사용하는 경우도 있다.	소형전동기, 소형펌프, 소형감속기
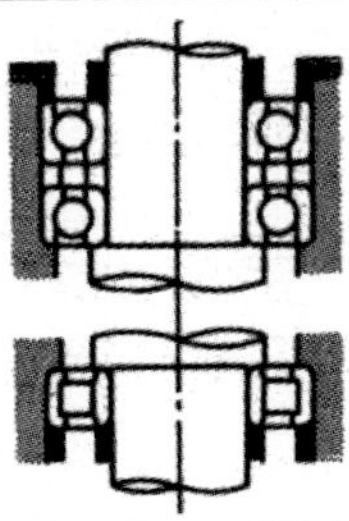	• 조합 앵규러볼베어링이 고정측 • 원통로울러베어링이 자유측	입형 전동기
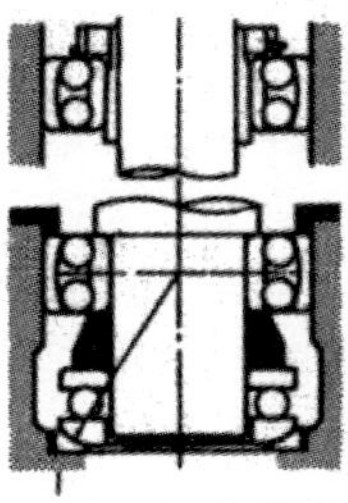	• 조심자리의 구면중심이 자동조심볼베어링의 중심에 일치하도록 한다. • 상부 베어링은 자유측이다.	입형 방직기

5.2. 베어링 시스템의 설계

5.2.1. 선정의 기본

베어링의 설계에서 구름베어링과 미끄럼베어링과는 기술적으로 전혀 다르다. 미끄럼베어링은 기계 설계자가 기계에 적합한 사용조건을 파래미터(Parameter)로 설계이론에 대입하여 베어링의 치수, 형상, 재질, 사상, 윤활 등을 임의로 결정하여 설계를 하지만 구름베어링에서는 모든 것이 규격화되어 있기 때문에 기계 설계자가 기계의 요구조건에 적합한 것을 선정(選定)하는 것이 된다. 이 경우 베어링 만을 선정하는 것이 아니고,

- 윤활제, 윤활법, 밀봉장치 등을 포함한 윤활시스팀의 설계
- 끼워맞춤, 축과 하우징의 정도를 포함한 축과 하우징의 설계
- 취급, 설치, 시운전, 보수 등에 관한 조립과 보수의 설계

와 같은 베어링의 주변까지 고려한 베어링 시스팀을 설계해야만 고성능으로 장기간에 걸쳐 베어링을 사용할 수가 있다. 결국 구름베어링의 설계란 베어링 시스팀을 설계하는 것이 된다.

5.2.2. 시스팀의 설계 순서

구름베어링을 사용하는 회전부 시스팀의 표준적인 순서는 베어링 제조사가 표 5.9와 같이 제시하고 있다. 구름베어링의 설계 즉, 선정순서는 표준적인 순서에 따라 사용자가 각 단계별, 항목별로 관련사항을 비교하여 판단하면 별로 어려움이 없을 것이다.

표 5.9 시스팀의 설계 순서

1. 형식 선정

① 베어링에 가한 하중의 종류, 방향, 크기에 따라 베어링의 형식을 선정한다.
② 고정측 베어링과 자유측 베어링을 정한다.

2. 기본동정격하중 계산

- ①등가하중의 계산
  베어링 형식, 외부하중에서 동등가하중을 구한다.
- ② 기본동정격하중의 계산
  동 등가하중, 요구수명에서 기본동정격하중을 구한다.

3. 치수, 조합 결정

- 기본동정격하중, 베어링형식, 카탈로그에서 베어링의 내경, 외경 폭을 결정한다.
  - → 설계공간 보다 크게 될 때 →
    - ① 볼베어링을 로울러 베어링으로 한다.
    - ② 조합 베어링으로 한다.
    - ③ 치수를 작게 하여 교환주기를 단축한다.
  - → 설계공간 내에 있을 때

4. 기본정정격하중 계산

- ① 정등가하중의 계산
  베어링 형식, 외부하중에서 정등가하중 P_0를 구한다.
- ② 정정격하중의 계산
  베어링 형식, 치수에서 기본정정격하중 C_0를 구한다.
- $P_0 > C_0$ 베어링 형식을 변경 (→ 3.)
- $P_0 \leq C_0$

5. 재료 선정

① 통상용도: 표준재료(고탄소크롬강의 퀜칭, 템퍼링)
② 특수용도: 특수재료

a) 130℃ 이하 고온	: 템퍼링 온도를 높게 한 베어링강
b) 130℃ 이상 고온	: 내열강
c) 부식성 분위기	: 스테인레스강
d) 충격하중	: 침탄강(로울러베어링의 일부는 표준품도 있다.)

6. 회전속도 한계 검토

① $d_m n$값을 계산한다.

② 허용 $d_m n$값과 비교한다.

③ 계산치가 허용치 이하이면 사용 가능하고 허용치를 초과하면 윤활방법을 변경한다.

7. 크리어런스 선정

① 내외륜의 끼워맞춤과 끼워맞춤의 크기를 정한다.

② 간섭량과 운전중 온도상승에 의한 크리어런스 감소, 하중에 의한 크리어런스 증가를 구한다.

③ 운전중에 크리어런스가 0이거나 약간 정(正)이 되는 초기 크리어런스를 구한다.

8. 정밀도 등급 선정

① 대부분의 용도는 0급(보통급)으로 충분하다.

② 회전축의 진동, 흔들림 음향, 마찰, 온도상승을 작게 하려면 6급(상급), 5급(정밀급), 4급(초정밀급)을 사용하나 가격이 비싸고 구입에 상당한 시간이 걸린다.

9. 예압 결정

고속 회전에서 저진동, 저소음을 필요로 할 때 높은 강성이 필요할 때에는 예압을 가한다.

10. 윤활제와 윤활법 선정

① 일반적인 용도에는 그리이스를 사용한다.

② 그리이스수명을 검토하여 수명이 짧으면, 교환, 보급으로 한다.

③ 고속회전, 고하중, 안전한 윤활, 저온도 상승에는 오일윤활을 사용한다.

11. 밀봉장치 검토

① 그리이스윤활 : 외부에서 수분, 먼지, 개스의 침입을 막는다.

② 밀봉 베어링 : 그리이스윤활에 준하며, 가장 간단하여 좋다.

③ 오일윤활 : 외부에서 이물질의 침입방지, 누설방지에 주의하다.

12. 마모수명 검토
① 종전의 사용 실적을 기준으로 마모수명을 추정한다. ② 추정값이 요구값 보다 짧으면 윤활과 밀봉을 강화한다.

13. 끼워맞춤 결정
① 하중크기, 궤도륜에 대하여 하중이 정지하는지, 회전하는지에 의해 끼워맞춤을 정한다. ② 고정측, 자유측에 따라 끼워맞춤을 검토한다. ③ 설치및 해체 작업을 고려하여 끼워맞춤을 검토한다.

14. 축과 하우징 검토
축과 하우징의 정밀도는 베어링과 동등하던가 근사치로 되어 있는지를 검토한다.

15. 취급, 설치 검토
베어링의 손상 방지, 이물질의 혼입방지를 고려해서 작업환경의 검토하고 설치용 치공구를 설계한다.

16. 시운전 검토
본 운전 전에 손으로 회전 → 저속회전 → 회전속도 증가의 순서로 진동, 음향 온도 상승, 윤활제 누설 등을 조사하면서 시운전을 한다.

17. 보수측면에서 설계 검토
① 베어링수명이 기계수명과 동등 이상이 되려면 보수가 필요하지 않도록 설계, 윤활, 밀봉을 검토한다. ② 베어링수명 또는 그리이스수명이 기계수명 보다 짧을 경우에는 베어링 교환, 그리이스의 보급과 교환이 쉽도록 설계하고 보수기간울 정한다. ③ 필요에 의해 진동, 온도 등에 의한 고장과 수명을 추측하기 위해 모니터를 부착한다.

6. 베어링의 정격하중

6.1. 정정격하중(靜定格荷重)

6.1.1. 기본정정격하중(基本靜定格荷重)

베어링이 회전하지 않는 경우에 순간적으로도 큰 하중을 받으면 전동체와 궤도와의 사이에 접촉면의 응력이 재료의 탄성한계를 넘어 국부적인 소성변형(塑性變形) 즉, 압흔(壓痕)이 생긴다. 이 압흔은 하중이 크면 클수록 크게 되고 베어링의 원활한 회전을 방해한다. 이와같이 정지한 베어링이 큰 하중을 받을 때에 베어링 중에서 최대응력을 받고 있는 전동체와 궤도의 접촉부위에서 그림 6.1과 같이 궤도에는 σ_{p_1}인 영구변형(永久變形)이 생기고, 전동체에는 σ_{p_2}인 영구변형(永久變形)이 생긴다. 이들 σ_{p_1}과 σ_{p_2}의 합 σ_p가 전동체의 직경 D_a의 1/10,000이 되는 하중을 한계하중(限界荷重)으로 하여 이것을 기본정정격하중(基本靜定格荷重)이라 한다.

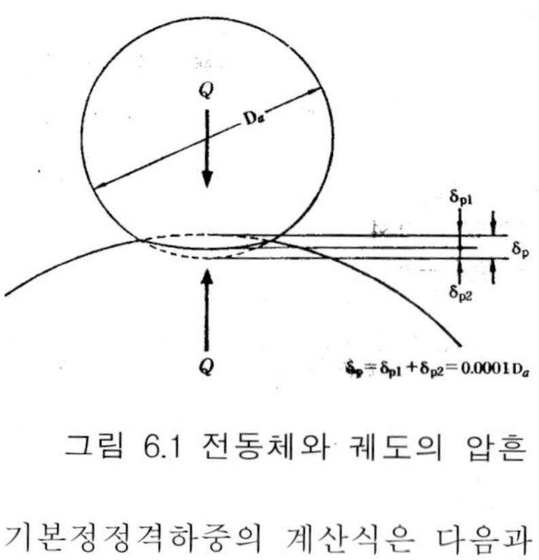

그림 6.1 전동체와 궤도의 압흔

기본정정격하중 C_0의 값은 각각의 베어링에 있어서 베어링 제조사의 Catalogue에 표시되어 있지만 계산식에 의해 구할 수도 있다.

기본정정격하중의 계산식은 다음과 같다.

1) 볼베어링

$$C_0 = f_0 iZ D_a^2 \cos\alpha \qquad 6.1$$

$$C_0 = f_{0a} iZ D_a^2 \sin\alpha \qquad 6.2$$

2) 테이퍼로울러베어링

$$C_0 = f_0 iZ l_{eff} D_a^2 \cos\alpha \qquad 6.3$$

$$C_0 = f_{0a} iZ l_{eff} D_a^2 \sin\alpha \qquad 6.4$$

여기서, C_0 : 레이디얼 정정격하중 (kgf)

C_{0a} : 스러스트 정정격하중 (kgf)

I : 전동체의 열 수

Z : 1열당 전동체의 수

D_a : 전동체의 직경 (mm)

l_{eff} : 로울러의 유효길이 (mm)

α : 접촉각

f_0, f_{0a} : 베어링 각 부분의 형상, 가공정밀도, 재료에 의해 정해지는 계수. 일반적으로

- 깊은홈볼베어링 f_0 = 1.25
- 앵귤러볼베어링 f_0 = 1.25
- 자동조심볼베어링 f_0 = 0.34
- 스러스트 볼베어링 f_{0a} = 5
- 원통.테이퍼로울러베어링 f_0 = 2.2
- 스러스트 테이퍼로울러베어링 f_{0a} = 10

(계산 예)

복열 앵귤러볼베어링의 볼 직경 3/8″ (D_a = 9.525 mm), 열수 i = 2, 1열당 볼 수 Z = 13, 호칭접촉각 α_0=30° 일 때 정정격하중은 얼마인가?

$C_0 = f_0 iZ D_a^2 \cos\alpha$ 에서

$C_0 = 1.25 \times 2 \times 13 \times (9.525)^2 \times \cos 30^\circ$

$= 2,554\,kgf$

(계산 예)

복열 테이퍼로울러베어링의 로울러(평균) 직경 D_a=13 mm, 로울러의 유효길이 l_{eff} = 22 mm 접촉각 α=15°, 1열당 로울러 수 Z = 20, 열수 i = 2 일 때 정정격하중은 얼마인가?

$$C_o = f_o iZ\, l_{eff}\, D_a \cos\alpha$$

$$C_o = 2.2 \times 2 \times 20 \times 13 \times \cos 15°$$

$$= 24,310(kgf)$$

6.1.2. 정등가하중(定等價荷重)

베어링이 실제로 사용될 때에는 레이디얼하중 F_r 과 스러스트하중 F_a 가 동시에 가해지는 수가 많으며 이때 생기는 최대영구변형량을 전동체와 궤도륜과의 접촉부위에 생기는 것과 같은 가상의 하중을 정등가하중이라 하며 레이디얼 베어링에서는 베어링의 중심을 통하는 레이디얼하중, 스러스트 베어링에서는 중심축에 일치한 방향의 스러스트하중으로 한다.

레이디얼 베어링의 정등가하중 P_0는 다음 식에서 구한 값 중에서 큰 편의 값을 취한다.

$$P_0 = X_0 F_r + Y_0 F_a \qquad 6.5$$

$$P_0 = F_r \qquad 6.6$$

스러스트 베어링의 정등가하중 P_{0a}는 다음 식으로 구한다.

$$P_{0a} = 2.3\, F_r \tan\alpha + F_a \qquad 6.7$$

여기서, P_0 : 정등가레디이얼하중 (kgf)

P_{0a} : 정등가스러스트하중 (kgf)

F_r : 레이디얼하중 (kgf)

F_a : 스러스트하중 (kgf)

X_0 : 정레이디얼 계수(Static Radial Factor)

Y_0 : 정스러스트 계수(Static Thrust Factor)

α : 접촉각

이들의 값은 표 6.1과 같이 나타낸다.

표 6.1 정레이디얼 계수 X_0과 정스러스트 계수 Y_0

베 어 링 형 식		단열, DT 조합		복열, DB조합, DF조합	
		X_0	Y_0	X_0	Y_0
깊은홈볼베어링		0.60	0.50	0.60	0.50
앵귤러볼베어링	α=15°	0.50	0.46	1.00	0.92
	α=30°	0.50	0.33	1.00	0.66
	α=40°	0.50	0.26	1.00	0.52
자동조심볼베어링	$\alpha \neq 0°$	0.50	0.22cot α	1.00	0.44cot α
테이퍼로울러베어링	$\alpha \neq 0°$				
자동조심로울러베어링	$\alpha \neq 0°$				
원통로울러베어링	α=0°	$P_0 = F_r$			
스러스트 볼베어링	α=90°	$P_{0a} = F_a$			
스러스트 볼베어링	$\alpha \neq 90°$	$P_{0a} = 2.3F_r \tan\alpha + F_a$			
스러스트 자동조심로울러베어링	$\alpha \neq 90°$	단)$F_a > 2.3F_r \tan\alpha$			

주) 자동조심볼베어링, 테이퍼로울러베어링, 자동조심로울러베어링의 Y_0=0.22 cot α 또는 Y_0=0.44 cot α를 제조사에서 Catalogue에 규격별로 계수를 나타내기도 한다.

6.1.3. 허용 정등가하중

정등가하중은 정지하고 있는 베어링과 요동운동 또는 저속회전을 하는 베어링에서도 충격과 진동을 받는 것과 같은 경우가 있고 요구되는 성능과 사용조건에 의해서는 안전을 고려하여 정등가하중을 보정해서 사용할 필요가 있고 그의 값은 다음 식으로 계산되고 있다.

$$P_{0s} \leq C_0 / f_s \quad 6.8$$

$$P_{0as} \leq C_{0a} / f_s \quad 6.9$$

여기서, P_{0s} : 안전계수를 고려한 정등가레이디얼하중 (kgf)

P_{0as} : 안전계수를 고려한 정등가스러스트하중 (kgf)

f_s : 안전계수

f_s의 값은 일반적으로 표 6.2의 (a) 또는 (b)로 나타낸 것을 사용하고 있다. 표 6.2 (a)는 운전조건에 의한 상위(相違)를, 표 6.2 (b)는 요구되는 성능도 고

려한 경우의 값을 나타내고 있다.

표 6.2 안전 계수 f_s의 값

(a)

회전 조건	하중조건	f_s
회전하는 베어링	보통하중	1~2
	충격하중	2~3
상시는 회전하지 않는 베어링	보통하중	0.5
	충격하중 불균등한 하중분포	1~1.5

(b)

사용 조건	f_s
고도의 회전정밀도를 요하는 경우	1.5~2.5
진동, 충격이 있는 경우	1.2~2.5
보통운전조건의 경우	1.0~1.2
영구변형량이 다소 많아도 문제 안되는 경우	0.3~1.0

6.1.4. 영구변형에 관한 식

기본정정격하중 C_0는 궤도면에 생기는 영구변형(永久變形) 즉, 압흔(壓痕)과 하중과의 관계를 명확히 하는 것으로 학자에 따라 여러가지 다른 식을 소개하면 다음과 같다.

1) Palmgren의 식

영구변형에 대한 실험에서 경도가 HRC 63.5 ~ 65.5 인 강(鋼)의 접촉부위 영구변형량의 합을 δ_p 로 해서 다음 식으로 주어진다.

$$\delta_p = 1.25\times 10^{-5}\, Q^2(\rho_{1I}+\rho_{2I})(\rho_{1II}+\rho_{2II})/D_a \quad \text{(점접촉)}$$

$$\delta_p = 2\times 10^{-8}\,(Q\sqrt{\rho_1+\rho_2}\,/\,l_{eff})^3/\sqrt{D_a} \quad \text{(선접촉)} \qquad 6.10$$

단위는 kg, mm

Q : 접촉부의 하중. D_a : 전동체의 직경. l_{eff} : 로울러의 유효접촉길이.

ρ_I 접촉부 곡률 첨자는 I, II가 물체 I, II가 주평면에 관한 것임.

실용 가능한 최대 δ_p 를 $\delta_p = 0.0001\, D_a$로 하여 베어링의 C_0를 다음과 같이 정한다.

$$C_0 = (k_0/5) iZ D_a^2 \cos\alpha$$ (레이디얼 볼베어링)

$$C_0 = (k_0/5) iZ D_a l_a \cos\alpha$$ (레이디얼 로울러베어링)

$$C_0 = k_0 iZ D_a^2 \sin\alpha$$ (스러스트 볼베어링)

$$C_0 = k_0 iZ D_a l_a \sin\alpha$$ (스러스트 로울러베어링) 6.11

여기서, i : 열수, Z : 1열당 전동체의 수, α : 접촉각

k_0는 베어링 형식마다 대체로 일정해서 값을 정하고 있다. 또한 전동체와 궤도륜과의 영구 변형량의 비율은 일반적으로 1 : 2가 된다.

2) Jones의 식

강구 (경도 HRC 64 ~ 65)와 베어링강 평판과의 실험에서 영구변형량 δ_p 의 실험식을 얻는다.

$$\delta_p / D_a = k(Q/D_a^2)^n \quad [lb, in] \qquad 6.12$$

여기서, k : 정수, n : 평판의 경도함수

평판의 경도가 HrC 64 일 때

$k = 4.453 \times 10^{-10}$, $n = 1.527$ (강구)

$k = 33.85 \times 10^{-10}$, $n = 1.333$ (평판)

$\delta_p / D_a = 0.0001$(평판)을 주어지는 평균접촉압은 $p_{mean} = 5 \times 10^5 psi$ 이다.

3) Eschmann의 식

실험식

$$\delta_p / D_a = (p_{\max} / 431\, C_p^{1/3})^5 \, [kg, mm] \quad \text{(점접촉)}$$
$$\delta_p / D_a = (p_{\max} / 181\, C_p^{1/3})^5 \, [kg, mm] \quad \text{(선접촉)} \qquad 6.13$$

여기서, C_p : 탄성접촉에서의 정수

4) Harris의 식

베어링 재료의 경도가 다른 경우의 C_0 보정식으로서 다음의 실험식이 주어진다.

$$C_0' = \eta_s C_0$$
$$\eta_s = \eta_1 (H_v/800)^2 \leq 1 \qquad 6.14$$

C_0' : 보정후의 C_0

H_v : 재료의 경도(비커스 경도)

η_1 : 접촉상태에 따른 정수이며

η_1 = 1 (볼과 평면)

η_1 = 1.5 (볼과 궤도)

η_1 = 2 (로울러와 로울러)

η_1 = 2.5 (로울러와 평면)

의 값을 취한다.

6.2. 동정격하중 (動定格荷重)

6.2.1. 기본동정격하중

베어링은 완전한 설치상태에서 사용을 하더라도 하중을 가해서 어느 시간이 경과하면 진동과 소음(騷音)이 증가되고 비정상적으로 발열하여 사용할 수가 없게 된다. 이 수명은 동일한 하중조건 일지라도 사용한 베어링의 크기와 형식에 의해 다르며 계산으로 미리 수명을 추정해서 베어링을 선정해야 한다.

일군의 같은 베어링을 동일한 조건으로 운전하더라도 재료와 열처리의 불균일에 의하여 수명은 상당한 산포(散布)를 나타내므로 평균수명을 택하는 것이 실제로 부적당하다. 실제로 사용되는 대부분의 베어링이 보증되는 수명을 택하는 것이 실용적이며 이 때문에 다음과 같이 정의된 기본동정격하중(基本動定格荷重) C 또는 C_a를 사용한다.

기본동정격하중이란 일군의 같은 베어링을 동일한 조건(내륜은 회전, 외륜은 정지)에서 각각 운전하였을 때 로울링베어링 (Rolling Bearing)의 경우 100만회전, 리니어베어링(Linear Bearing)의 경우 리니어볼베어링(Linear Ball Bearing)은 50 km, 리니어로울러베어링(Linear Roller Bearing)은 100 km에서 90%가 파손되지 않는 방향과 크기가 변하지 않는 하중이다.

기준하중은 레이디얼베어링(Radial Bearing)에서는 레이디얼하중(Radial Load)

스러스트 베어링(Thrust Bearing)에서는 중심축 상으로 작용하는 스러스트하중(Thrust Load) - 중심스러스트하중 - 을 취한다. 단열 앵규러콘택트베어(Angular Contact Bearing)에서는 기본동정격하중으로 내륜과 외륜의 상대적 변위(變位)가 레이디얼방향으로 되게 한 하중의 레이디얼 분력 - 중심 레이디얼하중 - 을 취한다. 일반적으로 동정격하중(Dynamic Load Rating)은 기본동정격하중을 의미한다.

기본동정격하중의 계산식은 다음과 같다.

1) 볼베어링

a) $D_a \leq 25.4$일 경우

레이디얼 베어링

$$C = f_c(i\cos\alpha)^{0.7} \times Z^{2/3} \cdot D_a^{1.8} \quad 6.15$$

스러스트 베어링

$$Ca = f_{ca}(i\cos\alpha)^{0.7} \times \tan\alpha \times Z^{2/3} \cdot D_a^{1.8} \quad 6.16$$

b) $D_a > 25.4$

레이디얼 베어링

$$C = f_c(i\cos\alpha)^{0.7} \times Z^{2/3} \times 3.647 D_a^{1.4} \quad 6.17$$

스러스트 베어링

$$C_a = f_{ca}(\cos\alpha)^{0.7} \tan\alpha \times Z^{2/3} \times 3.647 D_a^{1.4} \quad 6.18$$

2) 로울러베어링

레이디얼 베어링

$$C = f_c(i\, l_{eff}\cos\alpha)^{7/9} \times Z^{3/4} D_a^{29/27} \quad 6.19$$

스러스트 베어링

$$C_a = f_{ca}(l_{eff}\cos\alpha)^{7/9} \times \tan\alpha \times Z^{3/4} D_a^{29/27} \quad 6.20$$

여기서 i : 전동체의 열수

D_a : 볼 또는 로울러의 직경 (mm)

Z : 1열당 전동체의 수

l_{eff} : 로울러의 유효길이 (mm)

α : 호칭 접촉각

f_c , f_{ca} : 베어링 각부의 모양, 가공 정밀도 및 재료에 따라 정해지는 계수. 레이디얼 베어링 f_c와 스러스트 베어링 f_{ca}는 $\dfrac{D_a \cos \alpha}{D_p}$를 퍼래미터로 각기 표 6.3, 표 6.4, 표 6.5 및 표 6.6으로 주어진다.

표 6.3 레이디얼 볼베어링의 계수 f_c

$\dfrac{D_a \cos \alpha}{d_p}$	f_c			
	단열 깊은홈볼베어링 단열,복열 앵귤러볼베어링	복열 깊은홈볼 베어링	자동조심볼 베어링	매그니토우볼 베어링
0.05	4.76	4.51	1.76	1.65
0.06	5.00	4.74	1.90	1.77
0.07	5.21	4.94	2.03	1.89
0.08	5.39	5.11	2.15	1.99
0.09	5.54	5.24	2.27	2.10
0.10	5.66	5.37	2.38	2.19
0.12	5.86	5.55	2.61	5.39
0.14	6.00	5.68	2.82	2.58
0.16	6.08	5.76	3.03	2.76
0.18	6.11	5.79	3.23	2.94
0.20	6.11	5.79	3.42	3.11
0.22	6.08	5.76	3.59	3.27
0.24	6.01	5.70	3.75	3.44
0.26	5.93	5.62	3.90	3.59
0.28	5.83	5.52	4.02	3.93
0.30	5.71	5.41	4.11	3.85
0.32	5.58	5.30	4.18	3.97
0.34	5.43	5.15	4.20	4.06
0.36	5.27	5.00	4.21	4.12
0.38	5.10	4.84	4.18	4.16
0.40	4.92	4.67	4.12	4.17

표 6.4 스러스트 볼베어링의 계수 f_{ca}

$\frac{D_a}{d_p}$	f_{ca}	$D_a \cos\frac{\alpha}{d_p}$	f_{ca}		
			$\alpha=45°$	$\alpha=60°$	$\alpha=75°$
0.01	3.74	0.01	4.29	3.99	3.81
0.02	4.61	0.02	5.27	4.90	4.68
0.03	5.21	0.03	5.94	5.53	5.27
0.04	5.68	0.04	6.45	6.00	5.72
0.05	6.07	0.05	6.86	6.39	6.09
00.6	6.41	0.06	7.20	6.70	6.39
0.07	6.71	0.07	7.49	6.97	6.65
0.08	6.99	0.08	7.74	7.20	6.87
0.09	7.24	0.09	7.95	7.40	7.05
0.10	7.47	0.10	8.12	7.56	7.21
0.12	7.89	0.12	8.40	7.82	-
0.14	8.27	0.16	8.58	7.98	-
0.16	8.60	0.16	8.68	8.08	-
0.18	8.91	0.18	8.72	8.12	-
0.20	9.20	0.20	8.71	8.11	-
0.22	9.47	0.22	8.66	-	-
0.24	9.72	0.24	8.56	-	-
0.26	9.95	0.26	8.44	-	-
0.28	10.20	0.28	8.29	-	-
0.30	10.40	0.30	8.11	-	-
0.32	10.60	-	-	-	-
0.34	10.80	-	-	-	-

(계산 예)

복열 앵귤러볼베어링의 볼 직경 3/8($D_a=0.525mm$), 열수 $i=1$, 1열당 볼수 $Z=12$, 호칭접촉각 $\alpha=15°$, 피치원경 $d_p=46mm$일 때, 기본동정격하중은 얼마인가?

$C=f_c\ (i\cos\alpha)^{0.7}\times Z^{2/3}\cdot\ D_a^{\ 1.8}$ 에서

$C=6.11\ (2\cos 15°\ )^{0.7}\times 12^{2/3}\times 9.525^{1.8}$

$=2,938\ kgf$

표 6.5 레이디얼 로울러베어링의 계수 f_c

$D_a \cos \frac{\alpha}{d_p}$	f_c
0.01	5.31
0.02	6.20
0.03	6.78
0.04	7.21
0.05	7.56
0.06	7.84
0.07	8.08
0.08	8.28
0.09	8.45
0.10	8.59
0.12	8.81
0.14	8.95
0.16	9.03
0.18	9.06
0.20	9.05
0.22	9.00
0.24	8.92
0.26	8.81
0.28	8.69
0.30	8.54

(계산 예)

복열 테이퍼로울러베어링의 로울러 직경 $D_a = 13mm$, 로울러 유효길이 $l_{eff} = 22mm$, 피치원경 $d_p = 10mm$, 접촉각$\alpha_0 = 15^\circ$, 로울러 수 $Z = 20$, 열 수 i =20일 때 기본동정격하중은 얼마인가?

$C = f_c(il_{eff}\cos\alpha)7/9 \times Z^{3/4} \times D_a^{29/27}$ 식에서,

$C = 8.44\ (2 \times 22\cos 15^\circ)^{7/9} \times 20^{3/4} \times 13^{29/27}$

$= 23,174\ kgf$

표 6.6 스러스트 로울러베어링의 계수 f_{ca}

$\frac{D_a}{d_p}$	f_{ca}	$D_a \cos \frac{\alpha}{d_p}$	f_{ca}		
	α =90°		$\alpha = 45^\circ$	$\alpha = 60^\circ$	$\alpha = 75^\circ$
0.01	10.74	0.01	11.18	10.92	10.77
0.02	12.53	0.02	13.03	12.72	12.54
0.03	13.71	0.03	14.22	13.89	13.70
0.04	14.62	0.04	15.12	14.76	14.56
0.05	1536	0.05	15.83	15.45	15.24
0.06	16.00	0.06	16.40	16.01	15.80
0.07	16.56	0.07	16.88	16.48	16.26
0.08	17.05	0.08	17.28	16.87	16.64
0.09	17.51	0.09	17.62	17.20	16.97
0.10	17.92	0.10	17.90	17.47	17.24
0.12	18.66	0.12	18.32	17.88	17.64
0.14	19.31	0.14	18.59	18.15	17.90
0.16	19.89	0.16	18.73	18.29	
0.18	20.42	0.18	18.77	18.33	
0.20	20.91	0.20	18.73	18.29	
0.22	21.35	0.22	18.62		
0.24	21.77	0.24	18.44		
0.26	22.16	0.26	18.22		
0.28	22.53				
0.30	22.58				

6.2.2. 동등가하중(動等價荷重)

동등가하중(Equivalent Dynamic Load)이란 방향과 크기가 변동하지 않은 하중으로 실제하중및 회전조건과 같은 수명이 되는 하중을 말한다. 레이디얼 베어링에서는 내륜을 회전시키고 외륜을 정지시킨 때의 방향과 크기가 일정한 하중을 취하고, 스러스트 베어링에서는 회전륜을 회전시키고 고정륜을 정지시킨 때의 중심축 상에 작용하는 크기가 일정한 스러스트하중을 취한다. 동등가하중은 혼동할 우려가 없을 때는 간단히 등가하중(等價荷重)이라고 한다. 등가레이디얼하중(Equivalent Radial Load) 또는 등가스러스트하중(Equivalent Thrust Load)을 구하는 방법은 다음 식으로 주어진다.

레이디얼 베어링 $P = XVF_r + YF_a$

스러스트 베어링 $P_a = XF_r + YF_a$ 6.21

여기서,

P : 등가레이디얼하중 (kgf)

P_a : 등가스러스트하중 (kgf)

X : 레이디얼계수

Y : 스러스트계수

V : 회전계수

F_r : 레이디얼하중 (kgf)

F_a : 스러스트하중 (kgf)

회전계수 V는 내륜회전하중인가 또는 외륜회전하중인가에 의해 각기 다른 값을 취하며 전자의 경우 $V = 1.0$, 후자의 경우 $V = 1.2$를 취한다. 현재 ISO에서는 이 V를 폐지하고 윗 식 대신에 다음 식으로 주어진다.

레이디얼 베어링 $P = XF_r + YF_a$

스러스트 베어링 $P_a = XF_a + YF_a$ 6.22

X와 Y의 값은 표 6.7에 나타내고 있지만, 단열 레이디얼 베어링에서 $F_a/F_r \leq e$의 경우 스러스트하중이 등가하중에 영향을 미치지 않고 $P = F_r$ 로 된다는 것이다. 깊은홈볼베어링 및 일부 앵귤러베어링에 있어서는 $F_a/F_r > e$의 경우 X와 Y 값은 F_a/C_0 (C_0는 정정격하중)의 크기에 의해 변한다. 이것은 볼과 궤도륜과의 접촉각이 F_a 의 크기에 의해 영향을 받기 때문이다.

표 6.7 계수 X와 Y

베어링 형식		스러스트 하중비		e	Single. DT 조합				Double. DB 및 DF 조합			
					$\frac{F_a}{F_r} \le e$		$\frac{F_a}{F_r} > e$		$\frac{F_a}{F_r} \le e$		$\frac{F_a}{F_r} > e$	
					X	Y	X	Y	X	Y	X	Y
깊은홈볼 베어링		$\frac{F_a}{C_0}$	$\frac{F_a}{iZD_a^2}$									
		0.014	0.172	0.19				2.30				2.30
		0.025	0.345	0.22				1.99				1.99
		0.056	0.689	0.26				1.71				1.71
		0.084	1.03	0.28	1	0	0.56	1.55	1	0	0.56	1.55
		0.11	1.38	0.30				1.45				1.45
		0.17	2.07	0.34				1.31				1.31
		0.28	3.45	0.38				1.15				1.15
		0.42	5.17	0.42				1.04				1.04
		0.56	6.89	0.44				1.00				1.00
앵귤러 베어링	α	$\frac{iF_a}{C_0}$	$\frac{F_a}{ZD_a^2}$									
	5°	0.014	0.172	0.19 0.23				2.30		2.78		3.74
		0.028	0.345	0.22 0.26				1.99		2.40		3.23
		0.056	0.689	0.26 0.30				1.71		2.07		2.78
		0.085	1.03	0.28 0.36	1	0	0.56	1.55		1.87		2.52
		0.11	1.38	0.30 0.34				1.45	1	1.75	0.78	2.36
		0.17	2.07	0.34 0.40				1.31		1.58		2.13
		0.28	3.45	0.38 0.45				1.15		1.39		1.87
		0.42	5.17	0.42 0.50				1.04		1.26		1.69
		0.56	6.89	0.44 0.52				1.00		1.21		1.63
	10°	0.014	0.172	0.29				1.88		2.18		3.06
		0.029	0.345	0.32				1.71		1.98		2.73
		0.057	0.689	0.36				1.52		1.75		2.47
		0.086	1.03	0.38				1.41		1.63		2.29
		0.11	1.38	0.40	1	0	0.46	1.34	1	1.55	0.75	2.18
		0.17	2.07	0.44				1.23		1.42		2.00
		0.29	3.45	0.49				1.10		1.27		1.78
		0.43	5.17	0.54				1.01		1.17		1.64
		0.57	6.89	0.54				1.00		1.16		1.63
	15°	0.016	0.172	0.38				1.47		1.65		2.39
		0.029	0.345	0.40				1.40		1.57		2.28
		0.056	0.689	0.43				1.30		1.56		2.11
		0.087	1.03	0.46				1.23		1.38		2.00
		0.12	1.38	0.47	1	0	0.44	1.19	1	1.34	0.72	1.93
		0.17	2.07	0.50				1.12		1.26		1.82
		0.29	3.45	0.55				1.02		1.14		1.66
		0.44	5.17	0.56				1.00		1.12		1.63
		0.58	6.89	0.56				1.00		1.12		1.63
	20°	—	—	0.57			0.43	1.00		1.09	0.70	1.63
	25°	—	—	0.68			0.41	1.87		0.92	0.67	1.41
	30°	—	—	0.80	1	0	0.39	0.76	1	0.78	0.63	1.24
	35°	—	—	0.95			0.37	0.68		0.66	0.60	1.07
	40°	—	—	1.14			0.35	0.57		0.55	0.57	0.93

<table>
<tr><td colspan="2">자동조심볼베어링</td><td>1.5 tan α</td><td>1</td><td>0</td><td>0.40</td><td>0.4cot α</td><td>1</td><td>0.42cot α</td><td>0.65</td><td>0.65cot α</td></tr>
<tr><td colspan="2">매그네토우볼베어링</td><td>0.2</td><td>1</td><td>0</td><td>0.5</td><td>2.5</td><td>—</td><td>—</td><td>—</td><td>—</td></tr>
<tr><td colspan="2">자동조심로울러베어링</td><td>1.5 tan α</td><td>—</td><td>—</td><td>—</td><td>5</td><td>1</td><td>0.45cot α</td><td>0.67</td><td>0.67cot α</td></tr>
<tr><td colspan="2">테이퍼로울러베어링</td><td>1.5 tan α</td><td>1</td><td>0</td><td>0.4</td><td>0.4cot α</td><td>1</td><td>0.45cot α</td><td>0.67</td><td>0.67cot α</td></tr>
<tr><td rowspan="4">스러스트 볼 베어링</td><td>α =45°</td><td>1.25</td><td rowspan="5" colspan="2">이 조건에서는 사용하지 않음</td><td>0.66</td><td>1</td><td>1.18</td><td>0.59</td><td>0.66</td><td>1</td></tr>
<tr><td>α =45°</td><td>2.17</td><td>0.92</td><td>1</td><td>1.90</td><td>0.54</td><td>0.92</td><td>1</td></tr>
<tr><td>α =45°</td><td>4.67</td><td>1.66</td><td>1</td><td>3.89</td><td>0.52</td><td>1.66</td><td>1</td></tr>
<tr><td>α =45°</td><td>—</td><td colspan="6">$F_r=0$ $Y=1$</td></tr>
<tr><td colspan="2">스러스트 자동조심 로울러베어링 스러스트테이퍼 로울러베어링</td><td>1.5tan α</td><td>tan α</td><td>1</td><td>1.5tan α</td><td>0.67</td><td>tan α</td><td>1</td></tr>
</table>

복열 레이디얼 베어링의 X와 Y의 값은 $F_a/F_r \leq e$ 인가, $F_a/F_r > e$인가에 의해 다르다.

스러스트 베어링은 일반적으로 레이디얼하중을 받는 것이 불가능하기 때문에

$$P_a = F_a \quad 6.23$$

가 된다. 그러나, 스러스트 자동조심로울러베어링은 $F_r/F_a \leq 0.55$ 의 조건 하에서 레이디얼하중을 받을 수가 있다.

이 경우의 동등가하중은 다음 식으로 주어진다.

$$P_a = F_a + 1.2F_r \quad 6.24$$

등가하중은 합성하중(Combined Radial and Thrust Loads)이 수명에 미치는 영향에 대하여 계수를 사용하여 등가적(等價的)으로 처리한 가상적인 레이디얼 또는 스러스트하중이다.

등가하중은 베어링수명및 정격하중과의 관계에 있어서 베어링의 하중을 대표한다. 그림 6.2는 하중의 종류를 나타낸다.

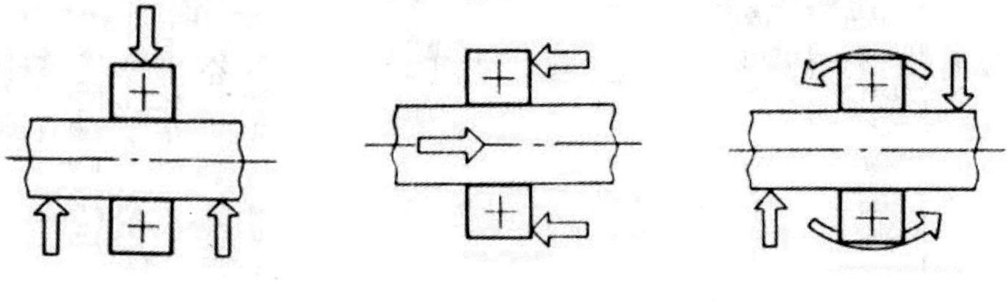

1) 레이디얼하중　　2) 액시얼하중　　3) 모멘트하중

그림 6.2 하중의 종류

6.3. 하중 계산법

베어링에 가해지는 하중에는 일반적으로 베어링이 지지하는 물체와 회전체의 자중, 벨트와 치차 등의 전달력, 기계가 운전중에 발생하는 하중 등이 있다.이들 하중은 레이디얼하중과 스러스트하중이 조합된 합성하중(Combined Load)으로서 작용하는 경우가 많다. 베어링의 하중 계산은 레이디얼하중과 스러스트하중으로 나누어서 생각하는 것이 보통이다. 정적인 하중은 계산에 의해 구하는 것이 가능하지만 동적인 하중은 계산하기가 어렵다. 그래서 동등가하중(Equivalent Dynamic Load)의 산출을 하기 위해 하중에 대해서는 경험적으로 구한 계수를 사용한다. 하중 그 자체에도 여러가지의 경우가 있고 그 중에는 복잡한 계산을 요하는 것도 있기 때문에 후술하는 것은 기본적인 것을 중심으로 한다.

6.3.1. 레이디얼하중의 배분

1) 로울러 베어링

그림 6.3의 경우에는 베어링 I 및 II에 가한 레이디얼하중은 다음 식으로 구한다.

$$F_{rI} = b/c \quad F \qquad 6.25$$

$$F_{rII} = a/c \quad F \qquad 6.26$$

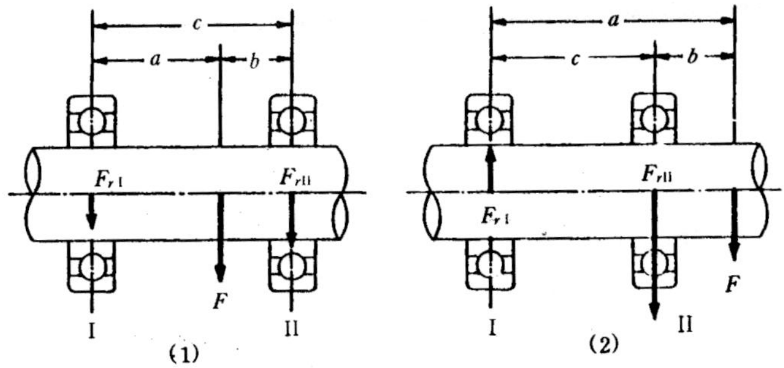

그림 6.3 레이디얼하중의 배분

다른 예를 들면

$$F_{rI} = c/a\ F_1 + e/a\ F_2 \qquad 6.27$$

$$F_{rII} = b/a\ F_1 + d/a\ F_2 \qquad 6.28$$

F_1및 F_2의 하중방향이 다를 경우에는 각각에 대하여 F_{rI} 및 F_{rII} 를 구해 그의 벡터(Vector)합을 계산하면 좋다.

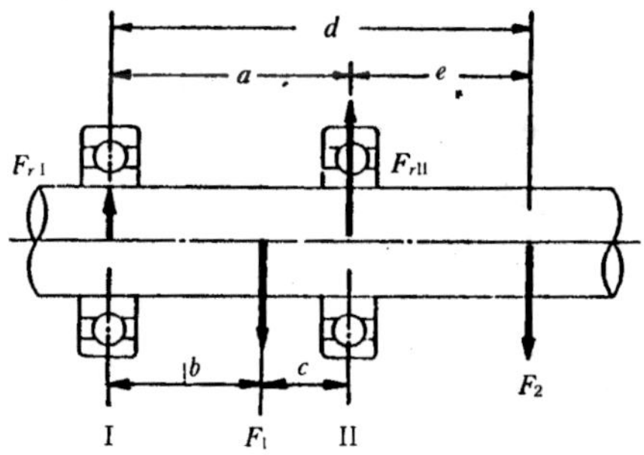

그림 6.4 레이디얼 하중의 배분

2) 리니어 베어링

리니어 베어링(Linear Bearing)은 물체를 지지하면서 직선왕복운동을 하기 때문에 물체의 중심위치, 추력작용의 위치, 기동과 정지시의 가속, 감속의 속도 변화 등으로 베어링에 걸리는 하중이 변한다. 베어링의 선정시(기계 설계시)에 이러한 조건을 충분히 고려해야 하며 하중 계산의 기본유형을 표 6.8에서 구할 수가 있다.

표 6.8 하중계산의 기본유형

분류	사용조건과 하중	베어링 1개에 걸리는 하중	비 고
1	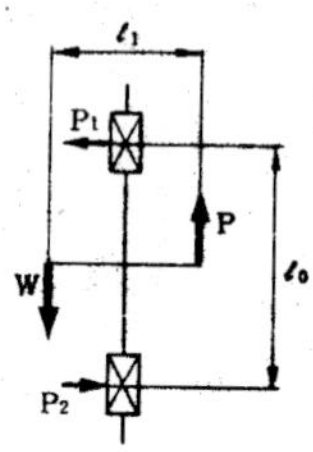	$P_1 = P_2 = \frac{\ell_1}{\ell_0} W$	수직 1축 가이드 직선운동시에 등속도 운동을 하고 있다. 가동, 정지 시에 속도가 변하므로 하중은 변한다. 용도 : 공업용로봇의 자동 도장기, 리프터(Lifter)
2	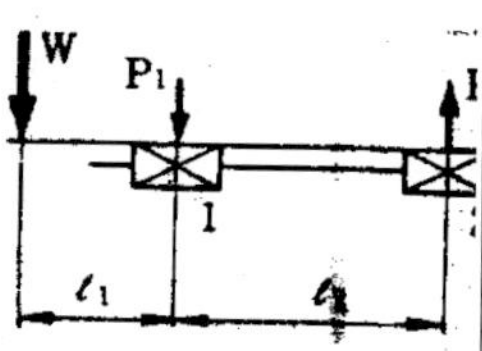	$P_1 = \frac{(\ell_1 + \ell_2)}{\ell_2} W$ $P_2 = \frac{\ell_1}{\ell_0} W$	수직 1축 가이드 직선운동에 의해 ℓ_1이 변하는 경우는 평균하중을 구한다. 용도 : 공업용 로봇의 추평축, 프레스의 자동공급장치
3	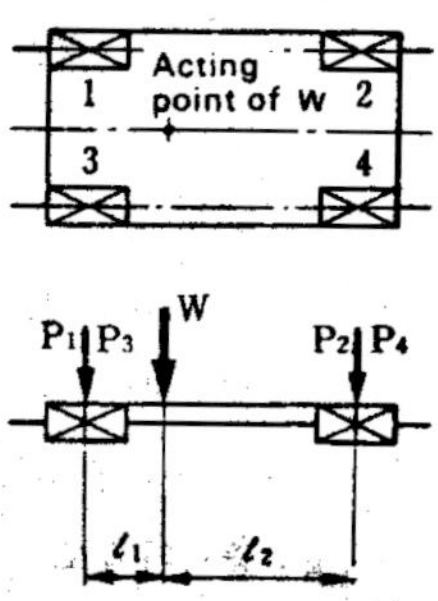	$P_1 = P_3 = \frac{\ell_2}{(\ell_1 + \ell_2)2} W$ $P_2 = P_4 = \frac{\ell_1}{(\ell_1 + \ell_2)2} W$	수직 2축 가이드 용도 : XY 테이블
4	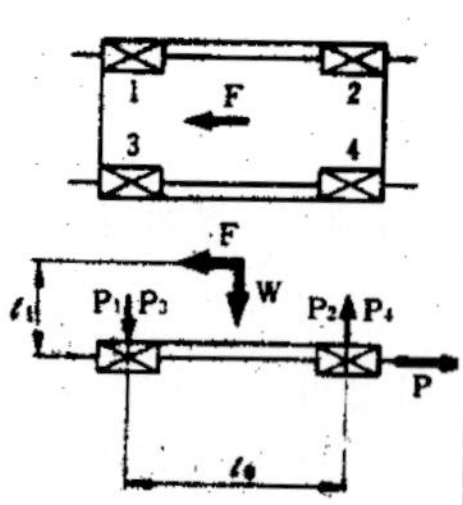	$P_1 = P_3 = \frac{W}{4} + \frac{\ell_1}{2 \cdot \ell_0} F$ $P_2 = P_4 = \frac{\ell_1}{2 \cdot \ell_0} F - \frac{W}{4}$	수직 2축 가이드 외력 F가 작용하고 있다. F의 작용점은 반드시 1축 2개의 중앙이 아니더라도 된다. 용도 : 드릴 유니트

5	진행방향 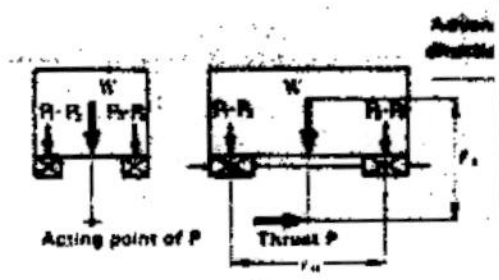 위의 사양에서 속도는 다음과 같이 변한다. 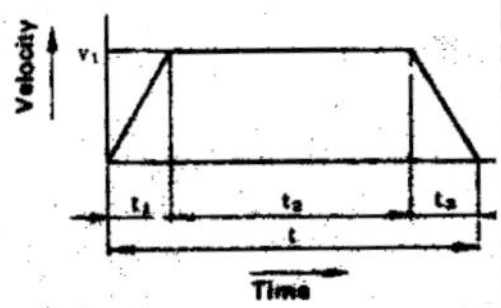 	• 발전 가속시 $P_1=P_3=\frac{1}{4}W(1+\frac{2\cdot V_1\cdot \ell_1}{g\cdot t_1\cdot \ell_0})$ $P_2=P_4=\frac{1}{4}W(1-\frac{2\cdot V_1\cdot \ell_1}{g\cdot t_1\cdot \ell_0})$ • 정지 감속시 $P_1=P_3=\frac{1}{4}W(1-\frac{2\cdot V_1\cdot \ell_1}{g\cdot t_3\cdot \ell_0})$ $P_2=P_4=\frac{1}{4}W(1+\frac{2\cdot V_1\cdot \ell_1}{g\cdot t_3\cdot \ell_0})$ • 등속 운동시 $P_1=P_2=P_3=P_4=\frac{1}{4}W$	수평 2축 가이드 g : 중력 가속도 g= 9.9×10^3mm/sec^2 이 동작은 주로 이송나사(Lead Screw)에 의한 구동의 경우가 많다.
6	진행방향 속압소버 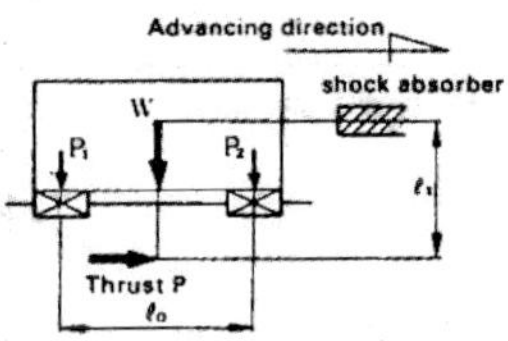 위의 사양에서 속도는 다음과 같이 변한다. **Velocity varies as follows with the above specifications.** 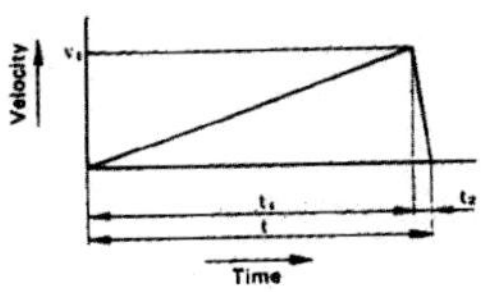 **시간**	• 가속시 $P_1=\frac{1}{2}W(1+\frac{2\cdot V_1\cdot \ell_1}{g\cdot t_1\cdot \ell_0})$ $P_2=\frac{1}{2}W(1-\frac{2\cdot V_1\cdot \ell_1}{g\cdot t_1\cdot \ell_0})$ • 정지시 $P_1=\frac{1}{2}W(1+\frac{2\cdot V_1\cdot \ell_1}{g\cdot t_2\cdot \ell_0})$ $P_2=\frac{1}{2}W(1-\frac{2\cdot V_1\cdot \ell_1}{g\cdot t_2\cdot \ell_0})$	수평 1축 가이드 속압소버(Shock Absorber)에 의한 급정지 g : 중력가속도 g= 9.8×10^3mm/sec^2 이 동작은 주로 실린더(Cylinder)구동의 경우가 많다.

표에서 W: 부하중량 P_n : 베어링 하중

P : 추력 F : 외력

l_n : 모멘트의 암 길이 V_n: 속도

6.3.2. 앵규러콘택트 베어링의 하중배분

앵규러볼베어링과 테이퍼로울러베어링 등 단열 앵규러콘택트 베어링에서는 그림 6.5에 표시한 것과 같은 작용점(Pressure Cone Apex)이 위치하고 이 작용점의 위치는 a 로 표시하며 베어링 Catalogue에 표시되어 있다.

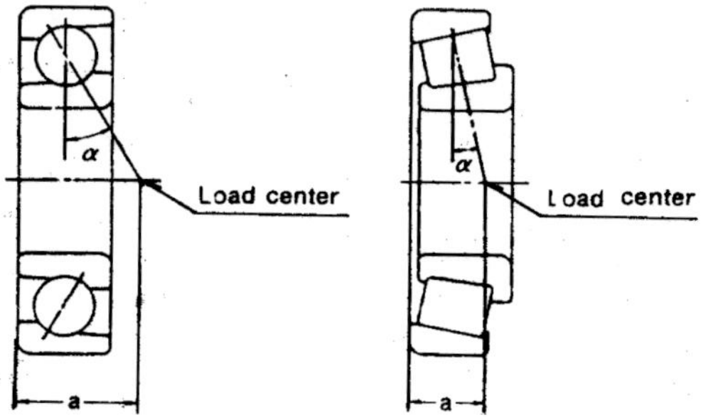

그림 6.5 작용점의 위치

이런 형식의 베어링에 레이디얼하중 F_r이 작용하면 축방향의 분력 F_a를 생기게 하고 그 크기는 접촉각 α, 스러스트 계수 Y 라고 하면 다음 식으로 주어진다.

$$F_a = F_r \tan\alpha$$
$$= F_r / 2Y \qquad 6.29$$

축방향의 힘을 받기 때문에 이들 베어링은 한 개 만으로는 사용되지 않고 조합(DB, 또는 DF)으로 사용되고 있다.

깊은홈볼베어링을 앵규러콘택트 상태로 사용할 경우에 있어서도 똑같은 생각을 해야 한다.

조합하여 사용하는 베어링에 대한 등가레이디얼하중은 표 6.9와 같다.

표 6.9 조합 앵귤러볼베어링과 테이퍼로울러베어링의 등가레이디얼하중

Bearing arrangement	Load condition	Equivalent radial load
DB arrangement 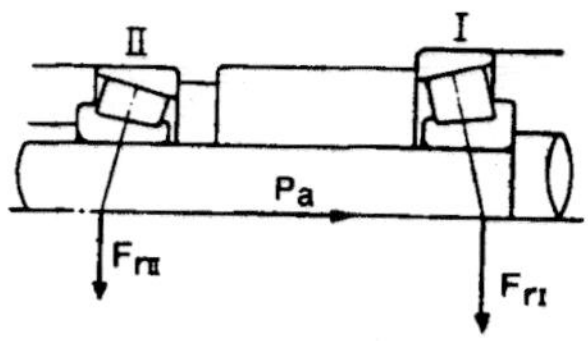	$\dfrac{Fr_{II}}{2Y_{II}} \leq \dfrac{Fr_I}{2Y_I} + P_a$	$\Pr_I = Fr_I$ $\Pr_{II} = XFr_{II} + Y_{II}\left(\dfrac{Fr_I}{2Y_I} + P_a\right)$
DF arrangement 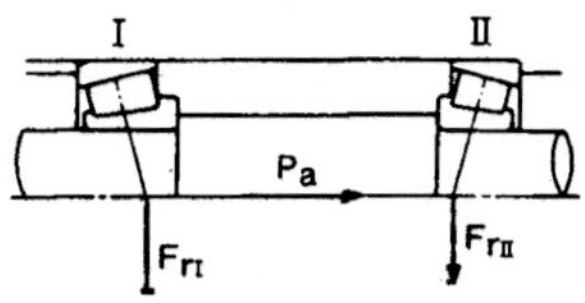	$\dfrac{Fr_{II}}{2Y_{II}} > \dfrac{Fr_I}{2Y_I} + P_a$	$\Pr_I = XFr_I + Y_I\left(\dfrac{Fr_{II}}{2Y_{II}} - P_a\right)$ $\Pr_{II} = Fr_{II}$
DB arrangement 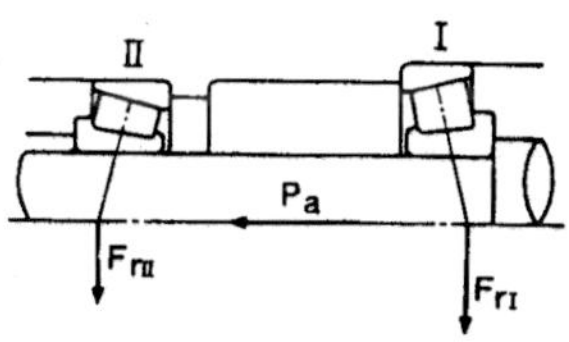	$\dfrac{Fr_I}{2Y_I} \leq \dfrac{Fr_{II}}{2Y_{II}} + P_a$	$\Pr_I = XFr_I + Y_I\left(\dfrac{Fr_{II}}{2Y_{II}} + P_a\right)$ $\Pr_{II} = Fr_{II}$
DF arrangement 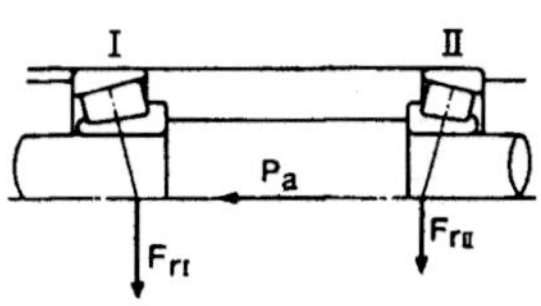	$\dfrac{Fr_I}{2Y_I} > \dfrac{Fr_{II}}{2Y_{II}} + P_a$	$\Pr_I = Fr_I$ $\Pr_{II} = XFr_{II} + Y_{II}\left(\dfrac{Fr_I}{2Y_I} - P_a\right)$

note : (1) The above are valid when the bearing internal clearance and preload are zero.
(2) Radial forces in the opposite direction to the arrow in the above in the above illustration are also regarded as positive.
(3) $\Pr_I$, $\Pr_{II}$, Y_I and Y_{II} mean the equivalent radial load and the axial load factor for the bearings I and II respectively

6.3.3. 전동기구(傳動機構)에 의한 베어링의 하중

벨트와 치차 등의 전동기구에 의해 축에 작용하는 힘및 그것에 의한 베어링 하중은 일반적으로 다음과 같이 구해진다.

1) 벨트및 체인 전동의 경우

벨트(Belt) 및 체인(Chain)에 의해 동력을 전달할 때 벨트및 체인의 유효전동력은 다음 식으로 주어진다.

$$F_b = M/r = 974,000H/nr \qquad 6.30$$

여기서, F_b : 벨트의 유효전동력 (kgf)

M : 전달토르크 (kg-mm)

H : 전달동력 (kw)

n : 회전수 (rpm)

r : 푸리 또는 스프로켓의 유효반경 (mm)

실제로 축에 작용하는 힘을 알기 위해서는 벨트 및 체인의 장력(Tension)을 고려해야 한다.

이것을 고려한 표 6.10의 벨트 및 체인의 계수를 유효전동력에 곱해서 구한다.

표 6.10 벨트 및 체인의 계수 f_b

전 동 방 식	f_b
평 벨트 (Plain Belt)	3.0～4.0
평 벨트 (Plain Belt With Tension pulley)	2.5～3.0
V 벨트 (Vee Belt)	1.5～2.0
타이밍 벨트 (Toothed Belt)	1.1～1.3
실크 벨트 (Silk Belt)	3.5～4.5
체인 (Chain)	1.3～1.5

참고 : 축간 거리가 작고 저속일수록 f_b의 값을 커진다.

$$F = f_b\ F_b \qquad 6.31$$

여기서, F : 축에 작용하는 힘 (kgf)

f_b : 벨트 및 체인의 계수

F_b : 벨트의 유효전동력 (kgf)

2) 치차 전동의 경우

치차(Gear) 전동에 있어서 치(Teeth)에 작용하는 힘은 치차의 종류에 따라 다르며 평치차(Spur Gear)에서는 레이디얼방향만, 헤리컬치차(Helical Gear)와 베벨치차(Bevel Gear)에서는 스러스트방향의 분력도 생기지만 여기서는 평치차에 대해서만 서술한다.

평치차의 치하중(Teeth Load)은 레이디얼하중이지만 접선방향과 반경방향으로 나누어지고 다음 식으로 주어진다.

접선방향

$$F_1 = M/r = 974,000H/nr \qquad 6.32$$

반경방향

$$F_r = F_1 \tan\theta \qquad 6.33$$

$$F_g = \sqrt{F_1^2 + F_r^2}$$

$$= F_1 \sec\theta$$

$$= 974,000\ H\sec\theta/nr \qquad 6.34$$

여기서, F_g : 치하중 (kgf)

M : 치차에 걸리는 토르크 (kg-mm)

H : 전동력 (kw)

n : 회전수 (rpm)

r : 구동치차의 피치원 반경 (mm)

θ : 치의 압력각

치차축의 하중은 치하중에 치차의 사상 정도에 의한 영향을 고려한 표 6.11의 치차계수를 곱해서 구한다.

$$F = f_g \cdot F_g \qquad 6.35$$

여기서, F : 치차에 의한 축하중 (kgf), f : 치차에 의한 축하중 (kgf)

표 6.11 치차계수 f_g

치차의 종류	f_g
정밀연삭 치차 (피치오차, 형상오차 : 0.02 mm 이하)	1.0~1.1
보통절삭 치차 (피치오차, 형상오차 : 0.02~0.10 mm)	1.1~1.3

전술한 벨트계수 f_b 및 치차계수 f_g는 전동기구에 의한 진동의 영향도 고려되어 있으며 후술할 하중보정계수의 일종이다.

6.3.4. 충격하중에 의한 베어링하중

하중이 충격적으로 작용하는 경우에 베어링의 하중은 표 6.12의 하중계수를 곱해서 구한다.

$$P_d = f_d P \tag{6.36}$$

여기서, P_d : 충격을 고려한 베어링 하중 (kgf)

P : 등가하중 (kgf)

F_d : 하중계수

표 6.12 하중계수 f_d

기계 종류	사용 예	f_d
충격이 없는 회전기계	전동기, 공조기계, 공작기계, 측정장치	1.0~1.2
가벼운 충격이 있는 회전기계	공작기계 송풍기, 제지기, 공기압축기, 인쇄기,엘리베이터, 철도차량, 항공기	1.2~1.5
큰 충격이 있는 회전기계	건설기계, 압연기, 크레셔, 드롭함머, 크레인	1.5~3.0

6.3.5. 평균 변동하중

베어링에 작용하는 하중이 여러가지로 변동하는 경우에 그 변동하는 하중조건에 있는 베어링의 피로수명과 같도록 수명이 주어지는 평균하중을 구하는 식이 있다. 평균유효하중(Mean Effective Load)란 변동하는 하중과 동등한 수명이 되는 가상의 하중이며 다음 식으로 주어진다.

$$P_m = \left\{ \frac{1}{L_n} \int_0^{L_n} P^p dN \right\}^{1/p} \qquad 6.37$$

여기서, P_m : 평균유효하중 (kgf)

P : 등가하중 (kgf)

N : 회전수 (rpm)

L_n : 하중변동의 1주기간 총회전수 (rpm)

p : 볼베어링의 경우, $p=3$

로울러베어링의 경우, $p=10/3$

1) 단계적 하중(Stepped Load)

그림 6.6과 같은 경우에는 다음 식으로 주어진다.

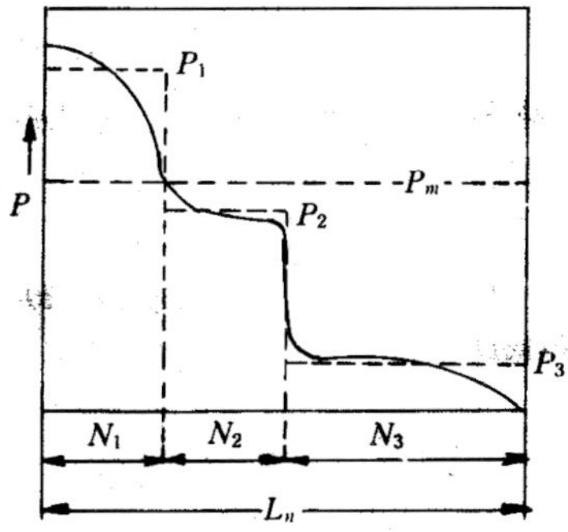

그림6.6 단계적 하중

$$P_m = \sqrt[p]{\frac{P_1^p N_n + P_1^p N_n + P_1^p N_n + \cdots}{N_1 + N_2 + N_3 + \cdots}} = \sqrt[p]{\frac{\sum(P_n^p N_n)}{L_n}} \qquad 6.38$$

여기서, $L_n = \sum N_n$

N_1 : 동등가하중 P_1을 받고 회전한 총회전수

N_2 : 동등가하중 P_2을 받고 회전한 총회전수

N_3 : 동등가하중 P_3을 받고 회전한 총회전수

p : 볼베어링의 경우 $p=3$

로울러베어링의 경우 $p=10/3$

회전수 N(회전) 대신에 매분 회전수 n (rpm)을 취하는 편이 편리할 때가 많다. 이때는 빈도 q 및 회전시간 T도 함께 고려할 필요가 있기 때문에

$$N_{n=n_n}\ T_{n=n_n}\ q_n$$

$$L_n = \sum N_n = T\sum n_n\ q_n = n_n\ T$$

$$n_m = \sum n_n\ q_n$$

따라서, 식(6.38)을 변형하면

$$P_{m=}\ \sqrt[p]{\frac{\sum(P_n^p\ n_n q_n)}{n_m}} \qquad 6.39$$

여기서, $n_m=$ 평균 회전수 (rpm)

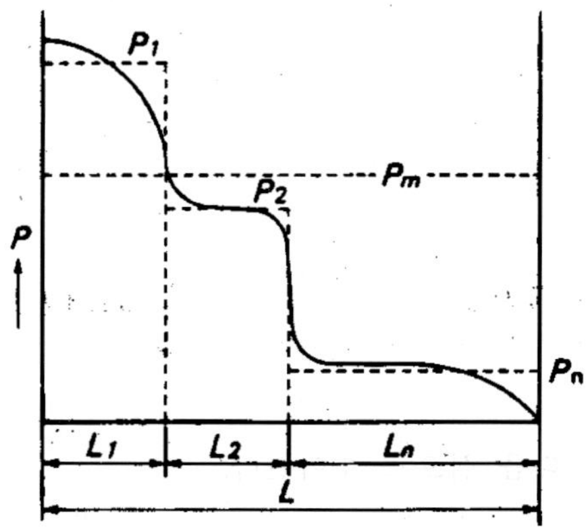

그림 6.7 단계적 하중(주행거리 기준)

리니어베어링의 경우에는 그림 6.6의 횡축의 회전수 N 대신에 주행거리 L로 대치하면 그림 6.7과 같이 되고 계산은 다음 식으로 주어진다.

$$P_m = \sqrt[p]{\frac{1}{L}(P_1^{p\cdot}\ L_1 + (P_2^{p\cdot}\ L_2 \cdots + Pn^p \cdot L_n)} \qquad 6.40$$

여기서, P_m : 평균하중 (kgf)

P_n : 변동하중 (kgf)

L : 전주행거리 (m)

2) 직선적 또는 단조롭게 변동하는 하중(Linear Fluctuating Load)

그림 6.8과 같은 경우에는 다음 식으로 주어진다.

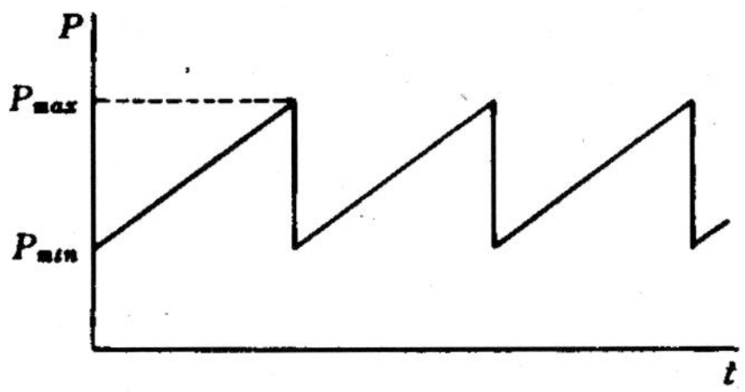

그림 6.8 선형 파동형 하중

$$P_m = \frac{1}{3}(P_{min} + 2 \cdot P_{max}) \qquad 6.41$$

여기서, P_{max} : 최대등가하중 (kgf)

P_{min} : 최소등가하중 (kgf)

리니어베어링의 경우에는 그림 6.7의 시간 t 대신에 주행거리 L로 대치하여 계산한다.

3) 정현곡선하중(Sinuous Load)

a) $P_{min} = 0$에서 P_{max}까지의 사이를 정현곡선상(正弦曲線狀)으로 변동하는 경우 그림 6.9과 같은 경우에는 다음 식으로 주어진다.

리니어베어링의 경우에는 그림 6.9의 시간 t 대신에 주행거리 L로 대치하여 계산한다.

$$P_m = 0.65 P_{max} \qquad 6.42$$

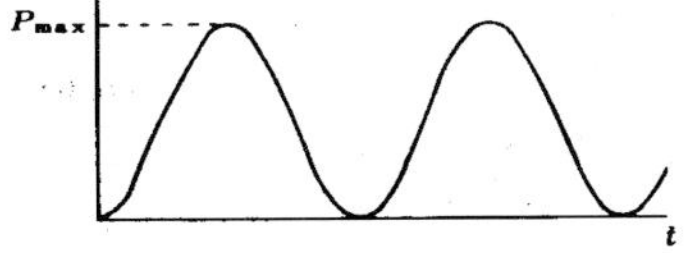

그림 6.9 sine 파형적 하중

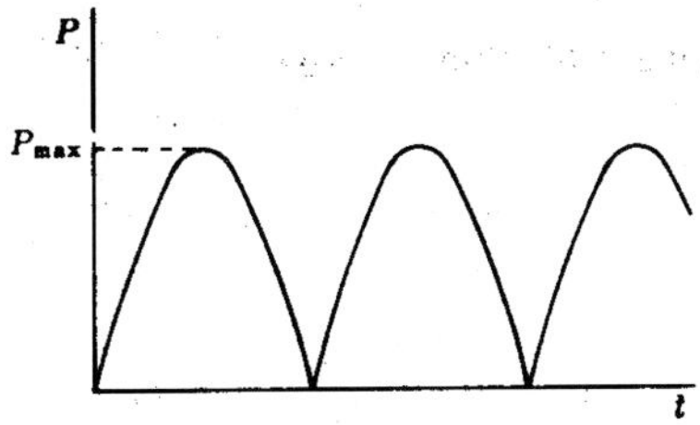

그림 6.10 sine 파형적 하중

b) $P_{min} = 0$에서 P_{max}까지의 사이를 (정현곡선)의 상반분(上半分)에 따라 변동하는 경우 그림 6.10과 같은 경우에는 다음 식으로 주어진다.

$$P_m = 0.75P_{max} \quad 6.43$$

리니어베어링의 경우에는 그림 6.10의 시간 t 대신에 주행거리 L로 대치하여 계산한다.

4) 회전하중과 정지하중(Rotating Load and Stationary Load)

a) $P_R \geq P_s$ 의 경우

$$P_m = P_R + 0.3P_s + 0.2\frac{P_s^2}{P_R} \quad 6.44$$

b) $P_R \leq P_S$의 경우

$$P_m = P_S + 0.3P_R + 0.2\frac{P_R^2}{P_S} \quad 6.45$$

5) 연속적으로 변동하는 하중(Successively Fluctuating Load)

하중이 그림 6.12와 같이 주기 T_0로 시간 t의 함수 $F(t)$로 나타내는 경우의 평균하중 P_m은 다음 식으로 주어진다.

$$P_m = \sqrt[p]{\frac{1}{T_0}\int_0^{T_0} [F(t)]^P\, dt} \quad 6.46$$

변동하중의 파형에 따른 등가하중의 계산식은 그림 6.13과 같다.

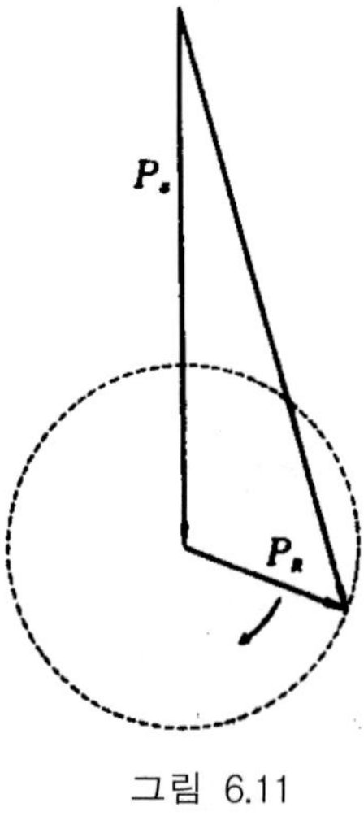

그림 6.11
회전하중(P_R)과
정지하중(P_S)

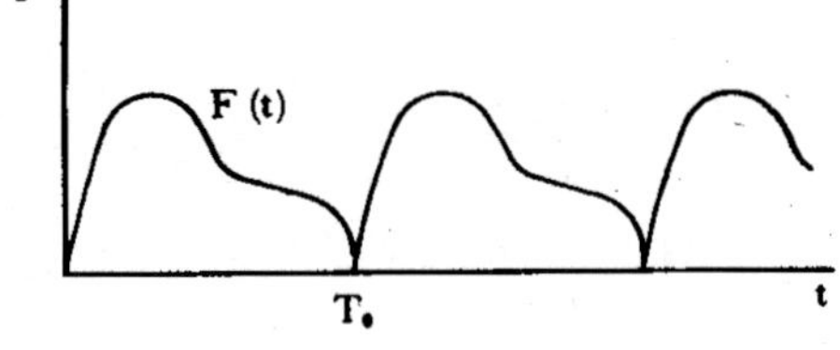

그림 6.12 연속 파동형 하중

변동하중의 파형	등가하중의 계산식
	$P = 0.63P_2 + 0.37P_1$
	$P = 0.68P_2 + 0.32P_1$
	$P = 0.75P_2 + 0.25P_1$
	$P = 0.55P_2 + 0.45P_1$
	$P = 0.84P_2 + 0.16P_1$
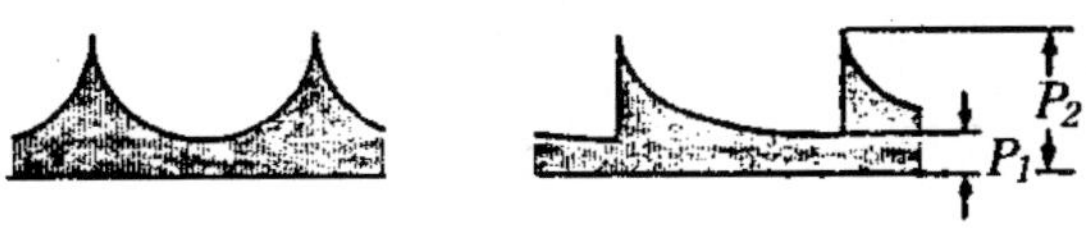	$P = 0.38P_2 + 0.62P_1$

그림 6.13 변동하중의 등가하중

6) 시간에 따라 회전속도와 하중크기가 변동하는 하중

하중 P_n을 받고 회전속도 n_n의 시간이 전 회전시간의 t_n %인 경우의 등가하중은 다음 식으로 주어진다.

$$P = \sqrt[p]{P_1^p \frac{n_1}{n_t} \cdot \frac{t_1}{100} + P_2^p \frac{n_2}{n_t} \cdot \frac{t_2}{100}} \qquad 6.47$$

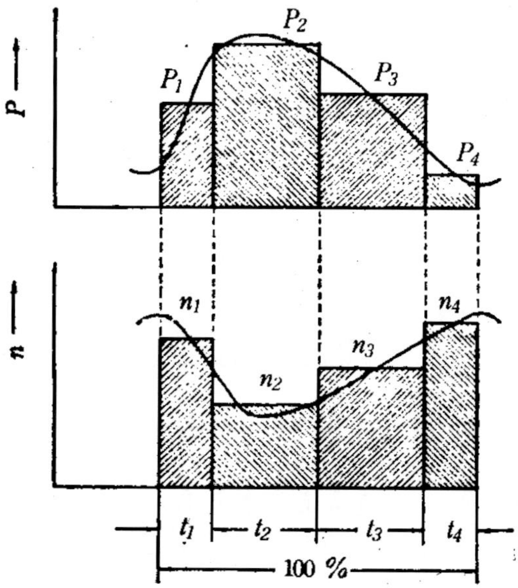

그림 6.14 시간에 따라 회전속도와 하중크기가 변동하는 하중

여기서, n_t 는 총회전수로 다음 식으로 주어진다.

$$n_t = n_1 \frac{t_1}{100} + n_2 \frac{t_2}{100}$$

7) 요동하중(oscillating Load)

요동운동을 갖는 베어링에 대한 하중은 일정 하중각(Constant Load Angle) β 일 때 다음 식으로 주어진다.

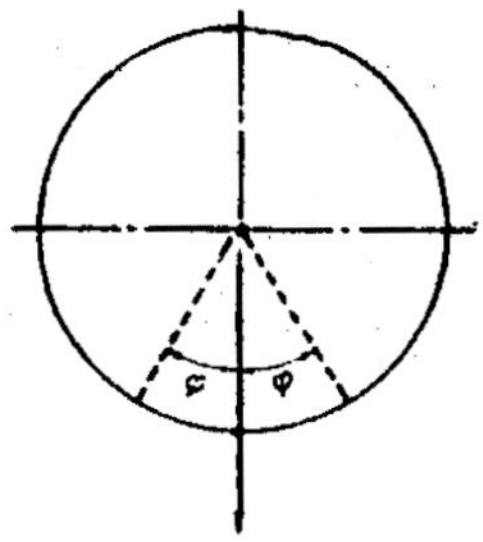

$$P = \left(\frac{\varphi}{90}\right)^{1/p} (XP_m \cos\beta + YP_m \sin\beta) \qquad 6.48$$

여기서, φ : 진폭

P_m : 평균하중

p : 볼베어링의 경우 3

로울러베어링의 경우 10/3

X : 레이디얼계수

Y : 스러스트계수

a) 순수 레이디얼하중을 갖는 레이디얼 베어링의 경우

$$P = \left(\frac{\phi}{90}\right)^{1/p} P_m \qquad 6.49$$

b) 순수 스러스트하중을 갖는 스러스트 베어링의 경우

$$P_a = \left(\frac{\phi}{90}\right)^{1/p} P_m \qquad 6.50$$

윗식에서 진폭(φ)이 $\phi > \frac{90^\circ}{Z}$ 일 때 성립된다.

여기서, Z : 1열당 전동체의 수

$\left(\frac{\phi}{90}\right)^{1/p}$은 표 6.13에서 주어진다.

표 6.13 $\left(\frac{\phi}{90}\right)^{1/p}$ 의 값

φ	5°	10°	15°	20°	30°	45°	60°	75°	90°
Ball Bearing	0.382	0.481	0.550	0.606	0.693	0.794	0.874	0.941	1.000
Roller Bearing	0.420	0.517	0.584	0.637	0.719	0.812	0.885	0.947	1.000

(계산 예)

단열 깊은홈볼베어링에 다음과 같은 변동 레이디얼하중이 가해질 때 베어링의 평균 레

이디얼하중을 구하시오.

F_1 = 100kgf ; 800rpm 으로 6초간

F_2 = 50kgf ; 1,800rpm 으로 20초간

F_2 = 200kgf ; 3,600rpm 으로 12초간

이 때, F_1, F_2, F_3 의 각각 하중이 걸릴 때의 회전수를 구하면

$$n_1 = \frac{6}{60} \times 800 = 80 \ rev$$

$$n_2 = \frac{20}{60} \times 1,800 = 600 \ rev$$

$$n_3 = \frac{12}{60} \times 3,600 = 720 \ rev$$

$$n = n_1 + n_2 + n_3 = 1400 \ rev$$

$$P_m = \sqrt[3]{\frac{100^3 \times 80 + 50^3 \times 600 + 200^3 \times 720}{1400}}$$

$$= 162 \, kgf$$

7. 베어링의 수명

7.1. 수명

7.1.1. 수명의 개념

기계 요소인 베어링이 구비해야 할 기능은

· 큰 부하능력과 강성

· 적은 마찰 손실

· 정숙한 회전

등이 있지만 이러한 제 기능이 정해진 기간을 경과해서 지속성이 있어야 한다. 이 기능의 지속성이 베어링의 내구도(耐久度) 이며 광의의 수명이고 그의 요구는 기술의 발전과 함께 점점 가혹하게 되어 가고 있다. 이 경우에 존재하는 고장(손상)의 주체가 되는 것은 베어링이 하중을 받으면서 회전을 하면 레이스(Race)의 궤도면과 전동체(Rolling Element)의 전동면에 끊임없는 반복하중으로 궤도면 또는 전동면에 후레이킹(Flaking)이라고 불리우는 생선비늘 모양의 재료의 피로 파손이 생기며 그림 7.1에 나타내고 있다. 최초 후레이킹이 생길 때까지의 총회전수를 구름피로수명(Rolling Fatigue Life)이라고 하며 협의의 수명이라고 한다.

수명의 종류에는 특성에 따라

· 음향수명

· 마모수명

· 그리이스수명

· 구름피로수명 등이 있다.

7.1.2. 구름피로

구름베어링이 구름접촉면에 가해지는 반복응력에 의한 재료의 피로파손은 시간적으로 지연시킬 수는 있으나 방지할 수는 없다.

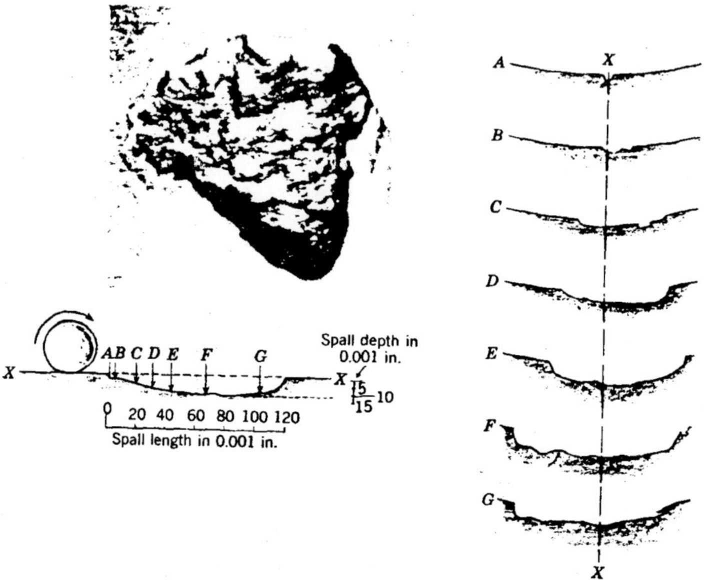

그림 7.1 Fatigue-Spalled Area의 특성

구름피로의 발생 메커니점(Mechanism)을 해명하는데 오랜 시간이 경과했으나 아직도 불명확한 점이 많다.

1) 구름접촉에 의한 내부응력

구름피로에 의한 후레이킹(Flaking)의 최초 기점에서 크랙(Crack)의 대부분은 구름접촉면의 표면에서 약간 내부로 들어간 부분에 발생하는 것이 관찰되고 있다. 원통을 평면에 정적으로 눌렀을 때 내부의 응력상태를 계산한 것이 그림 7.2이다. 그림에서 종축은 크랙 발생의 깊이이고 횡축은 응력의 크기를 나타내지만 표면과 45° 각도로 면에 작용하는 전단응력 $(\tau_{st})_{yz}$의 최대치는 원통과 평면의 접촉폭을 2b로 하면 0.786b의 깊이에 나타난다.

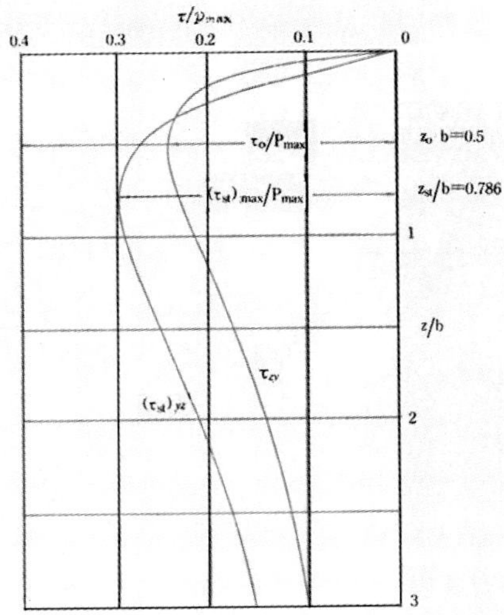

그림 7.2 원통을 평면에 눌렀을 때 전단응력 τ_{ST}와 τ_0의 깊이 방향의 분포

종전에는 구름접촉에서 이 최대전단응력의 반복에 의하여 구름피로파손을 일으킨다고 생각되었다. 실제로 후레이킹의 기점이 되는 심부의 최초 크랙은 구름표면과 45° 경사로 성장하는 것이 아니고 표면과 거의 평행하게 발달하는 것을 알 수가 있다.

G. Lundberg와 A. Palmgren에 의하면 구름면에 평행한 평면 내에서의 심부의 전단응력 τ_{zy}는 원통접촉에서는 그림 7.2와 같이 깊이 0.5b에서 최대가 된다. 정격수명의 계산은 심부에서 표면에 평행한 평면 내에서 하중점이 이동했을 때 발생하는 동적인 전단응력 $(\tau_{zy})_{max}$이 피로파손의 원인이라는 이론에서 유도된 것이다.

2) 접선력에 의한 내부응력

구름피로의 파손현상은 더 상세히 관찰하면 표면에 평행한 평면 내에서의 τ_{zy}의 진폭이 최대로 되는 깊이 보다 얕은 위치에서도 크랙이 발생하고 극단의 경우에는 표면에서 크랙이 발생하기도 한다.

전동체에 구름운동을 일으키는 구동력은 마찰력이고 이것은 표면에 평행하게 작용하는 접선력이다. 이 접선력은 그림 7.3과 같이 구동측 표면에는 진행방향과 반대로, 피구동측 표면에는 진행방향과 같은 방향으로 작용한다.

이 때의 내부응력은 베어링의 하중, 즉 법선력에 의한 내부응력과 표면 접선력에 의한 응력을 합쳐서 그림 7.4와 같이 구해진다.

이 그림에서 접선력은 재료 내부의 전단응력의 크기를 크게 하고 그 위치를 표면에 접근시키는 작용을 한다. 표면의 미끄럼마찰계수가 0.25 이상이 되면 최대 전단응력의 위치는 표면에 노출할 수도 있음을 알 수가 있다. 윤활상태가 나쁘게 되고 미끄럼율이 큰 구름운동의 경우에는 크랙은 표면에서 발생할 수도 있음이 이론적으로 증명되었다. 일반적으로 구름면은 유막에 의하여 보호되므로 접선력이 작용하더라도 구름 - 미끄럼면의 마찰계수는 0.06 정도 보다 크게 되지 않는 것이 보통이다. 윤활상태가 심하게 악화되지 않는 한 표면기점의 후레이킹은 일어나지 않게 된다.

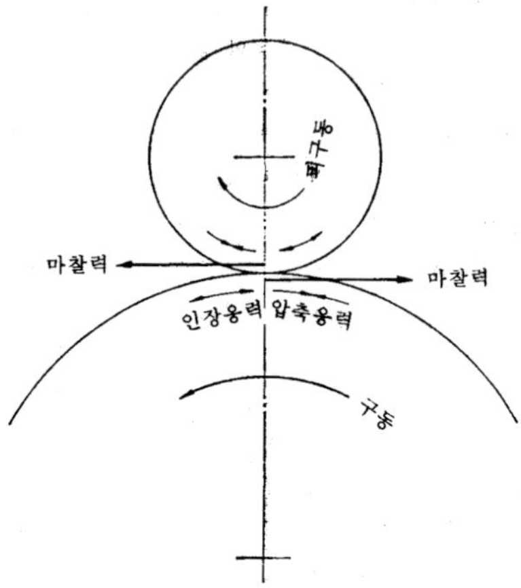

그림 7.3 구름접촉면의 마찰력
(표면 접선력)

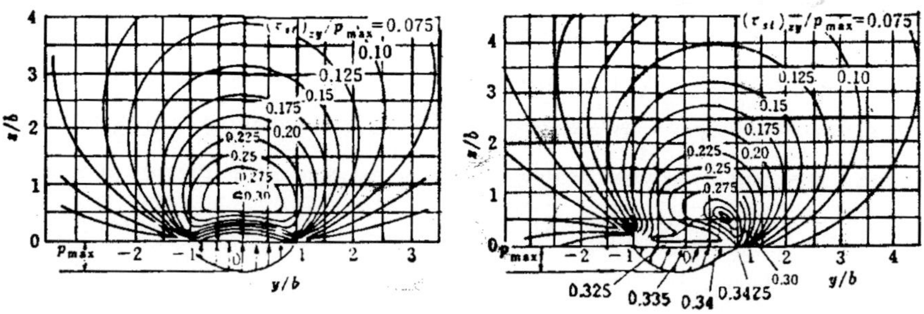

(a) μ=0일 때 (b) μ=0.3일 때

그림 7.4 표면 마찰력에 의한 내부응력 분포의 변화

3) 표면기점의 후레이킹

실제로 사용되고 있는 구름베어링에서는 운전시간이 경과됨에 따라 마모분이 발생하거나 외부에서는 먼지, 이물질과 수분 등이 침입하고 윤활제가 열화를 일으켜서 유막이 파단되어 표면이 금속끼리 접촉을 하게 된다. 로울러베어링에서는 설치오차에 의하여 커다란 엣지(Edge)응력이 발생한다. 이와같은 상태에서 구름접촉면의 실표면윤곽(Actual Surface Profile)은 그림 7.5와 같이 구성되며 그 표면의 거칠은 정점(Asperities)들은 국부적인 응력을 받아 소성변형을 일으킨다.

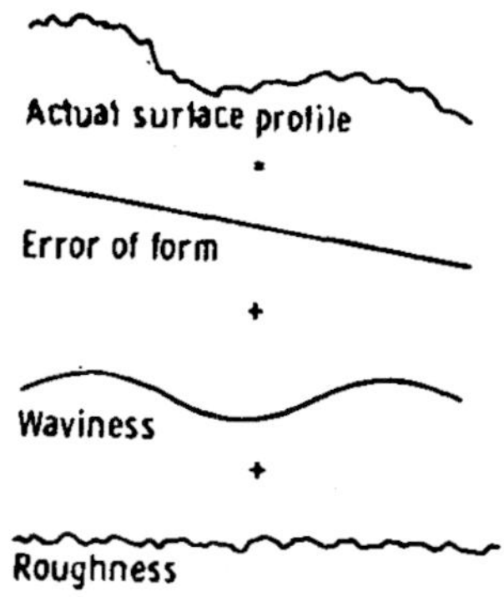

그림 7.5 고체표면의 기하학적특성

재료의 표면은 심부와 달리 열처리와 기계가공에 의한 영향을 받으므로 소성변형을 할 때는 대기, 윤활제, 수분, 분위기 등의 화학적인 영향을 받기 쉽다. 이 경우에 표면을 기점으로 하는 크랙(Crack)이 조기에 후레이킹(Flaking)으로 발전하게 된다. 이러한 조기파손을 방지하기 위하여 윤활유막의 형성이 대단히 중요하다. 그림 7.6은 금속표면의 구조를 나타낸다.

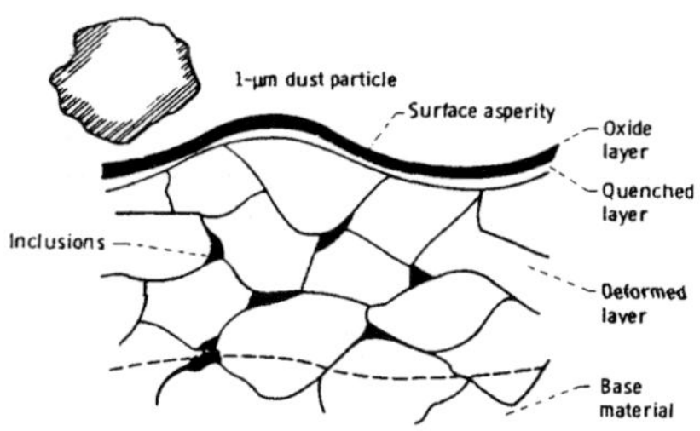

그림 7.6 Schematic diagram showing structure of metallicsurfaces

후레이킹의 원인인 크랙은 재료에 가한 응력의 누적이 그 부분에 미소한 재료결함으로 견디지 못할 때에 발생한다. 따라서 표면, 응력및 재료 등의 조건에 의하여 내부 또는 표면에서 크랙이 발생하는 조건이 정해진다.

7.1.3. 피로수명에 영향을 주는 인자

베어링의 피로수명은 재료, 가공, 열처리, 설계, 사용조건등 많은 인자들의 영향을 받는다. 베어링의 수명은 곧바로 시스팀(System)의 수명이 되므로 베어링의 수명을 길게 하기 위하여 가격을 고려하면서 이들의 인자를 개량해야 한다.

표 7.1 베어링의 피로수명에 영향을 주는 인자

<table>
<tr><th colspan="3">항 목</th><th>인자의 종류</th></tr>
<tr><td colspan="3">설계</td><td>전동체직경, 전동체 수, 피치원경, 궤도홈반경, 로울러 유효길이, 로울러와 궤도의 크라우닝.</td></tr>
<tr><td rowspan="8">재료와 열처리</td><td colspan="2">원재료</td><td>질, 구성비</td></tr>
<tr><td colspan="2">화학조성</td><td>불순물, 개스함유량, 합금성분</td></tr>
<tr><td colspan="2">제강법</td><td>용해법, 제강조건, 탈산법, 압연비</td></tr>
<tr><td rowspan="2">열처리</td><td>제강공장</td><td>소둔법, 탄화물, 편석</td></tr>
<tr><td>베어링공장</td><td>소임법, 소려법</td></tr>
<tr><td rowspan="3">성질</td><td>I</td><td>비금속개재물, 홈, 편석, 마크로 조직</td></tr>
<tr><td>II</td><td>탄화물, 잔류오스테나이트, 결정입도, 섬유조직</td></tr>
<tr><td>III</td><td>경도, 표면층, 잔류응력</td></tr>
<tr><td colspan="3">성형과 가공</td><td>소재성형법, 연삭조건, 사상가공법, 잔류응력, 표면조도 형상정도</td></tr>
<tr><td colspan="3">설치</td><td>끼워맞춤, 크리어런스, 설치오차
축과 하우징의 강성, 댐퍼</td></tr>
<tr><td colspan="3">베어링 하중</td><td>방향, 크기, 변동, 운휴시간</td></tr>
<tr><td colspan="3">윤활과 운전</td><td>윤활제, 윤활법, 회전속도, 분위기 온도</td></tr>
<tr><td colspan="3">보수</td><td>밀봉장치, 먼지, 이물질, 수분, 급유</td></tr>
</table>

7.2. 수명의 통계적 처리

7.2.1. 통계적 접근

일반적으로 고장률은 어떤 기기 또는 시스팀(System)이 시각 t 까지 가동되어 왔을 때 다음의 단위시간 간격 (t , t+1) 의 사이에 고장이 생기는 시각 t 대한 확률이다.

이를 수식으로 나타내면 다음과 같다.

$$\text{고장률 } \lambda(t) = \lim_{\Delta t \to 0} \frac{1}{\Delta t} \cdot P(t < X < t + \Delta T \mid T < x) \qquad 7.1$$

수명분포가 확률밀도함수 $f(t)$에 의해 주어지면 식 7.1은 조건부 확률의 정의에 의해서

$$\begin{aligned} \lambda(t) &= \lim_{\Delta t \to 0} \frac{1}{\Delta t} \cdot \frac{P[(t < X < t + \Delta t) \cap (t < X)]}{P(t < X)} \\ &= \lim_{\Delta t \to 0} \frac{1}{\Delta t} \cdot \frac{P(t < X < t + \Delta t)}{P(t < X)} \\ &= \lim_{\Delta t \to 0} \frac{1}{\Delta t} \cdot \frac{\int_t^{t+\Delta t} f(x)dx}{\int_t^{\infty} f(x)dx} \\ &= \frac{\lim_{\Delta t \to 0} \frac{1}{\Delta t} \int_t^{t+\Delta t} f(x)dx}{1 - F(t)} \end{aligned}$$

즉,

$$\lambda(t) = \frac{f(t)}{1 - F(t)} \qquad 7.2$$

로 고쳐 쓸 수가 있다.

수명분포를 알면 이것으로 고장률 $\lambda(t)$는 그림 7.7과 같이 알 수가 있다.

고장률 함수를 수학적 계산 및 정리를 해서 나타내면 다음과 같다.

$$\begin{aligned} \lambda(t) &= \frac{f(t)}{1 - F(t)} \\ &= \frac{\frac{m}{a}(t-\gamma)^{m-1} \; e - \frac{(t-r)^m}{a}}{e - \frac{(t-\gamma)^m}{a}} \cdot t \geq \gamma; \quad 0, \; t \geq \gamma \\ &= \frac{m}{a}(t-\gamma)^{m-1}; \; t \geq \gamma; \; 0, t \leq \gamma \end{aligned} \qquad 7.3$$

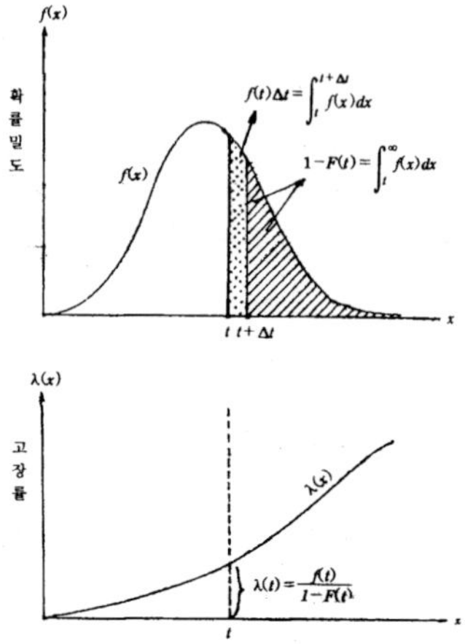

그림 7.7 수명분포의 확률
밀도곡선과 고장률 곡선

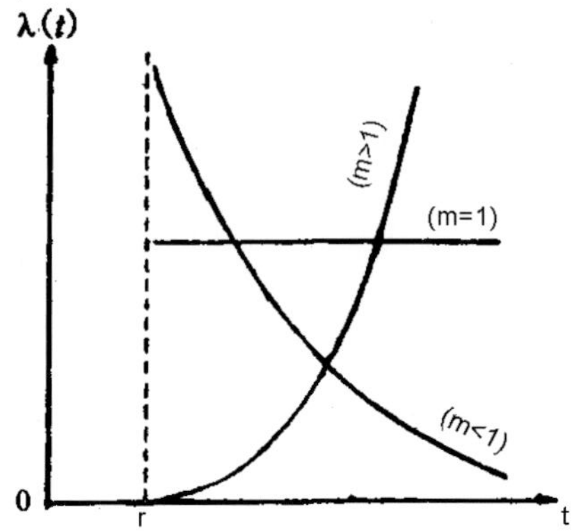

그림 7.8 와이블 분포의 고장률 곡선

이것을 그래프로 나타내면 그림 7.8이 된다. 그래프에서 곧 알 수가 있는 것은 $m > 1$ 이면 고장률 $\lambda(t)$는 시간 t의 증가와 함께 증가하지만, 반면에 $m < 1$이면 고장률 $\lambda(t)$의 증가에 따라 점점 감소하고, $m = 1$이면 항상 일정한 상태를 유지한다.

이와같은 현상을 물리적으로 고찰하면

$m > 1$ 마모고장
$m = 1$ 우발고장
$m < 1$ 초기 고장

임을 알 수가 있으며 이들 3가지의 경우를 종합하여 기기(제품)및 시스탐의 라이프 사이클 (Life Cycle)로 나타내면 그림 7.9와 같다.

그림 7.9 복합 와이블
분포의고장률곡선

초기고장기간 (I) 에서는 표준 이하의 열화된 제품이 고장이 나서 도태가 되면 안정화되어 우발고장기간 (II) 로 이행한다. 이 기간에서 고장은 우연히 지배되는 요인에 의해 발생하기 때문에 고장률은 거의 일정하게 된다.

기기(제품)을 장시간 사용하면 고장률은 다시 증가하여 마모고장기간 (III)에 이른다. 즉, 제품은 마모 또는 이것과 유사한 기구(機構)에 의해서 고장이 나고 고장률은 점차로 증가해 간다.

베어링의 손상(損傷)에는 후레이킹, 균열, 마모, 부식, 과열, 타붙음, 토르크 과대, 이음(異音), 소음 과다, 진동 과다, 정도 저하, 전식(電食) 등이 있다. 이 중에는 베어링과 그것 주위의 설계를 포함한 사용방법 및 취급이 부적절한 것에 기인한 것이 많다.

예를 들면

- 큰 설치오차에 의한 조기 후레이킹, 타붙음
- 예압, 크리어런스, 끼워맞춤의 부적절에 의한 발열, 타붙음, 조기 후레이킹
- 윤활제의 종류 및 점도 선정의 부적절, 보수・교환의 부적절에 의한 마모와 타붙음
- 먼지, 수분, 이물질의 침입에 의한 마모
- 부식 및 조기 후레이킹

등이 있다.

그러므로 이런 고장은 그림 7.9의 (I), (II)의 영역에 속한다. 다시 말해서 올바르게 설계, 제작된 베어링을 바르게 사용하고 적절한 보수를 실행하면 베어링의 고장률은 그림 7.9의 (I), (II) 영역의 고장률은 상당히 감소하고 고장의 대부분이 (III) 영역에 속하게 된다. (그림의 파선).

이 경우에 고장 또는 손상의 주체는 구름접촉면에서 생기는 구름피로(Rolling Fatigue)이다.

7.2.2. 수명의 산포

베어링의 궤도면과 전동면에 생기는 후레이킹은 정확히 미리 파악하고 제어하는 것은 어려운 일이다. 그것은 베어링의 구름피로 수명이 치수, 구조, 재료, 가공방법, 윤활조건 등 제반 조건이 똑같은 많은 베어링을 사용할지라도 상당히 큰 산포를 나타내기 때문이다. 이런 현상을 확률사상(確率事像)으로 처리해야 할 문제로 대두된다.

그림 7.10은 베어링의 통계적인 수명분포가 전구(Light Bulbs)나 인간(Humans)의 것과 유사함을 나타낸다. 그럼에도 불구하고, 베어링 수명은 시스템의 안전성을 고려하여 최소피로수명(Minimum Fatigue Life)을 택한다.

베어링의 피로수명 (이하 수명이라 한다) 은 최대치와 최소치의 사이에 40

~ 50배 정도의 차이가 있음을 그림 7.11과 그림 7.12에서 나타내고 있다. 이와 같은 산포는 수명에 영향을 주는 인자가 많고 복잡하기 때문이며 제 인자들 간에 관련성을 요약하면 그림 7.13과 같이 나타낼 수가 있다.

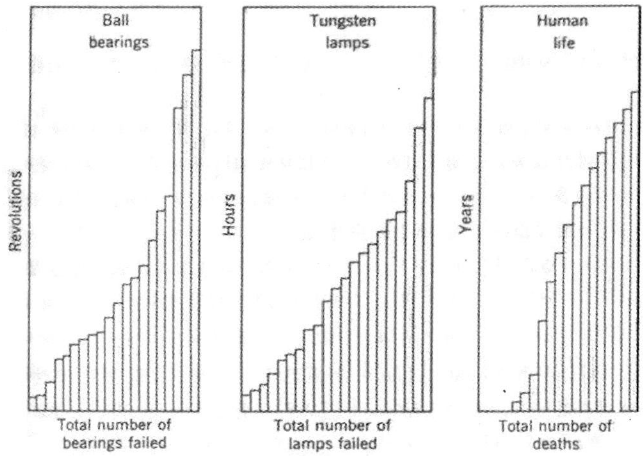

그림 7.10 Camparison of roolling bearing fatigue life distribution with those of humans and light bulbs.

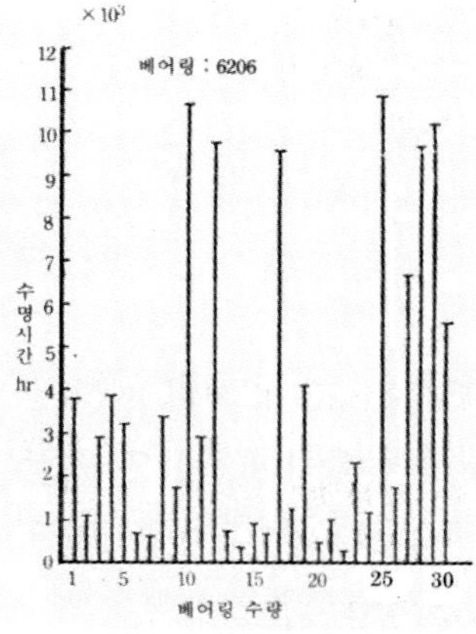

그림 7.11 베어링의 수명분포

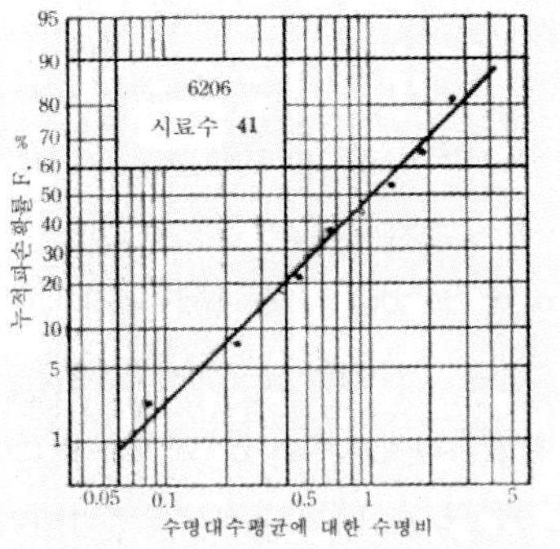

그림 7.12 베어링 수명의 대수확률지 Plot

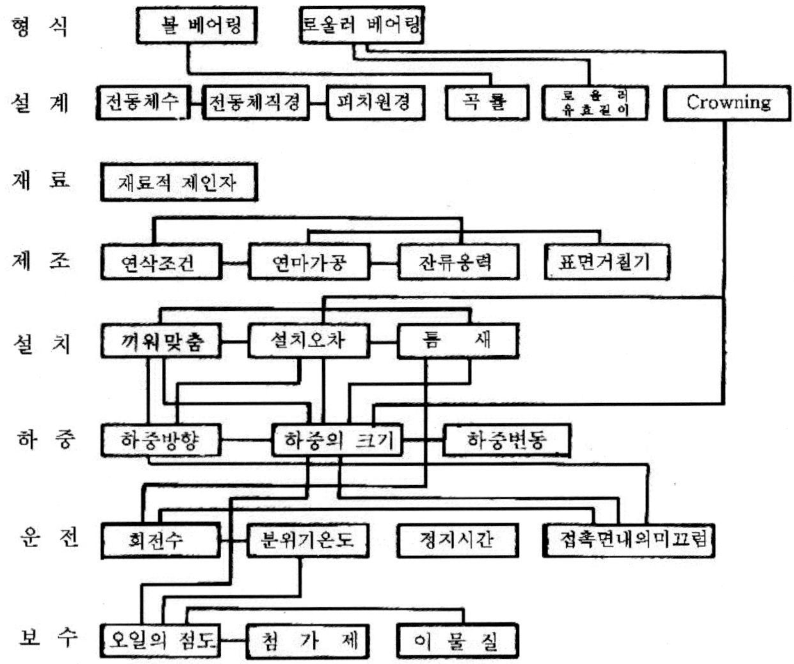

그림 7.13 베어링 수명에 관계된 제 인자와의 관련성

베어링 수명은 산포가 심하므로 평균치를 취한다고 할지라도 그것은 무의미한 값이 된다. 수명을 나타내는 하나의 통계치로서 정격수명(定格壽命 ; Rating Life)이라는 것을 생각해 내어 다음과 같이 정의를 한다.

정격수명(定格壽命; Rating Life)이란 일군의 같은 베어링을 동일한 조건에서 각각 운전하였을 때, 이중 90%가 구름피로에 의한 손상을 일으키지 않고 회전할 수 있는 총회전수이다. 즉, 총회전수까지의 전체 베어링 수량 중에 10%의 베어링이 후레이킹으로 파손하고 90%의 베어링이 그 이상 회전이 가능한 것을 의미한다. 베어링이 일정한 회전속도로 운전될 경우에는 시간수로 표시한다.

7.2.3. 와이불 분포의 적용

실험 데이터를 수집하여 도표로 표시하기 위해서 히스토그램(Histogram)을 그린다. 일반적으로 히스토그램은 이른바 종형(鐘形)의 정규분포로 되는 것이 상식이나 수명치의 경우는 어떠한 경우라도 분포의 형상이 찌그러진다.

그림 7.14는 베어링의 수명을 나타내는 분포의 예시이다.

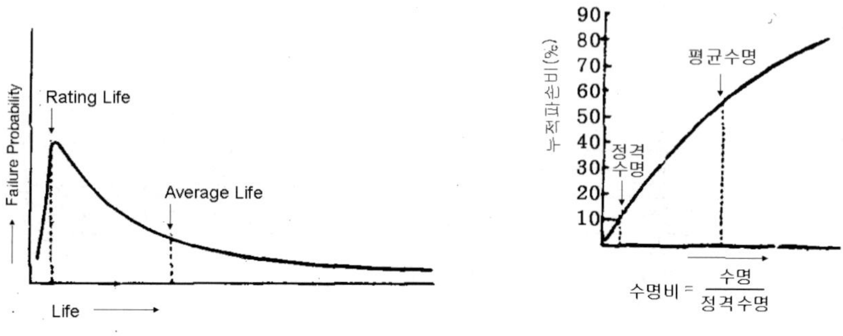

그림 7.14 베어링의 수명분포

이와같은 때에는 흔히 대수정규분포(代數正規分布)나 감마분포(Gamma分布)를 많이 사용한다. 이미 언급한 와이블(Weibull)분포가 수명분포에 잘 맞는 분포로서 신뢰성 문제에 사용되기 때문에 기술한다.

확률밀도함수 $f(x)$와 누적분포함수 $F(x)$는 다음 식으로 주어진다.

$$f(x)=\frac{m}{a}\left(\frac{x-\gamma}{a}\right)^{m-1}\exp\left[-\frac{(x-\gamma)^m}{a}\right] \quad (x)\geq\gamma \qquad 7.4$$

$$F(x) = \int_0^x f(x)dx$$

$$= \int_\gamma^x\left\{\frac{m}{a}(x-\gamma)^{m-1}\exp\left[-\frac{(x-\gamma)^m}{a}\right]\right\}dx$$

$$= \left[-\exp-\frac{(x-\gamma)^m}{a}\right]_r^{m,} \quad (x\geq\gamma)$$

$$= 1-\exp\left[-\frac{(x-\gamma)^m}{a}\right] \qquad 7.5$$

여기서 a : 척도의 퍼래미터(Scale Parameter)

m : 형상의 퍼래미터(Shape Parameter)

γ : 위치의 퍼래미터(Location Parameter)

와이블분포의 누적확률분포를 직선으로 나타내기 위하여 식 7.5를 다시 고쳐 쓰면 다음 식이 된다.

$$1-F(x)=\exp\left[-\frac{(x-\gamma)^m}{a}\right]$$

역수를 취하면

$$\frac{1}{1-F(x)} = \exp\left[\frac{(x-\gamma)^m}{\alpha}\right]$$

양변에 자연대수를 2 번을 취하면

$$\ln\left[\frac{1}{1-F(x)}\right] = \frac{(x-\gamma)^m}{\alpha}$$

$$\ln\ln\left[\frac{1}{1-F(x)}\right] = \ln\frac{1}{\alpha} + m\ \ln(x-\gamma) \qquad 7.6$$

여기서

$$\ln\ln\left[\frac{1}{1-F(x)}\right] = Y$$

$$\ln\ (x-\gamma) = X$$

$$\ln\ \frac{1}{\alpha} = A$$

라고 두면

식 7.6은 $Y = mX + A$라는 직선의 방정식이 된다.

즉, $\ln\ln\left[\frac{1}{1-F(x)}\right]$ 와 $\ln(x-\gamma)$를 두 축으로 하는 그래프 상에 m 의 기울기를 갖는 직선이 된다. 만약 와이불분포를 갖는 확률변수 T의 누적분포함수 $F(x)$를 확률용지에 그리면 기울기가 m 인 직선이 될 것이다. 여기서 m 은 제품의 균일성을 나타내는 척도이며 m 이 클수록 산포는 적다.

Lundburg와 Palmgren이 와이불분포를 베어링수명에 적용하여 수명이론을 유도한 것으로 e, L_0 를 상수로 하여

$$F = \exp\left(-\frac{L^e}{L_0}\right) \qquad 7.7$$

로 나타낸다.

식 7.7을 변형하면

$$\ln\ln\frac{1}{1-F} = e\ln L - \ln L_0 \qquad 7.8$$

로 되어 $\ln\ln\frac{1}{1-F}$와 $\ln L$과는 1차 관계에 있으며 e의 값은 직선의 기울기를 나타내고 있다.

그림 7.15는 볼베어링에 대한 Lundberg와 Palmgren의 수명을 시험한 결과이며 수명치의 와이불폴로트(Weibull Plot)로부터 e 값을 얻는다.

베어링 수명의 경우는

볼베어링	$e=10/9$	7.9
로울러베어링	$e=9/8$	

으로 값은 전경화(全硬化)된 AISI 52100강에 대한 실제 베어링의 내구성 데이터에 기초를 둔 것이다.

Palmgren은 보통 사용되고 있는 베어링강에 대하여 e는 1.1 ~ 1.5의 범위에 있다고 언급을 하고 있다. 앞으로 제강기술의 진보에 따라 e는 더 높은 값을 얻을 수가 있을 것이다.

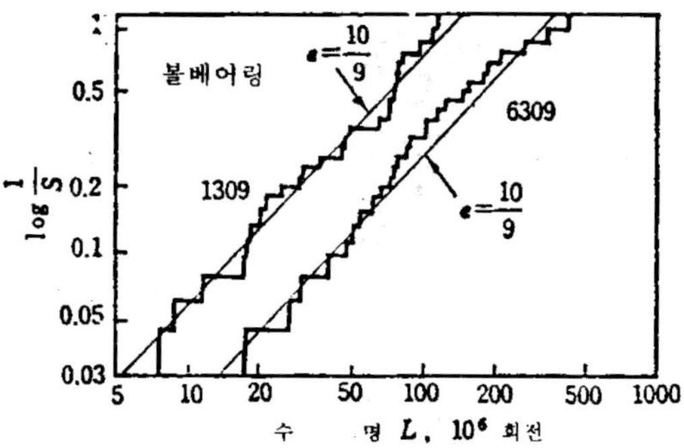

그림 7.15 볼베어링의 수명분포

7.2.4. 수명치의 추정

통계적으로 얻어진 수명치를 나타내는 방법은 여러가지가 있다. 와이블도표와 베어링수명의 분포 및 대수확률지에서의 신뢰도 90% ($F=0.1$)에 대한 수명치 L_{10}, 즉, 정격수명(Rating Life)이 가장 많이 사용되어 수명계산의 기초로 되어 왔다. 이 이외에 신뢰도 50%에 대한 수명치인 메디언수명(Median Life) L_{50} 및 평균수명(Average Life) L_m을 사용하는 수도 있다.

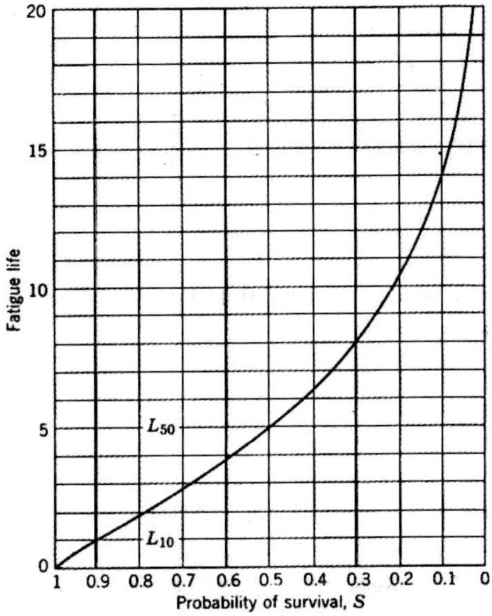

그림 7.16 Rolling bearing fatigue life distribution.

그림 7.16은 일군의 모집단(Group) 내의 베어링이 하중, 속도, 윤활 및 주위 조건이 같다고 할지라도 모든 베어링이 피로에서 같은 수명을 나타내지 않으며 분포의 형상은 비대칭형으로 나타내고 있다. 이러한 수명산포가 존재하기 때문에 베어링 제조사는 베어링의 내구성을 설명하기 위해 곡선상의 1점 또는 2점을 사용하여 왔다.

이들의 의미는 다음과 같다.

L_{10} : 베어링 모집단의 90 %가 견디는 피로수명(Rating Life)

L_{50} : 베어링 모집단의 50 %가 견디는 피로수명(Median Life)

그림에서는 $L_{50}=5L_{10}$임을 보여 주고 있다. L_{50}은 일반적으로 L_m과는 다르다. 이것은 베어링의 수명분포가 비대칭이기 때문이다.

잔존확률(Probability of Survival)은 다음 식으로 주어진다.

$$S = \frac{N_s}{N} \quad 7.10$$

여기서, N_s : 운전회전 L_s를 성공적으로 견딘 베어링 수량

N : 테스트중인 전체 베어링 수량

한편, 파손확률(Probablity of Failure)은 다음과 같이 정의한다.

$$F = 1 - S \quad 7.11$$

(계산 예)

100개의 베어링을 테스트 중 L_{12} 회전에서 12개가 피로파손이 되었을 때 나머지 베어링의 잔존확률은 얼마인가?

$$S = \frac{88}{100} = 0.88$$

베어링 제조사는 일반적으로 주어진 조건하에서 주어진 운전에 대한 피로 내구성의 척도로서 정격수명을 언급하고 있다.

L_{10}, L_{50}, L_m의 관계는 e (Weibull Slope)의 값에 의존하고 있어서 식 7.9에서 주어지는 경우

$$L_{50} = 5.4L_{10},\ L_m = 7.3L_{10}\ (\text{볼베어링}) \quad 7.12$$

$$L_{50} = 5.3L_{10},\ L_m = 7.0L_{10}\ (\text{로울러베어링}) \quad 7.13$$

로 계산된다.

7.3. 정격수명의 계산 개요

7.3.1. 계산의 개념

베어링의 하중을 계산하는 방법으로는 일정한 기계역학적 방법이 있다. 그것은 등가하중(等價荷重)을 구하는 방법에 있어서 역학적으로 계산된 하중에 대해 예상되는 모든 인자(因子)의 영향을 경험 또는 실험에 의한 계수(係數)로 곱셈처리 하는 방법이다. 여기서 말하는 등가하중이란 주로 합성하중(合成荷重)이 수명에 미치는 영향만을 고려한 가상적인 레이디얼하중 또는 스러스트하중만이 아니고 광의의 것을 가리킨다.

대부분 기계에 있어서 베어링의 하중에

· 하중의 크기
· 하중의 방향
· 하중의 성질
  — 모먼트하중
  — 충격하중
  — 진동하중
· 온도의 영향
· 경도의 영향

등을 유의하여 계산하면 충분하다.

7.3.2. Lundberg-Palmgren의 이론

이 이론에서는 구름피로를 지배하는 응력으로서 구름접촉의 표면 아래 Z_0인 깊이에서 표면에 평행한 평면 내에 작용하는 동적최대전단력(動的最大剪斷力) τ_0을 생각한다. 재료의 내구성이 응력을 받는 체적의 증가에 의해 감소한다는 Neuber 등의 학설을 사용하여 깊이 Z_0부근에서 재료의 마이크로적 강도가 약한 부분에 최초의 피로균열이 표면에 달해서 파괴(Flaking) 에 이른다고 가정한다. 이것을 받는 체적 V 인 재료가 파괴에 견디는 확률 S 를 Weibull의 이론에 준해서

$$\ln 1/S = f(\tau_0, N, Z_0) \cdot V \qquad 7.14$$

로 주어진다. 이것을

$$f(\tau_0, N, Z_0) \propto \tau_0^c N^e Z_0^{-k} \qquad 7.15$$

$$V \propto a Z_0 l$$

여기서 c, e, h : 지수
a : 접촉타원의 반경
l : 구름접촉면의 원주방향 길이

로 나타내고, τ_0, N, Z_0, a, l 를 베어링 내부의 기하학적 관계 및 Hertz의 탄성접촉이론(彈性接觸理論)을 사용해서 베어링의 내부치수, 사용재료의 탄성계수, 베어링의 하중, 베어링수명 (총회전수) 으로 바꿔서 다음과 같은 식을 얻는다.

$$\ln 1/S \propto \frac{T^c}{\zeta^{h-1}} \left(\frac{E_0 D_a \sum\rho}{3\mu v^2}\right)^{\frac{c+h-1}{2}} \left(\frac{D_a}{a}\right)^{\frac{c-h-1}{2}} \left(\frac{Q}{D_a^2}\right)^{\frac{c-h+1}{2}} \times D_n D_a^{2-h} U^e L^e \qquad 7.16$$

여기서, $T = \dfrac{\tau_0}{P_{\max}}, \zeta = Z_0/b, \ E_0 = m^2E/(m^2-1)$

$P_{\max}$	: 최대접촉압	b	: 접촉타원반경
m	: 포아송수	E	: 종탄성계수
$\sum\rho$	: 접촉면 곡률합(合	μ, ν	: 탄성접촉에서의 정수
Q	: 전동체의 하중	D_n	: 궤도면 직경
U	: 1회전중의 응력반복수		

이것으로부터 T_0, ζ_0 및 T_1, ζ_1(각각 b/a=0 및 1에 대한 T, ζ)를 사용해서 $\ln 1/S$ 를 포함하지 않은 등식

점접촉 $QL^{3e/(c-h+2)} = A_1 \Phi D_a^{(2c+h-5)/(c-h+2)}$

선접촉 $QL^{2e/(c-h+1)} = B_1 \Psi D_a^{(c+h-3)/(c-h+1)} l_a^{(c-h-1)/(c-h+1)}$ 7.17

을 얻는다.

A_1, B_1은 재료에 의해 정해지는 정수, Φ는 $T, T_1, \zeta, \zeta_1, \mu, \nu, D_a, D_n, \sum\rho, U$의 함수 Ψ는 $D_a, D_n, \sum P, U$ 의 함수이다. 수명의 기준치 $L=1$에 대한 Q를 Q_c로 하면 이때의 베어링의 하중 P 가 그 베어링의 기본동정격하중 C 를 나타내고 Q, Q_c는 각각 베어링의 하중이 P, C 일 때에 궤도륜(Race)상에 똑같이 작용하는 평균 전동체의 하중을 나타낸다. 베어링의 하중이 레이디얼하중 F_r 의 경우 전동체의 하중이 궤도륜 상에 똑같지 않기 때문에 최대 전동체의 하중 $Q_{\max}$를 사용한 관계식

$$F_r = ZQ_{\max} \cdot \cos\alpha \cdot J_r$$

$$Qci = Q_{\max} \cdot J_1 \text{ (내륜에 대한 평균 전동체 하중)}$$

$$Qce = Q_{\max} \cdot J_2 \text{ (외륜에 대한 평균 전동체 하중)} \qquad 7.18$$

여기서, J_r : $SJOVALL$의 레이디얼 적분

J_1, J_2 : 하중 분포에 관한 적분

을 이용한다. Q_c의 식은 T, ζ, μ, ν 등 접촉조건에 관계하는 양을 포함하지만 D_a, d_p (전동체의 피치경) 등 베어링의 내부치수 만의 식에 근사(近似)한다.

궤도 열수가 i 열의 복열 베어링의 경우 베어링 전체의 잔존확률(殘存確率)과 각열의 그것과의 관계에서 전체의 Qc

$$Q_c = i^{1-1/pe} \cdot Q_{c1} \qquad 7.19$$

Q_{c1} : 단열 베어링의 Q_c

으로 계산된다.

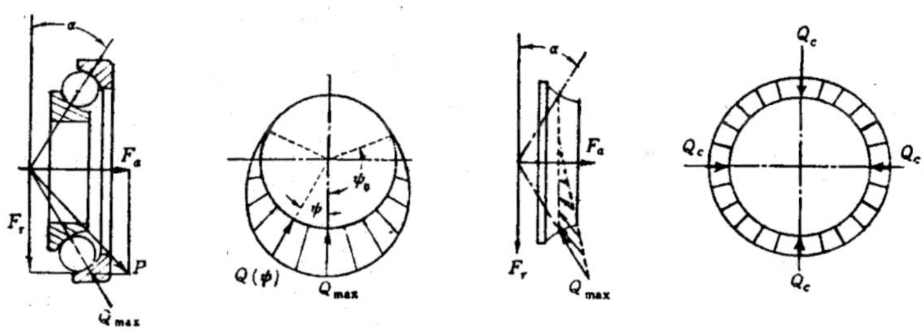

그림 7.17 하중분포와 평균전동체하중

수명 계산식은 식 7.7과 C, Q_c의 정의에서

$$L = (c/p)^p \qquad 7.20$$

$$p = (c - h + 2)/3e \text{ (점접촉)}$$

$$p = (c - h + 1)/2e \text{ (선접촉)}$$

로서 얻는다.

이상의 식에 있어서 지수들의 값은 수명실험의 결과에서 정해진다.

즉, e 값은 Weibull Plot (그림 7.18) 에서, p 값은 메디언 수명과 하중비(荷重比) 관계의 그림 7.19에서, c,h값은 그림 7.20에서 얻는다.

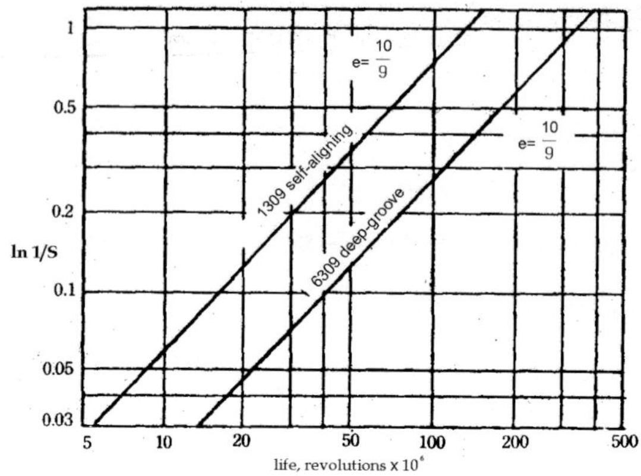

그림 7.18 Typical Weibull plot for ball bearings.

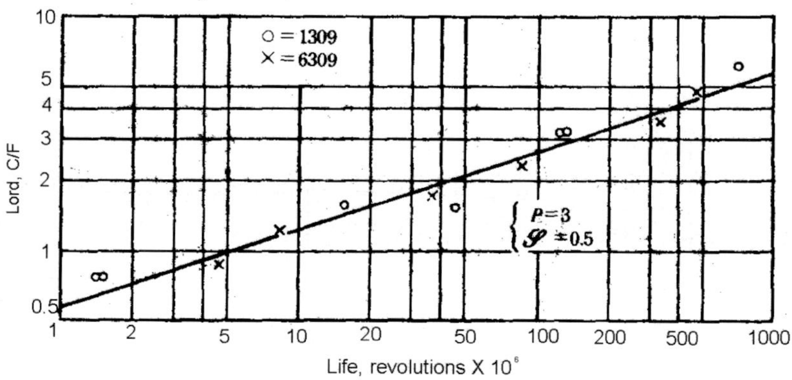

그림 7.19 Load versus life for ball bearings.

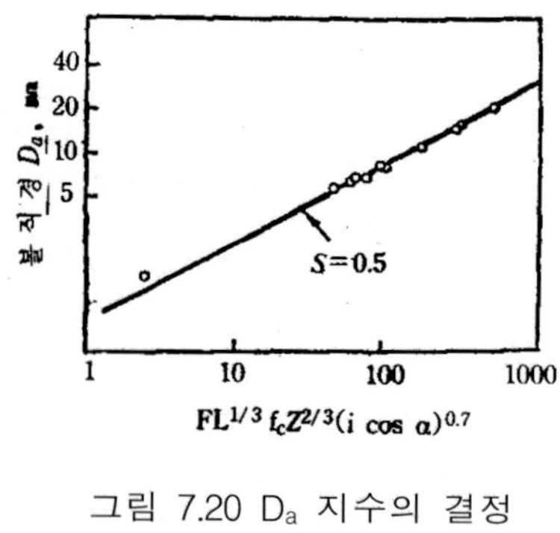

그림 7.20 D_a 지수의 결정

지수들의 값을 정리하면 표 7.2와 같다.

표 7.2 지수 e, c, h, p의 값(Lundberg, Palmgren)

	e	c	h	p
점접촉	$\frac{10}{9}$	$10\frac{1}{3}$	$2\frac{1}{3}$	3
선접촉	$\frac{9}{8}$	$10\frac{1}{3}$	$2\frac{1}{3}$	4

로울러베어링에서는 하중조건과 접촉조건에서 점접촉(點接觸)과 선접촉(線接觸)이 모두 생기는 경우가 있을 수도 있기 때문에 p 의 값을 4에서 10/3으로 보정해서 사용하고 있다.

이상의 관계를 베어링의 내륜 및 외륜에 적용하여 각각의 동정격하중 $C_{i,} C_e$ 를 구하고 베어링 전체의 잔존확률이 내륜과 외륜 각각의 잔존확률의 곱이라는 관계에서

$$C = \{1 + C_i / C_e{}^{pe}\}^{-1/pe} \cdot C_i \qquad 7.21$$

에 의해 베어링 전체의 기본동정격하중을 얻는다. 부하가 전동체의 중심에 작용하지 않는 것과 응력집중 등에 대한 안전계수(安全係數)로서의 감소계수(減少係數) λ_g, 스러스트베어링에 있어서 무부하영역이 없는 가혹함을 고려한 감소계수 η, 로울러베어링에서 p 를 10/3로 한 것에 대한 보정을 나타내는 보정계수(補正係數) v 를 고려한다. 이상에서 C 의 계산식으로서 표 7.3을 얻는다. (r_i , r_e : 내륜, 외륜의 궤도곡률반경)

표 7.3 C의 계산식

베어링 형식	볼베어링	로울러베어링
C	$f_c f_a\ i^{0.7} Z^{2/3} F(D_a)$	$f_c f_a (iL_a)^{7/9} Z^{3/4} F(D_a)$
$F(D_a)$	$D_a^{1.8}(D_a \leq 25.4\text{mm})$ $3.647 D_a^{1.4}(D_a > 25.4\text{mm})$	$D_a^{29/27}$
f_c	$\lambda g_c f_1 f_2 \left(\frac{2r_i}{2r_i - D_a}\right)^{0.41}$	$v \lambda g_c f_1 f_2$
g_c	$\{1 + (C_i / C_e)^{10/3}\}^{-0.3}$	$\{1 + (C_i / C_e)^{9/2}\}^{-2/9}$
$\frac{C_i}{C_e}$	$f_3 \left\{\frac{r_i(2r_e - D_a)}{r_e(2r_i - D_a)}\right\}^{0.41}$	f_3

베어링 형식	레이디얼 베어링	스러스트 베어링		레이디얼 베어링	스러스트 베어링	
		$\alpha \neq 90°$	$\alpha = 90°$		$\alpha \neq 90°$	$\alpha = 90°$
γ	$D_a \cos\alpha / d_m$		D_a / d_m	$D_a \cos\alpha / d_m$		D_a / d_m
f_a	$(\cos\alpha)^{0.7}$	$(\cos\alpha)^{0.7} \cdot \tan\alpha$	1	$(\cos\alpha)^{7/9}$	$(\cos\alpha)^{7/9} \cdot \tan\alpha$	1
f_1	4.1	10η		21.2	56.2η	
f_2	$\dfrac{\gamma^{0.3}(1-\gamma)^{1.39}}{(1-\gamma)^{1/3}}$		$\gamma^{0.3}$	$\dfrac{\gamma^{2/9(1-\gamma)^{29/27}}}{(1+\gamma)^{1/4}}$		$\gamma^{2/9}$
f_3	$1.04 f_4$	f_4	1	$1.04 f_4$	f_4	1
f_4	$\{(1-\gamma)/(1+\gamma)\}^{1.72}$			$\{(1-\gamma)/(1+\gamma)\}^{143/108}$		

7.3.3. 계산방법의 발전

베어링 수명에 관한 많은 연구는 Lundberg-Patmgren의 이론을 더욱 발전시키고, 응용하고, 수정하고 있으며 이중에 주요한 것을 소개하면 다음과 같다.

1) 하중지수(荷重指數)

Lundberg-Patmgren의 이론에서는 하중지수 p 의 값을 식 7.20으로 주어지고 있지만 로울러베어링에 관해서는 실험결과에서의 간접적인 추정이며, $p=4$로 계산한 후 접촉조건 등을 고려해서 $p=10/3$로 수정해 있는 것에 대하여 이론(異論)도 있으며 독일에서는 $p=4$로 하는 경향이 강하다.

볼베어링의 경우 수명실험 데이터에서 구한 결과가 p=2.8, 2.9, 3.65, 4.0의 수명 실험식도 있다.

2) 최소수명(最小壽命)

Lundberg-Palmgren의 이론을 따르면

$$\ln\ln 1/S = e\ \ln L\ + (\text{정수}) \quad 7.22$$

을 얻어 S의 증가와 함께 L의 제한없이 감소하고 극한의 경우 1회전에 베어링이 파손하는 수도 있게 되어 현실에 맞지 않는다. 이것은 베어링수명에 최소치를 감안하지 않았기 때문에 생기는 것으로 현실에는 최소수명이 존재한다는 사고방식이 무리가 아니다. 종전의 최소수명은 계산된 정격수명의 1/2 정도로 취하였으나 그 후 연구로 더 작다는 것이 판명되고 있다.

Tallian은 20종류 2,520개 베어링의 수명실험한 결과를 기준화된 수명치 $y=(L/L_{50})^{e}\times \ln 2$ (L : 각 수명치, L_{50} : 메디언 수명, e : Weibull slope)에 의해 정리하여 하나의 와이블도표 상에 종합했다. F가 5 ~ 60%의 범위에서 각 수명치는 와이블분포에 잘 맞지만 그 이외의 범위에서 각 수명치는 이론 보다 수명이 긴 쪽으로 어긋남을 나타내고 F가 작은 영역에서는 어긋남의 비율이 크게 되며 F < 0.1 %에서 수명은 일정치 $y=0.004$를 취한다. (그림 7.21)

이것에 대응한 값

$$\left.\begin{array}{l} L_{\min}=0.053L_{10}\ (\text{볼베어링}) \\ L_{\min}=0.055L_{10}\ (\text{로울러베어링}) \end{array}\right\} \quad 7.23$$

이 최소수명이라고 생각되며 $L_{\min}$은 정격수명 L_{10}의 약 5%에 지나지 않는다.

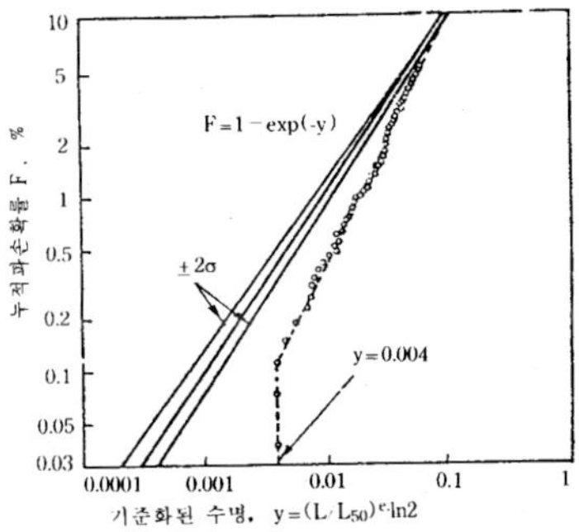

그림 7.21 와이블분포의 저 파손확률

저 파손율 영역에서 수명의 연장화는 그 후 실험에서도 확인되었고, 그림 7.22에서 비교한 사례를 나타내고 있다.

3) 고속회전

베어링이 고속회전에 따른 전동체에 작용하는 원심력이 증대하므로 이것이 외부하중에 비해서 무시할 수 없는 정도가 되면 수명에 영향을 준다. Jones는 수명이론을 이것에 적용해서 다음과 같은 결과를 얻었다.

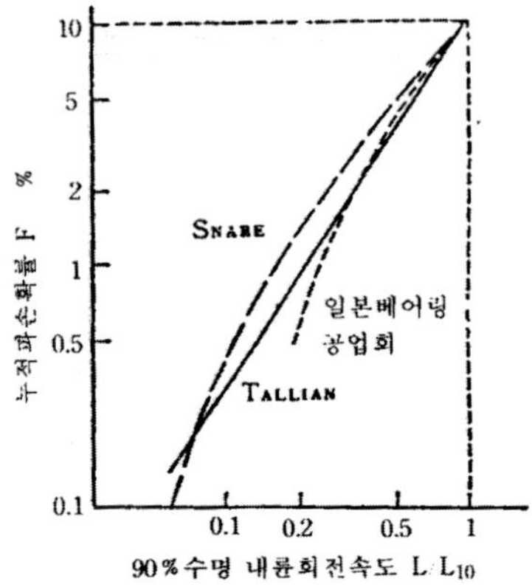

그림 7.22 저 파손률 영역에서의 수명 경향

a) 레이디얼하중을 받는 깊은홈볼베어링의 경우

원심력을 고려한 수명 L_c는 다음 식으로 주어진다.

$$L_c = L\left\{\frac{1+(C_i/C_e)^{10/3}}{1+(C_i/C_e)C^{10/3}}\right\}^{0.9} \qquad 7.24$$

$$\frac{C_i}{C_e} = 1.05\left\{\frac{f_i(2f_{e-1})}{f_e(2f_i-1)}\right\}^{0.41}\left\{\frac{1-\gamma}{1+\gamma}\right\}^{1.72} \qquad 7.25$$

$$\frac{C_i}{C_e} = 1.779J_3\left\{\frac{f_i(2f_{e-1})}{f_e(2f_i-1)}\right\}^{0.41}\left\{\frac{1-\gamma}{1+\gamma}\right\}^{1.72}$$

L : 원심력을 고려하지 않은 수명

f_i, f_e : 내륜, 외륜의 궤도홈반경과 볼 직경의 비

$\gamma = D_a \cos(\alpha / d_p)$

J_3 : 원심력과 최대 전동체의 하중과의 비에 의해 정해지는 정수

이 계산의 예를 그림 7.23에 나타낸다. 회전속도의 증가에 따른 수명감소의 정도는 점차 현저하게 된다.

b) 스러스트하중을 받는 볼베어링의 경우

볼에 작용하는 원심력 F_c의 증가와 함께 접촉각(接觸角)이 내륜측에서 증가

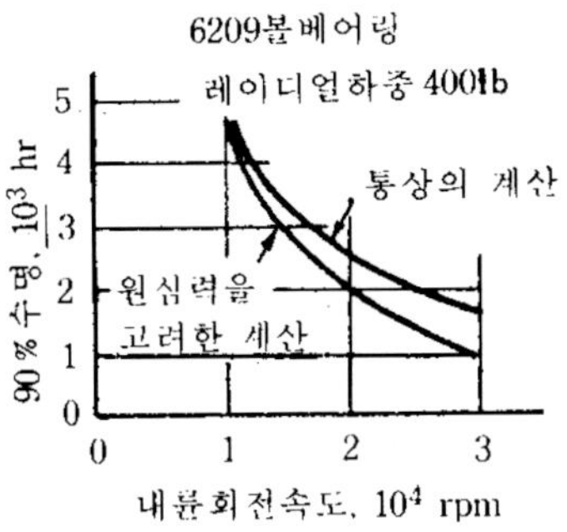

그림 7.23 원심력에 의한 수명감소

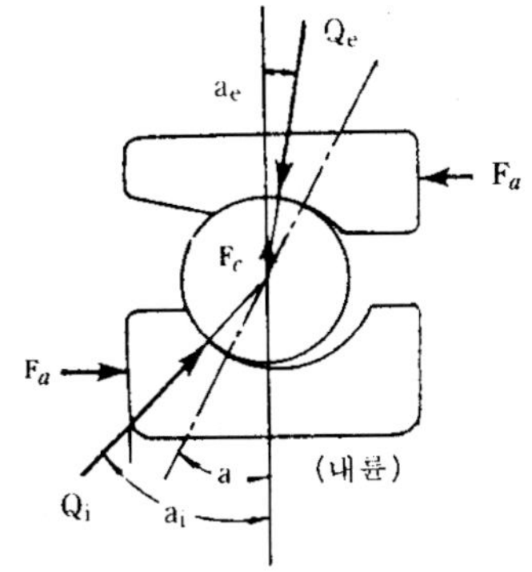

그림 7.24 볼 원심력에 의한 접촉각의 변화

하고 외륜측에서 감소한다. 그림 7.24는 접촉각의 변화를 나타내고 있다. 이에 따른 전동체의 하중도 변한다. 그것에 대한 기하학적, 역학적 해석에서 다음 식을 얻는다.

$$L_c = L\left(\frac{\sin\alpha_i}{\sin\alpha}\right)^3\left(\frac{1-\gamma_i}{1-\gamma}\right)^{4.17}\left(\frac{2+2\gamma}{2+\gamma_i+\gamma_e}\right)\times\left\{\frac{1+(C_i/C_e)^{10/3}}{1+(C_i/C_e)C^{10/3}}\right\}^{0.9} \quad 7.26$$

$$\left(\frac{C_i}{C_e}\right)_C = \frac{\sin\alpha_i}{\sin\alpha_e}\left\{\frac{f_i(2f_e-1)}{f_e(2f_i-1)}\right\} \times \left(\frac{1-\gamma_i}{1+\gamma_e}\right)^{1.39}\left(\frac{2-\gamma_i-\gamma_e}{2+\gamma_i+\gamma_e}\right)^{1/3} \quad 7.27$$

$$\gamma_i = D_a \cdot \cos\alpha_i / d_p$$

$$\gamma_e = D_a \cdot \cos\alpha_e / d_p$$

그림 7.25는 계산 예이며 회전속도의 증가와 함께 L_C 가 일단 증가한 후 감소하는 것을 나타내고 있지만 이것은 볼의 원심력에 의한 내륜의 하중감소가 어느 회전속도의 범위에서는 외륜의 하중 증가를 상회하는 결과라고 생각되어진다.

4) 테이퍼로울러베어링의 새로운 수명 계산방법

Moyer는 테이퍼로울러베어링의 수명 및 기본동정격하중에 관하여 Lundberg와 Palmgren와는 달리 다음 식을 제안했다.

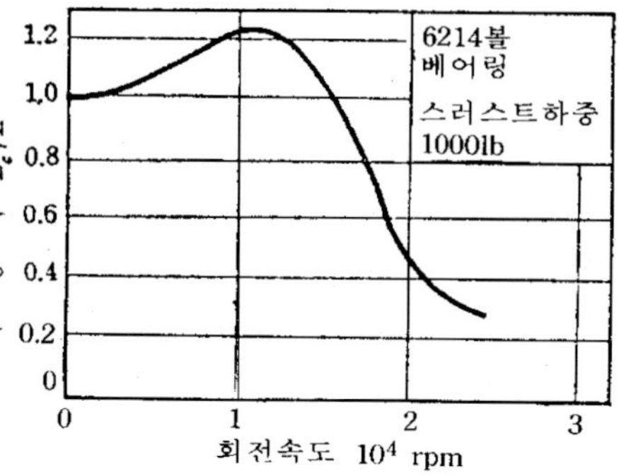

그림 7.25 원심력의 수명에 대한 영향(스러스트 하중을 받는 볼 베어링)

$$L_{10}=\left(\frac{BPR}{P_r}\right)^{10/3} \quad (9\times10^7\text{회전}) \tag{7.28}$$

$$BPR=HZ^{0.7}D_aI_a\left(\frac{\cos\alpha\cdot\sin\beta}{\cos2v\cdot\sin\gamma}\right)\left(\frac{\sin\alpha+\sin\beta}{\sin\alpha}\right)^{0.3} \tag{7.29}$$

여기서, BPR : 기본 레이디얼정격하중

H : 재료에 의해 정해지는 계수

β : 내륜의 원추각의 1/2

v : 로울러 원추각의 1/2

$\gamma=\beta+v$

그림 7.26은 여러 종류의 테이퍼로울러베어링을 각종 조건하에서 수명실험한 결과로서 식 7.28이 근접하고 있음을 보여 주고 있다.

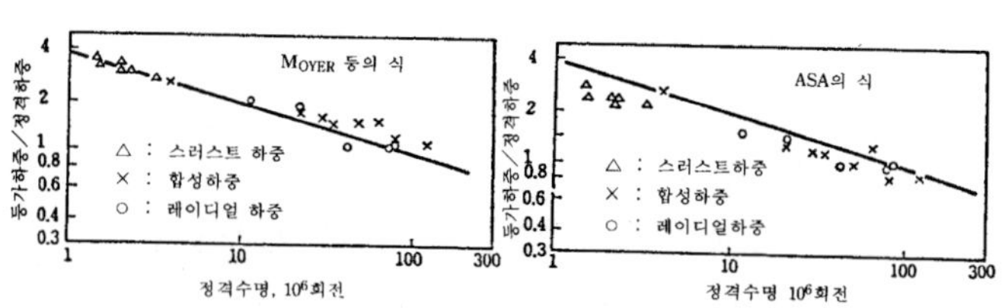

그림 7.26 기본동정격하중의 비교

5) 전동제의 수명을 고려한 기본동정격하중

Lundberg-Palmgren의 이론에서는 내륜과 외륜의 파손 만으로 동정격하중의 계산식을 구했으나 현실적으로 전동체의 후레이킹도 발생한다. 高田는 전동체의 미소한 부분이 피로파손에 견딜 수가 있는 응력반복수를 U_3하고 전동체에서 받는 회전륜 상의 응력반복수를 고려하고 볼베어링의 볼 자전축(自轉軸)이 정해져 있지 않기 때문에 보정계수 K를 고려해서

$$U_3 = Kn_c / n_1 \qquad 7.30$$

여기서 , n_1, n_c : 회전륜 및 전동체의 공전속도

U_c : 전동체 1회 공전중의 전동체상의 1점이 받는 응력반복수

로 주어지며 진동체 1개에 대한 누적잔존확률 $S_3(Z=1)$을

$$\ln \frac{1}{S_3(Z=1)} \propto \left\{ \int_o^N \left(\frac{\tau_o^C \, al_3}{Zo^{h-1}} \right)^{1/e} dN \right\}^e \qquad 7.31$$

Z개의 전동체에 대해서는 전동체의 기본동정격하중 C_3의 식

$$C_3 = \lambda A \frac{J_r}{J_1} \left(\frac{1}{1-\gamma^2} \right)^{0.3e} \left(\frac{\gamma}{\cos\alpha} Z \right)^{0.3(e-1)} \times \left\{ \frac{x_1^e}{(1\mp\gamma)(1\pm\gamma)^e} \left(\frac{C_1}{\lambda A J_r / J_1} \right)^{-10/3} + \frac{x_2^e}{(1\mp\gamma)(1\pm\gamma)^e} \left(\frac{C_2}{\lambda A J_r / J_2} \right)^{-10/3} \right\}^{-0.3}$$

$$C_3 = \lambda v B \frac{J_r}{J_1} \left(\frac{1}{1-\gamma^2} \right)^{2e/9} \left(\frac{\gamma}{\cos\alpha} Z \right)^{2(e-1)/9} \times \left\{ \frac{x_1^e}{(1\mp\gamma)(1\pm\gamma)^e} \left(\frac{C_1}{\lambda v B J_r / J_1} \right)^{-10/3} + \frac{x_2^e}{(1\mp\gamma)(1\pm\gamma)^e} \left(\frac{C_2}{\lambda v B J_r / J_2} \right)^{-10/3} \right\}^{-0.3} \qquad 7.32$$

여기서, A, B : 재료에 의해 정해지는 계수

x_1, x_2 :회전륜, 고정륜에 관해 정해지는 계수

을 얻고 베어링 전체의 동정격하중은

$$C = (C_1^{-pe} + C_2^{-p3} + C_3^{-pe})^{-1/pe} \qquad 7.33$$

으로 정해진다.

식 7.33에 의한 C 값은 종래에 전동체의 파손을 고려하지 않은 것보다는 적다. x 값은 로울러베어링과 스러스트하중을 받는 볼베어링에서는 x = 1, 그 이외는 보통 $0<x<1$ 을 취한다.

7.4. 새로운 수명 계산방법

7.4.1. 수명에 영향을 주는 인자

기계의 신뢰도 향상에 대한 지향과 베어링의 제조기술과 탄성유체윤활(EHL)의 이론적인 발달에 의해 종래부터 사용하여 오던 정격수명의 계산식에 수정이 가해져 ISO에서 1969년 이후에 심의 결정된 것을 일반식으로 나타내면 다음과 같다.

$$L = (\text{보정계수}) \times L_{10} = (\text{보정계수}) \times \left(\frac{C}{P}\right)^p \qquad 7.34$$

여기서, L : 보정 정격수명 (10^6 회전)

L_{10} : 기본 정격수명 (10^6 회전)

C : 동정격하중

P : 동등가하중

p : 지수

윗 식에서 보정계수는 로울링베어링(Rolling Bearing)과 리니어베어링(Linear Bearing)이 특성상 공통적인 것과 개별적인 것이 있다.

공통적인 보정계수는 신뢰성계수, 재료계수, 경도계수가 있고, 개별적인 보정계수는 로울링베어링에서는 사용조건계수, 리니어베어링에서는 접촉계수, 하중계수가 있다.

1) 공통적 보정계수

a) 신뢰도계수

신뢰도계수 f_R는 일군(Group)의 같은 베어링을 동일한 조건에서 각각 운전하였을 때 이중에 90%가 구름피로(Rolling Fatigue)에 의한 손상을 일으키지 않고 회전하는 경우를 1.00로 한다. 이때의 신뢰도를 90%라고 하고 90%를 초과하는 신뢰도에 대해서는 표 7.4에 나타내고 있으며, 이것은 T · Tallian의 보고에 기인한 값으로 ISO에서 의결된 것이다.

표 7.4 신뢰도 계수 f_R

신뢰성(S)	90	95	96	97	98	99
L_n	L_{10}	L_5	L_4	L_3	L_2	L_1
f_R	1.00	0.62	0.53	0.44	0.33	0.21

베어링의 신뢰도를 크게 설정하면 그 만큼 계산수명이 감소하게 된다.

신뢰도 계수는 그림 7.27에서 수명 배율 1인 실선으로부터 신뢰성에 대한 신뢰도 계수를 읽어서 취한다.

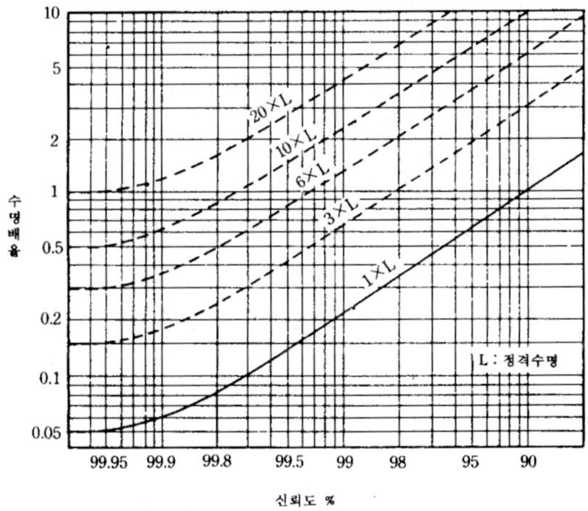

그림 7.27 신뢰성과 신뢰도계수 f_R의 관계

이 그림은 수명의 3, 6, 10, 20배 베어링을 사용했을 때 수명 배율 1의 정격수명에 대하여 신뢰도가 어떻게 향상되는가를 나타내고 있다.

(계산 예)

수명 배율이 1인 정격수명을 기준한 경우 수명 배율 20인 베어링의 신뢰성은 얼마인가 ? 또, 수명 배율 3인 베어링의 신뢰성은 얼마인가?

그림 7.27에서 수명 배율 20의 신뢰성은 100%이고 수명 배율 3의 신뢰성은 98%이다.

b) 재료계수

재료계수 f_M 은 베어링 재료 성분, 청정도(淸淨度), 용해법(溶解法), 열처리

(熱處理) 등에 대응한 수명의 변화를 보정하기 위한 계수이다. BAS에서는 JIS G4805에 규정된 재료(고탄소크롬강 탈가스재)는 $1 < f_M < 3$으로 하고 있으나 제강법에 따라 대기용해강(大氣溶解鋼)은 $f_M = 1$, 진공탈가스강(眞空脫GAS鋼)은 $f_M = 3$, 진공용해강(眞空溶解鋼)은 $f_M = 5$ 의 값이 주어지고 있다.

다음에 설명할 사용조건 계수 $f_U < 1$ 과 같이 윤활과 사용조건이 나쁠 경우에는 좋은 재료를 사용하더라도 이 재료계수 f_M 을 1 이상의 값을 취할 수는 없다. 많은 수명실험에 의하면 양호한 윤활조건에서 L_{10} 수명은 계산식에 의한 정격수명의 3배까지 좋은 결과를 얻기도 한다.

c) 경도계수

베어링의 성능을 충분히 발휘하기 위하여 전동체가 접촉하는 궤도면은 표면에서 적당한 깊이 까지 필요한 경도는 HRC 58 ~ 64 이다. 규정된 경도 보다 낮은 경우에는 수명도 짧게 되고 허용하중도 감소한다. 그림 7.28은 궤도면의 경도와 경도계수 f_H 의 관계를 나타낸다.

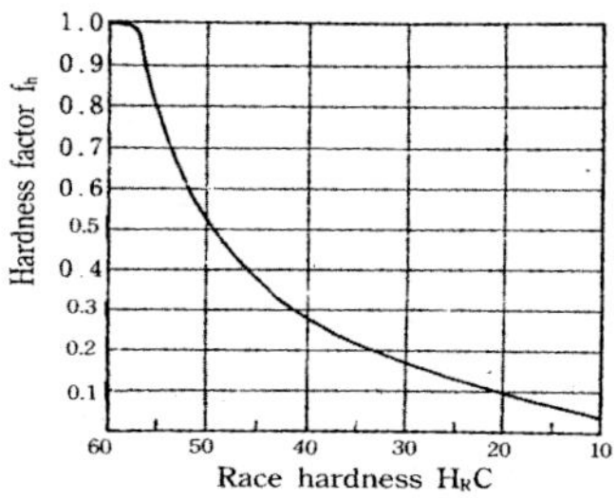

그림 7.28 궤도면의 경도와 경도계수 f_H의 관계

경도에 의한 정격하중치 영향을 등가적으로 나타내는 방법으로서 다음 식으로 주어진다.

$$C_H = f_H \cdot C \qquad 7.35$$

여기서, C_H : 경도 보정을 행한 정격하중 (kgf)

f_H : 경도계수

그림 7.28 중에서 f_H 에 대하여 널리 알려진 값을 표 7.5에 나타낸다.

표 7.5 경도계수 f_H

경도(H_RC)	60	55	50	40	30	20	10
f_H	1.00	0.80	0.50	0.20	0.10	0.04	0.02

f_H 의 값에 대하여 SKF사의 Eschmann에 의해 많은 실험을 한 결과에 의해서 얻은 대표적인 실험식은 다음과 같이 주어진다.

$$f_H=\left(\frac{H_V}{750}\right)\text{또는}\left(\frac{H_RC}{58}\right)^{36} \qquad 7.36$$

여기서, H_V : 비커스 경도

H_RC : 록크웰 경도

안정화 처리한 베어링이라고 할지라도 고온에서 경도가 저하되지만 아주 적기 때문에 정격하중의 값은 거의 상온과 같은 값을 취한다.

d) 온도계수

베어링의 정격하중은 100℃ 까지의 운전온도에 대해서는 별 영향을 받지 않는다. 그러나, 항상 100℃ 이상의 고온이 되던지, 단시간에 대단히 높은 온도에서 사용되는 경우에는 재료의 조직변화로 인하여 부하능력이 저하하고 정격하중이 감소하게 된다. 온도의 영향은 등가하중으로서 나타나지 않고 정격하중의 감소로서 나타난다.

그림 7.29는 베어링의 사용온도와 온도 보정계수 f_T 의 관계를 나타낸다.

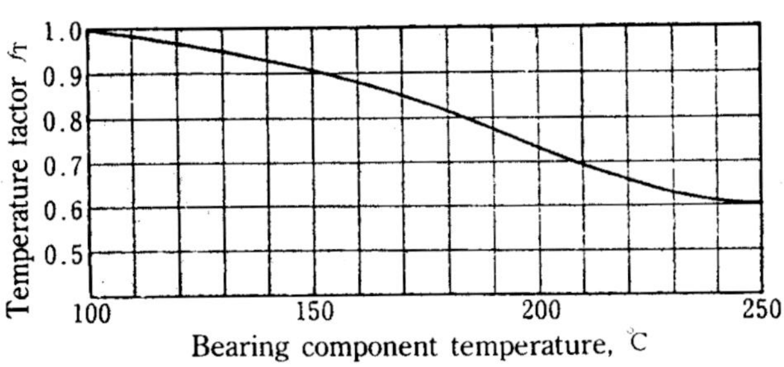

그림 7.29 사용온도와 온도계수 f_T의 관계

온도의 영향으로 정격하중이 다음 식으로 주어지는 것과 같이 감소한다.

$$C_T = f_T \cdot C \qquad 7.37$$

여기서, C_T : 온도보정을 행한 정격하중 (kgf)

f_T : 온도계수

그림 7.29 중에서 f_T 에 대하여 널리 알려진 값을 표 7.6에 나타낸다.

표 7.6 온도계수 f_T

온도(℃)		100	125	150	175	200	225	250
f_T	볼베어링	1.00	0.95	0.90	0.85	0.75	0.65	0.60
	로울러 베어링	1.00	0.93	0.86	0.81	0.68	0.58	0.50

베어링의 사용온도가 100℃를 초과하고 150℃ 이하는 S26 처리를, 150℃를 초과하고 200℃ 이하는 S28 처리 라는 특수한 열처리를 한다. 그림 7.30은 100℃ 이상에서 사용할 경우에 기본동정격하중의 감소를 나타낸다.

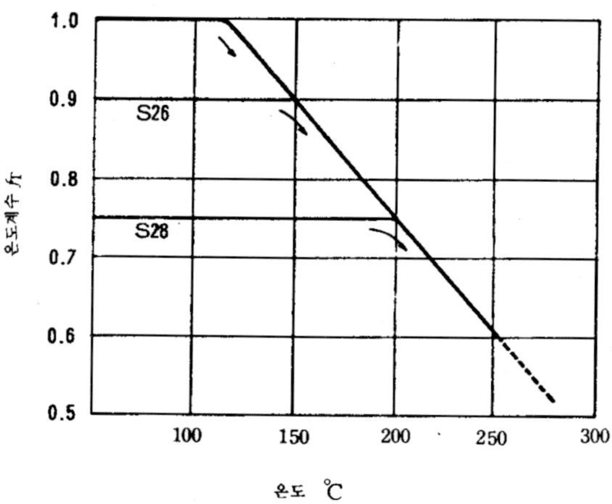

그림 7.30 열안정화 처리품의 정격하중 변화.

표 7.7 열안정화 처리(NTN)

사용온도 범위	안정화 처리 기호
~ 150℃	S 26
~ 200℃	S 28

고온에서는 베어링은 단지 수명이 저하되는 것만 아니라 치수의 안정성을 유지할 수가 없기 때문에 표 7.7에 표시된 치수 안정화처리된 것을 사용해야 한다. 고온 상태에 있던 베어링이 상온으로 되돌아온다고 해서 정격하중도 본래 정격하중으로 되지는 않는다.

2) 개별적 보정계수

2-1) 로울링 베어링

a) 사용조건계수

사용조건계수 f_U 는 베어링의 부하조건, 윤활조건, 온도조건 등의 보정을 하기 위한 것이다.

보통사용조건에서는 $f_U=1$로 하며 회전속도, 윤활, 온도, 부하조건이 수명을 불리하게 하는 상태

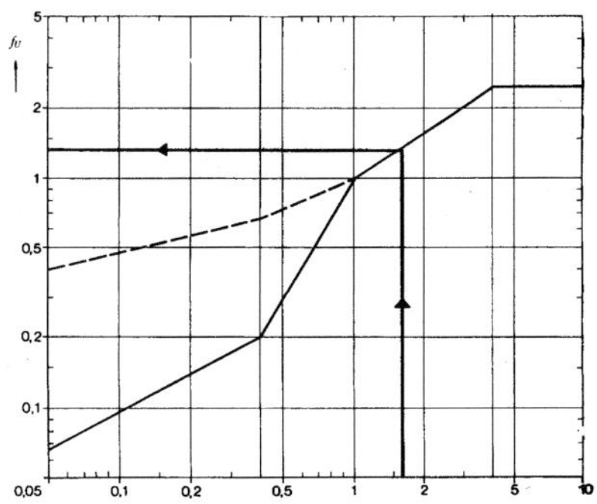

그림 7.31 점도비와 사용계수 f_U의 관계

- $d_m n$ 값이 10,000mm.rpm 미만
- 운전온도에서 오일점도가 70 SSU 미만 (볼베어링은 13 CSt 미만, 로울러베어링은 20 CSt)
- 베어링의 설치 불량에 의한 내부응력 발생
- 과대한 레이디얼 크리어런스
- 부하분포의 이상상태
- 윤활제 중의 수분 및 이물질의 침입

의 경우에는 궤도면과 전동면의 사이에 유막이 파괴되어 수명이 단축되고 $f_U<1$이 된다. 운전상태가 대단히 양호할 경우에는 $f_U<1$이 된다.

f_M 과 f_U 는 서로 영향을 주는 수도 있기 때문에 $f_M \times f_U$ 의 값을 1 ~ 2로 취하지만 윤활유의 점도가 상당히 낮을 때는 0.5 까지도 취한다.

재료의 청정도(Cleanliness)가 보통인 경우 윤활에 중점을 두어 그림 7.31에서 점도비 $\chi=v/v_1$, (단, v는 운전온도에서 오일의 점도, v_1은 운전온도에

최소한 요구 점도)로부터 사용계수 f_U 를 구한다. 그림 7.31에서 실선은 보통 윤활제에 대한 것이며 위의 파선은 극압첨가제(Extreme Pressure Additives)를 사용한 윤활제이다.

2-2) 리니어베어링

a) 접촉계수

베어링을 사용하는 데에 직선운동을 안내하는 곳에는 보통 2개 이상의 베어링을 조합하여 사용한다. 이 경우에 각각의 베어링에 걸리는 하중분포는 베어링 정밀도와 설치 정밀도에 의해 계산치와 일치하지 않는다. 그러므로 1축당 조합되는 베어링의 수량에 의해 베어링의 개당 걸리는 허용하중은 변한다.

표 7.8은 접촉계수 f_C 를 나타낸다.

표 7.8 접촉계수 f_C

1축당 조합 베어링 수	f_C
1	1.00
2	0.81
3	0.72
4	0.66
5	0.61

b) 하중계수

베어링에 걸리는 하중을 계산하는 경우에 물체의 중량 이외에 운동속도에 의한 관성력, 오버행(Overhang)에 의한 모멘트(Moment), 시간적 변화를 정확히 구해야 한다.

왕복운동을 하는 기계는 운전중에 진동과 충격을 동반하는 것이 많다. 고속운동시에 발생하는 진동과 상시 반복되는 기동 및 정지시의 충격을 고려한 하중은 정확히 구할 수가 없기 때문에 경험적으로 얻어진 표 7.9에 나타낸 하중계수 f_W를 이용하여 다음 식으로 구할 수가 있다.

$$P = f_W \cdot P_C \qquad 7.38$$

여기서, P : 베어링에 걸리는 하중 (kgf)

P_C : 계산하중 (kgf)

f_W : 하중계수

표 7.9 하중계수 f_W

사용 조건		f_W
충격・진동이 없고, 저속	(15m/min 이하)인 경우	1.0 ~ 1.5
현저한 충격・진동이 없고, 중속	(60m/min 이하)인 경우	1.5 ~ 2.0
충격・진동이 있고, 고속	(60m/min 초과)인 경우	2.0 ~ 3.5

사용조건에 따라 계산하중에 대하여 다음과 같은 정적 안전계수를 고려해야 한다. 왕복운동을 하는 직선기구에서는 기동과 정지시에 운동체의 관성력에 의해 생각하지 않은 큰 하중이 베어링에 가해지므로 주의해야 한다. 표 7.10을 정적 안전계수 f_S 의 기준치를 나타내며 다음 식을 만족해야 한다.

$$\frac{C_o}{P_o} \geq f_S \quad 7.39$$

여기서, f_S : 정적 안전계수

C_o : 기본정정격하중 (kgf)

P_o : 정하중, 충격하중 (kgf)

표 7.10 정적 안전계수 f_S

운동 조건	하중 조건	f_S
상시 운동하지 않는 경우	충격이 적고, 축의 휭이 적은 경우	1.0 ~ 1.3
	충격이 있고, 비틀림 하중이 있는 경우	2.0 ~ 3.0
보통 운동하는 경우	보통하중이고, 축의 휭이 적은 경우	1.0 ~ 1.5
	충격이 있고, 비틀림 하중이 있는 경우	2.5 ~ 5.0

7.4.2. 로울링 베어링의 정격수명

ISO, JIS 등에 있어서는 Lundberg-Palmgren의 이론에 기초를 둔 수명 및 기본동정격하중의 계산방법이 주어지고 있다. 정격수명은 일군의 같은 베어링을 동일한 조건에서 각각을 운전하였을 때 이중 90%가 구름피로에 의한 손상을 일으키지 않고 회전할 수가 있는 총회전수 (또는 일정한 회전속도에서는 시간) 으로 정의하고

· 볼베어링의 경우

$$L_{10}=\left(\frac{C}{P}\right)^{3} \qquad 7.40$$

· 로울러베어링의 경우

$$L_{10}=\left(\frac{C}{P}\right)^{\frac{10}{3}} \qquad 7.41$$

으로 주어진다.

정격수명은 일정한 회전수일 때는 총회전시간으로 나타내는 편이 편리할 경우가 많다. 총회전시간과 총회전수로 나타내는 정격수명과의 사이에는 다음과 같은 관계가 성립한다.

$$L_h = \left(\frac{C}{P}\right)^{p} \cdot \frac{10^6}{60n} = \frac{16.667}{n}\left(\frac{C}{P}\right)^{p} \qquad 7.42$$

여기서, L_h : 정격수명시간 (hr)

n : 회전수 (rpm)

일정한 회전속도를 갖는 베어링의 수명계수를 f_h , 속도계수를 f_n 이라 하면 표7.11과 같은 관계로 된다.

표 7.11의 속도계수 f_n 와 피로수명계수 f_h 에 관한 식을 알기 쉽게 조견표를 만들면 표 7.12와 표 7.13이 된다.

표 7.11 Rating Fatigue Life, L_h Fatigue Life Factor f_h and Speed Factor f_n

Life parameters	Ball Bearings	Roller Bearings
Rating Fatigue Life L_h	$L_h=\frac{10^6}{60n}\left(\frac{C}{P}\right)^3=500f_h^3$	$L_h=\frac{10^6}{60n}\left(\frac{C}{P}\right)^{\frac{10}{3}}=500f_h^{\frac{10}{3}}$
Fatigue Life Factor f_h	$f_h=f_n\frac{C}{P}$	$f_h=f_n\frac{C}{P}$
Speed Factor f_n	$f_n=\left(\frac{10^6}{500\cdot 60n}\right)^{\frac{1}{3}}$	$f_n=\left(\frac{10^6}{500\cdot 60n}\right)^{\frac{3}{10}}$

표 7.12 Speed Factor f_n

Ball Bearings $f_n = (0.03n)^{1/3}$ Roller Bearings $f_n = (0.03n)^{3/10}$

Speed n (rpm)	Speed Factor f_n		Speed n (rpm)	Speed Factor f_n	
	Ball Bearings	Roller Bearings		Ball Bearings	Roller Bearings
10	1.49	1.44	85	0.732	0.755
11	1.45	1.39	90	0.718	0.742
12	1.41	1.36	95	0.705	0.730
13	1.37	1.33	100	0.693	0.719
14	1.34	1.30	110	0.672	0.699
15	1.30	1.27	120	0.652	0.681
16	1.28	1.25	130	0.635	0.665
17	1.25	1.22	140	0.620	0.650
18	1.23	1.20	150	0.606	0.637
19	1.21	1.18	160	0.593	0.625
20	1.19	1.17	170	0.581	0.613
21	1.17	1.15	180	0.570	0.603
22	1.15	1.13	190	0.560	0.593
23	1.13	1.12	200	0.550	0.584
24	1.12	1.10	220	0.533	0.568
25	1.10	1.09	240	0.518	0.553
26	1.09	1.08	260	0.504	0.540
27	1.07	1.07	280	0.492	0.528
28	1.06	1.05	300	0.481	0.517
29	1.05	1.04	320	0.471	0.507
30	1.04	1.03	340	0.461	0.498
31	1.02	1.02	360	0.452	0.490
32	1.01	1.01	380	0.444	0.482
33.3	1.00	1.00	400	0.437	0.474
34	0.993	0.994	420	0.430	0.468
36	0.975	0.977	440	0.423	0.461
38	0.957	0.961	460	0.417	0.455
40	0.941	0.947	480	0.411	0.449
42	0.926	0.933	500	0.405	0.444
44	0.912	0.920	550	0.393	0.431
46	0.898	0.908	600	0.382	0.420
48	0.886	0.896	650	0.372	0.410
50	0.874	0.885	700	0.362	0.401
55	0.846	0.861	750	0.354	0.393
60	0.822	0.838	800	0.347	0.385
65	0.800	0.818	850	0.340	0.378
70	0.781	0.800	900	0.333	0.372
75	0.763	0.784	950	0.327	0.366
80	0.747	0.769	1000	0.322	0.360

Speed n (rpm)	Speed Factor f_n	
	Ball Bearings	Roller Bearings
1050	0.317	0.355
1100	0.312	0.350
1150	0.307	0.346
1200	0.303	0.341
1250	0.299	0.337
1300	0.295	0333
1400	0.288	0.326
1500	0.281	0.319
1600	0.275	0.313
1700	0.270	0.307
1800	0.265	0.302
1900	0.260	0.297
2000	0.255	0.293
2100	0.251	0.288
2200	0.247	0.284
2300	0.244	0.281
2400	0.240	0.277
2500	0.237	0.274
2600	0.234	0.271
2700	0.231	0.268
2800	0.228	0.265
2900	0.226	0.262
3000	0.223	0.259
3200	0.218	0.254
3400	0.214	0.250
3600	0.210	0.245
2800	0.206	0.242
4000	0.203	0.238
4200	0.199	0.234
4400	0.196	0.231
4600	0.194	0.228

Speed n (rpm)	Speed Factor f_n	
	Ball Bearings	Roller Bearings
4800	0.191	0.225
5000	0.188	0.222
5200	0.186	0.220
5400	0.183	0.217
5600	0.181	0.215
5800	0.179	0.213
6000	0.177	0.210
6200	0.175	0.208
6400	0.173	0.206
6600	0.172	0.205
6800	0.170	0.203
7000	0.168	0.201
7200	0.167	0.199
7400	0.165	0.198
7600	0.164	0.196
7800	0.162	0.195
8000	0.161	0.193
8500	0.158	0.190
9000	0.155	0.186
9500	0.152	0.183
10000	0.149	0.181
11000	0.145	0.176
12000	0.141	0.171
13000	0.137	0.167
14000	0.134	0.163
15000	0.130	0.160
16000	0.128	0.157
17000	0.125	0.154
18000	0.123	0.151
19000	0.121	0.149
20000	0.119	0.147

표7.13 Fatigue Life Factor f_h and FatigueLife L, L_h

C/P or f_h	Ball Bearing Life		Roller Bearing Life	
	L (10^6 rev)	L_h (h)	L (10^6 rev)	L_h (h)
0.70	0.34	170	0.30	150
0.75	0.42	210	0.38	190
0.80	0.51	255	0.48	240
0.85	0.61	305	0.58	290
0.90	0.73	365	0.70	350
0.95	0.86	430	0.84	420
1.00	1.00	500	1.00	500
1.05	1.16	580	1.18	590
1.10	1.33	665	1.37	685
1.15	1.52	760	1.59	795
1.20	1.73	865	1.84	920
1.25	1.95	975	2.10	1050
1.30	2.20	1100	2.40	1200
1.35	2.46	1230	2.72	1360
1.40	2.74	1370	3.07	1540
1.45	3.05	1520	3.45	1720
1.50	3.38	1690	3.86	1930
1.55	3.72	1860	4.31	2160
1.60	4.10	2050	4.79	2400
1.65	4.49	2240	5.31	2660
1.70	4.91	2460	5.86	2930
1.75	5.36	2680	6.46	3230
1.80	5.83	2920	7.09	3550
1.85	6.33	3160	7.77	3880
1.90	6.86	3430	8.50	4250
1.95	7.41	3700	9.26	4630
2.00	8.00	4000	10.1	5050
2.05	8.62	4310	10.9	5450
2.10	9.26	4630	11.8	5930
2.15	9.94	4970	12.8	6400
2.20	10.6	5300	13.8	6900
2.25	11.4	5700	14.9	7450
2.30	12.2	6100	16.1	8050
2.35	13.0	6500	17.2	8600
2.40	13.8	6900	18.5	9250
2.45	14.7	7350	19.8	9900
2.50	15.6	7800	21.2	10600
2.55	16.6	8300	22.6	11300
2.60	17.6	8800	24.2	12100
2.65	18.6	9300	25.8	12900
2.70	19.7	9850	27.4	13700
2.75	20.8	10400	29.1	14600
2.80	22.0	11000	30.9	15400
2.85	23.1	11600	32.8	16400

C/P or f_h	Ball Bearing Life		Roller Bearing Life	
	L (10^6 rev)	L_h (h)	L (10^6 rev)	L_h (h)
2.90	24.4	12200	34.8	17400
2.95	25.7	12800	36.8	18400
3.00	27.0	13500	38.9	19400
3.05	28.4	14200	41.1	20600
3.10	29.8	14900	43.4	21700
3.15	31.2	15600	45.8	22900
3.20	32.8	16400	48.3	24200
3.25	34.3	17200	50.8	25400
3.30	35.9	18000	53.5	26800
3.35	37.6	18800	56.2	28100
3.40	39.3	19600	59.1	29600
3.45	41.1	20600	62.0	31000
3.50	42.9	21400	65.1	32600
3.55	44.7	22400	58.2	34100
3.60	46.6	23300	71.5	35800
3.65	48.6	24300	14.9	57400
3.70	50.6	25300	78.3	59200
3.75	52.7	26400	81.9	41000
3.80	54.9	27400	85.6	42800
3.85	57.1	28600	89.4	44700
3.90	59.3	29600	93.4	46700
3.95	61.6	30800	97.4	48700
4.00	64.0	32000	102	51000
4.05	66.4	33200	106	53000
4.10	68.9	34400	110	55000
4.15	71.5	35800	115	57500
4.20	74.1	37000	120	60000
4.25	76.8	38400	124	62000
4.30	79.5	39800	129	64500
4.35	82.3	41200	134	67000
4.40	85.2	42600	140	70000
4.45	88.1	44000	145	72500
4.50	91.1	45600	150	75000
4.55	94.2	47100	156	78000
4.60	97.3	48600	162	81000
4.65	100	50000	168	84000
4.70	104	52000	174	87000
4.75	107	53500	180	90000
4.80	110	55000	186	93000
4.85	114	57000	193	96500
4.90	118	59000	200	100000
4.95	121	60500	207	104000

C/P or f_h	Ball Bearing Life		Roller Bearing Life	
	L (10^6 rev)	L_h (h)	L (10^6 rev)	L_h (h)
5.00	125	62500	214	107000
5.10	133	66500	228	114000
5.20	141	70500	244	122000
5.30	149	74500	260	130000
5.40	157	78500	276	138000
5.50	166	83000	294	147000
5.60	176	88000	312	156000
5.70	185	92500	331	166000
5.80	195	97500	350	175000
5.90	205	102000	371	186000
6.00	216	108000	392	196000
6.50	275	138000	512	256000
7.00	343	172000	656	332800
8.00	512	256000	1020	510000

한편, 정격수명 10^6 회전은 33.3rpm으로 500시간에 상당(10^6=33.3×60×500)하므로 회전수와 수명시간의 기준으로서 33.3rpm과 500시간을 취하는 것이 보통이다.

베어링을 선정하는 데에 불필요하게 높은 정격하중 때문에 베어링이 불필요하게 크고 비경제적이 되어서는 안된다.

즉, 베어링의 수명 만이 베어링을 선정하는데 결정적인 요소가 되어서는 안되며 베어링이 설치될 축의 강도, 강성, 치수 등을 포함하여 고려해야 한다.

베어링의 선정에 있어서 다른 중요한 적용형식, 안전계수, 운전간격 및 주기 등에 따른 피로수명계수 f_h 는 표 7.14를 참고하면 될 것이다.

베어링의 사용조건으로 하중 P 및 회전수 n 이 주어지고 기계에 사용되는 베어링의 설계수명으로서 정격수명 L_h 를 결정한 경우 베어링에 필요한 기본 동정격하중 C 는 다음 식으로 주어진다.

$$C=\frac{P}{f_n}\cdot\left(\frac{L_h}{500}\right) \quad 7.43$$

궤도차, 자동차 등 차량용 베어링의 수명은 주행거리(km)로 나타내면 편리하며 다음 식으로 주어진다.

$$L_s=\frac{\pi D}{1000}\cdot L \quad 7.44$$

여기서, L_s : 주행거리 (10^6 km)

D : 차륜 외경 (m)

표 7.14 각종 베어링 적용에 대한 피로수명계수 f_h

사용조건	~ 2	2 ~ 3	3 ~ 4	4 ~ 6	6 ~
가끔 또는 단기간 운전	• 가정용 청소기, 세탁기 등의 소형전동기 • 전동공구	• 농업기계			
상시 사용하지 않거나 확실한 운전		• 가정용 냉·난방기의 전동기 • 건설기계	• 컨베이너 • 엘리베이터		
불연속이지만 비교적 장시간운전	• 압연기롤넥	• 소형전동기 • 데크크레인 • 하역크레인 • 피니언스탠드 • 승용차	• 공작기계 • 기어장치 • 진동체 • 크러셔	• 집 크레인 • 콤프레서 • 기억장치	
하루 8시간 이상의 운전		• 에스컬레이터	• 원심분리기 • 공조설비 • 송풍기 • 목공기계 • 대형전동기 • 객차 차축	• 광산호이스트 • 프레스플라이휠 • 차량용 주전동기 • 기관차 차축	• 제지기계
연속적이고 확실한 운전					• 수도설비 • 발전소설비 • 배수펌프

이상의 식에서 베어링 선정에 있어서 베어링의 수명이 구해지지만 이미 사용했거나 사용중인 기계장치에 필요한 베어링 수명을 알아두는 것도 대단히 중요하다. 표 7.15는 용도별 각종 기계에 필요한 수명시간의 목표를 나타내고 있다.

표 7.15 용도별 필요한 수명시간의 목표

사용 조건	적용 사례	수명시간 L_h
상시 회전이 필요하지않는 기구장치	문의 개폐장치, 자동차의 방향지시기	500
단시간 또는 단속적으로 운전하는 기계로 고장이 나도 큰 영향이 없는 기계	일반기계, 농기계, 크레인, 자동이송장치, 가정기구	4,000 ~ 8,000
연속적으로 운전되지 않으나 운전중에는 충분한 확실성 이 필요한 기계	발전소의 보조기계, 콘베이어 , 엘리베이터, 일반하역 크레인, 냉난방의 전동기	8,000 ~ 12,000
1일 8시간 운전되지만 상시 계속 운전되지 않는 기계	전동기 , 치차장치	12,000 ~ 20,000
1일 8시간 계속 운전되는 기계	기계 공장의 일반 기계,, 상시 운전되는 크레인, 송풍기, 목공기계	20,700 ~ 30,000
24시간 연속운전되는 기계	세퍼레이터, 콤프레셔, 펌프, 콘베이어로울러, 광산권양기, 전동기	40,000 ~ 60,000
24시간 연속운전되고 고장에 의한정지를 절대로 허락되지 않는 기계	셀룰로오즈 제조기계, 제지기계, 발전소, 광산 배수펌프, 시가지 수도설비	100,000~ 270,000

로울링 베어링의 수명은 7.4.1에서 기술한 수명에 영향을 주는 인자들을 고려하여 다음과 같은 수정 수명계산식으로 구해진다.

볼베어링

$$L=(f_R\cdot f_M\cdot f_H\cdot f_T\cdot f_U)\cdot\left(\frac{C}{P}\right)^3 \qquad 7.45$$

로울러베어링

$$L=(f_R\cdot f_M\cdot f_H\cdot f_T\cdot f_U)\cdot\left(\frac{C}{P}\right)^{\frac{10}{3}} \qquad 7.46$$

여기서, L : 수정 정격수명 (10″ 회전)

C : 동정격하중 (kgf)

P : 동등가하중 (kgf)

f_R : 신뢰도계수

f_M : 재료계수

f_H : 경도계수

f_T : 온도계수

f_U : 사용계수

한편, 신뢰도 계수를 $f_R=1$, 재료계수를 $f_M=1$로 했을 때의 수명선도가 그림 7.32와 그림 7.33이다.

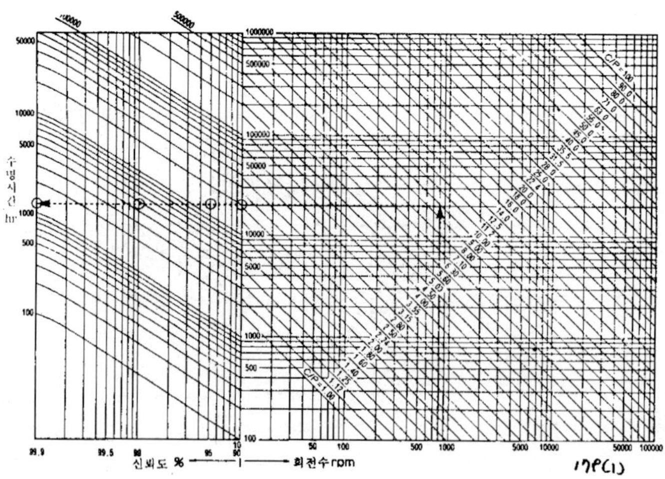

그림 7.32 볼베어링의 수명선도

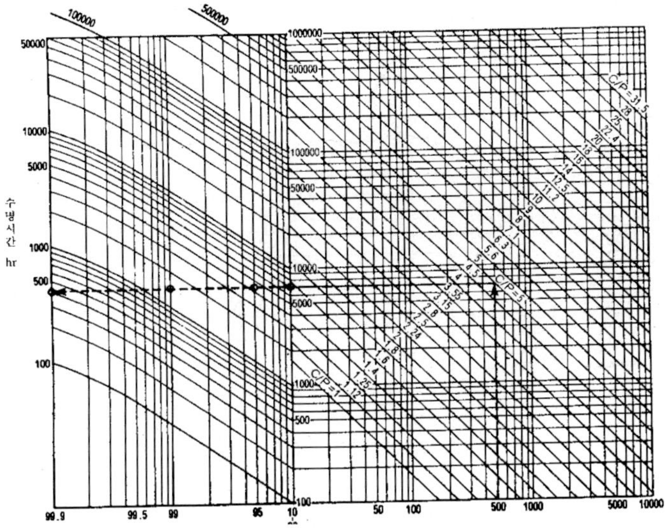

그림 7.33 로울러베어링의 수명선도

7.4.3 리니어베어링의 정격수명

리니어베어링(Linear Bearing)의 수명은 로울링베어링(Rolling Bearing)의 경우와 다르게 궤도 또는 전동면에 후레이킹(Flaking)이 발생할 때까지의 총주행거리이다.

정격수명 계산식을 표시하면 다음과 같다.

리니어 볼 베어링

$$L_{10} = \left(\frac{C}{P}\right)^3 \cdot 50 \quad 7.47$$

리니어 로울러 베어링

$$L_{10} = \left(\frac{C}{P}\right)^{10/3} \cdot 100 \quad 7.48$$

여기서, L_{10} : 정격수명 (km)

C : 동정격하중 (kgf)

P : 동등가하중 (kgf)

하중비 P/C 와 정격수명 L와의 관계식을 그래프로 나타내면 그림 7.34와 같이 된다.

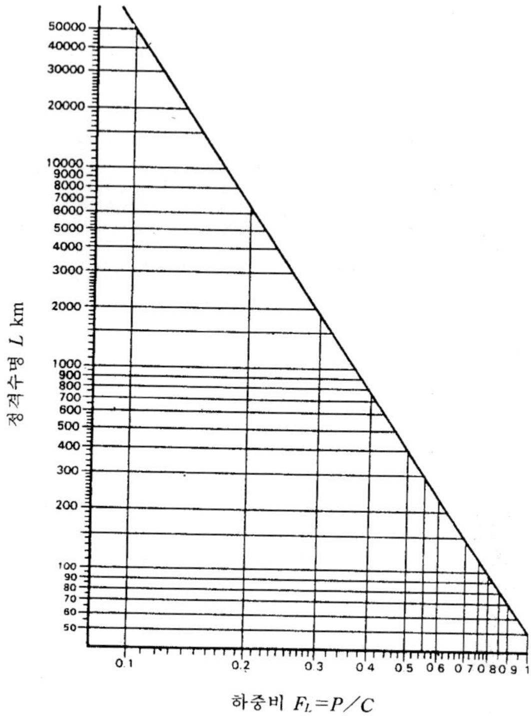

그림 7.34 하중비와 정격수명의 관계

리니어베어링에 걸리는 하중은 계산이 복잡한 것이 거의 대부분이며 진동, 충격, 베어링의 온도 및 경도도 수명에 영향을 주고있다. 이러한 조건을 고려하여 계산식을 나타내면 다음과 같다.

리니어볼베어링

$$L=\left(\frac{f_H \cdot f_T \cdot f_C}{f_W} \cdot \frac{C}{P_c}\right)^3 \cdot 50 \qquad 7.49$$

리니어로울러베어링

$$L=\left(\frac{f_H \cdot f_T \cdot f_C}{f_W} \cdot \frac{C}{P_c}\right)^{10/3} \cdot 100 \qquad 7.50$$

여기서, L : 수정 정격수명 (km)

C : 동정격하중 (kgf)

P_C : 계산하중 (kgf)

f_H : 경도계수

f_T : 온도계수

f_C : 접촉계수

f_W : 하중계수

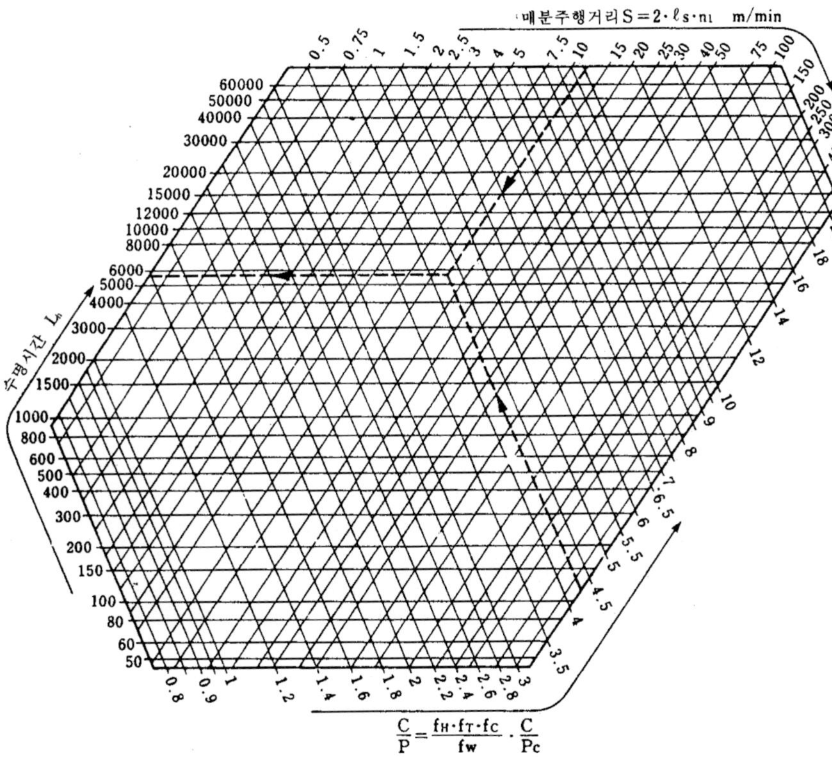

그림 7.35 리니어 볼베어링의 수명선도(THK)

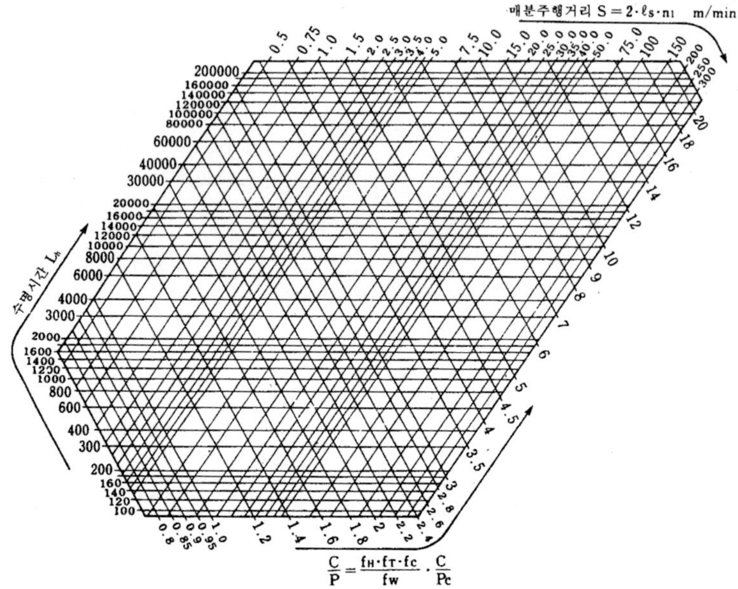

그림 7.36 리니어로울러베어링의 수명선도(THK)

리니어베어링의 수명시간은 단위시간당 주행거리를 구한 것으로 계산할 수가 있다.

$$L_h = \frac{L \cdot 10^3}{2 \cdot l_s \cdot \cdot n_1 \cdot 60} \qquad 7.51$$

여기서, L_h : 수명시간 (hr)

L : 정격수명 (km)

l_s : 스트로크 (m)

n_1 : 매분 왕복회수 (rpm)

매분 주행거리 $S(=2\times l_s \times n_1)$, 하중비 C/P 및 수명시간 L_h 의 관계를 그림 7.35와 그림 7.36에서 간단히 구할 수가 있다.

7.4.4 정격수명의 계산상 요점

1) 사용기계에 적당한 베어링수명의 표준은 표 7.15를 이용한다.

2) 정격수명은 식 7.45, 식 7.46, 식 7.47 및 식 7.48을 실용화한 그림 7.32, 그

림 7.33, 그림 7.35 및 그림 7.36의 계산도표를 이용한다.

3) 기본동정격하중은 사용온도가 100℃를 초과하면 감소하므로 그림 7.30의 도표를 이용한다.

4) 진동, 충격 등이 작용하는 곳에 사용하는 경우 베어링의 설치오차와 기계부품의 제작오차가 있는 경우에는 계산하중 보다 실제로 걸리는 하중이 크므로 안전계수를 고려하는 것이 필요하다. 사용되고 있는 안전계수는 벨트계수, 치차계수, 체인계수, 하중계수 등을 이용한다.

5) 하중이 크기가 변동하는 경우에는 평균변동하중으로 환산한다.

6) 레이디얼하중과 액시얼하중의 합성하중이 작용하는 경우에는 동등가하중으로 환산한다.

7) 하중의 작용점은 일반 베어링은 그림 7. 37(a)과 같이 폭의 중심선에 앵규러볼베어링과 테이퍼로울러베어링은 그림 7.37(b)와 그림 7 37(c)와 같이 나타내고 축간거리 계산에 이 점을 이용한다.

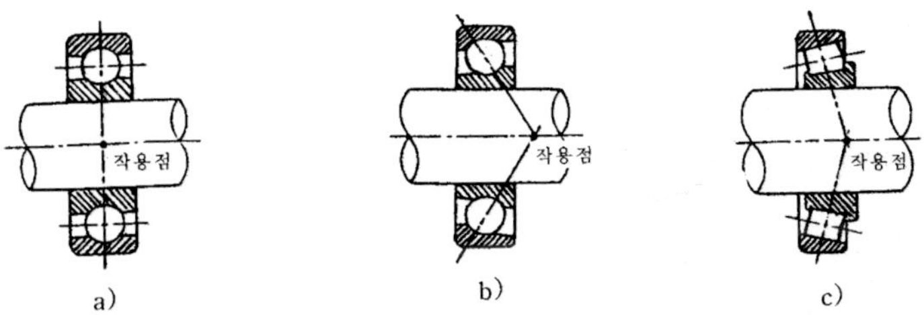

그림 7.37 각종 베어링의 작용점

8) 턱이 있는 원통로울러베어링에서는 윤활조건과 회전속도에 의해 정해지는 액시얼하중의 허용한계가 있다.
이것은 피로수명에서 정해지는 정격하중과는 별도의 것으로 고려해야 한다.

7.4.5 응용계산

(계산 예)

깊은홈볼베어링 6210을 레이디얼하중 $F_r = 200\,\text{kgf}$, 스러스트하중 $F_a = 200\,\text{kgf}$, 회전수 $n = 900\,\text{rpm}$로 사용하는 경우 수명은 얼마인가?

단, 하중보정계수 $f_W = 1.3$으로 한다.

레이디얼하중과 스러스트하중이 동시에 걸린 합성하중이므로 등가하중은

$P = XF_r + YF_a$

$= 0.56 \times 200\,\text{kgf} + 1.49 \times 200\,\text{kgf}$

$= 410\,\text{kgf}$

$P = f_W \times P$

$= 1.3 \times 410\,\text{kgf}$

$= 533\,\text{kgf}$

한편, 6210 C 의 값은 표에서 $C = 2750\,\text{kg}$이므로 $C/P = 5.16$이 된다.

다음에 수명을 계산하기 위해서 n와 f_U 의 관계는 $n = 900\,\text{rpm}$에서 $f_n = 0.33$을 얻는다. 이때 수명계수 f_h는

$f_h = f_n(C/P)$

$= 0.33 \times 5.16$

$= 1.70$

계산식을 이용하면

$L_h = 500 \times f_h^p$

$= 500 \times 1.7^3$

$= 2456.5\,\text{hr}$

(계산 예)

베어링을 설치할 공간을 내경 50mm 이하, 외경 100mm 이하, 폭 20mm 이하로 하고, 하중조건은 레이디얼하중 $P = 2452\,\text{N}$, 회전수 $n = 1800\,\text{rpm}$ 정격수명을 10,000 hr 이상으로 하는 깊은홈볼베어링을 선정하시오.

속도계수 f_n을 구하면

$$f_n = \left(\frac{10^6}{500 \times 60n}\right)^{1/3}$$

$$= \left(\frac{10^6}{500 \times 60 \times 1800}\right)^{1/3}$$

$$= 0.265$$

$$C = \frac{P}{f_n} \times \left(\frac{L_h}{500}\right)^{1/3}$$

$$= \frac{2452}{0.265} \times \left(\frac{10,000}{500}\right)^{1/3}$$

$$= 25,116\,\mathrm{N}$$

이와 같은 기본동정격하중을 갖는 베어링을 치수표에서 선정하면 아래 표와 같다.

이것으로부터 6209가 정해진다.

베어링	내경(mm)	외경(mm)	폭(mm)	기본동정격하중(N)
6209	45	85	19	25,200
6307	35	80	21	25,700
6405	25	80	21	31,000

(계산 예)

리니어베어링 SMf20이 스트로크 50 mm, 분당 스트로크수 50 opm, 한 개당 하중이 50 kgf 일 때 정격수명과 수명시간은 얼마인가?

베어링의 동정격수명은 치수표에서 90 kgf

$$F_L = P/C$$

$$= 50/90$$

$$= 0.555$$

그림 7.34에서 정격수명 L은 290 km

수명시간

$$L_h = \frac{L \times 10^3}{2 \times l_s \times n_1 \times 60}$$

$$= \frac{290 \times 10^3}{2 \times 0.05 \times 50 \times 60}$$

$$= 966.7\,\mathrm{hr}$$

또한, 정격수명 L을 정확히 구하려면

$$L = (C/P)^3 \times 50$$

$$= (90/50)^3 \times 50$$

$$= 291.6\,\mathrm{km}$$

(계산 예)

사용 베어링수가 4개, 스트로크가 1m, 주행속도 10 m/min, 분당 스트로크수가 5 rpm, 수명시간이 10,000 hr, 총하중이 100 kgf을 만족하는 리니어볼베어링은 어떤 것인가?

수명시간 내의 주행거리는

$$L = 2 \times l_s \times n_1 \times 60 \times L_h$$

$$= 2 \times 1 \times 5 \times 60 \times 10{,}000$$

$$= 6{,}000\,\text{km}$$

$$C = \sqrt[3]{L/50} \times \left(\frac{f_W}{f_H \times f_T \times f_C} \right) \times P$$

$$= \sqrt[3]{6000/50} \times \frac{1}{1 \times 1 \times 0.81} \text{(단, 1축당베어링2개)}$$

$$= 152.2\,\text{kgf}$$

치수표에서 C 값을 만족하는 리니어볼베어링은 SM35가 된다.

(계산 예)

물건을 아래에서 실어 상한의 위치로 운반하는 경우에 상승시와 하강시의 베어링에 걸리는 하중은 얼마인가?

표 6.8의 분류 1에 해당된다.

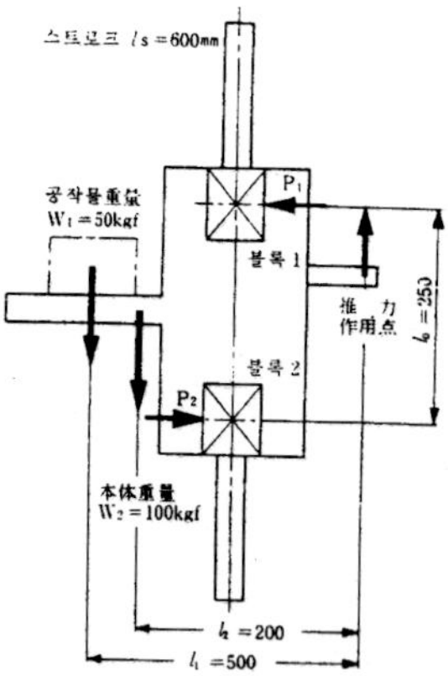

• 상승시

$$P_{u1} = P_{u2} = \frac{W_1 \times l_1}{l_o} + \frac{W_2 \times l_2}{l_o}$$

$$= \frac{50\,\text{kgf} \times 500\,\text{mm}}{250\,\text{mm}} + \frac{100\,\text{kgf} \times 200\,\text{mm}}{250\,\text{mm}}$$

$$= 180\,\text{kgf}$$

• 하강시

$$P_{d1} = P_{d2} = \frac{W_2 \times l_2}{l_o}$$

$$= \frac{100\,\text{kgf} \times 200\,\text{mm}}{250\,\text{mm}}$$

$$= 80\,\text{kgf}$$

• 평균하중

$$P_1m = P_2m = \sqrt[3]{\frac{1}{L}\left(P^3u \times \frac{1}{2}L + P^3 \times \frac{1}{2}L\right)}$$

$$= \sqrt[3]{\frac{1}{1,200\text{mm}}(180^3\ \text{kgf} \times 600\text{mm} + 80^3\text{kgf} \times 600\text{mm})}$$

$$= 147\,\text{kgf}$$

(계산 예)

공업용 로봇 암의 중심의 위치가 그림과 같이 오버행(Overhang) 되어있을 때 암이 최대로 폈을 때의 베어링에 걸리는 하중 $P_{\max}$와 당겼을 때의 $P_{\min}$은 얼마인가?

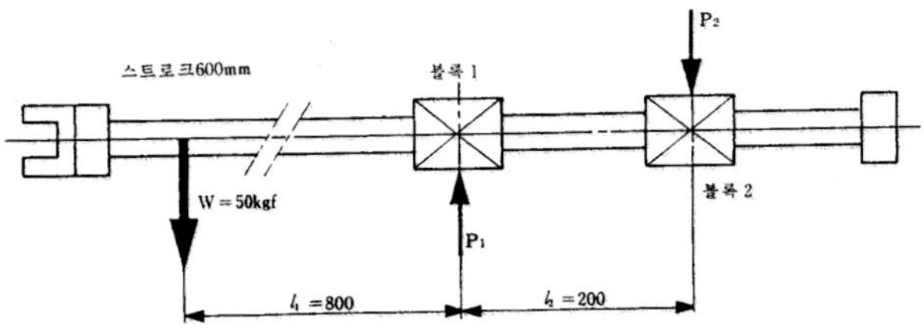

• 폈을 때

$$P_1\max = \frac{W(l_1 + l_2)}{l_2} = \frac{50\,\text{kgf}(800\text{mm} + 200\text{mm})}{200\text{mm}} = 250\,\text{kgf}$$

$$P_2\max = \frac{W \times l_1}{l_2} = \frac{50\,\text{kgf} \times 800\text{mm}}{200\text{mm}} = 200\,\text{kgf}$$

• 당겼을 때

$$P_1\min = \frac{50\,\text{kgf}(200\text{mm} + 200\text{mm})}{200\text{mm}} = 100\,\text{kgf}$$

$$P_2\min = \frac{50\,\text{kgf} \times 200\text{mm}}{200\text{mm}} = 50\,\text{kgf}$$

• 평균하중

베어링 1의 평균하중

$$P_{1m} = \frac{1}{3}(P_1\min + 2P_1\max)$$

$$= \frac{1}{3(100}\ \text{kgf} + 2 \times 250\,\text{kgf})$$

$$= 200\,\text{kgf}$$

베어링 2의 평균하중 $P_{2m} = \frac{1}{3}(50 + 2 \times 200) = 150\,\text{kgf}$

8. 베어링의 치수와 정밀도

8.1. 치수

8.1.1. 치수의 선정

기계에 필요한 피로수명 L 를 결정하면 수명 계산식을 사용하여 L 과 동등가하중 P 에서 베어링에 필요한 기본동정격하중 C 를 구하여 C 값을 갖는 베어링치수를 베어링의 Catalogue에서 선정하고 베어링의 외경, 내경, 폭이 기계의 허용공간 범위 내에 있으면 된다. 만일 선정된 베어링이 커서 기계에 설치할 수 없으면 베어링형식의 변경, 조합베어링의 사용, 베어링의 교환주기의 단축 등을 고려해야 한다.

8.1.2. 주요 치수

베어링의 주요 치수 규격은 중요하므로 JIS B1512에서 발췌하여 소개한다. 베어링의 주요 치수(Boundary Dimensions)란 베어링 내경 (Bearing Bore Diameter), 베어링외경 (Bearing Outside Diameter), 폭 또는 높이 (Bearing Width or Bearing Height), 모떼기치수(Chamfer Dimension) 등의 윤곽을 나타내는 치수이고 베어링의 Catalogue에 기술되어 있다.

이 주요 치수는 국제적 호환성과 경제적 생산을 위하여 국제표준화기구(ISO)에 표준화가 되어 있다. ISO에 준하여 JIS, KS에서 주요 치수를 규격화하고 있다. 이 규격에 의한 베어링을 기본베어링이라고 부른다. 그림 8.1은 각종 베어링의 주요 치수를 나타낸다.

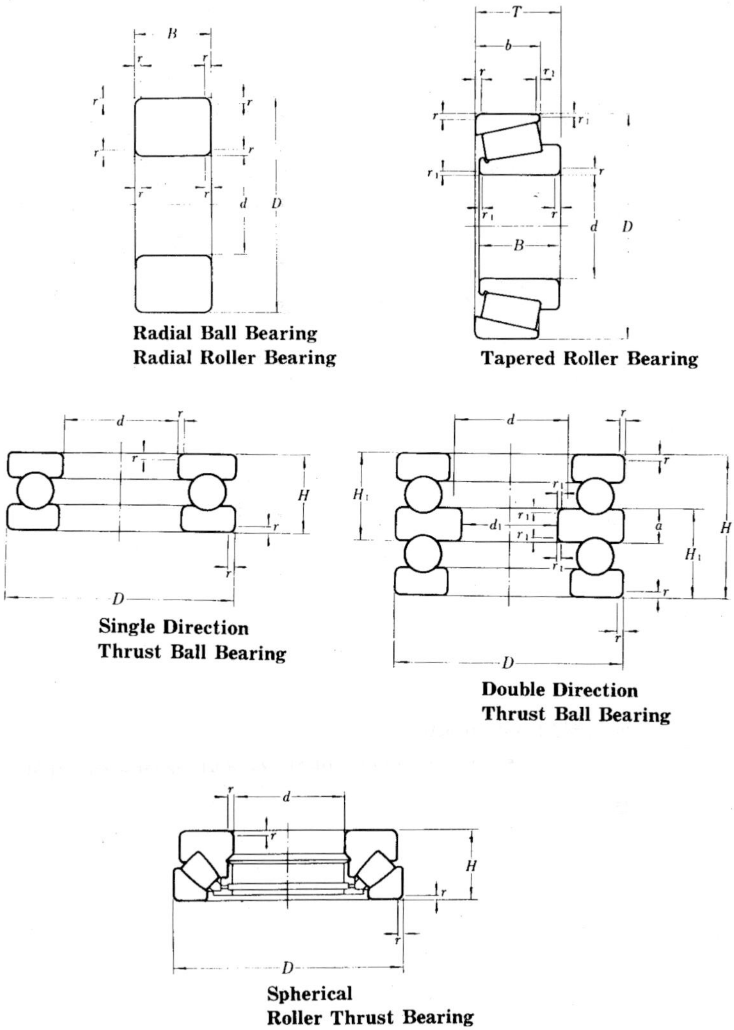

그림 8.1 베어링의 주요 치수

기본베어링 이외에 제각기 특유한 주요 치수계열이 JIS에 규정되어 있는 특수베어링도 있다. 주요 치수표에서 베어링내경 10 ~ 110 mm의 치수계열 02, 03, 04는 경하중형(經荷重型 : Light Series), 중하중형(中荷重型 : Medium Series), 중하중형 (重荷重型 : Heavy Series)라고 부르며 장기간 사용되어 온 국제적 표준화에 성공한 것으로 되어 있다. 2차 대전 후에 ISO에서 직경계열 8,

9를 추가했고 이어서 직경계열 7도 생겼으나 베어링의 두께가 비교적 두꺼운 직경계열 4는 성 에너지의 일환으로 점점 수요가 줄고 있고, 재료와 정도의 향상으로 금후 베어링의 두께는 점점 얇게 되는 추세에 있다.

베어링내경이 3mm 이상 10mm 까지 1mm 간격, 이어 12mm, 15mm, 17mm가 있고 20mm부터 110mm까지 5mm 간격, 110mm 초과는 10mm 간격, 200mm 초과는 20mm 간격, 500mm 초과는 표준수 R40으로 되어 있다. 이 사이에 베어링내경 22mm, 28mm, 32mm가 중간치수로 하여 1960년대에 결정되었다.

테이퍼로울러베어링의 주요 치수는 베어링내경 d, 베어링외경 D, 내륜의 폭 B 및 모떼기치수 r 은 레이디얼베어링의 주요 치수와 일치하지만 그것에 조립 폭 T, 모떼기치수 r_1, 외륜의 폭 b가 추가되어 있다. 그러나, ISO에서는 치수계열로 분류된 베어링의 주요 치수표는 폐지하고 베어링의 내경치수 순서로 배열하는 것으로 결의하여 베어링의 Catalogue에 반영되어 있다.

이들에 대한 주요 치수표는 직경계열(Diameter Series), 폭 또는 높이계열(Width or Height Series)과 이들을 조합한 치수계열(Dimension Series)로 되어 있다. 계열에 관한 용어의 정의는 표 8.1과 같다.

표 8.1 주요치수에 관한 용어

계 열	정 의
직경계열	직경계열은 베어링 내경에 대응하여 베어링 외경의 계열을 나타내므로 같은 베어링 내경에 대하여 단계적으로 수 종의 베어링 외경을 정하고 한 자리 숫자로 나타낸다.
폭계열 또는 높이계열	폭계열 또는 높이계열은 같은 베어링 내경, 같은 베어링 외경에 대하여 단계적으로 수 종의 폭 또는 높이를 정하고 한 자리 숫자로 나타낸다.
치수계열	치수계열 = (폭 또는 높이계열) + (직경계열) 같은 베어링 내경에 대한 폭계열 또는 높이계열의 기호 숫자와 직경계열의 기호 숫자를 이 순서로 조합한 두 자리 숫자로 나타낸다.

비고 1) 같은 내경에 대하여 직경기호 7이 최소 외경이고, 4가 최대 외경이다.
2) 각 직경계열 마다 폭 계열은 8, 0, 1 … 5, 6의 기호가 있고 같은 내경, 외경에 대하여 폭 기호 8이 최소 폭이고, 6이 최대 폭이다.

레이디얼 베어링 (테이퍼로울러베어링 제외) 의 주요 치수에 대한 각 계열의 관계는 그림 8.2에 스러스트 베어링의 주요 치수에 대한 각 계열의 관계는 그림 8.3에 나타낸다.

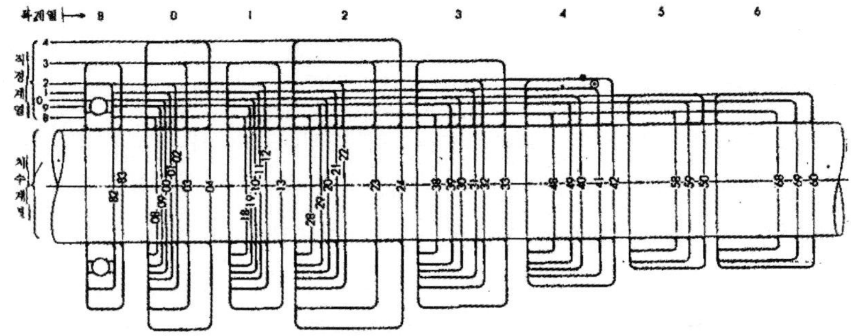

그림 8.2 레이디얼 베어링의 치수계열 표시

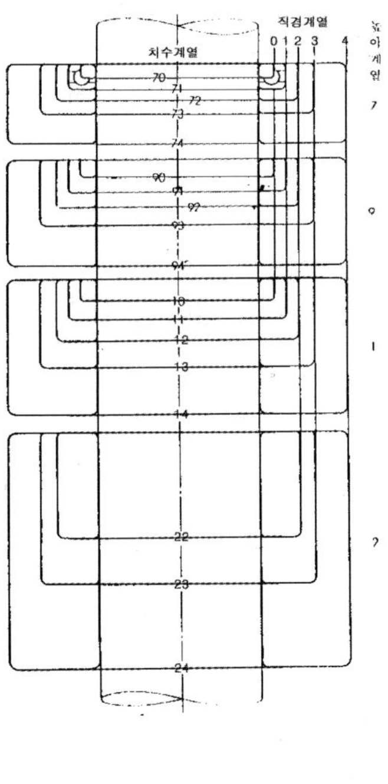

그림 8.3 스러스트 베어링의 치수계열 표시

8.1.3. 호칭번호

베어링의 호칭번호란 형식, 주요 치수, 회전정도, 크리어런스(Clearance), 기타 사양을 표시하기 위해 일군의 베어링에 대하여 주어지는 「호칭명」이다.

베어링의 종류는 약 10만종으로 추정하고 있으며 호칭번호는 개별적으로 종류를 식별하도록 하지 않으면 안된다. 호칭번호는 숫자와 알파벳 문자로 조합되어 있다.

표준형식인 기본베어링의 호칭번호에 관해서 JIS B1513에 규정되어 있다. 일반적으로 호칭번호는 형식과 주요 치수를 나타내는 기본번호(Basic Number)와 그외의 사양을 나타내는 보조기호(Supplementary Number)로 구성되어 있다. 그의 배열은 표 8.2에 나타낸다.

베어링 제조사에서는 베어링의 사양을 상세히 구분하기 위하여 별도의 보조기호를 사용하고 있으며 실용면에서 대단히 중요한 의미를 갖기 때문에 주의를 해야 한다. 때때로 사용자가 보조기호의 의미를 잘 몰라서 낭패를 당하는 경우도 의외로 많다. 표 8.2의 기본번호를 도식화하면 그림 8.4와 같다.

표 8.2 호칭번호의 배열

<table>
<tr><td>구 분</td><td colspan="3">기본번호</td><td colspan="11">보조기호</td></tr>
<tr><td rowspan="3">내 용</td><td colspan="3">계열기호</td><td rowspan="3">내경번호</td><td rowspan="3">접촉각기호</td><td rowspan="3">리테이너기호</td><td rowspan="3">시일기호, 시일드기호</td><td rowspan="3">궤도륜형상기호</td><td rowspan="3">조합기호</td><td rowspan="3">크리어런스기호</td><td rowspan="3">등급기호</td><td rowspan="3">그리이스기호</td><td rowspan="3">재료기호</td><td rowspan="3">내부기호</td></tr>
<tr><td rowspan="2">형식기호</td><td colspan="2">치수기호</td></tr>
<tr><td>폭기호·높이기호</td><td>직경기호</td></tr>
</table>

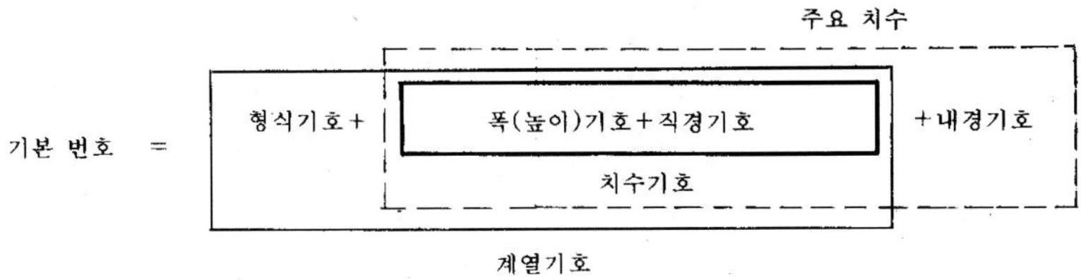

그림 8.4 기본번호의 도식화

1) 기본번호

기본번호 중에서 베어링의 형식 및 치수에 관한 것은 표 8.3에, 내경번호에 관한 것은 표 8.4에, 접촉각에 관한 것은 표 8.5에 나타낸다.

표 8.3 베어링의 형식 및 치수기호

구 분			단면 약도	형식기호	베어링 계열 기호	치수기호	
						폭기호	직경기호
레이디얼볼베어링	깊은홈볼베어링	단열	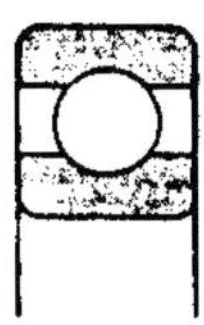	6	67	(1)	7
					68	(1)	8
					69	(1)	9
					60	(1)	0
					62	(0)	2
					63	(0)	3
			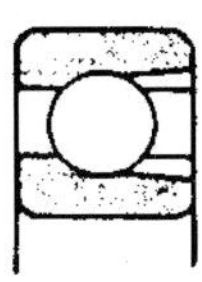	BL	BL2	(0)	2
					BL3		3
	앵귤러 볼 베어링	단열	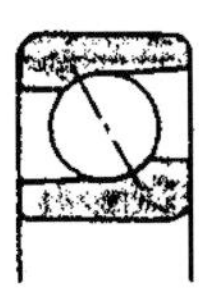	7	70	(1)	0
					72	(0)	2
					73	(0)	3

8. 베어링의 치수와 정밀도

<table>
<tr><th colspan="3" rowspan="2">구 분</th><th rowspan="2">단면 약도</th><th rowspan="2">형식기호</th><th rowspan="2">베어링 계열 기호</th><th colspan="2">치수기호</th></tr>
<tr><th>폭기호</th><th>직경기호</th></tr>
<tr><td rowspan="12">레이디얼볼베어링</td><td rowspan="8">앵귤러볼베어링</td><td rowspan="4">단열</td><td rowspan="2">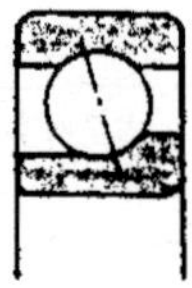</td><td rowspan="2">BNT</td><td>BNT0</td><td>(1)</td><td>0</td></tr>
<tr><td>BNT2</td><td>(0)</td><td>2</td></tr>
<tr><td rowspan="2">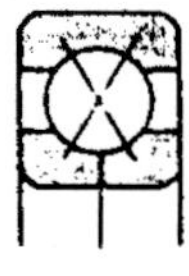</td><td rowspan="2">QJ</td><td>QJ2</td><td rowspan="2">(0)</td><td>2</td></tr>
<tr><td>QJ3</td><td>3</td></tr>
<tr><td rowspan="4">복열</td><td rowspan="2">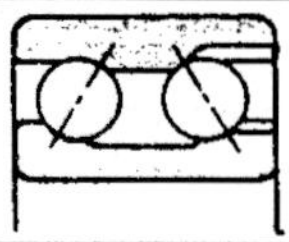</td><td rowspan="2">3</td><td>32</td><td rowspan="2">(3)</td><td>2</td></tr>
<tr><td>33</td><td>3</td></tr>
<tr><td rowspan="2">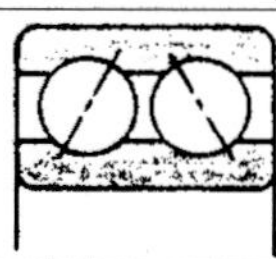</td><td rowspan="2">5</td><td>52</td><td rowspan="2">(3)</td><td>2</td></tr>
<tr><td>53</td><td>3</td></tr>
<tr><td rowspan="4">자동조심볼베어링</td><td rowspan="4">복열</td><td rowspan="4">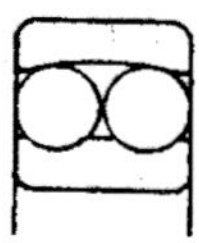</td><td>1</td><td>12</td><td>(0)</td><td>2</td></tr>
<tr><td>1</td><td>13</td><td>(0)</td><td>3</td></tr>
<tr><td>2</td><td>22</td><td>(2)</td><td>2</td></tr>
<tr><td>2</td><td>23</td><td>(2)</td><td>3</td></tr>
<tr><td rowspan="15">레이디얼로울러베어링</td><td rowspan="15">원통로울러베어링</td><td rowspan="15">단열</td><td rowspan="6">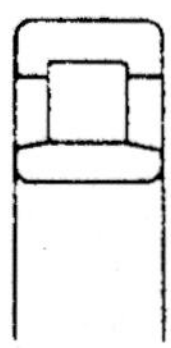</td><td rowspan="6">NU
(0)</td><td>NU10</td><td>1</td><td>0</td></tr>
<tr><td>NU2</td><td>(0)</td><td>2</td></tr>
<tr><td>NU22</td><td rowspan="2">2</td><td rowspan="2">2</td></tr>
<tr><td>NU3</td></tr>
<tr><td>NU23</td><td>2</td><td>3</td></tr>
<tr><td>NU4</td><td>(0)</td><td>4</td></tr>
<tr><td rowspan="5">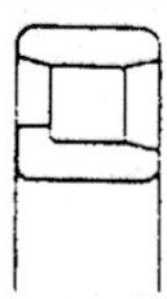</td><td rowspan="5">NJ</td><td>NJ2</td><td>(0)</td><td>2</td></tr>
<tr><td>NJ22</td><td>2</td><td>2</td></tr>
<tr><td>NJ3</td><td>(0)</td><td>3</td></tr>
<tr><td>NJ23</td><td>2</td><td>3</td></tr>
<tr><td>NJ4</td><td>(0)</td><td>4</td></tr>
<tr><td rowspan="4">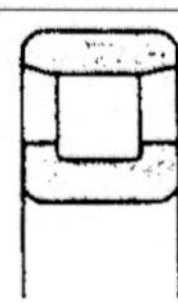</td><td rowspan="4">N</td><td>N10</td><td>1</td><td>0</td></tr>
<tr><td>N2</td><td>(0)</td><td>2</td></tr>
<tr><td>N3</td><td>(0)</td><td>3</td></tr>
<tr><td>N4</td><td>(0)</td><td>4</td></tr>
</table>

<table>
<tr><th colspan="3" rowspan="2">구 분</th><th rowspan="2">단면 약도</th><th rowspan="2">형식기호</th><th rowspan="2">베어링 계열 기호</th><th colspan="2">치수기호</th></tr>
<tr><th>폭기호</th><th>직경기호</th></tr>
<tr><td rowspan="8">레이디얼로울러베어링</td><td rowspan="5">원통로울러베어링</td><td rowspan="3">단열</td><td>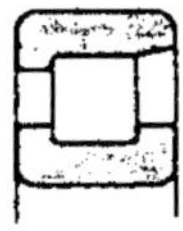</td><td>NF</td><td>NF2
NF3</td><td>(0)</td><td>2
3</td></tr>
<tr><td>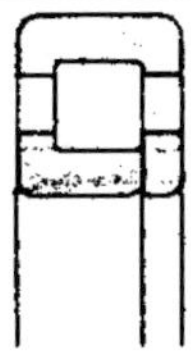</td><td>NUP</td><td>NUP2
NUP22
NUP3
NUP23
NUP4</td><td>(0)
2
(0)
2
(0)</td><td>2
2
3
3
4</td></tr>
<tr><td>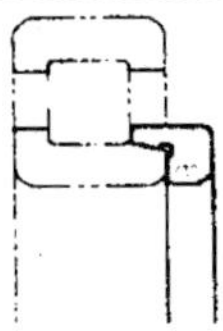</td><td>HJ</td><td>HJ2
HJ22
HJ3
HJ23
HJ4</td><td>(0)
2
(0)
2
(0)</td><td>2
2
3
3
4</td></tr>
<tr><td rowspan="2">복열</td><td>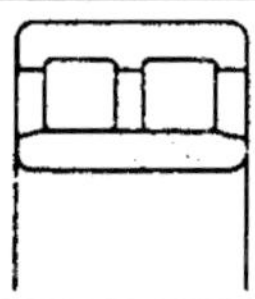</td><td>NNU</td><td>NNU49</td><td>4</td><td>9</td></tr>
<tr><td>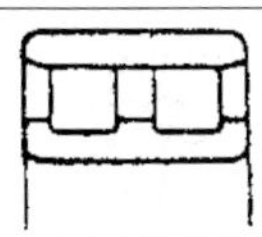</td><td>NN</td><td>NN49
NN30</td><td>4
3</td><td>9
0</td></tr>
<tr><td rowspan="2">니들로울러베어링</td><td rowspan="2">단열</td><td></td><td>NA</td><td>NA48
NA49
NA59</td><td>4
4
5</td><td>8
9
9</td></tr>
<tr><td>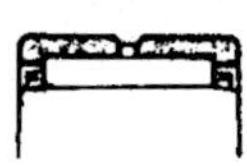</td><td>RNA</td><td>RNA48
RNA49
RNA59</td><td>4
4
5</td><td>8
9
9</td></tr>
<tr><td>테이퍼로울러베어링</td><td>단열</td><td></td><td>3</td><td>329
320X
330
331
302
322
332
303,303D
323</td><td>2
2
3
3
0
2
3
0
2</td><td>9
0
0
1
2
2
2
3
3</td></tr>
</table>

8. 베어링의 치수와 정밀도

구 분			단면 약도	형식기호	베어링 계열 기호	치수기호	
						폭기호	직경기호
레이디얼로울러베어링	테이퍼 로울러 베어링	복열 내향형	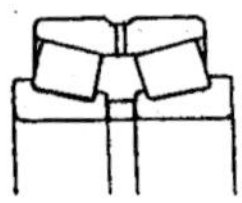	41 42 41 42 43 43 43 43	4130 4230 4131 4231 4302 4322 4303 4323	3 3 3 3 0 2 0 2	0 0 1 1 2 2 3 3
		복열 외향형		32	3230 3231	3	0 1
	자동 조심 로울러 베어링	복열	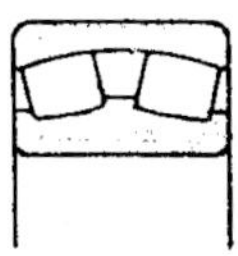	2	239 230 240 231 241 222 232 213 223	3 3 4 3 4 2 3 0 2	9 0 0 1 1 2 2 3 3
스러스트볼베어링	단식 스러스트 볼 베어링		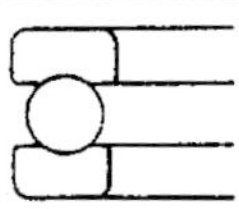	5	511 512 513 514	1	1 2 3 4
			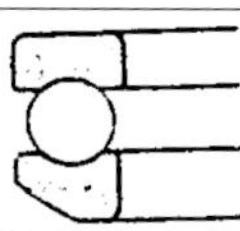	5	532 533 534	3	2 3 4
	복식 스러스트 볼 베어링		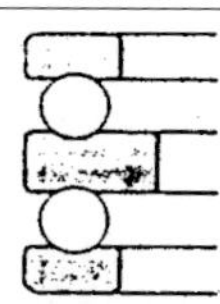	5	522 523 524	2	2 3 4
			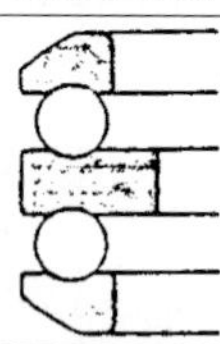	5	542 543 544	4	2 3 4
			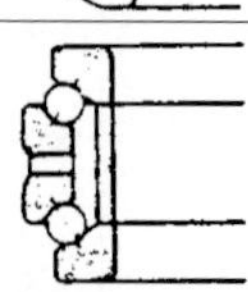	56	5629 5620	2	9 0

<table>
<tr><th colspan="2" rowspan="2">구 분</th><th rowspan="2">단면 약도</th><th rowspan="2">형식기호</th><th rowspan="2">베어링 계열 기호</th><th colspan="2">치수기호</th></tr>
<tr><th>폭기호</th><th>직경기호</th></tr>
<tr><td rowspan="6">스러스트 로울러 베어링</td><td rowspan="3">스러스트 원통 로울러 베어링</td><td rowspan="3">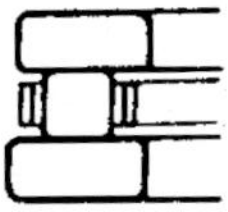</td><td rowspan="3">8</td><td>811</td><td>1</td><td>1</td></tr>
<tr><td>812</td><td>1</td><td>2</td></tr>
<tr><td>893</td><td>9</td><td>3</td></tr>
<tr><td rowspan="3">스러스트 자동조심 로울러 베어링</td><td rowspan="3">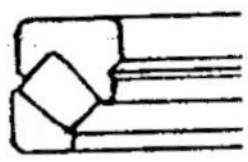</td><td rowspan="3">2</td><td>292</td><td rowspan="3">9</td><td>2</td></tr>
<tr><td>293</td><td>3</td></tr>
<tr><td>294</td><td>4</td></tr>
</table>

표 8.4 내경번호

번 호	내 용
1	1
2	2
3	3
…	…
9	9
00	10
01	12
02	15
03	17
/22	22
/28	28
/32	32
04	20
05	25
06	30
…	…
88	440
92	460
96	480
/500	500
/530	530
/560	560
…	…
…	…
…	…
/2360	2360
/2500	2500

주) 내경번호 04부터 96까지는 내경번호를 5배하면 내경치수(mm)가 된다.

내경번호와 내경치수와의 관계를 도식화하면 그림 8.5와 같다.

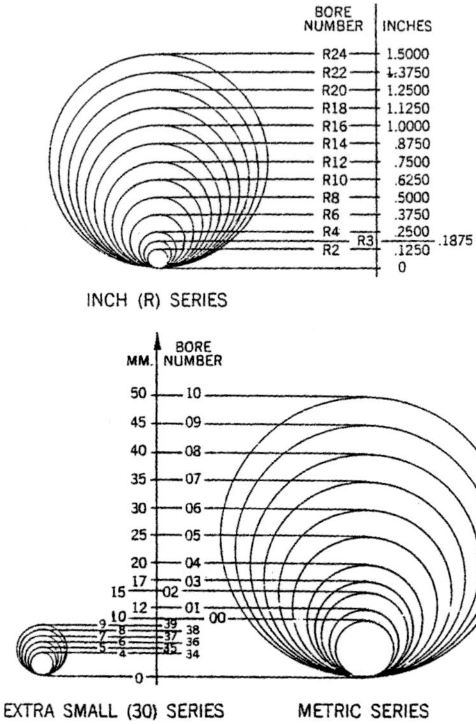

그림 8.5 내경번호와 내경치수의 관계

표 8.5 접촉각 기호

구 분	기 호	내 용
앵귤러볼베어링	A	표준 접촉각 30°
	B	표준 접촉각 40°
	C	표준 접촉각 15°
테이퍼로울러베어링	생략	접촉각 17° 이하
	C	접촉각 약 20°
	D	접촉각 약 28°

인치계열(Inch Series)에서 베어링번호는 1/16인치로 베어링내경을 나타낸다.

극소계열 (Extra Small Series)에서 베어링번호의 끝자리 (Last Digit)는 밀

리미터(Millimeter)로 베어링내경을 나타낸다. 표준미터계열(Standard Metric Series)에서 베어링번호의 끝 2자리(Last Two Digit)는 베어링의 내경번호 04 이상에서 베어링내경의 1/5을 나타낸다.

2) 보조번호

보조번호 중에서 베어링의 궤도를 재질에 관한 것은 표 8.6에, 리테이너에 관한 것은 표 8.7에, 내부설계에 관한 것은 표 8.8에, 외관에 관한 것은 표 8.9 ~ 표 8.16에 나타낸다.

표 8.6 재료 기호

기 호	내 용
g	침탄강
h	스텐레스강

표 8.7 리테이너 기호

기 호	내 용
M	동합금 Rolling 리테이너
W	강판 1매 타발 리테이너
T	프라스틱 리테이너
V	리테이너 없음

표 8.8 내부 기호

기 호	내 용
A	내부설계가 표준과 다른 것
J	테이퍼로울러베어링이 외륜궤도의 소단경과 각도가 ISO와 일치하는 것
E	로울러 베어링 설계 개량기호

표 8.9 시일, 쉬일드 기호

기 호	내 용
Z	편측 강판 쉬일드(Shield)
ZZ	양측 강판 쉬일드(Shield)
D	편측 접촉 고무시일(Seal)
DD	양측 접촉 고무시일(Seal)
V(U)	편측 비접촉 고무시일(Seal)
VV(UU)	양측 비접촉 고무시일(Seal)

표 8.10 레이스의 형상 기호

기 호	내 용
K	내륜 내경의 테이퍼구멍 기준 테이퍼1/12
K30	내륜 내경의 테이퍼구멍 기준 테이퍼1/30
E	궤도륜에 노치, 또는 오일구멍이 붙음
E4	외륜에 오일구멍, 오일홈이 붙음
N	외륜 외경에 링(Ring)홈이 붙음
NR	외륜 외경에 링(Ring)홈, 스냅링(Snap Ring)이 붙음

표 8.11 조합기호

기 호	내 용
DB	배면조합
DF	정면조합
DT	병열조합
KB	DB조합에서 외륜만 스페이서가 붙음

표 8.12 정밀도 기호

기 호	내 용
생략	O급
P6	6급
P5	5급
P4	4급
A3	AFBMA ABEC 3급
A5	AFBMA ABEC 5급
A7	AFBMA ABEC 7급
R3	AFBMA RBEC 3급
R5	AFBMA RBEC 5급

표 8.13 크리어런스 기호

구 분	기 호	내 용(Radial Clearance)
레이디얼 베어링 전반	C1	C1 크리어런스 (원통로울러베어링에서는 호환성 크리어런스)
	C2	C2 크리어런스 (원통로울러베어링에서는 호환성 크리어런스)
	생략	보통 크리어런스 (원통로울러베어링에서는 호환성 크리어런스)
	C3	C3 크리어런스 (원통로울러베어링에서는 호환성 크리어런스)
	C4	C4 크리어런스 (원통로울러베어링에서는 호환성 크리어런스)
	C5	C5 크리어런스 (원통로울러베어링에서는 호환성 크리어런스)
	C7	C7 크리어런스 (원통로울러베어링에서는 호환성 크리어런스)
	C8	C8 중예압 크리어런스 (단열 앵귤러볼베어링)
비호환성 원통로울러베어링	CC1(C1na)	원통로울러베어링 비호환성 C1 크리어런스
	CC2(C2na)	원통로울러베어링 비호환성 C2 크리어런스
	CC(Can)	원통로울러베어링 비호환성 보통 크리어런스
	CC3(C3na)	원통로울러베어링 비호환성 C3 크리어런스
	CC4(C4na)	원통로울러베어링 비호환성 C4 크리어런스
	CC5(C5na)	원통로울러베어링 비호환성 C5 크리어런스
CM		전동기용 통일 크리어런스(원통로울러베어링-비호환성 크리어런스)
CT		전동기용 통일 크리어런스(원통로울러베어링- 호환성 크리어런스)
소경 미니어춰 볼 베어링	MC1	MC1 크리어런스
	MC2	MC2 크리어런스
	MC3	보통 크리어런스
	MC4	MC4 크리어런스
	MC5	MC5 크리어런스
	MC6	MC6 크리어런스

표 8.14 특수사양 기호(치수 안전성)

기 호	유지온도	유지시간	치수변화율
X26	150 ℃	2500 hr	0.010 %
X27	150 ℃	2500 hr	0.015 %
X28	200 ℃	2500 hr	0.015 %
X29	250 ℃	2500 hr	0.015 %
X30	300 ℃	2500 hr	0.015 %
X31	350 ℃	2500 hr	0.015 %

표 8.15 스페이서, 스리이브 기호

기 호	내 용
+ K	외륜 스페이서 붙음
+ L	내륜 스페이서 붙음
+ KL	외륜, 내륜 스페이서 붙음
+ H	어댑터의 형식기호
+ AH	해체스리이브의 형식기호
+ HJ	앵글링의 형식기호

표 8.16 그리이스 기호

기 호	내 용
AV2	알바니아 #2
D4M	실리콘 SH44M
PS2	마르템프 PS2
LRL	멀티템프 LRL#3
SRI2	쉐브런 SRI
MIB22	모빌 #22
MIB28	모빌 #28
DN2	다리나 #2
ISF18A	아이소플렉스

3) 베어링의 호칭번호의 예

6308 ZZ C3

- C3 — 레이디얼크리어런스 C3
- ZZ — 양측 쉬일드 붙음
- 08 — 베어링내경 40 mm
- 3 — 직경계열 3
- 6 — 단열 깊은홈볼베어링

7220A DB C3

- 레이디얼크리어런스 C3
- 배면조합
- 접촉각 30°
- 베어링내경 100 mm
- 직경계열 2
- 단열 앵규러볼베어링

1206K + H206

- 내경 25 mm의 어댑터 붙음
- 내경 테이퍼구멍(테이퍼1/12)
- 베어링내경 30 mm
- 직경계열 2
- 자동조심볼베어링

NU318M CM

- 진동기용 레이디얼크리어런스 CM
- 동합금 성형리테이너
- 베어링내경 90 mm
- 직경계열 3
- NU형 원통로울러베어링

51215

- 베어링내경 75 mm
- 직경계열 2
- 높이계열 1
- 스러스트 베어링

NN3017K CC1 P4

- 정밀도등급 4급
- 비호환성 레이디얼크리어런스 CC1
- 내경 테이퍼구멍 (테이퍼 1/12)
- 베어링내경 85 mm
- 직경계열 0
- 폭계열 3
- NN형 원통로울러베어링

HR 30207J

- 외륜궤도의 소단경과 각도가 ISO 규정 일치
- 베어링내경 35 mm
- 직경계열 2
- 폭계열 0
- 테이퍼로울러베어링
- 고부하용량 베어링

240/1000MK30 E4 C3

- 레이디얼크리어런스 C3
- 외륜에 오일구멍 붙음
- 내경 테이퍼구멍 (테이퍼 1/30)
- 동합금 성형리테이너
- 베어링내경 1,000mm
- 직경계열 0
- 폭계열 4
- 자동조심로울러베어링

한편, 인치계열 테이퍼로울러베어링의 호칭번호의 구성에 대해서는 AFBMA (Anti Friction Bearing Manufacturers Association)표준에 규정되어 있다. 그의 구성은 표 8.17 에 나타낸다.

표 8.17 인치계열 테이퍼로울러베어링의 호칭번호 구성

하중기호	접촉각번호	계열번호	추가번호	보조기호

인치계열에 테이퍼로울러베어링의 호칭번호 중에서 하중에 관한 것은 표 8.19에, 계열에 관한 것은 표 8.20에, 추가번호에 관한 것은 표 8.21에 나타낸다.

표 8.18 하중기호

기 호	내 용
EL	극경하중(Extra Light)
LL	경경하중
L	경하중(Light)
LM	경중하중
HM	중중하중
HM	중하중(Heavy)
HH	중중하중
EH	극중하중(Extra Heavy)
T	스러스트하중(Thrust)

표 8.19 접촉각 번호

번 호	내 용
1	컵각도(접촉각 ×2) 0° ~ 24°
2	24° 이상 25°30‘ 미만
3	25°30‘ 이상 27° 미만
4	27° 이상 28°30‘ 미만
5	28°30‘ 이상 30°30‘ 미만
6	30°30‘ 이상 32°30‘ 미만
7	32°30‘ 이상 36° 미만
8	36° 이상 45° 미만
9	45° 이상 (스러스트 베어링이 아닌 것)
0	90 이상 (스러스트 베어링)

표 8.20 계열 번호

번 호	내 용
00 ~ 19	계열중 최대 내경(인치) 0 초과 1 이하
20 ~ 99	1 초과 2 이하
039 ~ 129	2 초과 3 이하

표 8.21 추가 번호

구 분	번 호	내 용
컵 (Cup)	10 ~ 19	단면적이 최소에 10
콘 (Cone)	30 ~ 49	단면적이 최소에 49

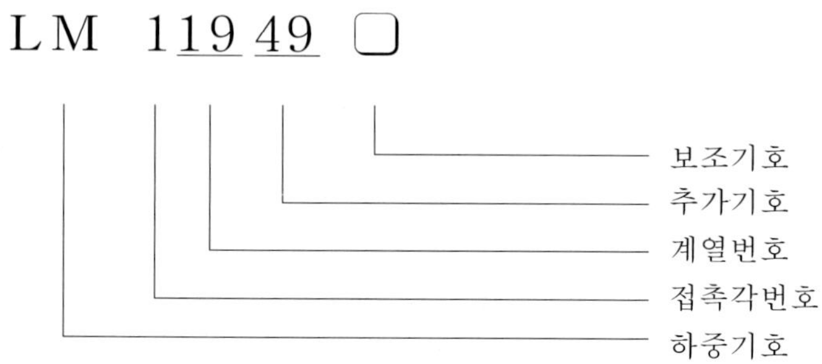

8.2. 정밀도

8.2.1. 개념

구름베어링은 전문제조사에서 양산되고 있지만 종류, 치수 이외에 품질도 통일하여 국제적인 호환성을 갖기 위해 각종 베어링의 주요 치수(Major Dimension) 치수정밀도(Dimensional Accuracy), 회전정밀도(Running Accuracy), 크리어런스(Clearance) 등에 대한 추천규격이 있다. 정밀도의 체계는 표 8.22에 나타낸다.

표8.22 구름베어링의 정밀도 체계

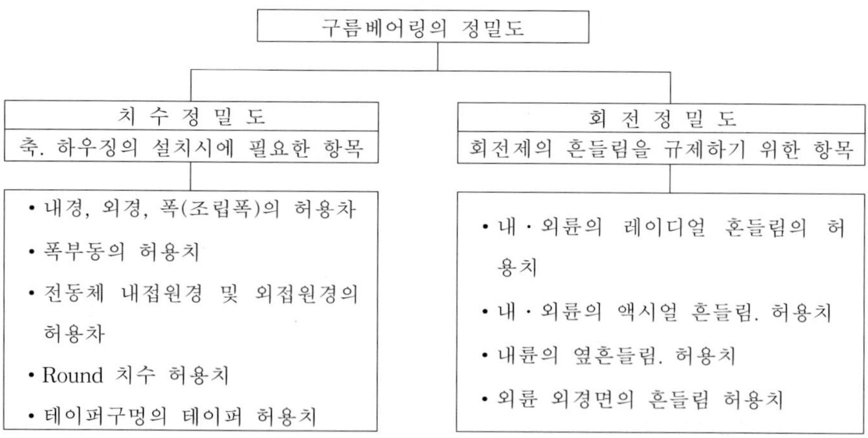

베어링의 정밀도(Bearing Accuracy)는 치수정밀도(Dimensional Accuracy)와 회전정밀도(Running Accuracy)가 있다.

회전축의 흔들림을 적게 하고 싶을 때, 기계의 진동과 음향을 적게 하고 싶을 때, 고속회전을 하는 축에는 정밀도가 높은 베어링을 사용해야 한다. 이 때문에 치수정밀도와 회전정밀도는 등급 별로 규정되어 있어 목적에 맞는 등급을 선택하여 사용하면 된다.

8.2.2. 등급

볼베어링에 대한 정밀도는 ISO규격에 따른다. 그러나, ISO규격에 규제되어 있지 않은 베어링은 규격(DIN, JIS, KS)을 따르나 이런 규격에도 없는 것은 제조사의 규격을 따르는 것이 통례이다. 볼베어링 중에 미니어츄어볼베어링(Miniature Ball Bearing)은 AFBMA규격 을 따른다.

베어링의 정밀도 등급에 관한 세계적인 규격을 표 8.23에 나타낸다.

표 8.23 베어링의 정밀도 등급에 관한 규격

DIN	ISO	AFBMA	JIS	KS
P 0	Normal	ABEC 1	Class 0	0 급
P 6	Class 6	ABEC 3	Class 6	6 급
P 5	Class 5	ABEC 5	Class 5	5 급
P 4	Class 4	ABEC 7	Class 4	4 급
P 2		ABEC 9	Class 2	

베어링의 정밀도등급은 정밀도에 따라 0급, 6급, 5급, 4급의 4등급으로 나누어지며 이 순서로 정밀도가 엄격해진다. 0급은 일반급(Normal class)이라고도 하며 가장 일반적인 목적에 사용된다.

인치계열(Inch Series) 테이퍼로울러베어링의 경우 4급은 ISO class 0에, 일반급은 ISO class 4에 상당하며 더 높은 정밀도의 베어링은 사용자의 주문에 의해 생산한다.

외경이 9mm 이하인 단열 깊은홈볼베어링의 정밀도등급은 보통급, 5P, 7P의 3등급으로 나누어진다.

베어링의 형식별 정밀도 규격은 표 8.24 ~ 표 8.37에, 정밀도등급은 표 8.38에 나타낸다.

표 8.24 Tolerances for Radial Bearings (Excluding Tapered Roller Bearings)[ISO/R 492]

표 8.24.1 Inner Ring and Outer Ring Width

Nomal Bore Diameter d(mm)		Cylindrical Bore Diameter															
		d_m [2)]								d [3)]							
		normal Class KB [4)]		Class 6		Class 5		Class 4		Normal Class KB [4)]		Class 6		Class 5		Class 4	
Over	Incl	High	Low	High	Low	High	Low	High	Low	High	Low	High	Low	High	Low	High	Low
0.6[1)]	2.5	0	-8	0	-7	0	-5	0	-4	+1	-9	+1	-8	0	-5	0	-4
2.5	10	0	-8	0	-7	0	-5	0	-4	+2	-10	+1	-8	0	-5	0	-4
10	18	0	-8	0	-7	0	-5	0	-4	+3	-11	+1	-8	0	-5	0	-4
18	30	0	-10	0	-8	0	-6	0	-5	+3	-13	+1	-9	0	-6	0	-5
30	50	0	-12	0	-10	0	-5	0	-6	+3	-15	+1	-11	0	-8	0	-6
50	80	0	-15	0	-12	0	-9	0	-7	+4	-19	+2	-14	0	-9	0	-7
80	120	0	-20	0	-15	0	-10	0	-8	+5	-25	+3	-18	0	-10	0	-8
120	180	0	-25	0	-18	0	-13	0	-10	+6	-31	+3	-21	0	-13	0	-10
180	250	0	-30	0	-22	0	-15	0	-12	+8	-38	+4	-26	0	-15	0	-12
250	315	0	-35	0	-25	0	-18	-	-	+9	-44	+5	-30	0	-18	-	-
315	400	0	-40	0	-30	0	-23	-	-	+10	-50	+5	-35	0	-23	-	-
400	500	0	-45	0	-35	-	-	-	-	+12	-57	+6	-41	-	-	-	-
500	630	0	-50	0	-40	-	-	-	-	-	-	+8	-48	-	-	-	-
630	800	0	-75	-	-	-	-	-	-	-	-	-	-	-	-	-	-
800	1000	0	-100	-	-	-	-	-	-	-	-	-	-	-	-	-	-
1000	1250	0	-125	-	-	-	-	-	-	-	-	-	-	-	-	-	-
1250	1600	0	-160	-	-	-	-	-	-	-	-	-	-	-	-	-	-
1600	2000	0	-200	-	-	-	-	-	-	-	-	-	-	-	-	-	-

1) 0.6mm is included in the group.

2) d_m is the arithmetical mean of the largest and smallest diameters of the bore obtained by 2-point measurement.

3) The values are valid for two-point measurement only.
The following table shows the bearing types and bore size ranges for which the indicated tolerances apply. (The circles indicate that the tolerances shown for d apply to all sizes.)

4) KB is the symbol designating tolerances for d_m and d of Normal Class.

5) Tolerances for width and tolerance limits for width variation of the outer ring should be the same as the corresponding value of the inner ring of the same bearing, tolerance limits for the width variation of the outer ring of Classes 5 and 4 are as shown in Table 13.11

6) This applies to groove type ball bearings only.

Note : The cylindrical bore diameter "not go side" tolerance limit does not necessarily apply within a distance of twice the nominal ring chamfer dimension from the ring face

Bearing Types								
Deep Groove Ball Brgs.	Max Type Ball Brgs	Angular Contact Ball Brgs		Self-aligning Ball Brgs.	Cylinder Roller Brgs		Spherical Roller Brgs
		Single Row	Double Row		Single Row	Double Row	
68□ 68□□							
69□ 69□□						NNU 49□□	239□□
60□ 60□□ 160□□		70□□		10□	NU 10□□	NN 30□□	230□□ 240□□
							231□□ 241□□
62□ 62□□	BL 2□□	72□□	52□□	12□ 12□□ 22□□	NU 2□□ NU 22□□		222□□ 232□□
63□ 63□□	BL 3□□	73□□	53□□	13□ 13□□ 23□□	NU 3□□ NU 23□□		213□□ 223□□
					NU 4□□		

Tolerance Limits in μm

Width								Radial Runout K_{ia}				Reference Side Runout with Bore S_d		Groove Runout with Reference S_{ia} [6)]		Normal Bore Diameter d(mm)	
Inner or Outer Ring B [5)]				Variation of Individual Ring V_{BS}													
				Inner or Outer Ring		Inner Ring											
Normal Class Class 6		Class 5 Class 6		Normal Class	Class 6	Class 5	Class 4	Normal Class	Class 6	Class 5	Class 4	Class5	Class 4	Class 5	Class 4		
High	Low	High	Low	Max	Max	Max	Max	Max	Max	Max	Max	Max	Max	Max	Max	Over	Incl
0	−40	0	−40	12	12	5	2.5	10	5	3.5	2.5	7	3	7	3	0.6[1)]	2.5
0	−120	0	−40	15	15	5	2.5	10	6	3.5	2.5	7	3	7	3	2.5	10
0	−120	0	−80	20	20	5	2.5	10	7	3.5	2.5	7	3	7	3	10	18
0	−120	0	−120	20	20	5	2.5	13	8	4	3	8	4	8	4	18	30
0	−120	0	−120	20	20	5	3	15	10	5	4	8	4	8	4	30	50
0	−150	0	−150	25	25	6	4	20	10	5	4	8	5	8	4	50	80
0	−200	0	−200	25	25	7	4	25	13	6	5	9	5	9	5	80	120
0	−250	0	−250	30	30	8	5	30	18	8	6	10	6	10	7	120	180
0	−300	0	−300	30	30	10	6	40	20	10	8	11	7	13	8	180	250
0	−350	0	−350	35	35	13	−	50	25	13	−	13	−	15	−	250	315
0	−400	0	−400	40	40	15	−	60	30	15	−	15	−	20	−	315	400
0	−450	−	−	−	45	−	−	65	25	−	−	−	−	−	−	400	600
0	−500	−	−	−	50	−	−	70	40	−	−	−	−	−	−	500	630
0	−750	−	−	−	−	−	−	−	−	−	−	−	−	−	−	630	800
0	−1000	−	−	−	−	−	−	−	−	−	−	−	−	−	−	800	1000
0	−1250	−	−	−	−	−	−	−	−	−	−	−	−	−	−	1000	1250
0	−1600	−	−	−	−	−	−	−	−	−	−	−	−	−	−	1250	1600
0	2000	−	−	−	−	−	−	−	−	−	−	−	−	−	−	1600	2000

Values in mm

Tolerance Classes			
Narmal Class	Class 6	Class 5	Class 4
−	−	−	−
−	−	−	−
≤ 40	≤ 60	○	○
−	○	○	○
≤ 180	○	○	○
○	○	○	○
○	○	○	○

표 8.24 Tolerances for Radial Bearings(Excluding Tapered Roller Bearings)[ISO/R 492]
표 8.24.2 Tolerances for Outer Ring

Nominal Outside Diameter D(mm)		Outside Diameter																			
		D_m [2]								D [3]											
		Nomal Class hB [4]		Class 6		Class 5		Class 4		Normal Class				Class 6				Class 5		Class 4	
										Open hB [4]		Shielded/ Sealed		Open		Shielded/ Sealed					
Over	Incl	High	Low	High	Low	High	Low	High	Low	High	Low	High	Low	High	Low	High	Low	High	Low	High	Low
2.5[1]	6	0	-8	0	-7	0	-5	0	-4	+1	-9	+4	-12	+1	-8	+3	-10	0	-5	0	-4
6	18	0	-8	0	-7	0	-5	0	-4	+2	-10	+5	-13	+1	-8	+3	-10	0	-5	0	-4
18	30	0	-9	0	-8	0	-6	0	-5	+2	-11	+6	-15	+1	-9	+4	-12	0	-6	0	-5
30	50	0	-11	0	-9	0	-7	0	-6	+3	-14	+8	-19	+2	-11	+6	-15	0	-7	0	-6
50	80	0	-13	0	-11	0	-9	0	-7	+4	-17	+10	-23	+2	-13	+8	-19	0	-9	0	-7
80	120	0	-15	0	-13	0	-10	0	-8	+5	-20	+13	-28	+2	-15	+10	-23	0	-10	0	-8
120	150	0	-18	0	-15	0	-11	0	-9	+6	-24	+15	-33	+3	-18	+12	-27	0	-11	0	-9
150	180	0	-25	0	-18	0	-13	0	-0	+7	-32	–	–	+3	-21	–	–	0	-13	0	-10
180	250	0	-30	0	-20	0	-15	0	-11	+8	-38	–	–	+4	-24	–	–	0	-15	0	-11
250	315	0	-35	0	-25	0	-18	0	-13	+9	-44	–	–	+4	-29	–	–	0	-18	0	-13
315	400	0	-40	0	-28	0	-20	0	-15	+10	-50	–	–	+5	-33	–	–	0	-20	0	-15
400	500	0	-45	0	-33	0	-23	–	–	+12	-57	–	–	+5	-38	–	–	0	-23	–	–
500	630	0	-50	0	-38	0	-28	–	–	+14	-64	–	–	+7	-45	–	–	0	-28	–	–
630	800	0	-75	0	-45	0	-35	–	–	–	–	–	–	+10	-55	–	–	0	-35	–	–
800	1000	0	-100	0	-60	–	–	–	–	–	–	–	–	+10	-70	–	–	–	–	–	–
1000	1250	0	-125	–	–	–	–	–	–	–	–	–	–	–	–	–	–	–	–	–	–
1250	1600	0	-160	–	–	–	–	–	–	–	–	–	–	–	–	–	–	–	–	–	–
1600	2000	0	-200	–	–	–	–	–	–	–	–	–	–	–	–	–	–	–	–	–	–
2000	2500	0	-250	–	–	–	–	–	–	–	–	–	–	–	–	–	–	–	–	–	–

1) 2.5㎜ is included in the group

2) D_m is the arithmetical mean of the largest and smallest diameter of the outside surface obtained by 2-point measurement

3) The values listed are valid for two-point measurements only, However, the values apply to bearings with snap ring only before the snap ring are installed. In addition, for classes 4 and 5, the values listed apply to shielded/sealed bearings only before the seals are fitted.
The following table shows the bearing types and outside diameter ranges for which the indicated tolerances apply. (The circles indicate that the tolerances shown for D apply to all sizes.)

4) KB is the symbol designating tolerances for D_m and D of Normal Class.

5) Tolerance limits for the width variation of the outer ring of Classes 0 and 6 are as shown in table 13.12

6) This applies to groove type ball bearing only.

Note: The outside diameter "not go side" tolerance limit does not necessarily apply within a distance of twice the nominal ring chamfer dimension from the ring face.

Type of Bearings							
Deep Groove Ball Brgs.	Max Type Ball Brgs	Angular Contact Ball Brgs		Self-aligning Ball Brgs.	Cylinder Roller Brgs		Spherical Roller Brgs
		Single Row	Double Row		Single Row	Double Row	
68□ 68□□							
69□ 69□□						NNU 49□□	239□□
60□ 60□□ 160□□		70□□		10□	NU 10□□	NN 30□□	230□□ 240□□
							231□□ 241□□
62□ 62□□	BL 2□□	72□□	52□□	12□ 12□□ 22□□	NU 2□□ NU 22□□		222□□ 232□□
63□ 63□□	BL 3□□	73□□	53□□	13□ 13□□ 23□□	NU 3□□ NU 23□□		213□□ 223□□
					NU 4□□		

Tolerance Limits in μm

Width Variation V_{CS} 5)		Outside Surface Runout with Reference Side S_D		Radial Runout K_{ea}				Groove Runout with Reference Side S_{ea} 6)		Nominal Outside Diameter D (mm)	
Class 5	Class 4	Class 5	Class 4	Nomal Class	Class 6	Class 5	Class 4	Class 5	Class 4		
Max	Max	Max	Max	Max	Max	Max	Max	Max	Max	Over	Incl
5	2.5	8	4	15	8	5	3	8	5	2.5	6
5	2.5	8	4	15	8	5	3	8	5	6	18
5	2.5	8	4	15	9	6	4	8	5	18	20
5	2.5	8	4	20	10	7	5	8	5	30	50
6	3	8	4	25	13	8	5	10	5	50	80
8	4	9	5	30	18	10	6	11	6	80	120
8	5	10	5	40	20	11	7	13	7	120	150
8	5	10	5	45	23	13	8	14	8	150	180
10	7	11	7	50	25	15	10	15	10	180	250
11	7	13	8	60	30	18	11	18	10	250	315
13	8	13	10	70	25	20	13	10	13	315	400
15	–	15	–	80	40	23	–	23	–	400	500
18	–	18	–	100	50	25	–	25	–	500	630
20	–	20	–	–	60	30	–	30	–	630	800
–	–	–	–	–	75	–	–	–	–	800	1000
–	–	–	–	–	–	–	–	–	–	1000	1250
–	–	–	–	–	–	–	–	–	–	1250	1600
–	–	–	–	–	–	–	–	–	–	1600	2000
–	–	–	–	–	–	–	–	–	–	2000	2500

Values in mm

Tolerance Classes			
Narmal Class	Class 6	Class 5	Class 4
–	–	–	–
–	–	–	–
≤ 80	≤ 95	○	○
–	○	○	○
≤ 315	○	○	○
○	○	○	○
○	○	○	○

표 8.25 Tolerances(ABEC5P, ABEC7P and ABEC9P) for miniature ball Bearing (AFBMA STANDARD)

표 8.25.1 Inner Ring and Outer Ring Width

Nomal Bore Diameter *d*(mm)		Bore Diameter *d*			Bore Out-of-roundness			Bore Taper			Inner Ring(or Outer Ring) Width			
											Individual		Duplex[1]	
		All Classes	ABEC 5P ABEC 7P	ABEC 9P	ABEC 5P	ABEC 7P	ABEC 9P	ABEC 5P	ABEC 7P	ABEC 9P	All Classes		All Classes	
Over	Incl	High	Low		Max	Max	Max	Max	Max	Max	High	Low	High	Low
-	10	0	-5	2..5	2.5	2.5	1.2	2.5	2.5	1.2	0	-25	0	-381

1) In case of duplex arrangement which require offset adjustment.

Note: Values (μm) are converted from values (inch) in AFBMA STD. 12

표 8.25.2 Outer Ring

Norminal Outside Diameter *D*(mm)		mean Outside Diameter D_m		Open Type Bearing										Shielded/Sealed Bearing			
				Outside Diameter *D*			Outside Diameter Out-of-roundness			Outside Diameter Taper			Outside Diameter *D*		Outside Diameter Out-of-roundness	Outside Diameter Taper
		ABEC 5P ABEC 7P		All Classes	ABEC 5P ABEC 7P	ABEC 9P	ABEC 5P	ABEC 7P	ABEC 9P	ABEC 5P	ABEC 7P	ABEC 9P	ABEC 5P ABEC 7P		ABEC 5P ABEC 7P	ABEC 5P ABEC 7P
Over	Incl	High	Low	High	Low		Max	Max	Max	Max	Max	Max	High	Low	Max	Max
-	18	0	-5	0	-5	-2.5	2.5	2.5	1.2	2.5	2.5	1.2	+1	-6	5	5

Note: Values (μm) are converted from values (inch) in AFBMA STD. 12

Values in μm

Width Variation V_{BS}			Radial Runout K_{ia}			Groove Runout with Reference Side S_{ia}			Reference Side Runout with Bore S_a		
ABEC 5P	ABEC 7P	ABEC 9P	ABEC 5P	ABEC 7P	ABEC 9P	ABEC 5P	ABEC 7P	ABEC 9P	ABEC 5P	ABEC 7P	ABEC 9P
Max	Max	Max	Max	Max	Max	Max	Max	Max	Max	Max	Max
5	2.5	1.2	3.5	2.5	1.2	7.5	2.5	1.2	7.5	2.5	1.2

Values in μm

Width variation V_{BS}			Outside Surface Runout with Reference Side S_D			Radial Runout K_{ea}			Groove Runout with Reference Side S_{ea}		
ABEC 5P	ABEC 7P	ABEC 9P	ABEC 5P	ABEC 7P	ABEC 9P	ABEC 5P	ABEC 7P	ABEC 9P	ABEC 5P	ABEC 7P	ABEC 9P
Max	Max	Max	Max	Max	Max	Max	Max	Max	Max	Max	Max
5	2.5	1.2	7.5	3.5	1.2	5	3.5	1.2	7.5	5	1.2

표 8.26 Tolerances for Outer Ring of Magneto Bearing [JIS B1538]

Nominal Outer Diameter D(mm)		Outside Diameter																	
		Bearing Series E												Bearing Series EN					
		D_m 1)						D 2)						D_m 1)					
		Calss 0		Calss 6		Calss 5		Calss 0		Calss 6		Calss 5		Calss 0 hB 3)		Calss 6		Calss 5	
Over	Incl	High	Low	High	Low	High	Low	High	Low	High	Low	High	Low	High	Low	High	Low	High	Low
6	18	+8	0	+7	0	+5	0	+10	-2	+8	-1	+6	0	0	-8	0	-7	0	-5
18	30	+9	0	+8	0	+6	0	+11	-2	+9	-1	+6	0	0	-9	0	-8	0	-6
30	50	+11	0	+9	0	+7	0	+14	-3	+11	-2	+7	0	0	-11	0	-9	0	-7

1) D_m is the arithmetical mean of the largest and smallest diameter of the outside surface obtained by 2-point measurement.
2) The values listed are valid for two-point measurement only.
3) hB is the symbol designating Tolerance for d_m of Class 0.

Note: The outside diameter "not go side" tolerance limit does not necessarily apply within a distance of twice the nominal ring chamfer dimension from the ring face.
These tolerance limit for Magneto Bearings, which are not include in the above table, are listed in Table 8.25

표 8.27 Tolerances for Roller Inscribed d_r or Roller Circumscribed Circle Diameter D_r of Interchangeable Cylindrical Roller Bearings

Nominal Bearing Bore Diameter (mm)		NU, NJ, NH, NUP, and NNU d_r		N, NF, and NN D_r	
Over	Incl	High	Low	High	Low
-	20	+10	0	0	-10
20	50	+15	0	0	-15
50	120	+20	0	0	-20
120	200	+25	0	0	-25
200	250	+30	0	0	-30
250	315	+35	0	0	-35
315	400	+40	0	0	-40
400	500	+45	0	-	-

Values in μm

Outside Diameter Bearing Series *EN* $D^{2)}$						Cross Face With T		Radial Runout			Groove Runout with Reference Side S_{ea}	Outside Surface Runout with Reference Side S_D
Calss 0 $hB^{3)}$		Calss 6		Calss5		Calss 0, Calss 6, Calss 5		Calss 0	Calss 6	Calss 5	Calss 5	Calss 5
High	Low	High	Low	High	Low	High	Low	Max	Max	Max	Max	Max
+2	-10	+1	-8	0	-5	+120	-120	15	8	5	8	8
+3	-11	+1	-9	0	-6	+120	-120	15	9	6	8	8
+3	-14	+2	-11	0	-7	+120	-120	20	10	7	8	8

표 8.28 Tolerances for Metric Series Tapered Roller Bearings [ISO/R 577]

표 8.28.1 Inner Ring and Bearing Width

Nomal Bore Diameter d(mm)		Bore Diameter												Width B	
		d_m						d 2)							
		Normal class KB3)		Class 6 Class 5		Class 4		Normal Class KB3)		Class 6 Class 5		Class 4		Normal Class Class 6 Class 5 Class 4	
Over	Incl	High	Low	High	Low	High	Low	High	Low	High	Low	High	Low	High	Low
10	18	0	-8	0	-7	0	-5	+3	-11	+1	-8	0	-5	0	-200
18	30	0	-10	0	-8	0	-6	+3	-13	+1	-9	0	-6	0	-200
30	50	0	-12	0	-10	0	-8	+3	-15	+1	-11	0	-8	0	-240
50	80	0	-15	0	-12	0	-9	+4	-19	+2	-14	0	-9	0	-300
80	120	0	-20	0	-15	0	-10	+5	-25	+3	-18	0	-10	0	-400
120	150	0	-25	0	-18	0	-13	+6	-31	+3	-21	0	-13	0	-500
180	250	0	-30	0	-22	0	-15	+8	-38	+4	-26	0	-15	0	-600
250	315	0	-35	–	–	–	–	+9	-44	–	–	–	–	0	-700
315	400	0	-40	–	–	–	–	+10	-50	–	–	–	–	0	-800

1) d_m is the arithmetical mean of the largest and the smallest single diameters of the bore obtained by 2-point measurement.
2) The values are valid for two-point measurement only.
The following table shows the bearing types and bore size ranges for which the indicated tolerances apply.
(The circles indicate that the tolerances shown for d apply to all sizes.)

value in mm

Bearing types		Tolerance Classes			
Single Row	Double Row	Normal Class	Class 6	Class 5	Class 4
329□□		–	–	–	–
320□□ 320□□X	□□KBE30 □□KBE030	≤40	≤60	○	○
	□□KBE31 □□KBE031 –	–	–	–	–
302□□ 322□□	□□KBE42 □□KBE42X □□KBE52 □□KBE52X	≤180	○	○	○
303□□ 323□□		○	○	○	○

표 8.28.2 Outer Ring

Nomal Bore Diameter D(mm)		Outside Diameter											
		D_m1)						D 2)					
		Normal class hB3)		Class 6 Class 5		Class 4		Normal Class hB3)		Class 6 Class 5		Class 4	
Over	Incl	High	Low	High	Low	High	Low	High	Low	High	Low	High	Low
18	30	0	-9	0	-8	0	-6	+2	-11	+1	-9	0	-6
30	50	0	-11	0	-9	0	-7	+3	-14	+2	-11	0	-7
50	80	0	-13	0	-11	0	-9	+4	-17	+2	-13	0	-9
80	120	0	-15	0	-13	0	-10	+5	-20	+2	-15	0	-10
120	150	0	-18	0	-15	0	-11	+6	-24	+3	-18	0	-11
150	180	0	-25	0	-18	0	-13	+7	-32	+3	-21	0	-13
180	250	0	-30	0	-20	0	-15	+8	-38	+4	-24	0	-15
250	315	0	-35	0	-25	0	-18	+9	-44	+4	-29	0	-18
315	400	0	-40	0	-28	0	-20	+10	-50	+5	-33	0	-20
400	500	0	-45	–	–	–	–	+12	-57	–	–	–	–
500	630	0	-50	–	–	–	–	+14	-64	–	–	–	–

1) d_m is the arithmetical mean of the largest and the smallest single diameters of the outside surface obtained by 2-point measurement.
2) The values are valid for two-point measurement only.
The following table shows the bearing types and bore size ranges for which the indicated tolerances apply.
(The circles indicate that the tolerances shown for D apply to all sizes.)
3) KB is the symbol designating tolerances for D_m and D of Normal Class

Note : The outside diameter "not go side" tolerance limit (Low) does not necessarily apply within a distance of twice the nominal ring chamfer dimension from the ring face.

Tolerance Limits in ㎛

Bearing Width T						Radial Runout Kia				Backface Runout with Bore Sd		Raceway Runout with Backface Sia	Nominal Bore Diameter d(㎜)	
Normal Class		Class 6 Class 5		Class 4		Normal Class	Class 6	Class 5	Class 4	Class 5	Class 4	Class 4		
High	Low	High	Low	High	Low	Max	Max	Max	Max	Max	Max	Max	Over	Incl
+200	0	+200	0	+200	-200	15	7	3.5	2.5	7	3	3	10	18
+200	0	+200	0	+200	-200	18	8	4	3	8	4	4	18	30
+200	0	+200	0	+200	-200	20	10	5	4	8	4	4	30	50
+200	0	+200	0	+200	-200	25	10	5	4	8	5	4	50	80
+200	-200	+200	-200	+200	-200	30	13	6	5	9	5	5	80	120
+350	-250	+350	-250	+350	-250	35	18	8	6	10	6	7	120	180
+350	-250	+350	-250	+350	-250	50	20	10	8	11	7	8	180	250
+350	-250	-	-	-	-	60	-	-	-	-	-	-	250	315
+400	-400	-	-	-	-	70	-	-	-	-	-	-	315	400

Outside Surface Runout with Backface SC		Radial Runout Kea				Raceway Runout with Backface Sea	Nominal Bore Diameter d(㎜)	
Class 5	Class 4	Normal Class	Class 6	Class 5	Class 4	Class 4		
Max	Max	Max	Max	Max	Max	Max	Over	Incl
8	4	18	9	6	4	5	18	30
8	4	20	10	7	5	5	30	50
8	4	25	13	8	5	5	50	80
9	5	35	18	10	6	6	80	120
10	5	40	20	11	7	7	120	150
10	5	45	23	13	8	8	150	180
11	7	50	25	15	10	10	180	250
13	8	60	30	18	11	10	250	315
13	10	70	35	20	13	13	315	400
-	-	80	-	-	-	-	400	500
-	-	100	-	-	-	-	500	630

value in mm

Bearing types			Tolerance Classes			
Single Row		Double Row	Normal Class	Class 6	Class 5	Class 4
329□□			-	-	-	-
320□□	320□□X	□□KBE30 □□KBE030	≤80	≤95	○	○
	□□KBE31	□□KBE031	-	-	-	-
302□□	322□□	□□KBE42 □□KBE42X □□KBE52 □□KBE52X	≤315	○	○	○
303□□	323□□		○	○	○	○

표 8.29 Tolerances for Inch Series Tapered Roller Bearings [ISO 578]

Table 8.29.1 Cone Bore, Cone Width and Bearing Width Tolerance

Cone Bore Diameter d (mm)		Bore Diameter d									
		Class 4		Class 2 4)		Class 3		Class 0		Class 00	
Over	Incl	High	Low	High	Low	High	Low	High	Low	High	Low
-	76.200	+131)	0	+13	0	+13	0	+13	0	+8	0
76.200	101.600	+25	0	+25	0	+13	0	+13	0	+8	0
101.600	304.800	+25	0	+25	0	+13	0	+13	0	+8	0

1) A cone bore deviation of +20 and 0 applies for cones in series LM 11700, LM 11900, M 12600, LM 12700, L 44600, L 45400, LM 48500, LM 67000 and L 68100. Tolerance Class 4C. (NSK Standard)

2) An overall width deviation of +356 and 0 applies for series LM 11700, LM 11900, M 12600, LM 12700, L 44600, L 45400, LM 48500, LM 67000 and L 68100. Tolerance Class 4C. (NSK Standard)

3) Since the bore diameters (d) or the bearings marked with an asterisk (*) in the Tapered Roller Bearing Tables are maximum values, the tolerances for d are always, between 0 (high side) and minus (low side).

4) Class 2 is NSK Standard.

Table 8.29.2 Outer Ring Outside Diameter Tolerance and Assembled Bearing Maximum Radial Runout

Nominal Outside Diameter D(mm)		Outside Diameter D 1)									
		Class 4		Class 2 4)		Class 3		Class 0 2)		Class 00 3)	
Over	Incl	High	Low	High	Low	High	Low	High	Low	High	Low
-	304.800	+25	0	+25	0	+13	0	+13	0	+8	0
304.800	609.600	+51	0	+25	0	+25	0	-	-	-	-

Note 1) Since the outside diameter (D) or the bearings marked with a double asterisk (**) in the Tapered Roller Bearing Tables are maximum values, the tolerances for D are between 0 (high side) and minus (low side).

2) Maximum Cone Bore for Class 0 bearings is 241.300 mm. Maximum Cup O.D. for Class 0 bearings is 304.800 mm.

3) Maximum Cone Bore for Class 00 bearings is 203.200 mm. Maximum Cup O.D. for Class 00 bearings is 266.700 mm.

4) Class 2 is NSK Standard.

표 8.30 Tolerances for Inch Series Taper Roller Bearings with ▲ Symbol in Bearing Tables [NES]

표 8.30.1 Inner Ring Bore Tolerance and Bearing Width Tolerance

Nominal Bore Diameter d(mm)		Bore Diameter d		Inner Ring Width B				Bearing Width T			
		Normal Class, Class 4A		Normal Class		Class 4A		Normal Class		Class 4A	
Over	Incl	High	Low	High	Low	High	Low	High	Low	High	Low
30	50	0	-13	0	-100	0	-50	+200	0	+100	0
50	80	0	-15	0	-150	0	-50	+200	0	+100	0
80	120	0	-20	0	-150	0	-50	+200	-200	+100	0
120	180	0	-25	0	-200	0	-50	+200	-200	+150	0
180	250	0	-30	0	-200	0	-50	+200	-200	+150	0

Tolerance Limits in μm

Cone Width B		Overall Bearing Width T									
Class 4, 2, 3, 0, 00		Class 4		Class 2		Class 3		Class 0		Class 00	
High	Low	High	Low	High	Low	High	Low	High	Low	High	Low
+76	-254	+2032)	0	+203	0	+203	-203	+203	-203	+203	-203
+76	-254	+203	0	+203	0	+203	-203	+203	-203	+203	-203
+76	-254	+356	-254	+203	0	+203	-203	+203	-203	+203	-203

Tolerance Limits in μm

Cup Width b		Radial Runout Kia, Kea				
Class 4, 2, 3, 0, 00		Class 4	Class 2	Class 3	Class 0	Class 00
High	Low	Max	Max	Max	Max	Max
+51	-254	51	38	8	4	2
+51	-254	51	38	18	-	-

표 8.30.2 Outer Ring Outside Diameter Tolerance and Assembled Bearing Maximum Radial Runout

Tolerance Limits in μm

Nominal Outside Diameter D (mm)		Outer Ring Outside Diameter D		Outer Ring Width b				Radial Runout Kia, Kea
		Normal Class, Class 4A		Normal Class		Class 4A		Normal Class, Class 4A
Over	Incl	High	Low	High	Low	High	Low	Max
50	80	0	-20	0	-150	0	-100	30
80	120	0	-20	0	-200	0	-100	40
120	150	0	-25	0	-200	0	-100	40
150	180	0	-25	0	-200	0	-100	40
180	250	0	-30	0	-250	0	-100	50
250	315	0	-40	0	-250	0	-100	50

표 8.31 Tolerances for Thrust Ball Bearings and Cylindrical Roller Thrust Bearings [ISO/199 and NES]

표 8.31.1 Tolerances for Bore Diameter of Shaft Washers or Center Washers and for Groove Runout with Washer Back Faces

Values in μm

Nominal Shaft Washer (or Center Washer) Bore Diameter d (or d1) (mm)		Bore Diameter of Shaft Washer (or Center Washer) dm (or d1m) 1) Normal Class, Class 6, 5		Class 4		Groove Runout with Washer Back Faces of Shaft Washer, Center Washer and Housing Washer Ai, Ae Normal Class	Class 6	Class 5	Class 4
Over	Incl	High	Low	High	Low	Max	Max	Max	Max
-	18	0	- 8	0	- 7	10	5	3	2
18	30	0	-10	0	- 8	10	5	3	2
30	50	0	-12	0	-10	10	6	3	2
50	80	0	-15	0	-12	10	7	4	3
80	120	0	-20	0	-15	15	8	4	3
120	180	0	-25	0	-18	15	9	5	4
180	250	0	-30	0	-22	20	10	5	4
250	315	0	-35	0	-25	25	13	7	5
315	400	0	-40	0	-30	30	15	7	5

1) dm and d1m are the arithmetical mean of the largest and the smallest diameter of the shaft washer and center washer bores obtained using 2-point measurements.

2) Tolerances for groove runout with back face At and Ae are classified by nominal bore diameter d.

Note :The bore diameter "not go side" tolerance limit (High) does not necessarily apply within a distance of twice the nominal ring chamfer dimension from the ring face.

표 8.31.2 Tolerances for Outside Diameter of Housing Washers and Aligning Seat Washer

Values in μm

Nominal Shaft Washer (or Center Washer) Bore Diameter D (or D1) (mm)		Outside Diameter of Housing Washer Dm1) With Flat Seat: Normal Class, Class 6, 5		With Flat Seat: Class 4		With Aligning Seat: Normal Class, Class 6		Outside Diameter of Aligning Seat Washer D1m: Normal Class, Class 6	
Over	Incl	High	Low	High	Low	High	Low	High	Low
10	18	0	-11	0	- 7	0	-17	0	- 25
18	30	0	-13	0	- 8	0	-20	0	- 30
30	50	0	-16	0	- 9	0	-24	0	- 35
50	80	0	-19	0	-11	0	-29	0	- 45
80	120	0	-22	0	-13	0	-33	0	- 60
120	180	0	-25	0	-15	0	-38	0	- 75
180	250	0	-30	0	-20	0	-45	0	- 90
250	315	0	-35	0	-25	0	-53	0	-105
315	400	0	-40	0	-28	0	-60	0	-120
400	500	0	-45	0	-33	0	-68	0	-135

1) Dm is the arithmetical mean of the largest and smallest diameters of the housing washer outside surface obtained by 2-point measurement.

Note : The outside diameter "not go side" tolerance limit (Low) does not necessarily apply within a distance of twice the nominal ring chamfer dimension from the ring face.

표 8.31.3 Tolerances for Heights and Center Washer Thickness of Thrust Ball Bearings

Nominal Shaft Washer Bore Diameter D (mm)		With Flat Seat Height H, H4		With Flat Seat Height H2		With Aligning Seat Height H1′, H5′		With Aligning Seat Height H3′		With Aligning Seat Washer Height H1, H5		With Aligning Seat Washer Height H3		Center Washer Thickness a	
		Normal Class, Class 6, 5, 4				Normal Class, Class 6				Normal Class, Class 6				Normal Class, Class 6, 5, 4	
Over	Incl	High	Low	High	Low	High	Low	High	Low	High	Low	High	Low	High	Low
-	30	0	- 75	+ 50	-150	0	- 75	+ 50	-150	+ 50	- 75	+150	-150	0	- 50
30	50	0	-100	+ 75	-200	0	-100	+ 75	-200	+ 50	-100	+175	-200	0	- 75
50	80	0	-125	+100	-250	0	-125	+100	-250	+ 75	-125	+250	-250	0	-100
80	120	0	-150	+125	-300	0	-150	+125	-300	+ 75	-150	+275	-300	0	-125
120	180	0	-175	+150	-350	0	-175	+150	-350	+100	-175	+350	-350	0	-150
180	250	0	-200	+175	-400	0	-200	+175	-400	+100	-200	+375	-400	0	-175
250	315	0	-225	+200	-450	0	-225	+200	-450	+125	-225	+450	-450	0	-200
315	400	0	-300	+250	-600	0	-300	+250	-600	+150	-275	+550	-550	0	-250

표 8.32 Tolerances for Spherical Roller Thrust Bearings (Tolerance Class 0) [JIS B 1514]

표 8.32.1 Shaft Washer and Assembled Height

Tolerance Limits in μm

Nominal Bore Diameter d (mm)		Bore Diameter dm1) KB3)		Bore Diameter d2) KB3)		Reference Side Runout with Bore Sd	Height Hm	
Over	Incl	High	Low	High	Low	Max	High	Low
80	120	0	-20	+ 5	-25	25	+200	-200
120	180	0	-25	+ 6	-31	30	+250	-250
180	250	0	-30	+ 8	-38	30	+300	-300
250	315	0	-35	+ 9	-44	35	+350	-350
315	400	0	-40	+10	-50	40	+400	-400
400	500	0	-45	+12	-57	45	+450	-450

1) dm is the arithmetical mean of the largest and the smallest diameters of the bore obtained by 2-point measurement.
2) The values are valid for 2-point measurement only.
3) KB is the symbol designating tolerances for dm and d of Class 0.
Note : The bore diameter "not go side" tolerance limit (High) does not necessarily apply within a distance of twice the nominal ring chamfer dimension from the ring face.

표 8.32.2 Housing Washer

Tolerance Limits in μm

Nominal Outside Diameter D(mm)		Outside Diameter Dm 1)	
Over	Incl	High	Low
180	250	0	- 30
250	315	0	- 35
315	400	0	- 40
400	500	0	- 45
500	630	0	- 50
630	800	0	- 75
800	1000	0	-100

1) Dm is the arithmetical mean of the largest and the smallest diameters of the outside surface obtained by 2-point measurement.
Note : The outside diameter "not go side" tolerance limit (Low) does not necessarily apply within a distance of twice the nominal ring chamfer dimension from the ring face.

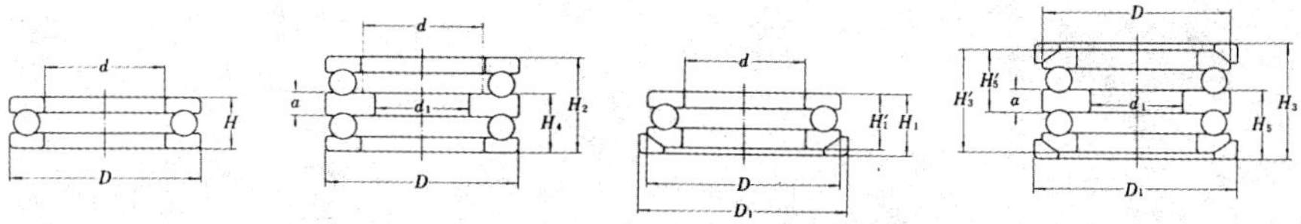

표 8.33 Tolerances of AFBMA Standard 20

표 8.33.1 Inner Rings and Outer Ring Width

Nominal Bore Diameler d (mm)		Mean Bore Diameter dm				Bore Diameter d												Inner
						Diameter Series 4, 3, 2, 1, 0								Diameter Series 9, 8				
		All Classes	ABEC 1 RBEC 1	ABEC 5 RBEC 5	ABEC 7	ABEC 1 1) RBEC 1		ABEC 5 RBEC 5		ABEC 7		ABEC 9 2)		ABEC 5 RBEC 5		ABEC 7		All Classes
Over	Incl	High	Low			High	Low	High	Low	High	Low	High	Low	High	Low	High	Low	High
0.64)	10	0	-7.5	-5	-3.5	+2.5	-10	0	-5	0	-3.5	0	-2.5	0	-5	0	-3.5	0
10	18	0	-7.5	-5	-3.5	+2.5	-10	0	-5	0	-3.5	0	-2.5	+1.2	-6	+1.2	-5	0
18	30	0	10	-5	-3.5	+2.5	-12.5	0	-5	0	-3.5	0	-2.5	+2.5	-7.5	+2.5	-6	0
30	50	0	-12.5	-5	-5	+2.5	-15	0	-5	0	-5	0	-2.5	+3.5	-8.5	+2.5	-7.5	0
50	80	0	-15	-7.5	-5	+5	-20	0	-7.5	0	-5	0	-3.5	+3.5	-11	+2.5	-7.5	0
80	120	0	-20	-7.5	-6	+5	-25	+1.2	-8.5	+1.2	-7.5	0	-5	+5	-12.5	+2.5	-8.5	0

1) Tolerances do not apply to diameter series 1 nor to d>40mm in diameter series 0.
2) Tolerances apply to diameter series 9 and 8.
3) This does not apply to self-aligning ball bearings.
4) For ABEC 1, the range is between 2.5mm (over) and 10mm (incl.).
5) Tolerances apply to duplex hearings which are adjusted offset.
Note : Values (μm) were converted from values (inch) in AFBMA STANDARD 20.

표 8.33.2 Outer Ring

Nominal Outside Diameler D (mm)		Mean Bore Diameter *Dm*				Bore Diameter d											
						Diameter Series 4, 3, 2, 1, 0								Diameter Series 9, 8			
		All Classes	ABEC 1 RBEC 1	ABEC 5RBEC5	ABEC 7	ABEC 1 1) RBEC 1		ABEC 5 RBEC 5		ABEC 7		ABEC 9 2)		ABEC 5 RBEC 5		ABEC 7	
Over	Incl	High	Low			High	Low	High	Low	High	Low	High	Low	High	Low	High	Low
2.5	6	0	—	-5	-5	—		0	-5	0	-5	0	-2.5	0	-5	0	-5
6	18	0	-7.5	-5	-5	+2.5	-10	0	-5	0	-5	0	-2.5	+1.2	-6	+1.2	-6
18	30	0	10	-5	-5	+2.5	-12.5	0	-5	0	-5	0	-3.5	+2.5	-7.5	+2.5	-7.5
30	50	0	-12.5	-5	-5	+5	-18	0	-5	0	-5	0	-3.5	-3.5	-8.5	+2.5	-7.5
50	80	0	-12.5	-7.5	-5	+5	-18	0	-7.5	0	-5	0	-3.5	+3.5	-11	+2.5	-7.5
80	120	0	-15	-7.5	-7.5	+5	-20	+1.2	-8.5	+1.2	-8.5	0	-5	+5	-12.5	+2.5	-10
120	150	0	-20	-10	-10	+5	-25	+2.5	-12.5	+2.5	-12.5	0	-5	+5	-15	+2.5	-12.5
150	180	0	-25	-12.5	-10	+7.5	-33	+3.5	-17	+2.5	-12.5	0	-6	+5	-18	+5	-15
180	250	0	-30	-12.5	-10	+7.5	-38	+3.5	-17	+2.5	-12.5	0	-7.5	+6	-19	+5	-15

1) Tolerances do not apply to diameter series 1 nor to D > 80mm in diameter series 0.

2) Tolerances apply to diameter series 9 and 8.
3) Tolerances apply to bearings of width series 1 or narrower
4) This does not apply to self-aligning ball bearings.
Note : Values (μm) were converted from values (inch) in AFBMA STANDARD 20.

Values in μm

Ring (or Outer Ring) Width B						Width Variation VBs			Reference Side Runout with Bore Sd			Radical Runout Kia				Groove Runout with Reference Side Sia		
Individual			Duplex 5)															
ABEC 1 RBEC 1	ABEC 5 ABEC 7 RBEC 5	ABEC 9	All Classes	ABEC 1	ABEC 5 ABEC 7 ABEC 9	ABEC 5 RBEC 5	ABEC 7	ABEC 9	ABEC5 RBEC5	ABEC 7	ABEC 9	ABEC 1 RBEC 1	ABEC 5 RBEC 5	ABEC 7	ABEC 9	ABEC 5	ABEC 7	ABEC 9
Low			High	Low		Max	Max	Max	Max	Max	Max	Max	Max	Max	Max	Max	Max	Max
-127	-41	-25	0	-508	-508	5	2.5	1.2	7.5	2.5	1.2	7.5	3.5	2.5	1.2	7.5	2.5	1.2
-127	-81	-81	0	-508	-508	5	2.5	1.2	7.5	2.5	1.2	10	3.5	2.5	1.2	7.5	2.5	1.2
-127	-127	-127	0	-508	-508	5	2.5	1.2	7.5	3.5	1.2	12.5	3.5	2.5	2.5	7.5	3.5	2.5
-127	-127	-127	0	-508	-508	5	2.5	1.2	7.5	3.5	1.2	15	5	3.5	2.5	7.5	3.5	2.5
-152	-152	-152	0	-762	-508	5	3.5	1.2	7.5	5	1.2	20	5	3.5	2.5	7.5	3.5	2.5
-203	-203	-203	0	-762	-762	7.5	3.5	2.5	7.5	5	2.5	25	6	5	2.5	10	5	2.5

Values in μm

D Shielded/Sealed Bearings Diameter Series 4, 3, 2, 1, 0						Radical Runout Kea				Outside Surface Runout with Reference Side SD 3)			Groove Runout with Reference Side Sea 4)			Width Variation VBs		
ABEC 1 1)		ABEC 5		ABEC 7		ABEC 1 RBEC 1	ABEC 5 RBEC 5	ABEC 7	ABEC 9	ABEC 5 RBEC 5	ABEC 7	ABEC9	ABEC 5	ABEC 7	ABEC 9	ABEC 5 RBEC 5	ABEC 7	ABEC 9
High	Low	High	Low	High	Low	Max	Max	Max	Max	Max	Max	Max	Max	Max	Max	Max	Max	Max
—	—	+2.5	-7.5	+2.5	-7.5	—	5	3.5	1.2	7.5	3.5	1.2	7.5	5	1.2	5	2.5	1.2
+5	-12.5	+2.5	-7.5	+2.5	-7.5	15	5	3.5	1.2	7.5	3.5	1.2	7.5	5	1.2	5	2.5	1.2
+5	-15	+2.5	-7.5	+2.5	-7.5	15	5	3.5	2.5	7.5	3.5	1.2	7.5	5	2.5	5	2.5	1.2
+7.5	-20	+5	-10	+5	-10	20	5	5	2.5	7.5	3.5	1.2	7.5	5	2.5	5	2.5	1.2
+10	-23	+5	-12.5	+5	-10	25	7.5	5	3.5	7.5	3.5	1.2	10	5	3.5	5	2.5	1.2
+12.5	-28	+7.5	-15	+7.5	-15	36	10	5	5	7.5	5	2.5	12.5	5	5	7.5	5	2.5
+12.5	-33	+7.5	-18	+7.5	-18	41	10	7.5	5	10	5	2.5	12.5	7.5	5	7.5	5	2.5
+15	-41	+7.5	-20	+7.5	-18	46	12.5	7.5	5	10	5	2.5	15	7.5	5	7.5	5	2.5
+20	-51	+7.5	-23	+10	-20	51	12.5	10	6	10	7.5	3.5	15	10	6	10	7.5	3.5

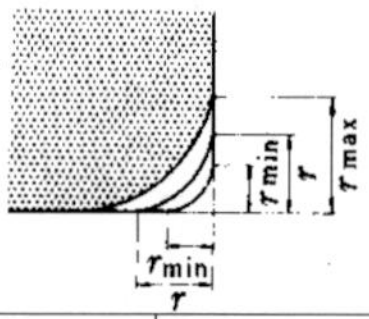

표 8.34 Chamfer Dimension Limits

표 8.34.1 Charmfer Dimension Limits for Metric Series Bearings [JIS/B 1514]

Values in mm

r, r11) : Nominal Chamfer Dimension
r min, r1 min : Smallest Chamfer Dimension
r rmax, r1 max : Largest Chamfer Dimension

Nominal Chamfer Dimension r or r1	Tolerances for r or r1			Reference
	r min r1 min	r max	r1 max	Largest Shaft and Housing Fillet Radius
0.2	0.1	0.2	—	0.1
0.3	0.15	0.3	—	0.15
0.4	0.2	0.5	—	0.2
0.5	0.3	0.8	0.8	0.3
0.8	0.5	—	1.2	0.5
1	0.6	1.5	1.5	0.6
1.2	0.8	—	1.7	0.8
1.5	1	2	2	1
2	1.5	2.5	2.5	1
2.5	2	3	3	1.5
3	2.5	3.5	3.5	2
3.5	2.5	4	4	2
4	3	4.5	4.5	2.5
5	4	6	6	3
6	5	7.5	7.5	4
8	6	9	9	5
10	7.5	12.5	—	6
12	9.5	15	—	8
15	12	18	—	10
18	15	21	—	12
22	19	25	—	15

1) Dimension r1 should be used for (1) the ribess side of thin walled cylindrical roller bearings, (2) the bearing ring front face of angular contact bal bearings and tapered roller bearings and (3) the chamfer dimension of the center ring in double direction thrust ball bearings.

Note : Value or r max and r1 max are applicate only to the bearing side face and not to the bearing bore or outside surface. The maximum values or r and r1 for the bearing bore and outside surface chamfers are twice the nominal chamfer dimensions listed here.

표 8.34.2 Chamfer Dimension Limits for Magneto Bearings [JIS/B 1538]

Values in mm

Nominal Chamfer Dimension r or r1	Tolerances for r or r1	
	Min	Max
0.2	0.15	0.3
0.3	0.2	0.5
0.4	0.2	0.6
0.5	0.3	0.8
0.6	0.3	1
0.7	0.4	1.1
1.0	0.6	1.5
1.5	1	2

Note : Values of r max and r1 max are applicable only to the bearing side face and not to the bearing bore or outside surface.

표 8.35 Chamfer Dimension Limits for Inch Series Tapered Roller Bearings [ISO 1123]

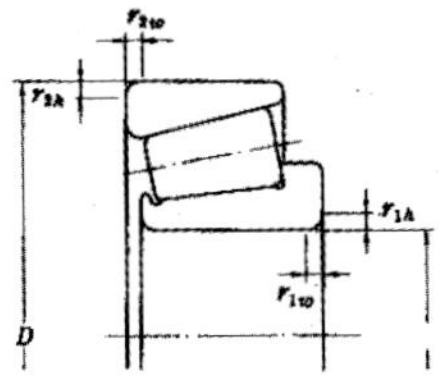

Values in ㎜

Bore Diameter		Chamfer Height r1h		Chamfer Width r1w	
Over	Incl	Min	Max	Min	Max
	50.8	r1	r1+0.38	r1	r1+0.89
50.8	101.6	r1	r1+0.51	r1	r1+1.27
101.6	254	r1	r1+0.64	r1	r1+1.78

Values in ㎜

Outside Diameter		Chamfer Height r2h		Chamfer Width r2w	
Over	Incl	Min	Max	Min	Max
	101.6	r2	r1+0.58	r1	r1+1.07
101.6	168.275	r2	r1+0.64	r1	r1+1.17
168.275	266.7	r2	r1+0.84	r1	r1+1.35
266.7	355.6	r2	r1+1.70	r1	r1+1.70

표 8.36 Tolerances for Tapered Bores [ISO/R 492]

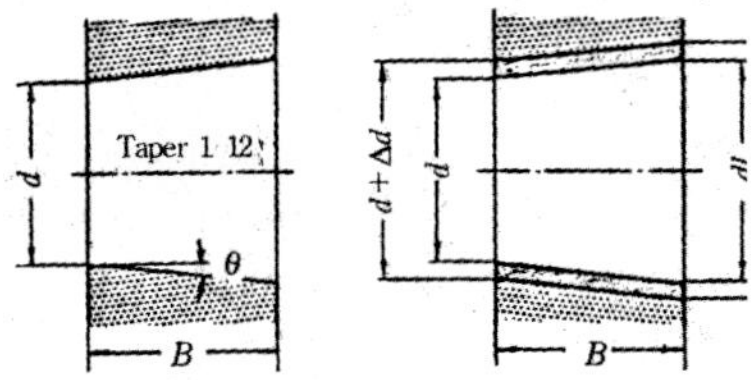

θ=2 °23'9.4

Tolerance Limits in μm

Nominal Bore Diameter (mm)		Tolerances for d		Tolerances for (Δdi - Δd)	
Over	Incl	High	Low	High	Low
—	10	+22	0	+15	0
10	18	+27	0	+18	0
18	30	+33	0	+21	0
30	50	+39	0	+25	0
50	80	+46	0	+30	0
80	120	+54	0	+35	0
120	180	+63	0	+40	0
180	250	+72	0	+46	0
250	315	+81	0	+52	0
315	400	+89	0	+57	0
400	500	+97	0	+63	0

Notes : 1. Tolerances for taper are defined by (Δdi - Δd). Δdi and Δd are deviations from the nominal diameter at the large and small ends respectively.
2. di is obtained from the following equation;

$$di = d + 0.083333B$$

where B = Inner ring width

표 8.37 Dimensions and Tolerances of Snap Ring Grooves and Snap Rings [ISO 464]

표 8.37.1 Bearing Series 68□□N and 69□□N

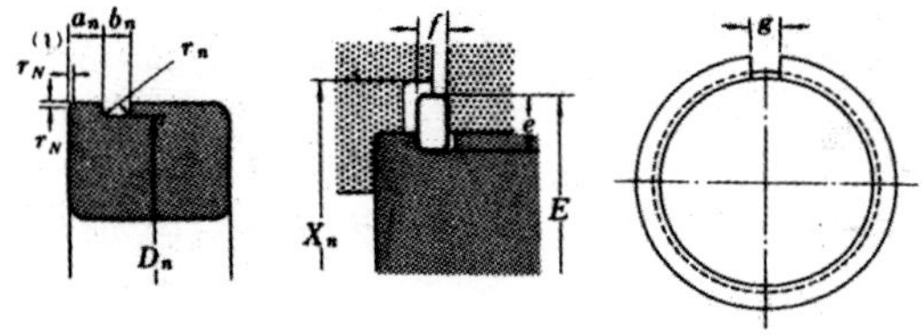

Values in mm

Bearing			Snap Ring Groove					Snap Ring					Cover
Bore Diameter d		Outside Dia.	Diameter	Distance an		Width	Radius	Snap Ring No.	Thickness	Radial width	Approx Gap Width (mounted)	Diameter (mounted)	Bore Diameter
Bearing Series				Bearing Series									
68	69	D	Dn	68	69	bn	rn (max)		f ±0.05	e +0.08/-0.07	g(2)	E(2) (max)	Xn (min)
–	10	22	20.8 0/-0.30	–	0.97 +0.06/-0.07	0.92 +0.13/-0.12	0.2	NR 1022	0.65	1.92	2	24.8	25.5
–	12	24	22.8 0/-0.30	–	0.97 +0.06/-0.07	0.92 +0.13/-0.12	0.2	NR 1024	0.65	1.92	2	26.8	27.5
–	15	28	26.7 0/-0.30	–	1.22 +0.06/-0.07	1.07 +0.13/-0.12	0.25	NR 1028	0.8	1.97	3	30.8	31.5
–	17	30	28.7 0/-0.30	–	1.22 +0.06/-0.07	1.07 +0.13/-0.12	0.25	NR 1030	0.8	1.97	3	32.8	33.5
20	–	32	30.7 0/-0.30	1.22 +0.06/-0.07	–	1.07 +0.13/-0.12	0.25	NR 1032	0.8	1.97	3	34.8	35.5
22	–	34	32.7 0/-0.30	1.22 +0.06/-0.07	–	1.07 +0.13/-0.12	0.25	NR 1034	0.8	1.97	3	36.8	37.5
25	20	37	35.7 0/-0.30	1.22 +0.06/-0.07	1.62 +0.06/-0.07	1.07 +0.13/-0.12	0.25	NR 1037	0.8	1.97	3	39.8	40.5
–	22	39	37.7 0/-0.30	–	1.62 +0.06/-0.07	1.07 +0.13/-0.12	0.25	NR 1039	0.8	1.97	3	41.8	42.5
28	–	40	38.7 0/-0.30	1.22 +0.06/-0.07	–	1.07 +0.13/-0.12	0.25	NR 1040	0.8	1.97	3	42.8	43.5
30	25	42	40.7 0/-0.30	1.22 +0.06/-0.07	1.62 +0.06/-0.07	1.07 +0.13/-0.12	0.25	NR 1042	0.8	1.97	3	44.8	45.5
32	–	44	42.7 0/-0.30	1.22 +0.06/-0.07	–	1.07 +0.13/-0.12	0.25	NR 1044	0.8	1.97	4	46.8	47.5
–	28	45	43.7 0/-0.30	–	1.62 +0.06/-0.07	1.07 +0.13/-0.12	0.25	NR 1045	0.8	1.97	4	47.8	48.5
35	30	47	45.7 0/-0.30	1.22 +0.06/-0.07	1.62 +0.06/-0.07	1.07 +0.13/-0.12	0.25	NR 1047	0.8	1.97	4	49.8	50.5
40	32	52	50.7 0/-0.30	1.22 +0.06/-0.07	1.62 +0.06/-0.07	1.07 +0.13/-0.12	0.25	NR 1052	0.8	1.97	4	54.8	55.5
–	35	55	53.7 0/-0.30	–	1.62 +0.06/-0.07	1.07 +0.13/-0.12	0.25	NR 1055	0.8	1.97	4	57.8	58.5
45	–	58	56.7 0/-0.30	1.22 +0.06/-0.07	–	1.07 +0.13/-0.12	0.25	NR 1058	0.8	1.97	4	60.8	61.5
–	40	62	60.7 0/-0.40	–	1.62 +0.06/-0.07	1.07 +0.13/-0.12	0.25	NR 1062	0.8	1.97	4	64.8	65.5
50	–	65	63.7 0/-0.40	1.22 +0.06/-0.07	–	1.07 +0.13/-0.12	0.25	NR 1065	0.8	1.97	4	67.8	68.5
–	45	68	66.7 0/-0.40	–	1.62 +0.06/-0.07	1.07 +0.13/-0.12	0.25	NR 1068	0.8	1.97	5	70.8	72
55	50	72	70.7 0/-0.40	1.62 +0.06/-0.07	1.62 +0.06/-0.07	1.07 +0.13/-0.12	0.25	NR 1072	0.8	1.97	5	74.8	76
60	–	78	76.2 0/-0.40	1.62 +0.06/-0.07	–	1.45 ±0.15	0.4	NR 1078	1.07	3.17	5	82.7	84

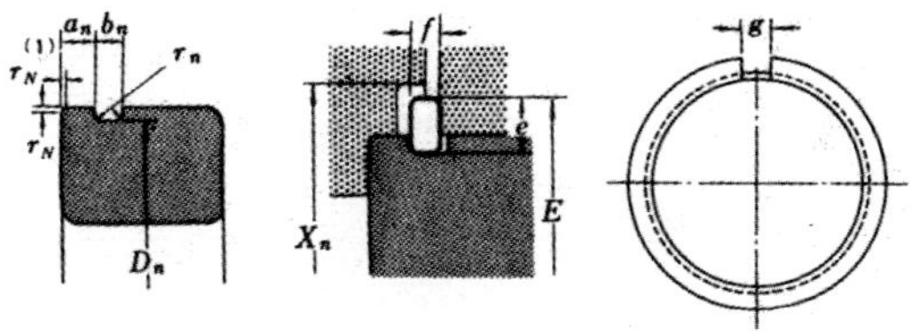

Values in mm

Bearing: Bore Diameter d, Bearing Series 68	Bearing: Bore Diameter d, Bearing Series 69	Bearing: Outside Dia. D	Snap Ring Groove: Diameter Dn	Snap Ring Groove: Distance an, Bearing Series 68	Snap Ring Groove: Distance an, Bearing Series 69	Snap Ring Groove: Width bn	Snap Ring Groove: Radius rn (max)	Snap Ring: Snap Ring No.	Snap Ring: Thickness f ±0.05	Snap Ring: Radial Width e +0.08 -0.07	Snap Ring: Approx Gap Width (mounted) g(2)	Snap Ring: Diameter (mounted) E(2) (max)	Cover: Bore Diameter Xn (min)
–	55	80	77.[illegible] $^{0}_{-0.40}$	–	2.0 ±0.10	1.45 ±0.15	0.4	NR 1080	1.07	3.17	5	84.4	86
65	60	85	82.[illegible] $^{0}_{-0.40}$	1.62 $^{+0.06}_{-0.07}$	2.0 ±0.10	1.45 ±0.15	0.4	NR 1085	1.07	3.17	5	89.4	91
70	65	90	87.[illegible] $^{0}_{-0.40}$	1.62 $^{+0.06}_{-0.07}$	2.0 ±0.10	1.45 ±0.15	0.4	NR 1090	1.07	3.17	5	94.4	96
75	–	95	92.[illegible] $^{0}_{-0.40}$	1.62 $^{+0.06}_{-0.07}$	–	1.45 ±0.15	0.4	NR 1095	1.07	3.17	5	99.4	101
80	70	100	97.[illegible] $^{0}_{-0.40}$	1.62 $^{+0.06}_{-0.07}$	2.4 ±0.10	1.45 ±0.15	0.4	NR 1100	1.07	3.17	5	104.4	106
–	75	105	102 $^{0}_{-0.50}$	–	2.4 ±0.10	1.45 ±0.15	0.4	NR 1105	1.07	3.96	5	110.7	112
85	80	110	107 $^{0}_{-0.50}$	2.0 ±0.10	2.4 ±0.10	1.45 ±0.15	0.4	NR 1110	1.07	3.96	5	115.7	117
90	–	115	112 $^{0}_{-0.50}$	2.0 ±0.10	–	1.45 ±0.15	0.4	NR 1115	1.07	3.96	5	120.7	122
95	85	120	117 $^{0}_{-0.50}$	2.0 ±0.10	3.2 ±0.10	1.45 ±0.15	0.4	NR 1120	1.07	3.96	7	125.7	127
100	90	125	122 $^{0}_{-0.50}$	2.0 ±0.10	3.2 ±0.10	1.45 ±0.15	0.4	NR 1125	1.07	3.96	7	130.7	132
105	95	130	127 $^{0}_{-0.50}$	2.0 ±0.10	3.2 ±0.10	1.45 ±0.15	0.4	NR 1130	1.07	3.96	7	135.7	137
110	100	140	137 $^{0}_{-0.50}$	2.4 ±0.10	3.2 ±0.10	2.05 ±0.15	0.6	NR 1140	1.65	3.96	7	145.7	147
–	105	145	142 $^{0}_{-0.50}$	–	3.2 ±0.10	2.05 ±0.15	0.6	NR 1145	1.65	3.96	7	150.7	152
120	110	150	147 $^{0}_{-0.50}$	2.4 ±0.10	3.2 ±0.10	2.05 ±0.15	0.6	NR 1150	1.65	3.96	7	155.7	157
130	120	165	161 $^{0}_{-0.50}$	3.2 ±0.10	3.6 ±0.10	2.05 ±0.15	0.6	NR 1165	1.65	4.77	7	171.5	173
140	–	175	171 $^{0}_{-0.50}$	3.2 ±0.10	–	2.05 ±0.15	0.6	NR 1175	1.65	4.77	10	181.5	183
–	130	180	176 $^{0}_{-0.50}$	–	3.6 ±0.10	2.05 ±0.15	0.6	NR 1180	1.65	4.77	10	186.5	188
150	140	190	186 $^{0}_{-0.50}$	3.2 ±0.10	3.6 ±0.10	2.05 ±0.15	0.6	NR 1190	1.65	4.77	10	196.5	198
160	–	200	196 $^{0}_{-0.50}$	3.2 ±0.10	–	2.05 ±0.15	0.6	NR 1200	1.65	4.77	10	206.5	208

Notes (1) rN (chamfer at groove side of outer ring) should clear a fillet radius of: 0.3mm in bearing series 68 up to and including D=78mm and n bearing series 69 up to and including D=47mm; 0.5mm in bearing series 68 over D=78mm and in bearing series 69 over D=47mm.

(2) The dimensions given for E and g apply to mounted snap rings. The rings should fit in the grooves without radial play and are, therefore, somewhat expanded when mounted.

표 8.37 (Cont'd) Dimensions and Tolerances of Snap Ring Grooves and Snap Rings [ISO 464]

표 8.37.2 Bearing Series 60□□N, 62□□N, 63□□N and 64□□N

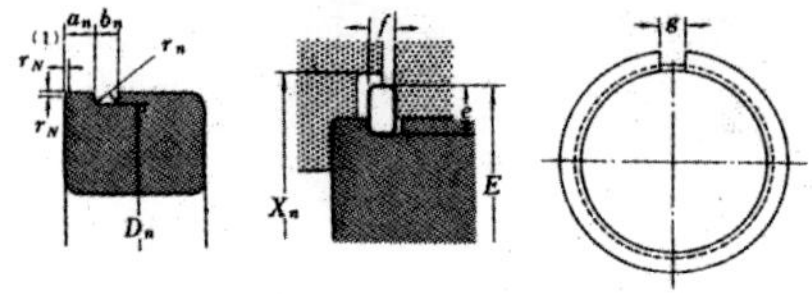

Values in mm

Bearing					Snap Ring Groove					Snap Ring					Cover
Bore Diameter d				Out-side Dia.	Diameter	Distance an		Width	Radius	Snap Ring No.	Thick-ness	Radial width	Approx. Gap Width (mounted)	Diameter (mounted)	Bore Diameter
Bearing Series						Bearing Series									
60	62	63	64	D	Dn	60	62,63,64	bn	rn (max)		f ±0.05	e +0.08 -0.07	g(2)	E(2) (max)	Xn (min)
–	10	9	8	30	$28.17^{0}_{-0.26}$	–	1.98 ± 0.08	1.5 ± 0.15	0.4	NR 30	1.07	3.17	3	34.7	35.5
15	12	–	9	32	$30.15^{0}_{-0.25}$	1.98 ± 0.08	1.98 ± 0.08	1.5 ± 0.15	0.4	NR 32	1.07	3.17	3	36.7	37.5
17	15	10	–	35	$33.17^{0}_{-0.25}$	1.98 ± 0.06	1.98 ± 0.06	1.5 ± 0.15	0.4	NR 35	1.07	3.17	3	39.7	40.5
–	–	12	10	37	$34.77^{0}_{-0.25}$	–	1.98 ± 0.08	1.5 ± 0.15	0.4	NR 37	1.07	3.17	3	41.3	42
–	17	–	–	40	$38.1^{0}_{-0.25}$	–	1.98 ± 0.08	1.5 ± 0.15	0.4	NR 40	1.07	3.17	3	44.6	45.5
20	–	15	12	42	$39.75^{0}_{-0.25}$	1.98 ± 0.08	1.98 ± 0.08	1.5 ± 0.15	0.4	NR 42	1.07	3.17	3	46.3	47
22	–	–	–	44	$41.75^{0}_{-0.25}$	1.98 ± 0.08	–	1.5 ± 0.15	0.4	NR 44	1.07	3.17	3	48.3	49
25	20	17	–	47	$44.6^{0}_{-0.25}$	1.98 ± 0.06	$2.38^{+0.06}_{-0.07}$	1.5 ± 0.15	0.4	NR 47	1.07	3.96	4	52.7	53.5
–	22	–	–	50	$47.6^{0}_{-0.25}$	–	$2.38^{+0.06}_{-0.07}$	1.5 ± 0.15	0.4	NR 50	1.07	3.96	4	55.7	56.5
28	25	20	15	52	$49.73^{0}_{-0.25}$	1.98 ± 0.06	$2.33^{+0.06}_{-0.07}$	1.5 ± 0.15	0.4	NR 52	1.07	3.96	4	57.9	58.5
30	–	–	–	55	$52.6^{0}_{-0.25}$	1.98 ± 0.10	–	1.5 ± 0.15	0.4	NR 55	1.07	3.96	4	60.7	61.5
–	–	22	–	56	$53.6^{0}_{-0.25}$	–	$2.38^{+0.06}_{-0.07}$	1.5 ± 0.15	0.4	NR 56	1.07	3.96	4	61.7	62.5
32	28	–	–	58	$55.6^{0}_{-0.25}$	1.98 ± 0.10	$2.38^{+0.08}_{-0.07}$	1.5 ± 0.15	0.4	NR 58	1.07	3.96	4	63.7	64.5
35	30	25	17	62	$59.61^{0}_{-0.50}$	1.98 ± 0.10	$3.17^{+0.11}_{-0.10}$	2.05 ± 0.15	0.6	NR 62	1.65	3.96	4	67.7	68.5
–	32	–	–	65	$62.6^{0}_{-0.50}$	–	$3.17^{+0.11}_{-0.10}$	2.05 ± 0.15	0.6	NR 65	1.65	3.96	4	70.7	71.5
40	–	28	–	68	$64.82^{0}_{-0.51}$	2.39 ± 0.10	$3.17^{+0.11}_{-0.10}$	2.05 ± 0.15	0.6	NR 68	1.65	4.77	5	74.6	76
–	35	30	20	72	$68.81^{0}_{-0.51}$	–	$3.17^{+0.11}_{-0.10}$	2.05 ± 0.15	0.6	NR 72	1.65	4.77	5	78.6	80
45	–	32	–	75	$71.83^{0}_{-0.51}$	2.39 ± 0.10	$3.17^{+0.11}_{-0.10}$	2.05 ± 0.15	0.6	NR 75	1.65	4.77	5	81.6	83
50	40	35	25	80	$76.81^{0}_{-0.51}$	2.39 ± 0.10	$3.17^{+0.11}_{-0.10}$	2.05 ± 0.15	0.6	NR 80	1.65	4.77	5	86.6	88
–	45	–	–	85	$81.81^{0}_{-0.50}$	–	$3.17^{+0.11}_{-0.10}$	2.05 ± 0.15	0.6	NR 85	1.65	4.77	5	91.6	93
55	50	40	30	90	$86.79^{0}_{-0.51}$	2.77 ± 0.10	$3.17^{+0.11}_{-0.10}$	2.85 ± 0.15	0.6	NR 90	2.41	4.77	5	96.5	98

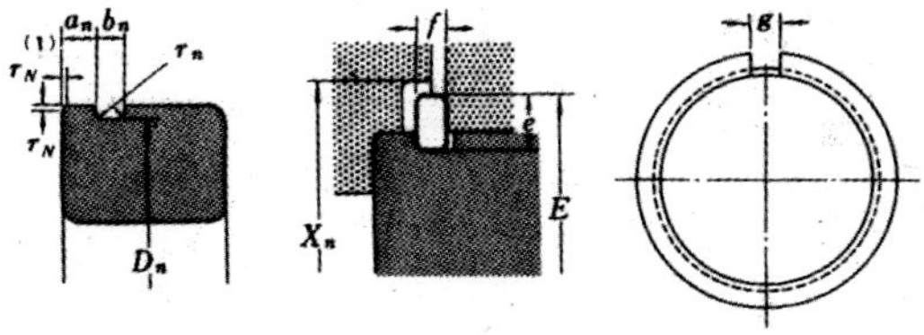

Values in mm

Bearing					Snap Ring Groove					Snap Ring					Cover
Bore Diameter d				Out-side Dia.	Diameter	Distance an		Width	Radius	Snap Ring No.	Thick-ness	Radial width	Approx Gap Width (mounted)	Dia meter (mounted)	Bore Dia meter
Bearing Series						Bearing Series									
0	2	3	4	D	Dn	0	2,3,4	bn	rn (max)		f ±0.05	e +0.08 -0.07	g(2)	E(2) (max)	Xn (min)
60	–	–	–	95	91.82 $^{0}_{-0.51}$	2.77 ±0.10	–	2.85 ±0.15	0.6	NR 95	2.41	4.77	5	101.6	103
65	55	45	35	100	96.80 $^{0}_{-0.51}$	2.77 ±0.10	3.17 $^{+0.11}_{-0.10}$	2.85 ±0.15	0.6	NR 100	2.41	4.77	5	106.5	108
70	60	50	40	110	106.8 $^{0}_{-0.51}$	2.77 ±0.10	3.17 $^{+0.11}_{-0.10}$	2.85 ±0.15	0.6	NR 110	2.41	4.77	5	116.6	118
75	–	–	–	115	111.8 $^{0}_{-0.51}$	2.77 ±0.10	–	2.85 ±0.15	0.6	NR 115	2.41	4.77	5	121.6	123
–	65	55	45	120	115.2 $^{0}_{-0.50}$	–	3.96 ±0.10	3.25 ±0.15	0.6	NR 120	2.77	7.13	7	129.7	131.5
80	70	–	–	125	120.2 $^{0}_{-0.51}$	2.77 ±0.10	3.96 ±0.10	3.25 ±0.15	0.6	NR 125	2.77	7.13	7	134.7	136.5
85	75	60	50	130	125.2 $^{0}_{-0.51}$	2.77 ±0.10	3.96 ±0.10	3.25 ±0.15	0.6	NR 130	2.77	7.13	7	139.7	141.5
90	80	65	55	140	135.2 $^{0}_{-0.51}$	3.58 ±0.13	4.77 $^{+0.13}_{-0.12}$	3.25 ±0.15	0.6	NR 140	2.77	7.13	7	149.7	152
95	–	–	–	145	140.2 $^{0}_{-0.50}$	3.58 ±0.13	–	3.25 ±0.15	0.6	NR 145	2.77	7.13	7	154.7	157
100	85	70	60	150	145.2 $^{0}_{-0.51}$	3.58 ±0.13	4.77 $^{+0.13}_{-0.12}$	3.25 ±0.15	0.6	NR 150	2.77	7.13	7	159.7	162
105	90	75	65	160	155.2 $^{0}_{-0.51}$	3.58 ±0.13	4.77 $^{+0.13}_{-0.12}$	3.25 ±0.15	0.6	NR 160	2.77	7.13	7	169.7	172
110	95	80	–	170	163.6 $^{0}_{-0.51}$	3.58 ±0.13	5.56 $^{+0.13}_{-0.12}$	3.65 ±0.15	0.6	NR 170	3.05	9.52	10	182.9	185
120	100	85	70	180	173.6 $^{0}_{-0.51}$	3.58 ±0.13	5.56 $^{+0.13}_{-0.12}$	3.65 ±0.15	0.6	NR 180	3.05	9.52	10	192.9	195
–	105	90	75	190	183.6 $^{0}_{-0.51}$	–	5.56 $^{+0.13}_{-0.12}$	3.65 ±0.15	0.6	NR 190	3.05	9.52	10	202.9	205
130	110	95	80	200	193.6 $^{0}_{-0.51}$	5.56 $^{+0.13}_{-0.12}$	5.56 $^{+0.13}_{-0.12}$	3.65 ±0.15	0.6	NR 200	3.05	9.52	10	212.9	215

Notes. (1) rN (chamfer at groove side of outer ring) should clear a fillet radius of: 0.3mm in bearing series 60□□ up to and including D=35mm, 0.5mm in bearing series 60□□ over D=35mm and for all diameters In bearing series 62□□, 63□□ and 64□□.

(2) The dimensions given for E and g apply to mounted snap rings. The rings should fit in the grooves without radial play and are, therefore, somewhat expanded when mounted.

표 8.38 Bearing Types and Tolerance Classes

<table>
<tr><td colspan="3">Bearing Type</td><td colspan="4">Tolerance Class</td></tr>
<tr><td colspan="2" rowspan="2">Deep Groove Ball Bearing</td><td>D ≥ 9㎜</td><td>ISO Normal Class</td><td>ISO Class 6</td><td>ISO Class 5</td><td>ISO Class 4</td></tr>
<tr><td>D < 9㎜</td><td>ISO Normal Class</td><td>ISO Class 6</td><td>AFBMA
ABEC 5P</td><td>AFBMA
ABEC 7P</td></tr>
<tr><td colspan="3">Maximum Type Ball Bearings</td><td>ISO Normal Class</td><td></td><td></td><td></td></tr>
<tr><td colspan="3">Magneto Bearings</td><td>JIS Class 0</td><td>JIS Class 6</td><td>JIS Class 5</td><td></td></tr>
<tr><td colspan="3">Self-aligning Ball Bearings</td><td>ISO Normal Class</td><td>ISO Class 6</td><td>ISO Class 5</td><td></td></tr>
<tr><td colspan="3">Cylindrical Roller Bearings</td><td>ISO Normal Class</td><td>ISO Class 6</td><td>ISO Class 5</td><td>ISO Class 4</td></tr>
<tr><td colspan="2" rowspan="2">Tapered Roller Bearings</td><td>Metric Series</td><td>ISO Normal Class</td><td>ISO Class 6</td><td>ISO Class 5</td><td>ISO Class 4</td></tr>
<tr><td>Inch Series</td><td colspan="2">ISO Class 4</td><td>ISO Class 3</td><td>ISO Class 0</td></tr>
<tr><td colspan="3">Spherical Roller Bearings</td><td colspan="2">NES Normal Class
Class 4A</td><td></td><td></td></tr>
<tr><td colspan="2" rowspan="2">Thrust Ball Bearings</td><td>Flat Seat</td><td>ISO Normal Class</td><td>ISO Class 6</td><td>ISO Class 5</td><td></td></tr>
<tr><td>Aligning Seat</td><td>ISO Normal Class</td><td>ISO Class 6</td><td>ISO Class 5</td><td>ISO Class 4</td></tr>
<tr><td colspan="3">Cylindrical Roller Thrust Bearings</td><td>NES Class 0</td><td>NES Class 6</td><td></td><td></td></tr>
<tr><td colspan="3">Spherical Roller Thrust Bearings</td><td>JIS Class 0</td><td></td><td></td><td></td></tr>
<tr><td rowspan="4">Equivalent Standards</td><td colspan="2">JIS</td><td>Class 0</td><td>Class 6</td><td>Class 5</td><td>Class 4</td></tr>
<tr><td colspan="2">DIN</td><td>Class 0</td><td>Class 6</td><td>Class 5</td><td>Class 4</td></tr>
<tr><td rowspan="2">AFBMA</td><td>Ball Bearings</td><td>ABEC 1</td><td></td><td>ABEC 5</td><td>ABEC 7</td></tr>
<tr><td>Roller Bearings</td><td>RBEC 1</td><td></td><td>RBEC 5</td><td></td></tr>
</table>

ISO : Inernational Standard

JIS : Japanese Industrial Standard

DIN : German Standard

AFBMA : Anti-friction Bearing Manufacturers Association Standard

NES : NSK Engineering Standards.

8.2.3. 측정법

ISO에서는 정밀도의 정의를 R1132에 규정하고 각 국가는 IS0규격에 준하여 국가규격을 이 정의에 맞도록 구체적인 측정법(Measuring Methods)을 정하고 있다. 여기서는 정밀도의 정의에 관하여 생략하고 측정법에 관하여 기술한다. 주요 치수(Major Dimension)는 베어링을 축(Shaft) 또는 하우징(Housing)에 설치할 때 필요한 치수이며 온도 20℃에서 호칭치수(Nominal Dimension)로부터 규정된 공차(Tolerances) 이내에 있어야 한다. 이들 치수는 측정력이나 베어링이 자중을 포함한 외력을 전혀 받지 않은 상태의 치수이나 정밀도(회전정밀도, 크리어런스 등을 포함)의 측정오차는 원칙적으로 공차의 10% 이하로 규제되어 있다.

측정할 때 유의해야 할 사항은 다음과 같다.

- 가능한 20℃에 가까운 온도에서 충분히 온도를 조정한다.
- 치수 측정용 블록게이지(Block Gauge) 등은 A급 이상의 블록게이지로 보정해야 한다.
- 사용되는 측정기는 적정한 감도, 정밀도, 충분한 강성을 갖추어야 한다.
- 측정력에 의한 궤도륜(軌道輪)의 탄성변형량이 공차에 대해 무시할 수 있는 측정력으로 측정한다.
- 베어링 부품의 자중에 의한 궤도륜의 변형이 공차에 대해 충분히 작은 값이 되도록 측정법에 주의해야 한다.

1) 주요 치수

베어링의 내경(Bore Diameter)과 외경(Outside Diameter)은 원칙적으로 2점 측정(Two-point Measurement)에 의해 측정한다. 폭도 2점 측정을 하며 폭부동(Ring Width Variation)은 한개의 궤도륜 폭의 측정치 중에 최대치와 최소치와의 차이다.

a) 베어링의 원통형 내경

원통형 내경(Cylindrical Bore Diameter)측정은 제조사에서는 에어마이크로미터 (Air Micrometer)를 사용하나 사용자는 내경용 마이크로미터를 사용하는 것이 통례이다.

내경용 마이크로미터로 측정시에 측정력과 측정자(Feeler) 선단의 곡률 반경은 표 8.39을 만족해야만 측정력에 의한 궤도륜(Race)의 탄성변형을 무시할 수가 있고 정확한 측정값을 얻을 수가 있다.

표 8.39 측정력 및 측정자 선단의 곡률반경

측정 개소	호칭치수(mm)	측정력(g)	측정자선단의 곡률반경(mm)
베어링 내경	2.5 초과 10 이하	200 이하	0.8 이상
	10 초과 30 이하	200 이하	2.5 이상
	30 초과한것	300 이하	2.5 이상
베어링 외경	6 초과 30 이하	50 이하	2.5 이상
	30 초과한것	200 이하	2.5 이상

궤도륜의 두께가 극히 얇은 베어링을 측정할 때와 표 8.40의 측정력 보다 큰 측정력으로 측정할 때는 탄성변형량(彈性變形量) 만큼 보정해야 하고 그 보정량(변형량) δ_1은 다음 식으로 주어진다.

$$\delta_1 = (\frac{\pi}{4} - \frac{2}{\pi})(\frac{d_n}{2})^3 \frac{P}{EI} = 0.0106(\frac{d_n}{h})^3 \frac{P}{B} \times 10^{-3}(\text{mm}) \quad 8.1$$

여기서, P : 측정력 (kg) E : 종탄성계수 (kg/mm^2)

I : 단면 2차 모멘트 (mm^4) B, d_n , h : 그림 8.6을 참조

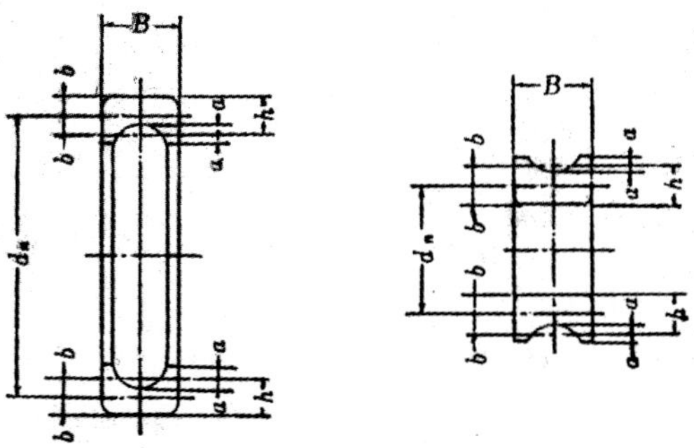

그림 8.6 내 · 외륜의 치수

베어링 내경은 최대직경 $d_{\max}$, 최소직경 $d_{\min}$, 산술평균치 d_m에 공차(Tolerances) 내에 들어가야 하나 0급과 6급의 베어링에서는 $d_{\max}$와 $d_{\min}$은 d_m의 공차범위를 넘는 것을 허용하고 있다. 이것은 내경면의 기하학적 원통횡단면의 진원도(眞圓度)와 테이퍼(Taper) 형상 등을 고려하였기 때문이다. 그러나, 5급과 4급의 베어링에서는 $d_{\max}$와 $d_{\min}$이 산술평균치 d_m의 공차 범위 내에 있

어야 한다. 내경을 측정할 때 측정자의 위치는 그림 8.7과 같이 모떼기치수(Chamfer Dimension)의 2배 거리 이내에 두어서는 안된다.

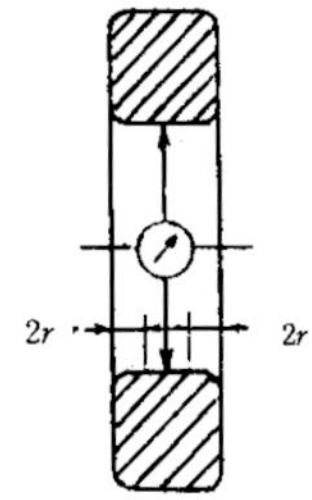

그림 8.7 내경측정

b) 베어링의 테이퍼형 내경

테이퍼형 내경(Tapered Bores Diameter)은 소단경(小端徑)이며 허용치는 ($\triangle dl - \triangle d$)의 값으로 규정되어 있다. 규격상 테이퍼형 내경의 정밀도는 베어링의 정밀도 등급에 의한 구별은 하지않고 있다. 그러나, 정밀도가 좋은 베어링은 테이퍼형 내경의 정밀도(특히, 테이퍼의 정밀도)가 당연히 좋아야 한다.

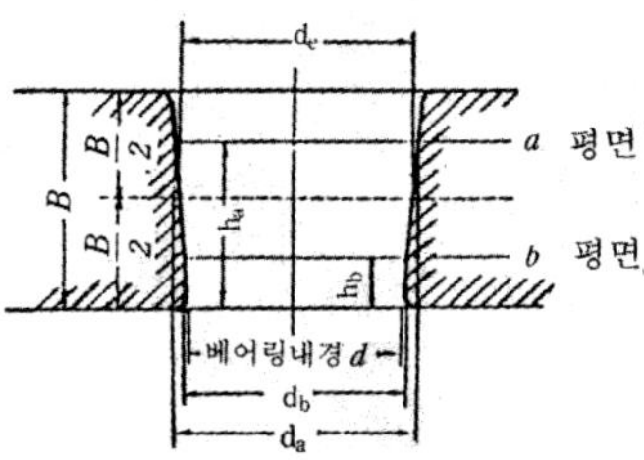

그림 8.8 테이퍼구멍의 측정

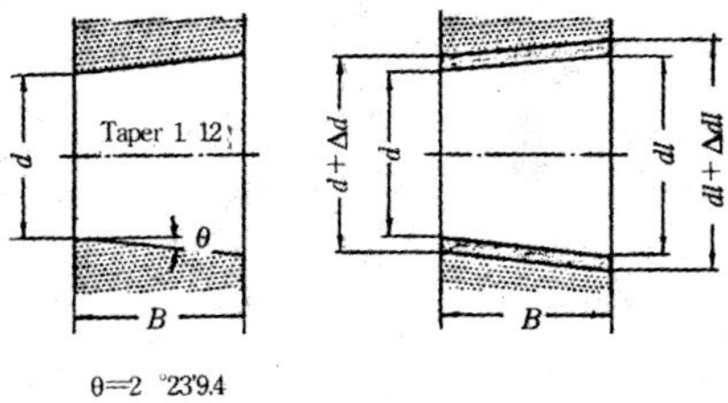

그림 8.9 테이퍼구멍의 치수

내경 d 및 테이퍼의 오차($\triangle dl - \triangle d$)는 2점 측정기에 의해 그림 8.8과 그림 8.9에 표시하는 치수를 측정하여 다음 식으로 주어진다.

$$d = \frac{d_b h_a - d_a h_b}{h_a - h_b} \qquad 8.2$$

$$\triangle d_l - \triangle d = \frac{d_a - d_b}{h_a - h_b} B - 0.083333\ B \qquad 8.3$$

윗식 중에서 h_a와 h_b를 측정 정밀도가 좋도록 결정하는 것은 어렵지만 ($h_a - h_b$)의 결정 및 폭 중앙에서의 직경 d_c는 비교적 정밀도가 좋기 때문에 d_c를 측정한다. 내경 d는 다음 식으로 주어진다.

$$d = d_c - \frac{d_a - d_b}{h_a - h_b}\left(\frac{B}{2}\right) \qquad 8.4$$

앞에서 기술한 측정은 대단히 어렵기 때문에 실제적으로는 그림 8.10과 같이 테이퍼프러그게이지(Taper Plug Gauge)를 사용한 간이측정법이 많이 사용되고 있다.

테이퍼의 오차는 테이퍼프러그게이지에 광명단을 엷게 칠하여 내경면과 접촉되는 정도를 확인하고 베어링을 테이퍼프러그게이지에 끼워 베어링 폭면과 게이지 소단면과의 높이차 $\triangle h$를 측정한다. 내경 d는 다음 식으로 주어진다.

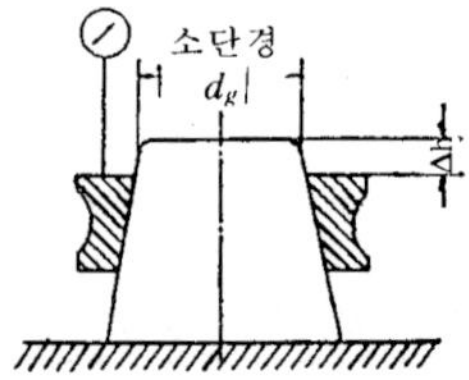

그림 8.10 테이퍼구멍의 간이측정

$$d = d_g + \frac{\triangle h}{12} \qquad 8.5$$

단, d_g는 테이퍼프러그게이지의 소단경(小端經)이다.

이 측정법은 광명단의 도포법, 표면의 청정도(淸淨度), 표면의 조도(粗度), 내륜의 강성(剛性) 등에 의해 측정 정밀도가 영향을 받는다.

c) 베어링의 외경

외경(Outside Diameter)은 등급에 따라 정밀도가 규정되어 있으며 내경의 경우와 같이 외경면의 원통도를 고려하여 최대직경 D_{max}, 최소직경 D_{min}, 산술평균치 D_m이 각각 규정되어 있다. 외경을 측정할 때 측정자의 위치는 그림 8.11과 같이 모떼기치수(Chamfer Dimension)의 2배 거리 이내에 두어서는 안된다. 측정력과 측정자 선단의 곡률반경은 표 8.39에 표시한 것을 사용하나 측정력에 의한 외륜의 탄성변형량도 식 8.6으로 주어진다.

외경의 측정은 베어링의 중심선을 수평으로 하여 평면위에 놓고 다이얼게이지(Dial Gauge)로 블럭게이지(Block Gauge)와 비교하여 측정을 하나 공차가 10%를 넘을 경우에는 베어링의 중심선을 수직으로 하여 측정해야 한다. 베어링의 중심선을 수평으로 놓았을 때 궤도륜의 자중에 의한 탄성변형량 δ_2은 다음 식으로 주어진다.

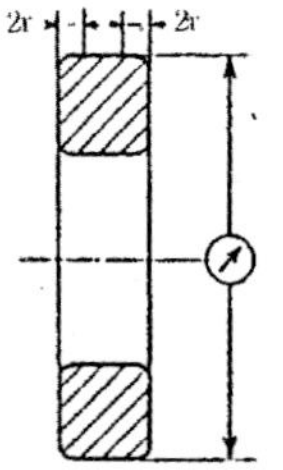

그림 8.11 외경 측정

$$\delta_2 = \left(\frac{\pi}{8} - \frac{1}{\pi}\right)\left(\frac{d_n}{2}\right)^3 \frac{W_0}{EI} = 1.29\frac{{d_n}^4}{h^2} \times 10^{-10} \text{ (mm)} \qquad 8.6$$

단, W_0는 궤도륜의 자중이다.

d).베어링의 폭, 폭부동

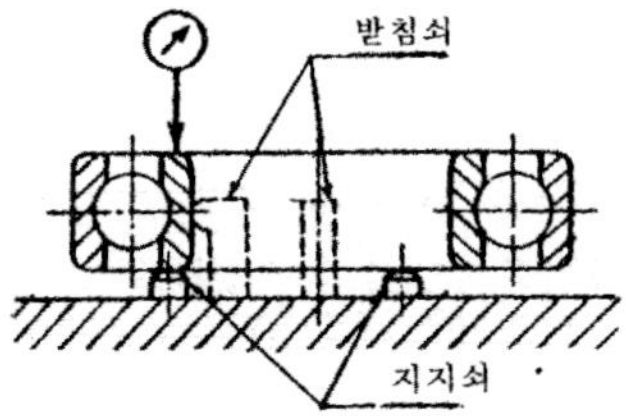

그림 8.12 폭및 폭부동 측정

레이디얼 베어링의 내륜, 외륜의 폭(Width)은 원칙적으로 측정해야 할 궤도륜의 기준측면(Reference Side)을 그림 8.12와 같이 원주상 거의 3 등분하는 위치에 지지쇠(Pin) 3개로 지지하고 다이얼게이지로 블럭게이지와 비교측정을 하여 최소값이 폭치수이며, 측정값 중에 최대값과 최소값의 차이가 폭부동(Width Variation)이다. 폭치수는 폭의 공차가 외경이나 내경의 것에 비하면 매우 크므로 반드시 원칙에 따르지 않고 평면상에서 측정하여도 검사에 문제가 생기지 않는다. 특히, 폭부동은 일반적으로 측정값이 실제값 보다 크게 되기 때문에 마이크로미터 (Micrometer)로 직접 측정하는 일도 있다.

e) 조립폭

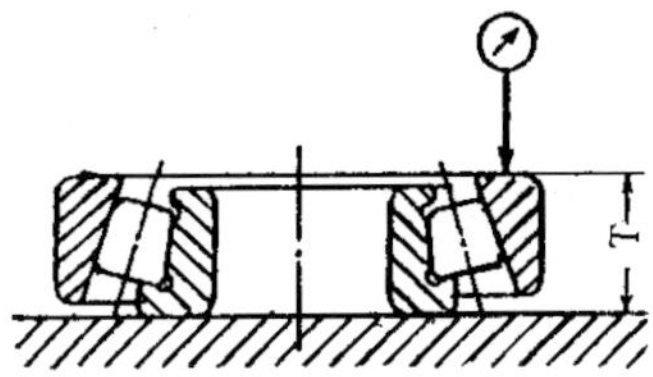

그림 8.13 조립폭 측정

조립폭(Overall Bearing Width)이란 레이디얼 베어링의 내륜 뒷면에서 외륜 뒷면 까지의 치수이며 정밀도 규격상에 단열 테이퍼로울러 베어링만이 대상으로 되어 있다.

테이퍼로울러베어링의 조립폭 (일명「총고: Total Height」) T의 측정은 그림 8.13과 같이 내륜 뒷면을 평면 위에 놓고 측정자를 외륜 뒷면에 접촉하여 외륜을 회전시켰을 때의 측정치의 평균이 조립폭 치수이다. 스러스트 볼베어링의 조립높이(간단히「높이」라고 함)는 테이퍼로울러베어링의 조립폭과 같은 방법으로 측정한다.

f) 모떼기치수

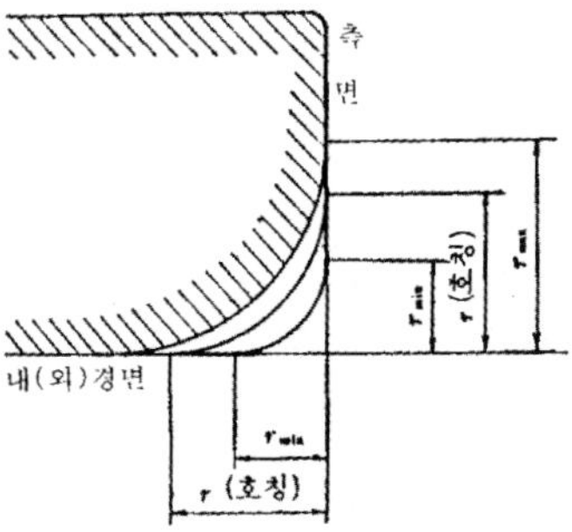

그림 8.14 모떼기치수

모떼기치수(Chamfer Dimension)는 그림 8.14과 같이 궤도륜의 모떼기 크기를 레이디얼방향과 액시얼방향의 거리로 표시한 치수이며, 현재 통용되고 있는 KS, 구 JIS에서는 호칭치수, 최대값, 최소값이 규정되어 있으나 신 JIS(1989년 도판)에서는 최대값이 삭제 되었다. 이것은 베어링을 축이나 하우징에 끼울 때 편리하도록 내경면, 또는 외경면 모선(母線)의 모서리 부분 부근에 테이퍼(Taper)를 주기 때문이다. 한편, 이러한 사유를 잘 모르는 검사기관이나 사용자들은 모떼기치수에 과민한 반응을 보일 때가 많다.

그러나, 최근에 이르러 공산품의 소형 경량화의 영향(축경의 감소에 의한 베어링 설치부분의 턱직경 감소 등)으로 모떼기치수와 공차가 작게 되는 추세에 있다. 모떼기치수의 측정법은 한계게이지(Go-No Go Gauge)로 육안 검사를 하나 특수 버어니어캘리퍼스(Vernier Calipers), 공구현미경, 폼트레이서(Form Tracer) 등을 이용하기도 한다.

내경면의 모떼기치수는 특수한 기기를 사용하지 않는 한 측정이 곤란하거나 불가능하다.

3) 회전정밀도

구름베어링이 정확한 회전을 하기 위해 필요한 회전정밀도(Running Accuracy)는 궤도륜의 관련 형상 (Related Feature)의 방향과 위치의 정밀도(평행도, 직각도, 동심도)를 조합하고 한개의 궤도륜을 회전시켜서 측정한 값이다. 회전정밀도에는 반경방향 흔들림(Radial Runout), 축방향 흔들림(Axial Runout), 외륜 외경면의 기우러짐(Outside Cylindrical Surface Runout with Side, Outer Ring), 내륜 옆흔들림(Side Runout with Bore, Inner Ring) 등이 있다.

a) 반경방향 흔들림

이것은 궤도륜의 반경방향 위치에서 전동체와 접촉상태를 나타낸다.

① 깊은홈볼베어링, 앵귤러볼베어링 및 테이퍼로울러 베어링

i) 측정용 중추(Weight)를 사용하는 경우

그림 8.15와 같이 베어링의 중심축이 지표면과 수직이 되도록 외(내)륜을 고정하고 내(외)륜에 중심축의 방향과 일치한 측정하중(Measuring Weight)을 가하고 측정자를 내(외)륜 내(외)경면의 중앙에서 반경방향으로 접촉시키면서 내(외)륜을 1회전시켰을 때 측정치의 최대치와 최소치의 차를 내(외)륜의 반경방향 흔들림으로 한다.

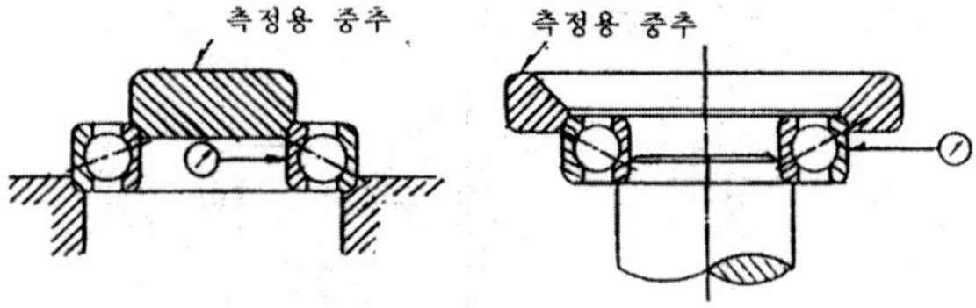

그림 8.15 레이디얼 흔들림 측정

ii) 테이퍼맨드렐을 사용하는 경우

그림 8.16과 같이 베어링을 수직으로 지지한 테이퍼맨드렐(Taper Mandrel)에 끼워 외륜에 베어링의 중심축 방향과 일치한 측정하중을 가하고 측정자를 외륜 외경면의 중앙에서 반경방향으로 접촉시키면서 다음과 같이 측정한다.

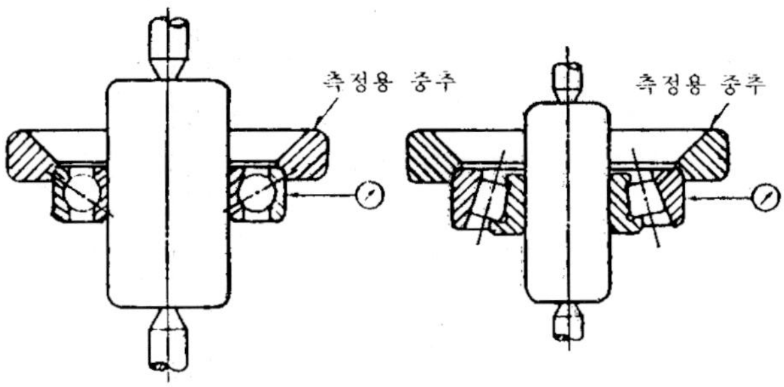

그림 8.16 레이디얼 흔들림 측정

내륜의 반경방향 흔들림은 외륜을 정지시킨 상태에서 내륜과 테이퍼맨드렐을 동시에 1회전 했을 때 측정치의 최대치와 최소치의 차이다.

외륜의 반경방향 흔들림은 내륜과 테이퍼맨드렐을 정지시킨 상태에서 외륜을 1회전시켰을 때 게이지 눈금의 최대치와 최소치의 차이다.

0급과 6급의 깊은홈볼베어링은 후술하는 (b)의 방법으로 측정하는 경우도 있다.

② 자동조심볼베어링, 자동조심로울러 베어링, 원통로울러베어링및 니들로울러 베어링은 그림 8.17과 같이 수평으로 지지한 맨드렐에 베어링을 끼워 측정자를 외경면의 중앙에서 반경방향으로 접촉시키면서 전술한 (a)와 같은 방법으로 내륜과 외륜의 반경방향 흔들림을 측정한다.

측정용 맨드렐은 반경방향의 흔들림이 2 μm 이하의 것으로 자유롭게 회전하도록 양 센터(Center)로 지지하고 내륜에 꼭 끼우기 위해 측정 테이퍼를 1/5,000～1/10,000로 한다. 한편, 테이퍼구멍형 베어링의 측정용 맨드렐은 1/12의 테이퍼를 기본으로 한다.

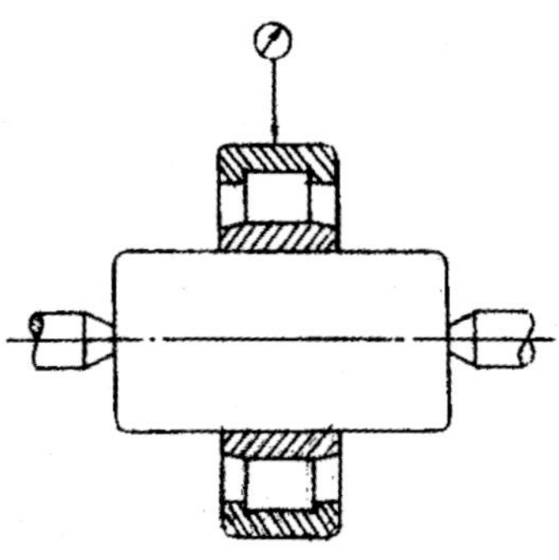

그림 8.17 레이디얼 흔들림 측정

b) 내륜의 옆 흔들림

이것은 내륜의 중심축에 대한 기준측면의 직각도(直角度)를 나타낸다 내륜의 옆흔들림은 그림 8.18과 같이 베어링을 맨드렐에 설치하여 측정자를 내륜 기준측면의 중앙에서 축방향에 접촉시켜 내륜과 맨드렐을 동시에 1회전시켰을 때 측 정치의 최대값과 최소값의 차이다.

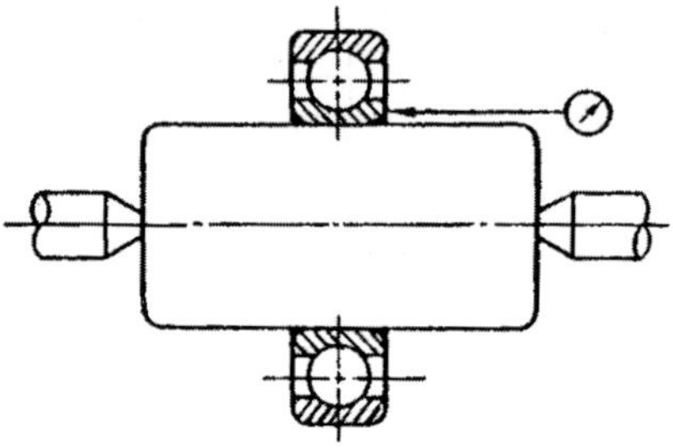

그림 8.18 내륜의 옆 흔들림 측정

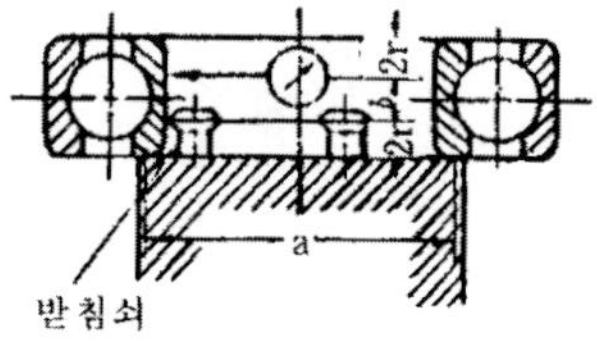

그림 8.19 대형 베어링 내륜의 옆 흔들림 측정

대형 베어링은 맨드렐을 사용할 수가 없으므로 그림 8.19와 같이 외륜은 자유롭게 하고, 내륜 기준측면을 아래로 해서 평면에 두고 측면에서 모떼기치수 r의 2배 이상 위치에서 내경면의 2개소에 받침쇠(Stopper) 2개를 설치하고 측정자를 받침쇠 1개 바로 위의 내경면에 반경방향으로 접촉시켜 내륜을 1회전시켰을 때 측정치의 최대값과 최소값의 차에 a/2b (a: 내륜 기준측면의 중앙직경, b: 받침쇠와 측정자 선단의 접점과의 거리)의 계수를 곱해서 구한다.

c) 외륜 외경면의 쓰러짐

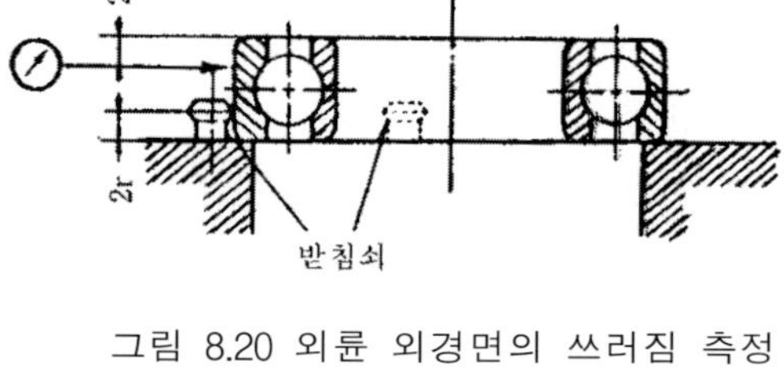

그림 8.20 외륜 외경면의 쓰러짐 측정

이것은 외륜의 기준측면에 대한 외경면 중심축의 직각도(Squareness)를 나타낸다. 외륜 외경면의 기우러짐은 그림 8.20과 같이 외륜의 기준측면을 아래로 해서 평면 위에 놓고 외경면을 기준측면에서 호칭 모떼기치수 r 의 2배 거리에 2개의 받침쇠로 지지하고, 측정자를 1개의 받침쇠 바로 위의 윗방향 측면에서 $2r$ 위치의 외경면에 접촉하여 외륜을 받침쇠에 따라 1회전시켰을 때 측정치의 최대값과 최소값의 차이다.

d) 축방향 흔들림

이것은 궤도륜의 기준측면과 전동체가 구르는 궤도홈과의 평행도를 나타낸다. 축방향 흔들림이 있으면 베어링이 경사지게 설치한 것과 같고 회전시에 회전축이 축방향으로 흔들리게 되고, 축방향으로 예압(Preload)이 가해질 때는 회전축의 반경방향 흔들림의 원인이 된다.

① 레이디얼 베어링 (자동조심형은 제외)

내외륜의 축방향 흔들림은 궤도륜이 모든 전동체와 접촉상태를 나타낸다. 축방향 흔들림은 그림 8.21과 같이 외(내)륜을 고정하고 내(외)륜의 중심축 방향과 일치한 측정하중을 가하고, 측정자를 내(외)륜 기준측면의 축방향에 접촉하여 내(외)륜을 1회전시켰을 때 측정치의 최대값과 최소값의 차가 내(외)륜의 축방향 흔들림이다.

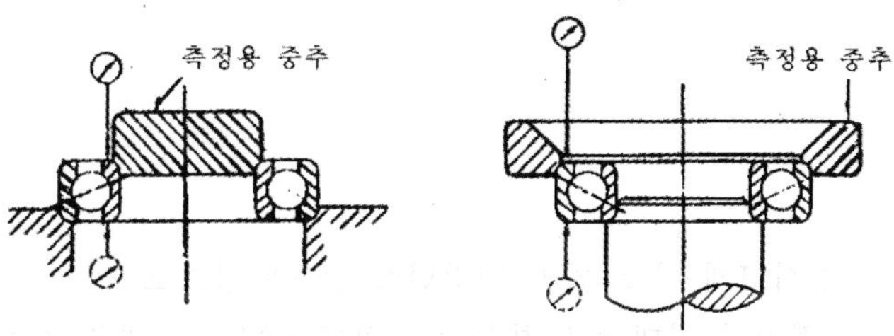

그림 8.21 레이디얼 베어링의 축방향 흔들림 측정

축방향 흔들림의 측정에 필요한 측정하중은 내륜과 외륜에 대해 각각 표 8.40과 표 8.41로 주어진다.

표 8.40 내륜용 측정하중

베어링내경 (mm)	측정하중 (kg)	
	깊은홈볼베어링 앵귤러볼베어링	테이퍼로울러베어링
10 이하	1	1.5
10 초과 30 이하	1.5	
30 초과 50 이하	2	3
50 초과 80 이하	2.5	6
80 초과 100 이하		10
100 초과 120 이하		15

표 8.41 외륜용 측정하중

베어링외경 (mm)	측정하중 (kg)
10 이하	0.5
10 초과 18 이하	0
18 초과 30 이하	1.5
30 초과 50 이하	2.5
50 초과 200 이하	3.5

② 스러스트 볼베어링

스러스트 볼베어링의 축방향 흔들림(Axial Runout)은 레이디얼 베어링에서의 조립품과는 전혀 다르게 궤도를 단체(單體)에 대한 정밀도를 취한다. 내(외)륜의 축방향 흔들림의 측정은 그림 8.22와 같이 내(외)륜의 뒷면을 아래로 하고 평면에 설치한 3개의 지지쇠로 내경면 또는 외경면에 설치한 2개의 받침쇠에 대고 측정자를 받침쇠 바로 위의 궤도홈 중심에 접촉하여 받침쇠에 따라 1회전 시켰을 때 측정치의 최대값과 최소값의 차가 내(외)륜의 축방향 흔들림이다. 복식의 경우, 중앙륜(中央輪)은 지지쇠로 내경측 측면을 지지하고 똑같은 측정을 양쪽 궤도홈에 대하여 행한다. 측정중에 측정자의 선단이 궤도홈의 중앙을 벗어나면 측정오차를 유발시킨다. 측정자 선단의 곡률반경(曲率半徑)은 홈의 반경 보다 충분히 작은 것을 사용해야 한다.

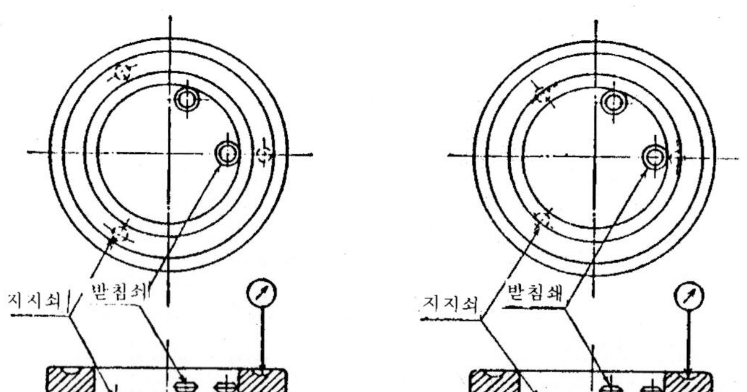

그림 8.22 스러스트 볼베어링의 축방향 흔들림 측정

3) 레이디얼크리어런스의 측정법

베어링중에 레이디얼 볼베어링, 원통로울러베어링, 자동조심로울러베어링 및 니들로울러베어링은 크리어런스(Clearance)가 문제 되나 스러스트 볼베어링과 테이퍼로울러베어링은 크리어런스가 존재하지 않으므로 문제가 되지 않는다.

a) 깊은홈볼베어링

레이디얼크리어런스(Radial Clearance)의 측정은 일반적으로 내륜을 고정하고 외륜을 반경방향으로 측정하중을 가하여 측정치의 평균치를 취한다. 측정하중에 따른 크리어런스 등급별 탄성변형량 (보정량)은 표 8.43과 같다.

그러나, 측정하중을 임의로 선택하였을 때 탄성변형량은 다음 식으로 주어진다.

$$\delta = 0.004\sqrt[3]{W^2/D_a} \ (\text{mm}) \qquad 8.7$$

여기서, δ : 탄성변형량 (mm) W : 측정하중 (kg)

D_a : 전동체의 직경 (mm)

표 8.42 깊은홈볼베어링의 레이디얼크리어런스의 측정하중과 보정량

베어링외경 (mm)	측정하중 (kg)	측정하중 의한 탄성접근량 (μm)			
		크리어런스			
		C2	보통	C3	C4
10 이상 18이하	2.5	3~4	4	4	4
18 초과 50 이하	5	4~5	5	6	6

기하학적 레이디얼크리어런스와 실제 레이디얼크리어런스의 관계는 다음 식으로 주어진다.

$$\frac{\triangle r}{\triangle rg} = \frac{Z}{\pi}\left[\log\tan\frac{\pi}{4}\left(\frac{2}{Z}+1\right)\right] = k \qquad 8.8$$

여기서, $\triangle r$: 레이디얼크리어런스

$\triangle rg$: 기하학적 레이디얼크리어런스

Z : 전동체수

위 식에서 여러가지의 Z 에 대하여 k 를 계산한 것이 표 8.43가 되며, 실제적으로 $\triangle r$ 과 $\triangle rg$ 는 큰 차이가 없다.

표 8.43 실제 레이디얼크리어런스와 기하학적 레이디얼크리어런스의 비

전동체수 (Z)	5	6	7	8	9	10	11	12	13	14
$k=\triangle r/\triangle rg$	1.073	1.049	1.035	1.027	1.021	1.017	1.014	1.012	1.010	1.009

그림 8.23은 크리어런스 측정기의 베어링 설치부분을 나타낸 것으로 내륜은 너트로 조이고 외륜의 측면은 축방향으로 위치 조정이 가능한 안내판에 스프링 등으로 가볍게 누른 상태에서 부저로 진동을 주면 내외륜의 홈이 일치되었을 때 게이지 눈금과 측정하중의 방향을 반대로 하고 동일한 순서로 조작했을 때 게이지 눈금의 차를 구한다. 이런 것을 여러번 실행하여 평균치을 얻고 이 값에서 측정하중에 의한 탄성변형량과 내륜 고정축의 탄성변형량을 뺀 값이 레이디얼크리어런스가 된다.

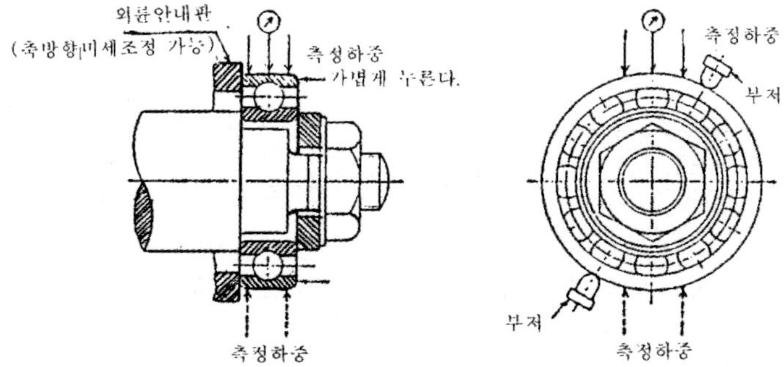

그림 8.23 볼베어링 기준 레이디얼크리어런스 측정기의 베어링 설치 상태

b) 원통로울러베어링

원통로울러베어링은 로울러와 궤도륜은 선접촉을 하기 때문에 안정성이 좋고 측정하중에 의한 탄성변형량이 작기 때문에 보정할 필요가 없다.

그림 8.24에 나타낸 것과 같이 내륜을 평면에 고정하고 외륜에 손으로 반경방향으로 하중을 가했을 때 외륜의 움직인 량을 게이지 눈금으로 나타낸 것이 레이디얼크리어런스이다.

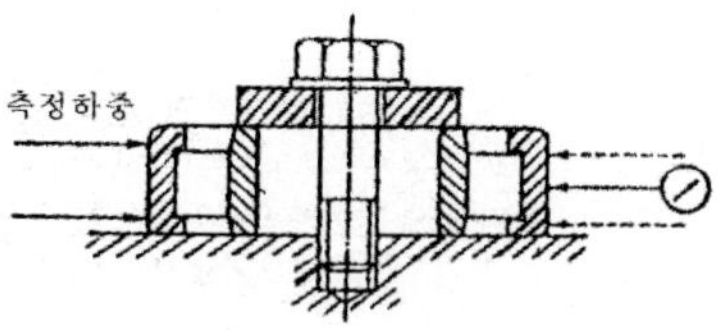

그림 8.24 원통로울러베어링의 레이디얼크리어런스 측정

c) 자동조심로울러베어링

자동조심로울러베어링은 크리어런스가 크고 공차도 넓기 때문에 시크니스게이지(Thickness Gauge)를 삽입하여 측정하나 특별히 높은 정밀도가 요구될 시에는 볼베어링의 측정법에 준해서 측정한다.

8.2.4. 선정방법

일반적으로 범용기계에는 정밀도가 0급 정도로 충분하다. 그러나, 높은 정밀도 베어링을 필요로 하는 용도는 표 8.44와 같다.

표 8.44 고 정밀도 등급을 적용한 사례

요구성능과 사용조건	용 도	정도 등급
회전체의 진동을 작게 하는 경우	컴퓨터의 자기디스크 구동축	P5, P4
	공작기계의 주축	P5, P4, BAS4
	인쇄 윤전기의 롤	P5
	직립선반 등의 회전 테이블	P5, P4
	압연기의 롤 넥	P4 이상
	파라보러안테나의 선회자리	P4 이상
회전속도가 대단히 빠른 경우	치과용 스핀들	P4
	자이로의 모터	P4
	고주파 모터의 스핀들	P4
	과급기	P5, P4
	원심분리기	P5, P4
	젯트엔진의 주축	P4 이상
	개스터빈의 주축	P4 이상
베어링의 마찰과 그변동이 작은 것이 필요한 경우	자이로의 모터	P4
	신크로 모터	P5, P4
	포텐셜 미터	P4

9. 베어링의 재료

9.1. 재료의 특성

궤도륜(Races)의 궤도면과 전동체(Rolling Elements)의 전동면과의 사이에 비교적 높은 반복 접촉응력(Contact Stress)이 걸리고 내부의 설계에 따라 차이는 있지만 로울러베어링에서는 내외륜의 턱(Rib)과 로울러와의 사이에 회전속도에 비례하여 큰 미끄럼마찰이 생긴다. 전동체와 리테이너(Retainer)의 사이에는 전동체가 리테이너의 포켓(Pocket)에 하중이 가해져 반복응력에 의한 피로파손(Fatigue Failure)이 생긴다. 따라서 이들 재료는 표 9.1과 같은 성질을 구비해야 한다.

표 9.1 베어링용 재료의 특성

- High rolling contact fatigue strength	
- High hardness	
- High wear resistance	Characteristics required for cage material
- High dimensional stability	
- High mechanical strength	

이외에 기계가공이 용이해야 하고 용도에 따라 내충격성, 내열성, 내식성 등이 구비해야 될 경우도 있다.

9.2. 궤도륜과 전동체의 재질

베어링의 궤도륜(Races)과 전동체(Rolling Elements)의 제조에 사용되는 강은 고탄소크롬강계, 표면강화강계, 내식・내열강계의 세 그룹으로 분류된다. 고탄소 크롬강계는 가장 많이 사용되고 있고 충격하중을 받는 베어링은 표면경화강계, 특수용도의 베어링은 내식・내열강계가 사용된다.

지금까지 일반용 구름베어링의 궤도륜과 전동제의 재료는 고탄소크롬강이 주로 사용되고 있다. 고가의 합금원소를 많이 갖지 않기 때문에 강재의 가격이 비교적 저렴하고, 직접 퀜칭(Quenching)에 의해 높은 경도를 얻고, 조질이 쉽고, 구상화소둔에 의해 피삭성이 양호하기 때문에 아직도 화학성분에 변화가 거의 없이 세계 각국이 사용하고 있는 이유이다.

최근 일본베어링공업협회의 추정에 의하면 궤도륜과 전동체의 소재 사용량의 약 90%가 고탄소크롬강이고, 약 8%가 표면경화합금강이고, 나머지 약 2%가 내식・내열강이다. 미니어츄어볼베어링의 50% 정도는 SUS 440C를 사용하고 있다.

9.2.1. 완전 경화강

고탄소크롬강(High-Carbon Chromium Steel)은 퀜칭(Quenching)과 템퍼링(Tempering)을 하면 심부까지 균일하게 경도가 H_RC 60 ~ 65 정도로 경화된다. 표 9.2는 고탄소크롬강의 화학성분을 나타낸다.

표 9.2 High Carbon Chromium Steel의 화학성분

Specification	Symbols	Chemical Composition (%)						
		C	Si	Mn	P	S	Cr	Mo
JIS G 4805	SUJ 1	0.95~1.10	0.15~0.35	0.50max	0.025max	0.25max	0.90~1.20	0.08max
	SUJ 2	0.95~1.10	0.15~0.35	0.50max	0.025max	0.25max	1.30~1.60	0.08max
	SUJ 3	0.95~1.10	0.15~0.35	0.90~1.15	0.025max	0.25max	0.90~1.20	0.08max
	SUJ 4	0.95~1.10	0.15~0.35	0.50max	0.025max	0.25max	1.30~1.60	0.10~0.25
	SUJ 5	0.95~1.10	0.15~0.35	0.90~1.15	0.025max	0.25max	0.90~1.20	0.10~0.25
SAE j 404	52100	0.98~1.10	0.15~0.35	0.25~0.45	0.025max	0.25max	1.30~1.60	0.06max

주) 불순물로서 Ni, Cu는 각각 0.25%를 초과해서는 안되고, 표 9.2 이외의 원소는 0.25% 이하로 첨가해도 좋다.

SUJ1은 Cr이 적고 경화능이 떨어지므로 외국에서는 작은 치수의 볼과 로울러에 사용되나 국내나 일본에서는 전혀 사용되지 않고 있다.

SUJ2는 우수한 성질을 갖고 있으며 고탄소크롬강계 중에서 90% 이상 사용되고 있는 대표적인 강종이며 직경이 25mm 이하의 볼과 로울러및 두께가 25mm 이하의 궤도륜에 사용된다.

SUJ3은 SUJ2 보다 Si와 Mn을 높혀 Cr을 감소시킨 경화능이 좋은 강종이며 직경이 25mm 이상의 볼과 로울러및 두께가 두꺼운 궤도륜에 사용된다.

SUJ4는 SUJ 2와 SUJ3의 중간 정도의 경화능을 갖는 강종이므로 용도도 SUJ2와 SUJ3의 중간 크기 베어링에 한정되어 사용되며 사용량도 비교적 적다.

SUJ5는 SUJ3에 Mo를 첨가하여 경화능을 향상시킨 강종이며 SUJ3으로서 열처리 후의 심부 경도가 부족한 대형 볼과 로울러 및 두꺼운 궤도륜에 사용된다. 이들 강재의 퀜칭 경화능은 SUJ1 < SUJ2 < SUJ4 < SUJ3 < SUJ5 의 순으로 크며 베어링 부품의 치수와 두께에 따라 적당한 재질을 선정해야 한다.

한편, 열처리 설비, 열처리 방법, 퀜칭 오일의 종류, 온도, 교반상태 등이 퀜칭 경화능에 영향을 주는 인자가 되므로 필요 이상으로 경화능이 좋은 강종을 사용하지 않는 것이 바람직하다. 경화능이 좋은 강종은 화학성분과 경화능의 균형을 맞추기가 어렵고 Mn이 많은 SUJ3와 SUJ5는 청정도가 나쁘게 되기 쉽기 때문에 고도의 제강기술이 필요하고 강재의 가격도 높게 된다.

그림 9.1은 완전경화강의 제조공정을 나타낸다.

재료내 비금속개재물(Nonmetallic Inclusions)은 베어링의 운동 특성상 높은 반복응력에 의해 소성변형이 생겨 베어링 수명의 산포를 유발시키고 있다.

1973년 앤더슨(Anderson)과 자렛스키(Zaretsky)가 전동체 피로의 주 요인 중의 하나인 비금속개재물을 지적했다.

이들 비금속개재물은 유화물, 알루마이트, 규산염, 구형 산화물로 구성되어 있으며 응력상승제(Stress Raisers)로 작용할 수가 있다. 초기 크랙은 그림 9.2와 같이 비금속개재물로부터 발생할 수가 있고, 확대할 수도 있고, 반복응력 하에서 크랙망을 형성하여 그림 9.3과 같이 순차적으로 피로파편(Fatigue Spall) 또는 피트(Pit)를 촉진시킨다.

특히 비금속개재물 중의 산화물(Al_2O_3, FeO)을 제거하기 위하여 사용되는 주요 진공용해법에는 VIM(Vaccum Induction Melting), CVM(Consumable-Electrode Vaccum Melting, ESR(Electro Slag Remelting) VIM-VAR (Vaccum Induction Melting vaccum Arc Remelting)이 있다. 이 중에서 ESR법에 의해 만들어진 재료를 ESR재 라고 하며 다른 제강법의 재료에 비하여 수명시험에서 B_{10} 수명으로 2.5배 정도가 길어지는 것을 NACH Bearing Co에서 실험으로 증명을 했다. 표 9.3은 시편의 사양이고, 그림 9.4는 실험한 결과를 나타낸다.

ESR법은 EFR(Electro Flux Remelting)법으로도 알려져 있으며 베어링강의 개선을 위해 유럽과 러시아에서 널리 사용되고 있다.

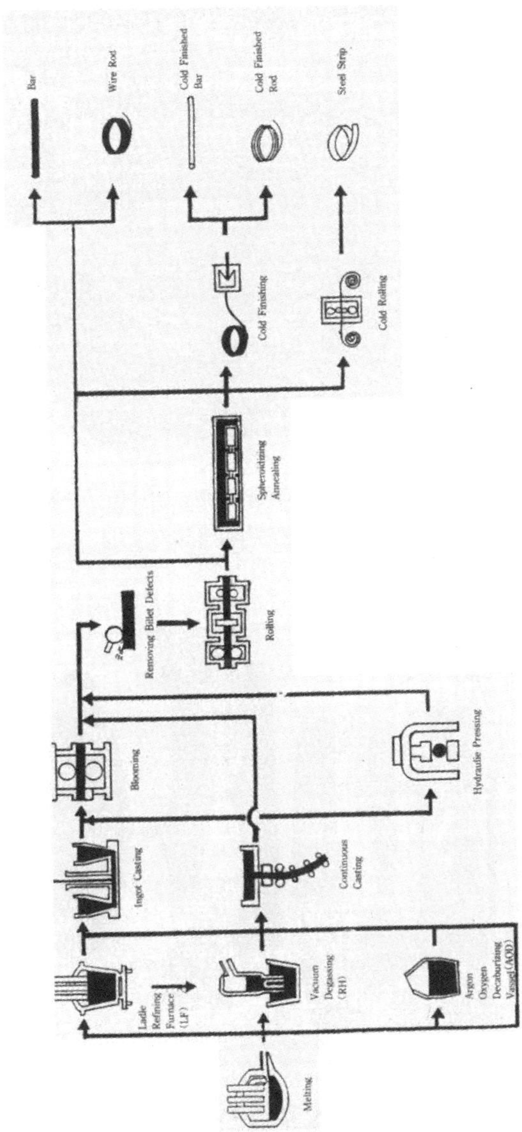

그림 9.1 완전 경화강 (고탄소크롬강)의 제조공정

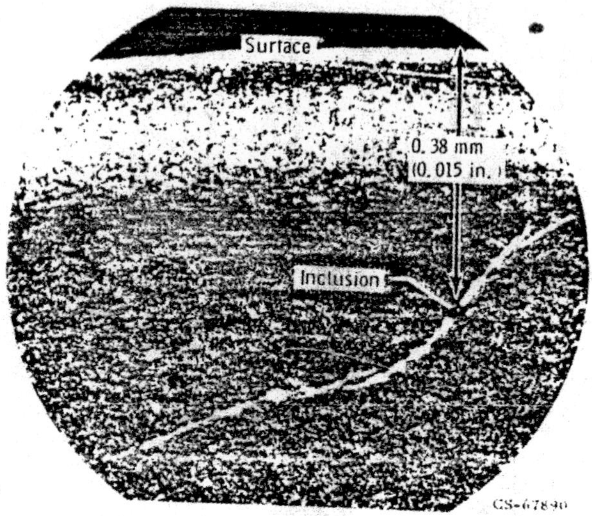

그림 9.2 Fatigue crack emanating from inclusion. (From Anderson and Zaretsky, 1973)

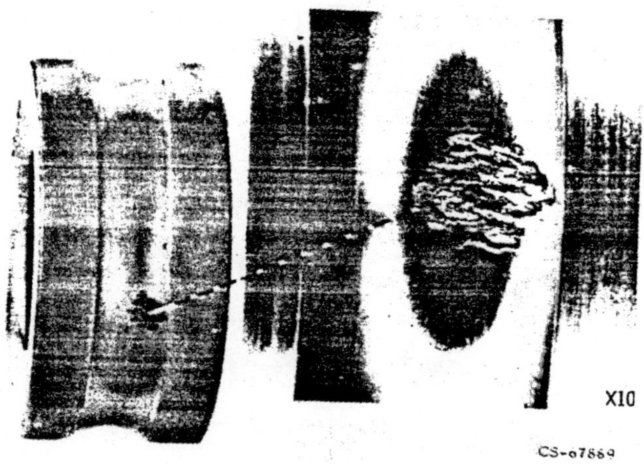

그림 9.3 Typical fatigue spall in bearing race. (From Anderson and Zaretsky, 1973.)

표 9.3 시편의 열처리 방법과 경도

강 종	시 료	열처리방법	경 도 (H_RC)
SUJ 2	ESR-1	835℃ × 35mm .Q 170℃ × 60mm T	61.9 ~ 62.1
SUJ 2	ESR-2	835℃ × 35mm .Q 170℃ × 60mm T	62.0 ~ 62.1
SUJ 2	진공 탈개스재	835℃ × 35mm .Q 170℃ × 60mm T	62.4 ~ 62.6

T.P 형상 : ϕ62× ϕ20× ϕ6.5

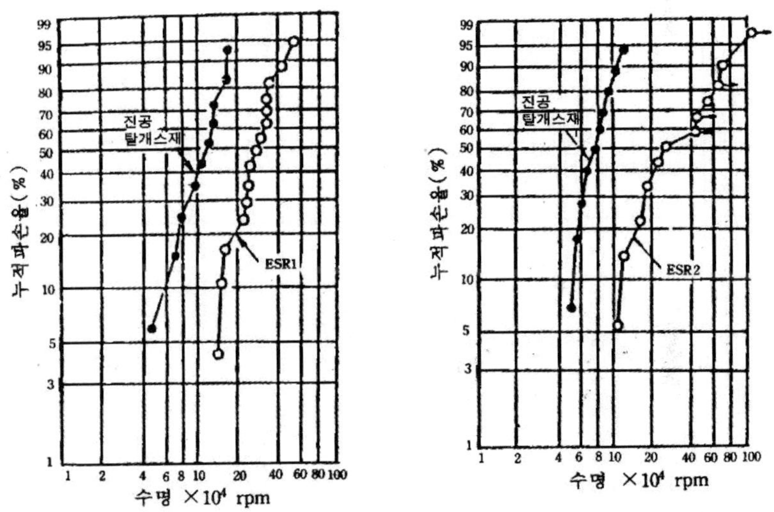

그림 9.4 SUJ 2 BAR재의 수명시험 결과

고탄소크롬강(SUJ)으로 만든 궤도륜과 전동체에 대한 열처리 사이클(Heat Cycle, Heat Pattern)은 그림 9.5에 나타낸다.

표 9.4 각종 용해강의 특징

용해강 종류	강중 산소량 (ppm)	비금속개재물 (%)		
		A계	B+C계	합계
대기용해강	30 ~ 60	0.01 ~ 0.09	0.03 ~ 0.06	0.07~ 0.15
진공탈개스강	5 ~ 25	0.01 ~ 0.09	0.03이하	0.10이하
진공용해강	8 이하	0.05 이하	0.02이하	0.06이하
엘렉트로스러그재 용해강	5 ~ 25	0.03 이하	0.02이하	0.05이하

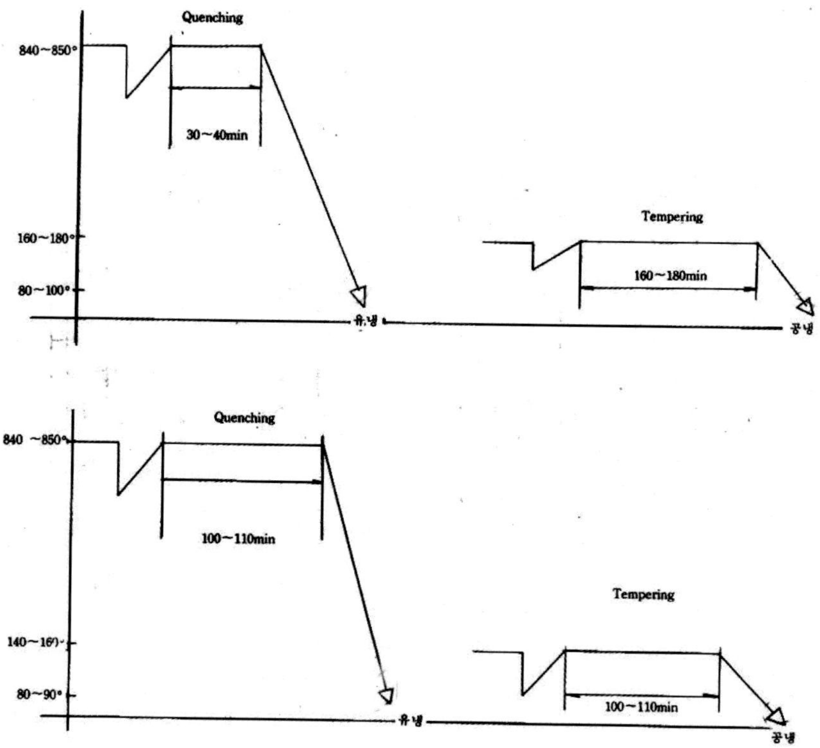

그림 9.5 궤도륜과 전동체의 열처리 사이클

9.2.2. 표면 경화강

고탄소크롬강제 베어링은 유럽을 발상지로 하여 전세계에 확산되었지만 침탄강제 베어링은 자동차산업이 발달된 미국이 주종을 이루고 있다. 표면경화강은 침탄(Carburizing), 퀜칭(Quenching), 템퍼링(Tempering)의 열처리를 하면 고탄소크롬강과 같이 표면경도는 H_RC 60 ~ 65, 심부경도는 H_RC 30 ~ 45, 인장강도는 100 kg/cm^2 로서 비교적 연하고 인성이 있으므로 충격하중에 강하다. 표면의 탄소농도는 0.8 ~ 1.0% 정도이다.

표 9.5 Carburizing Steel for anti-friction Bearings

Specificatin	Symbols	Chemical Composition(%)							
		C	Si	Mn	P	S	Ni	Cr	Mo
JIS G 4052	Scr420H	0.17~0.23	0.14~0.35	0.55~0.90	0.030max	0.030max	-	0.85~1.25	-
	SCM 420H	0.17~0.23	0.15~0.35	0.55~0.90	0.030max	0.030max	-	0.85~1.25	0.15~0.35
	SNCM220H	0.17~0.23	0.15~0.35	0.60~0.95	0.030max	0.030max	0.35~0.75	0.85~1.25	0.15~0.30
	SNCM420H	0.17~0.23	0.15~0.35	0.40~0.70	0.030max	0.030max	1.55~2.00	0.85~1.25	0.15~0.30
	SNCM815	0.12~0.18	0.15~0.35	0.30~0.60	0.030max	0.030max	4.00~4.50	0.85~1.25	0.15~0.30
SAE J1268	8620H	0.17~0.23	0.15~0.35	0.60~0.95	0.025max	0.025max	0.35~0.75	0.35~0.65	0.15~0.25
	4320H	0.17~0.23	0.15~0.35	0.40~0.70	0.025max	0.025max	1.55~2.00	0.35~0.65	0.20~0.30
	9310H	0.17~0.23	0.15~0.35	0.40~0.70	0.025max	0.025max	2.95~3.55	1.00~1.45	0.08~0.15

미국에서는 표 9.5 이외에 소형 베어링용은 SAE 4023, 중형 베어링용은 SAE 4620, 대형 베어링용은 SAE 9310등이 사용되고 있다.

베어링용 침탄강의 대표적인 것 중의 하나인 SNCM23 (SAE 4320)은 SNCM21 (SAE 8620)에 비하여 침탄층이 1.5 ~ 2배로 두껍기 때문에 중하중을 받는 베어링에 사용되며 Ni 함유량이 SNCM21의 3 배이고 Cr, Mo이 함유되어 있기 때문에 열처리를 하기가 쉽다. 화학성분을 규격 내에서 조합에 의해 광범위하게 경화능을 얻을 수가 있다.

큰 충격하중이 걸리는 대형 베어링은 침탄층을 두껍게 해야함과 동시에 심부의 기계적 강도와 인성을 필요로 하고 경화능을 좋게 해야 한다. 이들 요구 특성을 만족하기 위하여 Ni이 3 ~ 4.5%로 높고 Cr, Mo을 포함한 강종으로

SNCM23과 SNCM25의 중간 경화능을 갖는 SAE 9310, SAE 3310 등을 외국에서는 사용하고 있다. 강재의 기호 중에 끝부분의 H는 경화능을 보증하는 것을 나타낸다.

베어링수명은 재료의 화학성분과 열처리방식 이외에 재료의 가공법에 의한 영향도 크게 받는다. 즉, 궤도륜용 재료를 봉(Bar)재, 또는 관(Tube)재를 사용하여 궤도면을 가공하면 금속섬유흐름(Metal Fiber Flow)를 절단하게 되어 응력영역(Stressed Region)에서 수명의 감소를 일으킨다. 이것을 개선하기 위하여 최근에는 전조(Rolling), 또는 단조(Forging)를 하고 있다 그림 9.6은 금속섬유흐름을 나타내고 있다.

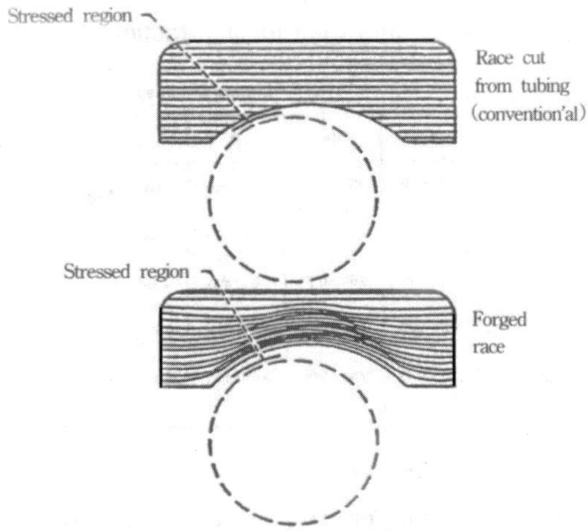

그림 9.6 Metal Fiber Flow

침탄방법은 가스침탄법이 가장 많이 사용되고, 침탄깊이는 0.1 mm/hr로 조절하기 쉽고 변형도 적은 것이 이점이다. 침탄한 후에 퀜칭하는 방법에는 두 가지가 있다. 제1방법은 침탄한 후에 퀜칭을 한번하는 방법으로 침탄층의 마르텐사이트(Martensite)는 약간 조대해지나 가격이 저렴하다. 제2방법은 침탄후에 퀜칭을 두 번하여 치밀한 조직을 얻을 수가 있다. 그림 9.7은 침탄한 후의 열처리 사이클을 나타낸다.

a) 제1방법

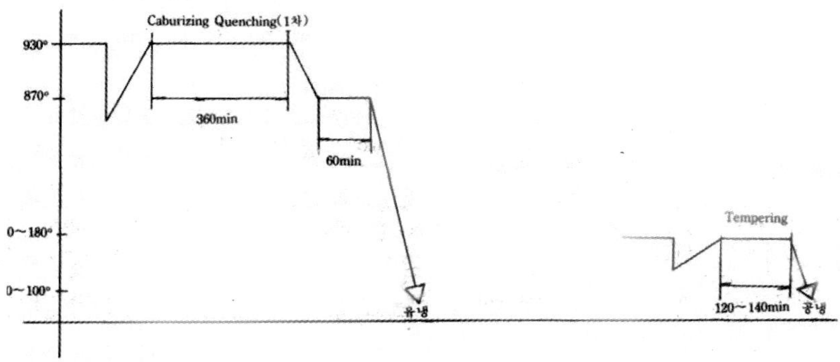

b) 제2방법

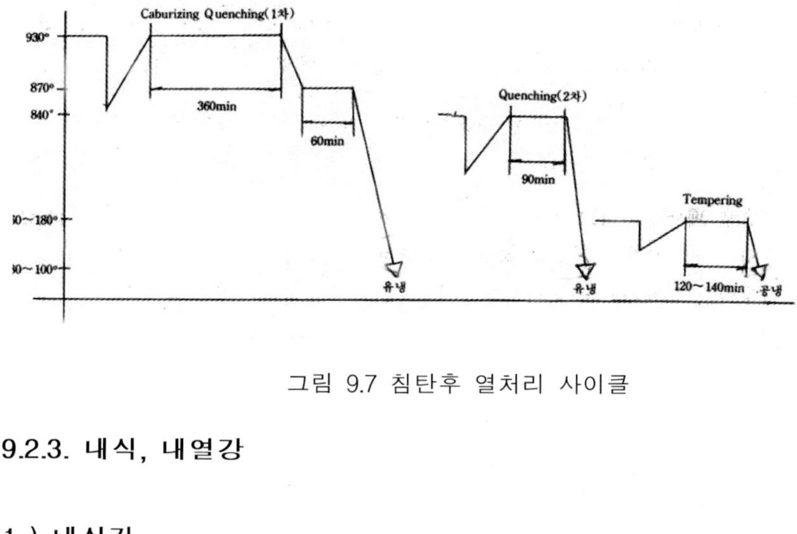

그림 9.7 침탄후 열처리 사이클

9.2.3. 내식, 내열강

1) 내식강

화학공업과 식품공업 등의 부식성 환경 또는 윤활유를 사용할 수 없는 강산성 분위기와 의료기기용 베어링은 스테인리스강(Stainless Steel)이 사용되고 있다. 스테인리스강은 마르텐사이트(Martensite)강인 13Cr계, 18Cr계, 14Cr-4Mo이 사용되나 이 중에서 18Cr계의 SUS 440C가 가장 많이 사용되고 있다.

표 9.6은 내식강계의 화학성분을 나타낸다.

표 9.6 Stainless Steel

Specification	Symbols	Chemical Composition (%)						
		C	Si	Mn	P	S	Cr	Mo
JIS G 4303	SUS440C	0.95~1.20	1.00max	1.00max	0.040max	0.030max	16.00~18.00	0.75max
SAE J 405	51440C	0.95~1.20	1.00max	1.00max	0.040max	0.030max	16.00~18.00	0.75max
BAS 330	440M	0.95~1.20	1.00max	1.00max	0.040max	0.030max	13.00~15.00	3.50~4.50

13Cr계 스테인리스강으로 사용되고 있는 저탄소강은 퀜칭과 템퍼링한 후 경도가 베어링강으로는 부족하므로 C를 0.4 ~ 0.8% 까지 높인 강종을 사용한다.

18Cr계 스테인리스강은 고탄소마르텐사이트 스테인리스강으로서 SUS 440A, SUS 440B, SUS 440C의 3종이 있고 이 순서로 탄소함량이 높다. 이에 따른 퀜칭과 템퍼링 후에 경도가 높게 되므로 베어링용으로 사용되는 것은 탄소함량이 가장 높은 SUS 440C이다. 내식성과 내열성이 모두 좋은 베어링강은 440M14 Cr-4Mo계(BAS 330-1968)이다.

2) 내열강

고온용 베어링이더라도 사용 제한온도는 윤활제의 제약으로 약 400℃ 정도이나 내구기간, 회전속도, 하중 등을 제한하면 베어링의 사용온도는 500 ~ 600℃ 정도로 사용되기도 한다. 고온용 베어링 재료는 사용온도에서 경도, 피로강도, 조직변화 및 치수 안정성이 소기의 목적을 달성할 수가 있는 수준이어야 하고 경도는 매우 중요한 항목이다. 표 9.7은 고온용 베어링강의 화학성분을 나타낸다.

표 9.7 High Temperature Bearing Steel

Specification	Symbols	Chemical Composition (%)											
		C	SI	Mn	P	S	Cr	Mo	V	Ni	Cu	Co	W
AISI	M50	0.77~0.85	0.25max	0.35max	0.015max	0.015max	3.75~4.25	4.00~4.50	0.90~1.10	0.10max	0.10max	0.25max	0.25max
	M2(SKH9)	0.85	0.30max	0.30max			4.00	5.00	2.00				6.00
JIS G 4303	SKH4	0.80	0.40max	0.40max			4.20		1.30			10.00	18.00
	SUS440C	0.95~1.20	1.00max	1.00max			16.00~18.00	0.75max	-				-
BAS 330	440M	0.95~1.20	1.00max	1.00max			13.00~15.00	3.50~4.50	-				-

고온에서 베어링강의 경도는 베어링의 사용온도가 템퍼링(Tempering) 온도를 초과와 동시에 저하하는 것을 그림 9.8에 나타내고 있다.

고탄소크롬강(SUJ)은 일반적으로 템퍼링온도가 180 ~ 200℃ 이므로 베어링의 사용 제한온도는 120℃이나 템퍼링온도를 230 ~ 280℃로 고온템퍼링을 하고 경하중이면 베어링의 사용온도는 200℃까지 가능하다.

젯트엔진이나 미사일용 베어링 등은 훨씬 높은 온도에서 사용되므로 고탄소크롬강으로는 부적당하여 고속도강인 SKH4, SKH9 Cr-Mo-V강인 AISI M50이 많이 사용되고 내식성이 함께 요구되는 경우에는 마르텐사이트계 스테인리스 SUS440C가 사용된다. SKH4는 X선관용 베어링에 고체윤활제와 함께 사용하여 450℃까지, M50은 항공기의 고온 고속용 베어링에 320℃까지, SUS440C는 470 ~ 480℃의 고온템퍼링을 하면 250℃ 까지, 440M은 300℃까지 사용이 가능하다.

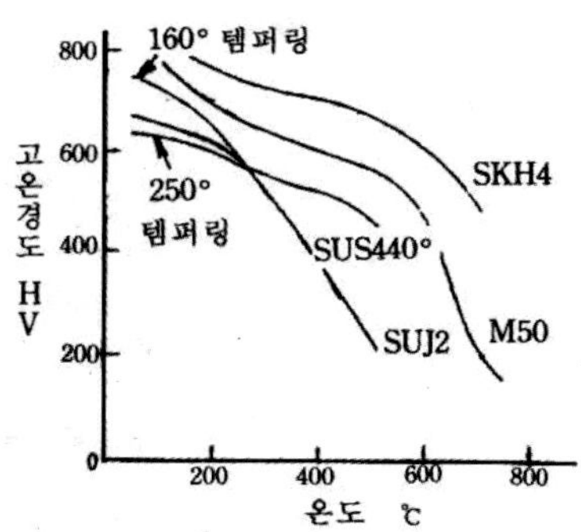

그림 9.8 고온용 재료의 고온경도

내열강계 베어링용 재료로서 가장 우수한 것은 AISI M2이며 사용온도가 450℃로서 미사일 등에 사용된다.

9.3. 리테이너의 재질

리테이너의 재질은 내마모성이 커야 한다. 일반적으로 재료가 내마모성이 크려면 경도가 높아야 한다. 그러나, 경도가 너무 높으면 전동체의 마모가 쉽게 되고 회전성능에 악영향을 준다. 또한 리테이너에 반복 인장압축응력(引張壓縮應力)이 작용하므로 피로강도가 높아야하고 마찰손실을 적게 하기 위해서 비중도 작은 재질을 선택해야 한다. 프레스가공 리테이너의 경우 비교적 복잡한 형상이므로 소성가공성(塑性加工性)이 좋아야 한다.

한편 베어링의 사용온도를 제한하는 요소 중의 하나가 리테이너의 재질이다. 냉간압연강판 리테이너는 넓은 온도범위에 사용되며 내마모성을 향상시키기 위하여 질화처리를 하나 그밖에 각종 재질에 대한 리테이너의 사용온도는 그림 9.9에 나타낸다.

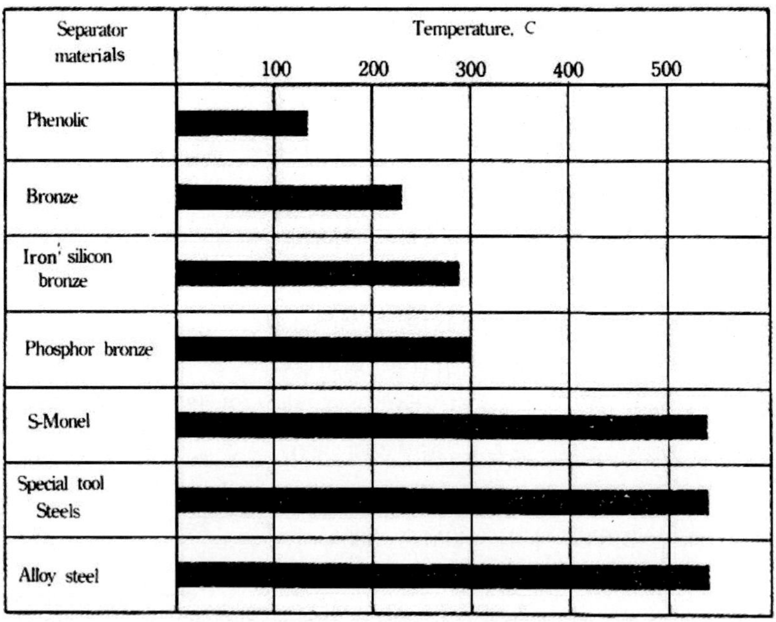

그림 9.9 각종 재질에 대한 리테이너의 사용온도

9.3.1. 프레스가공 리테이너

볼베어링의 파형(波形)리테이너, 테이퍼로울러베어링의 창문형 리테이너 등은 프레스가공 리테이너(Pressed Retainer)의 대표적인 것으로 범용성, 양산성, 가격 등을 고려해서 탄소강을 많이 사용한다. 표 9.8은 프레스가공 리테이너용 열간 및 냉간압연강판의 화학성분을 나타낸다. BAS (일본베어링공업협회)의 SPB1이 가장 많이 사용되는 프레스가공 리테이너용에, SPB2는 대형 테이퍼로울러베어링용에, SPB3은 탄성변형을 필요로 하는 베어링용에 사용된다.

표 9.9는 BAS에서 규정한 냉간압연강판의 화학성분을 나타낸다.

표 9.8 Carbon Steel Sheet and Strip for Pressed Retainers

Specification	Symbols	Chemical Composition (%)				
		C	Si	Mn	P	S
JIS G 3141	SPCC	0.12 max	-	0.50 max	0.040 max	0.040 max
BAS361	SPB 2	0.13 ~ 0.20	0.40 max	0.25 ~ 0.60	0.030 max	0.030 max
JISG 33111	S 50 CM	0.47 ~ 0.53	0.15 ~ 0.35	0.60 ~ 0.90	0.030 max	0.035 max
	S 55 CM	0.52 ~ 0.58	0.15 ~ 0.35	0.60 ~ 0.90	0.030 max	0.035 max

표 9.9 Carbon Steel Sheet and Strip for Pressed Retainers (BAS)

Symbols	Chemical Composition (%)				
	C	Si	Mn	P	S
SPB 1	0.10 max	0.04 max	0.25 ~ 0.45	0.03 max	0.03 max
SPB 2	0.13 ~ 0.20	0.04 max	0.25 ~ 0.60	0.03 max	0.03 max
SPB 3	0.45 ~ 0.55	0.15 ~ 0.35	0.40 ~ 0.85	0.03 max	0.03 max

주 1) 불순물인 Cr은 0.15%, Cu는 0.25%를 초과해서는 안된다.
2) 2종의 C의 상한은 두께 4mm 이상일 때는 0.23%로 한다.
3) 1종과 2종의 Si는 세미킬드강(Semi-Killed Steel)일 때 0.15% 이하로 길드강(Killed Steel)일 때는 0.30% 이하로 한다.
4) SPH 1에 조질 압연을 행한 것의 기호는 SPB IT라 한다.
5) 특히, 구별을 필요로 할 때 표면 연마대강(Strip)은 M,냉간 압연강판은 P를 기호의 끝부분에 표시한다.

파형 리테이너의 재질을 황동, 인청동이 사용되는 경우도 있으며 주로 매그니토우볼베어링(E형, EN형)에 사용된다. 미니어츄어베어링용 리테이너의 재료는 오스테나이트(Austenite)계 및 페라이트(Ferrite)계 스테인리스강이다.

9.3.2. 기계가공 리테이너

기계가공 리테이너(Machined Retainer)용 재질은 강(鋼) 또는 동합금(銅合金)이고 강은 주로 탄소강인 S25C ~ S45C, 동합금은 고력황동인 HBsB1, HBsC1이 사용된다. 때로는 JIS H4000의 A2014계 고력알루미늄 단조품을 리테이너의 재료로 사용한다. 프라스틱(Plastic)재료에 천을 넣어 열경화한 훼놀(Phenol)수지가 고속회전하는 앵귤러콘택트볼베어링용 리테이너 등에 사용되고 있다.

핀형(Pin Type)리테이너는 중공로울러(Hollow Roller)의 중심구멍을 통해 핀이 로울러의 양단에 있는 원형판에 고정한 것으로 대형 로울러베어링에 사용된다. 표 9.10은 기계가공 리테이너용 탄소강의 화학성분이고 ,표 9.11은 기계가공 리테이너용 고력황동의 화학성분을 나타낸다.

표 9.10 Carbon Steel Rod and Bar for Machined Retainers

Specification	Symbols	Chemical Composition (%)				
		C	Si	Mn	P	S
JIS G 4051	S 25 C	0.22 ~ 0.28	0.15 ~ 0.35	0.30 ~ 0.60	0.30 max	0.035 max

표 9.11 High Strength Copper alloys for Machined Retainers

Specification	Symbols	Chemical Composition (%)								
		C	Zn	Mn	Fe	Al	Sn	NI	Impurities	
									Pb	Si
JIS H 5102	HBsC1	55.~60	Remains	1.5max	0.5~1.5	0.5~1.5	1.0max	1.0max	0.4max	0.1max
JIS H 3425	HBsB1	56~61.	Remains	0.3~1.5	0.1~1.0	0.2~1.0	1.0max	-	0.8max	-

9.3.3. 성형 리테이너

나이론 등의 재료로 성형된 리테이너가 깊은홈볼베어링에 드물게 사용되는 경우가 있다. 성형 리테이너는 합성수지를 사출, 다이캐스팅(Die Casting), 소결 등으로 성형(成型)한다.

9.4. 리벳의 재질

파형(波形) 프레스 리테이너, 기계가공 리테이너 등의 2체형 리테이너를 결합시키는 리벳(Rivet)는 기계구조용 탄소강 S10C을 신선(伸線)한 선재가 사용된다. 표 9.12는 S10C의 화학성분을 나타낸다.

표 9.12 Carbon Steel S10C

Specification	Symbols	Chemical Composition (%)				
		C	Si	Mn	P	S
	S25C	0.08 ~ 0.13	0.15 ~ 0.35	0.30 ~ 0.60	0.03 max	0.35 max

10. 베어링의 크리어런스

구름베어링의 내부크리어런스(Internal Clearance)는 궤도륜을 상대적으로 움직였을 때 이동한 량을 말하며 간단히 크리어런스(C1earance)라고 한다. 반경방향의 이동한 량을 레이디얼크리어런스(Radial Clearance), 축방향의 이동한 량을 액시얼크리어런스(Axial Clearance), 경사지게 움직인 량을 앵규러크리어런스(Angular Clearance), 모든 전동체를 원주방향으로 밀착시켰을 때의 공간을 원주크리어런스 (Centrifugal Clearance)라고 하며 그림 10.1에 나타낸다.

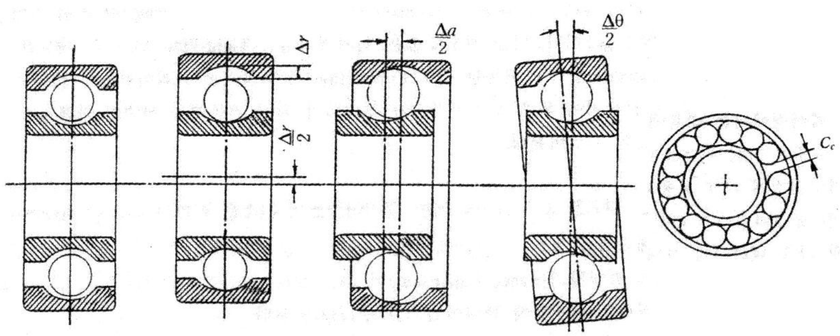

a) 설계상 크리어런스　b) 레이디얼 크리어런스　c) 액시얼 크리어런스　d) 각도 크리어런스　e) 원주 크리어런스

그림 10.1 내부크리어런스

10.1. 크리어런스의 필요성

구름베어링은 사용조건에 따라 적당한 크리어런스(Clearance)를 유지하지 않으면 발열과 조기에 파손을 일으켜 진동(Vibration)이나 소음(Noise)의 원인이 된다. 크리어런스에 영향을 주는 요인은 끼워맞춤(Fits)에 의한 궤도륜(내외륜)의 팽창, 수축, 운전중의 내외륜과 전동체와의 온도차, 하중, 궤도륜과 전동체와의 탄성변형(Elastic Deformation) 등으로 대단히 미묘하고 복잡하다.
초기 베어링에 크리어런스가 주어지는 이유는 다음과 같다.

1) 끼워맞춤(Fits)에 의한 크리어런스의 감소를 피한다.

구름베어링은 내륜을 축(Shaft)에, 외륜은 하우징(Housing)에 끼워 사용하는 것이 보통이다. 이들 끼워맞춤은 억지끼워맞춤(Tight-Fitting)이므로 내륜은 팽창(Expansion)하고 외륜은 수축(Contraction)하여 초기에 크리어런스가 없으면 베어링의 설치에 의해 크리어런스가 부(負)가 되어 전동체는 하중이 가해져서 조기에 파손의 원인이 된다.

2) 내외륜의 온도차에 의한 크리어런스의 감소를 피한다

베어링을 정상운전(Normal Operation)을 시키면 외륜, 내륜, 전동체의 순서로 온도가 상승되고 내부 부품의 열팽창(Thermal Expansion)이 외륜 보다 크므로 크리어런스가 작거나 없는 베어링은 회전중에 크리어런스가 부(負)가 된다.

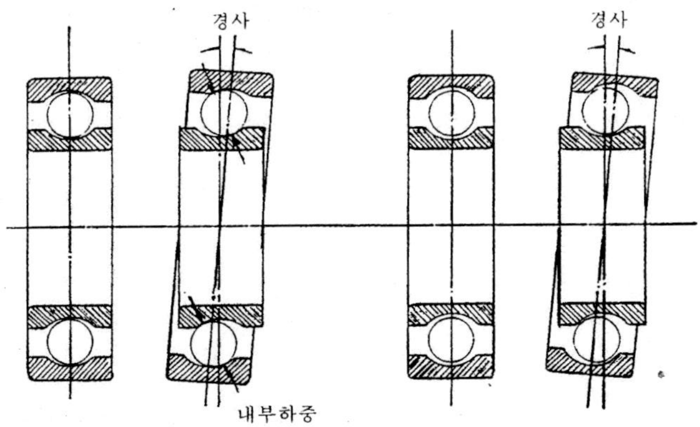

그림 10.2 내 · 외륜의 경사에 의한 내부하중과 크리어런스

3) 설치오차를 피한다.

크리어런스가 없는 레이디얼 베어링에서는 내륜에 대하여 외륜이 경사되게 설치되면 그림 10.2와 같이 볼에 하중이 가해져서 조기에 파손을 일으킨다. 이때 크리어런스가 크면 크리어런스에 의해 허용되는 경사각까지 경사에 의한 하중을 받지 않을 수가 있다. 한편 크리어런스가 너무 크면 진동, 소음, 파손을 일으키기 쉽다. 그러므로 적당한 값을 택하여야 한다.

10.2. 크리어런스의 종류

한개의 베어링에 대하여 여러가지 경우에 크리어런스는 변화하기 때문에 그때의 크리어런스를 다음과 같이 정한다.

1) 측정(測定)크리어런스(Measuring Clearance)

베어링에 규정의 측정하중(Measuring Load)을 가해서 크리어런스를 측정했을 시의 베어링 크리어런스이며 이 중에는 측정하중에 의한 베어링의 탄성변위(Elastic Deformation) δ_D 가 포함되어 있다.

$$\Delta_M = \Delta_I + \delta_D \quad 10.1$$

2) 실제(實際)크리어런스(Actual Clearance)

측정크리어런스에서 측정하중에 의한 탄성변위를 감한 것이다.

$$\Delta_I = \Delta_M - \delta_D \quad 10.2$$

볼베어링에서는 δ_D 는 무시할 수가 없지만 로울러베어링에서는 $\Delta_I = \Delta_M$ 으로 해도 된다.

3) 잔류(殘留)크리어런스(Clearance After Mounting)

베어링을 축 또는 하우징에 설치한 후 베어링에 남아 있는 크리어런스이다. 축의 중량 등에 의한 베어링의 탄성변위는 전혀 고려되어 있지 않은 크리어런스이다. 끼워맞춤에 의한 내외륜 궤도면의 팽창과 수축한 만큼 베어링 크리어런스가 감소한다. 이때 크리어런스의 감소량 δ_F 라고 하면

$$\Delta_R = \Delta_I - \delta_F \quad 10.3$$

4) 유효(有效)크리어런스(Effective Clearance)

베어링이 기계에 설치되어 어떤 조건으로 회전을 할 때에 도달하는 온도에서 하중에 의한 탄성변위는 전혀 없는 상태로 했을 시의 크리어런스이다. 내외륜의 끼워맞춤에 의한 크리어런스의 감소 δ_F, 내외륜의 온도차(Temperature Difference)에 의한 크리어런스의 변화량 δ_T 만을 고려하고 하중은 무부하로 했을 시의 크리어런스이며, 이 유효크리어런스는 베어링에서 가장 기본적인 것이고 베어링의 기본동정격하중은 모두 유효크리어런스 $\varDelta_E=0$일 때의 것이다.

$$\begin{aligned}\varDelta_E &= \varDelta_R - \delta_T \\ &= \varDelta_I - (\delta_F + \delta_T)\end{aligned} \quad 10.4$$

5) 운전(運轉)크리어런스(Operating Clearance)

베어링을 기계에 설치하여 어떤 하중으로 회전하고 있을 때의 크리어런스이다. 이것은 유효크리어런스에 베어링의 하중에 의한 탄성변위의 영향 δ_D 를 고려한 것이다.

$$\varDelta_O = \varDelta_E + \delta_D \quad 10.5$$

베어링에서 가장 중요한 크리어런스는 유효크리어런스이고 이론적으로는 유효크리어런스 $\varDelta_E$ 가 약간 부(負)인 크리어런스(Negative Clearance)가 베어링의 수명이 가장 길다. 유효크리어런스가 약간 부의 크리어런스라고 하더라도 실제로는 베어링하중의 크기에 따라 다르지만 운전크리어런스는 정(正)이 된다. 모든 베어링을 똑같이 이상적인 유효크리어런스 만으로 하기는 곤란하므로 유효크리어런스가 0 또는 부(負)에 근사하게 기준의 크리어런스를 취해야 한다. 그러기 위해서는 내외륜의 간섭량(Interference)에 의한 크리어런스의 감소량 δ_F 와 내외륜의 온도차에 의한 크리어런스의 변화량 δ_T 를 정확히 구해야 한다. 그림 10.3은 단열 볼베어링의 레이디얼크리어런스를 나타낸다.

베어링의 레이디얼크리어런스는 규격화되어 있고 베어링의 형식, 크기, 형상, 축과 하우징이 크기에 따라 다르고, 크리어런스의 크기는 작은 쪽에서 큰 쪽으로 C1, C2, 보통, C3, C4, C5 등 6개 그룹으로 표시한 이 크리어런스는 실제크리어런스이다. 레이디얼볼베어링에서 레이디얼크리어런스 $\varDelta_r$, 액시얼크리어런스 $\varDelta_a$, 각도크리어런스 $\varDelta_\theta$ 와의 관계를 그림 10.4에 나타낸다.

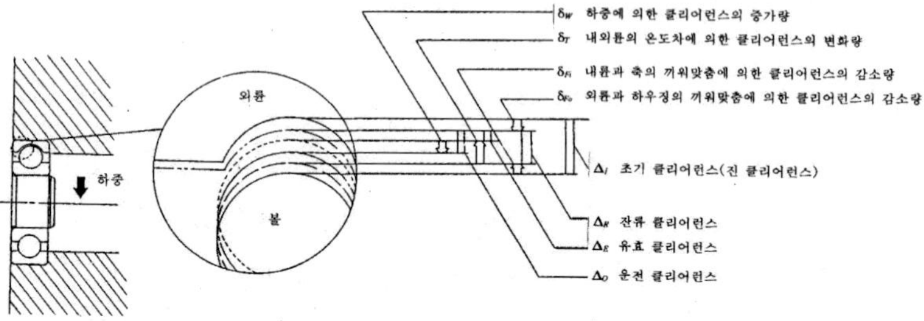

그림 10.3 베어링의 레이디얼크리어런스

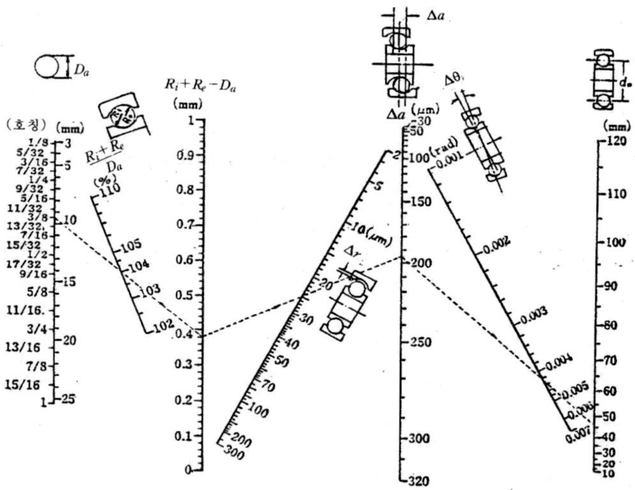

그림 10.4 Δ_r , Δ_a , Δ_θ 를 구하는 모노그래프

10.3. 크리어런스의 계산식

1) 깊은홈볼베어링의 레이디얼크리어런스와 액시얼크리어런스와의 관계

단열 깊은홈볼베어링의 내부크리어런스는 레이디얼크리어런스로 규정되어 있다. 반경방향과 축방향과의 상호간 크리어런스의 관계는 그림 10.5와 같이 기하학적 관계로부터 구해진다.

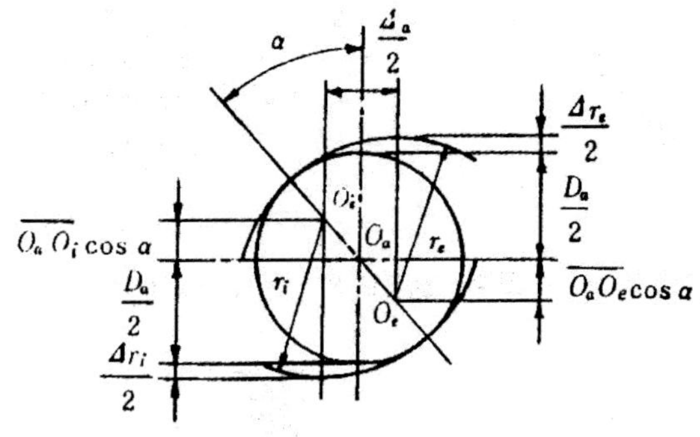

그림 10.5 Δ_r 와 Δ_a의 관계

여기서, O_a : 볼의 중심

O_e : 외륜의 궤도홈 중심

O_i : 내륜의 궤도홈 중심

D_a : 볼의 직경 (mm)

r_e : 외륜의 궤도 곡률 반경 (mm)

r_i : 내륜의 궤도 곡률 반경 (mm)

α : 접촉각(°)

Δ_r : 레이디얼크리어런스 (mm)

Δ_a : 액시얼크리어런스(mm)

그림에서 $\Delta_r = \Delta_{re} + \Delta_{ri}$ 이다.

기하학적 관계에서

$$\Delta_r = 2(1 - \cos\alpha)(r_e + r_i - D_a) \qquad 10.6$$

$$\Delta_a = 2\sin\alpha(r_e + r_i - D_a) \qquad 10.7$$

$$\frac{\Delta_a}{\Delta_r} = \cot\frac{\alpha}{2} \qquad 10.8$$

$$\Delta_a = 2(r_e + r_i - D_a)^{1/2} \Delta_r^{\ 1/2} \qquad 10.9$$

$$\alpha = \cos^{-1}\left(\frac{r_e + r_i - D_a - \dfrac{\Delta_r}{2}}{r_e + r_i - D_a} \right) \qquad 10.10$$

$$= \sin^{-1}\left(\frac{\Delta_a/2}{r_e + r_i - D_a} \right) \qquad 10.11$$

각각의 베어링에 대해서는 $(r_e + r_i - D_a)$ 는 정수(定數)이므로 식 10.9를 고쳐쓰면

액시얼크리어런스 $\triangle_a = K \triangle_r^{\ 1/2}$ 10.12

앵귤러크리어런스 $\Delta\theta = 2K\Delta_r^{\ 1/2}/d_p$ 10.13

여기서, K : 정수

d_p : 볼의 피치원 직경

$$K = 2(r_e + r_i - D_a)^{1/2} \qquad 10.14$$

NSK의 볼베어링에 대하며 표 10.1은 K값을 나타내고, 그림 10.6은 수 개의 베어링에 대한 레이디얼크리어런스와 액시얼크리어런스와의 관계를 나타내고 있다.

표 10.1 정수 K (NSK)

형 번	K	형 번	K
6200	0.93	6300	1.14
01	0.93	01	1.06
02	0.93	02	1.06
03	0.99	03	1.11
04	1.06	04	1.07
05	1.06	05	1.20
06	1.07	06	1.19
07	1.25	07	1.37
08	1.29	08	1.45
09	1.29	09	1.57
10	1.33	10	1.64
11	1.40	11	1.70
12	1.50	12	1.76
13	1.54	13	1.82
14	1.57	14	1.88
15	1.57	15	1.95

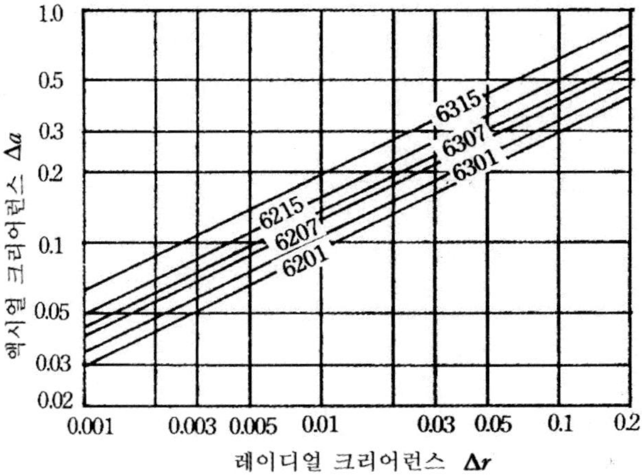

그림 10.6 레이디얼크리어런스와 액시얼크리어런스와의 관계

2) 깊은홈볼베어링의 각도크리어런스

베어링은 레이디얼하중, 액시얼하중, 합성하중, 하우징의 축심경사, 하중에 의한 축의 휨, 베어링의 경사된 설치 등에 의하여 내외륜이 평형하지 않은 상태에서 사용하는 경우가 많다. 이 때 내외륜의 경사각이 베어링의 각도크리어런스의 1/2을 초과하면 이상응력(異常應力)이 발생하여 온도상승, 조기박리 등의 원인이 된다. 각도크리어런스는 2개의 궤도륜 중에 하나를 고정하고 다른 하나를 자유롭게 좌우 양측으로 경사시켜서 얻은 각도로서 레이디얼크리어런스와 밀접한 관계가 있다.

각도크리어런스 $\varDelta_\theta$는 근사적으로 다음 식으로 주어진다.

$$\tan\frac{\theta}{2} = \frac{2\{\varDelta_r(r_\theta + r_i - D_a)\}^{1/2}}{d_p} = k_\theta \cdot {\varDelta_r}^{1/2} \qquad 10.15$$

여기서, $\varDelta_r$: 레이디얼크리어런스 (mm)

r_e : 외륜의 궤도홈 곡률반경 (mm)

r_i : 내륜의 궤도홈 곡률반경 (mm)

D_a : 볼의 직경 (mm)

d_p : 피치원의 직경 (mm)

$$k_o = \frac{2(r_e + r_i - D_a)^{1/2}}{d_p} \qquad 10.16$$

k_o는 각각의 베어링에 대해서는 일정하며 단열 깊은홈볼베어링 6000, 6200, 6300형에 대한 k_o값은 표 10.2에 나타낸다.

또한, 레이디얼크리어런스 Δ_r 과 각도크리어런스 Δ_θ 와의 관계를 그래프로 하여 그림 10.7에 나타낸다. 내외륜의 경사각으로는 $\theta/2$ 이므로 $\tan\theta/2$ 의 눈금을 이용하는 것이 실용적이다.

표 10.2 k_o (NSK)

내경번호	k_o		
	6000형	6200형	6300형
00	67.4×10^{-3}	45.6×10^{-3}	50.6×10^{-3}
01	39.7	42.3	43.3
02	39.7	36.5	36.0
03	35.9	34.0	33.7
04	30.9	31.7	29.7
05	27.0	27.2	27.0
06	23.7	23.0	22.9
07	21.9	23.3	23.5
08	19.5	21.4	22.4
09	18.2	19.8	21.1
10	16.8	19.0	20.0
11	16.6	18.1	19.4
12	15.5	17.4	18.5
13	14.6	16.6	17.8
14	14.3	16.1	17.1
15	13.5	15.2	16.6
16	13.3	14.9	16.0
17	12.7	14.5	15.5
18	12.5	14.1	15.1
19	11.9	13.7	14.6
20	11.5	13.4	14.2
21	11.4	13.2	14.0
22	11.7	12.9	13.6
24	10.9	12.2	12.7
26	10.3	11.7	12.1
28	9.7	10.8	11.8
30	9.4	10.0	11.0

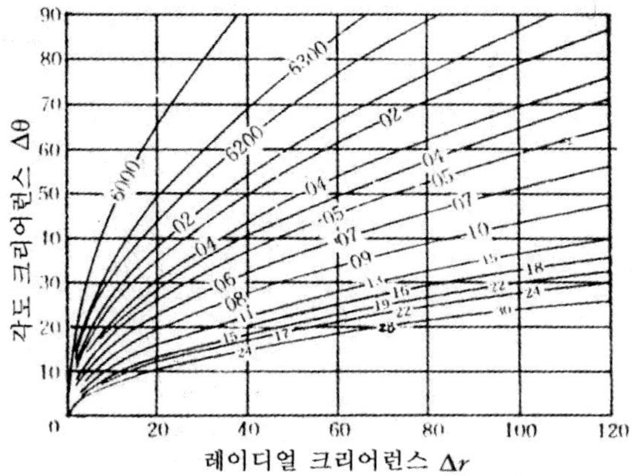

그림 10.7 각도크리어런스와 레이디얼크리어런스의 관계

3) 깊은홈볼베어링의 레이디얼크리어런스와 접촉각과의 관계

단열 깊은홈볼베어링은 스러스트 베어링(Thrust Bearing)으로 사용될 경우 접촉각(Contact Angle)을 될 수 있는 대로 크게 하여 사용하는 것이 좋다.

볼베어링의 접촉각은 레이디얼크리어런스와 내륜, 외륜의 궤도곡률반경에 의해 기하학적으로 정해지는 관계를 그림 10.8에 나타낸다.

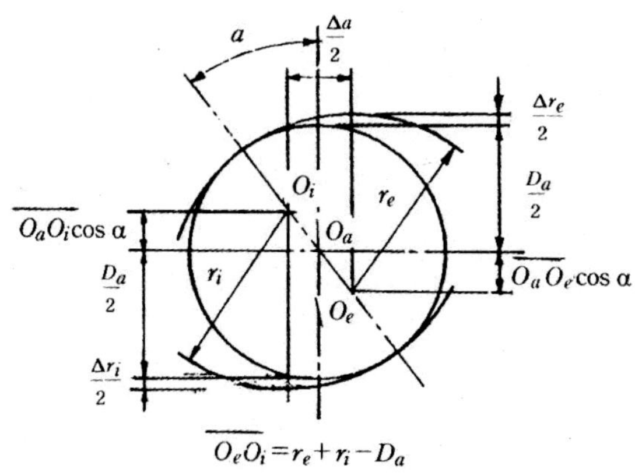

그림 10.8 Δ_r , Δ_a , α 의 관계

여기서, O_a : 볼의 중심

O_e : 외륜의 궤도홈 곡률 중심

O_i : 내륜의 궤도홈 곡률 중심

D_a : 볼의 직경 (mm)

r_e : 외륜의 궤도홈 반경 (mm)

r_i : 내륜의 궤도홈 반경 (mm)

α : 접촉각 (°)

$\varDelta_r$: 레이디얼크리어런스 (mm)

$$\varDelta_r = \varDelta_{re} + \varDelta_{ri}$$

$\varDelta_a$: 액시얼크리어런스 (mm)

$\varDelta_r$, $\varDelta_a$, α 와의 상관관계는 다음과 같이 된다.

$$\varDelta_r = 2(1 - \cos\alpha)(r_e + r_i - D_a) \tag{10.17}$$

$$\varDelta_a = 2\sin\alpha(r_e + r_i - D_a) \tag{10.18}$$

$$\frac{\varDelta_a}{\varDelta_r} = \cot\frac{\alpha}{2} \tag{10.19}$$

$$\varDelta_a = 2(r_e + r_i - D_a)^{1/2}\varDelta_r^{\,1/2} \tag{10.20}$$

$$\alpha = \cos^{-1}\left(\frac{r_e + r_i - D_a - \dfrac{\varDelta_r}{2}}{r_e + r_i - D_a}\right) \tag{10.21}$$

$$= \sin^{-1}\left(\frac{\varDelta_a/2}{r_e + r_i - D_a}\right) \tag{10.22}$$

각각의 베어링에 대해서 $(r_e + r_i - D_a)$는 정수이므로 $\varDelta_r$, $\varDelta_a$, α 는 일정한 관계를 갖고 있다. 6200, 6300 시리즈에서 레이디얼크리어런스와 접촉각의 관계를 그림 10.9에 나타낸다. 접촉각 α_0 는 액시얼하중이 0의 상태에서 초기 접촉각이므로 하중을 받으면 이 접촉각이 변한다.

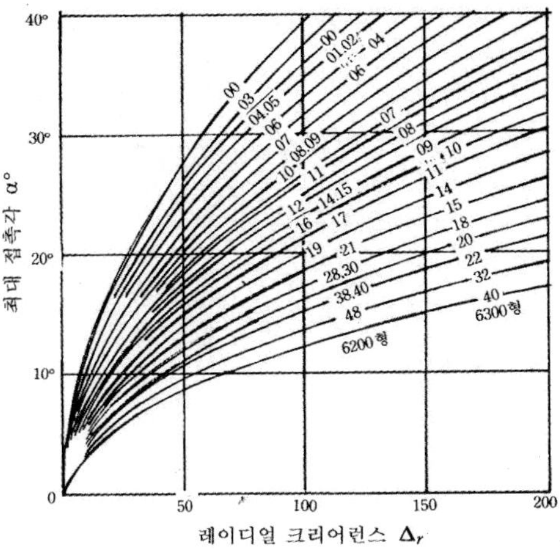

그림 10.9 6200형,6300형의 레이디얼크리어런스와 액시얼크리어런스

액시얼하중 만을 조건으로 사용하는 깊은홈볼베어링의 레이디얼크리어런스에는 접촉각을 크게 하므로 일반크리어런스 보다 큰 것을 사용한다. 크리어런스를 C3, C4일 때의 초기접촉각을 나타내면 표 10.3과 같이 된다.

표 10.3 C3, C4 크리어런스에 있어서 초기접촉각 α

형 번	C3 에서의 α_0	C4 에서의 α_0
6205	12.5° ~ 18°	16.5° ~ 22°
6210	11.5° ~ 16.5°	13.5° ~ 19.5°
6215	11.5° ~ 16°	15.5° ~ 19.5°
6220	10.5° ~ 14.5°	14.0° ~ 17.5°
6305	11.0° ~ 16°	14.5° ~ 19.5°
6310	9.5° ~ 13.5°	12.0° ~ 16°
6315	9.5° ~ 13.5°	12.5° ~ 13.5°
6220	9.0° ~ 12.5	12.0° ~ 15°

4) 복열 앵규러볼베어링의 레이디얼크리어런스와 액시얼크리어런스와의 관계

복열 앵규러볼베어링의 레이디얼크리어런스와 액시얼크리어런스와의 관계는 그림 10.10에서 기하학적 관계로부터 구해진다.

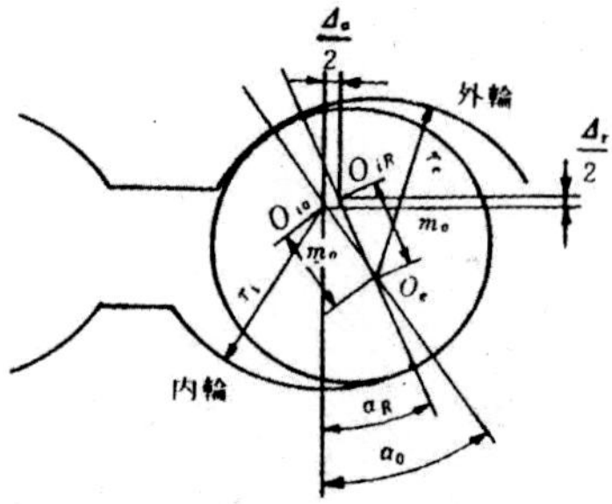

그림 10.10 레이디얼크리어런스와 액시얼크리어런스의 관계

여기서, Δ_r : 레이디얼크리어런스 (mm)

Δ_a : 액시얼크리어런스 (mm)

α_0 : 내외륜을 축방향으로 강제로 밀었을 때 초기접촉각

α_R : 내외륜을 반경방향으로 강제로 밀었을 때 초기접촉각

O_e : 외륜 궤도홈 곡률중심

O_w : 내륜을 축 방향으로 강제로 밀었을 때의 내륜궤도홈 곡률중심

O_{iR} : 내륜을 반경방향으로 강제로 밀었을 때의 내륜궤도홈 곡률중심

m_o : 내외륜의 궤도홈 곡률중심간 거리

$$m_o = r_i + r_e - D_a \quad 10.23$$

D_a : 볼의 직경 (mm)

r_i : 내륜의 궤도홈 반경 (mm)

r_e : 외륜의 궤도홈 반경 (mm)

$$m_0 \sin \alpha_0 = m_0 \sin \alpha_R + \frac{\Delta_a}{2} \quad 10.24$$

$$m_0 \cos \alpha_0 = m_0 \cos \alpha_R - \frac{\Delta_r}{2} \quad 10.25$$

$\sin^2 a_0 = 1 - \cos^2 a_0$ 에서

$$(m_0 \sin a_0)^2 = {m_0}^2 - (m_0 \cos a_0)^2 \quad 10.26$$

식 10.24와 식 10.25를 식 10.26에 대입하면

$$\left(m_0 \sin a_R + \frac{\varDelta_a}{2}\right)^2 = m_o{}^2 - \left(m_o \cos a_R - \frac{\varDelta_r}{2}\right)^2 \qquad 10.27$$

$$\varDelta_a = 2\sqrt{m_0{}^2 - \left(m_0 \cos a_R - \frac{\varDelta_r}{2}\right)^2} - 2m_0 \sin a_R \qquad 10.28$$

a_R 은 5200, 5300형에서는 a_R = 25°, 3200, 3300형에서는 a_R = 32° 로 설계되고 있다.

만일 a_P = 0° 라고 하면 식 10.28은

$$\begin{aligned}\varDelta_a &= 2\sqrt{m_0{}^2 - \left(m_0 - \frac{\varDelta_r}{2}\right)^2} \\ &= 2\sqrt{m_0 \varDelta_r - \frac{\varDelta_r{}^2}{4}}\end{aligned} \qquad 10.29$$

로 된다. 이것은 단열 깊은홈볼베어링의 레이디얼크리어런스와 액시얼크리어런스와의 관계와 같다.

m_0의 값은 내외륜의 궤도홈 곡률반경에서 결정되는 것으로 NSK의 5200, 5300및 3200, 3300형에서 식 10.28의 $\varDelta_r$ 과 $\varDelta_a$ 와의 관계를 그림으로 나타내면 그림 10.11과 같이 된다.

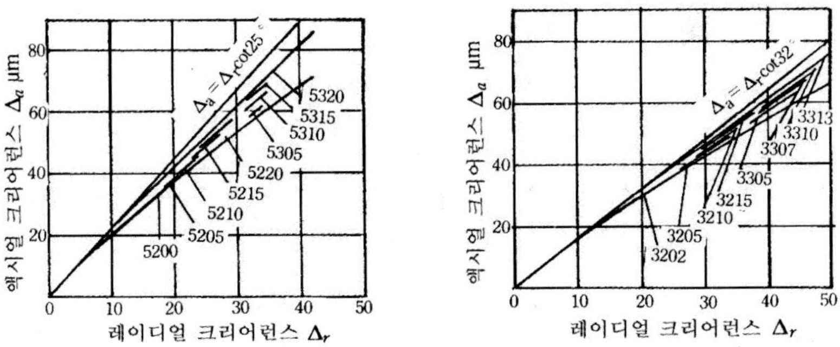

그림 10.11 3200형 5200형의 레이디얼크리어런스와 액시얼크리어런스

크리어런스가 작은 범위에서는 근사적으로

$$\varDelta_a = \varDelta_r \cot a_R \qquad 10.30$$

으로 계산해도 무방하나 $\Delta_r/D_a>0.002$ 이 되면 식 10.30으로 계산하면 값이 큰 차가 생긴다. 접촉각 a_R 값은 레이디얼크리어런스의 값에 무관하게 일정하나 내외륜을 축방향으로 강제로 밀었을 때, 접촉각 a_o 의 레이디얼크리어런스의 값에 따라 변한다. 이 관계는 식 10.25로 나타내고 있다.

5) 복열 앵귤러볼베어링의 각도크리어런스

복열베어링의 각도크리어런스도 단열베어링과 같이 내외륜 중 하나를 고정하고 다른 하나를 좌우로 자유롭게 경사시켜 얻은 최대각도를 말한다. 중립위치(中立位置)에서 좌우로 경사시켜서 얻기 때문에 각도크리어런스는 내 외륜의 허용 경사각 (모먼트가 생기지 않고 내외륜이 중립위치에서 한쪽으로 기울어 얻은 최대각도)의 2배이다. 복열 앵귤러볼베어링의 액시얼크리어런스와 각도크리어런스와의 관계는 식 10.31과 같이 표시된다.

$$\Delta_a = 2m_0\left[\sin a_o + \frac{\theta R_i}{2m_0} - \sqrt{1-\left\{\cos a_0 + \frac{\theta l}{4m_0}\right)^2}\right] \quad 10.31$$

여기서,

Δ_a : 액시얼크리어런스 (mm)

m_0 : 내외륜의 궤도홈 곡률 중심간 거리 (mm)

$m_0 = r_e + r_i - D_a$ (mm)

r_e : 외륜의 궤도홈 반경 (mm)

r_i : 내륜의 궤도홈 반경 (mm)

a_0 : 초기 접촉각 (°)

θ : 각도크리어런스 (rad)

R_i : 축심에서 내륜 궤도홈의 곡률 중심까지 거리 (mm)

l : 좌우 양열의 내륜 궤도홈 곡률 중심간 거리 (mm)

NSK의 복열 앵귤러볼베어링 5200, 5300형 및 3200, 3300형에 대해서 식 10.31의 관계를 그림 10.12에 나타내고 레이디얼크리어런스와 각도크리어런스의 관계를 그림 10.13에 나타낸다.

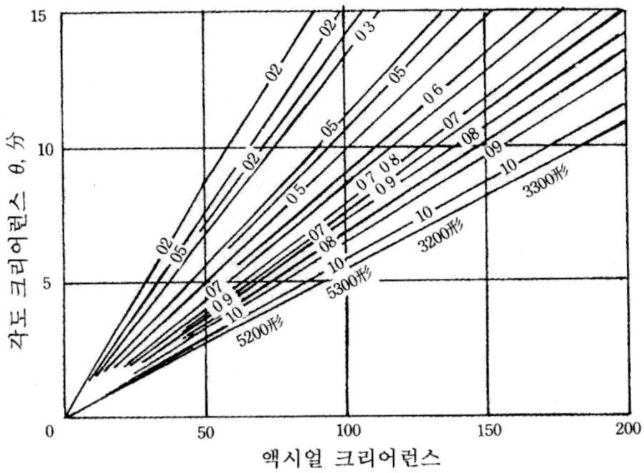

그림 10.12 액시얼크리어런스와 각도크리어런스의 관계

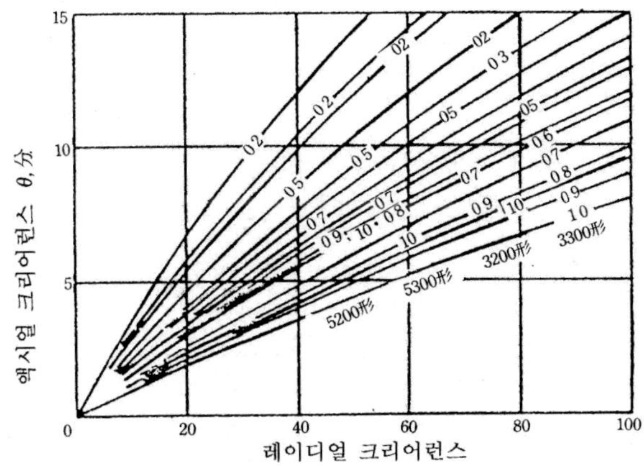

그림 10.13 레이디얼크리어런스와 각도크리어런스의 관계

10.4. 크리어런스의 선정

이론적으로 운전크리어런스(Operating Clearance)가 약간 부(負)로 되면 베어링의 수명이 가장 길지만 실제로 이런 상태를 유지할 수가 없다. 베어링의 초기 크리어런스는 운전크리어런스가 0 보다 약간 크게 하는 것이 좋다. 표준크리어런스(Normal Clearance)는 일상적인 사용조건에서 적당한 크리어런스가 남도록 정

해져 있다. 일상적인 사용조건(Normal Operating Condition)이란 베어링하중(Bearing Load)이 일반하중(P = 0.1C)을 초과하지 않고 내륜이 축에 억지끼워맞춤(Tight-Fitting)이 되고 속도가 베어링 치수표에 주어진 허용속도(Limiting Speed)의 50% 이하의 경우를 의미한다. 베어링의 크리어런스는 끼워맞춤, 운전중의 온도 상승, 하중의 종류와 크기에 따라 변한다.

1) 내륜의 끼워맞춤에 의한 크리어런스 감소량

내륜에 축을 끼워맞춤을 하면 내륜 궤도경이 팽창을 하게 되며 그의 팽창량 ΔD_i 는 다음 식으로 주어진다.

중실축(中實軸)일 때

$$\Delta D_i = \Delta d \cdot k \tag{10.32}$$

중공축(中空軸)일 때

$$\delta D_i = \Delta dk \frac{1-k^2}{1-k^2 {k_0}^2} \tag{10.33}$$

여기서, Δd : 유효 간섭량 (mm)

k : 내륜 내경과 궤도와의 비

$$k = d / D_i$$

k_o : 중공축의 내외경 비

$$k_0 = d_0 / d$$

d : 내륜 내경, 또는 축경 (mm)

D_i : 내륜 궤도경 (mm)

볼베어링 $D_i = \dfrac{D-d}{5} + d$

로울러베어링 $D_i = \dfrac{D-d}{4} + d$

d_0 : 중공축 내경 (mm)

그림 10.14는 식 10.33을 실용화한 선도이다. 일반적으로 끼워맞춤에 의한 레이디얼크리어런스의 감소량은 간섭량의 약 80% 정도로 계산된다. 이것은 베어링의 형식, 크기, 직경계열 등에 따라 다르지만 k 값을 단열 깊은홈볼베어링과 원통로울러베어링에 대하여 그림 10.15a와 그림 10.15b에서 나타낸다.

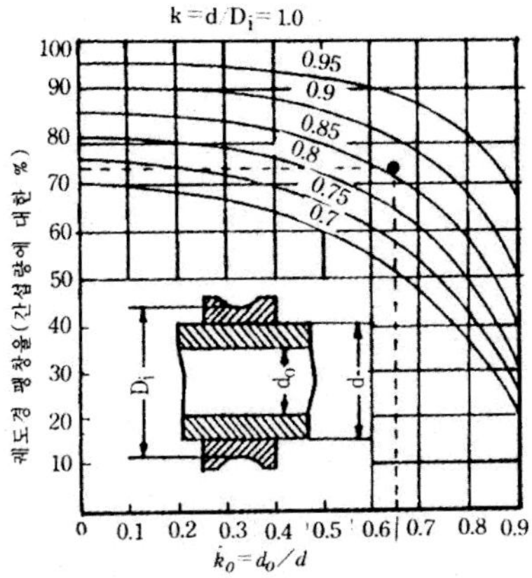

그림 10.14 끼워맞춤에 의한 궤도경의 팽창

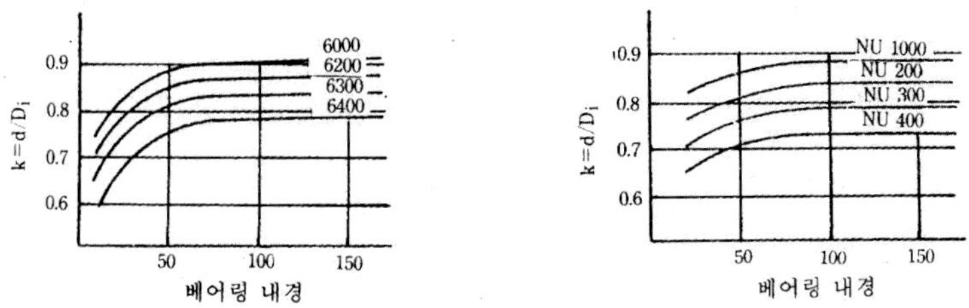

a) 깊은홈볼베어링　　　　　　b) 원통로울러베어링

그림 10.15 내륜 내경과 궤도경의 비

(계산 예)

중공축(축경 $d=\phi100$, 축내경 $d_0=\phi65$)에 m5의 끼워맞춤 공차로 6220을 설치했을 때 레이디얼크리어런스의 감소량을 구하라.

6220의 내경과 궤도경의 비는 그림 10.15a에서 k=0.86, 축의 내경비는 $k_0=d_0/d=0.65$이므로 궤도경 팽창율은 73%가 된다. 따라서, m5의 평균치는 30μm이므로

내륜 궤도경의 팽창량 (레이디얼크리어런스의 감소량)

= 0.73×30μm

= 22μm

2) 외륜의 끼워맞춤에 의한 크리어런스의 감소량

베어링의 하중조건이 내륜회전하중 (외륜 정지하중)이면 내륜은 억지끼워맞춤(Tight Fitting)이고, 외륜은 중간끼워맞춤, 또는 헐거운끼워맞춤(Loose Fitting)으로 사용하지만 외륜회전하중 (내륜 정지하중), 또는 방향부정하중이면 외륜은 억지 끼워맞춤으로 하지 않으면 안되고 레이디얼크리어런스의 감소가 문제로 된다. 그러나, 외륜의 간섭량은 응력상 제한, 설치상 제한 등으로 내륜 만큼 많이 줄일 수가 없다. 외륜 궤도경의 수축량 ΔD_e는 다음 식으로 주어진다.

하우징의 두께가 유한(有限)일 때

$$\Delta D_e = \Delta D \cdot h \frac{1 - {h_0}^2}{1 - h^2 {h_0}^2} \qquad 10.34$$

하우징의 두께가 무한(無限)일 때

$$\Delta D_e = \Delta D \cdot h \qquad 10.35$$

여기서, ΔD : 유효 간섭량 (mm)

h : 외륜 외경과 궤도경의 비

$h = D_e / D$

h_0 : 하우징 외경과 내경의 비

$h_0 = D / D_0$

D : 베어링 외경, 또는 하우징 내경 (mm)

D_e : 외륜 궤도경 (mm)

볼베어링 $D_e = \dfrac{4D + d}{5}$

로울러 베어링 $D_e = \dfrac{3D + d}{4}$

D_0 : 하우징 외경

그림 10.16은 식 10.34를 실용화한 선도이다. h 값은 베어링의 형식, 크기, 직경계열에 따라 다르지만, h 값을 단열 깊은홈볼베어링과 원통로울러베어링에 대하여 그림 10.17에서 나타낸다.

외륜회전하중의 사용한 사례에는 자동차의 전륜(Front Wheel), 텐션풀리(Tension Pully), 로울러 콘베이어(Roller Conveyor), 도르래 등이 있다.

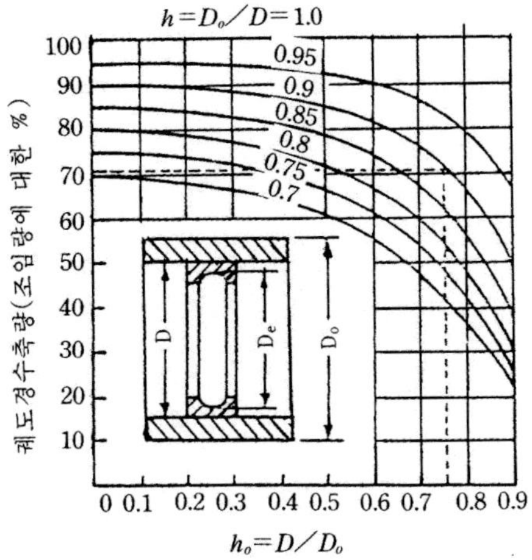

그림 10.16 억지끼워맞춤에 의한 궤도경 수축

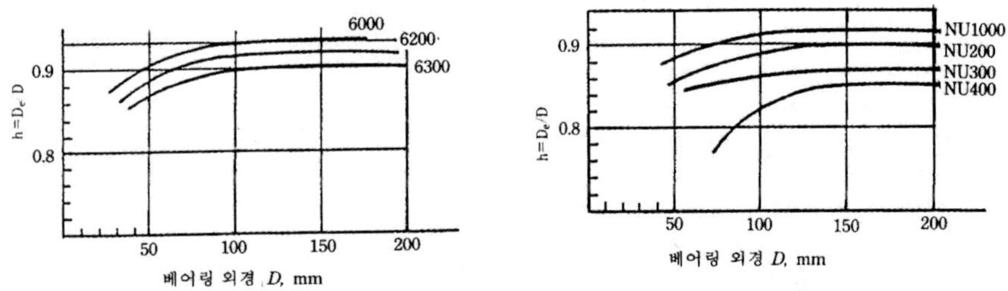

그림 10.17 외륜 외경과 궤도경의 두께 비

(계산 예)

6207을 N7의 끼워맞춤 공차로 강제 하우징에 설치할 경우에 레이디얼크리어런스의 감소량을 구하라.

$D_0 = \phi 95, D = \phi 72$일때 그림10.17a에서 6207의 $h = 0.9$이고,

$h_0 = D/D_0 = 0.76$이므로 그림 10.16에서 궤도 수축률은 71%이다.

N7 간섭량의 평균치는 18μm 이므로

외륜 궤도경 수축량 (레이디얼크리어런스의 감소량)

= 0.71×18μm

= 13μm

3) 내외륜의 온도차에 의한 크리어런스 감소량

베어링이 하중을 받으면서 회전을 하면 베어링의 각 부분의 온도가 상승한다. 전동체의 온도는 운전 중에는 측정하기 어렵기 때문에 내륜의 온도와 같다고 추정하고 모든 계산을 한다.

내외륜의 온도차에 의한 계산은 다음 식으로 주어진다.

$$\delta_T = a\Delta_t D_e = a\Delta_t \frac{4D+d}{5} \qquad 10.36$$

여기서,

δ_T : 내외륜의 온도차에 의한 크리어런스 감소량 (mm)

a : 베어링강의 선팽창계수 (℃$^{-1}$)

$a = 12.5\times10^{-6}$ (1/℃)

Δ_t : 내륜 및 전동체와 외륜과의 온도차 (℃)

D : 외륜 외경

d : 내륜 내경

D_e : 외륜 궤도경

외륜 궤도경의 치수는 다음과 같이 약산을 할 수가 있다.

볼베어링 $$D_e = \frac{1}{5}(4D+d) \qquad 10.37$$

로울러 베어링 $$D_e = \frac{1}{4}(3D+d) \qquad 10.38$$

(계산 예)

6310 (D = 110 mm, d = 50 mm) 내외륜의 온도차가 5℃일 때 크리어런스의 감소량을 구하라.

$$\delta_T = 12.5\times10^{-6}\times5\times\frac{4\times110+50}{5}$$

$$= 6\times10^{-3} \text{ (mm)}$$

4) 설치오차에 의한 크리어런스의 감소량

베어링의 설치오차에 의해 내륜에 대하여 외륜이 경사되게 설치되면 그 만큼 크리어런스가 감소한다. 그 경사량을 레이디얼크리어런스로 환산하는 것은 다음 식으로 주어진다다.

$$\Delta_a = 2\sqrt{\Delta_r(R_i + R_e - D_a)} \qquad 10.39$$

$$\Delta_\theta = \frac{\Delta_a/2}{d_p/2} = \frac{\Delta_a}{d_p}(rad) \qquad 10.40$$

5) 잔류(殘留)크리어런스를 구하는 법

일반적으로 외륜은 간섭량이 없고 내륜의 간섭량에 의한 영향 만을 고려한다. 볼베어링 6310을 예로 하여 축 k5, 하우징 H7 이라면 간섭량은 내륜측 만이다.

(단위 : mm)

축 경(d_s)	ϕ50 +0.013 +0.002
베어링내경(d)	ϕ50 0 −0.012
레이디얼크리어런스(Δr)	*0.006～0.023

* 보통 크리어런스

축경, 베어링내경 및 레이디얼크리어런스는 모두 정규분포를 하고 있고 그의 불량률을 0.3%로 가정하면 끼워맞춤 후 크리어런스(잔류크리어런스)의 평균치($m_{\Delta R}$) 및 표준편차($\sigma_{\Delta R}$)는 다음 식으로 주어진다.

$$\sigma_s = \frac{R_s/2}{3} = 0.0018 \qquad 10.41$$

$$\sigma_i = \frac{R_i/2}{3} = 0.0020 \qquad 10.42$$

$$\sigma_{\Delta o} = \frac{R_{\Delta r}/2}{3} = 0.0028 \qquad 10.43$$

$$\sigma_f{}^2 = \sigma_s{}^2 + \sigma_i{}^2 \qquad 10.44$$

$$m_{\Delta R} = m_{\Delta r} - \lambda_i(m_s - m_i) = 0.0035 \qquad 10.45$$

$$\sigma_{\Delta R} = \sqrt{\sigma_{\Delta r}{}^2 + \lambda_i{}^2 \sigma_f{}^2} = 0.0035 \qquad 10.46$$

여기서, σ_s : 축경의 표준편차

σ_i : 베어링 내경의 표준편차

σ_f : 간섭량의 표준편차

$\sigma_{\Delta r}$: 레이디얼크리어런스 (설치전)의 표준편차.

$\sigma_{\Delta R}$: 잔류크리어런스 (설치후)의 표준편차

m_s : 축경의 평균치 ($\phi 50+0.008$)

m_i : 베어링 내경의 평균치 ($\phi 50-0.006$)

$m_{\Delta r}$: 레이디얼크리어런스(설치전)의 평균치 (0.014)

$m_{\Delta R}$: 잔류크리어런스(설치후)의 평균치

R_s : 축경의 공차 (0.011)

R_i : 베어링 내경의 공차 (0.012)

$R_{\Delta r}$: 레이디얼크리어런스 (설치전)의 범위 (0.017)

λ_i : 겉보기 간섭량에 의한 내륜 궤도경의 팽창률 (그림에서 0.75)

또한, 겉보기 간섭량에 의한 크리어런스 감소량의 평균치는 $\lambda_i(m_s-m_i)$이다. 그림 10.18은 겉보기 간섭량에 의한 내륜 궤도경의 팽창률을 나타낸다.

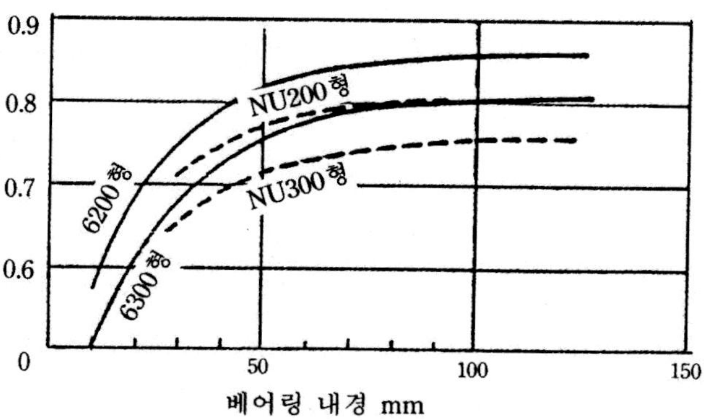

그림 10.18 겉보기 간섭량에 의한 내륜 궤도경의 팽창률

잔류크리어런스 (설치후 크리어런스)의 산포가 99.7%의 범위($R_{\Delta R}$)를 구하면

$$R_{\Delta R}=m_{\Delta f}\pm 3\sigma_{\Delta f}=+0.014\sim-0.007 \qquad 10.47$$

이 된다.

잔류크리어런스(Δ_R)의 평균치($m_{\Delta f}$)는 0.0035이고, 범위는 +0.014~-0.007이 된다.

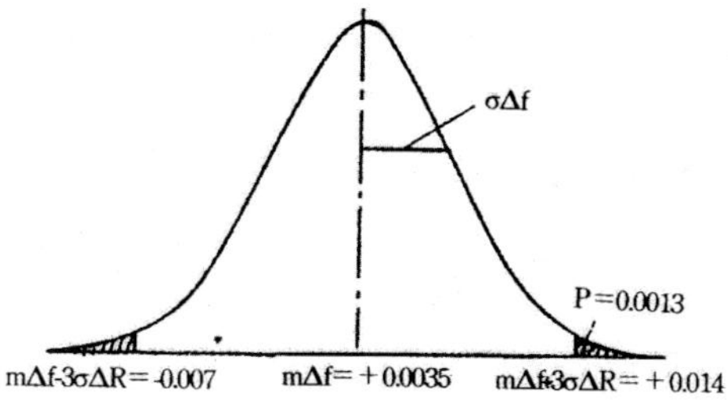

그림 10.19 잔류크리어런스량의 분포

내외륜의 온도차에 의한 크리어런스의 변화량(δ_T)는 앞의 예제에서 $\delta_T = 0.006$

유효크리어런스 $\varDelta_E = \varDelta_R - \delta_T$

$$= (+0.014 \sim -0.007) - 0.006$$
$$= +0.008 \sim -0.013$$

NSK Report에 의하면 레이디얼하중 340kgf (기본동정격하중의 약 5%)이 베어링에 걸리는 경우, 유효크리어런스와 수명과의 관계를 그림 10.20과 같이 구해지며 유효크리어런스 -13μm 점에서 최대 수명을 나타내고 있다. 유효크리어런스의 하한치가 -13μm 이상이면 좋다는 것을 알 수가 있다.

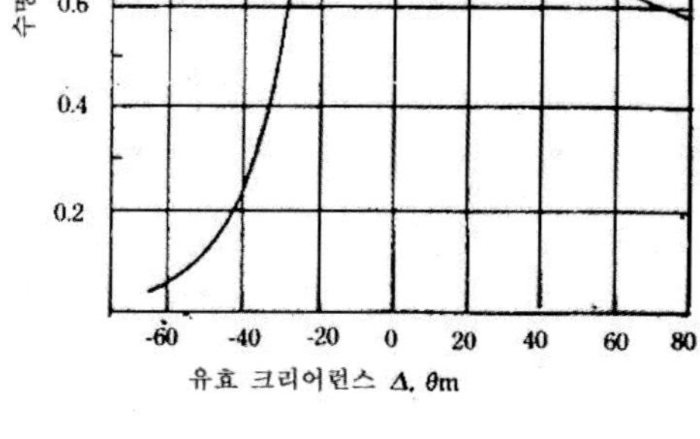

그림 10.20 유효크리어런스와 수명과의 관계

6) 운전시에 있어서의 최적 유효크리어런스

기본동정격하중(基本動定格荷重)은 유효크리어런스가 0 즉, 부하율(負荷率) $\varepsilon=0.5$일 때의 값이다. 이 때의 베어링 수명을 L_0, 유효크리어런스가 있을 때의 베어링수명을 L이라고 하면 L/L_0와 유효크리어런스의 관계는 그림 10.21과 같이 된다. 수명은 유효크리어런스가 약간 부(負)로 될 때가 최대이고 더 작아지면 급격히 저하된다.

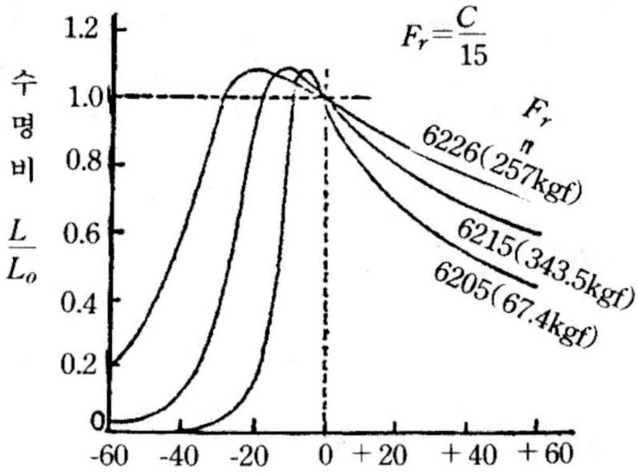

그림 10.21 유효크리어런스와 수명의 관계

최대수명이 얻어지는 최적 유효크리어런스를 Δ_{BE} 라고 하면 Δ_{BE} 는 다음 식으로 주어진다.

$$\Delta_{BE}=kF_r^{\frac{2}{3}} \quad \text{볼베어링} \qquad 10.48$$

$$=kF_r^{\frac{1}{1\cdot 1}} \quad \text{로울러베어링} \qquad 10.49$$

여기서, F_r: 레이디얼하중 (kgf)

k : 베어링의 종류와 부하율에 의해 정해지는 정수

일반적으로 베어링의 수명이 최대가 될 때의 부하율(負荷率) ε 은 0.7~0.8이다. 실제로 베어링은 형상오차(形狀誤差)를 갖고 있기 때문에 최적 유효크리어런스 Δ_{BE} 보다 크게 되도록 한다.

베어링의 종류와 부하율에 따라 정해지는 정수 k는 표 10.4에 나타낸다.

표 10.4 k ($\varepsilon=0.7$일 때) (NSK)

베어링 계열 내경번호	깊은홈볼베어링				원통로울러베어링		
	60	62	63	64	N, NU, NJ, NF		
					2	3	4
00	-47×10^{-5}	-47×10^{-5}	-45×10^{-5}				
01	-43	-42	-44				
02	-41	-39	-39				
03	-37	-37	-38	-37×10^{-6}			
04	-36	-36	-37	-36	-33×10^{-6}	-29×10^{-6}	
05	-34	-33	-35	-35	-28	-26	-23×10^{-6}
06	-30	-31	-31	-34	-25	-23	-21
07	-29	-30	-30	-33	-22	-20	-19
08	-28	-29	-29	-29	-20	-19	-17
09	-25	-29	-28	-28	-19	-16	-14
10	-24	-27	-27	-27	-17	-16	-14
11	-24	-26	-26	-27	-16	-14	-14
12	-23	-25	-26	-26	-15	-13	-13
13	- 22	-24	-25	-25	-13	-12	-12
14	-22	-24	-25	-24	-13	-12	-10
15	-21	-23	-24	-24	-13	-11	-10
16	-21	-23	-24	-23	-12	-11	10
17	-20	-23	-23	-23	-12	-10	-9.5
18	-20	-22	-23	-23	-10	-10	-9
19	-19	-22	-22	-22	-10	-9	-9
20	-18	-21	-22	-22	-10	-8.5	-8

7) 특수용 크리어런스

특수한 조건에서 사용하는 경우에 규정된 크리어런스 이외의 표 10.5에 나타낸 크리어런스를 사용해야 한다.

표 10.5 Clearances for Specific Applications

Operating Conditions	Examples	Internal Clearance
When shaft deflection is large.	Real Wheels of Automobiles	C5 or Equivalent
When steam is passing through hollow shaft or roller shaft is heated.	Dryer of Paper Making Machines	C3, C4
	Table Rollers for Rolling Mills	C3
When impact loads and vibration are severe or when inner and outer rings are tight-fitted	Traction Motors for Railways	C4
	Vibrating Screens	C3, C4
	Fluid Couplings	C4
	Final Reduction Gears for Tractors	C4
When inner and outer rings are loose-fitted.	Rolling Mill Roll Necks	C2 or Equivalent
When noise and vibration restrictions are severe.	Small Motors with Special Specifications	C1, C2, CM
When clearance is adjusted after mounting to prevent shaft deflection, etc.	Main Shafts of Lathes	CC9, CC1

10.5. 베어링의 종류별 크리어런스

1) 볼베어링의 레이디얼크리어런스

일반적으로 각종 자료에 표시되고 있는 레이디얼크리어런스는 측정하중에 의한 탄성변형(彈性變形)을 포함하고 있지 않기 때문에 실제크리어런스이다.
크리어런스의 측정은 측정기와 측정방법에 따라 큰 차이가 있기 때문에 측정 크리어런스 보다 실제크리어런스로 규정하는 것이 타당하므로 현재 통용되고 있는 것은 모두 실제크리어런스이다.

단열 깊은홈볼베어링, 소경 볼베어링, 미니어츄어볼베어링, 매그니토우볼베어링, 복열 앵귤러볼베어링, 자동조심볼베어링의 레이디얼크리어런스는 표 10.6 ~ 표 10.17에 나타낸다. 측정하중과 그에 따르는 레이디얼크리어런스의 보정량은 표 10.11에 나타낸다.

표10.6 깊은홈볼베어링의 레이디얼크리어런스

Values in−13 μm

Norminal Bore Diameter d (mm)		Radial Internal Clearances									
		C2		Normal		C3		C4		C5	
Over	Incl	Min	Max	Min	Max	Min	Max	Min	Max	Min	Max
(10mm only)		0	7	2	13	8	23	14	29	20	37
10	18	0	9	3	18	11	25	18	33	25	45
18	24	0	10	5	20	13	28	20	36	28	48
24	30	1	11	5	20	13	28	23	41	30	53
30	40	1	11	6	20	15	33	28	46	40	64
40	50	1	11	6	23	18	36	30	51	45	73
50	65	1	15	8	28	23	43	38	61	55	90
65	80	1	15	10	30	25	51	46	71	65	105
80	100	1	18	12	36	30	58	53	84	75	120
100	120	2	20	15	41	36	66	61	97	90	140
120	140	2	23	18	48	41	81	71	114	105	160
140	160	2	23	18	53	46	91	81	130	120	180
160	180	2	25	20	61	53	102	91	147	135	200
180	200	2	30	25	71	63	117	107	163	150	230
200	225		32	25	80	74	134	124	189		
225	250		35	30	90	84	149	144	214		
250	280		40	35	95	89	159	154	234		
280	315		50	50	110	110	180	190	265		
315	355		55	55	125	125	200	215	295		
355	400		65	65	140	140	225	245	330		

표 10.7 소경 볼베어링 · 미니어츄어볼베어링의 레이디얼크리어런스

Values in μm

Clearance Symbols	Radial Internal Clearance											
	MC1		MC2		MC3		MC4		MC5		MC6	
	Min	Max	Min	Max	Min	Max	Min	Max	Min	Max	Min	Max
Radial Internal Clearance	0	5	3	8	5	10	8	13	13	20	20	28

표 10.8 매그니토우볼베어링의 레이디얼크리어런스

Values in μm

Nominal Bore Diameter d (mm)		Bearing Series	Radial Internal Clearances	
Over	Incl		Min	Max
2.5	30	EN	10	50
		E	30	60

표 10.9 복열 앵귤러볼베어링의 레이디얼크리어런스

Values in μm

Normal Bore Diameter d(mm)		Radial Internal Clearances (measured)							
		C2		Normal		C3		C4	
Over	Incl	Min	Max	Min	Max	Min	Max	Min	Max
	10	3	13	8	18	13	24	19	31
10	18	4	14	9	19	15	26	22	34
18	24	4	14	10	20	17	28	25	37
24	30	4	16	10	23	17	30	25	39
30	40	5	18	11	26	19	34	28	43
40	50	5	18	12	27	21	36	32	49
50	65	5	20	12	29	22	39	34	54
65	80	6	22	16	36	27	48	40	62

Note · Above clearances are measured clearances.

표 10.10 자동조심볼베어링의 레이디얼크리어런스

Values in μm

Normal Bore Diameter d (mm)		Radial Internal Clearances																			
		Cylindrical Bore										Tapered Bore									
		C2		Normal		C3		C4		C5		C2		Normal		C3		C4		C5	
Over	Incl	Min	Max	Min	Max	Min	Max	Min	Max	Min	Max	Min	Max	Min	Max	Min	Max	Min	Max	Min	Max
2.5	6	1	8	5	15	10	20	15	25	21	33	-	-	-	-	-	-	-	-	-	-
6	10	2	9	6	17	12	25	19	33	27	42	-	-	-	-	-	-	-	-	-	-
10	14	2	10	6	19	13	26	21	35	30	48	-	-	-	-	-	-	-	-	-	-
14	18	3	12	8	21	15	28	23	37	32	50	-	-	-	-	-	-	-	-	-	-
18	24	4	14	10	23	17	30	25	39	34	52	7	17	13	26	20	33	28	42	37	55
24	30	5	16	11	24	19	35	29	46	40	58	9	20	15	28	23	39	33	50	44	62
30	40	6	18	13	29	23	40	34	53	46	66	12	24	19	35	29	46	40	59	52	72
40	50	6	19	14	31	25	44	37	57	50	71	14	27	22	39	33	52	45	65	58	79
50	65	7	21	16	36	30	50	45	69	62	88	18	32	27	47	41	61	56	80	73	99
65	80	8	24	18	40	35	60	54	83	76	108	23	39	35	57	50	75	69	98	91	123
80	100	9	27	22	48	42	70	64	96	89	124	29	47	42	68	62	90	84	116	109	144
100	120	10	31	25	56	50	83	75	114	105	145	35	56	50	81	75	108	100	139	130	170
120	140	10	38	30	68	60	100	90	135	125	175	40	68	60	98	90	130	120	165	155	205
140	160	15	44	35	80	70	120	110	161	150	210	45	74	65	110	100	150	140	191	180	240

표 10.11 측정하중과 크리어런스의 보정량

Values in μm

Nominal Bore Diameter d (mm)		Mesuring Load (kgf)	Radial Clearance Increase				
Over	Incl		C2	Normal	C3	C4	C5
10 (Incl)	18	2.5	3~4	4	4	4	4
18	50	5	4~5	5	6	6	6
50	280	15	6~8	8	9	9	9

2) 전동기용 깊은홈볼베어링 · 원통로울러베어링의 레이디얼크리어런스

전동기용 베어링에 요구되는 성능 중의 하나가 회전시 발생하는 음향이 적은 것이다. 전동기의 베어링 음향은 끼워맞춤, 설치오차, 베어링의 내부크리어런스, 브라켓트의 강성 등에 의해 영향을 받는다.

이중 베어링 단체(單體)로서 중요한 것은 내부크리어런스이다. 전동기의 음향 품질을 맞추기 위해서는 크리어런스의 크기와 범위를 작게 하는 것이 현재로서는 가장 좋은 방법이 된다. 전동기용 베어링의 크리어런스에 대하여 일본의 베어링공업협회와 전기공업협회의 사이에 규정된 표준은 표 10.12에 전동기용 깊은홈볼베어링의 레이디얼크리어런스, 표 10.13에 전동기용 원통로울러베어링의 레이디얼크리어런스를 나타내고 있다.

표 10.12 전동기용 깊은홈볼베어링의 레이디얼크리어런스

Values in μm

Norminal Bore Diameter d (mm)		Radial Internal Clearances CM		Fits	
Over	Incl	Min	Max	Shaft	Housing Bore
10 (Incl)	18	4	11	j5	H6~7 or J6~7
18	30	5	12	k5	
30	50	9	17		
50	80	12	22		
80	100	18	30		
100	120	18	30	m5	
120	160	24	38		

표 10.13 전동기용 원통로울러베어링의 레이디얼크리어런스

Values in μm

Norminal Bore Diameter d (mm)		Radial Internal Clearances				Fits	
		CT Interchangeable		CM Matched			
Over	Incl	Min	Max	Min	Max	Shaft	Housing Bore
24	40	15	35	15	30	k5	J6~7 or K6~7
40	50	20	40	20	35	m5	
50	65	25	45	25	40		
65	80	30	50	30	45		
80	100	35	60	35	55		
100	120	35	65	35	60		
120	140	40	70	40	65		
140	160	50	85	50	80		
160	180	60	95	60	90	n6	
180	200	65	105	65	100		

3) 복열및 조합 테이퍼로울러베어링의 표준크리어런스

테이퍼로울러베어링에 있어서 표준크리어런스가 있는 편이 편리하고, 내외륜에 스페이서(spacer)를 사용하여 모든 크리어런스를 조정한 복열, 또는 조합 테이퍼 로울러베어링의 표준레이디얼크리어런스는 표 10.14에 나타내고 있다.

표 10.14 복열 테이퍼로울러베어링의 레이디얼크리어런스

Values in μm

Nominal Bore Diameter d (mm)		Radial Internal Clearances											
		C1		C2		Normal		C3		C4		C5	
Over	Incl	Min	Max	Min	Max	Min	Max	Min	Max	Min	Max	Min	Max
–	18	0	10	10	20	20	30	35	45	50	60	65	75
18	24	0	10	10	20	20	30	35	45	50	60	65	75
24	30	0	10	10	20	20	30	40	50	50	60	70	80
30	40	0	12	12	25	25	40	45	60	60	75	80	95
40	50	0	15	15	30	30	45	50	65	65	80	95	110
50	65	0	15	15	35	35	55	60	80	80	100	110	130
65	80	0	20	20	40	40	60	70	90	90	110	130	150
80	100	0	25	25	50	50	75	80	105	105	130	155	180
100	120	5	30	30	55	55	80	90	115	120	145	180	210
120	140	5	35	35	65	65	95	100	130	135	165	200	230
140	160	10	40	40	70	70	100	110	140	150	180	220	260
160	180	10	45	45	80	80	115	125	160	165	200	250	290
180	200	10	50	50	90	90	130	140	180	18020	220	280	320
200	225	20	60	60	100	100	140	150	190	0	240	300	340
225	250	20	65	65	110	110	155	165	210	220	270	330	380
250	280	20	70	70	120	120	170	180	230	240	290	370	420

Note · Axial clearance $\Delta_a = \Delta_r \cot \alpha \fallingdotseq \frac{1.5}{e} \Delta_r$

원통구멍, 복열 및 조합 테이퍼로울러베어링의 규정된 크리어런스 조건을 표 10.15와 같이 되도록 결정되고 있다.

표 10.15 원통구멍, 복열및 조합 테이퍼로울러베어링의 규정된 크리어런스 조건

내경 d	40이하	40~160	160~225	225초과
내륜 끼워 맞춤	k5 , k6	m5 , m6	n6	p6
외륜 끼워 맞춤	H7 , H8			
기 타	내외륜의 온도차 7℃ 이하			

이 조건보다 간섭량이 크거나 내외륜의 온도차가 높은 사용조건에서는 C3 또는 C4 크리어런스를 선정해야 한다.

내외륜에 스페이서가 없이 설치될 경우, 너트 등으로 잔류크리어런스를 조정할 경우에는 사용조건에 맞는 C1 또는 C2 크리어런스의 값이 되도록 조정한다. 스페이서가 복열·조합 베어링에 있다고 할지라도 간섭량이 작은 경우, 특히 잔류크리어런스를 작게 하고 싶은 경우에는 C1 또는 C2 크리어런스가 적용된다.

4) 원통로울러베어링의 레이디얼크리어런스

원통로울러베어링의 크리어런스에는 호환성과 비호환성이 있다. 호환성 크리어런스는 같은 크리어런스 기호를 갖는 같은 호칭번호의 베어링에 대한 내외륜을 임의로 조합을 하여도 일정한 크리어런스의 범위는 비교적 넓게 되어 있다. 한편 비호환성 크리어런스는 운전시에 유효크리어런스가 극히 좁은 범위에 있어야만 하는 공작기계의 주축용에 사용되며 호환성에 비해서 크리어런스의 범위가 좁다. 일반 원통로울러베어링에 대한 크리어런스의 규격은 표 10.16에, 공작기계에 대한 크리어런스는 표 10.17에 나타내고 있다. 비호환성 크리어런스의 표시는 NACH1는 C9na, Clna, C2na로, NSK에서는 CC9,· CCI, CC2이다.

표 10.16 원통·봉상(棒狀) 로울러베어링의 레이디얼크리어런스

Nominal Bore Diameter d (㎜)		Radial Internal Clearances																					
		CC1		CC2		C2		CC		Normal		CC3		C3		CC4		C4		CC5		C5	
		Matched		Matched		Interchangeable		Matched		Intercha-ngeable		Matched		Interchangeable		Matched		Interchangeable		Matched		Interchangeable	
Over	Incl	Min	Max	Min	Max	Min	Max	Min	Max	Min	Max	min	Max	Min	Max	Min	Max	Min	Max	Min	Max	Min	Max
18	24	5	15	10	20	0	30	20	30	10	40	35	45	25	55	45	55	35	65	65	75	55	85
24	30	5	15	10	25	0	30	25	35	10	45	40	50	30	65	50	60	40	70	70	80	60	90
30	40	5	15	12	25	0	35	25	40	15	50	45	55	35	70	55	70	45	80	80	95	70	105
40	50	5	18	15	30	5	40	30	45	20	55	50	65	40	75	65	80	55	90	95	110	85	120
50	65	5	20	15	35	5	45	35	50	20	65	55	75	45	90	75	90	65	105	110	130	100	140
65	80	10	25	20	40	5	55	40	60	25	75	70	90	55	105	90	110	75	125	130	150	115	165
80	100	10	30	25	45	10	60	45	70	30	80	80	105	65	115	105	125	90	140	155	180	145	195
100	120	10	30	25	50	10	65	50	80	35	90	95	120	80	135	120	145	105	160	180	205	165	220
120	140	10	35	30	60	10	75	60	90	40	105	105	135	90	155	135	160	115	180	200	230	185	250
140	160	10	35	35	65	15	80	65	100	50	115	115	150	100	165	150	180	130	195	225	260	210	275
160	180	10	40	35	75	20	85	75	110	60	125	125	165	110	175	165	200	150	215	250	285	235	300
180	200	15	45	40	80	25	95	80	120	65	135	140	180	125	195	180	220	165	235	275	315	260	330
200	225	15	50	45	90	30	105	90	135	75	150	155	200	140	215	200	240	180	255	305	350	290	365
225	250	15	50	50	100	40	115	100	150	90	165	170	215	155	230	215	265	205	280	330	380	320	395
250	280	20	55	55	110	45	125	110	165	100	180	185	240	175	255	240	295	230	310	370	420	355	435
280	315	20	60	60	120	50	135	120	180	110	195	205	265	195	280	265	325	255	340	410	470	400	485
315	355	20	65	65	135	55	145	135	00	125	215	225	295	215	305	295	360	280	370	455	520	440	530
355	400	25	75	75	150	65	160	150	225	140	235	255	330	245	340	330	405	320	415	510	585	500	595
400	450	25	85	85	170	70	190	170	255	155	275	285	370	270	390	370	455	355	465	565	650	555	675
450	500	25	95	95	190	85	205	190	285	180	300	315	410	300	420	410	505	395	515	625	720	620	740

표 10.17 테이퍼구멍 복열 원통로울러베어링의 레이디얼크리어런스

Nominal Bore Diameter d (mm)		Radial Internal Clearances													
		CC9		CC1		CC2		CC		CC3		CC4		CC5	
Over	Incl	Min	Max	Min	Max	Min	Max	Min	Max	Min	Max	Min	Max	Min	Max
14	18	5	10	10	20	20	30	35	45	45	55	55	65	75	85
18	24	5	10	10	20	20	30	35	45	45	55	55	65	75	85
24	30	5	10	10	25	25	35	40	50	50	60	60	70	80	95
30	40	5	12	12	25	25	40	45	55	55	70	70	80	95	110
40	50	5	15	15	30	30	45	50	65	65	80	80	95	110	125
50	65	5	15	15	35	35	50	55	75	75	90	90	110	130	150
65	80	10	20	20	40	40	60	70	90	90	110	110	130	150	170
80	100	10	25	25	45	45	70	80	105	105	125	125	150	180	205
100	120	10	25	25	50	50	80	95	120	120	145	145	170	205	230
120	140	15	30	30	60	60	90	105	135	135	160	160	190	230	260
140	160	15	35	35	65	65	100	115	150	150	180	180	215	260	295
160	180	15	35	35	75	75	110	125	165	165	200	200	240	285	320
180	200	20	40	40	80	80	120	140	180	180	220	220	2602	315	355
200	225	20	45	45	90	90	135	155	200	200	240	240	85	350	395
225	250	25	50	50	100	100	150	170	215	215	265	265	315	380	430
250	280	25	55	55	110	110	165	185	240	240	295	295	350	420	475
280	315	30	60	60	120	120	180	205	265	265	325	325	385	470	530
315	355	30	65	65	135	135	200	225	295	295	360	360	430	520	585
355	400	35	75	75	150	150	225	255	330	330	405	405	480	585	660
400	450	40	85	85	170	170	255	285	370	370	455	455	540	650	735
450	500	45	95	95	190	190	285	315	410	410	505	505	600	720	815

5) 니들로울러베어링의 표준크리어런스

니들로울러베어링의 레이디얼크리어런스는 원통로울러베어링의 호환성 원통구멍의 것과 같은 값을 갖는다. 레이디얼크리어런스의 범위는 로울러 내접원경(內接圓徑) 허용차와 내륜 궤도경 허용차에서 정해진다. 내접원경 허용차는 6급(치수허용차 F6)이고 내륜 궤도경 허용차는 5급 정도이다. NA형의 끼워맞춤은 표 10.18에, RNA형에 조합된 축 허용차와 레이디얼크리어런스는 표 10.19에, 미터계열 소리이드(Solid)형 니들로울러베어링의 내접원경 허용차는 표 10.20에 나타내고 있다.

표 10,18 보통 사용조건의 끼워맞춤

내경 d	허용 등급	
	축	하우징
50 이하	k5	H7
50 초과	m5	H7

표10.19 소리이드형 베어링과 조합시킨 축 허용 등급과 레이디얼크리어런스

내접원 호칭경		C2	보통	C3	C4
초과	이하	상당	상당	상당	상당
6	80	k5	h5	g6	f6
80	180	i5	g6	f6	e6
180	490	h6	f6	e6	d6

표 10.20 호환성 소리이드형 베어링 내접원경 허용차

내접원 호칭경		내접원경의 허용차 (F6)	
초과	이하	최대	최소
1	10	+22	+13
10	18	+27	+16
18	30	+33	+20
30	50	+41	+25
50	80	+49	+30
80	120	+58	+36
120	180	+68	+43
180	250	+79	+50
315	400	+98	+62
400	500	+108	+68

6) 조합 앵규러볼베어링의 레이디얼크리어런스

단열 앵규러볼베어링은 일반적으로 조합방식을 많이 채용하고 있다. 병열조합 (DT)의 경우는 단열의 경우와 같이 크리어런스의 표시와 구별을 하지 않는다. 정면조합(DF)과 배면조합(DB)의 경우는 양 방향의 액시얼하중을 받을 수가 있고 크리어런스를 조정할 수도 있다. 조합베어링의 크리어런스는 제작상 사정으로 액시얼크리어런스로 표시한다. 조합베어링의 액시얼크리어런스는 표준화되어 있고 보통, C3, C4 크리어런스가 있으며 표 10.21에서 표준 액시얼크리어런스를 나타내고 있다. 내외륜의 스페이서가 붙은 조합볼베어링의 크리어런스도 같다. 앵규러볼베어링의 접촉각에 따라 각각 액시얼크리어런스는 다르다. 특히 지정된 조합부호에 따라 설치하고 설치 오차가 적도록 축과 하우징의 가공에 주의를 해야 한다.

표 10.21 조합 앵규러콘택트볼베어링(DB, DF)의 액시얼크리어런스

Nominal Bore Diameter d (mm)		Axial Clearance												Measuring Load
		Contact Angle 30°						Contact Angle 40°						
		Normal		C3		C4		Normal		C3		C4		
Over	Incl	Min	Max	Min	Max	Min	Max	Min	Max	Min	Max	Min	Max	
–	10	9	29	29	49	49	69	6	26	26	46	46	66	2.5
10	18	10	30	30	50	50	70	7	27	27	47	47	67	2.5
18	24	19	39	39	59	59	79	13	33	33	53	53	73	2.5
24	30	20	40	40	60	60	80	14	34	34	54	54	74	2.5
30	40	26	46	46	66	66	86	19	39	39	59	59	79	2.5
40	50	29	49	49	69	69	89	21	41	41	61	61	81	2.5
50	65	35	60	60	85	85	110	25	50	50	75	75	100	5
65	80	38	63	63	88	88	115	27	52	52	77	77	100	5
80	100	49	74	74	99	99	125	35	60	60	85	85	110	5
100	1201	72	97	97	120	120	145	52	77	77	100	100	125	5
120	40	85	115	115	145	145	175	63	93	93	125	125	155	10
140	160	90	120	120	150	150	180	66	96	96	125	125	155	10
160	180	95	125	125	155	155	185	68	98	98	130	130	160	10
180	200	110	140	140	170	170	200	80	110	110	140	140	170	10

7) 자동조심로울러베어링의 레이디얼크리어런스

자동조심 로울러베어링의 레이디얼크리어런스는 표 10.22에 나타낸다.

표 10.22 자동조심로울러베어링의 레이디얼크리어런스

Nominal Bore Diameter d (㎜)		Radial Internal Clearances																			
		Cylindrical Bore										Tapered Bore									
		C2		Normal		C3		C4		C5		C2		Normal		C3		C4		C5	
Over	Incl	Min	Max	Min	Max	Min	Max	Min	Max	Min	Max	Min	Max	Min	Max	Min	Max	Min	Max	Min	Max
24	30	15	25	25	40	40	55	55	75	75	95	20	30	30	40	40	55	55	75	75	95
30	40	15	30	30	45	45	60	60	80	80	100	25	35	35	50	50	65	65	85	85	105
40	50	20	35	35	55	55	75	75	100	100	125	30	45	45	60	60	80	80	100	100	130
50	65	20	40	40	65	65	90	90	120	120	150	40	55	55	75	75	95	95	120	120	160
65	80	30	50	50	80	80	110	110	145	145	180	50	70	70	95	95	120	120	150	150	200
80	100	35	60	60	100	100	135	135	180	180	225	55	80	80	110	110	140	140	180	180	230
100	120	40	75	75	120	120	160	160	210	210	260	65	100	100	135	135	170	170	220	220	280
120	140	50	95	95	145	145	190	190	240	240	300	80	120	120	160	160	200	200	260	260	330
140	160	60	110	110	170	170	220	220	280	280	350	90	130	130	180	180	230	230	300	300	380
160	180	65	120	120	180	180	240	240	310	310	390	100	140	140	200	200	260	260	340	340	430
180	200	70	130	130	200	200	260	260	340	340	430	110	160	160	220	220	290	290	370	370	470
200	225	80	140	140	220	220	290	290	380	380	470	120	180	180	250	250	320	320	410	410	520
225	250	90	150	150	240	240	320	320	420	420	520	140	200	200	270	270	350	350	450	450	570
250	280	100	170	170	260	260	350	350	460	460	570	150	220	220	300	300	390	390	490	490	620
280	315	110	190	190	280	280	370	370	500	500	630	170	240	240	330	330	430	430	540	540	680
315	355	120	200	200	310	310	410	410	550	550	690	190	270	270	360	360	470	470	590	590	740
355	400	130	220	220	340	340	450	450	600	600	750	210	300	300	400	400	520	520	650	650	820
400	450	140	240	240	370	370	500	500	660	660	820	230	330	330	440	440	570	570	720	720	910
450	500	140	260	260	410	410	550	550	720	720	900	260	370	370	490	490	630	630	790	790	1000
500	560	150	280	280	440	440	600	600	780	780	1000	290	410	410	540	540	680	680	870	870	1100
560	630	170	310	310	480	480	650	650	850	850	1100	320	460	460	600	600	760	760	980	980	1230
630	7108	190	350	350	530	530	700	700	920	920	1190	350	510	510	670	670	850	850	1090	1090	1360
710	00	210	390	390	580	580	770	770	1010	1010	1300	390	570	570	750	750	960	960	1220	1220	1500
800	900	230	430	430	650	650	860	860	1120	1120	1440	440	640	640	840	840	1070	1070	1370	1370	1690
900	1000	260	480	480	710	710	930	930	1220	1220	1470	490	710	710	930	930	1190	1190	1520	1520	1860

11. 예 압

일반적으로 구름베어링은 운전상태에서 적당한 크리어런스를 갖지만 앵규러 볼베어링과 테이퍼로울러베어링 등에는 미리 마이너스의 크리어런스(Negative Clearance) 즉, 액시얼하중(Axial Load)을 적정량을 가해서 설치한다. 이것을 예압(Preload)라고 한다. 이와 같이 마이너스의 크리어런스가 사용되는 것은 미끄럼베어링(Sliding Bearing)에는 없는 구름베어링(Rolling Bearing)의 특징 하나이다.

11.1. 예압의 목적

1) 축의 강성을 크게 한다.

강성을 높이기 위한 대표적인 것은 공작기계 주축용 베어링이며 공작물의 정도를 높이기 위해 절삭저항이 가해질 때 주축의 회전중심이 변위하지 않도록 작게 할 필요가 있다. 자동차의 감속장치 피니언축(Differential Pinion Shaft)용 베어링은 하이포이드 기어(Hypoid Gear)의 맞물림이 좋도록 예압을 가한다.

2) 진동 · 음향을 방지한다.

액시얼방향의 움직임을 작게 하여 축의 진동과 이음(異音)을 방지한다.
소형 모터용 CM급 크리어런스의 상한 부근의 베어링 외륜에 파형 또는 접시형 스프링을 사용하여 예압을 가하면 회전자(Rotor)의 액시얼방향 공진이 줄어 모터의 소음이 급격히 감소된다. 예압량은 정정격하중의 0.5 ~ 0.6% 정도가 좋고, 0.2 kw의 모터는 2 ~ 4 kgf, 1.5 kw는 4 ~ 7 kgf 정도이다.

3) 운전중의 과대 크리어런스를 방지한다.

보통사용조건(Ordinary Operating Condition)에서 온도는 전동체가 가장 높고 내륜, 외륜 순서로 낮게 된다. 그러나, 외부에서 열을 받는 경우 외륜의 온도가 가장 높게 되어 운전중에 크리어런스가 설치시 보다 크게 된다. 이런 경우는 베어링을 설치시에 예압을 가해서 운전중에 발생되는 크리어런스가 크게 되는 것을 방지하게 된다.

4) 스미어링(Smearing)을 방지한다.

스러스트 베어링을 고속회전을 시키면 원심력과 자이로모먼트(Gyro Moment)에 의해서 전동체가 궤도륜에 대하여 미끄럼이 발생하고 스미어링이 발생하기 쉽다. 이것을 방지하기 위해 스러스트 베어링에 가해져야 할 최소스러스트 하중은 다음 식으로 주어진다.

스러스트 볼베어링

$$F_a = 5.75 \times 10^{-12} Z D^3{}_a \, d_p n^2 \quad (kgf) \qquad 11.1$$

스러스트 자동조심로울러 베어링

$$F_a = \frac{C_0}{1000} \quad (kgf) \qquad 11.2$$

여기서, Z : 전동체 수

D : 전동체 직경 (mm)

d_p : 피치원경 (mm)

n : 회전수 (rpm)

C_0 : 정적격하중 (kgf)

스러스트 베어링을 횡축(橫軸)에 사용할 때, 베어링에 가해진 스러스트하중이 없게 되는 정지시에 궤도륜과 전동체가 자중에 의해서 위치가 이탈되는 것을 방지하기 위해서도 예압이 필요하다.

5) 홀스브리넬링(False Brinelling)을 방지한다.

진동이 많은 장소에서 정지할 기회가 많은 모터와 자동차의 킹핀(King-Pin) 스러스트 볼베어링의 홀스브리넬링을 방지하기 위해서 예압을 가한다.

6) 공전(公轉) 미끄럼과 자전(自轉)미끄럼을 방지한다.

고속회전을 하는 고주파모터용 앵귤러볼베어링과 제트엔진용 원통로울러베어링 등은 전동체의 공전미끄럼과 자전미끄럼을 방지하기 위해서 예압을 가한다.

11.2. 예압의 방법과 특징

예압의 방법은 정위치예압(Fixed Position Preload)와 정압예압(Constant Pressure Preload)의 두 가지가 있으며 그림 11.1과 같이 나타낸다.

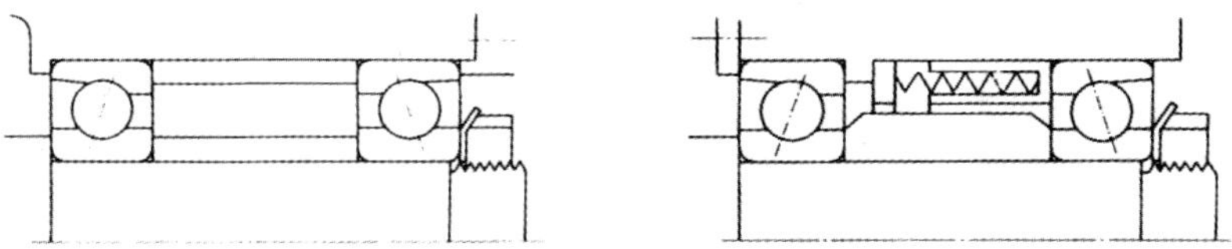

a) 정위치예압　　　　b) 정압예압

그림 11.1 예압방법의 종류

1) 정위치예압

내륜·외륜의 상대적인 위치를 어떤 설정치수 만큼 접근시켜 고정하여 전동체와의 탄성변형 (彈性變形)에 상당하는 예압을 주는 방법이다. 이 방법에는 다음의 세 가지가 있다.

a) 스페이서 또는 쉼을 사용하는 방법

치수를 조정한 스페이서(spacer) 또는 쉼(Shim)을 베어링 측면의 사이에 넣고 체결한다. 예압은 계산으로 정한다.

b) 예압 조정된 조합베어링을 사용하는 방법

그림 11.2와 같이 미리 폭차(幅差)치수 δ_{a0}, 또는 액시얼크리어런스를 조정한 조합베어링(Preloaded Duplex Bearings)을 사용하여 베어링 측면에 F_{a_0}, 또는 그 이상의 힘으로 체결하여 $2\delta_{a_0}$를 0 이 되게 한다. 필요한 예압량은 베어링의 하중과 변위와의 관계에서 계산하여 정한다.

c) 조임 너트를 사용하는 방법

미리 베어링 하중과 기동마찰모먼트(Starting Friction Moment)의 관계를 정해두

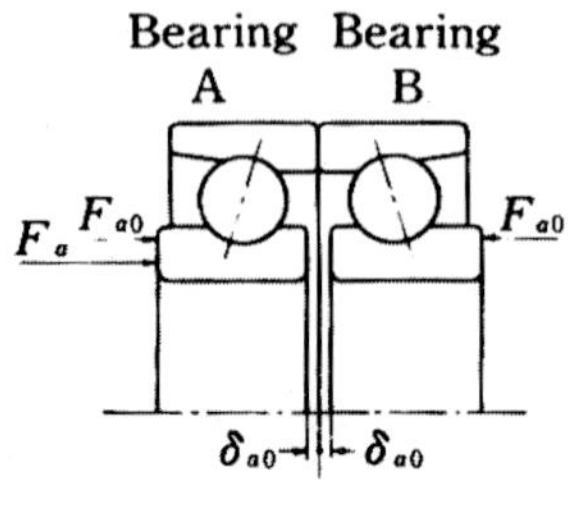

그림 11.2 예압 조정된 조합베어링

고 회전축의 마찰에 의한 토르크(Torque)를 측정하면서 내륜 또는 외륜의 하나를 축방향으로 필요한 예압량이 될 때까지 체결한다.

정위치예압은 예압을 가하는 방법은 간단하나 사용중에 마모와 열팽창에 의해서 베어링의 상대적인 위치가 변하므로 예압량이 변한다.

2) 정압예압

정압예압은 상대하는 베어링(Opposed Bearing)에 코일스프링(Coil Spring), 판스프링(Leaf Spring) 등을 사용하여 적정한 예압을 주는 방법이다. 예압스프링의 강성은 베어링의 것에 비하여 아주 작기 때문에 예압된 베어링의 상대적인 위치는 사용중에 변하지만 예압은 거의 일정하다. 정압예압은 베어링 이외의 부품을 사용하므로 베어링의 주변치수가 크게된다.

정위치예압과 정압예압을 비교하면 다음과 같다.

a) 예압량이 같을 때의 베어링의 강성

베어링의 강성이 증가함에 따른 효과는 정위치예압이 크고 베어링 하중에 대한 강성의 변화는 정위치예압이 작은 것을 그림 11.3과 그림 11.4에 나타낸다.

b) 온도변화에 의한 예압의 변화

정위치예압은 사용중에 축과 하우징의 온도차에 의한 축방향 신율(伸率)차이, 내륜과 외륜의 온도차에 의한 반경방향 팽창의 차이및 하중에 의한 변형(Deflection) 등의 영향을 받아 정위치예압은 변하지만 정압예압은 거의 무시할 정도로 변하지 않는다.

3) 예압방법의 적용

정위치예압과 정압예압을 적용한 구체적인 사례는 그림 11.5에 나타낸다. (a)~(d)는 정위치예압으로 (a)는 쉼(shim), (b)는 스페이서 (Spacer), (c)는 축너트(Nut), (d)는 하우징 나사부를, (e)는 정압예압으로 코일스프링 (Coil Spring)을 이용한 것이다.

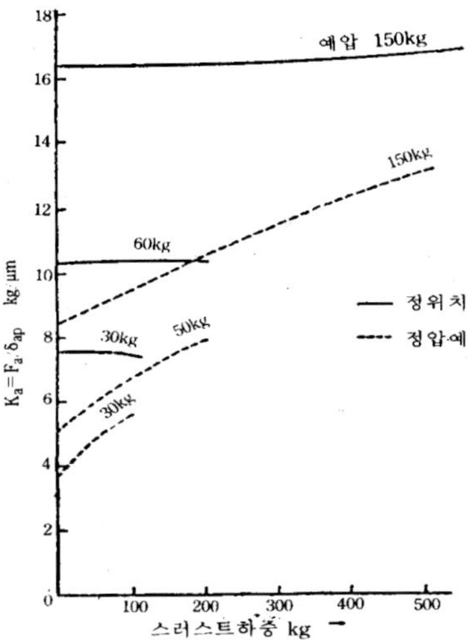

그림 11.3 스러스트하중과 탄성계수

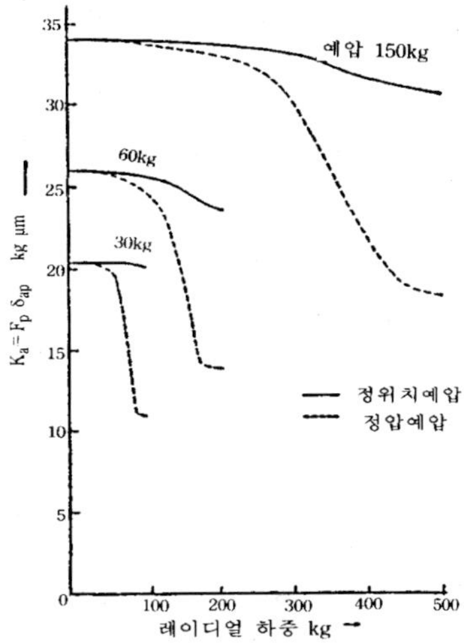

그림11.4 레이디얼하중과 탄성계수

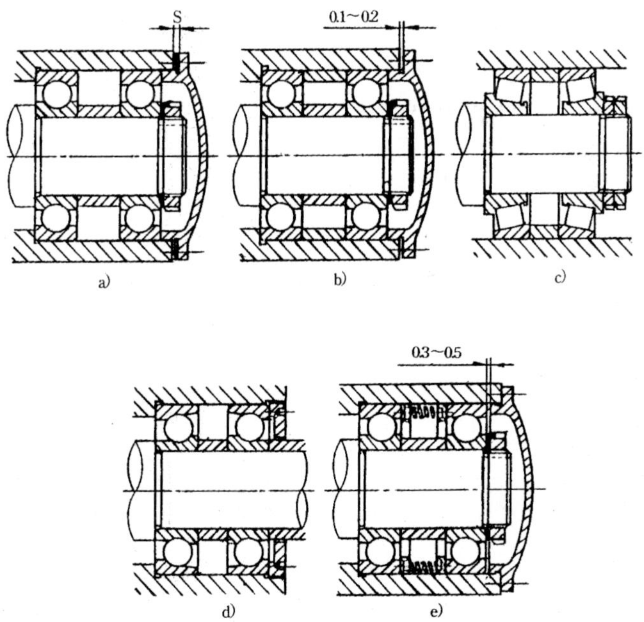

그림 11.5 70C 계열 베어링의 예압하중(kgf)과 액시얼크리어런스 (μm)

11.3. 베어링의 하중과 변위

예압(Preload)과 강성(Rigidity)의 관계를 알고 예압량을 결정하기 위해서는 베어링에 가해지는 하중(Load)과 변위량(Displacement)의 관계를 구해야 한다. 하중과 변위의 관계는 순수스러스트하중의 경우에는 전동체(Rolling Element)가 동일한 하중을 받으므로 해석이 쉬우나 레이디얼하중 또는 합성하중의 경우에는 전동체의 부하분포(負荷分布)가 변하므로 계산이 복잡해진다. 베어링에 가해지는 스러스트하중에 대한 액시얼방향의 변위량은 다음 식으로 주어진다.

볼베어링

$$\delta_a = \frac{c}{\sin\alpha} \sqrt[3]{\frac{Q^2}{D_a}} \qquad 11.3$$

테이퍼로울러베어링

$$\delta_a = \frac{0.0006}{\sin\alpha} \frac{Q^{0.9}}{l_a^{0.8}} \qquad 11.4$$

여기서, c 는 전동체, 궤도의 치수및 재료의 탄성계수에 의해 정해지는 상수이며 표 11.1에 나타낸다.

표11.1 궤도 곡률에 따른 C

f^*	0.51	0.515	0.5175	0.52	0.525	0.53	0.54
$c \times 10^5$	176	194	201	207	218	227	242

* 軌道홈 반경의 볼 직경에 대한 比

전동체에 가해지는 하중은 다음 식에 의해 구해진다.

$$Q = \frac{F_a}{Zsin\alpha} \qquad 11.5$$

테이퍼로울러베어링의 경우에는 스러스트하중에 의해 접촉각이 변하지 않으므로 설계치를 그대로 적용해도 되나 볼베어링의 경우는 스러스트하중을 받으면 접촉각이 변하므로 다음 식에 의해 유효접촉각(有效接觸角)을 구하여 적용해야 한다.

$$\frac{\cos\alpha_0}{\cos\alpha} = 1 + \frac{c}{f_e + f_i - 1}\left(\frac{Q}{D_a^2}\right)^{2/3} \qquad 11.6$$

단) f_e및 f_i는 외륜및 내륜의 궤도홈 반경의 볼 직경에 대한 비이다.

깊은홈볼베어링의 초기접촉각 α_0는 잔류크리어런스 $\triangle_R$에서 다음 식에 의해 구해진다.

$$\cos\alpha_0 = 1 + \frac{\triangle_R}{2(f_e + f_i - 1)D_a} \qquad 11.7$$

11.4. 예압과 강성

예압이 베어링의 강성(Rigidity)에 미치는 효과에 대하여 정위치예압 방법과 정압예압 방법을 비교하면 다음과 같다.

1) 정위치예압 방법

그림 11.6의 조합베어링의 내륜을 축방향으로 체결하면 베어링 A와 B는 각각 δ_{a0} 만큼 변위되어 최초 내륜 간의 크리어런스 $2\delta_{a0}$가 없어진다. 이 상태에서 예압 F_{a0}는 각 베어링에 가해진다.

이 예압된 베어링은 그림 11.6에 나타낸 것과 같이 스러스트하중 F_a가 가해진 경우 베어링의 강성 즉, 하중과 변위와의 관계를 그림 11.7에서 예압선도로 나타낸다.

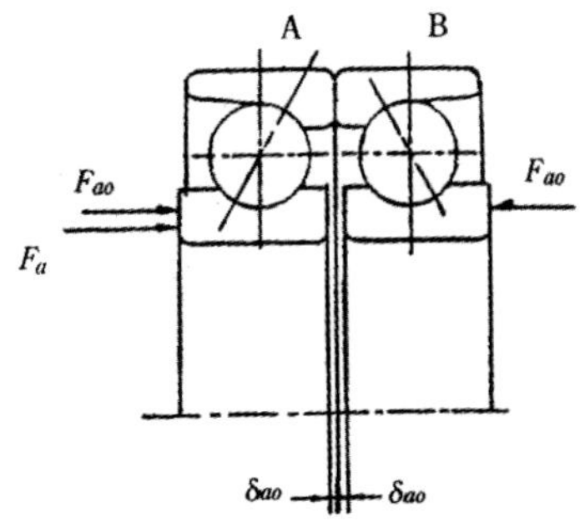

그림 11.6 DB조합 베어링

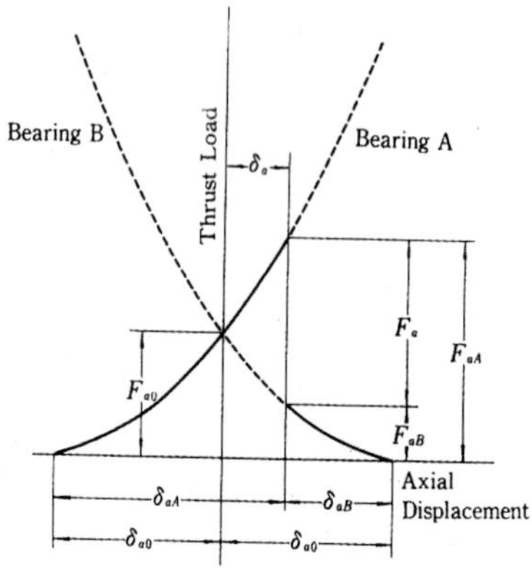

F_a : Thrust Load
F_{aA} : Thrust Load Imposed on Bearing A
F_{aB} : Thrust Load Imposed on Bearing B
δ_a : Displacement of Duplex Bearing
δ_{aA} : Displacement of Bearing A
δ_{aB} : Displacement of Bearing B

그림 11.7 정위치예압의 액시얼변위량

정위치예압, 정압예압된 베어링 및 베어링 단체의 강성을 비교하면 그림 11.9와 같이 된다.

2) 정압예압 방법

그림 11.8은 정압예압 베어링의 예압선도를 나타낸다. 예압스프링의 강성은 베어링의 것에 비하여 매우 작기 때문에 스프링의 변위선도(Deflection Curve) 횡축에 거의 평행하게 된다. 정압예압의 강성은 베어링 단체(單體)에 미리 예압 F_{a_0}인 스러스트하중을 가한 경우의 단체 베어링의 강성과 거의 같다.

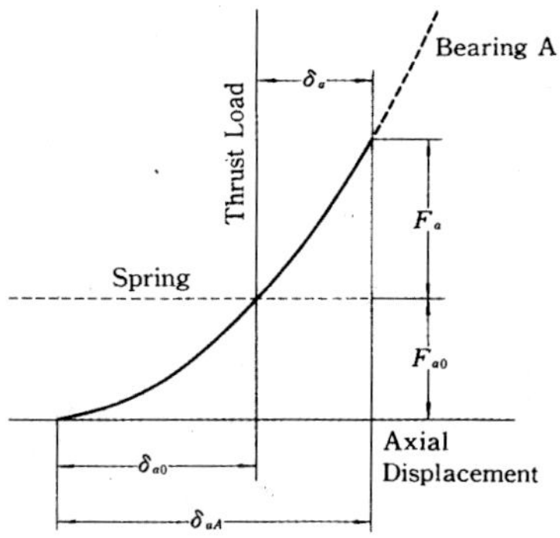

그림 11.8 정압예압 베어링의 예압선도

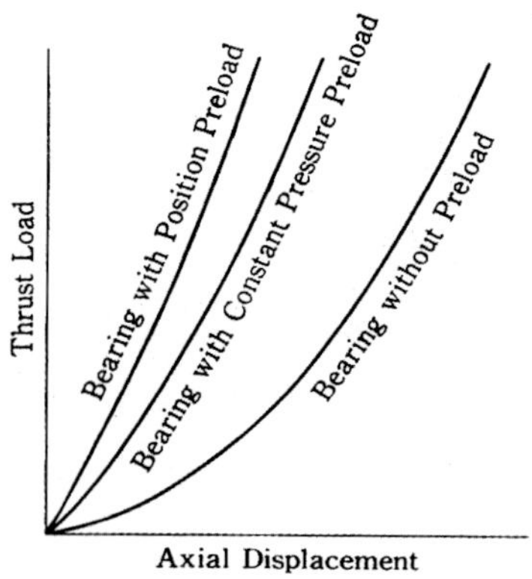

그림 11.9 예압과 강성

11.5. 예압량의 선정

예압이 가해지면 베어링의 강성은 높아져서 여러가지 효과를 얻을 수가 있지만 예압은 스러스트하중으로 변하여 베어링에 가해지므로 예압량을 지나치게 크게 하면 피로수명이 단축되고 마찰모멘트와 온도상승이 크게 된다. 예압량은 용도에 따라 필요한 최소한의 것으로 정해야 하며 계산에만 의존하지 말고 경험과 실적을 고려하여 종합적으로 판단 및 결정을 해야 한다.

11.5.1. 예압에 의한 축방향 변위량

각종 베어링의 종류에 따라 축방향 변위량은 표 11.2에 나타낸다.

표 11.2 베어링 종류별 축방향 변위량 근사식

베어링 종류	축방향 변위량
자동조심볼베어링	$\delta_a = \dfrac{0.00070}{\sin\alpha} \sqrt[3]{\dfrac{P^2}{D_a}}$
깊은홈볼베어링	$\delta_a = \dfrac{0.00044}{\sin\alpha} \sqrt[3]{\dfrac{P^2}{D_a}}$
자동조심로울러베어링	$\delta_a = \dfrac{0.00018}{\sin\alpha} \sqrt[4]{\dfrac{P^3}{l^2}}$
원통·테이퍼로울러베어링	$\delta_a = \dfrac{0.00077}{\sin\alpha} \sqrt[4]{\dfrac{P^{0.9}}{l^{0.8}}}$
스러스트 볼베어링	$\delta_a = \dfrac{0.00052}{\sin\alpha} \sqrt[3]{\dfrac{P^2}{D_a}}$

여기서 F_a : 액시얼하중

l : 로울러의 유효길이 (mm)

i : 전동체의 열수

α : 접촉각

Z : 열당 전동체 수

D_a : 전동체 직경

$$P = \frac{F_a}{Z\sin\alpha}$$

제조사에서는 사용자가 적당한 예압을 자유롭게 선택할 수가있도록 미예압(Light Preload), 경예압(Normal Preload), 중(中)예압(Medium Preload), 중(重)예압(Heavy Preload)의 4종류 조합 앵규러볼베어링을 만들고 있다. DB, DF인 조합의 경우 그의 액시얼크리어런스(Axial Clearance)를 각각 기호로 C2, C7, C8, C9로 나타낸다. 규정된 진동을 방지하기 위하여 미예압 또는 경예압을, 강성이 특별히 요구되는 곳은 중(中)예압 또는 중(重)예압을 사용한다.
그림 11.10은 앵규러볼베어링의 축방향 변위량(Axia1 Displacement)를 개략적으로 구하는 계산도표이다.

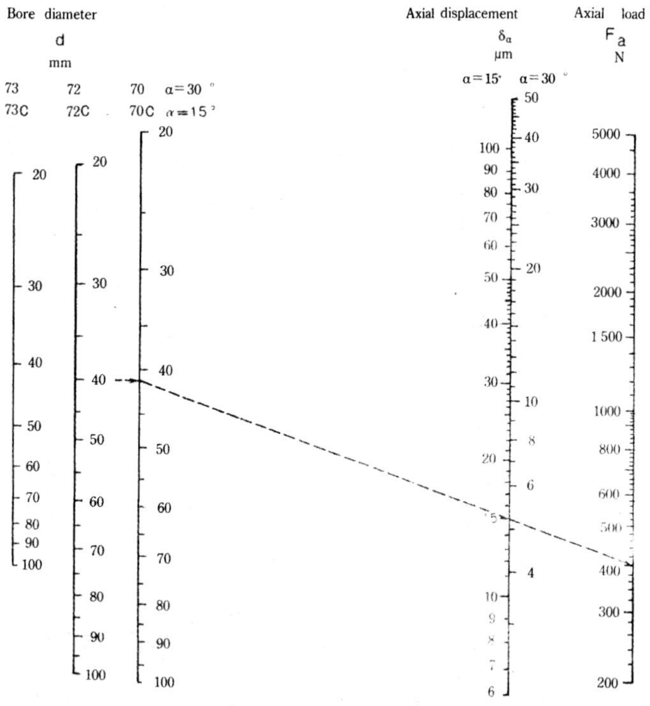

그림 11.10 앵규러볼베어링의 축방향 변위량(NTN)

표 11.3은 NTN의 기본 예압방식, 목적 및 특성을, 표 11.4는 액시얼크리어런스를 측정시에 베어링의 크기 별로 측정하중 규격을 나타낸다

표 11.3 Preloading methods and characteristics

Method	Basic pattern	Applicable bearings	Object	Chracteristics	Applications
	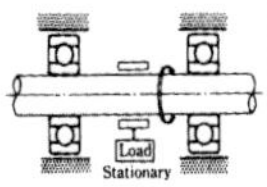	Precision angular contact ball bearings	Maintaining accuracy of rotating shaft, preventing vibration increasing rigidity	Preloading is accomplished by a predetermined offset of the rings or by using spacers. For the standard preload see Table 8.10	Grinding machines, lathes, milling machines, measuring instruments
	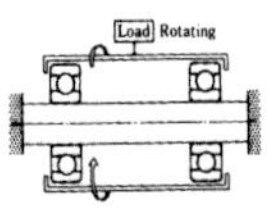	Tapered roller bearings, thrust ball bearings, angular contact ball bearings	Increasing bearing rigidity	Preload is accomplished by adjusting a threaded screw. The amount of preload is set by measuring the starting torque or axial displacement. Relationship between the starting torque M and preload T is approximately given by the following formulas : for duplex angular contact ball bearings: $M=2.3\sim3.0\times10^{-6}d_{pw}\cdot T$ N · m for duplex tapered roller bearings: $M=1.0\sim2.0\times10^{-12}\ d_{pw}^{0.8}\cdot$ N · m	Lathes, milling machines, differential gears of automotives, printing machines, wheel axles
	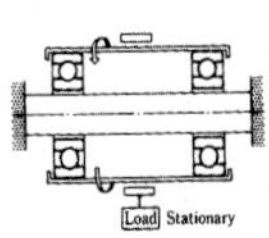	Angular contact ball bearings, deep groove ball bearings, precision tapered roller bearings	Maintaining accuracy and preventing vibration and noise with a constant . amount of preload without being affected by loads or temperature	Preload is accomplished by using coil orbelleville springs. Recommended preloads are as follows: **(4 to 8)d** N for angular contact ball bearings: **see Table 8.10**	Internal grinding machines, electric motors, high speed shafts in small machines, tension reels
	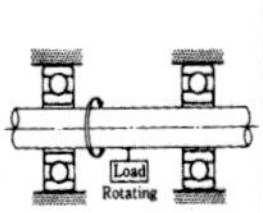	Tapered roller bearings with steep angle, spherical roller thrust bearings, thrust ball bearings	Preventing smearing on raceway of non-loaded side under axial loads	Preload is accomplished by using coil or belleville springs. Recommended preloads are as follows: for thrust ball bearings: $T_1=6.0\times10^{-12}\ (n\cdot C_{0\ a})^{1.9}$ N $T_2=0.001C_{0\ a}$ N which ever is greater for spherical roller thrust bearings: $T_2=0.04\ C_{0\ a}^{\ 0.8}$ N	Rolling mills, extruding machines

표 11.4 액시얼크리어런스의 측정하중

베어링 외경 (mm)	측정하중 (kgf)
10이상 50이하	2.5
50초과 120이하	5
120초과 200이하	10
200초과	20

공작기계의 주축(Spindle)에 많이 사용되고 있는 접촉각이 15°인 조합 앵귤러볼베어링의 평균 예압하중과 평균 액시얼크리어런스(Axial Clearance)를 표 11.5 ~ 표 11.7에, 나타낸다.

DB 조합인 경우는 JIS 5급 이상의 고정밀도 조합베어링이므로 축과 내륜, 하우징과 외륜의 끼워맞춤은 표11.8의 목표치를 사용한다. 하우징과의 끼워맞춤은 베어링을 고정측(Fixed End)에 사용하는 경우에는 목표 크리어런스의 하한(Lower Limit)을, 자유측(Free End)에 사용하는 경우에는 목표 크리어런스의 상한(Upper Limit)을 채택한다.

표 11.5 70C계열 베어링의 예압하중 (kgf)과 액시얼크리어런스 (μm)

호칭번호	C2		C7		C8		C9	
	예압하중	크리어런스	예압하중	크리어런스	예압하중	크리어런스	예압하중	크리어런스
7000C	0.55	5	2.9	-2	6	-8	13	-17
01C	0.60	4	3.2	-3	6.5	-9	14	-18
02C	0.65	4	3.5	-3	7.5	-9	16	-18
03C	0.70	4	3.8	-3	8	-9	17	-18
04C	1.3	2	7	-7	14	-14	30	-26
7005C	1.4	2	7.5	-7	15	-14	33	-26
06C	1.9	5	10	-5	21	-14	44	-26
07C	2.5	3	13	-9	28	-18	60	-33
08C	2.9	2	15	-10	31	-19	65	-34
09C	3.5	1	18	-11	38	-19	80	-37
7010C	3.9	1	20	-11	42	-21	90	-37
11C	5	-1	27	-16	55	-28	120	-47
12C	5.5	-1	28	-16	60	-28	125	-47
13C	6	-1	31	-16	65	-28	140	-47
14C	7.5	-2	40	-18	85	-32	175	-53
7015C	8	-3	42	-19	85	-33	185	-54
16C	9.5	0	50	-19	105	-35	230	-59
17C	10	0	55	-19	110	-35	240	-59
18C	12	-1	65	-22	135	-40	280	-66
19C	13	-2	65	-23	140	-41	300	-67
20C	13	-2	70	-23	145	-41	310	-67

표 11.6 72C 계열 베어링의 예압하중 (kgf)과 액시얼크리어런스 (μm)의 평균치

호칭번호	C2		C7		C8		C9	
	예압하중	크리어런스	예압하중	크리어런스	예압하중	크리어런스	예압하중	크리어런스
7200C	0.55	5	2.9	-2	6	-8	13	-17
01C	0.85	4	4.5	-4	9.5	-12	20	-23
02C	0.95	3	5	-5	10	-13	22	-24
03C	1.2	3	6.5	-7	13	-15	28	-28
04C	1.7	1	9	-11	18	-20	39	-35
7205C	2.0	4	11	-8	22	-17	47	-32
06C	3.0	3	15	-10	32	-21	70	-38
07C	4.0	1	21	-15	43	-28	90	-48
08C	5.0	0	26	-16	55	-30	115	-51
09C	5.5	0	29	-18	60	-32	130	-54
7210C	6	-1	32	-19	65	-33	140	-55
11C	7.5	-3	40	-23	85	-40	180	-65
12C	9.5	-4	50	-26	105	-45	220	-74
13C	11	-5	60	-29	120	-48	260	-78
14C	12	-2	65	-26	135	-46	280	-77
7215C	13	-2	70	-26	145	-46	300	-77
16C	15	-3	75	-30	160	-53	340	-87
17C	17	-4	90	-33	185	-57	400	-93
18C	20	-6	105	-37	220	-63	460	-102
19C	21	-6	110	-39	230	-66	490	-107
20C	24	-9	125	-44	260	-74	560	-119

표 11.7 73C 계열 베어링의 예압하중 (kgf)과 액시얼크리어런스 (μm)의 평균치

호칭번호	C2		C7		C8		C9	
	예압하중	크리어런스	예압하중	크리어런스	예압하중	크리어런스	예압하중	크리어런스
7300C	1.1	4	5.5	-6	12	-15	25	-27
01C	1.1	4	5.5	-6	12	-15	25	-27
02C	1.5	2	8	-11	17	-19	35	-34
03C	1.8	1	9.5	-8	20	-21	43	-37
04C	2.2	5	11		24	-19	50	-36
7305C	3.3	3	17	-13	36	-26	75	-46
06C	4.3	1	23	-17	47	-31	100	-53
07C	5.5	-1	28	-20	60	-36	125	-60
08C	6.5	-2	35	-23	75	-41	155	-67
09C	9	-4	47	-28	100	-48	210	-79
7310C	11	-5	55	-32	115	-55	250	-89
11C	12	-7	65	-36	135	-60	290	-96
12C	14	-3	75	-34	160	-60	340	-99
13C	17	-4	90	-38	185	-65	390	-106
14C	19	-7	100	-42	210	-72	440	-117
7315C	21	-8	115	-45	240	-76	500	-123
16C	24	-9	125	-48	260	-81	560	-131
17C	27	-10	140	-52	290	-87	620	-140
18C	30	-13	155	-57	320	-93	690	-149
19C	33	-14	170	-60	360	-99	700	-158
20C	43	-15	220	-65	470	-107	1000	-171

표 11.8 예압을 갖는 정밀급 조합 앵귤러볼베어링의 추천 끼워맞춤

Nominal Bore Diameter(mm)		Shaft Interference	Nominal Outside Diameter(mm)		Housing Clearance
Over	Incl		Over	Incl	
-	18	0~2	-	18	-
18	30	0~2.5	18	30	2~ 6
30	50	0~2.5	30	50	2~ 6
50	80	0~3	50	80	3~ 8
80	120	0~4	80	120	3~ 9
120	150	-	120	150	4~12
150	180	-	150	180	4~12
180	250	-	180	250	5~15

11.5.2. 예압의 관리방법

베어링에 가해진 예압량을 정확히 아는 것은 매우 어렵지만 예압을 관리하는 방법은 다음과 같다.

1) 베어링의 기동마찰모멘트의 측정에 의한 방법

스러스트하중과 베어링의 기동마찰모멘트의 관계를 이용하여 기동마찰모멘트(Starting Friction Moment)에 의해 예압을 관리하는 방법이다.

2) 스프링 변위량의 측정에 의한 방법

정압예압일 때 예압스프링의 하중과 변위량의 관계를 이용하여 스프링의 변위량에 의해 예압을 관리하는 방법이다.

3) 베어링의 축방향 변위량의 측정에 의한 방법

베어링에 걸리는 스러스트하중과 축방향 변위량의 관계를 이용하여 축방향 변위량에 의해 예압을 관리하는 방법이다.

4) 너트 조임 토르크의 측정에 의한 방법

스페이서(Spacer),쉼(Shim) 등을 사용하지 않고 대응하는 2개의 베어링에 조

임 너트로 예압을 가할 때 토르크렌치를 이용하여 예압을 관리하는 방법이다.

11.5.3. 스러스트하중과 기동마찰모멘트

1) 볼베어링

볼베어링의 기동마찰모멘트는 볼의 스핀(Spin)모멘트로부터 근사적으로 구한다. 볼의 스핀모멘트와 베어링의 기동마찰모멘트는 다음 식으로 주어진다.

$$M = M_s Z \sin\alpha \quad (kgf.\text{mm}) \qquad 11.8$$

$$M_s = 3/8\ \mu_s\ Q_a E(k) \quad (kgf.\text{mm}) \qquad 11.9$$

여기서, M_s : 접촉각 α의 축을 중심으로 한 스핀 마찰모멘트

μ_s: 접촉면의 미끄럼 마찰계수

Q : 전동체 하중 (kgf)

a : 접촉타원의 장반경 (mm)

b : 접촉타원의 단반경 (mm)

$E(k)$: $k=\sqrt{1-(\frac{b}{a})^2}$ 을 모수로 하는 제2종의 완전타원적분

Z : 볼 수

α : 접촉각(°)

식 11.8에 있어서의 M_s는 식 11.9에 의해 내륜에 대한 M_s와 외륜에 대한 M_s를 구해서 이 중에서 작은 쪽의 값을 취한다. α, μ_s, Q, a 는 어느 정도의 산포를 피할 수가 없으므로 기동마찰모멘트는 평균치가 된다. 그림 11.11은 기동마찰모멘트의 실측치 μ_s=1.15로서 식 11.8과 식 11.9에서 구한 결과를 나타낸다. 이 방법으로 기동마찰모멘트를 구하는 것은 대단히 불편하므로 개략적인 기준으로 구할 때는 접촉각이 15°인 경우에는 다음 식으로 주어진다.

$$M' = 3\times10^{-3}\ d_p\ F_a \qquad 11.10$$

여기서, M'은 베어링 2개분의 기동마찰모멘트의 값이다.

그림 11.12는 70C, 72C 및 73C 계열의 베어링 마찰토르크를 계산한 결과이다. 앵규러볼베어링의 기동마찰토르크는 볼과 내외륜의 접촉면에 있어서 스핀(Spin)마찰에 의한 토르크가 거의 대부분을 차지한다.

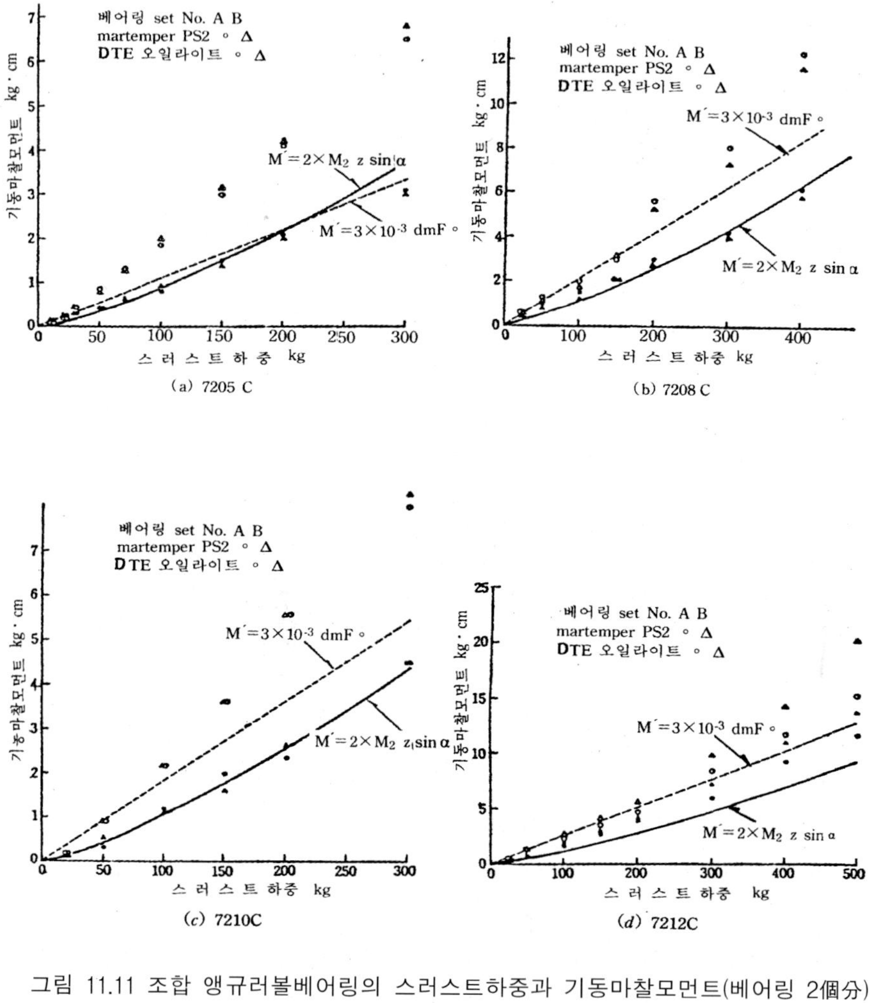

그림 11.11 조합 앵귤러볼베어링의 스러스트하중과 기동마찰모멘트(베어링 2個分)

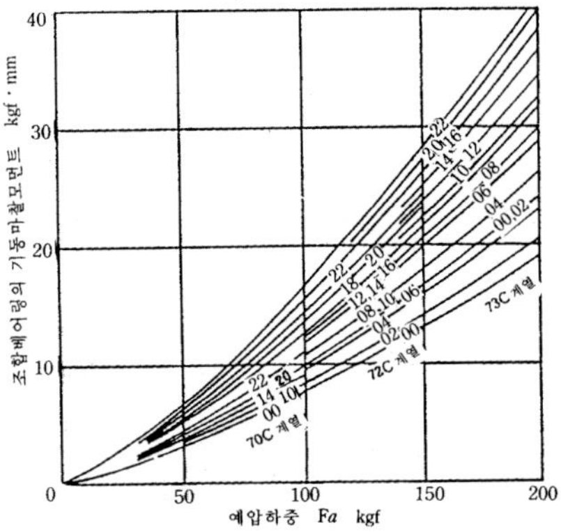

그림 11.12 앵규러볼베어링의 예압과 기동마찰토르크

2) 테이퍼로울러베어링

테이퍼로울러베어링에 액시얼하중 F_a가 걸릴 때 외륜, 내륜 및 내륜 큰턱에 걸리는 전동체의 하중은 각각 다음 식으로 주어진다.

$$Q_e = \frac{F_a}{Z\sin\alpha} \qquad 11.11$$

$$Q_i = Q_e \cos 2\beta = \frac{\cos 2\beta}{Z\sin\alpha} F_a \qquad 11.12$$

$$Q_f = Q_e \sin 2\beta = \frac{\sin 2\beta}{Z\sin\alpha} F_a \qquad 11.13$$

여기서, Q_e: 외륜에 걸리는 전동체의 하중 (kgf)

Q_i : 내륜에 걸리는 전동체의 하중 (kgf)

Q_f : 내륜 큰턱에 걸리는 전동체의 하중 (kgf)

Z : 로울러 수

α : 접촉각(cup의 1/2)

β : 로울러 원추각의 1/2

D_{a1} : 로울러 최대경 (mm)

e : 로울러 단면과 턱과의 접촉위치

μ : 로울러 단면과 턱과의 마찰계수

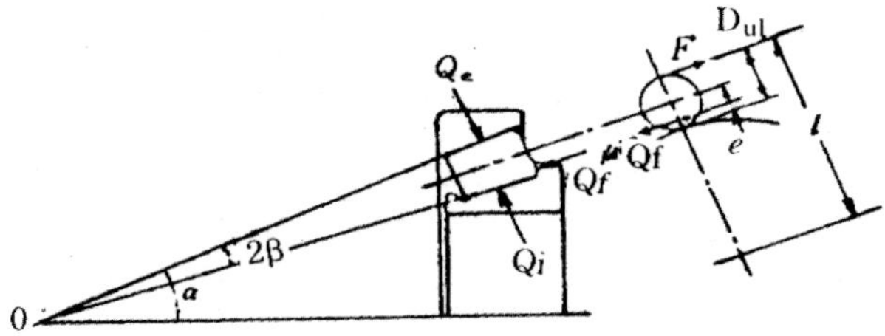

e, β의 관계

그림 11.13 테이퍼로울러베어링의 모먼트 균형

그림 11.13에서 외륜에 원주방향의 힘 F를 가해서 로울러가 그 방향으로 굴러갈 때 로울러 회전의 순간중심(瞬間中心) A에 관한 접촉점 C의 마찰모먼트는 $e\mu\ Q_f$ 이다. 모먼트의 균형은 다음 식으로 주어진다.

$$D_{al}F = e\mu\ Q_f \quad (kgf.\text{㎜}) \qquad 11.14$$

베어링 1개의 마찰모먼트 M_0는 다음 식으로 주어진다.

$$M_0 = F.Z.l$$

$$Q_i = \frac{e\mu\ l\sin 2\beta}{D_{al}\sin\alpha}\ F_a \quad (kgf\cdot\text{㎜}) \qquad 11.15$$

$$D = 2OB\sin B\ ,\ \ l = OB\sin\alpha$$

이므로 식 11.15에 대입하면 마찰모먼트는 다음 식으로 주어진다.

$$M_0 = e\mu\ \cos\beta\, F_a \quad (kgf\cdot\text{㎜}) \qquad 11.16$$

마찰모먼트 M_0는 로울러와 내륜 큰턱의 사이에 미끄럼마찰 만을 고려한 것이지만 스러스트하중이 예압으로 고려할 정도의 크기라면 이 부분의 마찰이 베어링의 마찰모먼트에 결정적이며 그외의 원인에 의한 마찰모먼트는 무시된다. 식 11.16에서 e와 β는 베어링의 설계상에서 주어지는 값이고 정밀한 계산을 필요로 하지 않는 계산의 경우에는 $\cos\beta = 1$ 로 하여도 무방하며 μ 값을 정하면 마찰모먼트는 계산할 수가 있다. 실험에 의하면, μ = 0.15 (NSK는 0.20)로 계산하면 기동마찰모먼트의 평균치를 추정할 수가 있다.

그림 11.14는 테이퍼로울러베어링의 각 계열별로 계산한 값을 나타내고 있다.

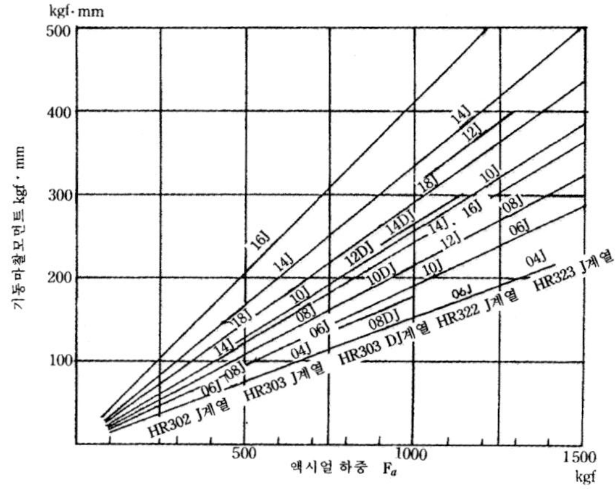

그림 11.14 액시얼하중과 기동마찰모멘트의 관계

11.5.4. 너트의 체결 토르크와 체결력

너트(Nut)의 체결토르크 M_n과 체결력 F와의 관계는 다음 식으로 주어진다.

$$F = \frac{M_n}{\frac{d_2}{2}\tan(\beta + \rho) + \gamma_n \mu_n} \quad 11.17$$

여기서, d_z : 나사면의 유효경

β : 나사면의 리이드 각(角)

ρ : 나사면의 마찰각

$\tan\rho = \mu / \cos\alpha$

μ : 나사면의 마찰계수

μ_n : 너트자리면의 마찰계수

γ_n : 너트 자리의 평균반경

α : 나사산의 반각

$\mu = \mu_n = 0.15$

나사의 각 부위는 가공정밀도와 조도가 낮으므로 체결토르크가 작을 때는 체결력의 산포가 크다.

12. 윤활 시스팀의 설계

12.1. 윤활의 목적

구름베어링 이라도 베어링의 내부에는 금속과 금속이 접촉하면서 구름운동 이외에 미끄럼운동을 하고 있는 부분도 있다. 즉, 로울러(Roller)의 단면과 턱과의 사이, 리테이너(Retainer)의 포켓(Pocket)과 전동체(Rolling Elements)와의 사이, 리테이너의 안내면과 궤도륜과의 사이에는 주로 미끄럼운동을 하므로 구름베어링일지라도 충분한 윤활이 필요하다.

윤활의 목적은 다음과 같다.

1) 마찰과 마모의 감소

베어링의 운동부분에서 마찰을 감소하고 타불음을 방지하고 마모를 감소한다.

2) 피로수명의 연장

전동면의 요철부분이 윤활유로 유막이 형성되어 마찰력이 감소되고 피로수명이 길어진다.

3) 냉각

오일윤활(Oil Lubrication)이 되고 있는 베어링에 발생된 마찰열 또는 외부에서 전달된 열은 오일에 의해 방출, 냉각하여 베어링의 과열(Over Heating)과 윤활유 자신의 열화(Deteriorating)를 방지한다.

4) 방진

그리이스윤활(Grease Lubrication)은 외부에서 먼지, 이물질(Foreign Matter)이 베어링의 내부에 침입하는 것을 방지한다.

5) 방청

베어링의 표면에 유막(Oil Film)으로 덮혀 있어 녹 발생을 방지한다.

12.2. 탄성유체윤활

이제까지 접촉하는 두면의 윤활에 대한 생각은 접촉면의 탄성변형을 고려하지 않고 Hertz의 접촉면압이 높은 접촉에서 유막 두께는 계산상 매우 얇은 것으로 되어 경계윤활막(Boundary Lubrication Film)에 의하여 지배되고 있다고 믿었다. 그러나, 실제로 구름접촉면에 운전후에도 기계가공한 흔적이 남아 있는 것으로 미루어 보아 두꺼운 유막(Fuid Film)이 존재하고 있는 것으로 추정할 수가 있으며 고전적인 유체윤활이론으로 설명을 할 수가 없게 되었다.

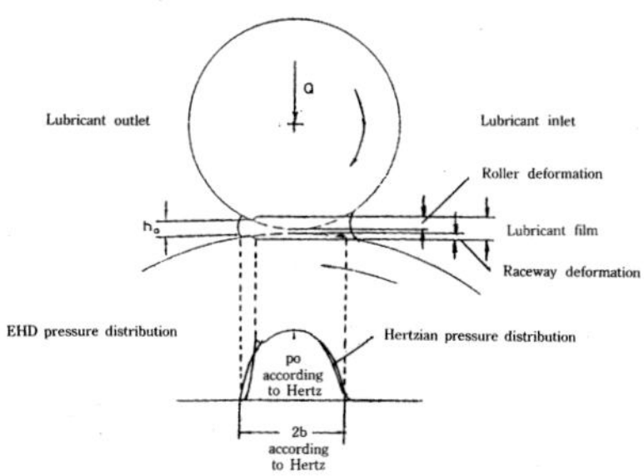

그림 12.1 탄성유체윤활 유막의 압력분포

근래에 와서 접촉하는 두면의 탄성변형을 함께 고려한 탄성유체윤활(Elasto Hydrodynamic Lubrication : EHL)의 이론이 발전하고, 이 이론에 의한 유막두께는 실측한 것과 일치하여 이제까지의 의문이 해결되었다. 그림 12.1은 탄성유체윤활유막과 그의 압력분포를 나타낸다.

1) 탄성유체윤활의 유막두께

1949년 Grubin은 접촉부의 탄성변형을 고려한 Reynolds 방정식을 풀어서 그림 12.2의 유막두께에 관하여 다음 식을 발표하였다.

$$\frac{h_0}{R} = 1.95\frac{(GU)^{8/11}}{W^{1/11}} \tag{12.1}$$

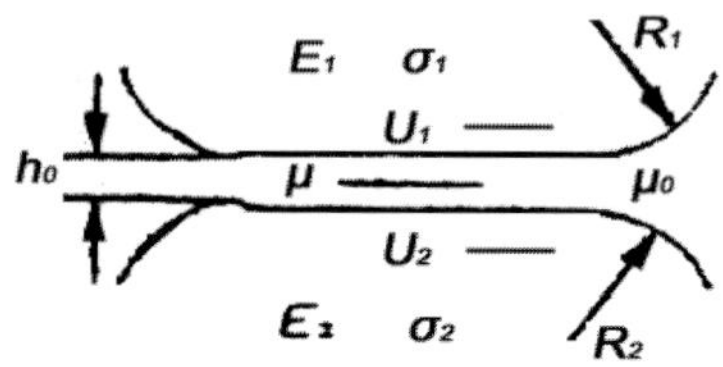

그림 12.2 유막두께

여기서, h_0 : 최소 유막두께

R : 등가 원통반경 $\frac{1}{R} = \frac{1}{R_1} + \frac{1}{R_2}$

R_1, R_2 는 두 원통 각각의 반경

$$G = \alpha E' \tag{12.2}$$

$$\frac{1}{E'} = \frac{1}{2}\left(\frac{1-\sigma_1^2}{E_1} + \frac{1-\sigma_2^2}{E_2}\right) \tag{12.3}$$

여기서, E_1, E_2 : 두 원통의 각각의 영률

σ_1, σ_2 : 두 원통의 각각의 포아송비

α : 점도 압력지수

$\mu = \mu_0^{\alpha p}$ μ_0 : 접촉부 입구의 점도, p : 압력

$W = \frac{w}{E'R}$ w : 원통 축방향 단위길이당 하중

$U = \frac{\mu u}{E'R}$ $u = \frac{1}{2}(u_1 + u_2)$

u_1, u_2 : 두 원통의 접촉부에 대한 표면 속도

한편 윤활상태에 따라 분류를 하면 유체윤활(Hydrodynamic Lubrication), 탄성유체윤활(Elastohydrodynamic Lubrication), 혼합윤활(Mixed Lubrication), 경계윤활(Boundary Lubrication)이 되며 이들에 대한 유막두께와 유막계수는 표 12.1에, 유막계수에 대한 마찰계수는 그림 12.3에 나타난다.

표 12.1 윤활상태에 따른 유막두께와 유막계수

구 분	유막두께(h_0)	유막계수(Λ)	특 성
유체윤활	$1\mu m < h_0$	$\Lambda > 10$	이상적인 윤활
탄성유체윤활	$10^{-1}\mu m \le h_0 \le 1\mu m$	$3 \le \Lambda \le 10$	준이상적인 윤활
혼합윤활	$10^{-2}\mu m \le h_0 \le 1\mu m$	$1 \le \Lambda \le 4$	경계면과 유막의 복합영향이 지배
경계윤활	$5 \times 10^{-3}\mu m < h_0 < 10^{-2}\mu m$	$\Lambda < 1$	접촉면의 물리적, 화학적 특성이 지배

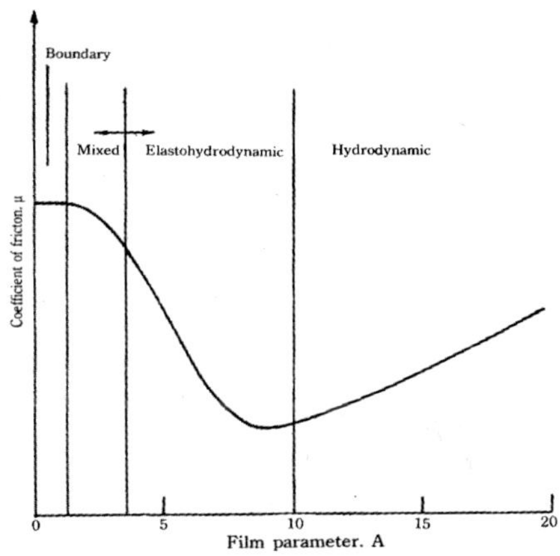

그림 12.3 Variation of Coefficient of Friction with Film Parameter

2) 구름 베어링에 적용

1965년 미국에서 다음과 같은 유막계수 Λ가 다음 식으로 발표되었다.

$$\Lambda = \frac{h_0}{\sqrt{S_1^2 + S_2^2}} = K\, d_p(\eta\, \alpha n)^{0.73} P_0^{-0.09} \qquad 12.4$$

여기서, h_0 : 최소 유막두께

S_1, S_2: 양 접촉면의 표면 조도 (mms)

K : 베어링의 형식에 의한 계수

d_p	: 베어링의 피치원 직경 (mm)
η	: 윤활제의 절대점도 (kgf.s/m^2)
α	: 윤활제의 압력점도 지수 (m^{2}kgf)
n	: 회전수 (rpm)
P_0	: 정등가하중 (kgf)

이 중에 K는 표 12.2에, $(\eta\alpha)^{0.73}$은 그림 12.4에, $P_0^{-0.09}$은 표 12.3에, $n^{0.73}$은 그림 12.5에서 구할 수가 있다.

표 12.2 베어링 종류에 따른 K

베어링 종류	K
깊은홈볼베어링	1,800
앵귤러볼베어링	2,000
자동조심볼베어링	1,800
원통로울러베어링	1,900
테이퍼로울러베어링	1,800
자동조심로울러베어링	2,200
스러스트 볼베어링	1,600
스러스트 자동조심로울러베어링	2,300

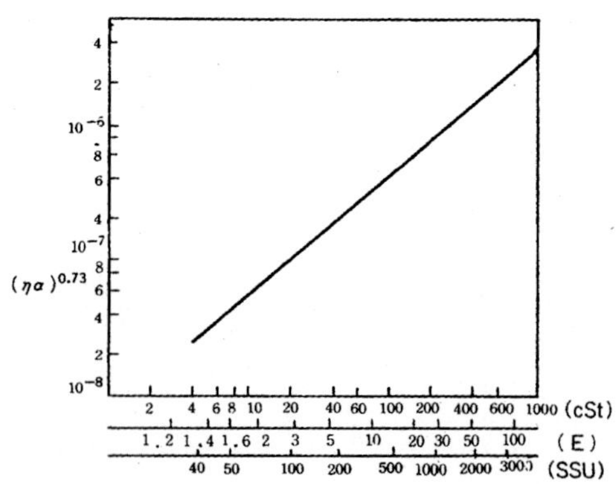

그림 12.4 ν와 $(\eta\ \alpha)^{0.73}$와의 관계

표 12.3 P_0와 $P_0^{-0.09}$

P_0(kg)	$P_0^{-0.09}$	P_0(kg)	$P_0^{-0.09}$
10	0.81	1,000	0.54
15	0.78	1,500	0.52
20	0.76	2,000	0.50
30	0.74	3,000	0.49
40	0.72	4,000	0.47
50	0.70	5,000	0.46
60	0.68	6,000	0.46
80	0.67	8,000	0.45
100	0.66	10,000	0.44
150	0.64	15,000	0.42
200	0.62	20,000	0.41
300	0.60	30,000	0.40
400	0.58	40,000	0.39
500	0.57	50,000	0.38
600	0.56	70,000	0.37
800	0.55	100,000	0.36

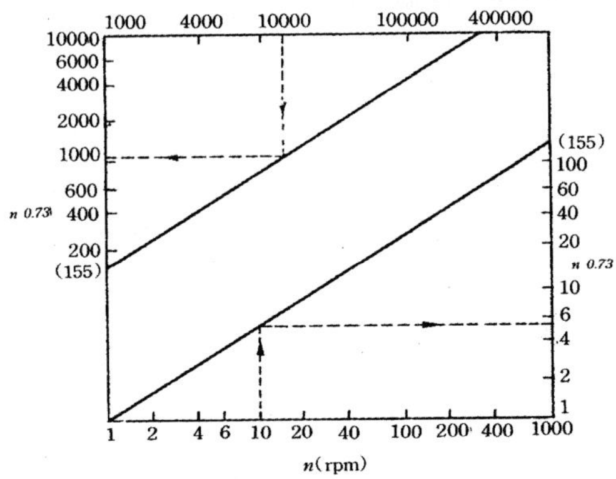

그림 12.5 n와 $n^{0.73}$와의 관계

유막계수 Λ는 물리적으로 최소 유막두께와 표면조도의 비이고 이 식은 Grubin의 식에서 유도된 것이다. 이 유막계수와 유막형성율의 관계는 그림 12.6

(a)와 같이 된다.

일반적인 베어링을 사용하고 있는 상태에서 Λ가 1 ~ 3.5 이므로 유막두께가 접촉면의 조도 이상 되어 표면손상이 생기지 않지만 Λ가 1 보다 작으면 유막형성은 없고, 금속접촉(Metal Contact)에 의해 표면에 손상을 일으키고 베어링의 수명이 단축된다.

유막계수 Λ가 크게 되는 조건은 식 12.4에서 베어링의 회전수 증가와 윤활유의 운전온도에 있어서 점도 및 점도압력계수가 크게 되는 것이다.

식 12.4의 Λ는 P_0의 영향이 적기 때문에 무시하고, K는 거의 베어링의 내경에 비례하고, $(\mu_0 \alpha)^{0.73}$은 운전온도에서 점도에 거의 비례하므로 유막이 형성되는 점도의 윤활유를 선택하는 것이 대단히 중요하다. 그림 12.6 (b)는 이들의 관계를 알기 쉽게 하기 위하여 종축에 $d_m n$, 횡축에 운전상태의 동점도를 취하여 윤활상태의 양부를 구분하여 나타낸 것이다. 윤활상태의 양부는 Λ를 식 12.4으로 계산하여 판단할 수가 있으나 그림 12.6 (b)를 사용하여 판단하는 것이 편리하다.

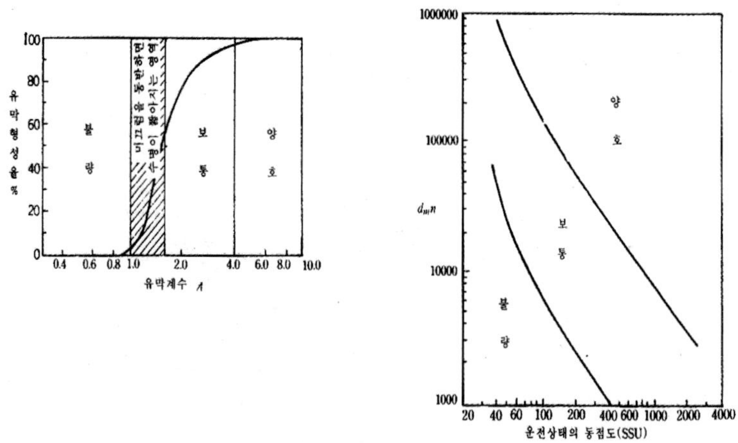

(a) 유막계수와 유막형성율의 관계 (b) 윤활상태에 대한 화전속도와 점도의 영향

그림 12.6 윤활상태의 양부

12.3. 윤활방식

구름베어링의 윤활방식은 오일윤활(Oil Lubrication)과 그리이스윤활(Grease Lubrication)의 2가지가 있다. 베어링의 기능을 충분히 발휘하기 위해서는 사용조건과 사용목적에 적합한 윤활방법을 사용하는 것이 대단히 중요하다.

윤활의 질적인 면을 보면 오일윤활이 열 방출이 쉽고, 접촉면에 오일의 출입이 쉽고, 수분의 배출이 쉽고, 주변의 기어(Gear)나 캠(Cam)과 동시에 윤활도 할 수가 있으므로 그리이스윤활 보다 우수하다. 그럼에도 불구하고 실제로 그리이스윤활이 많이 사용되고 있는 것은 베어링의 내부에 그리이스를 가질 수 있는 공간을 갖고 있고, 밀봉장치가 간단하고, 보수가 쉽고, 먼지나 이물질의 침입을 방지하기가 쉽기 때문이다.

표 12.4는 오일윤활과 그리이스윤활의 특징을 비교하여 나타내고 있다.

표 12.4 그리이스윤활과 오일윤활의 비교

구 분	그리이스윤활	오일윤활
윤활성	양호	대단히 양호
냉각효과	없음	대단히 양호
허용하중	중하중(重荷重)	중하중(重荷重)
속도	허용속도는 오일윤활의 65~80%	높은 허용속도
밀봉장치, 하우징구조	간단	복잡
방진	용이	곤란
윤활제 누설	적다	많다
보수	용이	곤란
윤활제 교환	곤란	용이
토르크	약간 크다	작다
사용온도	보통 80℃	180℃
이물질 제거	불가능	용이
점검주기	길다	짧다

12.4. 윤활제

12.4.1. 구비 조건

구름베어링의 윤활제(Lubricant)는 주로 그리이스(Grease)와 오일(Oil)이 사용되고 특수한 경우에는 고체윤활제인 이유화모리브덴(MoS2) ,그래파이트(Graphite) 등이 사용된다. 윤활제는 다음과 같은 구비조건을 갖추어야 한다.

· 유막강도가 높은 것
· 열안정성이 좋은 것
· 부식성이 없는 것
· 방청성이 좋은 것
· 내마모성이 좋은 것
· 마찰이 적은 것
· 먼지, 수분이 적은 것
· 그리이스는 반복되는 교반에도 주도가 변하지 않는 것

일반적으로 그리이스윤활은 밀봉장치가 간단한 것이 최대의 장점이므로 많이 사용되고 있다. 윤활 성능면에서 보면 오일윤활이 우수하며 허용회전수, 윤활제의 수명, 열 방출, 먼지 여과 등 사용조건에 따라 여러가지 윤활방법을 채용할 수가 있다.

12.4.2. 선정

구름베어링용 윤활제(Lubricant)의 선정에 있어서 중요한 고려사항은 적정한 동점도(Viscosity)이며 사용조건에 따라 적당한 성질을 갖는 윤활제를 선택해야 한다. 일반적인 선정기준은 하중이 클수록 고점도(高粘度)를, 회전속도가 빠를수록 저점도(低粘度)의 오일으로 한다. 베어링의 운전온도에서 유막이 형성되어야 한다. 점도가 너무 높으면 점성저항에 의한 발열이 심해지고, 온도상승과 동력손실이 발생하는 반면에 점도가 너무 낮으면 윤활유막의 형성이 불충분하여 접촉면에 타붙음과 마모가 발생한다. 따라서 다음과 같은 기준으로 오일의 점도를 결정한다.

1) 낮은 점도유를 사용하는 경우

a) 저하중에서 베어링의 온도가 높지 않은 경우
b) 고속회전으로 유막은 쉽게 생기지만 오일저항을 피해야 할 경우
c) 소형 베어링에서 작은 하중만 가해지지만 회전저항이 적어야 할 경우

2) 높은 점도유를 사용하는 경우

a) 고하중으로 베어링의 온도가 높게 되어 오일의 점도가 저하될 경우
b) 저속회전에서 베어링 온도는 올라가지 않으나 유막 형성이 어려울 경우
c) 대형 베어링에서 고하중이 가해질 경우

운전중에 베어링 온도는 윤활제의 점도를 고려하여 베어링 내에 접촉면의 유막형성 상태와 회전저항을 만족하는 선에서 선정하는 것이 기본이다.
구름베어링용 윤활유를 선정하는 근거를 구하는 것은 실제로 대단히 어렵다. 전동체와 궤도면의 사이에 유막을 형성시킬 수가 있는 점도의 오일을 선정해야 한다. 이것에 관해서는 탄성유체윤활(Elasto Hydrodynamic Lubrication ; EHL)의 이론을 적용하여 구한다.

12.4.3. 종류와 특성

1) 윤활유

구름베어링의 윤활유는 유막(Oil Film)의 강도가 높고, 산화 안정성이 좋고, 방청성이 좋은 고정제된 합성유가 많이 사용된다.
운전온도에서 각종 베어링에 대한 윤활유의 동점도(Vicosity)의 값을 표 12.5에 나타내고 있다.

표 12.5 운전온도에서 윤활유의 적정 점도

베어링의 형식	적정 동점도
볼베어링, 원통로울러베어링	13 cst 이상
테이퍼로울러베어링, 자동조심로울러베어링	20 cst 이상
스러스트 자동조심로울러베어링	32 cst 이상

윤활제의 점도는 온도에 따라 변하므로 여러가지 점도 등급(Grade)의 오일 점도와 온도와의 관계를 그림 12.7에 나타내고 있다.

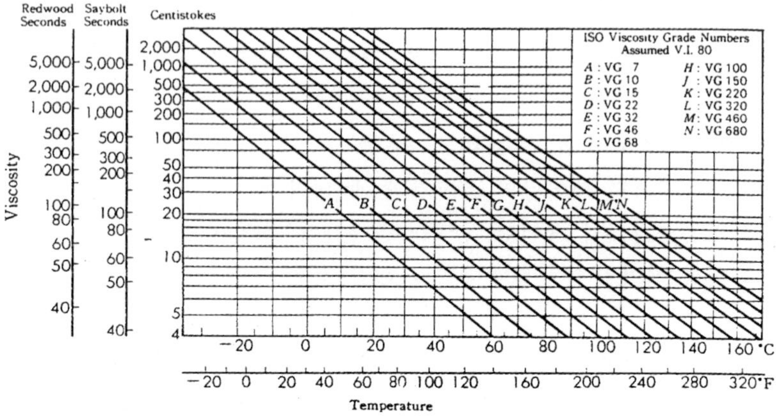

그림 12.7 Temperature - Viscosity Chart

일반적인 표준으로 베어링의 회전속도와 운전온도에 대한 윤활제의 선정을 표 12.6에 나타내고 있다.

표 12.6 베어링의 사용조건과 윤활제 선정

운전 온도(℃)	회전 속도	경하중, 보통하중	중하중, 충격하중
-30~0	허용 회전속도까지	ISO VG10~46(R)	-
0~50	허용 회전속도의 1/2까지	ISO VG32, 46(M,B,T) SAE20	ISO VG68(B,T) SAE30
	허용 회전속도까지	ISO VG32(M,B,T)	ISO VG 46,68(B,T) SAE30
	호용 회전속도이상	ISO VG7,10,15,22(M,B)	-
50~80	허용 회전속도의 1/2까지	ISO VG46,68(B,T) SAT20	ISO VG68(B,T) SAE30
	허용 회전속도까지	ISO VG32,46(B,T)	ISO VG32,46(B,T) SAE30
	허용 회전속도 이상	ISO VG22,32(B,T)	
80~110	허용 회전속도의 1/2까지	ISO VG68(B,T) SAE30	ISO VG100,150(B) SAE40
	허용 회전속도까지	ISO VG46(B,T) SAE20	ISO VG68(B,T) SAE30
	허용 회전속도 이상	ISO VG46(B,T)	-
110~150	허용 회전속도의 1/2까지	ISO VG100,150(B) SAE40	ISO VG220,320(B) SAE50
	허용 회전속도까지	ISO VG69(B,T) SAE30	ISO VG150(B) SAE40

오일을 장기간 사용하면 성능에 저하되어 교환을 해야 한다. 교환기간은 운전온도가 50℃ 이하에서 먼지와 수분이 적을 경우는 1년에 1회, 온도가 100℃ 이상이 되거나 수분과 이물질이 침입된 경우에는 3개월에 1회 또는 2개월 이내의 기간에 교환한다. 이것은 절대적인 것은 아니고 과거의 실적을 기초로 하여 교환기간을 결정하는 것이 바람직하다. 종류가 다른 윤활제를 혼용해서는 안된다.

2) 윤활그리이스

윤활그리이스(이하 그리이스라고 한다)는 기유(Base Oil), 증주제(Thickener), 첨가제(Additives)의 3요소로 된 반고상 윤활제(Semi-Solid Lubricant)이다.

그리이스의 종류는 기유, 증주제, 첨가제의 각종 조합에 의해 수많은 종류가 시판되고 있으나 기본체계는 그림 12.8에 나타낸다.

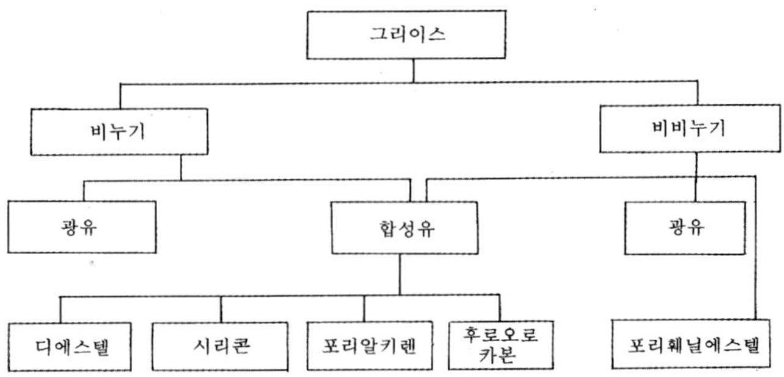

그림 12.8 그리이스의 분류

표 12.7은 각종 그리이스의 특성을 나타내고 있으나 같은 종류의 그리이스 일지라도 명칭에 따라 그의 성상은 상당히 다르므로 참고로 생각해야 하며 상세한 것은 윤활제 제조사의 추천을 받아야 한다.

베어링의 전동체와 내외륜과의 사이 또는 리테이너와의 사이에서 그리이스는 반복전단을 받아 비누기가 만든 화이버(Fiber)는 서서히 잘게 되고 연화하여 그리이스의 점도는 기유의 점도 부근까지 된다. 이 과정에서 기유를 둘러 싸고 있는 화이버가 절단되면 화이버가 만든 모세관(毛細管)은 없어지고 기유가 유출하여 오로지 윤활작용을 행하는 것으로 알려지고 있다. 베어링의 회전이 정지되면 그리이스는 다시 본래의 반고체 상태로 된다.

표 12.7 각종 그리이스의 특성

Name(Popular Name)	Lithium Grease			Sodium Grease (Fiber Grease)
Thickener	Li Soap			Na Soap
Base Oil / Property	Mineral Oil	Diester Oil	Silicone Oil	Mineral Oil
Dropping Point, ℃	170~190	170~190	200~250	170~200
Working Temperature, ℃	-20~+110	-50~+120	-50~+160	-20~+120
Working Speed, %[1]	70	100	60	70
Mechanical Stability	Good	Good	Good	Good
Pressure Resistance	Fair	Fair	Poor	Fair to Good
Water Resistance	Good	Good	Good	Poor
Rust Prevention	Good	Good	Poor	Poor to Good
Remarks	General purpose lubricant.	Good low temperature and torque characteristics. Often used for small motor and instrument bearings.	Mainly for high temperature applications. Unsuitable for bearings under high speed or heavy load conditions.	Long and short fiber types available. Long fiber grease is unsuitable for high speeds.

1) The values listed are percentages of the limiting speeds given in the bearing tables.
Note · The grease properties shown here can vary between different brands.

Calcium grease (Cup Grease)	Mixed Base Grease	Complex Grease	Non-soap Base Grease (Non-soap Grease)	
Ca Soap	Na+Ca Soap Li+Ca Soap, etc.	Ca Complex Al Complex, etc.	Silica Gel, Bentonite, Carbon Black, Polyurea, Fluoric Compounds, Heat Resistant Organic Compound	
Mineral Oil	Mineral Oil	Mineral Oil	Mineral Oil	Synthetic Oil (Diester Oil, Silicone Oil)
70~90	160~190	240~300	240~	240~
-20~+60	-20~+80	-20~+120	-10~+150	~+250
40	70	70	70	40~100
Poor	Good	Good	Good	Good
Poor	Fair to Good	Good	Good	Good
Good	Poor for Na Soap Grease	Good	Good	Good
Good	Fair to Good	Fair to Good	Poor to Good	Poor to Good
Cup grease is not suitable for high temperatures and heavy loads. Extreme pressure grease containing high viscosity oil and extreme pressure additive(Pb soap, etc.)is available.	Often used for roller bearings and large bal bearings.	Suitable for extreme pressures. Mechanically stable.	General purpose lubricant.	Recommended for special environments with very high temperatures, acids, alkalis, radioactivity, and exposure to flames.

a) 기유

그리이스의 기유(Base Oil)는 그리이스 조성의 약 90 %를 점유하여 윤활성을 담당한다. 기유는 자신의 점성(粘性)에 의해 상대운동을 하는 윤활면 사이에 유막을 만들어 접촉을 방지하고 조건이 어렵게 될 경우에는 기유 자신의 성분 또는 첨가제 성분이 금속표면에 흡착층 또는 반응층을 만들어 접촉을 억제시켜 마모와 타붙음을 방지한다.

그리이스의 기유에는 천연산의 광유(Mineral Oil)와 인공적으로 만든 실리콘유(Silicone Oil), 디에스텔유(Diester Oil)와 같은 합성유가 있다. 그리이스의 성능은 주로 기유에 의해 정해진다.

그리이스의 기유에 대한 특유한 요구성질은 다음과 같다.

- 적당한 점도 특성을 가질 것
- 고온에서 증발성이 적을 것
- 산화 및 열 안정성이 좋을 것
- 유성이 좋을 것
- 오일시일(Oil Seal) 등에 영향이 없을 것
- 증주제와 친화력이 좋을 것

① 광유

일반용은 윤활유의 기유에 사용하는 광유로 만족할 수가 있다. 가격과 여러 점도의 것을 입수하기 쉽기 때문에 시판되고 있는 그리이스의 대부분은 광유를 기유로 하고 있다. 나후텐(Naphthen)계 광유는 비누기 증주제와 친화성이 좋아서 그리이스를 만들기가 쉽다.

그러나, 나후텐계 광유는 구하기가 어려우며 정제시 탈황처리 문제로 가격이 상승되어 현재는 거의 파라핀(Paraffin)계 광유가 사용되고 있다.

단지 휠베어링용 리티움비누기 그리이스 등 온도 이력에 대한 복원성(復元性)이 요구되는 경우는 정제도가 좋은 나후텐계 광유가 아직도 사용되고 있다. 광유의 열안정성 한계는 +150℃ 이다.

② 합성유

극히 저온, 고온, 또는 넓은 온도범위에 걸쳐서 사용되는 그리이스는 광유로서는 유동점, 점도지수, 열 안정성에 한계가 있으므로 합성유(合成油)가 기유로 사용되고 있다. 특히 복합비누기 그리이스 또는 비비누기 그리이스에서는 증주제의 내열성을 생기게 하기 위하여 합성계 기유와 조합하는 수가 많다.

그리이스의 기유로서 사용될 때 사용온도 범위를 그림 12.9에 비교하지만 각각의 오일의 특성은 합성윤활유로서 사용되는 경우와 똑같이 고려하여야 한다.

합성유의 열 안정성 한계는 +200℃이다.

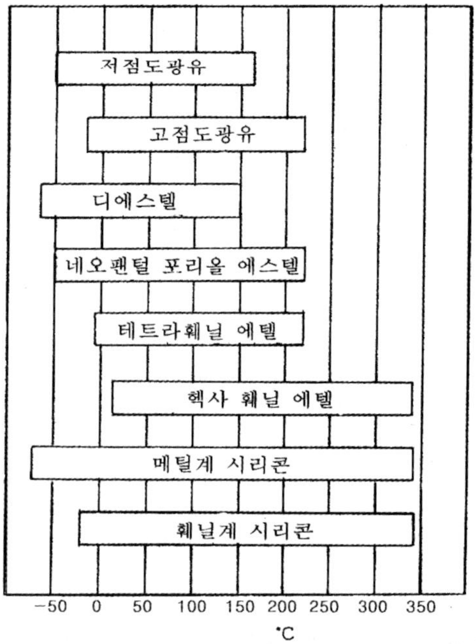

그림 12.9 그리이스에 사용되는 각종 기유의 사용온도 범위

윤활성에 관해서는 기유(Base Oil)점도의 선정이 중요하며 윤활유 단체(單體)로 사용할 때의 기준과 똑같이 저속·고하중에는 고점도(High Viscosity)로, 고속·저하중에는 저점도(Low Viscosity)로 한다. 오일윤활을 하는 구름베어링은 운전온도에 만족할 윤활을 보증하기 위한 최소동점도(Minimum Kinematic Viscoity) ν_1가 광유에 대하여 그림 12.10에서 주어진다.

운전온도가 경험에 의해 얻어지거나 그 이외에 달리 정해질 때 국제적으로 표준화된 기준온도 40℃ 또는 다른 테스트 온도 (e.g.20℃, 또는 50℃)에 상당하는 점도는 그림 12.11에서 구할 수가 있다. 비교할 수 있는 온도범위 내에 있을 때 구면로울러베어링, 테이퍼로울러베어링, 구면로울러스러스트베어링은 깊은홈볼베어링, 원통로울러베어링 보다 운전온도가 일반적으로 높다.

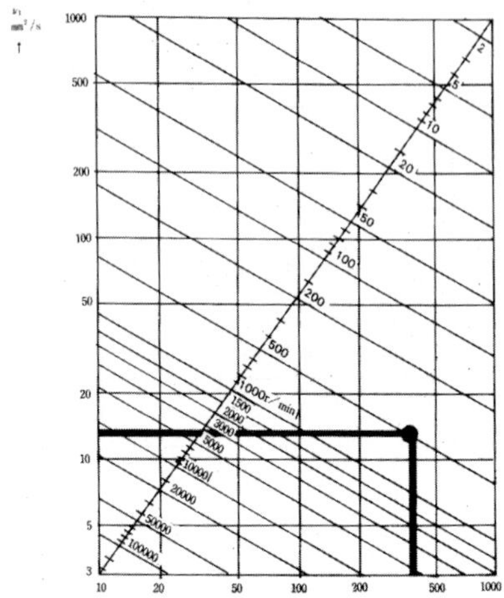

그림12.10 운전온도에서의 최소동점도

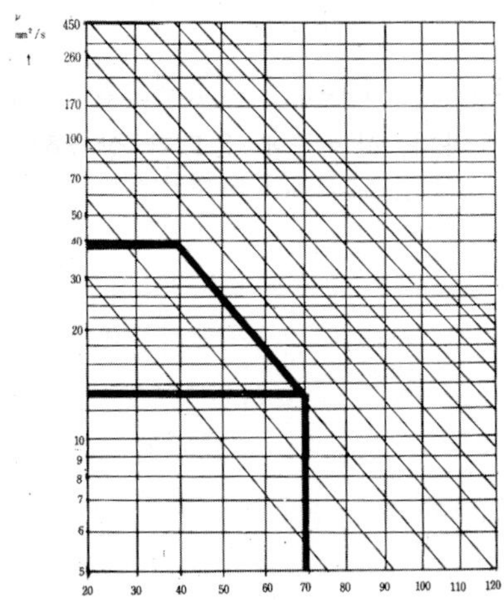

그림 12.11 표준온도 40℃이외 온도에서의 상당점도

b) 증주제

증주제 (Thickener)는 Na, Ca, Li, Al 등의 금속계 비누기 이외에 시리카겔(Silica Gel), 벤토나이트(Bentonite) 등의 유기물, 포리우레아(Polyurea), 불소화합물(Fluoric Compounds) 등의 내열성 유기물이 사용된다.

금속계 비누기는 일반적으로 극히 작고 미세한 그물망 구조 중에 기유를 보유하는 역할을 한다. 증주제의 종류에 의해 그리이스가 유동상태로 되는 적점(Dropping Point)과 밀접한 관계가 있고 적점이 높은 그리이스는 사용 한계온도도 높다. 이것은 기유(Base Oil)의 열저항(Heat Resistance) 때문이라고 생각된다.

① 비누기증주제

비누기증주제(Soap Base Thickener)는 지방산과 금속수산화물의 중화반응(中和反應)을 하여 만들며 유리산(遊離酸)과 알카리분이 남아 있지 않는 것이 원칙이다.

$$2RCOOH + Ca(OH)_2 \rightarrow (RCOO)_2Ca + 2H_2O \qquad 12.5$$

$$RCOOH + NaOH \rightarrow RCOONa + H_2O \qquad 12.6$$

$$RCOOH + LiOH \rightarrow RCOOLi + H_2O \qquad 12.7$$

칼시움그리이스(Calcium Grease)는 결정구조를 유지하는 데에 0.5 %의 수분이 존재하는 것이 필요하다. 사용중에 온도가 상승하여 이 수분이 상실되면 연화(軟化)하여 불균일하게 되므로 내열성이 떨어진다. 그러나, 지방산과 기유를 조제(調製)한 것을 사용하면 값싸게 제조할 수가 있기 때문에 사용조건이 까다롭지 않는 용도에 많이 사용되고 있다. 이 그리이스를 일명 컵그리이스(Cup Grease)라고도 부른다.

나트륨그리이스(Sodium Grease)는 수분을 필요로 하지 않기 때문에 비교적 내열성이 있어 컵그리이스에서 윤활할 수 없는 용도에 널리 사용되고 있다. 증주제의 형상은 100 μm 이상이 되는 것도 있으며 장섬유상으로 그리이스에서도 실을 당기는 감촉이 있는 점착성으로 일명 화이버그리이스(Fiber Grease)라고도 부른다. 화이버그리이스는 베어링 내의 리테이너 등에서 토르크(Torque)와 온도상승이 크고 전단 안정성이 나쁘다. 이 때문에 지방산과 기유 또는 제조조건을 변경하여 단섬유상으로 한 것은 모터용 베어링에 사용되고 있다. 그러나, 일시적으로 온도가 130℃ 전후로 상승한 후 냉각되면 현저히 경화되기 때문에 현재는 거의 리티움그리이스(Lithium Grease)로 바뀌고 있다. 리티움그리이스(Lithium Grease)는 현재 가장 광범위한 용도에 사용되고 있으며 칼시움과 나트륨비누기 증주제의 결함이 없을 뿐만 아니라 모든 점에서 우수하다

표 12.8 비누기 증주제의 특성

종류	대표적 화학구조	증주제 모양, 크기	내열성	내수성	안정성	용 도
칼시움 비누기	$[CH_3(CH_2)_{16}COO]_2Ca$	 0.1×3~5㎛ 꼬인 섬유상	구조유지에 필요한 수분이 100℃부근에서 상실하므로 보통 60℃까지 사용함.	양호	전단 안전성이 좋지 않음	조건이 까다롭지 않은 일반용, 샤시용, 고하중에 사용됨
나트리움 비누기	$CH_3(CH_2)_{16}COONa$	 1×10~100㎛ 평형 장섬유  0.1~0.5×3~10㎛ 봉상 단섬유	비교적 양호하나 고온에 달하면 냉각후 경화하며 보통 100℃까지 사용함	불량	전단 안전성이 좋지 않으나 단섬유의 것은 개량되었음	현재는 리치움 그리이스로 바꾸어 거의 사용하지 않음
리치움 비누기	$CH_3(CH_2)_{16}COOLi$ (OH) $CH_3(CH_2)_3CH(CH_2)_{10}COOLi$	 0.5×3~5㎛ 방추상  0.1×5~20㎛ 꼬인 섬유상	양호하며 보통 120~130℃까지 사용하며 이 이상의 온도에 달하면 경화 또는 연호하는 수가 많다.	양호	양호하고 온도에 대한 안정성은 조성과 제조법에 의해 개량 되었음	만능 그리이스로 구름 베어링에 주로 사용되며 합성계 기유와 조합하여 저·고온에 사용됨

지방산으로 스테아린산이 주로 사용되며 고온에서 복원성(復元性)이 뛰어나고 유동성이 좋기 때문에 집중급유시스템에 많이 사용되고 있다. 표 12.8은 비누기 증주제의 종류와 특성을 나타낸다

② 복합비누기 증주제

복합비누기 증주제 (Complex Soap Base Thickener)는 내열성을 향상시킨 것으로 종래 사용되어 온 지방산에 유기산을 조합시킨 것이다.

$$RCOOH + CHCOOH + Ca(OH)_2 \rightarrow \left.\begin{matrix} RCOO \\ CH_3COO \end{matrix}\right\rangle Ca + H_2 \qquad 12.8$$

$$RCOOH + C_6H_5COOH + 1/3$$

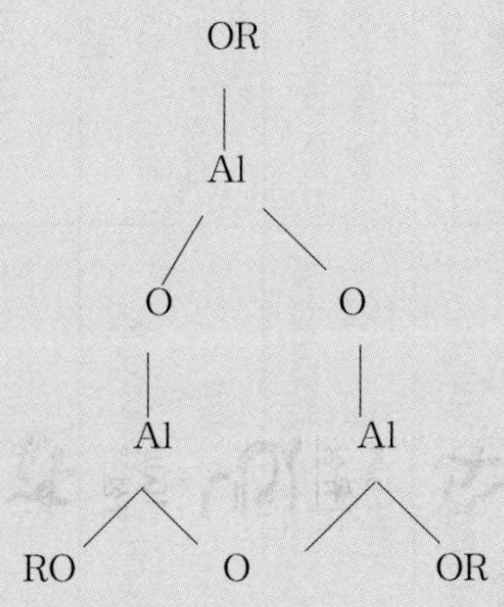

$$\rightarrow \left.\begin{matrix} RCOO \\ C_6H_5COO \end{matrix}\right\rangle AlOH + C_3H_7OH \qquad 12.9$$

$$RCOOH + C_6H_5COOH + Al(OC_3H_7)3 + H_2O \rightarrow \left.\begin{matrix} RCOO \\ C_6H_5COO \end{matrix}\right\rangle AlOH + 3C_3H_7OH \qquad 12.10$$

이 조합에 의한 융점이 향상되어 사용온도 범위에서 결정전이점(結晶轉移黏)이 없는 것을 사용한다. 복합비누기에는 칼시움복합비누기(Calcium Complex Soap Base), 알루미늄복합비누기 (Aluminium Complex Soap Base) 및 리티움복합비누기(Lithium Complex Soap Base)가 있다.

표 12.9 복합비누기 증주제

종 류	대표적 화학구조	성 능	용 도
칼시움 복합비누기	$CH_3(CH_2)_{16}COCaOCCH_3$	적점 250℃이상. 단지, 공기중의 수분으로 표면에서 경화하는 경향이 있다.	일반 내열 그리이스 철강용 집중급유 그리이스
	$CH_3(CH_2)_5CH(CH_2)_{10}COCaOCCH_3$	적점 260℃이상 상기의 것에 대하여 여러면에서 개량되었다.	일반 내열 그리이스 철강용 집중급유 그리이스 볼 베어링 그리이스
알루미늄 복합비누기	$CH_3(CH_2)_{10}COAlOCC_6H_5$	적점 260℃이상 고온에서 분해후에 찌꺼기가 적으나 연화하여 유출하는 경향이 있다.	고온용 그리이스 식품용 그리이스
	$CH_3(CH_2)_{16}COAlOCC_6H_4CONH_2$	적점 500℃ 이상	고온용 그리이스
리치움 복합비누기	$\Psi H\ (CH_2)_{16}COLi$ $CH_3(CH_2)_5CH(CH_2)_{10}COLi$와 $LiOC(CH_2)_8COLi$, $ROC(CH_2)_8COLi$, $(RO)_2POLi$ 또는 HOC_6H_4COLi	적점 250℃ 이상 특별한 결점이 없다. 제조가 어렵다.	철강용 고온 그리이스 고온용 볼 베어링 그리이스

칼시움복합비누기 그리이스(Calcium Complex Soap Grease)는 그리이스의 내열성을 향상시킨 것으로 일시적으로는 고온에 사용되나 사용중에 수분을 흡수하거나 온도의 영향을 받으면 경화하여 윤활성을 상실하므로 리티움그리이스에 비하여 성능이 떨어진다.

알루미늄복합비누기 그리이스(Aluminium Complex Soap Grease)는 산화안정성이 좋고 가격도 비교적 저렴하므로 리티움그리이스 보다 고온영역에서 만능 그리이스로 사용되고 있다.

리티움복합비누기 그리이스(Lithium Complex Soap Grease)는 리티움이 1가이므로 복합비누의 구조라고는 할 수가 없으나 고급 지방산과 여러 종류의 유기산 또는 무기산 에스텔의 혼합물을 수산화리티움으로 비누화하면 내열성이 안정화된 그리이스가 되며 증주제의 형상은 대부분이 섬유상이다. 큰 결점이 없는 고온용 볼베어링 용도에 사용된다.

표 12.9는 복합비누기 증주제의 종류와 특성을 나타낸다.

③ 비비누기 증주제

복합비누기 그리이스(Complex Soap Grease) 보다도 더욱 내열성을 향상시키기 위하여 지방산이 유리된 증주제를 사용하므로 비비누기 증주제(Non Soap Base Thickener)라고 한다. 2염기산 디에스텔 기유와 조합되어 고온에서도 베어링의 윤활수명이 긴 그리이스가 된다.

시판되고 있는 그리이스에 적용되고 있는 것은 유기물(有機物)에서는 테레후타라메드와 우레아 화합물, 무기물(無機物)에서는 유기처리(有機處理)된 점토와 시리카에어로겔이다.

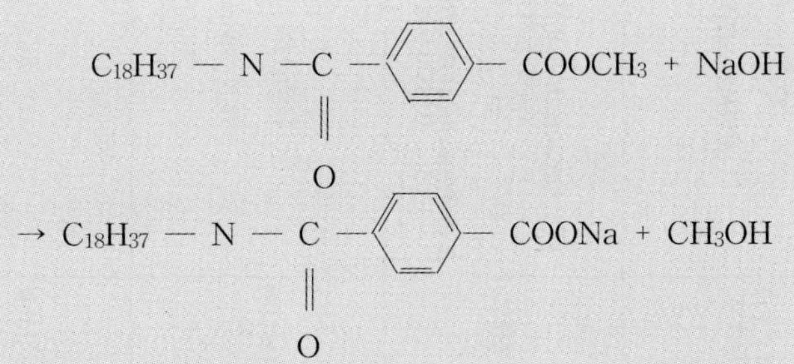

12.11

$$RNH_2 + R'NCO \rightarrow RNHONHR' \quad 12.12$$

표 12.10 비비누기 증주제

종류	대표적 화학구조	증주제모양, 크기	내열성	내수성	안정성	용도
테레후타라메트	O O $RNHC(C_6H_4)CONa$	 단섬유상 0.5~1㎛	양호	양호	고온에서 양호함	고온 고속 베어링 사용됨 (베어링의 소음이 크다)
우레아	O O $C_6H_5NHCNHC_6H_4C_6H_4C_6H_4NHCNHC_6H_5$ (아릴 우레아) O O O O $RNHCNHR^3NHCNHR^2NHCNHR^3NHCNHR^4$ (테트라우레아)	 노끈상 1~3㎛	양호	양호	산화 안정성이 양호함	고온, 고속 베어링용, 열처리로, 연소주조장치의 베어링용에 사용됨
벤토나이트	$(CH_3)_2$ $R_2N \cdot Bentone$	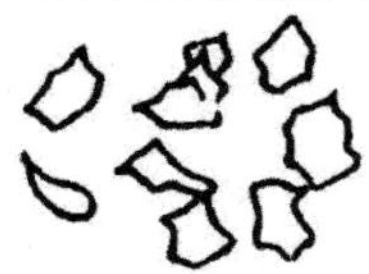 얇은 비늘상 1~3㎛	양호하나 200℃ 이상에서 유기처리제가 분해하여 찌꺼기를 발생하여 윤활성을 잃는 성질이 있음	-	전단 안전성이 양호함	고온 윤활의 전체 용도에 사용됨
시리카겔	SiO_2	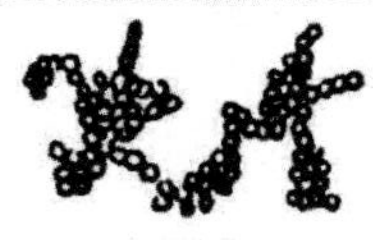 포도상 0.01㎛	합성계 기유와 조합하면 내열성이 양호함	불량	방청성이 불량함	가열로 베어링용에 사용됨

비비누기 그리이스는 원료에 미반응 물질이 석출되어 베어링의 소음을 높게 하며 오일을 분리하기 쉬운 결점이 있다. 주로 아릴우레아와 테트라우레아가 사용되고 있으며 완전히 분해하면 찌꺼기가 남지 않고 고온용 그리이스로 많이 쓰이나 합성계 기유와 조합하여 광범위하게 사용되고 있다. 그러나, 물에 약하고 산성에서 방청성이 나쁘다.

그밖에 특수한 증주제에는 PTFE (Poly tetrafluoroethylene)와 FEP (Fluorinatedethylenepropylene copolymer)가 있다.

표 12.10은 비비누기 증주제의 종류와 특성을 나타낸다.

그리이스의 제조공정에 있어서 증주제 비누결정의 변화를 리티움 스테어레이트와 리티움 12히드로키시 스테어레이트에 대해서 비교하면 그림 12.12와 같다.

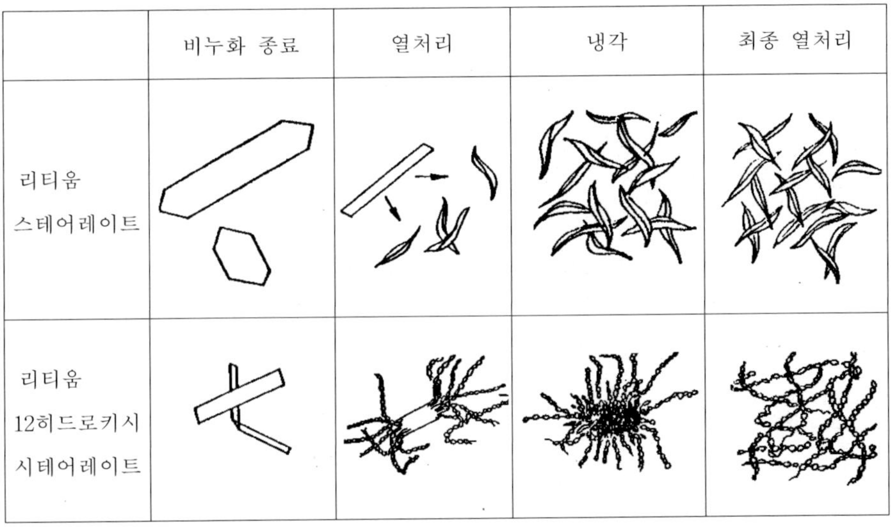

그림 12.12 그리이스 제조공정에서 리티움비누기 증주제의 변화

c) 첨가제

그리이스에는 성능을 향상시키기 위하여 여러 종류의 첨가제(Additives)를 사용하고 있다. 대부분의 첨가제는 기유에 용해되어 있더라도 그리이스는 윤활유에 비하여 기유중에 첨가제의 이동이 나쁘기 때문에 약간 필요한 이상의 농도로 되어 있다. 그리이스에 사용되는 첨가제에는 산화방지제(Antioxidants), 녹방지제(Corrosion Inhibitors), 극압제(Extreme Pressure Additives), 유성제(Oiliness Agents), 점착제(Adhesives)등이 있다. 이들 첨가제는 그리이스의 구조를 파괴하고 연화시키는 것이 있으므로 주의를 해야 한다. 그리이스에서는 청정분산제(清淨分散劑), 소포제(消泡劑)는 사용할 필요가 없고 점도지수 향상제(粘

度指數向上劑), 유동점 강하제(流動點降下劑)도 그다지 효과가 없으므로 사용되지 않는다.

그리이스 특수성은 윤활유에서 침전, 분리되는 2유화모리브텐(MoS_2)과 그래화이트(Graphite)와 같은 고체첨가제도 분산되어 효과를 나타내는 점이다.

방청첨가제인 아초산나트륨($NaNO_2$)이 미분말 상태로 그리이스에 들어 있는 경우에는 구름베어링에서는 소음의 원인이 되고 있으나 20 ~ 30분 정도 회전을 하면 소음은 감소된다.

그리이스의 특유한 첨가제로서 두종류의 구조안정제가 있는데 하나는 그리이스의 제조시에 증주제를 조정하여 안정된 구조를 만들거나 증주제의 분산을 돕는 것이고, 다른 하나는 사용중에도 그리이스에 잔존하여 구조의 안정성을 유지한다.

d) 주도

주도(Consistency)는 그리이스의 단단한 정도를 나타내는 값이고 외력에 의해 생기는 변형에 견디는 내부저항으로서 NLGI(National Lubricating Grease Institute)가 정한 등급 번호로 표시하며 수치가 클수록 연한 그리이스이다. 베어링의 온도, 하중, 회전속도, 누설성 등을 고려하여 최적 유동성을 나타내는 주도를 선정한다. 표 12.11은 그리이스의 주도, 사용조건 및 용도를 나타내고 있다.

표 12.11 그리이스의 주도, 사용조건 및 용도

주도 번호	0	1	2	3	4
주 도 1)	385 ~ 355	340 ~ 310	295 ~ 265	250 ~ 220	205 ~ 175
	집중 급유용	집중 급유용	일반용	일반용	고온용
사용조건, 용도 2)	홀스 브리넬링 대책용	후렛팅 대책용 저온용	밀봉 베어링용	밀봉 베어링용 고온용 고속용	그리이스 시일용

주 1) 주도번호는 NGLI Scale로 주어진다.

2) 주도는 규정중량의 콘(cone)이 그리이스에 침투한 깊이를 0.1mm단위로 나타낸 것이며 수치가 클수록 연하다.

12.5. 윤활법

12.5.1. 그리이스 윤활법

1) 개요

구름베어링의 윤활은 극히 소량으로도 충분하기 때문에 그리이스윤활이 유용한 방법으로 사용되고 있고, 한번 충진하면 상당한 기간 동안을 급유(給油)하지 않아도 되고 밀봉장치(密封裝置)도 비교적 간단하므로 광범위하게 사용되고 있다. 그러나, 다른 타입의 그리이스를 혼합하여 사용하면 특성의 일부는 감소한다. 그러므로 원칙적으로 그리이스의 적합성은 보충시에 검토되어야 한다. 부득이 혼합하여 사용할 경우에 유사한 기유(Similar Base Oil)와 같은 증주제가 사용되어야 하며 주도(Consistency)가 변화하는 지를 때때로 점검해야 한다.

그리이스는 베어링의 적용조건에 따라 적합한 것을 선정하여만 베어링의 성능을 유지할 수가 있으며 그림 12.13은 속도와 하중에 따른 그리이스의 종류를 결정하는 기준을 나타낸다.

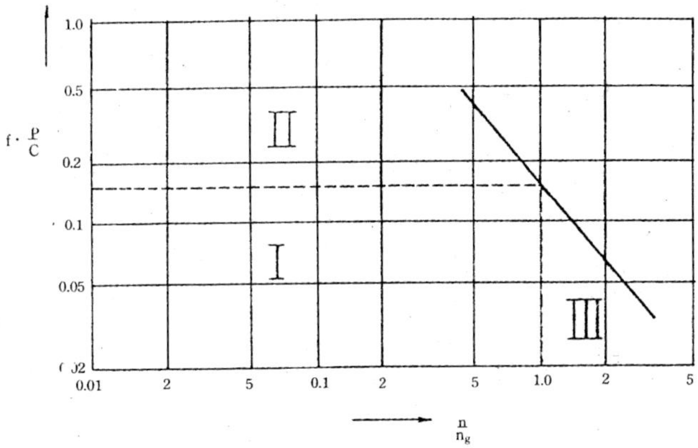

그림 12.13 그리이스의 종류 결정 기준 (FAG)

(I)영역은 보통응력의 범위이고 속도와 하중은 그리이스의 선택에 영향을 주지 않으며 운전온도는 80℃ 이하로 정상이다. 그리이스의 종류는 기유가 광유, 증주제는 Ca, Na, Li인 것이 적합하다. 속도와 하중 만이 더 증가하면 온도가 더 높아지므로 고온용 그리이스를 사용해야 한다.

(Ⅱ)영역은 저속·중속에서 고하중의 범위이고 그리이스의 종류는 기유가 상대적으로 높은 점도의 그리이스, EP첨가제 그리이스 또는 고체 윤활제를 사용해야 한다.

(Ⅲ)영역은 고속에서 저하중의 범위이고 그리이스의 종류는 고속에 의한 윤활제의 단절 때문에 접착력이 좋은 기유로 저점도 합성유, 증주제는 Li, Ba 콤프렉스 유기합성물인 것이 적합하다.

그림 12.13에서 n_g값은 다음 식으로 주어진다.

$$n_g = f_L \cdot N_{max} \qquad 12.13$$

여기서, n_g : 그리이스 윤활에서 하중을 고려한 허용속도

N_{max}: 그리이스 유활에서 허용속도 (Catalogue에 기재되어 있음)

f_L : 하중계수 (그림 12.14)

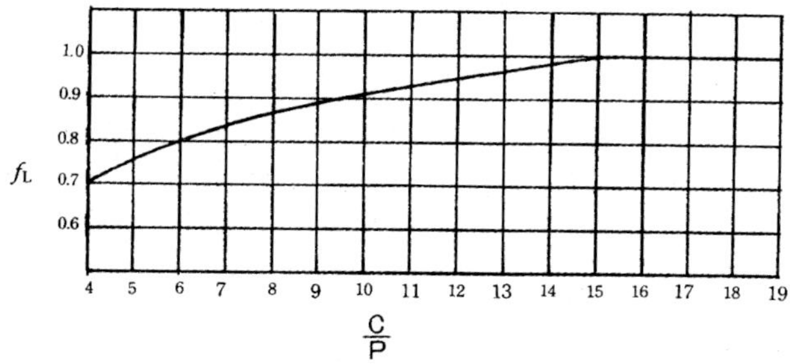

그림 12.14 Load Correction Factor f_L

한편 $f \cdot P/C \cdot$ 중의 f 값은 표 12.12에 나타낸다.

표 12.12 f

베어링 종류	f	
	레이디얼 하중	액시얼 하중
볼베어링	1	1
로울러베어링	1	2

2) 그리이스의 주입량

구름베어링의 그리이스윤활은 그리이스를 전동체와 리테이너에 도포하고 베어링의 하우징(Housing)에 적당량이 주입되어 초기의 타붙음을 방지한다.

그리이스 주입량은 하우징의 설계에 따라 다르다. 과잉 그리이스(Excessive Grease)는 저속에서 문제가 없으나 중・고속에서 과열(Over Heating), 연화(Softening), 품질변화와 누설(Leakage)를 일으킨다. 공간용적 (Space Volume)은 하우징의 내용적에서 축과 베어링의 용적을 뺀 값이며 베어링의 공간용적은 식 12.14와 같이 개략적으로 구하며, 공간용적 계수는 표 12.13에서 선택한다.

$$V = k \cdot W \tag{12.14}$$

V = approximate space volume in open type bearings. ㎤

k = space volume factor ㎤/kg

W = mass of bearing kg (see bearing tables)

표 12.13 Space Volume Factor k

Bearing type	Cage type	k
Deep Groove Ball Bearings	Pressed cage	61
Cylindrical Roller Bearings type NU[1)]	Pressed cage Machined cage	50 36
Cylindrical Roller Bearings type N[2)]	Machined cage Machined cage	55 37
Tapered Roller Bearings	Pressed cage	46
Spherical Roller Bearings	Pressed cage Machined cage	35 28

1) Does not apply to bearing series 160.

2) Does not apply to bearing series 4.

베어링 하우징의 초기 그리이스 주입량은 베어링 종류별 속도비에 따라 표 12.14와 같이 정해진다.

표 12.14 속도비와 주입량의 관계

속도비	주입량
$n/N\mathrm{max} > 0.8$	공간용적의 1/3
$n/N\mathrm{max} = 0.5 \sim 0.8$	공간용적의 1/3 ~ 1/2
$n/N\mathrm{max} < 0.5$	공간용적의 1/2 ~ 2/3

단) n : 사용되고 있는 회전수
Nmax : Catalogue의 그리이스 윤활시 허용 회전수

베어링 하우징의 그리이스 재보급량은 재윤활주기에 따라 식 12.15와 표 12.15 으로부터 다음 식으로 주어진다.

$$m = D \cdot B \cdot X(\mathrm{g}) \tag{12.15}$$

여기서, m : 재보급량 (g)
D : 베어링 외경 (mm)
B : 베어링 폭 (mm)
X : 계수 (표 12.15)

표12.15 재급유 시기와 계수 X

재급유시기	매주	매월	매년	2~3년
계수(X)	0.002	0.003	0.004	0.005

고속회전에서 베어링의 온도상승을 낮추려면 회전에 의한 그리이스의 교반저항을 줄이며 그리이스의 열화(劣化)를 방지하기 위하여 빈번한 점검이 필요하다.

급유하는 베어링의 그리이스 주입량은 근사적으로 다음 식으로 주어진다.

$$W = \frac{d^{2.5}}{K} \ (\mathrm{g}) \tag{12.16}$$

여기서, W : 표준주입량 (g)
d : 베어링 내경 (mm)
K : 베어링 형식에 의한 계수
$K = 900$, 볼베어링
$K = 350$, 로울러베어링

밀봉형 베어링수명은 그리이스 주입량이 많을수록 대수적으로 증가한다. 실제로 일정량 이상 주입하더라도 베어링의 회전초기에 그림 12.15와 같이 그리이스가 교반과 이동으로 밀봉판(shield, Seal)으로 쌓인다.

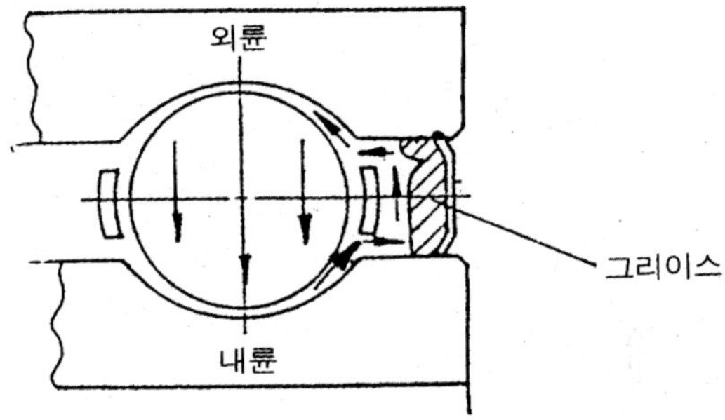

그림 12.15 볼베어링 내에서 그리이스의 초기 유동

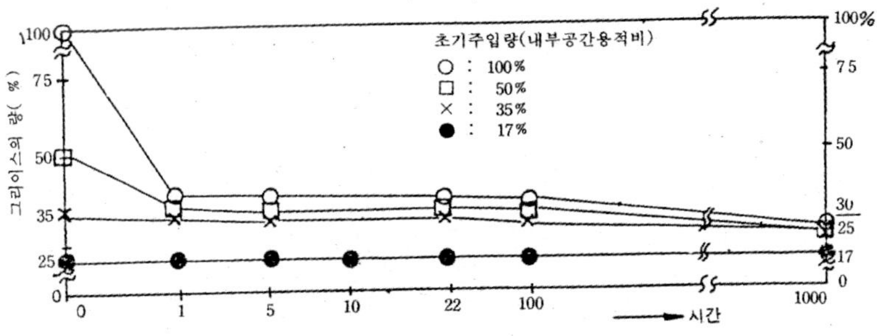

그림 12.16 초기 주입량과 잔류량의 관계

궤도, 전동체 및 리테이너에 남아 있는 그리이스는 구름운동, 속도차 및 원심력에 의해 그림 12.16과 같이 누설이 되어 최종 그리이스량이 공간체적의 약 25%에서 누설이 중지되고 정상적인 윤활을 하므로 초기 누설은 특별한 경우를 제외하고는 베어링의 성능에 거의 영향을 주지 않는다.

3) 그리이스의 급유주기

그리이스는 베어링의 운전시간이 경과함에 따라 성상(性狀)이 열화되어 윤활작용이 저하되므로 일정한 운전시간 후에는 그리이스를 재보급 또는 교환을 해야한다. 보급주기 내지는 교환주기에 관해서는 그리이스의 종류, 사용온도, 윤활방식, 베어링의 종류, 회전수에 의해서 각양각색이나 구름베어링에 대하여 다음 식으로 주어진다.

$$L = k\left(\frac{14\times10^6}{n\sqrt{d}} - 4d\right) \qquad 12.17$$

여기서, L : 그리이스의 윤활수명 또는 급유주기 (hr)

k : 베어링 형식에 의한 계수

$k=1$ 자동조심로울러베어링, 테이퍼로울러베어링

$k=5$ 니들로울러베어링, 원통로울러베어링

$k=10$ 레이디얼 볼베어링

n : 회전수 (rpm)

d : 베어링 내경 (mm)

베어링의 양호한 조건하에서 운전되고 있는 경우, 재보급주기(Replenishment Interval)은 그림 12.17에 나타난다.

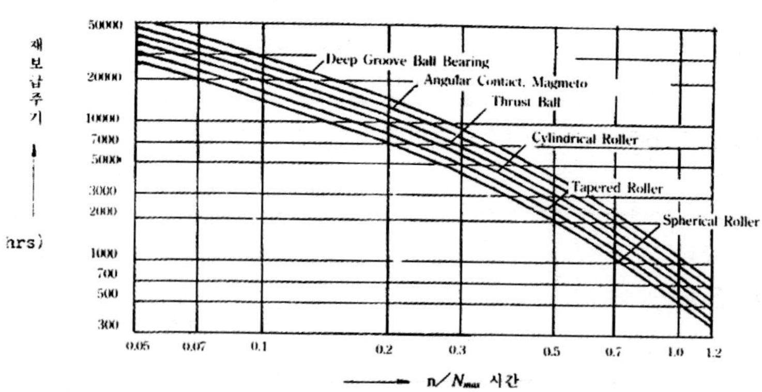

그림 12.17 그리이스의 재보급 주기

이 그림은 베어링의 사용온도가 70℃ 까지의 경우에 적용하고 70℃ 이상에서는 온도가 15℃ 상승시 마다 재보급 주기가 1/2 씩 감소한다. 그리이스의 재보급 주기는 사용온도와 증주제에 따른 실험치를 표 12.16 ~ 표 12.18에 나타낸다.

표 12.16 칼시움비누기 그리이스 (극압첨가제 첨가)

운전온도(℃)	보급, 교환	세척	
		배출 양호	배출 불량
150	350시간	6개월	4개월
120	500시간	9개월	6개월
107	6주	2~3개월	2~3개월
94	3개월	6~9개월	6~9개월
77	1년	1~2년	1~2년

표 12.17 리티움비누기 그리이스

운전온도(℃)	보급, 교환	세척	
		배출 양호	배출 불량
120	1개월	1개월	좌동
107	6주	2~3개월	〃
94	3개월	6~9개월	〃
77	1년	1~2년	〃

표 12.18 비비누기 그리이스

운전온도(℃)	보급, 교환	세척	
		배출 양호	배출 불량
260	15시간	1개월	2주
205	45시간	6주	1개월
150	350시간	6개월	4개월
120	500시간	9개월	6개월

전술한 베어링 하우징을 밀봉하는 형식과는 달리 베어링 자신에 그리이스를 급유하는 밀봉형볼베어링(Enclosed Ball Bearing)도 많이 사용되고 있다.

이들에 대한 온도, 하중, 회전수, 기본동적격하중 등을 고려한 그리이스 수명은 다음 식으로 주어진다.

$$\log L = 4.73 - (t - 17.2)(0.0104 + 8.46n \times 10^{-7}) - 0.03\frac{n \cdot F_r^{1.5}}{C^{1.9}} \qquad 12.18$$

여기서, L : 그리이스의 수명 (hr)

t : 베어링의 운전온도 (℃)

n : 회전수 (rpm)

F_r : 레이디얼 하중 (kgf)

C : 기본동정격하중 (kgf)

상기 식을 실용적으로 고치면 다음 식으로 주어진다.

$$\log L = 6.54 - 2.6\frac{n}{N_{max}} - \left(0.025 - 0.012\frac{n}{N_{max}}\right)t \qquad 12.19$$

여기서, L : 평균 그리이스의 수명 (hr)

n : 베어링의 회전수 (rpm)

N_{max} : 그리이스 윤활의 허용회전수 (rpm)

(베어링 Catalogue에 기재되어 있음)

t : 베어링의 운전온도(℃)

이 식을 적용하는 범위는

a) 베어링의 회전수 (n)

$$0.25 \le \frac{n}{N_{max}} \le 1$$

$\frac{n}{N_{max}} < 0.25$ 이면, $\frac{n}{N_{max}} = 0.25$ 으로 한다.

b) 베어링의 운전온도 (t)

$40℃ \le t \le 120℃$

$t < 40℃$ 이면, $t = 40℃$ 로 한다.

그리이스의 종류는 일반적으로 널리 사용되고 있는 것을 기준으로 한 것임.

한편, 높은 온도나 진동에 의하여 그리이스가 높은 응력을 받거나 먼지와 습기에 의하여 윤환성능이 저하되면 윤활주기는 짧아진다. 나쁜 조건에서 재윤활주기는 다음 식으로 주어진다.

$$L_p = L \cdot q(\text{hr}) \quad 12.20$$

$$q = f_1 \cdot f_2 \cdot f_3 \quad 12.21$$

여기서, L : 양호한 조건에서 재급유주기

L_p : 나쁜 조건에서 재급유주기

q : 감소계수

f_1 : 먼지와 습기의 영향에 관한 계수

f_2 : 충격과 진동의 영향에 관한 계수

f_3 : 높은 온도 영향에 관한 계수

감소계수의 성분들에 대한 값은 표 12.19에 각종 기계에 대한 감소계수는 표 12.20에 나타낸다.

표 12.19 Reduction Factors f_1, f_2 and f_3

Effect of dust and moisture at the bearing contact faces moderate heavy very heavy	 f_1 = 0.7 ~ 0.9 f_1 = 0.4 ~ 0.7 f_1 = 0.1 ~ 0.4
Effect of shock and vibration moderate heavy very heavy	f_2 = 0.7 ~ 0.9 f_2 = 0.4 ~ 0.7 f_2 = 0.1 ~ 0.4
Effect of high bearing temperature moderate (70 ~ 80℃) heavy (80 ~ 90℃) very heavy (90 ~ 120℃)	f_3 = 0.7 ~ 0.9 f_3 = 0.4 ~ 0.7 f_3 = 0.1 ~ 0.4

표 12.20 Reduction Factor q for Various Machines

Application	Reduction factor q
Stationary electric motor	1
Lathe spindle	1
Grinding spindle	1
Face grinder	1
Circular saw shaft	0.8
Flywneel of a car body press	0.8
Hammer mill	0.8
Dynamometer	0.7
Journal roller bearing of Iocomotive	0.7
Rope return sheaves of aerial ropeway	0.6
Passenger car front wheel	0.6
Textile spindle	0.3
Jaw crusher	0.2
Vibratory motor	0.2
Wire section roll(paper-making machine)	0.2
Wet section press roll(paper-making machine)	0.2
Work roll(steel mill)	0.2
Buket whell reclaimer	0.2
Double crank saw frame	<0.1
Vibrator roll	<0.1
Vibrating screen	<0.1

4) 그리이스의 급유법

그리이스 급유법은 그리이스컵(Grease Cup) 또는 그리이스건(Grease Gun)에 의한 수동급유법, 그리이스 펌프급유법, 기계식 및 집중급유법 등이 있다.

a) 그리이스컵 급유법

그리이스컵 급유법은 오랜 세월 동안에 사용해 온 급유법으로 나사식과 스프링식이 있다. 전자는 정기적으로 뚜껑을 돌려서 본체에 끼워넣는 형식이고, 후자는 스프링의 힘으로 자동적으로 그리이스를 미는 형식이다. 그림 12.18은 그리이스컵의 종류이다.

그림 12.18 그리이스컵의 종류

b) 그리이스건 급유법

그리이스컵은 압입력이 약하므로 베어링의 중요 부분까지 그리이스가 도달하지 않는 수가 있다. 그러나, 그리이스건(Grease Gun)은 그리이스니플을 설치하여 사용하면 150 kgf/cm^{2}에 달하므로 충분히 효과적으로 급유할 수가 있다. 그리이스건의 종류는 푸쉬형(Push Type)과 레버형(Lever Type)이 있으며 그림 12.19에 나타내고 있다.

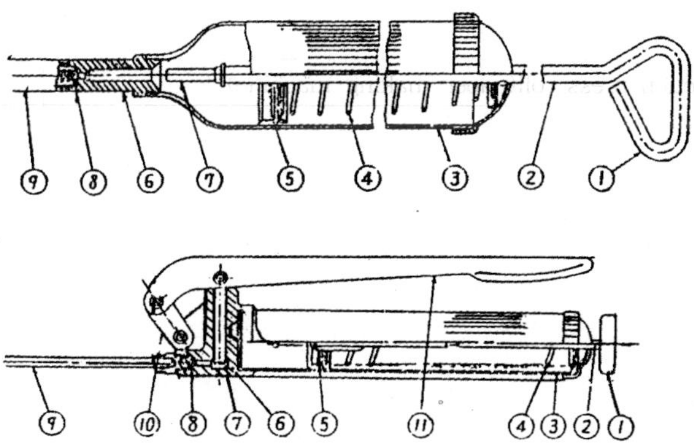

① 핸들 ② 롯드 ③ 오일통 ④ 스프링 ⑤ 팩킹 ⑥ 시린더
⑦ 푸런저 ⑧ 체크밸브 ⑨ 주유구 ⑩ 링 ⑪ 레버 ⑫ 튜브

그림 12.19 그리이스건의 종류

그리이스니플(Nipple)의 머리형상은 A형, B형, C형이 있고, 그림 12.20에 나타내고 있으며 JIS, DIN, SAE은 공통이고 자동차를 비롯하여 광범위하게 사용되고 있다.

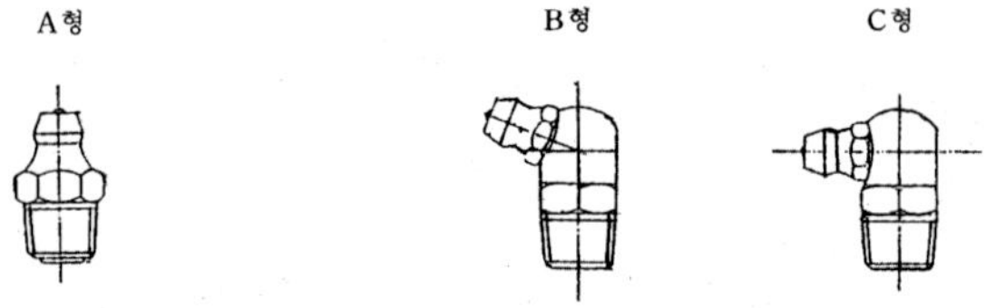

그림 12.20 그리이스니플의 종류

c) 그리이스펌프 급유법

그리이스펌프는 작동방식에 따라 수동식, 패들식, 전동식 및 압축공기식 등이 있고 이것들에 대하여 이동식과 고정식이 있다. 작동방식은 플런저(Plunger)를 움직여서 그리이스를 윤활개소에 압입하는 것이다.

이 급유기는 기계와 함께 시동, 정지를 하고 기계의 속도에 따라 급유속도도 변하므로 효과적인 급유를 할 수가 있다.

d) 그리이스 기력(機力) 급유법

플런저형 펌프의 급유기를 기계에서 설치하여 기계의 회전축으로부터 체인의 구동에 의해 캠축으로 플런저를 작동시켜 그리이스를 윤활부에 공급한다.

이 급유기는 기계와 함께 시동, 정지를 하고 기계의 속도에 따라 급유속도도 변하므로 효과적인 급유를 할 수가 있다.

e) 그리이스 집중급유법

그리이스 집중급유법은 펌프로 급유배관을 통하여 집중적으로 그리이스를 급유할 수가 있다. 그리이스 집중급유법은 급유의 누락방지, 위험방지, 급유에 의한 운전중지 시간의 절약, 인력의 절약, 급유량의 적정화, 이물질의 침입방지, 더욱이 기계의 수명 연장 등에 이점이 있다.

윤활개소가 많은 기계 또는기계군에 이 방법을 채용하면 상당히 효과를 얻을 수가 있다. 이 급유장치는 사용되는 펌프의 구동방식에 의해 수동식과 전동식, 전기제어방식에 의해 수동식과 자동식, 배관방식에 의해 엔드식(End Type : 종말식)과 루우프식(Loop type : 회로식)이 있고, 어느 것도 그리이스펌프, 급유배관, 분배변을 거쳐 윤활개소에 급유된다. 그림 12.21의 사례를 나타내고 있다. 사용되는 그리이스는 보통 JIS 주도번호 0호로 내압, 내열, 내한성이 좋은 것이다.

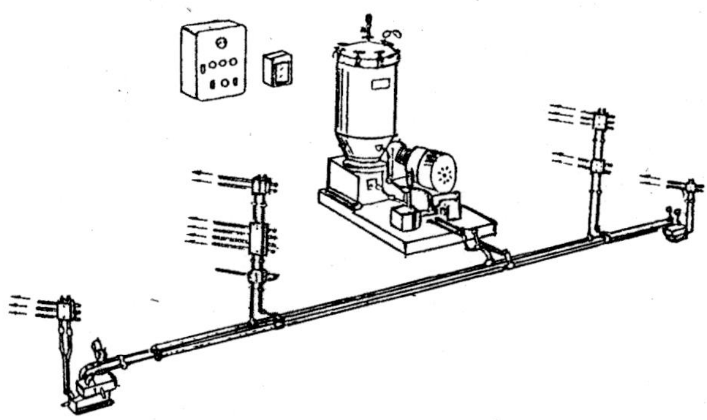

그림 12.21 엔드타입 그리이스 집중급유법

f) 밀봉윤활(密封潤滑) 급유법

그리이스윤활법은 사람 또는 자동급유를 하더라도 누락, 과잉공급, 먼지혼입, 배출되는 그리이스의 처리문제가 생기기 때문에 베어링 중 일부는 제작시에 충진한 그대로 사용하고 재보급을 하지 않는 밀봉윤활이 사용되고 있다. 이와같은 밀봉화에 의해 윤활개소의 구조는 간단하게 되고 윤활관리에 소요되는 비용이 절약되는 이점이 많다. 밀봉화가 가능한 것이 그리이스윤활의 커다란 특징이다. 밀봉윤활에 사용하는 그리이스는 적은 양이더라도 부품의 수명 보다 윤활수명이 길어야 하므로 그리이스의 자체 품질 이외에 베어링의 구조, 충진량의 문제도 있다. 그림 12.22는 구름베어링의 밀봉구조를 나타내고 표 12.21은 밀봉방식에 따른 특징을 나타내고 있으며 사용자가 용도에 적합한 것을 선정해야 하며 밀봉형 베어링은 적당한 주기가 되면 교환을 해야 한다.

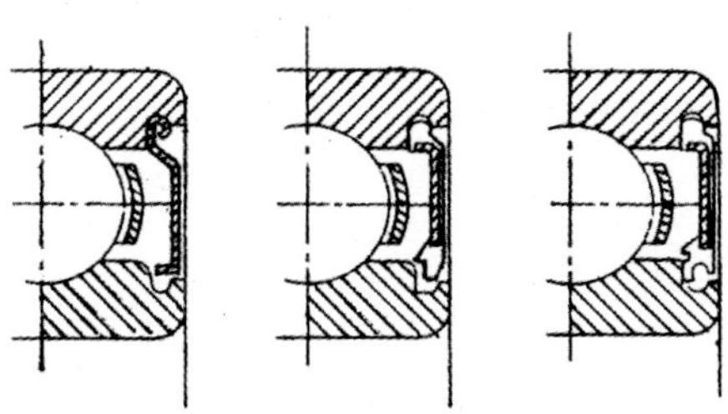

그림 12.22 볼베어링의 밀봉 구조

표 12.21 밀봉형 볼베어링의 특성

특성 \ 형태	쉬일드 형 (ZZ)	비접촉 시일형 (UU)	접촉 시일형 (DD)
마찰 토르크	작음	작음	ZZ, UU 보다 큼
고속성	개방형과 동일	개방형과 동일	ZZ, UU의 70%
밀봉성	양호	ZZ 보다 우수함	가장 우수함
방진성	양호	ZZ 보다 우수함	가장 우수함
방수성	부적합	부적합	양호
사용온도	Grease의 내열에 의존	-10℃ ~ +110℃	-10℃ ~ +100℃

회전기기의 소형 경량화와 저토르크화의 추세에 맞추어 그런 기기에 사용되는 베어링에도 고밀봉성능과 함께 저토르크화가 요구되고 있다. 최근에 일본의 베어링 제조사인 NSK에서는 표준접촉시일(DDU형) 베어링 보다 경접촉시일(D

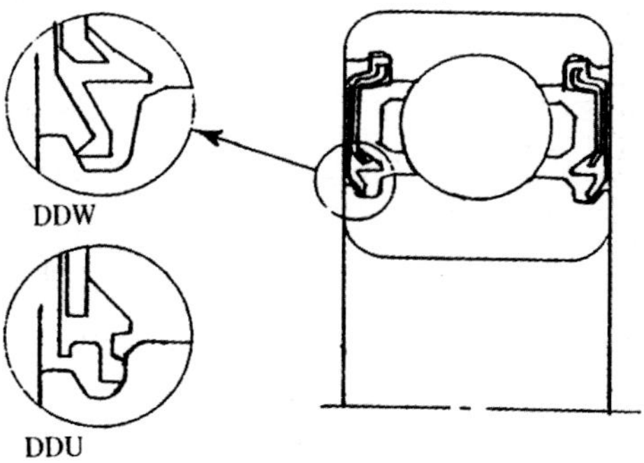

그림 12.23 DDW형 베어링 (NSK)

DW형) 베어링을 개발하였으며 그림 12.23에서 차이점을 쉽게 알 수가 있다.

경접촉시일 베어링의 특징은 다음과 같다.

① 시일(Seal)의 주(主) 립(Lip)과 내륜과의 간섭량이 적고, 주 립이 길고, 가늘기 때문에 시일의 립 압력이 작고, 저토르크가 된다.

② 원심력으로 먼지를 밖으로 날려보내는 작용이 있는 내륜 시일홈의 외측 경사면에 주 립이 접촉하고 있기 때문에 방진성이 우수하다.

③ 주 립이 내륜 시일홈의 외측 경사면에 접촉하여 있기 때문에 베어링의 내부압력이 주 립(Lip)부분에서 빠져나가기 어렵고 내부압이 빠질 때에 생기는 그리이스의 누설이 생기기 어렵다. 그림 12.24는 DDW형 시일베어링

에 대한 평가시험한 결과이다.

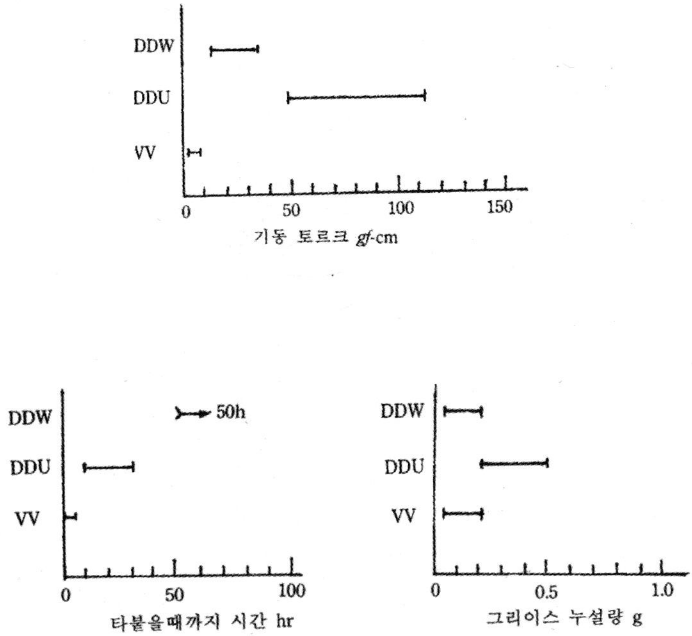

그림 12.24 DDW 시일베어링의 평가시험 결과 (NSK)

5) 그리이스의 상품화

출하시험을 끝낸 후 혼합조정장치 또는 저장탱크에서 각종 용기에 충진하여 출하된다. 그리이스는 종류에 따라 주도가 시효변화를 하므로 제조일에 주의를 해야 한다. 용기는 그림 12.25와 같이 카트리지 (Cartridge), 캔(Can), 페일(Pail), 드럼(Drum) 등 규격품을 사용하며 용량표기에 있어서 윤활유는 체적 기준인 18ℓ, 20ℓ, 200ℓ이나 그리이스는 중량 기준인 16kg, 18kg, 180kg으로 된다. 대량으로 동일한 종류의 그리이스를 사용하는 수요처에는 그림 12.26과 같이 벌크(Bulk) 출하도 한다. 표 12.22는 시중에 오랜 기간에 걸쳐 사용되어 온 윤활그리이스의 상품명과 성능을 나타낸다.

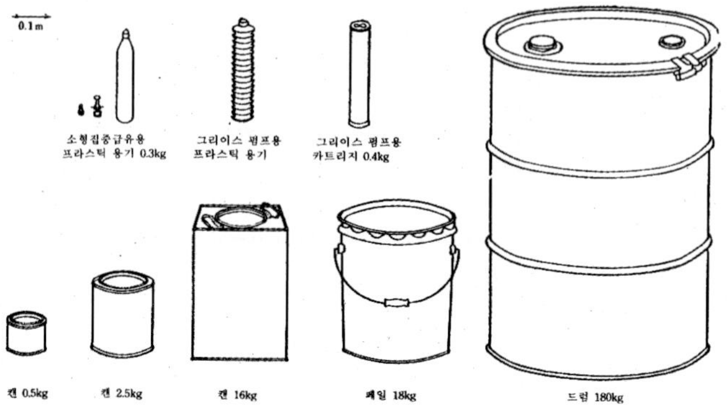

그림 12.25 그리이스의 제품용기

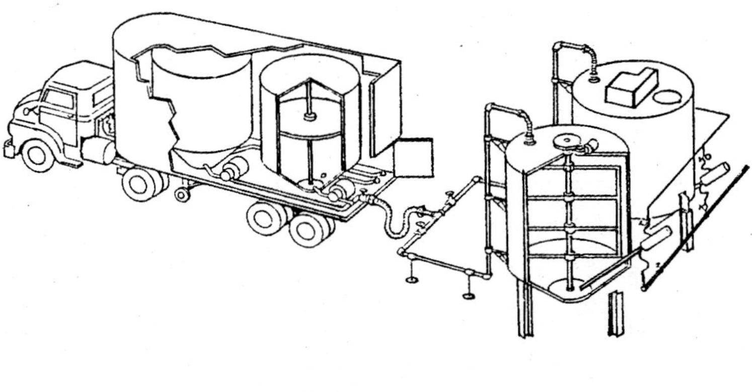

그림 12.26 벌크 운반

표 12.22 윤활 그리이스의 상품명과 성능

상품명	메이커명	증주제	기 유	적점(℃)	전도	사용온도범위(℃)	내압성	내수성	허용회전수(1)에 대한 사용한계(%)
대프니크로넥스	출광흥산	리 튬	광 유	196	276	-10~+110	중	강	70
대프니크로넥스EP2		리 튬	광 유	171	280	0~+ 80	강	강	60
아폴로일오토렉스A		리 튬	광 유	192	288	-10~+110	중	강	70
비콘 325	엣소 · 스탠더드 스탠더드 석유	리 튬	디에스텔유	191	290	-55~+100	약	강	100
템플렉스 N3		리튬컴플렉스	광 유	260이상	235	-10~+130	중	강	70
앤독크 260		나트륨	광 유	210	250	0~+130	중	약	70
앤독크 B		나트륨	광 유	245	280	-10~+100	중	약	70
앤독크 C		나트륨	광 유	260이상	205	0~+100	중	약	70
알라팬 RB300		리+칼슘	광 유	175	300	-10~+ 80	중	강	70
이소 · 플렉스슈퍼LDS 18	NOK크류버	리 튬	디에스텔유	190	280	-50~+110	약	강	100
이소 · 플렉스슈퍼NBU 15		바륨컴플렉스	디에스텔유+광유	250	280	-30~+120	약	강	100
이소 · 플렉스토파즈NB52		바륨컴플렉스	활성탄화수소계유	258	280	-40~+130	약	강	90
스타플래그NBU 12		바륨컴플렉스	광 유	250	270	0~+130	중	강	70
바리엘타 L55/2		불소화합물	퍼플로르폴리에텔유(비불소유)		280	0~+200	중	강	60
바리엘타 IMI		불소화합물	퍼플로르폴리에텔유(비불소유)		280	0~+200	중	강	70
NS 하이류브	협동유지	리 튬	테트라에스텔유+디에스텔유	190	255	-40~+130	약	강	100
말템프 PS 2		리 튬	디에스텔유+광유	189	280	-50~+110	약	강	100
말템프 SC-A		우레아	합성탄화수소계유	260이상	280	0~+160	중	강	60
멀템프 ET 150		우레아	에텔유	260이상	280	-10~+160	중	강	70
원루비 MP 2		리 튬	광 유	198이상	270	-10~+110	중	강	70
어드렉스		리 튬	광 유	198	300	0~+110	강	강	70
말막스		칼슘컴플렉스	광 유	180	300	0~+110	강	강	70
에마루브 8030		우레아	광 유	260이상	289	0~+160	강	강	60
유니루브 DL 1		리 튬	광 유	185	322	-10~+110	강	강	70
알믹스 HD 1		알미늄컴플렉스	광 유	247	335	0~+120	강	강	60
다이너막스 2	코스모석유	리 튬	광 유	201	270	-10~+110	중	강	70
다이너막스 EP 2		리 튬	광 유	185	273	0~+ 80	강	강	60
모토르그리스 29		리 튬	광 유	188	240	-10~+110	중	강	70
내열그리스 B 2		非비누	광 유	-	280	0~+120	중	강	50
와이드그리스WR 3		나트륨텔레프타라메이트	에스텔유+광유	247	238	-40~+130	약	강	100

상품명	메이커명	중주제	기 유	적점(℃)	침도	사용온도범위(℃)	내압성	내수성	허용회전수(1)에 대한 사용한계(%)
알바니아 2	소 화 쉘석유	리 튬	광 유	182	277	-10~+110	중	강	70
알바니아 3		리 튬	광 유	183	240	-10~+110	중	강	70
알바니아 RA		리 튬	광 유	183	252	-20~+110	약	강	70
알바니아 EP2		리 튬	광 유	185	276	0~+ 80	강	강	60
씬라이트 2		리 튬	광 유	196	273	-10~+110	중	강	70
토륨 R		폴리우랍	광 유	238	281	-10~+130	중	강	80
에어로쉘 5		마이크로겔	광 유	260이상	282	0~+120	중	강	70
에어로쉘 7		마이크로겔	디에스텔유	260이상	288	-55~+100	약	강	100
에어로쉘 15A		불소화합물	실리콘유	234	294	-50~+160	약	강	60
G 40M	신월화학	리 튬	실리콘유	210	260	-30~+160	약	강	60
G 30L		리 튬	실리콘유	210	300	-60~+120	약	강	60
FG 721		불소화합물	플로르실리콘유	254	293	0~+180	중	강	70
몰리코드 FS 3451	다우코닝	불소화합물	플로르실리콘유	260이상	285	0~+180	중	강	70
클라이덕스 240AC	듀퐁	불소화합물	퍼·플로르폴리에텔유(불소유)	—	282	0~+200	중	강	70
클라이덕스 283AC		불소화합물	퍼·플로르폴리에텔유(불소유)	—	229	0~+200	중	강	70
SH 44M	토오레 실리콘	리 튬	실리콘유	210	260	-30~+160	약	강	60
SH 33L		리 튬	실리콘유	210	300	-60~+120	약	강	60
SH 41		carbonblack	실리콘유	—	280	0~+180	약	강	40
니케스 SL	일본그리이스	리 튬	테트라에스테르유+디에스텔유	194	245	-40~+130	약	강	100
닛페코 MP2	일본 광유	리 튬	광 유	195	275	0~+110	중	강	60
닛페코 LLP		리 튬	에스텔유	198	231	-40~+130	약	강	100
멀티녹크와이드 2	일본석유	리튬+나트륨텔레프타라메이트	디에스텔유+광유	215	280	-40~+120	약	강	100
멀티녹크디럭스 2		리튬+나트륨텔레프타라메이트	광 유	200	280	0~+120	중	강	70
멀티녹크와이드 2		리 튬	광 유	200	280	-10~+110	중	강	70
멀티녹크우레아		우 랍	광 유	260이상	290	-10~+130	중	강	80
파이로녹크 2		우 랍	광 유	260이상	280	0~+130	중	강	70
파이로녹크 유니버설		리 랍	광 유	260이상	280	0~+130	중	강	70
에피녹크2		리 튬	광 유	180	288	0~+ 80	강	강	70
칼텍스 RPMBRB2	(칼텍스)	폴리우랍	광 유	240	270	-10~+130	중	강	80
칼텍스 RPMSRI2		폴리우랍	광 유	240	273	-10~+130	중	강	80
다이어먼드멀티퍼파스 2	미쓰비씨 석유	리 튬	광 유	192	278	-10~+110	중	강	70
모빌럭스 2	모빌석유	리 튬	광 유	190	280	-10~+110	중	강	70
모빌그리스 22		리 튬	에스텔유+광유	192	274	-40~+120	약	강	100
모빌플렉스 47		칼슘플렉스	광 유	260이상	280	-10~+100	중	강	60
모빌그리스 28		벤도나이트	합성탄화수소계유	260이상	280	-40~+140	중	강	70

12.5.2. 오일윤활법

1) 개요

오일윤활(Oil Lubrication)은 고속회전과 어느 정도의 고온운전에 견디고 베어링의 진동과 음향에도 좋은 영향을 준다.

반면에 밀봉장치의 설계 및 보수에 상당한 주의를 필요로 한다. 윤활에 필요한 유량은 구름베어링의 구름마찰 부분에 윤활을 최우선으로 하므로 의외로 적어도 좋다. 베어링의 오일윤활법은 여러가지 있으나 하중상태, 회전속도 및 비용을 고려하여야 한다. 이에 대하여 표 12.23에 나타내고 있다.

표 12.23 오일윤활법의 선택법

		회전속도			오일윤활법
		저속	중속	고속	
중 상 태하	경 ↓ 중		■■■	■■■	적하윤활
				■■■	무상윤활
		■■■			유욕윤활
			■■■	■■■	오일미스트 윤활
			■■■		순환윤활
		■■■			비말윤활
			■■■	■■■	젯트윤활

부하능력에 충분한 유막형성을 확실하게 하기 위하여 윤활유는 주어진 속도, 하중 및 온도조건에 견디기 충분한 점도를 가져야 한다. 그림 12.27은 속도비 $n/\ N_{max}$와 하중방향을 함수로 하는 필요한 운전점도를 나타낸다.

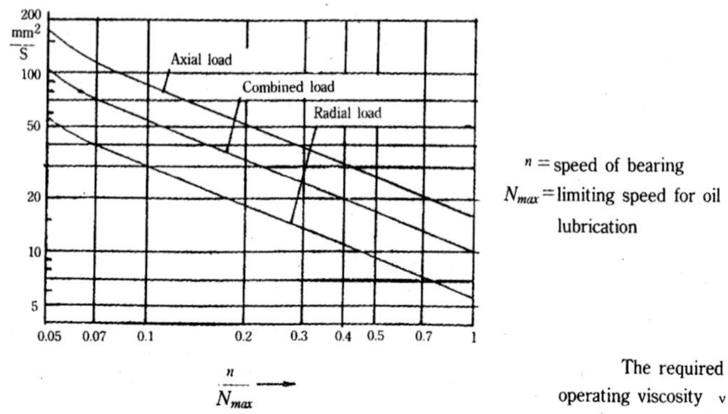

그림 12.27 하중방향, $n/N_{\max}$ 따른 필요 운전점도

2) 오일윤활법의 종류

a) 유욕윤활(Oil Bath Lubrication)

유욕윤활(油浴潤滑)은 그림 12.28에 나타내며 저속, 중속회전에 사용되고 수평축인 경우는 유면을

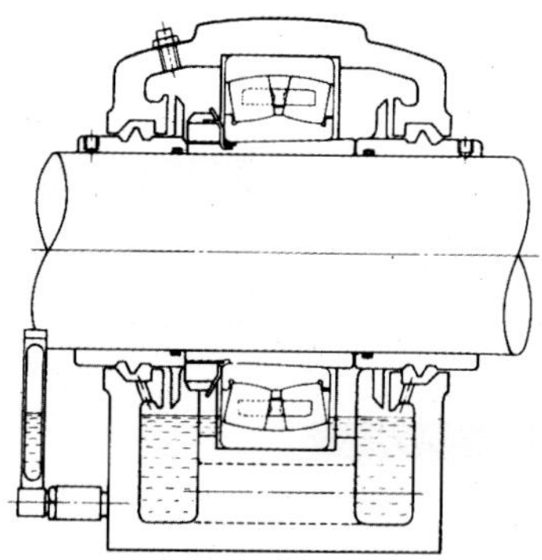

그림 12.28 유욕윤활

정지시에 베어링의 최하부 볼 또는 로울러의 중심까지 하우징에 윤활유를 넣는다. 유량이 너무 많으면 오일의 교반작용으로 온도상승을 유발시킨다. 유량을 좌우하는 것은 회전속도이므로 회전속도가 높으면 유면을 낮게 한다.

수직축인 경우는 비교적 저속회전에 사용되고 정지시에 유면을 전동체의 50 ~ 80 %가 침적이 되도록 한다. 한개의 하우징에 수개의 베어링을 사용하는 경우는 상부 베어링까지 유면을 이루게 하나 극히 저속회전 이외는 피해야 한다. 윤활유의 교환주기에 따른 오일량은 그림 12.29에 나타낸다.

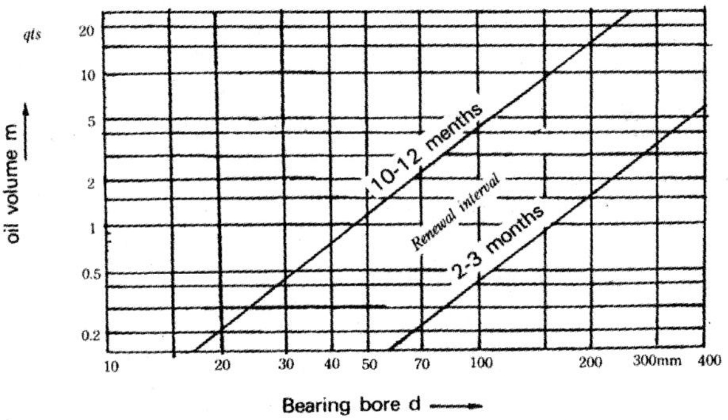

그림 12.29 Oil Quantity and Renewal Interval for Oil Sump Lubrication

b) 적하윤활(Drip Lubrication)

적하윤활(適下潤滑)은 그림 12.30에 나타내며 고속회전하는 소형 베어링에 많이 사용된다. 가시적인 오일러 (Oiler)를 설치하여 축과 베어링 고정너트 등 회전부분에 윤활유를 적하하는 방법으로 오일은 하우징 내에서 비산하여 마찰면에 윤활을 한다. 적하유(適下油)가 마찰열을 제거하므로 유욕식 보다 냉각효과가 크고 오일의 공급속도는 6 ~ 10 Drops/min이다.

하우징 내에 오일이 남는 것을 피하기 위해 과잉 공급된 오일은 배출구를 통하여 제거된다. 특히, 수직 축에 대하여 적하윤활이 효과적이다.

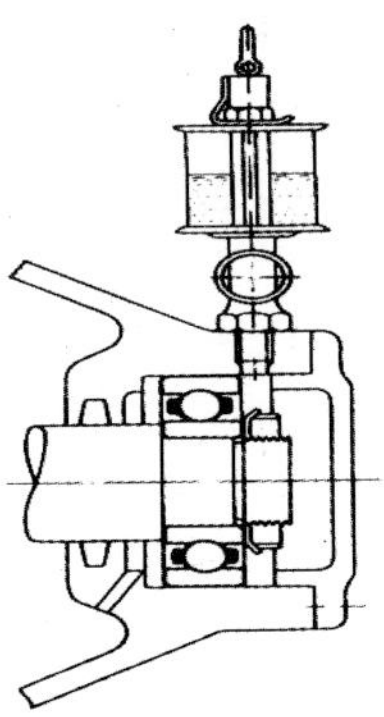

그림 12.30 적하윤활

c) 비말윤활(Splash Lubication)

비말윤활(飛沫潤滑)은 베어링 주변에 있는 기어와 회전원판, 스링거(Slinger) 등에 의해 오일을 비산시켜 베어링을 윤활한다. 기어박스(Gear Box)용 베어링의 윤활에 널리 사용되고 그림 12.31에 나타내고 있다. 이런 윤활볍은 기어의 마모된 철분이 베어링의 내부에 들어갈 우려가 있기 때문에 그림 12.32와 같이 차단판 (Shield Plate)을 설치하거나 한쪽 쉬일드 베어링을 사용하여 이물질이 포함된 오일이 튀는 것을 방지하여야 한다.

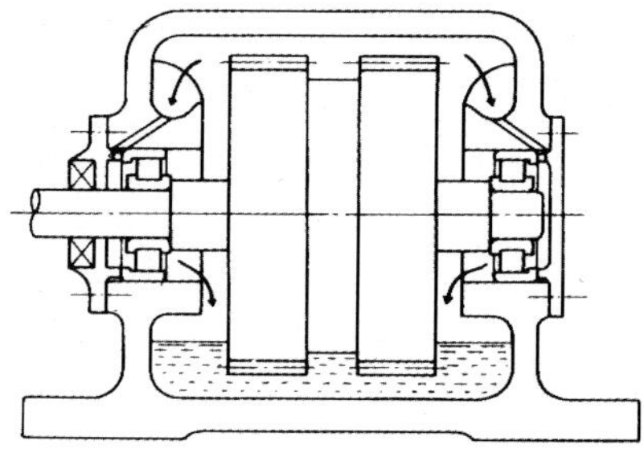

그림 12.31 비말윤활

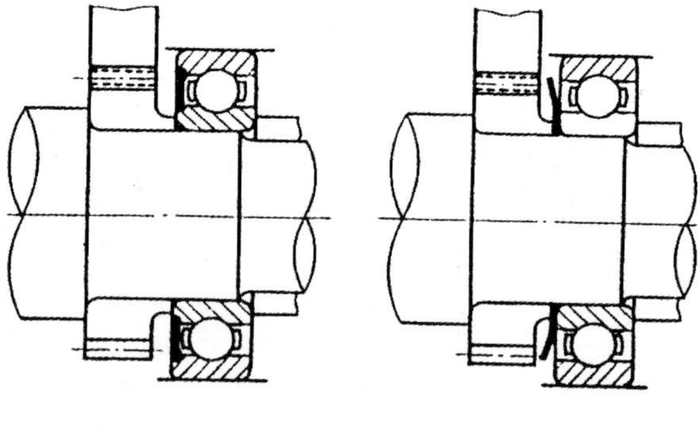

그림 12.32 오일 차단판

윤활유 중의 철분을 제거는 기어박스 내에 영구자석(永久磁石)을 넣거나 바닥을 깊게 하여 침전시키는 방법을 사용하여야 한다.

d) 무상윤활(Automizing Lubrication)

무상윤활(霧狀潤滑)은 회전체에 붙은 임펠러(Impeller)를 이용하여 유용한 유무(油霧)를 발생시켜 윤활하는 방법으로서 적하윤활 보다 약간 고속에 적합하고 수직축에 효능이 있다. 유량이 너무 많으면 교반에 의하여 발열 또는 누설한다. 그림 12.33은 테이퍼형 임펠러가 회전축에 설치된 경우이고 임펠러 대신에 디스크에 의해 오일을 무상(霧狀)으로 하는 윤활법도 있으며, 그림 12.34는 수직 축의 나사펌프에 의해 오일구멍에서 나올 때 회전축의 원심력으로 무화시키는 것을 나타내고 있다.

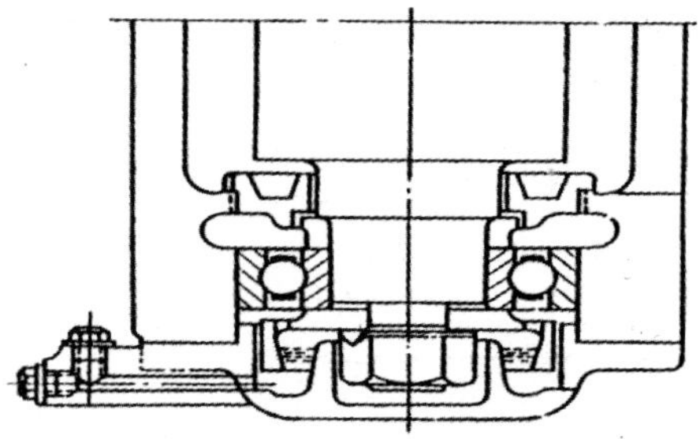

그림 12.33 임펠러에 의한 무상윤활

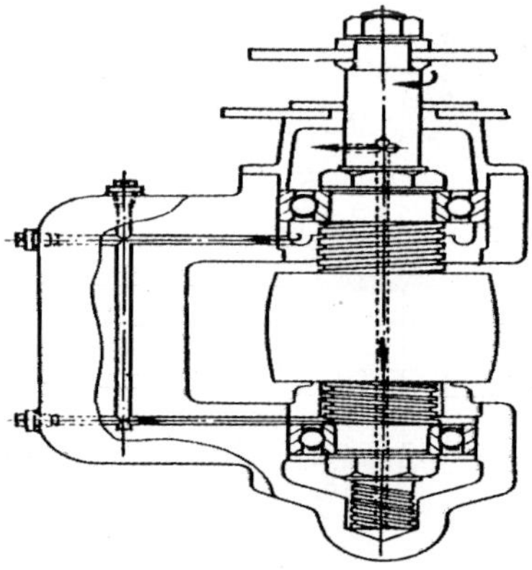

그림 12.34 회전축 원심력에 의한 무상윤활

e) 순환윤활(Circulating Lubrication)

순환윤활(循環潤滑)은 고속회전과 고온운전에서 윤활유가 순환되면서 베어링을 윤활하는 방법이다. 그림 12.35 (a), (b)에 나타내는 것과 같이 급유파이프로 공급된 오일은 베어링을 윤활하고 탱크로 되돌아오지만, (c)는 오일 저장소가 있어 베어링 부분에 모여서 베어링을 윤활한다. 오일이 일정한 레벨(Level) 이상이 되면 모인 오일은 배유파이프를 통하여 탱크로 되돌아간다.

오일탱크와 냉각기에 냉각된 오일은 휠터(Filter)를 거쳐서 펌프를 급유하는 강제윤활(强制潤滑)이다. 하우징에 설치된 급유구와 배유구는 베어링에 대하여 서로 반대측에 설치하고 배유구는 급유구 보다 단면적을 크게 하여 하우징 내에 오일이 너무 많이 남아 있지 않게 한다.

이 윤활법은 급유량과 급유온도의 제어가 용이하고 가장 확실한 윤활을 하지만 설비비용이 비싸다.

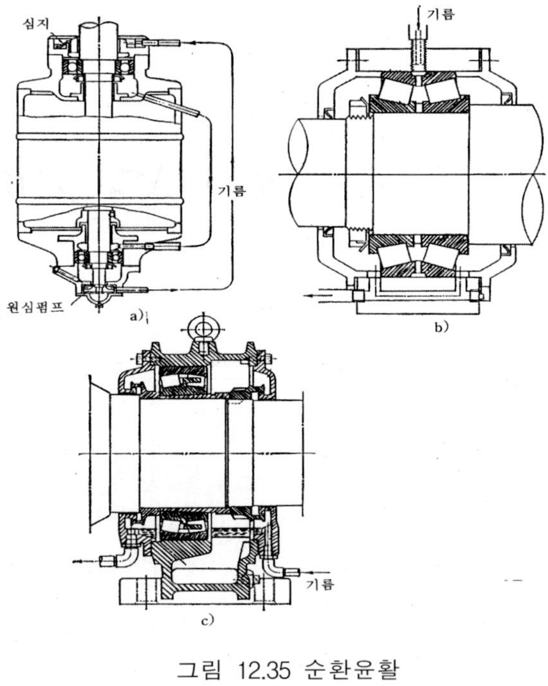

그림 12.35 순환윤활

순환윤활에서 베어링에 발생한 열은 일부는 오일으로 일부는 하우징의 표면을 통하여 주위 공기로 방열된다. 베어링이 방열 휜(Fin)이 있는 하우징에 설치되고 순환윤활일 때 베어링에 공급되어야 할 오일량은 다음 식으로 주어진다.

$$Q = K \cdot q \tag{12.22}$$

오일량은 그림 12.36에 나타내고 있다. 운전중 오일의 급유는 초기에 다이어그램에서 구한 양의 1.5 ~ 2배로 하다가 점차적으로 적당한 양으로 감소시켜야 한다. 만일 오일 만으로 발생된 모든 열을 제거한다고 가정하면 필요한 오일량은 어떤 실제의 축 크기에 대해서도 그림 12.36의 축경 스케일(Scale)상에 축경 $d=0$를 취하여 얻을 수가 있다.

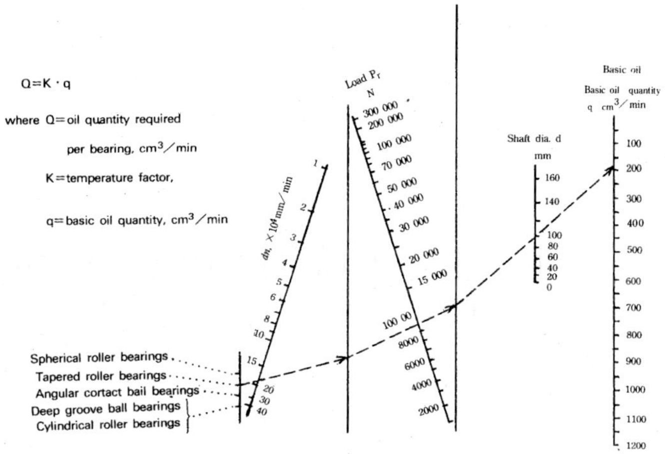

그림 12.36 순환 오일량의 계산 도표

표 12.24 K

Temperature Rise ℃	K
10	1.5
15	1
20	0.75
25	0.6

(계산 예)

내경이 100mm인 테이퍼로울러베어링이 레이디얼하중 10,000N로 1800rpm로 운전시 베어링의 온도를 입구의 유온 보다 15℃ 높게 유지하기 위한 필요한 유량은 얼마인가?

d = 100 mm , dn $=18\times10^4$ (mm/min) ,그림 12.36에서 q=180cm^3

베어링 온도는 출구의 유온과 같다고 가정하면, 표 12.24에서 K = 1 이므로

Q = K · q

= 180cm^3/min

f) 오일미스트윤활(Oil Mist Lubrication)

오일미스트윤활은 그림 12.37에 나타내며 압축공기에 의해 윤활유를 안개상태로 하여 베어링 내에 불어넣는 윤활방법이다. 이 윤활은 베어링 내에 공급된 오일이 극히 소량이므로 베어링의 동력손실이 적고 고속회전에 적합하나 공기의 비열이 적기 때문에 공기에 의한 냉각효과는 그다지 크지 않다. 공기압이 0.5 ~ 1.5 kgf/㎠, 공기량이 10 ~ 50 ℓ/min에 오일을 10 ~ 20 cc/min 정도의 소량으로 수μm 크기의 입자로 혼합시키는 것으로 압축공기 라인에 접속하는 오일미스트 유니트(Oil Mist Unit)가 시판되고 있다. 하우징 내의 높은 공기압으로 인하여 이물질의 침입을 방지할 수가 있다. 베어링 부분에는 항상 새로운 오일이 되나 윤활이 끝난 안개상태의 오일이 설비의 주위와 공기를 오염시키므로 별도의 대책을 강구해야 한다.

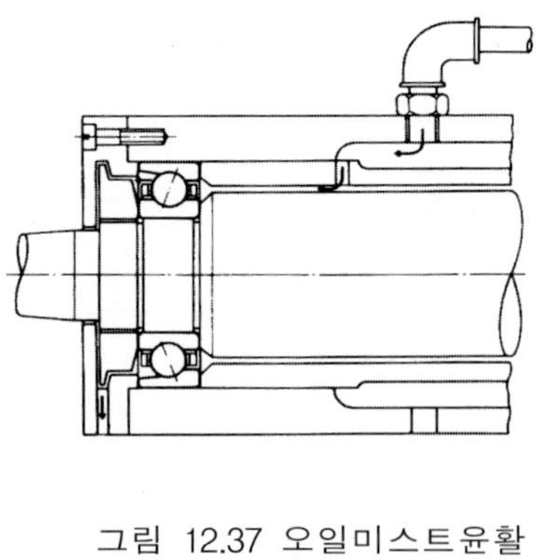

그림 12.37 오일미스트윤활

g) 젯트윤활(Jet Lubrication)

강제윤활(强制潤滑) 중에 오일을 노즐(Nozzle)에서 오일젯트로 하여 분사시키는 윤활법이다.

젯트윤활은 d_mn 값이 100만 이상의 고속회전에서 고하중이 가해지는 베어링에 사용된다. 베어링의 측면측에 공급압력은 1 ~ 5 kgf/cm^2, 노즐경은 0.7 ~ 2.0 mm를 1개 내지 수 개를 설치한다. 급유량은 표 12.25에 나타낸 값이 기준이 되나 고속이 될수록 급유압력과 급유량을 증가시킨다.

표 12.25 Oil Quantity Required for Jet Lubrication

Nominal Bearing Diameter (mm)	above to	 50	50 120	120
Oil Quantity	1/min	0.5 to 1.5	1.1 to 4.2	2.5

그림 12.38은 내륜과 리테이너와의 사이에 오일을 분사시키는 것을 나타내고 있다. 베어링이 회전을 하게 되면 공기층이 발생하게 되는데 이것을 파괴시키고 오일을 베어링 내에 공급하기 위해서 분사속도(噴射速度)를 내륜 외경의 주속도 보다 20% 이상 빠르게 해야 한다. 베어링 내에 오일이 남아 있으면 교반에 의한 발열과 동력의 손실이 크게 되므로 노즐과 반대측에 큰 배유구를 설치해야 한다. 필요에 따라 펌프로서 강제로 배유를 하는 수도 있다.

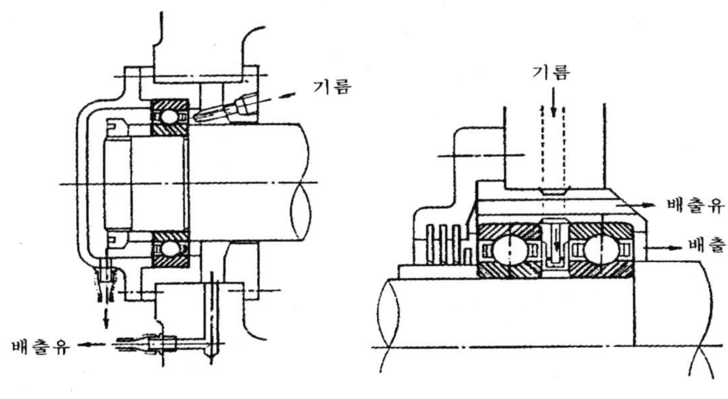

그림 12.38 젯트윤활

h) 디스크윤활(Disc Lubrication)

디스크윤활은 그림 12.39에 나타내며 고속회전에 효과적이며 디스크는 부분적으로 오일에 잠긴 상태에서 원심력에 의해 오일을 상부 저장소로 올린 후에 아래로 내려오면서 베어링을 윤활한다.

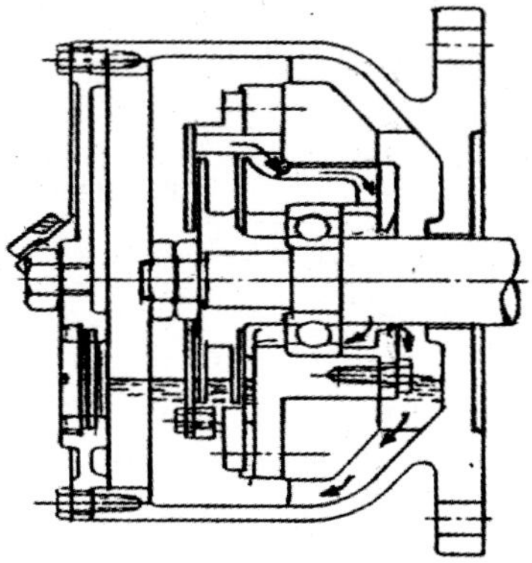

그림 12.39 디스크윤활

12.6. 밀봉장치 (密封裝置)

12.6.1. 밀봉방식

구름베어링은 성능을 충분히 발휘하기 위해서 윤활을 위한 오일과 그리이스가 누설되지 않고 외부에서 이물질이 침입하여 해를 끼치지 않도록 밀봉장치(Sealing Device)를 사용하게 된다.

밀봉장치는 모든 운전조건에서 항상 밀봉과 방진의 역할을 하고, 마찰이 적고, 설치오차에 적합하고, 조립과 분해가 쉽고, 보수와 점검이 간단하고, 가격이 저렴해야 한다. 구름베어링 중에는 베어링 자신에 밀봉장치가 있는 그리이스 주입의 밀봉형 베어링이 있으나 불충분한 경우도 있으므로 별도장치와 병용하는 것도 있다. 밀봉장치에는 정적장치(靜的裝置)와 동적장치(動的裝置)로 나누어지며, JIS B0116에서는 정적 밀봉장치를 개스키트(Gasket), 동적 밀봉장치를 패킹(Packing)이라고 한다.

표 12.26 밀봉장치의 분류

- 밀봉장치
  - 개스키트
    - 비금속 개스키트
    - 세미메터링 개스키트
    - 금속 개스키트
    - 중공금속 O링
    - 액상 개스키트
  - 팩킹
    - 비접촉형
      - 틈새를 이용한 것
      - 원심력을 이용한 것
    - 접촉형
      - 성형팩킹
        - 립 팩킹(V팩킹등)
        - 스퀴즈 팩킹(O링등)
      - 그랜드 팩킹
      - 미케니컬 시일
      - 오일시일, 그리이스 시일
      - 기타 시일

개스키트는 베어링의 하우징 전체와 커버 사이의 밀봉에 사용되고 판상(板狀)의 평형(平形)이 많으나 O링도 간단하고 편리하다. 기타 개스키트는 관 후랜지용에 사용된다.

팩킹은 하우징과 축과의 사이에 사용되고 보통 구름베어링의 밀봉장치에 주로 사용된다. 표 12.26은 밀봉장치의 전체적인 분류이다. 이 팩킹은 접촉형과 비접촉형으로 나누어진다. 비접촉형은 마찰이 작으나 밀폐성이 떨어진다.

12.6.2. 비접촉형 밀봉장치

이 방식은 오일홈 또는 그리이스홈 등의 홈(Groove), 라비린스(Labyrinth)와 같은 틈새(Clearance)를 이용한 밀봉기구(密封機構)와 스링거(Slinger)와 같이 원심력을 이용한 밀봉기구가 있다. 어느 것이나 미끄럼마찰이 없기 때문에 마찰 손실도 없고 마모도 없으므로 고속회전에 적합하나 정지중에 오일의 누설과 방진이 불충분하다.

a) 오일홈 (Oil Groove)

축과 하우징 내경과의 틈새와 그 부분에 설치한 수 개의 홈에 의해 밀봉작용을 하게 된다. 축과 하우징 사이의 틈새가 적을수록 밀봉 효과가 크고, 오일홈의 밀봉법은 그림 12.40에, 오일홈의 사양은 표 12.27에 나타내고 있다. 이 밀봉법은 저속 오일윤활 또는 그리이스윤활에 적합하다.

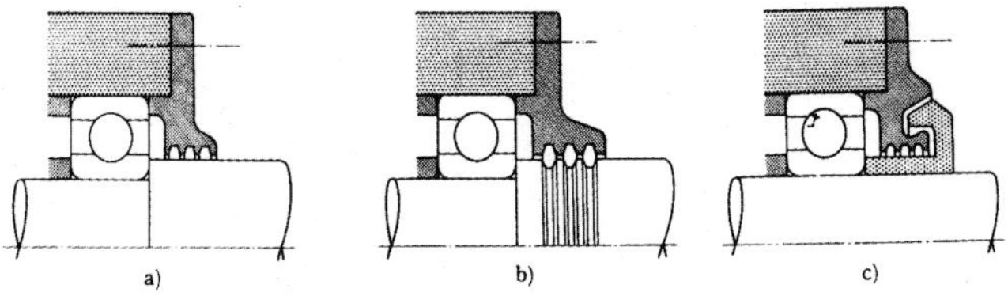

그림 12.40 오일홈 밀봉법

오일홈 만으로 밀봉하는 경우 홈의 개수는 3개 이상이 좋다. 오일홈에는 주도(稠度)가 200 정도의 그리이스를 채우면 방진효과가 있다. 오일홈 만으로 오일의 누설을 막을 수가 없기 때문에 다음에 기술하는 라비린스와 스링거를 함께 사용하는 경우도 많다.

표 12.27 오일홈의 사양

홈 폭	홈 깊이	홈 수량
3 ~ 4 mm	4 ~ 5 mm	3개 이상

b) 스링거 (Slinger)

축에 설치된 고정체의 원심력으로 오일을 튀게 하여 밀봉과 방진작용을 시킨다. 정지시에는 효과가 없으므로 다른 방법을 함께 사용해야 하고, 그림 12.41은 스링거 밀봉법을 나타내고 있다.

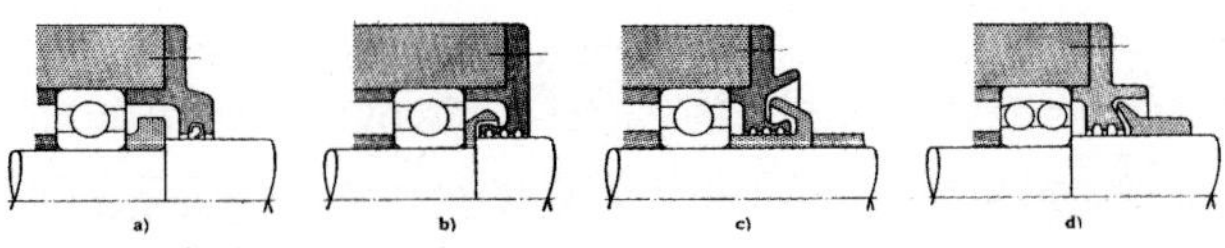

그림 12.41 Slinger Configurations

c) 라비린스(Labyrinth)

축과 하우징과의 사이에 작은 틈새(Clearance)를 갖는 미로(迷路)를 만든 것으로 고속 회전축에 사용된다. 그림 12.42는 라비린스 밀봉법을 나타내고 있다.

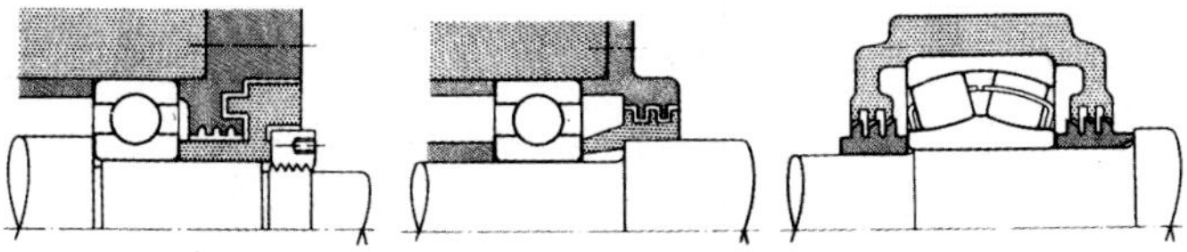

그림 12.42 Labyrinth Designs

라비린스는 동력의 손실이 없고 밀봉효과가 좋으나 회전축계 전체의 회전정밀도를 높여서 틈새의 증가와 접촉을 하지 않게 해야 한다. 라비린스의 틈새크기는 표 12.28에 나타내고 있다.

표 12.28 Labyrinth Gaps

Nominal Shaft Diameter	Radial Gap	Axial Gap
Under 50	0.25 ~ 0.4	1 ~ 2
50 ~ 200	0.5 ~ 1.5	2 ~ 5

12.6.3. 접촉형 밀봉장치

접촉형 밀봉장치는 회전, 왕복 및 요동하는 축에 시일(Seal)이 접촉하여 밀봉을 하는 장치이며 밀봉작용은 밀봉면의 미끄럼마찰에 의하고 있다. 마찰면 사이의 누설을 방지하려면 마찰이 크게 되고 마찰열에 의하여 윤활 및 팩킹(Packing) 기능을 저하시키므로 누설과 마찰저항은 중요한 문제이다.

베어링의 밀봉장치에 많이 사용되고 있는 것은 그리이스시일(Grease Seal)과 오일시일(Oil Seal)이 있다.

1) 그리이스시일

그리이스시일이 구름베어링의 그리이스윤활에 많이 사용되고 있는 것은 그리이스가 오일에 비해 밀봉이 간단하기 때문에 시일이 그리이스의 밀봉장치로 오랜 기간 동안에 사용되어 왔다. 베어링의 하우징에 그림 12.43과 같이 14° 인

꼭지각을 갖는 사다리꼴 홈을 하우징에 설치하고 휄트시일 (Felt Seal)이 사용된다. 하우징의 사다리꼴 홈의 치수는 JIS B1551에, 철도차량에 대해서는 JIS E4704에 있다.

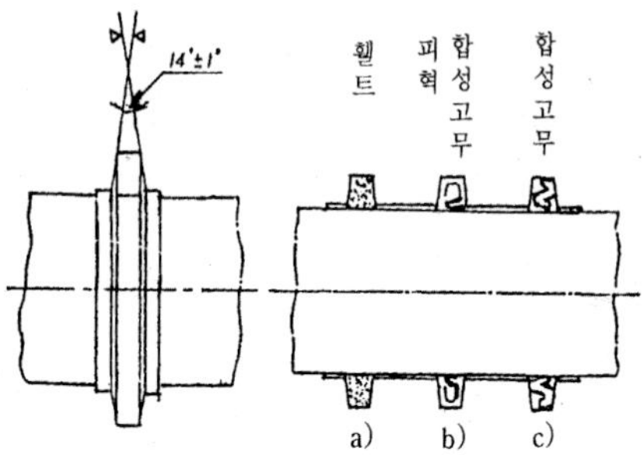

그림 12.43 그리이스 시일

휄트시일은 현재에도 저속에 사용되나 점점 합성고무로 바뀌어 가고 있다.

2) 오일시일

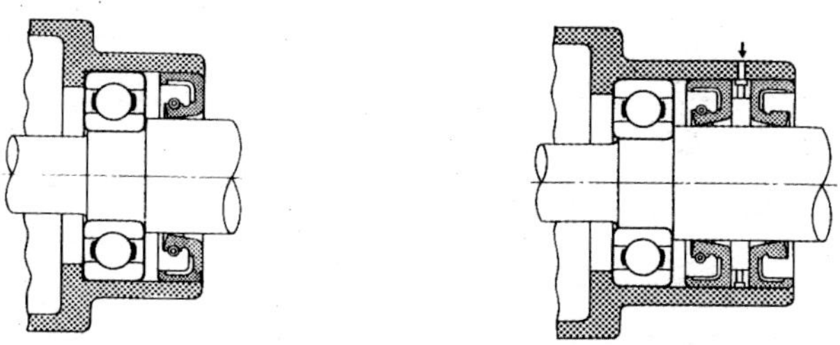

그림 12.44 오일 시일의 밀봉법

오일시일은 베어링용 윤활제에 가장 일반적인 접촉형 밀봉장치로 전문 제조사에서 제작되며 시일의 립(Lip)과 축(또는 하우징)과의 사이에 밀착에 의해 밀봉 역할을 한다. 그림 12.44는 오일시일의 밀봉법을 나타내고 있다.

시일의 재료는 옛날에는 동물성인 피혁, 식물성인 마(麻)와 목면(木綿) 등이 사용되어 왔으나 최근에는 합성고무와 플라스틱 등이 사용되고 있다. 현재 각종 고무제품에 사용되고 있는 각종 고무의 특성을 표 12.29에 나타낸다.

시일 선단의 립(Lip)에 압박력을 주기 위해 스프링(Spring)을 넣은 것이 그림 12.44이며 베어링의 편심에 대하여 적응성이 좋다.

표 12.29 각종 고무의 특성

고무의종류 (ASTM약호)		천연고무 (NR)	스티렌-부티디엔고무 (SBR)	부타디엔 고무 (BR)	클로로프렌 고무 (CR)	니트릴 고무 (NBR)	부틸고무 (IIR)	에틸렌-프로피렌고무 (EPDM)	클로로술폰화 폴리에틸렌 고무(CSM)	아크릴고무	플루오르 고무 (FPM)	실리콘 고무 (Q)
주 요 특 성		모든 고무중 촉감이 가장좋음 기계적 성질이 우수	천연고무보다 내마모성,내노화성이 양호. 값이 싸다.	NR보다 탄성이 좋고 내마성이 우수	내후,내오존, 내열, 내약품, 내노화성이 평균적으로 우수	내유, 내마모, 내노화성 양호	내후, 내오존, 내가스 투과성 양호	내노화, 내오존, 극성액체에 대한 저항성, 전기적 성질 양호	내노화, 내오존, 내약품, 내마모성 양호	고온에서의 내유성 양호 내마모성	초고의 내열, 내약품성	고도의 내열성과 내한성, 무독성 이형성, 내후성, 전기특성
순 고 무 비 중		0.92	0.93~0.94	0.91~0.92	1.15~1.25	1.00~1.20	0.91~0.93	0.86~0.87	1.11~1.18	1.09~1.10	1.80~1.82	0.95~0.98
배합고무의 물리적 성질 및 내성	경도(쇼아A)	30-90	40-90	40-90	40-90	40-90	35-90	40-90	50-90	40-90	60-90	25-80
	인장강도(kg/㎠)	70-280	50-230	50-230	60-250	50-250	50-150	50-200	70-200	60-140	70-150	30-110
	신장율(%)	100-600	100-500	100-500	100-500	100-500	100-600	100-500	100-500	190-400	100-300	100-500
	반발탄성(%)	A	B	A	A	B	C	B	B	C	C	A
	상용온도(℃) 최 고	60	90	90	100	100	120	140	130	160	220	250
	최 저	-40	-35	-45	-30	-25	-40	-40	-25	-10	-25	-95
	내마모성	B	A	A	B	A	C	C	A	C	B	C
	내굴곡균열성	A	B	C	B	B	A	B	B	B	B	B
	내오존성	D	D	D	B	D	A	A	A	A	A	A
	내압축영구줄음율	B	B	B	B	B	C	B	C	C	B	B
	내가스투과성	C	C	C	B	B	A	C	B	C	B	D
	내염성	D	D	D	B	D	D	D	B	D	A	C
	전기절연성(Ω · cm) 체적고유 저항	10^{10}~10^{1}	10^{10}~10^{16}	10^{14}~10^{15}	10^{10}~10^{12}	10~10^{10}	10^{16}~10^{18}	10^{12}~10^{15}	10^{14}	10^{8}~10^{10}	10^{15}~10^{18}	10^{11}~10^{15}
배합고무의 내유 및 내용제성	윤활유	D	D	D	B	A	D	D	B	A	A	B
	휘발유	D	D	D	C	B	D	D	C	C	A	D
	지방족탄화수소	D	D	D	B	A	D	D	B	B	A	D
	방향족탄화수소	D	D	D	D	D	D	D	D	D	B	D
	함염소용제	D	D	D	D	D	D	D	D	D	A	D
	알코올	A	A	A	A	A	A	A	A	D	B	C
	케톤	B	B	B	C	D	B	A	C	D	D	C
배합고무의 내산 및 내알칼리성	물	A	A	A	A	A	A	A	A	C	A	A
	묽은산	B	B	B	A	B	A	A	A	C	A	B
	진한산	D	D	D	C	D	B	B	B	D	A	D
	알칼리	B	B	B	A	B	A	A	A	D	C	B
주 요 용 도		자동차 타이어, 신발, 호오스, 벨트, 공기스프링,일반용 및 공업용품	자동차 타이어,자동차 부품, 신발, 고무 방수포, 운동용품, 벨트 등 공업용품 및 일반고무제품	자동차 · 항공기용 타이어, 신발, 방진고무, 고무롤, 벨트, 호오스 등의 공업용품	전선피복, 콘베어 벨트, 방진고무, 창틀고무, 접착제, 고방수포 및 일반 공업용품	오일실, 가스켓, 내유베어벨트, 베어벨트, 인쇄롤, 방직용 top roll등 내유제품	자동차타이어 용튜우브 Curing bag, 루우핑, 전선피복, 창틀고무, 증기호오스, 콘베이어벨트 등	전선피복, 자동차의 에더스트립, 증기호오스, 콘베이어벨트 등	내후성,내식성 도료, 탱크라이닝, 고무방수포, 내식성패킹, 내열내식성롤 등	자동차의 트랜스밋숀, 크랑크사휴트관계의 패킹 및 실 등	내열, 내유, 내화학약품을 필요로 하는 미사일, 로켓트 드으이 패킹, 화학공장의 내식패킹, 다이아프램 등	패킹, 가스켓, 오일시일 등, 내열 · 내한용 Sealant, 의료용, 전기절연용 제품

오일시일은 가장 많이 사용되는 윤활제의 밀봉장치이나 하우징의 내측과 외측의 압력차가 0.5kgf/㎠ 이상이면 미케니컬시일(Mechanical Seal)이 효과적이다.

보통 온도에서는 니트릴고무(NBR), 아크릴고무(ACM), 높은 온도에서는 시리콘고무(VMQ), 불소고무(FKM), 테프론이 사용된다.

오일시일의 허용주속도와 사용온도 범위는 표 12.30에, 축과 주속도에 필요한 미끄럼접촉면의 표면조도는 표 12.31에 나타내고 있다.

표 12.30 Permissible Surface Speed and Temperature Range for Oil Seals

Seal Material		Permissible Surface Speed(㎧)	Temperature Range(℃)[1]
Synthetic Rubber	Nitrile Rubber(NBR)	Unter 16	- 25 ~ + 100
	Acrylic Rubber(ACM)	Unter 25	- 15 ~ + 130
	Silicone Rubber(VMQ)	Unter 32	- 70 ~ + 150
	Fluorine-contained Rubber(FKM)	Unter 32	- 30 ~ + 220
Ethylene Resin Tetrafouride			- 50 ~ + 220

1) The upper limit of the temperature range may be raised by about 20℃ for operation for short intervals.

표 12.31 Shaft Surface Speed and Finish of Contact Surface

Circumferential Surface Speed(㎧)	Surface Finish
Under 5	3.2 S
5~10	1.6 S
Over 10	0.8 S

오일시일의 취급상에 주의할 점은 오일시일의 립(Lip)부분과 축에 접촉하는 부분에 흠이 생기지 않도록 해야 한다. 축의 미끄럼접촉면은 내마모성을 높이기 위해 열처리 또는 경질 크롬도금을 하여 경도가 H_RC 40 이상, 가능하면 H_RC 55 이상이면 좋다. 오일시일의 선택법은 표 12.32에 나타내고 있다.

표 12.32 오일시일 종류와 선택법

종류	스프링 삽입 외주고무	스프링 삽입 외주금속	스프링 삽입 조립	스프링 비삽입 외주고무	스프링 비삽입 외주금속	스프링 비삽입 조립	스프링 삽입 외주고무 먼지막이 붙이	스프링 삽입 외주금속 먼지막이 붙이	스프링 삽입 조립 먼지막이 붙이
기호	S	SM	SA	G	GM	GA	D	DM	DA
참고도									

오일시일의 종류를 선정하는 방법은 다음과 같다.

a) 외주의 고무와 금속

하우징의 재료가 철이면 어느 것이든 좋으나 경금속이면 열팽창이 크기 때문에 외주(外周)를 고무로 한다. 외주를 고무로 하는 편이 오일의 누설이 적다.

b) 스프링의 삽입과 비삽입

스프링의 삽입은 오일과 그리이스에 모두 사용이 가능하나 그리이스의 공급이 불충분하면 스프링을 제거한다.

c) 먼지막이

외부의 먼지, 모래가 많으면 먼지막이를 사용한다. 그러나, 허용주속도는 저하 시켜야 한다.

d) 조립

오일시일의 외경이 200 mm 이상이면 조립식을 사용한다.

12.7. 베어링의 마모수명(摩耗壽命)

베어링을 운전하면 재료의 피로수명이 발생하기 전에 베어링의 음향및 진동과 축의 진동이 크게 되어 기계가 소기의 기능을 하지 못하게 된다. 이것은 윤활제의 열화, 밀봉장치의 마모에 의한 윤활제의 누설, 이물질과 수분의 침투로 베어링의 윤활이 나쁘게 되고, 베어링의 내부가 마모되어 구름면이 거칠게 되고, 크리어런스(Clearance)가 증가되기 때문이다. 이것은 전술한 구름피로에 의한 수명과는 다른 현상으로 베어링의 마모수명이라고 하여 구별한다. 베어링의 마모에 의하여 베어링을 사용할 수가 없을 때까지 운전시간을 추정하는 방법은 표 12.33의 마모진행곡선의 기호와 그림 12.45의 마모허용치를 나타내는 마모계수로부터 마모수명을 구할 수가 있다.

표 12.33 마모진행곡선의 기호와 허용마모계수 *fv*

베어링의 사용개소		마모진행곡선	허용마모계수(*fv*)
자동차	기어	g - k	5 - 8
	구동축	h - k	3 - 6
	순환수 펌프	k	5 - 7
	클러치	k	5 - 7
	차륜축	i- k	4 - 6
전동기	가전용	i - k	3 - 5
	표준	c - d	3 - 5
	대형	b - d	3 - 5
	구동용	c - d	3 - 5
공작기계	선반 주축	a - b	0.5 - 1.5
	프라이스반 주축	a - b	0.5 - 1.5
	드릴머신 주축	b - c	1 - 2
	연삭반 주축	c - d	0.5 - 1
	기어	c - d	3 - 8
	프레스/후라이휠	d - f	3 - 8
	프레스/편심축	d - e	3 - 5
	전동공구	g - h	3 - 8
	공기공구	g - h	3 - 8
기어장치	일반 기어	d - e	3 - 8
	기어감속 전동기	d - e	3 - 8
	정치형 대형기어	c - d	6 - 10

철도차량	시가지 전차 객차 화차	e - f c - d c - d	8 - 12 8 - 12 8 - 12
	전차 기관차 기어	d - e d - e c - d	6 - 10 6 - 10 3 - 6
반송기계	광산용 벨트 드라이브 벨트 콘베이어 · 아이들러 벨트 풀리	c - d g - k e - f	5 - 10 10 - 20 10 - 15
	굴삭기/버켓 구동 굴삭기/버켓축 굴삭기/버켓축 구동 권취기 활차	d - f e - g c - e c - d	5 - 12 12 - 15 5 - 10 8 - 12
송풍기	소형 홴 블로어 중형 홴 대형 홴 원심펌프 압축기	f - h d - f c - d d - f d - f	5 - 8 3 - 5 3 - 5 3 - 5 3 - 5
산업기계	죠 크랫셔 콘/롤 크랫셔 해머 밀 튜브 밀 진동 밀 진동 체	f - g f - g d - e f - g f - g e - f	8 - 12 8 - 10 5 - 8 12 - 18 3 - 5 4 - 6
제지기계	습한 부분 건조한 부분 리파이너 카렌더	b - c a - b b - c a - b	7 - 10 10 - 15 5 - 8 4 - 8
기타기개	인쇄기계 진동하는 기계 원심기 방적스핀들 목공기/캇터축 목공기/후레임 소오	a - b f - i d - e a - c e - f e - g	3 - 4 3 - 4 2 - 4 1 - 2 1.5 - 3 3 - 4

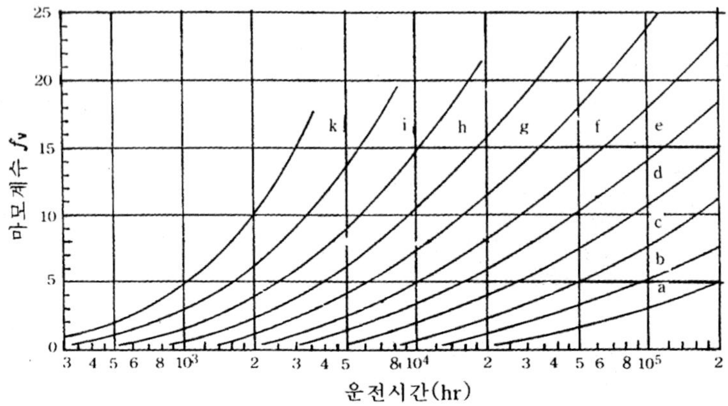

그림 12.45 마모진행곡선

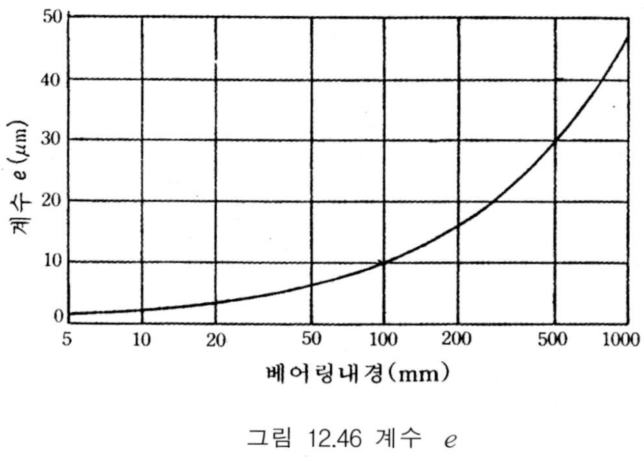

그림 12.46 계수 e

베어링의 사용개소에 따른 마모진행곡선과 허용마모계수는 실제로 많은 베어링의 사용실적을 기초로 선택하여야 한다.

베어링의 마모수명을 추정시에 계수 fv값에 따라 마모수명이 크게 달라지므로 우선 큰 값의 fv로 마모수명을 추정하여 구름피로수명 보다 짧을 경우에는 윤활과 밀봉장치를 개량하여야 한다.

(계산 예)

프레스의 마모진행곡선 d - f, 허용마모계수 fv가 3 - 8 이면 마모수명시간은 얼마인가?

운전조건이 가혹하고 환경이 나쁘면 곡선 f를 취하고, fv= 8로 하여, 그림 12.45에서 마모수명시간은 11,000 시간이 된다.

실제로 베어링의 크리어런스의 증가량 V는 허용마모계수 fv와 그림 12.46에 나타내는 베어링 내경에 따라 결정되는 계수 e 에서 다음 식으로 주어진다.

$$V = fv \cdot e \qquad 12.23$$

(계산 예)

베어링의 내경이 50 mm이고 허용 마모계수 fv= 8이면 크리어런스의 증가량은 얼마인가?

그림 12.46에서 e= 6μm 이므로

$$V = fv \cdot e$$
$$= 8 \times 6$$
$$= 48\ (\mu m)$$

13. 축과 하우징

기계를 설계할 때에 적절하게 베어링을 선정하더라도 궤도륜은 두께가 얇기 때문에 끼워맞춤(Fit)에 의하여 축과 하우징의 정밀도에 영향을 크게 받는다. 그러므로 축과 하우징의 설계 및 가공은 잘 해야 한다.

13.1. 끼워맞춤

13.1.1. 중요성

베어링의 내륜 또는 외륜이 축이나 하우징에 설치되면 하중을 받으면서 회전시에 축이나 하우징과의 사이에 미끄럼이 발생하는 크리이프(Creep) 현상이 생긴다. 이 현상이 발생하면 끼워맞춤면(Fitted Surfaces)은 긁히게 되어 축과 하우징에 마모와 심한 손상을 입게 된다. 이상고온(Abnormal Heating)과 진동(Vibration)은 금속입자(Metalic Partircles)를 베어링 내부로 들어가게 하여 베어링 수명을 감소시킨다. 헐거운끼워맞춤(Loose Fit)은 그림 13.1과 같이 레이디얼하중 F_r이 가해지면 축이 회전시 끼워맞춤면 상에 F_r이 회전방향으로 이동하여 내륜 내경면에 대하여 축이 구름운동을 한다.

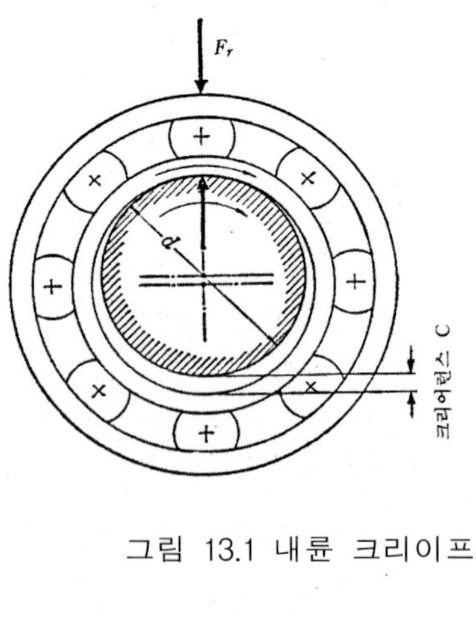

그림 13.1 내륜 크리이프

외륜의 경우에도 하우징의 내경과 외륜의 외경의 사이에 똑같이 생긴다.

헐거운끼워맞춤이 아닌 약간 억지끼워맞춤을 한 경우에도 레이디얼하중이 가해져서 끼워맞춤면이 탄성변형(彈性變形)을 일으키면 하중과 반대측의 끼워맞춤면에 틈새가 생기므로 크리이프(Creep)가 생긴다. 따라서 하중을 받으면서 회전하는 베어링 궤도륜에는 하중의 크기에 따라 간섭량을 조절하여야 한다.

13.1.2. 원칙

- 베어링의 끼워맞춤을 적정하게 선정하기 위해서는
  - 베어링에 가한 레이디얼하중의 방향이 궤도륜에 대하여 일정한 방향으로 가해지고 있는가?
  - 방향이 변하여 레이디얼하중이 가해지고 있는가?
  - 내륜이 회전하고 있는가?
  - 외륜이 회전하고 있는가?
  - 내·외륜 모두 회전하고 있는가?
  - 레이디얼하중의 크기가 일정한가, 변동하고 있는가?

에 따라 내륜과 축, 외륜과 하우징 사이의 간섭량을 적절하게 결정한다.

1) 하중의 방향에 관한 용어

a) 내륜회전하중 (Rotating Inner Ring Load)

내륜, 외륜의 회전 어느 것에 관계없이 하중의 방향에 대하여 상대적으로 외륜이 정지하고 내륜이 회전하고 있는 경우의 레이디얼하중이다. 이 경우 레이디얼하중은 내륜 궤도의 전원주(全圓周)에 작용하지만 외륜에 대하여 정지하고 있어 외륜 궤도의 어느 점으로 향해 작용한다. 따라서 내륜원주하중(內輪圓周荷重), 외륜정지하중(外輪靜止荷重), 외륜점하중(外輪點荷重)이라고 부르기도 한다.

b) 외륜회전하중(Rotating Outer Ring Load)

내륜, 외륜의 회전 어느 것에 관계없이 하중의 방향에 대하여 상대적으로 외륜이 회전하고 내륜이 정지하고 있는 경우의 레이디얼하중이다. 이 경우도 (a)와 같이 외륜원주하중(外輪圓周荷重), 내륜정지하중(內輪靜止荷重), 내륜점하중(內輪點荷重)이라고 부르기도 한다.

c) 방향부정하중(Interminate Load)

하중의 방향에 대하여 상대적으로 내륜 및 외륜이 정지하고 있지 않은 경우의 레이디얼하중이다.

2) 하중의 방향에 관한 끼워맞춤의 원칙

레이디얼하중이 내륜회전하중인가, 외륜회전하중인가에 따라 선정해야 할 끼워맞춤의 원칙을 표 13.1에 나타낸다.

표 13.1 Loading Conditions and Fit

Load Application	Bearing Operation		Loading Conditoins	Fit	
	Inner Ring	Outer Ring		Inner Ring and Shaft	Outer Ring and Housing
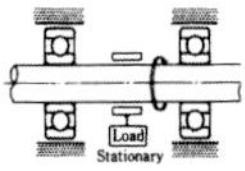	Rotating	Stationary	Rotating Inner Ring Load	Tight Fit	Loose Fit
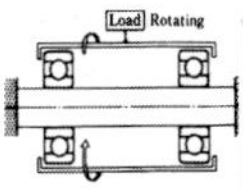	Stationary	Rotating	Stationary Outer Ring Load		
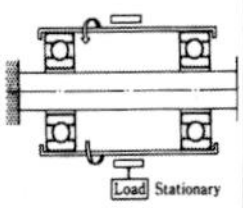	Stationary	Rotating	Rotating Outer Ring Load	Loose Fit	Tight Fit
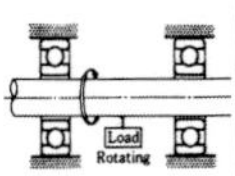	Rotating	Stationary	Stationary Inner Ring Load		
Direction of Load Indetermina te	Rotating or Stationary	Rotating or Stationary		Tight Fit	Tight Fit

3) 기타 끼워맞춤 원칙

a) 크기가 변동하는 정지(점)하중

정지하중을 받는 끼워맞춤면은 헐거운끼워맞춤(Loose Fit)이 좋다. 그러나, 하중의 크기가 변동할 때 특히 충격하중일 때에는 끼워맞춤면에 후렛팅(Fretting)이 생기므로 억지끼워맞춤(Tight Fit)를 해야 한다.

b) 자유측 베어링의 끼워맞춤

비분리형(非分離形) 베어링을 자유측 베어링으로 할 때 내륜과 축, 또는 외륜과 끼워맞춤면에서 축방향으로 이동할 수 있도록 한다. 이동을 용이하게 하기 위해 끼워맞춤면에 윤활유를 바른다.

c) 축과 구멍의 등급

일반적으로 사용되는 정밀도 등급인 0급, 6급 베어링의 끼워맞춤에는 축의 외경은 IT5 또는 IT6, 하우징의 구멍은 IT6 또는 IT7의 공차를 사용한다. 베어링의 궤도륜에 축 또는 하우징의 베어링 자리의 형상오차가 영향을 주어 궤도면에 형상의 불량이 생긴다. 따라서, 베어링 자리의 진원도(眞圓度)와 원통도(圓筒度)는 가능한 양호해야 하며 그의 허용한도는 통상 공차의 1/2 이다. 어댑터(Adapter) 또는 해체 스리이브(Dismounting Sleeve)를 사용할 때 축의 공차는 크게 h9 또는 h10 이지만 해체스리이브는 h7 또는 h8로 한다.

베어링의 정밀도가 높은 5급, 4급의 끼워맞춤에서 축의 정도가 높은 5급, 4급의 끼워맞춤에서 축의 외경은 IT4 또는 IT5, 하우징의 구멍은 IT5로 한다.

d) 간섭량의 크기

베어링하중이 클수록 충격하중이 있을수록 간섭량을 크게 한다. 일반적으로 베어링하중의 크기는 중하중(P〉 0.12 C),보통하중(P=0.10 C), 경하중(P 〈0.06 C)의 셋으로 나눈다. 로울러베어링은 볼베어링 보다 큰 간섭량이 필요하다.

베어링의 형식과 하중의 크기가 같은 경우 베어링 내경이 크게 되면 축의 허용차를 표시하는 축의 종류기호가 k · m · n · p와 같이 간섭량이 큰 끼워맞춤 조건을 선정한다. 과다한 간섭량을 주면 궤도륜이 파손될 수가 있다.

e) 2분할하우징

2분할하우징은 체결볼트를 과도하게 조이면 외륜에 유해한 힘이 걸려서 변형이 될 가능성이 있기 때문에 억지끼워맞춤은 부적당하다. 허용차를 나타내는 구멍의 종류는 H 또는 J로 한다. 2분할하우징은 정밀한 용도에는 부적당하다.

13.1.3. 선정

용도에 적당한 끼워맞춤을 선정하는 데에는 하중의 성질, 크기, 온도조건, 베어링의 설치 및 해체 등 제반조건을 고려해야 한다.

하우징(Housing)이 얇거나 중공축(Hollow Shaft)에 베어링을 설치할 경우에는 간섭량을 보통 보다 크게 해야 한다. 정밀도가 보통인 0급과 6급 베어링의 끼워맞춤은 표 13.2 ~ 표 13.7에 나타낸다. 정밀도가 높은 5급, 4급 베어링의 끼워맞춤에 관해서는 축의 외경과 하우징의 내경 공차를 작게 하지 않으면 높은 정밀도 베어링을 사용하는 효과를 얻을 수가 없다.

표 13.2 Fits of Radial Bearings with Shafts

<table>
<tr><th colspan="2" rowspan="2">Load Conditions</th><th rowspan="2">Examples (Reference)</th><th colspan="3">Shaft Diameter</th><th rowspan="2">Tolerance</th><th rowspan="2">Remarks</th></tr>
<tr><th>Ball Bearings</th><th>Cylindrical Roller Bearings, Tapered Roller Bearings</th><th>Spherical Roller Bearings</th></tr>
<tr><td colspan="8">Radial Bearings with Cylindrical Bores</td></tr>
<tr><td rowspan="2">Rotating Outer Ring Load</td><td>Easy axial displacement of inner ring on shaft desirable.</td><td>Wheels on Stationary Axle</td><td colspan="3" rowspan="2">All Shaft Diameters(㎜)</td><td>g6</td><td rowspan="2">Use g5 and h5 where accuracy is required. Tolerance f6 can be selected for large bearings to ensure easy displacement.</td></tr>
<tr><td>Easy axial displacement of inner ring on shaft unnecessary.</td><td>Tension Pulleys Rope Sheaves</td><td>h6</td></tr>
<tr><td rowspan="4">Rotating Inner Ring Load or Indeterminate</td><td rowspan="4">Light Loads (≤0.06C)[1]

Variable Loads</td><td rowspan="4">Electric Appliances
Precision Machinery
Machine Tools
Pumps
Blowers
Transport Vehicles</td><td>~18</td><td>-</td><td>-</td><td>js5</td><td rowspan="4">Use tolerance grade 5 where high accuracy is required and high precision bearings are used. h5 is used for high accuracy bearings with bores smaller than 18 ㎜.</td></tr>
<tr><td>18~100</td><td>~40</td><td>-</td><td>j6</td></tr>
<tr><td>100~200</td><td>40~140</td><td>-</td><td>k6</td></tr>
<tr><td>-</td><td>140~200</td><td>-</td><td>m6</td></tr>
</table>

<table>
<tr><td rowspan="12">Rotating Inner Ring Load or Indeterminate</td><td rowspan="8">Normal Loads (0.06C~0.13C)[1]</td><td rowspan="8">General Bearing Applications
Medium and Large Motors
Turbines
Pumps
Engine Main bearings
Gearing
Woodworking Machines</td><td>~18</td><td>-</td><td>-</td><td>j5, j6</td><td rowspan="8">k6 and m6 are generally used for tappered roller bearings and single row angular contact ball bearings.</td></tr>
<tr><td>18~100</td><td>~40</td><td>~40</td><td>k5, k6</td></tr>
<tr><td>100~140</td><td>40~100</td><td>40~65</td><td>m5, m6</td></tr>
<tr><td>140~200</td><td>100~140</td><td>65~100</td><td>m6</td></tr>
<tr><td>200~280</td><td>140~200</td><td>100~140</td><td>n6</td></tr>
<tr><td>-</td><td>200~400</td><td>140~280</td><td>p6</td></tr>
<tr><td>-</td><td>-</td><td>280~500</td><td>r6</td></tr>
<tr><td>-</td><td>-</td><td>500~</td><td>r7</td></tr>
<tr><td rowspan="4">Heavy Loads (>0.13C)[1]
Shock Loads</td><td rowspan="4">Railway Axleboxes
Industrial Vehicles
Traction Motors
Construction Machinery
Crushers</td><td>-</td><td>50~140</td><td>50~100</td><td>n6</td><td rowspan="5">More than normal bearing clearance is necessary.</td></tr>
<tr><td>-</td><td>140~200</td><td>100~140</td><td>p6</td></tr>
<tr><td>-</td><td>200~</td><td>140~200</td><td>r6</td></tr>
<tr><td>-</td><td>-</td><td>200~500</td><td>r7</td></tr>
<tr><td colspan="2">Axial Loads Only</td><td>Ball Bearing Arrangements of All Kinds</td><td colspan="3">All Shaft Diameters</td><td>j6, js6</td></tr>
<tr><td colspan="7">Radial Bearing with Tapered Bores and Sleeves</td><td></td></tr>
<tr><td colspan="2" rowspan="2">Loads of All Kinds</td><td>General Bearing Applications
Railway Axleboxes</td><td colspan="3" rowspan="2">All Shaft Diameters</td><td>h9/IT5</td><td rowspan="2">IT5 and IT7 mean that the devation of the shaft from its true geometric form, e.g. roundness and taper should be within the tolerances of IT5 and IT7 respectively.</td></tr>
<tr><td>Transmission Shafts
Woodworking Machinery
Main Bearings</td><td>h10/IT7</td></tr>
</table>

표 13.3 Fits of Thrust Bearings with Shafts

<table>
<tr><th colspan="2">Load Conditions</th><th>Examples(Reference)</th><th>Shaft Diameter(㎜)</th><th>Tolerance</th><th>Remarks</th></tr>
<tr><td colspan="2">Central Thrust Load</td><td>Main Shafts of lathes</td><td>All Shaft Diameters</td><td>h6, j6</td><td rowspan="5"></td></tr>
<tr><td rowspan="4">Combined Radial and Axial Loads
(Spherical Roller Thrust Bearings)</td><td>Stationary Inner Ring Load</td><td>Cone Crusher</td><td>All Shaft Diameters</td><td>j6, js6</td></tr>
<tr><td rowspan="3">Rotating Inner Ring load of Indeterminate Load</td><td rowspan="3">Paper Pulp Refiner
Plastic Extrder</td><td>~200</td><td>k6</td></tr>
<tr><td>200~400</td><td>m6</td></tr>
<tr><td>400~</td><td>n6</td></tr>
</table>

Note · Applicable to solid steel Shafts.

1) C is basic load rating shown in the bearing dimensional tables.

2) The symbol ~ on the right side of a figure indicates values greater than figure.

표 13.4 Fits of Radial Bearings with Housings

<table>
<tr><th colspan="3">Load Conditions</th><th>Examples(Reference)</th><th>Tolerrances</th><th>Displacement of Outer Ring</th></tr>
<tr><td rowspan="5">Solid Housing</td><td rowspan="3">Rotating Outer Ring Load</td><td>Heavy Loads on Bearing in Thin Walled Housings Heavy Shock Loads</td><td>Roller Bearing Wheel Hubs Crane Travelling Wheels</td><td>P7</td><td rowspan="4">Cannot be displaced</td></tr>
<tr><td>Normal and Heavy Loads</td><td>Ball Bearing Wheel Hubs Vibrating Screens</td><td>N7</td></tr>
<tr><td>Light and Variable Loads</td><td>Conveyors
Rope Sheaves
Tension Pulleys</td><td rowspan="2">M7</td></tr>
<tr><td rowspan="3">Direction of Load Indterminate</td><td>Heavy Shock Loads</td><td>Traction Motors</td></tr>
<tr><td>Normal and Heavy Loads</td><td rowspan="2">Electric Motors
Pumps
Crankshaft Main Bearings</td><td>K7</td><td>Cannot be displaced</td></tr>
<tr><td rowspan="4">Split or Solid Housing</td><td>Normal and Light Loads</td><td>J7</td><td>Can be displaced</td></tr>
<tr><td rowspan="4">Rotating Inner Ring Load</td><td>Loads of All Kinds</td><td>General Bearing Applications
Railway Axleboxes</td><td>H7</td><td rowspan="3">Can easily be displaced</td></tr>
<tr><td>Normal and Light Loads</td><td>Plummer Blocks</td><td>H8</td></tr>
<tr><td>High Temperature Rise of Inner Ring Through Shaft</td><td>Paper Dryers</td><td>G7</td></tr>
<tr><td rowspan="4">Solid Housing</td><td rowspan="2">Accurate Running Desirable under Normal and Light Loads</td><td>Grinding Spindle Rear Ball Bearings
High Speed Centrifugal Compressor Free Bearings</td><td>J6</td><td>Can be displaced</td></tr>
<tr><td>Direction of load Indeterminate</td><td>Grinding Spindle Rear Ball Bearings
High Speed Centrifugal Compressor Fixed Bearings</td><td>K6</td><td>Cannot easily be displaced</td></tr>
<tr><td rowspan="2">Rotating Inner Ring Load</td><td>Accurate Running and High Rigidity Desirable under Variable Loads</td><td>Cylindrical Roller Bearings for Machine Tool Work Spindles</td><td>M6 or N6</td><td>Cannot be displaced</td></tr>
<tr><td>Accurate or Silent Running</td><td>Small Electric Motors</td><td>H6</td><td>Can easily be displaced</td></tr>
</table>

표 13.5 Fits of Thrust Bearings with Housings

Load Conditions		Bearing Types	Tolerances	Remarks
Axial Loads Only		Thrust Ball Bearings	Clearance over 0.25㎜	In general
			H8	Accuracy desirable
		Spherical Roller Thrust Bearings Steep Angle Tapered Roller Bearings	Outer ring has radial clearance	Other bearings are used for radial location
Combined Radial and Axial Loads	Stationary Outer Ring loads	Spherical Roller Thrust Bearings	H7 or J7	–
	Rotating Outer Ring Loads or Direction of Load Indeterminate		K7	In general
			M7	Comparatively heavy radial loads

표 13.6 Fits for Inch Series Tapered Roller Bearings with Shafts

(1) Class 4 and Class 2

Values in ㎛

Conditoins		Cone Bore Diameter d				Bore Diameter Deviation		Shaft Deviation		Remarks
		Over		Incl.						
		㎜	inch	㎜	inch	High	Low	High	Low	
Rotating Cone Load	Ground Seat, Moderate Loads[1] No Shock	–		76.200	3.0000	+13	0	+38	+25	
		76.200	3.0000	304.800	12.0000	+25	0	+64	+38	
		304.800	12.0000	609.600	24.0000	+51	0	+127	+76	
		609.600	24.0000	914.400	36.0000	+76	0	+190	+114	
	Unground or Ground Seat, Heavy Loads[2] or High Speed or Shock	–		76.200	3.0000	+13	0	+64	+38	※ where indicated,the average interference fit should be approximately 0.0005 d.
		76.200	3.0000	304.800	12.0000	+25	0	※		
		304.800	12.0000	609.600	24.0000	+51	0	※		
		609.600	24.0000	914.400	36.0000	+76	0	+381	+305	
Rotating Cup Load	Unground or Ground Seat, Heavy Loads[2] or High Speed or Shock	–		76.200	3.0000	+13	0	+64	+38	※ where indicated, the average interference fit should be approximately 0.0005 d.
		76.200	3.0000	304.800	12.0000	+25	0	※		
		304.800	12.0000	609.600	24.0000	+51	0	※		
		609.600	24.0000	914.400	36.0000	+76	0	+381	+305	
	Unground Seat, Moderate Loads[1] No Shock	–		76.200	3.0000	+13	0	+13	0	
		76.200	3.0000	304.800	12.0000	+25	0	+25	0	
		304.800	12.0000	609.600	24.0000	+51	0	+51	0	
		609.600	24.0000	914.400	36.0000	+76	0	+76	0	
	Ground Seat, Moderate Loads[1] No Shock	–		76.200	3.0000	+13	0	0	−13	Cone can be displaced.
		76.200	3.0000	304.800	12.0000	+25	0	0	−25	
		304.800	12.0000	609.600	24.0000	+51	0	0	−51	
		609.600	24.0000	914.400	36.0000	+76	0	0	−76	

(2) Class 3 and Class 0

Values in ㎛

Conditions		Cone Bore Diameter *d*				Bore Diameter Deviation		Shaft Deviation		Remarks
		Over		Incl.						
		㎜	inch	㎜	inch	High	Low	High	Low	
Rotating Cone Load	Ground Seat, Percision Machine Tool Spindles	–		76.200	3.0000	+13	0	+30	+18	
		76.200	3.0000	304.800	12.0000	+13	0	+30	+18	
		304.800	12.0000	609.600	24.0000	+25	0	+64	+38	
		609.600	24.0000	914.400	36.0000	+38	0	+102	+64	
	Ground Seat, Heavy Loads, or High Speed or Shock	–		76.200	3.0000	+13	0	–		The minimum fit should be approximately 0.00025 *d*.
		76.200	3.0000	304.800	12.0000	+13	0	–		
		304.800	12.0000	609.600	24.0000	+25	0	–		
		609.600	24.0000	914.400	36.0000	+38	0	–		
Rotating Cup Load	Ground Seat, Precision Machine Tool Spindles	–		76.200	3.0000	+13	0	+30	+18	
		76.200	3.0000	304.800	12.0000	+13	0	+30	+18	
		304.800	12.0000	609.600	24.0000	+25	0	+64	+38	
		609.600	24.0000	914.400	36.0000	+38	0	+102	+64	

표 13.7 Fits for Inch Series Tapered Roller Bearings with Housings

(1) Class 4 and Class 2

Values in ㎛

Conditions		Cup Outside Diameter *D*				Ouside Diameter Deviation		Housing Deviation		Remarks
		Over		Incl.						
		㎜	inch	㎜	inch	High	Low	High	Low	
Rotating Cone Load	Floating Clamped	–		76.200	3.0000	+25	0	+76	+51	Can easily be displaced
		76.200	3.0000	127.000	5.0000	+25	0	+76	+51	
		127.000	5.0000	304.800	12.0000	+25	0	+76	+51	
		304.800	12.0000	609.600	24.0000	+51	0	+152	+102	
		609.600	24.0000	914.400	36.0000	+76	0	+229	+152	
	Adjustable	–		76.200	3.0000	+25	0	+25	0	Can be displaced
		76.200	3.0000	127.000	5.0000	+25	0	+25	0	
		127.000	5.0000	304.800	12.0000	+25	0	+51	0	
		304.800	12.0000	609.600	24.0000	+51	0	+76	+25	
		609.600	24.0000	914.400	36.0000	+76	0	+127	+51	
	Non-adjustable	–		76.200	3.0000	+25	0	-13	-38	Cannot easily be displaced
		76.200	3.0000	127.000	5.0000	+25	0	-25	-51	
		127.000	5.0000	304.800	12.0000	+25	0	-25	-51	
		304.800	12.0000	609.600	24.0000	+51	0	-25	-76	
		609.600	24.0000	914.400	36.0000	+76	0	-25	-102	
Rotating Cup Load	Non-adjustable	–		76.200	3.0000	+25	0	-13	-38	Cannot be displaced
		76.200	3.0000	127.000	5.0000	+25	0	-25	-51	
		127.000	5.0000	304.800	12.0000	+25	0	-25	-51	
		304.800	12.0000	609.600	24.0000	+51	0	-25	-76	
		609.600	24.0000	914.400	36.0000	+76	0	-25	-102	

(2) Class 3 and Calss 0

Values in ㎛

Conditions		Cup Outside Diameter D Over mm	Over inch	Incl. mm	Incl. inch	Ouside Diameter Deviation High	Low	Housing Deviation High	Low	Remarks
Rotating Cone Load	Floating	–		152.400	6.0000	+13	0	+38	+25	Can easily be displaced
		152.400	6.0000	304.800	12.0000	+13	0	+38	+25	
		304.800	12.0000	609.600	24.0000	+25	0	+64	+38	
		609.600	24.0000	914.400	36.0000	+38	0	+89	+51	
	Clamped	–		152.400	6.0000	+13	0	+25	+13	Can be displaced
		152.400	6.0000	304.800	12.0000	+13	0	+25	+13	
		304.800	12.0000	609.600	24.0000	+25	0	+51	+25	
		609.600	24.0000	914.400	36.0000	+38	0	+76	+38	
	Adjustable	–		152.400	6.0000	+13	0	+13	0	Cannot easily be displaced
		152.400	6.0000	304.800	12.0000	+13	0	+25	0	
		304.800	12.0000	609.600	24.0000	+25	0	+25	0	
		609.600	24.0000	914.400	36.0000	+38	0	+38	0	
	Non-adjustable	–		152.400	6.0000	+13	0	0	-13	Cannot be displaced
		152.400	6.0000	304.800	12.0000	+13	0	0	-25	
		304.800	12.0000	609.600	24.0000	+25	0	0	-25	
		609.600	24.0000	914.400	36.0000	+38	0	0	-38	
Rotating Cup Load	Non-adjustable	–		76.200	3.0000	+13	0	-13	-25	Cannot be displaced
		76.200	3.0000	152.400	6.0000	+13	0	-13	-25	
		152.400	6.0000	304.800	12.0000	+25	0	-13	-38	
		304.800	12.0000	609.600	24.0000	+25	0	-13	-38	
		609.600	24.0000	914.400	36.0000	+38	0	-13	-51	

13.1.4. 간섭량의 계산

베어링의 끼워맞춤은 경험에 의해서 결정하는 경우도 많으나 필요한 간섭량을 계산하여 구하는 경우도 있기 때문에 계산방법을 기술한다.

1) 내륜에 필요한 간섭량

a) 끼워맞춤면의 조도와 간섭량

끼워맞춤면에 있는 조도의 작은 돌기 부분은 베어링이 압입될 때에 소성변형이 되어 유효간섭량(Effective Interfernce) $\triangle d_e$는 측정에 의해서 구해진 겉보기 간섭량(Apparent Interference) $\triangle d$ 보다 작게 된다. 표면조도가 거칠수록 소성변형량은 크게 된다. Palmgren에 의하면 연삭가공된 축의 $\triangle d_e$와 $\triangle d$의 관계는 다음 식으로 주어진다.

$$\triangle d_e = \frac{d}{d+3} \triangle d \qquad 13.1$$

최근에는 가공기술의 향상으로 윗식은 연삭가공된 축에 사용하지 않는다.

정리하면

선삭가공된 축(Machined Shafts): $\triangle d_e = \frac{d}{d+3} \triangle d$ (㎜) 13.2

연삭가공된 축 (Ground Shafts) : $\triangle d_e = \frac{d}{d+2} \triangle d$ (㎜) 13.3

여기서, $\triangle d_e$: 유효간섭량 (mm)

$\triangle d$: 겉보기간섭량 (mm)

d : 베어링 내경 (mm)

b) 레이디얼하중의 크기와 간섭량

베어링에 레이디얼하중이 가해지면 하중을 받는 부분의 끼워맞춤면이 탄성변형을 하므로 간섭량이 감소한다. 레이디얼하중에 의한 간섭량의 감소 $\triangle d_F$는 다음 식으로 주어진다.

레이디얼하중이 정정격하중의 30 % 이하일 때

$$\triangle d_F = 0.25\sqrt{\frac{d \cdot F}{B}} \times 10^{-3} \text{(㎜)} \quad 13.4$$

레이디얼하중이 정정격하중의 30 % 이상일 때

$$\triangle d_F = 0.2\frac{F_r}{B} \times 10^{-3} \text{(㎜)} \quad 13.5$$

여기서, d : 베어링 내경 (mm)

B : 베어링 폭 (mm)

F_r : 레이디얼하중 (kgf)

c) 운전온도와 간섭량

베어링이 운전중 내부마찰에 의하여 열이 발생하므로 베어링은 축과 하우징보다 온도가 높게 되고, 축과 내륜의 사이에 끼워맞춤면의 간섭량은 베어링의 온도 상승에 의해서 감소한다. 내륜과 축의 온도차에 의한 내륜의 간섭 감소량 $\triangle d_r$은 Palmgren에 의해 다음 식으로 주어진다.

$$\triangle d_r = (0.10 \sim 0.15) \triangle T \cdot a \cdot d$$

$$= 0.0015 \triangle T \cdot d \times 10^{-2} \quad 13.6$$

여기서, a : 베어링강의 선팽창계수 12.5×10^{-6}/℃

d : 베어링 내경 (mm)

외륜과 하우징의 사이에는 양자의 온도차와 재료의 선팽창계수의 차에 의해서 간섭량이 증가 또는 감소한다.

d) 종합

이상을 종합하여 내륜회전하중일 때 내륜과 축의 필요한 겉보기 간섭량은 다음 식으로 주어진다.

$$\triangle d_r \geq (\triangle d_F + \triangle d_r)(\frac{d+3}{d} \text{ 또는 } \frac{d+2}{d}) \times 10^3 (\text{mm}) \qquad 13.7$$

2) 중실축의 끼워맞춤면의 면압과 응력

간섭량 $\triangle d_r$에 의해서 생긴 끼워맞춤면의 면압(面壓) p는 내륜과 내압을 받는 두꺼운 원통으로 하여 다음 식으로 주어진다.

$$p = \frac{E}{2}\frac{\triangle d_r}{d}[1-(\frac{d}{D_i})^2] \text{ (kgf/mm}^2\text{)} \qquad 13.8$$

여기서,

E : 종탄성계수 (kgf/mm^2) 강의 경우, 2.12×10^4

D_i : 내륜의 궤도경 (mm)

$\triangle d_r$: 유효간섭량 (mm)

d : 베어링 내경 (mm)

Di값은 베어링의 내부 설계에 따라 다르지만 근사적으로 다음 식으로 주어진다. 원통로울러베어링, 광폭 자동조심볼베어링

$$D_i = \frac{1}{4}(D-d)+d \qquad 13.9$$

기타 베어링

$$D_i = \frac{3}{10}(D-d)+d \qquad 13.10$$

보통 d/D_i= 0.7 ~ 0.9이고 이 중에 작은 값은 두꺼운 궤도륜(직경계열 4)에, 큰 값은 얇은 궤도륜(직경계열 9)에 상당한다.

끼워맞춤면의 면압 p를 받으므로 내륜에 생기는 응력 σ_1는 다음 식으로 주어진다.

$$\sigma_1 = p\frac{1+(d/D_i)^2}{1-(d/D_i)^2} \text{ (kgf/mm}^2\text{)} \qquad 13.11$$

평균간섭량에 대하여 내륜의 끼워맞춤면에 생기는 면압과 원주상 최대응력을

식 13.8과 식 3.11에서 계산하여 선도로 나타내면 그림 13.2와 같이 된다.

단, d/D_i= 0.8로 하였다. 그림 13.3은 최대간섭량에 의한 면압과 원주상 최대응력을 나타낸다.

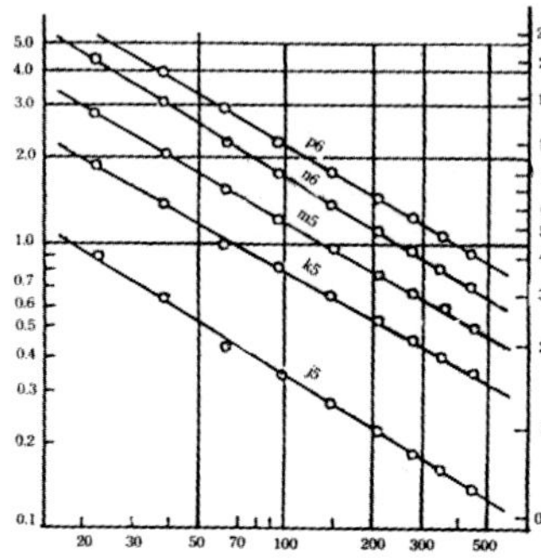

그림 13.2 끼워맞춤 허용차의 평균간섭량에 의한 p_m 최대응력 σ_{tmax}

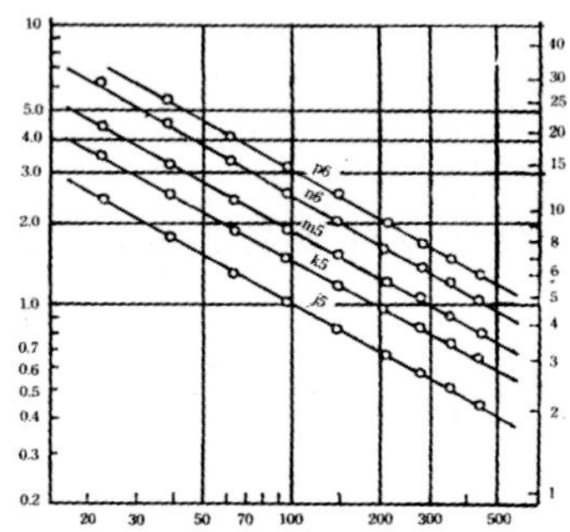

그림 13.3 끼워맞춤 허용차의 최대간섭량에 의한 p_m 최대응력 σ_{tmax}

간섭량이 과대할 때는 내륜이 절개되는 수가 있으나 이것에 대해서는 σ_t가 15 kgf/mm^2 이하 ($\triangle de/d$) < (1/1,000)로 하면 안전할 것이다.

3) 중공축과 내륜의 끼워맞춤

중공축(中空軸)과 내륜의 끼워맞춤 $\triangle d_h$ 간섭량이 있을 때 그 끼워맞춤면에 생기는 면압(面壓) p_h는 다음 식으로 주어진다.

$$p_h = \frac{E}{2}\frac{\triangle d_h}{d}\frac{\left[1-\left(\frac{d}{D_i}\right)^2\right]\left[1-\left(\frac{d_0}{d}\right)^2\right]}{1-\left(\frac{d}{D_i}\right)^2\left(\frac{d_0}{d}\right)^2}\ (\text{kgf/mm}^2) \qquad 13.12$$

여기서,
- E : 종탄성계수 2.12×10^4 (kgf/mm^2)
- D : 내륜의 평균외경 (mm)
- d : 베어링 내경 (mm)
- $\triangle d_h$: 중공축의 유효간섭량 (mm)
- d_o : 중공축의 내경 (mm)

중공축에 설치된 베어링 간섭량 △ d_h는 동일 직경 중실축(中實軸)인 경우에 겉보기 간섭량 △d 보다 크게 한다. 즉, 끼워맞춤의 효과를 같게 하기 위해서 같은 면압 $p = p_h$가 되도록 △ d_h를 정해야 한다. 중공측이 필요로 하는 간섭량 △ d_h를 식13.12에서 $p = p_h$로 한 다음 식에서 △ d_h를 구한다.

$$\triangle d_h = \frac{1-\left(\frac{d_o}{D_i}\right)^2\left(\frac{d_o}{d}\right)^2}{1-\left(\frac{d_o}{d}\right)^2}\triangle d \qquad 13.13$$

△d는 그 끼워맞춤 중앙치의 간섭량을 고려하여 △ d_h를 구하고, 중공축의 경우는 끼워맞춤의 상하 허용차를 정한다.

d_o / d 〉 0.5일 때는 △ d_h는 △d 보다 10% 이상 크게 한다.

4) 하우징과 외륜의 끼워맞춤

외륜회전하중 또는 부정하중은 내륜회전하중 보다 적지만 외륜과 하우징과의 면압은 식 3.12를 변형시켜 다음 식으로 주어진다.

$$p_h = \frac{E}{2}\cdot\frac{\triangle D}{D}\cdot\frac{\left[1-\left(\frac{D}{D_o}\right)^2\right]\left[1-\left(\frac{D_e}{D}\right)^2\right]}{1-\left(\frac{D}{D_o}\right)^2\left(\frac{D_e}{D}\right)^2}\ (\mathrm{kgf/mm^2}) \qquad 13.14$$

여기서, D : 베어링 외경 (mm)

D_0 : 베어링 하우징 외경 (mm)

$\triangle D$: 외륜의 평균 내경 간섭량 (mm)

D_e : 외륜의 궤도경 (mm)

E : 종탄성계수 (kgf/mm^2)

윗식에서 베어링 하우징의 외경이 내경에 비하여 작을 때 즉, 베어링 하우징의 두께가 얇으면 같은 간섭량에서는 면압이 작게 되어 조임효과가 감소하는 것을 알 수가 있다.

13.1.5.손상

베어링의 내륜과 축, 외륜과 하우징을 바르게 끼워맞춤을 해야 운전중에 끼워맞춤면에 미끄럼이 발생하지 않는다. 간섭량을 충분히 해야 할 끼워맞춤에서 헐거운끼워맞춤 또는 불충분한 끼워맞춤을 하면 크리이프(Creep)와 후렛팅 (Fretting)이란 끼워맞춤면의 손상이 생긴다.

1) 크리이프(Creep)

a) 협의(구름)의 크리이프

내륜회전하중에서 내륜과 축의 사이에 틈새가 있을 때에는 그림 13.4와 같이 내륜측의 원주길이는 축측의 원주길이 보다 길게 된다. 끼워맞춤면의 틈새를 C라 하면 내륜 1회전에 πC 만큼 축의 회전방향과 반대방향으로 이동한다. 이 현상을 협의의 크리이프라고 한다. 이것은 직경차 C가 극히 작은 경우 큰 원에 내접하는 작은 원의 구름운동이다.

실제는 완전한 구름운동을 하지않고 끼워맞춤면에서 미끄럼이 생기고 이로 인하여 경면(鏡面)에 가까운 광택을 낸다. 심한 경우에는 베어링 이외에 축과

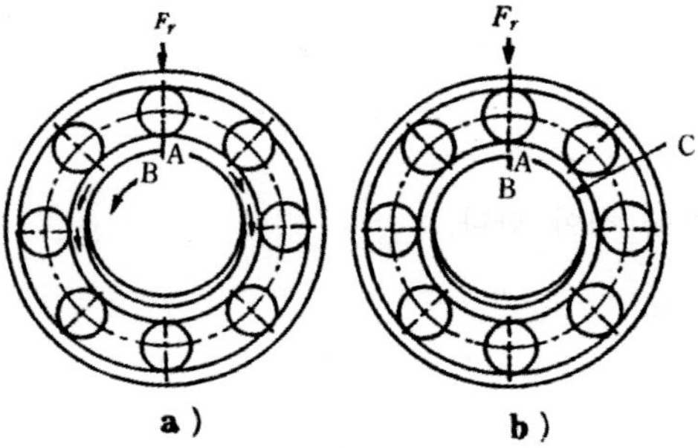

그림 13.4 크리이프의 설명도

하중에도 발열, 마모, 긁힘, 타붙음 등의 손상을 준다. JIS 에서의 정의는 「내륜회전하중 (또는 외륜회전하중)의 경우에 베어링의 내경면 (또는 외경면)과 축 (또는 하우징)의 베어링자리 (Bearing Seat)와의 끼워맞춤면에 틈새가 생길 때 끼워맞춤면의 내측면이 외측면에 상대적으로 내륜 (또는 외륜) 회전하중의 회전방향과 역방향으로 어긋나는 현상」이라고 나타내고 있다.

초기에 베어링의 끼워맞춤을 적절하게 하더라도 베어링강의 열처리후에 강(Steel) 중에 있는 잔류오스테나이트(Residual Austenite)가 경시적(輕時的) 열분해 현상으로 상변태(相變態)에 따른 베어링의 내륜이 팽창을 한다. 따라서, 축과 내륜의 간섭량(조임량)이 감소하여 내륜이 크리이프(Creep)를 일으키면 베어링은 발열에서 타붙음 까지 이르게 되어 기계 전체에 중대한 손상을 초래하는 수도 있다.

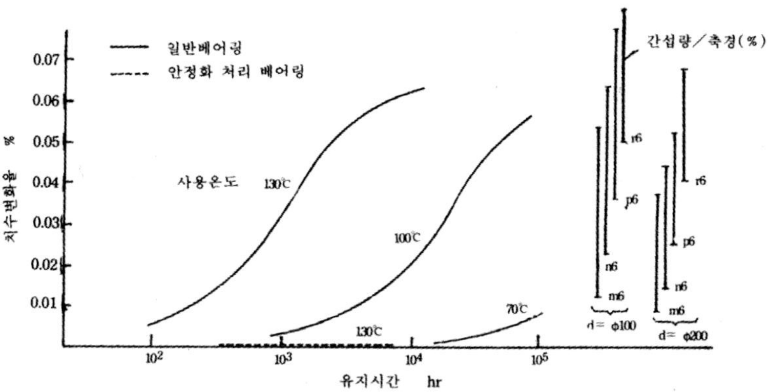

그림 13.5 베어링 사용온도와 치수 변화율

베어링의 치수 안정성은 열처리의 템퍼링온도(Tempering Temperature)와 사용온도(Operating Temperature)의 상관관계에 따라 다르게 나타난다. 템퍼링 온도가 높을수록 사용온도가 낮을수록 치수 안정성이 좋다.

그림 13.5는 베어링의 사용온도가 치수 안정성에 미치는 영향을 나타내고 있다.

베어링의 사용온도가 높을 경우에 내륜 크리이프가 발생할 우려가 있으므로 사용온도에 주의를 해야 한다.

b) 광의(미끄럼)의 크리이프

끼워맞춤면에 적당히 큰 틈새(Clearance)가 있고 하중이 가볍고 충분한 윤활이 될 때 끼워맞춤면에 점성윤활(粘性潤滑)이 생겨 유체마찰(流體摩擦)을 일으켜서 내륜은 구름베어링의 마찰로 인하여 축의 회전속도 보다 늦은 속도로 회전한다. 이 현상은 본래 크리이프라고는 할 수가 없지만 광의의 크리이프 또는 미끄럼 크리이프라고 부른다.

2) 후렛팅(fretting)

끼워맞춤면의 후렛팅은 접촉하는 두 면간의 상대적인 미동(微動)이 반복될 때에 생기는 현상이며 접촉부에는 갈색 미분(微粉)인 산화철(酸化鐵)이 생기는 마모이다. 이 미동은 탄성변형에 의한 미끄럼이고 크리이프와 같은 거시적인 미끄럼이 생긴 것은 아니다. 후렛팅의 마모가 진전되면 끼워맞춤면의 틈새(Clearance)가 크게 되고 축의 마모는 그의 강도에 영향을 주게 된다.

끼워맞춤면에 후렛팅이 생기는 경우를 다음과 같이 기술한다.

a) 회전하중일 때의 간섭량 부족

운전중에 베어링의 하중에 의해 끼워맞춤면에 틈새가 생기지 않더라도 끼워맞춤면에 있어 간섭량에 의한 면압(面壓)이 하중에 의한 탄성변형(彈性變形)에 의해 이동시키는 힘 보다 작을 때는 끼워맞춤면에 미소한 미끄럼이 생긴다. 그림 13.6은 회전하중시 불충분한 끼워맞춤에 의한 후렛팅을 나타낸다.

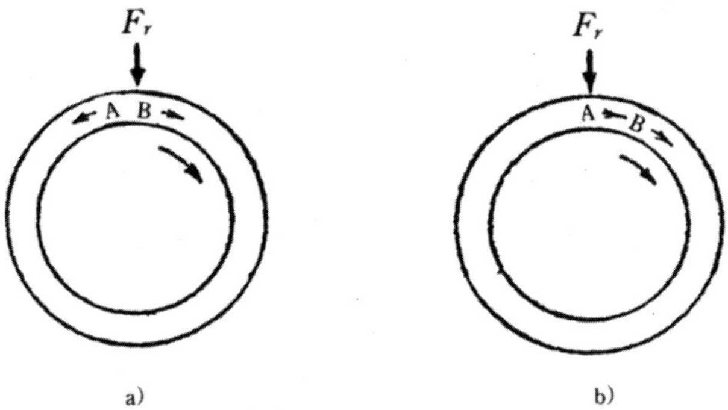

그림 13.6 회전하중시 불충분한 끼워맞춤에 의한 후렛팅

b) 정지하중일 때 변동하중

내륜회전하중의 외륜에 가해진 정지하중의 크기가 변동하면 외륜과 하우징의 접촉범위도 변하여 후렛팅이 생긴다. 따라서, 하중의 변화량에 대응하여 어느 정도의 간섭량이 되도록 억지끼워맞춤을 해야 한다.

c) 축의 굽힘하중

축에 모먼트(Moment)가 가해지면 내륜의 측면과 접촉하는 면 사이에 후렛팅이 생긴다. 축에 폭이 넓은 내륜이 설치되면 내륜 내경면의 양끝에서 축과의 사이에 후렛팅이 생긴다.

13.2. 정밀도

베어링이 갖고 있는 정밀도를 운전중에도 계속 유지하기 위하여 베어링을 설치할 축(Shaft)과 하우징(Housing)의 정밀도가 베어링의 수준 또는 그 이상인 것이 필요하다. 축과 하우징의 정밀도가 나쁜 것을 베어링에 의해서 커버(Cover)할 수는 없다. 베어링을 축과 하우징에 설치할 때 베어링의 측면과 닿는 축의 턱(Shoulder)정밀도 즉, 축심(Shaft Center Line)에 직각도가 나쁘거나 버어(Burr)와 타흔이 있으면 베어링은 축에 경사되게 설치되어 회전시에 흔들림이 생기고 베어링의 하중 이외에 국부집중하중(Edge Load) 또는, 예압(Preload)이 가해져서 베어링의 피로수명이 단축되며 리테이너의 파손, 타붙음 등의 손상을 일으키는 원인이 되는 수도 있다.

하우징은 외부하중에 의한 변형이 적고 베어링을 충분히 지지할 수 있도록 강성이 있어야 한다. 강성이 높을수록 베어링의 음향과 하중배분 등이 유리하다. 보통사용조건에서는 끼워맞춤면은 선삭가공(Turning Finish) 또는, 보링가공(Boring Finish)을 하는 것이 좋으나 회전및 진동과 음향의 요구가 까다롭거나 하중조건이 가혹한 용도에는 연삭가공(Grinding Finish)을 하여야 한다.

일체형 하우징(Single Piece Housing)에 베어링 2개를 배열하는 경우에 하우징의 끼워맞춤면은 관통구멍(In-Line Boring)의 가공이 가능하도록 설계를 해야만 하우징 구멍의 동심도가 좋아진다.

분할형 하우징(Split Housing)에서는 두께가 얇은 베어링의 외륜을 변형시키는 수가 있으므로 주의해야 한다.

보통사용조건에서 축과 하우징의 정밀도와 조도는 표 13.8에 나타낸다.

표 13.8 축과 하우징에 필요한 정밀도와 조도

구 분		축	하 우 징
진 원 도		축 허용공차의 1/2 이하	하우징 내경 허용공차의 1/2 이하
원 통 도		베어링 복의 범위내에서 축경 허용공차의 1/2 이하	베어링 복의 범위내에서 하우징 내경 허용공차의 1/2
축 턱면의 직각도	소형 베어링	3/10,000 이하	
	중형 베어링	4/10,000 이하	
	대형 베어링	5/10,000 이하	
끼워맞춤면의 조도	소형 베어링	3.2 S	6.3 S
	대형 베어링	3.2 S	6.3 S
	대형 베어링	6.3 S	12.5 S

13.3. 끼워맞춤 이외의 방법

크리이프와 후렛팅을 방지하는 데에는 간섭량이 주어지는 억지끼워맞춤 보다 좋은 방법은 없다. 크리이프를 방지하기 위해 커다란 힘이 필요한데 축용 너트(Nut)와 키(Key) 등의 방법을 사용할 수가 없는 비교적 작은 베어링을 경하중에 사용되는 방법을 기술한다.

1) 축용 너트와 키이

베어링의 내륜 양측면을 축의 턱과 축용 너트로 축방향 힘을 가해서 고정할 때

$$\mu Q > F_r \qquad 13.15$$

여기서, μ : 마찰계수 0.1~ 0.2

Q : 너트의 체결력

F_r : 레이디얼하중

이 되어야 크리이프를 방지할 수가 있다.

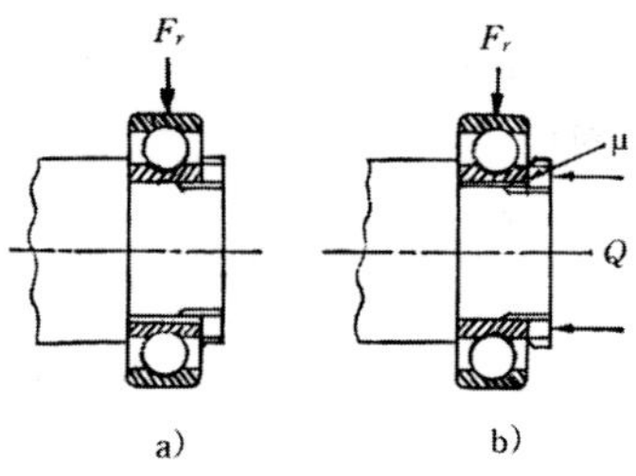

그림 13.7 축용 너트 체결력

축과 내륜의 사이에 키이(Key)를 삽입하여 크리이프를 방지할 수가 있다. 만일 키이를 헐겁게 하면 반경방향의 미끄럼에 의하여 마모가 생기며 내륜에 키이를 단단하게 하면 내륜 궤도면의 형상에 악영향을 주므로 주의를 해야 한다.

2) 유니트 베어링과 축의 고정

유니트(Unit)용 볼베어링의 내륜과 축의 끼워맞춤은 헐거운끼워맞춤 또는 중간끼워맞춤으로 하고 셀 스크류(Set Screw)를 사용하여 크리이프를 방지 한다. 이 경우에 경하중이면 좋으나 고속회전, 중하중, 충격하중일 때는 억지끼워맞춤으로 해야 하며 어댑터부 테이퍼구멍베어링을 사용해야 한다.

3) 금속 스프링 또는 프라스틱 링

베어링의 하우징에 알루미늄 합금을 사용한 경우에 선팽창계수가 강의 2배이므로 상온에서 적절한 간섭량이라고 할지라도 운전중에 온도상승으로 크리이프와 후렛팅이 생긴다. 이것을 방지하기 위하여 하우징과 베어링 외경의 사이에 파형 스프링 또는 선팽창계수가 큰 프라스틱 링을 삽입한다.

4) 접착제

축 또는 하우징의 헐거운끼워맞춤(Loose Fit)면에 액체 접착제를 도포하는 것으로 비교적 작은 베어링에 사용된다.

13.4. 베어링과 축 ·하우징

13.4.1. 축과 하우징의 설계 요점

축과 하우징의 정밀도는 베어링에 요구되는 성능에 직접적으로 영향을 주므로

설계, 제작에는 충분한 주의가 필요하다.

- 축과 하우징의 설계에 관한 요점은 다음과 같다.

· 축은 가능한 굵고 짧게 하여 변형과 굽힘에 견딜 수가 있도록 한다.

· 축 또는 하우징의 끼워맞춤면의 진원도, 원통도, 표면조도에 주의한다

· 축의 턱은 축심에, 하우징의 턱은 하우징에 대한 직각도에 주의한다

· 모서리의 곡률반경 R은 축 또는 하우징과 베어링과의 간섭이 없도록 베어링의 모떼기치수 r 또는 r_1 보다 작게 한다.

· 베어링의 모떼기치수 보다 모서리의 곡률반경 R_2를 크게 하거나 턱높이를 낮게 해야할 때에는 베어링과 축의 턱과의 사이에 스페이서를 넣는다.

13.4.2. 베어링과 축

1) 원통구멍 내륜과 축

a) 축 (또는 하우징)의 턱

베어링을 축 (또는 하우징)에 대하여 축방향으로 고정하는데 축(또는 하우징)에 턱(Shoulder)를 설치한다. 원통형의 베어링자리와 턱과의 모서리의 형상에 관해서는 그림 13.8에 나타내고 있다 그림 13.8(a)는 모서리에 라운딩(Roun

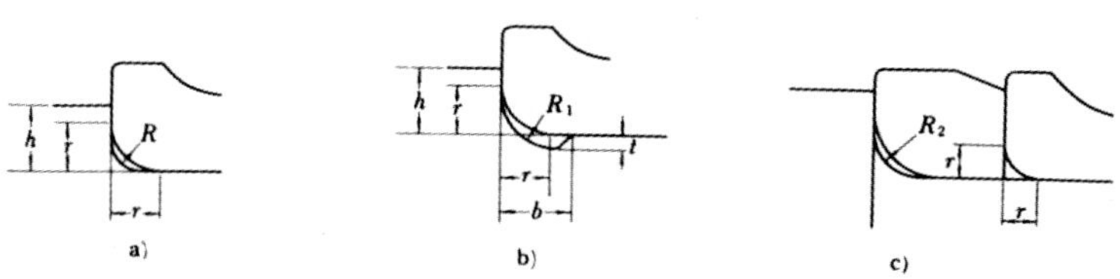

그림 13.8 축 ·하우징의 모서리 곡률반경과 모떼기치수

ding)이 있는 것으로 가장 일반적인 것이며, 그림 13.8(b)는 베어링자리를 연삭할 때에 모서리에 언더컷(Under Cut)을 만든 것으로 축의 응력분포가 양호하며, 그림 13.8(c)는 베어링과 턱의 사이에 스페이서(Spacer)를 설치한 것으로 모서리의 곡률반경 R_2를 그림 13.8(a)의 경우 보다 크게 할 수가 있다.

b) 축단측(軸端側)의 고정

스러스트하중이 없을 때 또는 스러스트하중이 축의 턱에서 받게 될 때는 턱과 반대측 축 끝에 사용되는 베어링용 너트는 단순히 내륜의 이탈 방지의 역할에 지나지 않는다.

스러스트하중을 받아야 할 때 또는 내륜과 축의 간섭량이 불충분할 때는 반드시 그림 13.9와 같은 축용 너트와 와셔, 스토퍼를 설치하던가, 그림 13,10과 같이 엔드플레이트(End Plate)를 축 끝에 볼트로 체결한다. 너트의 나사방향은 축의 회전방향과 반대방향으로 해야 한다.

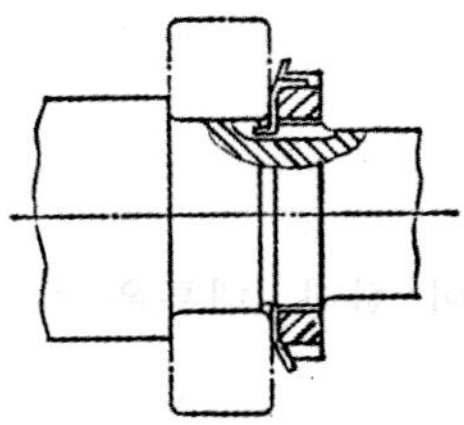

a) 축용 너트와 와셔

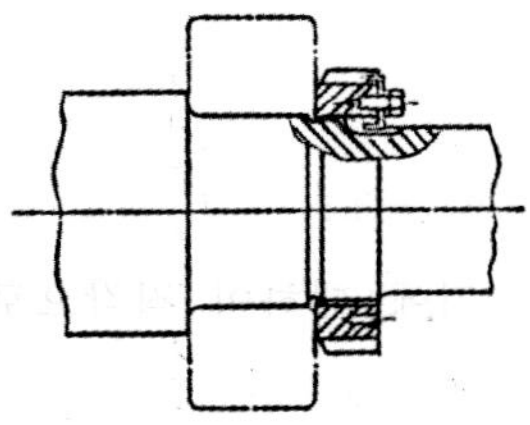

b) 축용 너트와 스톱퍼

그림 13.9 베어링용 너트와 와서, 스톱퍼

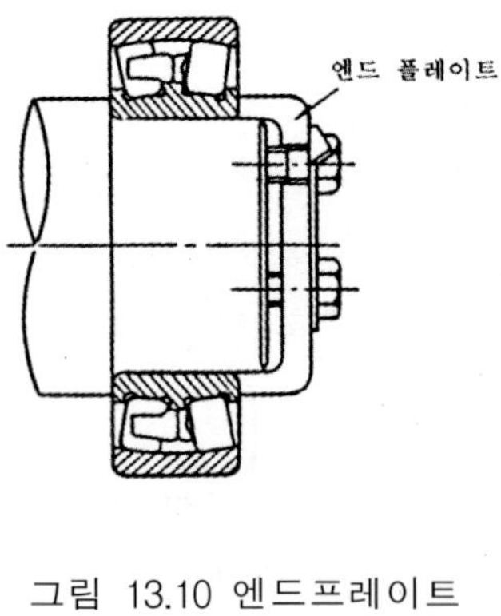

그림 13.10 엔드프레이트

스러스트하중을 받을 필요가 없을 때, 외륜회전하중으로 내륜에 크리이프가 생길 우려가 없는 때에는 그림 13.11과 같이 축의 흠에 스냅링(Snap Ring)을 끼워 내륜의 이동을 방지한다. 이 때 베어링과 스냅링의 사이에 쉼(Shim) 또는, 스페이서(Spacer)을 삽입하기도 하며 스러스트하중에 의해 스냅링에 굽힘응력이 걸리는 것을 방지하기 위해 스냅링과 축흠의 사이에 축방향의 틈새를 없게 한다.

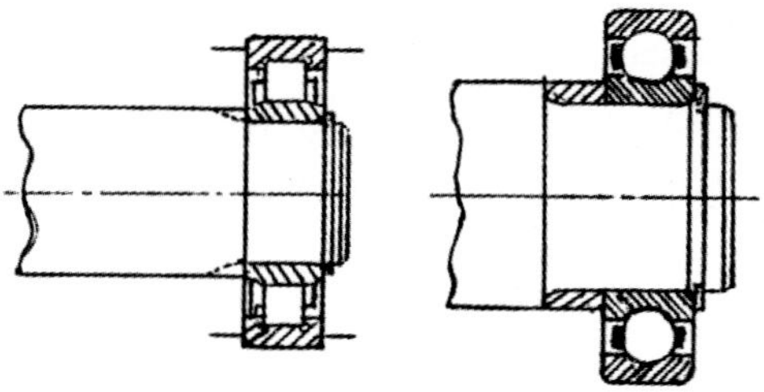

그림13.11 스냅링과 해체용 커팅

c) 턱의 직각도와 베어링자리의 동심도

베어링의 내륜을 바르게 축에 설치하기 위해서는 축의 턱면 또는, 너트면은 축의 베어링자리에 대하여 직각으로 되어야 한다. 내륜은 강성이 작아서 축의 정밀도에 영향을 받아서 직각도가 나쁘게 되면 내륜은 베어링자리에 대하여 경사되게 설치되어 내륜의 축방향 흔들림(Axial Runout)이 큰 형태로 나타난다 이런 상태에서 회전하면 회전정밀도의 저하 이외에 수명단축, 타붙음, 리테이너 파손 등의 원인이 된다.

높은 정도가 요구되는 기계에서는 내륜을 직접 너트로 체결하지 않고 컬러(Collar)를 삽입해야 한다. 한개의 축에 2개 이상의 베어링을 설치할 때의 베어링자리는 동심도가 좋도록 가공해야 한다

d) 해체를 고려한 설계

턱높이는 해체를 고려하여 너무 높게 해서는 안되지만 턱높이 최소치를 참고로 턱 또는 스페이서가 내륜의 측면높이와 같은 정도이면 턱과 스페이서에 컷팅 (Cutting)을 해야 한다.

2) 테이퍼구멍 내륜과 축

테이퍼구멍베어링을 설치하는 것에는 어댑터 (Adapter) 또는 해체스리이브 (Withdrawal Sleeve)를 사용하여 원통축에 설치하는 경우와 직접 테이퍼축에 설치하는 경우가 있다. 어느 것이나 베어링의 설치및 해체가 비교적 쉽기 때문

에 사용되고 있다.

어댑터와 해체스리이브는 원통구멍베어링의 경우에 비하여 설치및 해체가 쉽고 축의 치수공차가 크게 되는 이점이 있다. 반면에 스리이브의 치수정밀도는 베어링 보다 낮으므로 베어링의 정밀도를 유지할 수가 없고 정확한 회전과 고속회전을 필요로 하는 곳에는 부적당하다.

a) 어댑터

어댑터(Adapter)는 어댑터스리이브(Adapter Sleeve), 너트(Nut), 와셔 (Washer) 또는 록킹프레이트(Locking Plate)로 구성되어 있으며 그림 13.12에 나타내고 있다. 동일 직경의 긴 축에 여러개의 베어링을 설치하는 데에 적당하다.

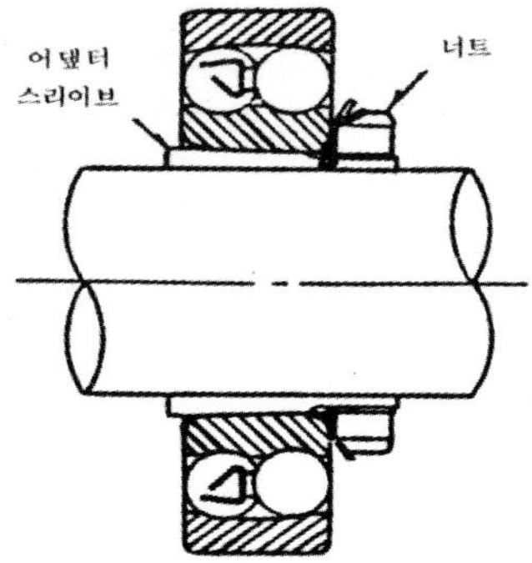

그림 13.12 어댑터에 의한 설치

b) 해체스리이브

해체스리이브를 사용하는 데에 있어서 테이퍼구멍베어링을 설치할 때는 내륜의 소단경측(小端徑側)의 측면은 축의 턱 또는 스페이서(Spacer)에 닿게 하여 스리이브를 끼워 넣는다. 축 끝의 스리이브 측면은 베어링용 너트와 와셔 또는, 스냅링(Snap Ring)으로 체결한다.

그림 13.13(a)는 JIS의 축용 너트와 와셔를, 그림 13.13(b)에서는 축의 양쪽 끝에 특수한 너트, 풀림방지 키이(key)를 사용하고 있음을 나타내고 있다.

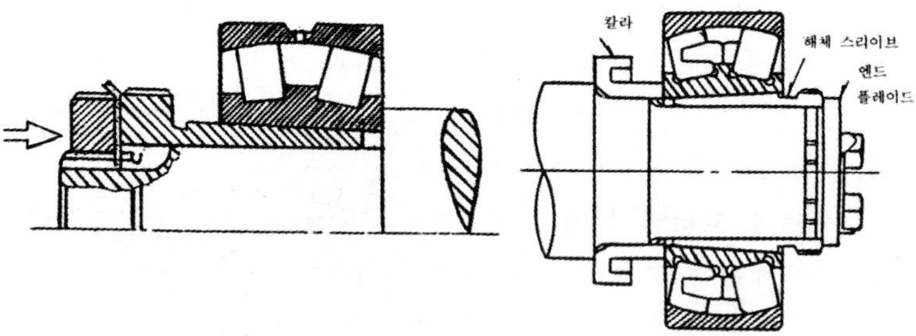

그림 13.13 해체 스리이브에 의한 설치

c) 테이퍼축

테이퍼(Taper)구멍베어링을 직접 테이퍼축에 설치하는 것은 스리이브 사용에 의한 정도 저하를 막고 스리이브의 두께 만큼 축을 크게 하는 이점이 있지만 축의 테이퍼부의 가공은 비교적 어렵다. 그림 13.14는 대단경(大端徑)측의 축방향으로 아무것도 설치하지 않는 경우이다.

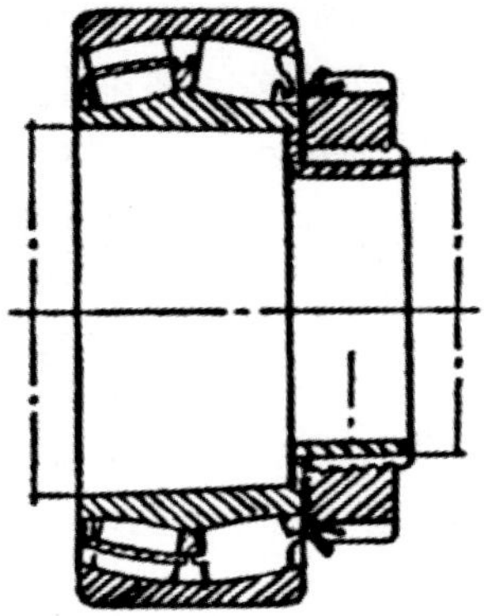

그림 13.14 테이퍼축에 베어링 설치

13.4.3. 베어링과 하우징

1) 축방향의 고정

고정측 베어링의 외륜 한쪽은 하우징의 턱에 닿고 다른 쪽은 엔드커버(End Cover)의 브라켓(Bracket)로 눌러지는 그림 13.15(a)의 방법 또는 양쪽 모두

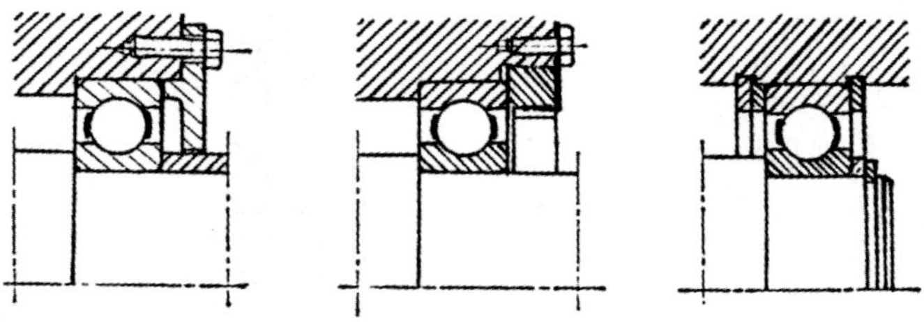

a) b) c)

그림 13.15 외륜의 축방향 고정

엔드커버(End Cover)의 후랜지(Flange)로 누르는 방법이 일반적이다.

그림 13.15(b)는 너트를 하우징에 나사를 사용한 경우 그림 13.15(c)는 스냅링 (Snap Ring)을 사용한 경우이다. 베어링과 스냅링의 사이에 쉼(Shim) 또는 스페이서(Spacer)를 삽입하는 수도 있다. 스냅링이 베어링과 후랜지 베어링에 사용할 때는 하우징의 구조를 간단히 할 수가 있다.

2) 턱의 직각도와 베어링자리의 동심도

축의 경우와 같이 하우징의 턱 또는 커버의 후랜지 단면은 가능한 베어링자리의 내경면과 직각이 되어야 한다.

2개 이상의 베어링을 설치할 때는 관통구멍 가공이 가능하도록 설계하여 베어링자리의 동심도가 좋게 한다.

3) 해체를 고려한 설계

일반적으로 내륜회전하중의 경우가 거의 대부분이므로 외륜과 하우징에 대한 헐거운끼워맞춤으로 해체가 쉽고 해체를 고려한 설계를 필요로 하지 않는 경우가 많다. 그러나, 외륜회전하중으로 외륜을 억지끼워맞춤을 할 때는 해체를 고려하여 설계를 해야 한다.

그림 13.16은 하우징에서 베어링을 해체하기 위해 해체용 볼트를 사용하도록 설계한 것이다.

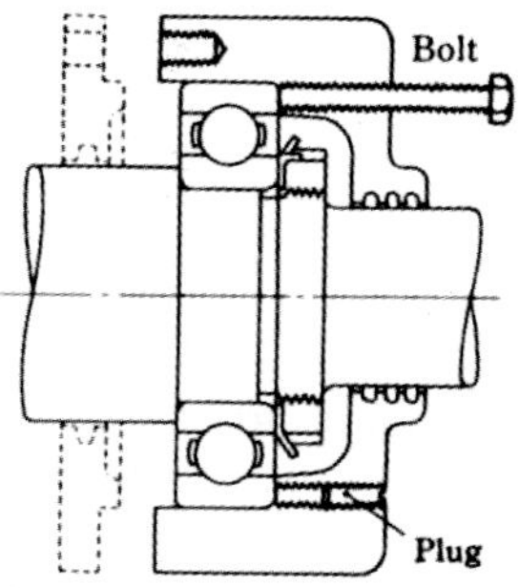

그림 13.16 해체용 볼트를 설치

4) 윤활을 위한 설계

하우징의 설계에 있어서 윤활방법을 충분히 고려 하여야 한다. 그리이스및 오일윤활에 대하여서는 윤활편에서 이미 기술하였다.

5) 2분할베어링 하우징

2분할베어링 하우징은 베어링자리의 진원도를 좋게 하기 위하여 체결볼트를 충분히 조인 상태에서 베어링자리를 가공하여야 한다.

13.5. 베어링의 설치

베어링을 축(Shaft) 또는 하우징(Houing)에 설치하는데 축방향으로 위치를 결정하는 경우에 베어링의 측면이 닿는 축의 턱(Shoulder) 또는 하우징의 내경의 턱은 축심(Shaft Center Line)에 대하여 직각이 되어야 한다.

축 및 하우징의 모서리 곡률반경(Fillet Radius)은 베어링의 모떼기(Chamfer)와 간섭되지 않도록 해야 한다.

모서리의 곡률반경 R은 베어링의 모떼기치수 r, 또는 r_1의 최소치 보다 약간 작은 치수이다. 그림 13.17는 모서리의 모떼기치수와 턱과의 관계를 나타낸다. 베어링은 모떼기치수가 r, 또는 r_1으로 하여 공차를 가지며, 그 범위는 표준화 되어있다.

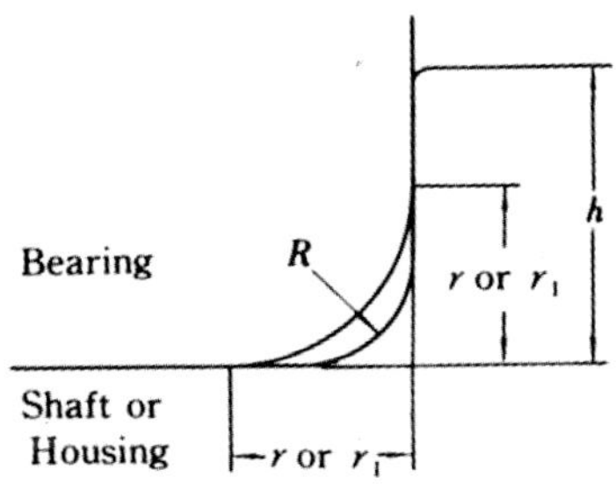

그림 13.17 Chamfer Dimensions, Fillet Radius, and Shoulder Heights

13.5.1. 볼베어링

1) 모서리의 곡률반경

축 또는, 하우징의 모서리 곡률반경(Fillet Radius)은 베어링의 궤도륜(Race) 모떼기치수의 최소치를 초과해서는 안되며 너무 크면 그림 13.18과 같이 축에 베어링을 바르게 설치할 수가 없다.

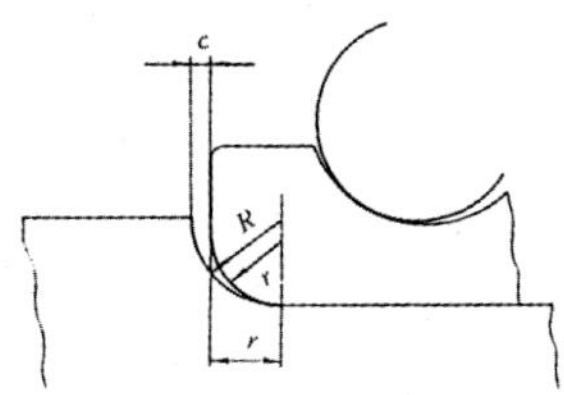

그림 13.18 모서리 곡률반경이 과대시 베어링의 설치 상태

2) 레이디얼 베어링의 턱높이

레이디일베어링의 축 또는 하우징의 턱높

이는 궤도륜(Race)의 측면에 충분히 길게 접촉하고 궤도륜과 축의 직각도를 유지할 정도의 크기를 가져야 한다.

베어링을 해체하는 것을 고려하면 궤도륜의 측면에 공구가 닿을 수 있도록 그 만큼 궤도의 턱 보다 축의 턱을 낮게 해야 한다.

a) 모서리에 라운딩(Rounding)이 있는 경우

그림 13.8 (a)와 같은 가장 일반적인 것으로 표 13.9에 나타낸다.

표 13.9 Recommended Minimum Shoulder Helght for Use with Radial Bearings

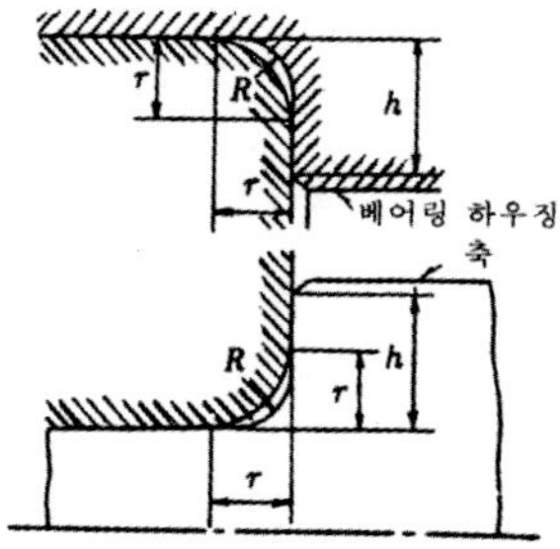

r, r_1 : 모떼기의 호칭치수
R : 축, 또는 하우징의 모서리 곡률 반경
h : 축, 또는 하우징의 턱 높이

Values in ㎜

Nominal Chamfer Dimension r or r_1	Shaft or Housing		
	Fillet Radius R_{max}	Minimum Shoulder Height h_{min}	
		General Case	Special Case[1)]
0.2 0.3 0.4	0.1 0.15 0.2	0.4 0.6 0.8	0.4 0.6 0.8
0.5 0.8 1.0	0.3 0.5 0.6	1.25 1.75 2.5	1 1.5 2
1.2 1.5 2	0.8 1 1	2.75 3 3.5	– 2.5 3.25
2.5 3 3.5	1.5 2 2	4.25 5 6	4 4.5 5.5
4 5 6	2.5 3 4	7 9 11	6.5 8 10
8 10 12	5 6 8	14 18 22	12 – –
15 18 22	10 12 15	27 32 –	– – –

Note 1) The values in this "Special Case" column should be adopted in cases where the thrust loa d is sxtermely small except for tapered roller bearings and angular contact bearings.

b) 모서리에 언더컷(Under Cut)이 있는 경우

베어링자리를 연삭할 때는 보통 모서리에 언더컷을 만드는 것으로 표 13.10과 그림 13.8(b)에 나타내고 있으며 축의 응력분포가 양호하게 된다.

표 13.10 Shaft Undercut

Values in ㎜

Nominal Chamfer Dimension r or r_1	Under Dimension		
	t	R_1	b
1.5	0.2	1.3	2
2	0.3	1.5	2.4
2.5	0.4	2	3.2
3	0.5	2.5	4
3.5	0.5	2.5	4
4	0.5	3	4.7
5	0.5	4	5.9
6	0.6	5	7.4
8	0.6	6	8.6
10	0.6	7	10

c) 스페이서(Spacer)를 설치하는 경우

그림 13.8 (c)에서 베어링과 턱의 사이에 스페이서를 설치할 때는 모서리의 곡률반경 R_2를 그림 13.8(a)의 경우 보다 크게 할 수가 있다.

3) 스러스트 베어링의 턱 직경

스러스트 베어링(Thrust Bearing)의 경우에는 궤도륜의 지지면을 축심에 대하여 직각도를 좋게 하고 하중에 의한 궤도륜의 변형을 방지하기 위해서 지지면을 충분히 크게 하여야 한다. 따라서, 하우징의 턱직경 d_h는 그림 13.19에서

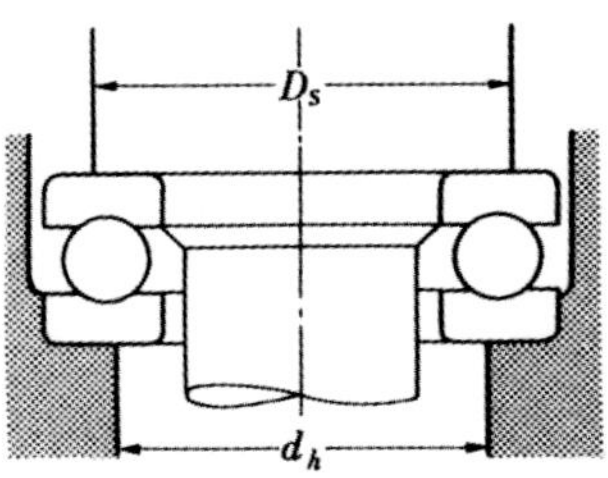

그림 13.19 Shaft Shoulder Diameter and Housing Shoulder Daimeter for Thrust Ball bearing

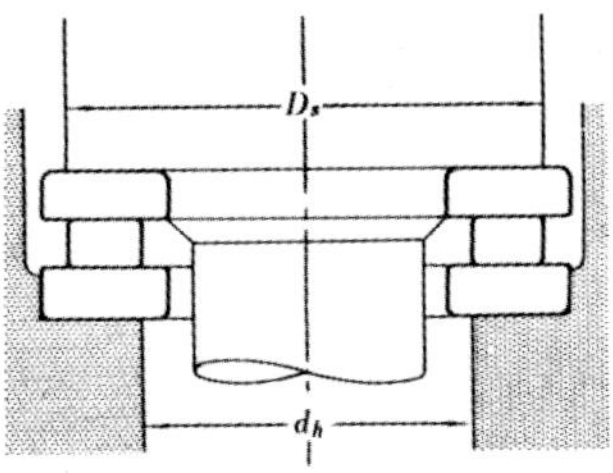

그림 13.20 Shaft Shoulder Diameter and Housing Shoulder Diameter for Thrust Roller Bearing

볼의 피치원경(Pitch Circle Diameter) 보다 작게 축의 턱 직경 D_s는 볼의 피치원경 보다 크게 한다. JIS에서는 턱 직경이 궤도륜 측면의 중앙 이상이 되도록 하고 있다.

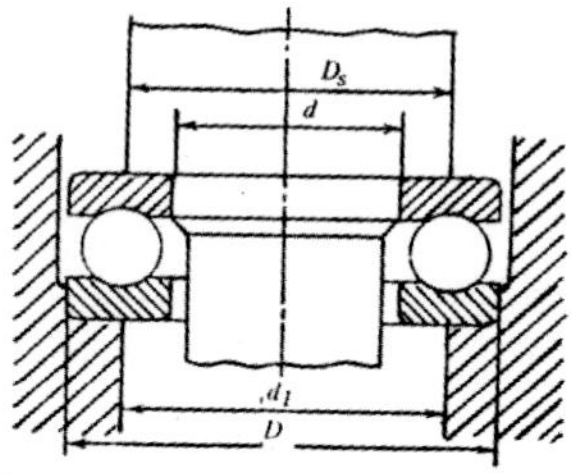

그림 13.21 평면자리 스러스트 볼 베어링의 턱 직경의 최소치및 최대치

그림 13.21에서 평면자리 스러스트 볼 베어링의 턱 직경의 최소치및 최대치는 다음 식으로 주어진다.

$$D_{s\ \min} = \frac{1}{2}(d+D)+A \qquad 13.16$$

$$d_{1\ \max} = \frac{1}{2}(d+D)-A \qquad 13.17$$

단, $A=\frac{1}{5}(\frac{D-d}{2})$이다.

13.5.2. 원통로울러베어링과 니들로울러베어링

원통로울러베어링과 니들로울러베어링은 분리형 베어링으로 내륜과 외륜을 분리할 수가 있다. 하우징과 외륜에 대하여 축과 내륜을 축방향으로 이동할 때에 접촉하는 것을 피하기 위하여 하우징과 축측의 부품치수를 제한하고 있다. 이 제한 치수는 JIS B1566에 규정되어 있고 스러스트 로울러베어링에서는 그림 13.20과 같이 로울러의 접촉길이 전체를 지지하는 치수로 하는 것이 바람직하다.

13.5.3. 테이퍼로울러베어링

테이퍼로울러베어링의 리테이너는 외륜의 측면 보다 돌출되어 있어서 이것과 접촉을 피하기 위하여 관련 치수는 규격에 규제되어 있다.

13.5.4. 설치 치수

1) 내경과 외경의 허용차

구름베어링의 내륜 내경, 외륜 외경및 폭치수 정밀도는 규격에 정해져 있다. 이중 폭에 대해서는 상하의 허용차와 폭부동의 허용차가 있으나 내륜 내경, 외륜 외경은 각각의 허용차 이외에 평균 내외경차가 규정되어 있고, 끼워맞춤 방식(JIS B0401)에 규정되어 있는 허용차와 조금 다르다. 끼워맞춤 방식에는 축 또는, 구멍이 상하공차 만이 규정되어 있고 진원도와 경사도 등의 형상공차는 규정되어 있지 않다. 이에 대하여 구름베어링에서 내(외)경의 평균치 허용차는 중요하기 때문에 JIS B1514에 규정되어 있으며, 표 13.11과 표 13.12에 그의 일부를 나타내고 있다. 부표를 구체적으로 설명하면 베어링 호칭내경 d= 17mm에서 O급 d의 허용차는 $^{+3}_{+11}\mu m$로 ,평균치 d_m의 허용차는 $^{-0}_{+8}\mu m$로 규정되어 있다. 내륜 내경의 측정치가 최대치 d_{max} 와 최소치 d_{min}의 허용차 $^{+3}_{+11}\mu m$ 사이에 있어야 하지만 , 평균치 $d=(d_{max}+d_{min})/2$은 d_m의 허용차 $^{-0}_{+8}\mu m$인 규격에 만족되어야 한다. $d_{max}=+2\mu m$, $d_{min}=1\mu m$에서는 d 허용차 규격에는 만족하나 $d_m=[(+2)+(-1)]/2=+0.5\mu m$로, $^{+0}_{-8}\mu m$의 규격을 벗어나므로 불합격이다. 다른 경우를 예를들면, $d_{max}=+2\mu m$, $d_{min}=-2\mu m$ 이면, $d_m=0\mu m$이 되므로 d및 d_m의 허용차 규격에 합격이다.

구름베어링에서 내(외)경 만을 평균치로 규정하고 있는 것에 주의하여야 한다. 이렇게 평균치를 내외경의 허용치로 규정하는 것은 축과 하우징의 끼워맞춤에는 평균치가 최대치와 최소치 보다 중요하기 때문이다 즉, 그 범위 내에서 내(외)경의 진원(眞圓)을 규제하는 것이 된다.

2) 끼워맞춤 공자와 간섭량

베어링의 외륜 외경과 하우징의 끼워맞춤에 있어서 간섭량과 크리어런스는 표 13.13에, 베어링의 내륜 내경과 축의 끼워맞춤에 있어서 간섭량과 크리어런스는 표 13.14에 나타낸다. 베어링에 걸리는 하중이 내륜회전하중이면 헐거운끼워맞춤(보통 H7)으로 하나 하중방향이 회전 또는 변동하면 억지끼워맞춤 또는, 중간끼워맞춤으로 해야 한다. 정밀한 스핀들베어링용 베어링자리는 고속에 맞도록 가공되어야 한다. 표 13.15와 표 13.16은 FAG의 추천치이다.

표 13.11 Tolerances for Radial Bearings(Excluding Tapered Roller Bearings)[ISO/R 492] Tolerances for Outer Ring

Nominal Outside Diameter D(mm)		Outside Diameter																			
		D_m [2]								D [3]											
		Nomal Class hB [4]		Class 6		Class 5		Class 4		Normal Class				Class 6				Class 5		Class 4	
										Open hB [4]		Shielded/ Sealed		Open		Shielded/ Sealed					
Over	Incl	High	Low	High	Low	High	Low	High	Low	High	Low	High	Low	High	Low	High	Low	High	Low	High	Low
2.5[1]	6	0	-8	0	-7	0	-5	0	-4	+1	-9	+4	-12	+1	-8	+3	-10	0	-5	0	-4
6	18	0	-8	0	-7	0	-5	0	-4	+2	-10	+5	-13	+1	-8	+3	-10	0	-5	0	-4
18	30	0	-9	0	-8	0	-6	0	-5	+2	-11	+6	-15	+1	-9	+4	-12	0	-6	0	-5
30	50	0	-11	0	-9	0	-7	0	-6	+3	-14	+8	-19	+2	-11	+6	-15	0	-7	0	-6
50	80	0	-13	0	-11	0	-9	0	-7	+4	-17	+10	-23	+2	-13	+8	-19	0	-9	0	-7
80	120	0	-15	0	-13	0	-10	0	-8	+5	-20	+13	-28	+2	-15	+10	-23	0	-10	0	-8
120	150	0	-18	0	-15	0	-11	0	-9	+6	-24	+15	-33	+3	-18	+12	-27	0	-11	0	-9
150	180	0	-25	0	-18	0	-13	0	-0	+7	-32	-	-	+3	-21	-	-	0	-13	0	-10
180	250	0	-30	0	-20	0	-15	0	-11	+8	-38	-	-	+4	-24	-	-	0	-15	0	-11
250	315	0	-35	0	-25	0	-18	0	-13	+9	-44	-	-	+4	-29	-	-	0	-18	0	-13
315	400	0	-40	0	-28	0	-20	0	-15	+10	-50	-	-	+5	-33	-	-	0	-20	0	-15
400	500	0	-45	0	-33	0	-23	-	-	+12	-57	-	-	+5	-38	-	-	0	-23	-	-
500	630	0	-50	0	-38	0	-28	-	-	+14	-64	-	-	+7	-45	-	-	0	-28	-	-
630	800	0	-75	0	-45	0	-35	-	-	-	-	-	-	+10	-55	-	-	0	-35	-	-
800	1000	0	-100	0	-60	-	-	-	-	-	-	-	-	+10	-70	-	-	-	-	-	-
1000	1250	0	-125	-	-	-	-	-	-	-	-	-	-	-	-	-	-	-	-	-	-
1250	1600	0	-160	-	-	-	-	-	-	-	-	-	-	-	-	-	-	-	-	-	-
1600	2000	0	-200	-	-	-	-	-	-	-	-	-	-	-	-	-	-	-	-	-	-
2000	2500	0	-250	-	-	-	-	-	-	-	-	-	-	-	-	-	-	-	-	-	-

1) 2.5㎜ is included in the group

2) D_m is the arithmetical mean of the largest nad smallest diameter of the outside surface obtained by 2-point measurement

3) The values listed are valid for two-point measurements only, However, the values apply to bearings with snap ring only before the snap ring are installed. In addition, for classes 4 and 5, the values listed apply to shielded/sealed bearings only before the seals are fitted.
The following table shows the bearing types and outside diameter ranges for which the indicated tolerancds apply. (The circles indicate that the tolerances shown for D apply to all sizes.)

4) hB is the symbol designating tolerances for D_m and D of Normal Class.

5) Tolerance limits for the width variation of the outer ring of Classes 0 and 6 are as shown in table 13.12

6) This applies to groove type ball bearing only.

Note : The outside diameter "not go side" tolerance limit does not necessarlly apply within a distance of twice the nominal ring chamfer dimension from the ring face.

Tolerance Limits in μm

Width Variation V_{CS}[5]		Outside Surface Runout with Reference Side S_D		Radial Runout K_{ea}				Groove Runout with Reference Side S_{ea}[6]		Nominal Outside Diameter D (mm)	
Class 5	Class 4	Class 5	Class 4	Nomal Class	Class 6	Class 5	Class 4	Class 5	Class 4		
Max	Max	Max	Max	Max	Max	Max	Max	Max	Max	Over	Incl
5	2.5	8	4	15	8	5	3	8	5	2.5	6
5	2.5	8	4	15	8	5	3	8	5	6	18
5	2.5	8	4	15	9	6	4	8	5	18	20
5	2.5	8	4	20	10	7	5	8	5	30	50
6	3	8	4	25	13	8	5	10	5	50	80
8	4	9	5	30	18	10	6	11	6	80	120
8	5	10	5	40	20	11	7	13	7	120	150
8	5	10	5	45	23	13	8	14	8	150	180
10	7	11	7	50	25	15	10	15	10	180	250
11	7	13	8	60	30	18	11	18	10	250	315
13	8	13	10	70	25	20	13	10	13	315	400
15	-	15	-	80	40	23	-	23	-	400	500
18	-	18	-	100	50	25	-	25	-	500	630
20	-	20	-	-	60	30	-	30	-	630	800
-	-	-	-	-	75	-	-	-	-	800	1000
-	-	-	-	-	-	-	-	-	-	1000	1250
-	-	-	-	-	-	-	-	-	-	1250	1600
-	-	-	-	-	-	-	-	-	-	1600	2000
-	-	-	-	-	-	-	-	-	-	2000	2500

Values in mm

Type of Bearings								Tolerance Classes			
Deep Groove Ball Brgs.	Max Type Ball Brgs	Angular Contact Ball Brgs		Self-allgning Ball Brgs.	Cylinder Roller Brgs		Spherical Roller Brgs	Narmal Class	Class 6	Class 5	Class 4
		Single Row	Double Row		Single Row	Double Row					
68□ 68□□								-	-	-	-
69□ 69□□						NNU 49□□	239□□	-	-	-	-
60□ 60□□ 160□□		70□□		10□	NU 10□□	NN 30□□	230□□ 240□□	≤80	≤95	○	○
							231□□ 241□□	-	○	○	○
62□ 62□□	BL 2□□	72□□	52□□	12□ 12□□ 22□□	NU 2□□ NU 22□□		222□□ 232□□	≤315	○	○	○
63□ 63□□	BL 3□□	73□□	53□□	13□ 13□□ 23□□	NU 3□□ NU 23□□		213□□ 223□□	○	○	○	○
					NU 4□□			○	○	○	○

표 13.12 Tolerances for Radial Bearings (Excluding Tapered Roller Bearings)[ISO/R 492]

표 13.12.1 Inner Ring and Outer Ring Width

Nomal Bore Diameter d(mm)		Cylindrical Bore Diameter															
		d_m [2)]								d [3)]							
		normal Class KB [4)]		Class 6		Class 5		Class 4		Normal Class KB [4)]		Class 6		Class 5		Class 4	
Over	Incl	High	Low	High	Low	High	Low	High	Low	High	Low	High	Low	High	Low	High	Low
0.6[1)]	2.5	0	-8	0	-7	0	-5	0	-4	+1	-9	+1	-8	0	-5	0	-4
2.5	10	0	-8	0	-7	0	-5	0	-4	+2	-10	+1	-8	0	-5	0	-4
10	18	0	-8	0	-7	0	-5	0	-4	+3	-11	+1	-8	0	-5	0	-4
18	30	0	-10	0	-8	0	-6	0	-5	+3	-13	+1	-9	0	-6	0	-5
30	50	0	-12	0	-10	0	-5	0	-6	+3	-15	+1	-11	0	-8	0	-6
50	80	0	-15	0	-12	0	-9	0	-7	+4	-19-	+2	-14	0	-9	0	-7
80	120	0	-20	0	-15	0	-10	0	-8	+5	25	+3	-18	0	-10	0	-8
120	180	0	-25	0	-18	0	-13	0	-10	+6	-31	+3	-21	0	-13	0	-10
180	250	0	-30	0	-22	0	-15	0	-12	+8	-38	+4	-26	0	-15	0	-12
250	315	0	-35	0	-25	0	-18	-	-	+9	-44	+5	-30	0	-18	-	-
315	400	0	-40	0	-30	0	-23	-	-	+10	-50	+5	-35	0	-23	-	-
400	500	0	-45	0	-35	-	-	-	-	+12	-57	+6	-41	-	-	-	-
500	630	0	-50	0	-40	-	-	-	-	-	-	+8	-48	-	-	-	-
630	800	0	-75	-	-	-	-	-	-	-	-	-	-	-	-	-	-
800	1000	0	-100	-	-	-	-	-	-	-	-	-	-	-	-	-	-
1000	1250	0	-125	-	-	-	-	-	-	-	-	-	-	-	-	-	-
1250	1600	0	-160	-	-	-	-	-	-	-	-	-	-	-	-	-	-
1600	2000	0	-200	-	-	-	-	-	-	-	-	-	-	-	-	-	-

1) 0.6mm is included in the grup.
2) d_m is the arithmetical mean of the largest and smallest diameters of the bore obtained by 2-point measurement.
3) The values are valid for two-point mrasurement only.
The following table shows the bearing types and bore size ranges for which the indicated tolerances apply.
(The circles indcate that the tolerances shown for d apply to all sizes.)
4) KB is the symbol designating tolerances for d_m and d of Normal Class.
5) Tolerances for width and tolerance limits for width variation of the outer ring should be the same as the corresponding value of the inner ring of the same bearing, tolerance limits for the width variation of the outer ring of Classes 5 nad 4 are as shown in Table 13.11
6) This applies to groove type ball bearings only.

Note : The cylindrical bore ciameter "not go side" tolerance limit does not necessarily apply within a distance of twice the nominal ring chamfer dimension from the ring face

Tolerance Limits in μm

Width								Radial Runout K_{ia}				Reference Side Runout with Bore S_d		Groove Runout with Reference S_{ia} 6)		Normal Bore Diameter d(mm)	
Inner or Outer Ring B 5)				Variation of Individual Ring V_{BS}													
				Inner or Outer Ring		Inner Ring											
Normal Class Class 6		Class 5 Class 6		Nor mal Class	Class 6	Class 5	Class 4	Nor mal Class	Class 6	Class 5	Class 4	Class 5	Class 4	Class 5	Class 4		
High	Low	High	Low	Max	Max	Max	Max	Max	Max	Max	Max	Max	Max	Max	Max	Over	Incl
0	-40	0	-40	12	12	5	2.5	10	5	3.5	2.5	7	3	7	3	0.6[1]	2.5
0	-120	0	-40	15	15	5	2.5	10	6	3.5	2.5	7	3	7	3	2.5	10
0	-120	0	-80	20	20	5	2.5	10	7	3.5	2.5	7	3	7	3	10	18
0	-120	0	-120	20	20	5	2.5	13	8	4	3	8	4	8	4	18	30
0	-120	0	-120	20	20	5	3	15	10	5	4	8	4	8	4	30	50
0	-150	0	-150	25	25	6	4	20	10	5	4	8	5	8	4	50	80
0	-200	0	-200	25	25	7	4	25	13	6	5	9	5	9	5	80	120
0	-250	0	-250	30	30	8	5	30	18	8	6	10	6	10	7	120	180
0	-300	0	-300	30	30	10	6	40	20	10	8	11	7	13	8	180	250
0	-350	0	-350	35	35	13	-	50	25	13	-	13	-	15	-	250	315
0	-400	0	-400	40	40	15	-	60	30	15	-	15	-	20	-	315	400
0	-450	-	-	-	45	-	-	65	25	-	-	-	-	-	-	400	600
0	-500	-	-	-	50	-	-	70	40	-	-	-	-	-	-	500	630
0	-750	-	-	-	-	-	-	-	-	-	-	-	-	-	-	630	800
0	-1000	-	-	-	-	-	-	-	-	-	-	-	-	-	-	800	1000
0	-1250	-	-	-	-	-	-	-	-	-	-	-	-	-	-	1000	1250
0	-1600	-	-	-	-	-	-	-	-	-	-	-	-	-	-	1250	1600
0	2000	-	-	-	-	-	-	-	-	-	-	-	-	-	-	1600	2000

Values in mm

Bearing Types								Tolerance Classes			
Deep Groove Ball Brgs.	Max Type Ball Brgs	Angular Contact Ball Brgs		Self-allgning Ball Brgs.	Cylinder Roller Brgs		Spherical Roller Brgs	Narmal Class	Class 6	Class 5	Class 4
		Single Row	Double Row		Single Row	Double Row					
68□ 68□□								-	-	-	-
69□ 69□□						NNU 49□□	239□□	-	-	-	-
60□ 60□□ 160□□		70□□		10□	NU 10□□	NN 30□□	230□□ 240□□	≤40	≤60	○	○
							231□□ 241□□	-	○	○	○
62□ 62□□	BL 2□□	72□□	52□□	12□ 12□□ 22□□	NU 2□□ NU 22□□		222□□ 232□□	≤180	○	○	○
63□ 63□□	BL 3□□	73□□	53□□	13□ 13□□ 23□□	NU 3□□ NU 23□□		213□□ 223□□	○	○	○	○
					NU 4□□			○	○	○	○

표 13.13 하우징과 외륜과의 끼워맞춤에 있어서의 간섭량과 크리어런스

호칭치수 (mm)		베어링 외경 D_m의 허용차 (0급) hB		하우징 구멍의 공차역 클래스별 간섭량과 크리어런스													
				H6		H7		H8		J6		JS6		J7		JS7	
				간섭량	크리어런스	간섭량	크리어런스	간섭량	크리어런스	간섭량	크리어런스	간섭량	크리어런스	간섭량	크리어런스	간섭량	크리어런스
초과	이하	상	하	최대	최대	최대	최대	최대	최대	최대	최대	최대	최대	최대	최대	최대	최대
6	10	0	-8	0	17	0	23	0	30	4	13	4.5	12.5	7	16	7	15
10	18	0	-8	0	19	0	26	0	35	5	15	5.5	13.5	8	18	9	17
18	30	0	-9	0	22	0	30	0	42	5	17	6.5	15.5	9	21	10	19
30	50	0	-11	0	27	0	36	4	50	6	21	8	19	11	25	12	23
50	80	0	-13	0	32	0	43	4	59	6	26	9.5	22.5	12	31	15	28
80	120	0	-15	0	37	0	50	4	69	6	31	11	26	13	37	17	32
120	150	0	-18	0	43	0	58	0	81	7	36	12.5	30.5	14	44	20	38
150	180	0	-25	0	50	0	65	0	88	7	43	12.5	37.5	14	51	20	45
180	250	0	-30	0	59	0	76	0	102	7	52	14.5	44.5	16	60	23	53
250	315	0	-35	0	67	0	87	0	116	7	60	16	51	16	71	26	61
315	400	0	-40	0	76	0	97	0	129	7	69	18	58	18	79	28	68
400	500	0	-45	0	85	0	108	0	142	7	78	20	65	20	88	31	76
500	630	0	-50	0	94	0	120	0	160	-	-	22	72	-	-	35	85
630	800	0	-75	0	125	0	155	0	200	-	-	25	100	-	-	40	115
800	1000	0	-100	0	156	0	190	0	240	-	-	28	128	-	-	45	145

표 13.14 축과 내륜과의 끼워맞춤에 있어서의 간섭량과 크리어런스

호칭치수 (mm)		베어링 외경 d_m의 허용차 (0급) KB		축의 공차역 클래스별 간섭량과 크리어런스													
				h5		h6		h7		j5		js5		j6		js6	
				간섭량	크리어런스	간섭량	크리어런스	간섭량	크리어런스	간섭량	크리어런스	간섭량	크리어런스	간섭량	크리어런스	간섭량	크리어런스
초과	이하	상	하	최대	최대	최대	최대	최대	최대	최대	최대	최대	최대	최대	최대	최대	최대
3	6	0	8	8	5	8	8	8	12	11	2	10.5	2.5	14	2	12	4
6	10	0	8	8	6	8	9	8	15	12	2	11	3	15	3	12.5	4.5
10	18	0	8	8	8	8	11	8	18	13	3	12	4	16	3	13.5	5.5
18	30	0	-10	10	9	10	13	10	21	15	4	14.5	4.5	19	4	16.5	6.5
30	50	0	-12	12	11	12	16	12	25	18	5	17.5	5.5	25	5	20	8
50	65	0	-15	15	13	15	19	16	30	21	7	21.5	6.5	27	7	24.5	9.5
65	80	0	-15	15	13	15	19	16	30	21	7	21.5	6.5	27	7	24.5	9.5
80	100	0	-20	20	15	20	22	20	35	26	9	27.5	7.5	33	9	31	11
100	120	0	-20	20	15	20	22	20	35	26	9	27.5	7.5	33	9	31	11
120	140	0	-25	25	18	25	25	25	40	32	11	34	9	39	11	37.5	12.5
140	160	0	-25	25	18	25	25	25	40	32	11	34	9	39	11	37.5	12.5
160	180	0	-25	25	18	25	25	25	40	32	11	34	9	39	11	37.5	12.5
180	200	0	-30	30	20	30	29	30	46	37	13	40	10	46	13	44.5	14.5
200	225	0	-30	30	20	30	29	30	46	37	13	40	10	46	13	44.5	14.5
225	250	0	-30	30	20	30	29	30	46	37	13	40	10	46	13	44.5	14.5
250	280	0	-35	35	23	35	32	35	52	42	16	46.5	11.5	51	16	41	16
280	315	0	-35	35	23	35	32	35	52	42	16	46.5	11.5	51	16	41	16
315	355	0	-40	40	25	40	36	40	57	47	18	52.5	12.5	58	18	48	18
355	400	0	-40	40	25	40	36	40	57	47	18	52.5	12.5	58	18	48	18
400	450	0	-45	45	27	45	40	45	63	52	20	58.5	13.5	65	20	65	20
450	500	0	-45	45	27	45	40	45	63	52	20	58.5	13.5	65	20	65	20

하우징 구멍의 공차역 클라스별 간섭량과 크리어런스

K6		K7		M6		M7		N6		N7		P6		P7	
간섭량	크리어런스	간섭량	크리어런스	간섭량	크리어런스	간섭량	크리어런스	간섭량	크리어런스	간섭량	크리어런스	간섭량		간섭량	
최대	최대	최대	최대	최대	최대	최대	최대	최대	최대	최대	최대	최대	최소	최대	최소
7	10	10	13	12	5	15	8	16	1	19	4	21	4	24	1
9	10	12	14	15	4	18	8	20	1*	23	3	26	8	29	3
11	11	15	15	17	5	21	9	24	2*	28	2	31	9	35	5
13	14	18	18	20	7	25	11	28	1*	33	3	37	10	42	4
15	17	21	22	24	8	30	13	33	1*	39	4	45	13	51	8
18	19	25	25	28	9	35	15	38	1*	45	5	52	15	29	9
21	22	28	30	33	10	40	18	45	2*	52	6	61	18	68	10
21	29	28	37	33	17	40	25	45	5	52	13	61	11	68	3
24	35	33	43	37	22	46	30	51	8	60	16	70	11	79	3
27	40	36	51	41	26	52	35	57	10	66	21	79	12	88	1
29	47	40	57	46	30	57	40	62	14	73	24	87	11	98	1
32	53	45	63	50	35	63	45	68	18	80	28	85	10	108	0
44	50	70	50	70	24	96	25	88	6	114	6	122	28	148	28
50	75	80	75	80	45	110	45	100	25	130	25	137	13	168	13
56	100	90	100	90	66	124	66	112	44	146	44	156	0	190	0

주) * 은 간섭량의 최수를 나타낸다.

축의 공차역 클라스별 간섭량과 크리어런스

k5		k6		m5		m6		n6		p6		r6		r7	
간섭량	크리어런스	간섭량	크리어런스	간섭량	크리어런스	간섭량	크리어런스	간섭량	크리어런스	간섭량	크리어런스	간섭량		간섭량	
최대	최대	최대	최대	최대	최대	최대	최대	최대	최대	최대	최대	최대	최소	최대	최소
14	1	17	1	17	4	20	4	24	8	28	12	31	15	35	15
15	1	18	1	20	6	23	6	27	10	32	15	36	19	42	19
17	1	20	1	23	7	26	7	31	12	37	18	42	23	49	23
21	2	25	2	27	8	31	8	38	15	45	22	51	28	59	28
25	2	30	2	32	9	37	9	45	17	54	26	62	34	71	34
30	2	35	2	39	11	45	11	54	20	66	32	75	41	86	41
30	2	35	2	39	11	45	11	54	20	66	32	77	46	88	43
38	3	45	3	48	13	55	13	65	25	79	37	93	51	106	51
38	3	45	3	48	13	55	13	65	25	79	37	96	54	109	54
46	3	53	3	58	15	65	15	77	27	93	43	113	63	128	63
46	3	53	3	58	15	65	15	77	27	93	43	115	65	130	65
46	3	53	3	58	15	65	15	77	27	93	43	118	68	133	68
54	4	63	4	67	17	76	17	90	31	109	50	136	77	153	77
54	4	63	4	67	17	76	17	90	31	109	50	139	80	156	80
54	4	63	4	67	17	76	17	90	31	109	50	143	84	160	84
62	4	71	4	78	20	87	20	101	34	123	56	161	94	181	94
62	4	71	4	78	20	87	20	101	34	123	56	165	98	185	98
69	4	80	4	86	21	97	21	113	37	138	62	184	108	205	108
69	4	80	4	86	21	97	21	113	37	138	62	190	114	211	114
77	5	90	5	95	23	108	23	125	40	153	68	211	126	234	126
77	5	90	5	95	23	108	23	125	40	153	68	217	132	240	132

주) * 은 간섭량의 최수를 나타낸다.

표 13.15 축의 베어링자리 가공 공차(FAG)

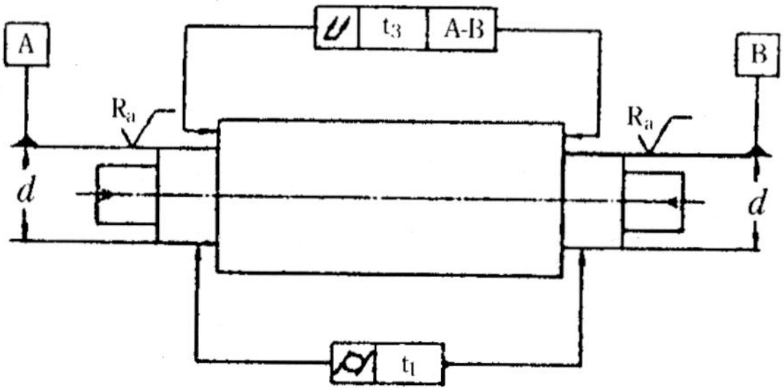

축 호칭지름 d	초과 이하	 10	10 18	18 30	30 50	50 80	80 120	120 180	180 250
P4급 d의 공차(μ)		+2 −2	+2.5 −2.5	+3 −3	+3.5 −3.5	+4 −4	+5 −5	+6 −6	+7 −7
원통도	t1	0.6	0.8	1	1	1.2	1.5	2	3
축방향런아웃	t3	1	1.2	1.5	1.5	2	2.5	3.5	4.5
중심선평균 거칠기	Ra	0.4	0.4	0.4	0.4	0.4	0.4	0.4	0.4
표면거칠기 등급		N5	N5	N5	N5	N5	N5	N5	N5
HG와 P2급 d의 공차(μ)		+1.25 −1.25	+1.5 −1.5	+2 −2	+2 −2	+2.5 −2.5	+3 −3	+4 −4	+5 −5
원통도	t1	0.4	0.5	0.6	0.6	0.8	1	1.2	2
축방향 런아웃	t3	0.6	0.8	1	1	1.2	1.5	2	3
중심선평균 거칠기	Ra	0.2	0.2	0.2	0.2	0.2	0.2	0.2	0.2
표면거칠기 등급		N4	N4	N4	N4	N4	N4	N4	N4

표 13.16 하우징의 베어링자리 가공 공차(FAG)

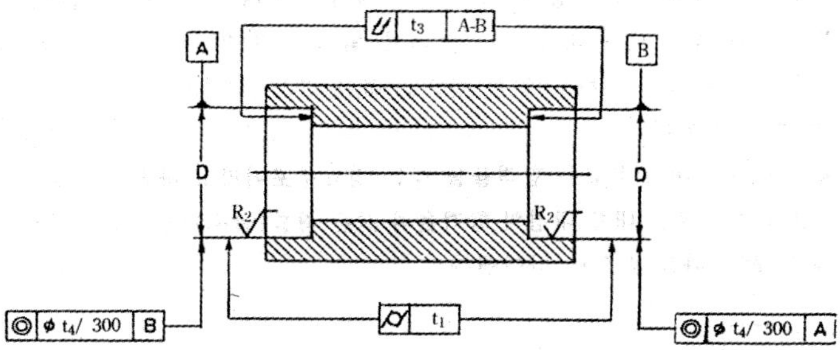

하우징 호칭지름 D	초과	18	30	50	80	120	180	250	315
	이하	30	50	80	120	180	250	315	400
P4급 D의 공차(μ)	고정단 베어링	+4	+4	+5	+6	+8	+10	+12	+13
		−2	−2.5	−3	−3.5	−4	−5	−6	−7
	유동단 베어링	+8	+10	+11	+14	+17	+21	+24	+27
		+2	+3	+3	+4	+7	+7	+8	+9
원통도	t1	1.5	1.5	2	2.5	3.5	4.5	6	7
축방향런아웃	t3	2.5	2.5	3	4	5	7	8	9
중심선평균 거칠기	Ra	0.8	0.8	0.8	0.8	0.8	0.8	1.6	1.6
표면거칠기 등급		N6	N6	N6	N6	N6	N6	N6	N6
HG와 P2급 D의 공차(μ)	고정단 베어링	+3	+3	+3	+4	+5	+7	+8	+9
		−1	−1	−2	−2	−3	−3	−4	−4
	유동단 베어링	+6	+7	+8	+10	+13	+17	+20	+22
		+2	+3	+3	+4	+5	+7	+8	+9
원통도	t1	1	1	1.2	1.5	2	3	4	5
축방향 런아웃	t3	1.5	1.5	2	2.5	3.5	4.5	6	7
등축도	t4	6	6	6	6	6	6	6	6
중심선평균 거칠기	Ra	0.4	0.4	0.4	0.4	0.4	0.4	0.8	0.8
표면거칠기 등급		N5	N5	N5	N5	N5	N5	N6	N6

3) 간섭량의 분산(축과 내륜)

베어링의 잔류크리어런스는 베어링의 레이디얼크리어런스에서 내외륜의 끼워맞춤에 의한 궤도경의 팽창 · 수축량을 빼어 구한다. 이 잔류크리어런스및 끼워맞춤 치수(축경, 내륜 내경, 하우징 내경, 외륜 외경)은 각각의 규격범위 내에서 정규분포(正規分布)를 하고 있는 것으로 하여 간섭량과 잔류크리어런스의 분산(分散)이 계산된다.

축경과 내륜 내경이 같은 합격률을 갖는 정규분포라고 하면 이들을 조합시킨 간섭량이 축경 또는, 내륜 내경의 합격률과 같은 확률(確率)로 그 중에 들어 있도록 한 분산 R은 다음 식으로 주어진다.

$$R = R\sqrt{R_s^2 + R_i^2} \qquad 13.18$$

여기서, R_s : 축경의 허용차

R_i : 내륜 내경의 허용차

표 13.17은 O급 레이디얼 베어링의 내륜 내경 d_m의 허용차와 5급 및 6급 축의 끼워맞춤에 있어서 간섭량의 평균치와 분산 R을 나타내고 있다.

표 13.17 축과 내륜의 끼워맞춤에 있어서 간섭량의 평균치와 분산

호칭치수 d(㎜)		베어링내경 dm허용자 (0급)		5급축과의 끼워맞춤					6급축과의 끼워맞춤							
				간섭량의 평균차				간섭령의 분산	간섭량의 평균치							간섭량의 분산
초과	이하	상	하	h5	j5	k5	m5		h6	j6	k6	m6	n6	p6	r6	
-	3	0	-8	2	4	6	8	4.5	1	5	7	9	11	13	17	5
3	6	0	-8	1.5	4.5	7.5	10.5	4.5	0	6	0	12	16	20	23	5.5
6	10	0	-8	1	5	8	13	5	-0.5	6.5	9.5	14.5	18.5	23.5	27.5	6
10	18	0	-8	0	5	9	15	5.5	-1.5	6.5	10.5	16.5	21.5	27.5	32.5	7
18	30	0	-10	0.5	5.5	11.5	17.5	6.5	-1.5	7.5	13.5	19.5	26.5	33.5	39.5	8
30	50	0	-12	0.5	6.5	13.5	20.5	8	-2	9	16	23	31	40	48	10
50	65	0	-15	1	7	16	25	10	-2	10	19	28	37	49	58	12
65	80	0	-15	1	7	16	25	10	-2	10	19	28	37	49	60	12
80	100	0	-20	2.5	8.5	20.5	30.5	12.5	-1	12	24	34	44	58	72	15
100	120	0	-20	2.5	8.5	20.5	30.5	12.5	-1	12	24	34	44	58	75	15
120	140	0	-25	3.5	10.5	24.5	36.5	15.5	0	14	28	40	52	68	88	175
140	160	0	-25	3.5	10.5	24.5	36.5	15.5	0	14	28	40	52	68	90	17.5
160	180	0	-25	3.5	10.5	24.5	36.5	15.5	0	14	28	40	52	68	93	17.5
180	200	0	-30	5	12	29	42	18	0.5	16.5	33.5	46.5	60.5	79.5	106.5	21
200	225	0	-30	5	12	29	42	18	0.5	16.5	33.5	46.5	60.5	79.5	109.5	21
225	250	0	-30	5	12	29	42	18	0.5	16.5	33.5	46.5	60.5	79.5	113.5	21
250	280	0	-35	6	13	33	49	21	1.5	17.5	37.5	53.5	67.5	89.5	127.5	23.5
280	315	0	-35	6	13	33	49	21	1.5	17.5	37.5	53.5	67.5	89.5	131.5	23.5
315	335	0	-40	7.5	14.5	36.5	53.5	23.5	2	20	42	59	75	100	146	27
335	400	0	-40	7.5	14.5	36.5	53.5	23.5	2	20	42	59	75	100	152	27
400	450	0	-45	9	16	41	59	26	2.3	22.5	47.5	65.5	82.5	110.5	168.5	30

14. 설치와 보수

14.1. 취급

구름베어링은 정밀한 기계요소이므로 본래 갖고 있는 성능을 충분히 발휘하기 위하여 취급상 다음과 같은 주의를 하여야 한다.

1) 청결한 환경의 유지

구름베어링의 전동면과 궤도면의 조도와 웨이브(Wave)는 0.01 ~ 1.0 μm 정도이고 윤활에 필요한 유막두께는 0.10 ~ 수 μm 정도이므로 공기중에 부유하는 모래 먼지는 눈에 보이지 않더라도 베어링 내에 들어가면 궤도면과 전동면

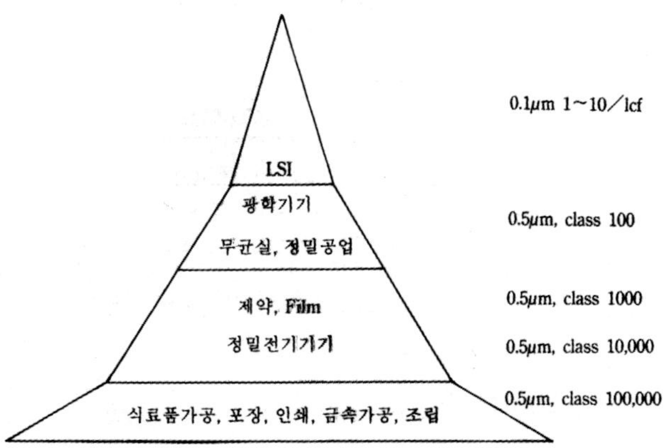

그림 14.1 청정도 등급별 관련산업

에 흠을 발생시키고 그것이 마모, 타붙음, 조기 후레이킹, 소음, 진동을 유발시킨다. 그러므로 베어링과 교환에 필요한 지그(Jig), 축, 하우징에는 먼지와 이물질이 없도록 한다. 공기중의 청정도(淸淨度)는 미국의 연방규격 Fed.Std No.2097을 기준으로 하여 등급(Class)이 나누어지며 직경이 0.57 μm 이상의 미립자의 존재를 대상으로 검토되어 왔다. LSI의 집적도(集積度)를 향상하고, 소자(素子)의 패턴(Pattern) 선폭이 작게 되어 보다 작은 미립자의 존재가 문제로 되어 왔다.

이제는 0.1 μm의 입자의 제어가 필요한 슈퍼크린(Super Clean) 영역의 발달과 더불어 종래는 일반환경에서 행하던 조립, 검사, 포장 등이 등급 10,000 ~ 100,000의 크린 룸(Clean Room)을 사용하는 사례가 증가되고 있다. 크린의 이용분야는 그림 14.1과 같이 고도화(高度化)와 동시에 다양화가 되고 있다.

슈퍼크린의 실현은 종래의 고성능 휠터(HEPA) 보다 포집효율이 높은 ULPA (포집율 99% 이상) 휠터를 사용하여 공기를 여과하고, 실내를 초고청정도(超高淸淨度)를 유지하기 위해서 오염입자가 들어오지 않게 하고, 발생되지 않게 하고, 발생된 것은 빨리 실외로 배출하며, 제품 부근에 층류(일방향류)가 되게 하여 부분적으로 발생하는 와류(渦流)를 극력 방지해야 하다. 그림 14.2는 유한요소법에 의한 슈퍼 컴퓨터를 사용하여 얻어진 3차원 기류상황도를 나타내고 있다.

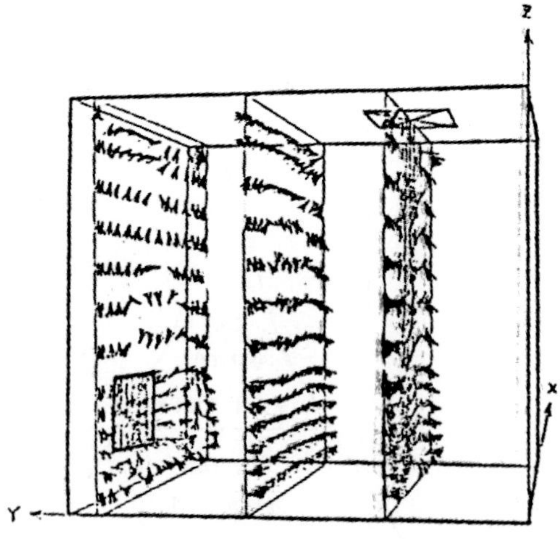

그림 14.2. 3차원 기류상황도

표 14.1은 공기중의 청정도에 대한 미국 연방규격 Fed.Std No 209B이며 계기용 정밀한 베어링은 청정도 등급 100, 낮은 소음과 낮은 토르크(Torque)용 베어링은 청정도 등급 10,000의 환경에서 취급해야 한다.

표 14.1 공기중의 미립자 허용수에 의한 청정도 등급

1ft³당 0.5μm 이상의 입자 허용수(1ℓ당수)	청정도 등급 인치방식(미터방식)	1ft³당 5μm 이상의 입자 허용수(1ℓ당수)
100(3.5)	100(3.5)	10(0.35)
10,000(350)	10,000(350)	65(2.3)
100,000(3,500)	100,000(3,500)	700(25)

그림 14.3은 종래의 크린룸과 슈퍼크린룸에 대한 규격의 차이를 나타내고 있다

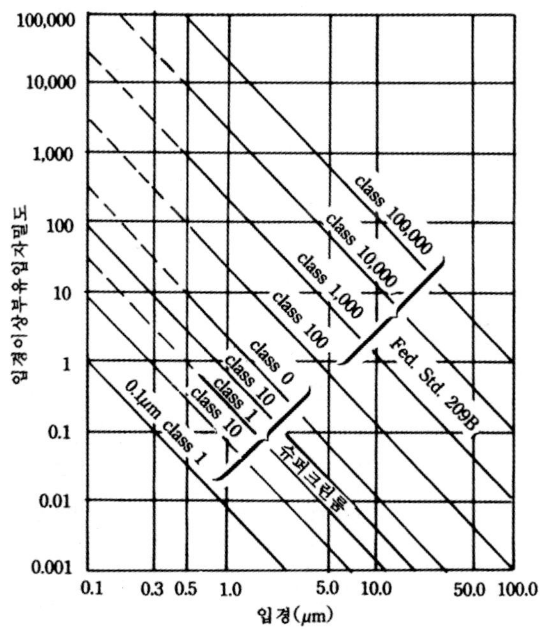

그림 14.3 종래 크린룸과 슈퍼크린룸의 규격

2) 취급주의

취급시에 베어링을 떨어뜨리거나 던지면 궤도면과 전동면에 찰과상 또는 압흔(Brinelling)이 생기고, 깨짐, 터짐의 원인이 되므로 취급에 주의해야 한다.

3) 전용 지그의 사용

베어링을 설치시 또는 해체시에 전용 지그(Jig)를 사용하지 않으면 궤도면과 전동면에 압흔 또는 흠이 생긴다 .전용 지그를 사용할지라도 올바르게 사용하지 않으면 효과가 없게 된다. 그림 14.4 는 전용 지그의 사용에 따른 사례를 비교한 것이다.

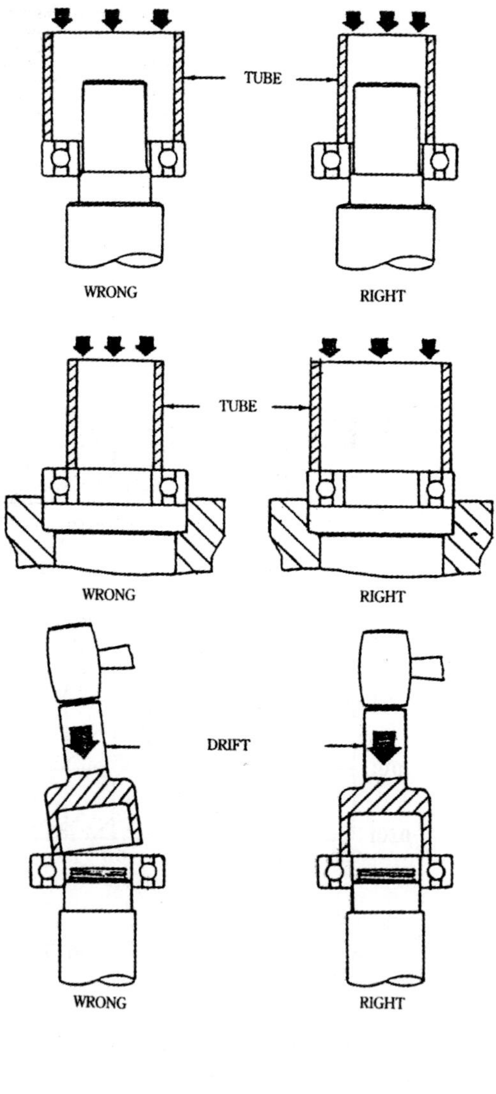

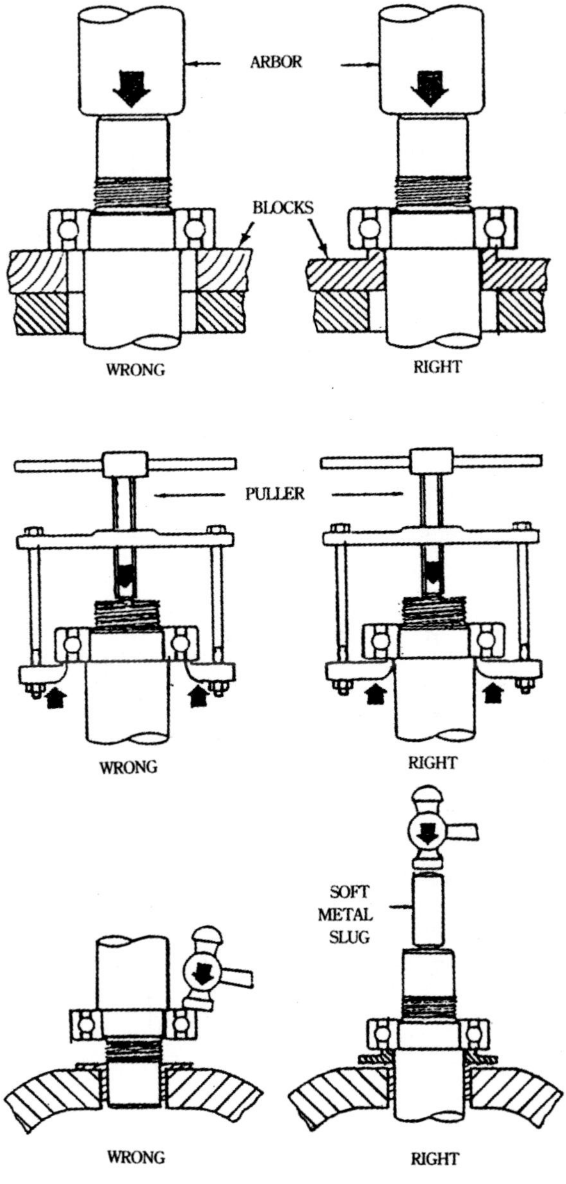

그림 14.4 전용 지그의 사용사례 비교 (FAG)

4) 녹 발생의 방지

손으로 베어링을 직접 만지면 손의 땀이 녹발생의 원인이 되므로 나이론 장갑을 사용하며 수분과 습기를 피하도록 한다.

5) 세척

베어링 제조사에서는 베어링을 대단히 청결하게 처리하고 방청용 포장을 하여 시판하고 있다. 일반용도에서는 방청제가 도포된 상태 그대로 사용해도 무방하나 저소음과 정숙한 회전이 요구되는 용도에는 반드시 백등유(방청제 첨가)로 세척을 1차, 2차로 구분하여 실시하는 것이 좋다.

- 작업 현장에서 작업자가 반드시 지켜야 할 사항은 다음과 같다.
  - ·주위를 청결하게 하고 깨끗한 지그(Jig)를 사용한다.
  - ·베어링을 교환하기 전에 하우징 내의 오물을 제거한다.
  - ·깨끗하고 습기가 없는 손으로 취급한다.
  - ·깨끗한 솔벤트(Solvent)나 오일(Oil)을 사용한다.
  - ·베어링을 깨끗한 종이 위에 놓는다.
  - ·해체한 베어링에는 먼지나 습기가 닿지 않게 한다.
  - ·베어링을 닦을 때는 깨끗한 마른 천을 사용한다.
  - ·베어링을 보관시에는 깨끗한 마른 오일종이에 싸서 둔다.
  - ·가급적 새로운 베어링은 세척하지 않고 그대로 조립한다.
  - ·윤활유는 불순물이 없는 것을 사용하다.
  - ·베어링을 취급시는 떨어뜨리거나 충격을 주어서는 안된다.
  - ·베어링을 설치및 해체시는 전용 지그(Jig)를 사용한다.
  - ·불결한 작업대에서 작업을 하지 않는다.
  - ·깨끗하지 않은 베어링은 강제로 회전시키지 않는다.
  - ·압축공기로 베어링을 회전시키지 않는다.
  - ·베어링의 표면에 흠이 생기지 않게 한다.

14.2. 설치

14.2.1. 일반사항

베어링의 설치의 양부는 정도, 수명, 성능에 크게 영향을 준다. 그러므로, 설계 및 조립부분에서 베어링의 설치에 대한 검토를 충분히 하고 표준작업에 따라 설치작업을 하는 것이 바람직하다.

- 작업표준의 항목은 다음과 같다.
  - 베어링및 관련부품의 세척
  - 관련부품의 치수및 다듬질 상태의 점검
  - 설치
  - 베어링 설치후의 점검
  - 윤활제의 공급

베어링의 설치는 베어링의 궤도면과 전동면의 압흔(押痕)이 생기지 않기 위해서 다음과 같은 주의가 필요한다.

1) 세척

베어링의 포장은 설치 직전까지 풀지 않는 것이 바람직하다. 일반적으로 그리이스윤활의 경우는 베어링을 세척하지 않고 그대로 그리이스를 충진한다. 오일윤활의 경우는 세척을 반드시 할 필요는 없으나 정밀 또는, 고속에 사용될 배어링을 세척유로 씻어 베어링에 도포된 방청제를 제거한다. 방청제를 제거한 베어링은 녹이 발생하기 쉬우므로 그대로 방치해서는 안된다. 세척유는 5μm 이하의 세목 휠터(Filter)로 여과한 백등유를 사용한다. 세척조(Washing Tank)는 반드시 1차 세척조, 2차 세척조로 구분하여 사용해야 하며 그림 14.5는 세척조를 나타내고 있다.

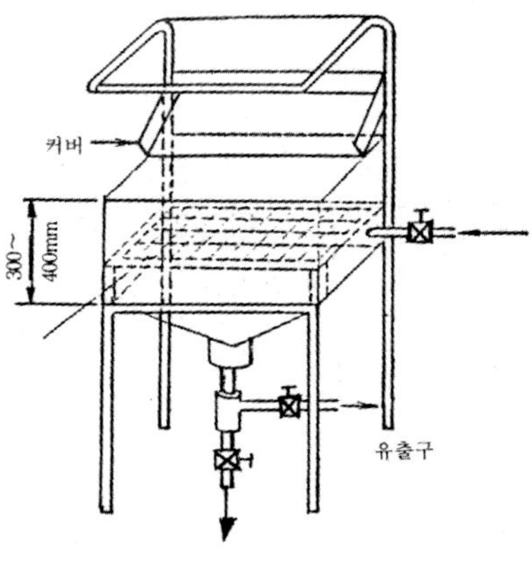

그림 14.5 세척조의 구조

2) 검사

축 또는, 하우징의 관련부품의 치수와 다듬질 상태를 검사한다. 베어링의 측면과 접하는 축과 하우징의 표면에 버어(Burr)와 압흔(壓痕) 등은 설치오차를 유발하는 원인이 되므로 주의하여 조사한다.

a) 외관검사

① 검사방법

외관검사는 검사실 내에서 형광등으로 조명하여 육안검사를 하나 필요에 따라 5 ~ 20배 정도의 확대경을 사용한다. 육안검사로 불충분하면 자분탐상(磁粉探傷), 컬러첵크(Color Check), 초음파탐상(超音波探傷) 등을 이용하는 수도 있다.

- 외관검사의 대상이 되는 부위는 다음과 같다

· 궤도륜 : 궤도면, 로울러의 안내면, 리테이너의 안내면, 끼워맞춤면

· 전동체 : 전동면, 로울러의 단면

· 리테이너 : 포켓면, 리벳구멍

· 리벳 : 형상

② 손상의 재사용 판정

외관 손상중에 피팅(Pitting), 후레이킹(Flaking), 터짐, 타붙음 등은 원칙적으로 재사용할 수가 없다. 기타의 손상은 발생부위와 정도에 따라 재사용 가부를 판정해야 한다.

표 14.2에 궤도륜과 전동체의 부위별 재사용 가부의 판정기준을 나타내고 있으며 약간의 손질로 재사용이 가능한 것도 있다.

표 14.2 손상 종류별 재사용 판정기준

<table>
<tr><th rowspan="2">손상의 종류</th><th colspan="6">궤도륜, 전동체</th><th colspan="4">끼워맞춤면</th><th rowspan="2">손상의 정도 설명과 재사용시의 손질</th></tr>
<tr><th>궤도면</th><th>전동면</th><th>로울러안내면</th><th>리테이너안내면</th><th>단면</th><th>기타</th><th>궤도륜</th><th>축</th><th>스리이브</th><th>하우징</th></tr>
<tr><td>피팅</td><td colspan="2">×</td><td colspan="3">–</td><td>–</td><td colspan="4">–</td><td></td></tr>
<tr><td>후레이킹</td><td colspan="2">×</td><td colspan="3">×</td><td>–</td><td colspan="4">–</td><td></td></tr>
<tr><td>터짐</td><td colspan="2">×</td><td colspan="3">×</td><td>×</td><td colspan="4">×</td><td></td></tr>
</table>

깨짐	×	×	B	×	끝을 제거하여 사용하는 경우도 있다.
압흔, 타흔	A/B A/B	A -	C -	C -	재사용시 주변의 튀어나온 부분을 제거한다.
변색	A	B	C	C	A:오일 타붙음(신나로 제거 가능한 것) B:극히 경미한 착색(엷은 갈색) C:경미한 착색(갈색) D:유해한 착색(진한 갈색, 보라색)
찰과상, 뜯김	A	A	C	C	재사용시 주변의 튀어나온 부분을 제거한다.
스미어링	A/B	A/B	-	-	재사용시 튀어 나온 부분을 제거한다.
녹, 부식	A	A	C	C	떠 있는 녹은 세목 샌드페이퍼로 제거한다.
마모	B	B	C	C	A:마모면이 약간 백색, 광택이 있는 것 B:마모면이 약간 백식, 광택이 없는 것 C:마모면이 주변과 약간 차이가 느껴지는 것 D:마모면이 눈과 감촉으로 쉽게 알수 있는것
후렛팅 (a) (b)	A/B -	- -	C -	- B	회전상태와 음향에 주의한다. 재사용시 수정한다.
크리이프	-	-	-	우측참조	손상의 졸류에 따라 각 항목별로 판정한다.
전식	A/B	-	-	-	재사용시 주변의 튀어나온 부분을 제거한다.
타붙음	×	×	×	-	

비고 1. ×표는 재사용이 불가한 것을 나타낸다.

2. A: 미손상, B: 경손상, C: 중(中)손상, D: 중(重)손상

A, B는 재사용이 가능하나 C, D는 불가함을 나타낸다.

3. A/B는 허용한계는 A이다. 사용조건이 느슨한 로울러 베어링에는 B까지 허용하는 것을 나타낸다.

b) 정도검사

일반용 베어링은 베어링의 내경, 외경 등에 끼워맞춤에 관련된 치수및 레이디얼크리어런스를 검사하며 고속, 고정밀도 베어링은 추가로 경방향 흔들림, 축방향 흔들림 등을 검사한다.

치수측정에 있어서 온도관리가 대단히 중요하며 일반적으로 치수 100mm를 측정할 때에 피측정물과 게이지 또는, 치수 견본과의 사이에 1℃의 온도차에 약 1μm의 측정오차가 생긴다. 이런 측정오차를 줄이기 위해서 항온실 또는, 열용량이 큰 정반(定盤)위에 피측정물과 치수 견본게이지를 2 ~ 3 시간 동안 방치하여 온도차가 측정오차 범위 내에 있는 지를 확인해야 한다.

베어링의 내경, 외경에 대한 측정은 원칙적으로 2점 측정법을 사용한다.

3) 설치작업

베어링의 설치작업은 베어링의 형식과 끼워맞춤량에 따라 다르다. 원통구멍의 내륜을 축에 억지끼워맞춤을 할 경우는 프레스(Press)에 의한 압입(壓入)과 열박음을 한다. 열박음은 보통 120℃ 이하 오일 또는 항온조(恒溫槽)속에서 가열하여 설치한다. 테이퍼구멍의 내륜의 경우는 테이퍼축에 직접 설치하거나 테이퍼스리이브(Tapered Sleeve)를 사용하여 설치한다.

외륜을 하우징에 설치하는 것은 일반적으로 헐거운끼워맞춤이 많지만 억지끼워맞춤의 경우에는 프레스로 압입한다. 간섭량이 큰 경우에는 냉각제로 드라이아이스(Dry Ice)를 사용하여 베어링을 냉각시켜 설치하는 냉각 끼워맞춤을 하는 것도 있다. 어느 경우에도 베어링의 측면을 확실히 누르는 전용 지그를 사용하여 전동체(轉動體)를 통하여 힘이 가해져 궤도면과 전동면에 압흔이 생겨서는 안된다.

14.2.2. 원통구멍베어링의 설치

억지끼워맞춤의 경우에 베어링을 설치하는 데에는 다음과 같이 여러 종류가 있다.

1) 해머에 의한 방법

축에 내륜을 설치하는 경우에 지그를 해머로 두들겨서 내륜이 일정하게 축에 끼우도록 하는 것으로 그림 14.6에 나타내고 있다.

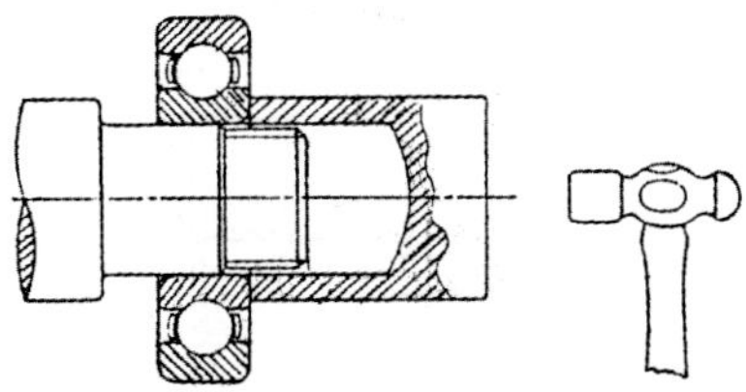

그림 14.6 내륜의 설치

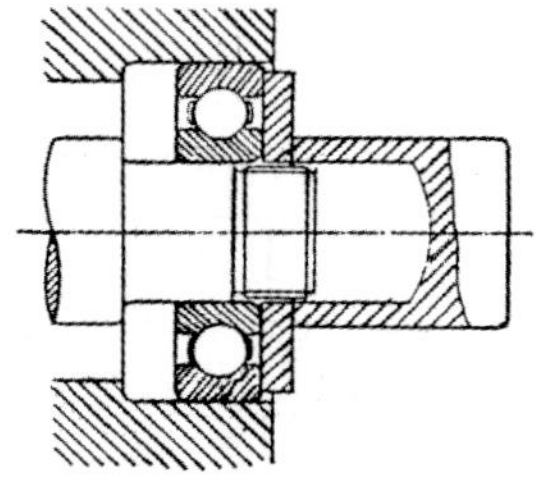

그림 14.7 내륜과 외륜의 동시 설치

내륜과 외륜 모두 억지끼워맞춤의 경우는 그림 14.7과 같이 지그를 두들겨서 설치한다.

외륜과 하우징과의 사이에 간섭량이 없는 경우일지라도 형상오차와 축심(軸心)에 일치하지 않을 때에는 프라스틱제 해머로 가볍게 외륜의 측면 원주를 연하여 두들겨서 설치한다.

2) 프레스에 의한 방법

소형 베어링에서는 유압 또는, 공기압을 이용한 프레스(Press) 압입방법이 널리 이용되고 있다. 이 방법은 동일한 치수의 베어링을 연속적으로 조립할 때에 대단히 유리하나 간섭량이 크거나 중・대형 베어링에서는 베어링이 축에 경사되게 설치되므로 주의가 필요하다. 그림 14.8은 유압 프레스에서 베어링을 축에 설치되는 것을 나타내고 깊은홈볼베어링과 같은 비분리형 베어링에서 그림 14.9는 내륜에, 그림 14.10은 내륜과 외륜을 동시에 지그를 대어 압입하는 것을 나타내고 있다.

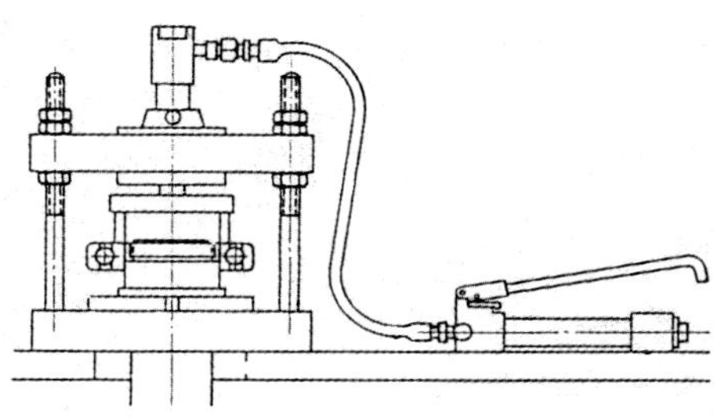

그림 14.8 프레스 압입에 의한 설치

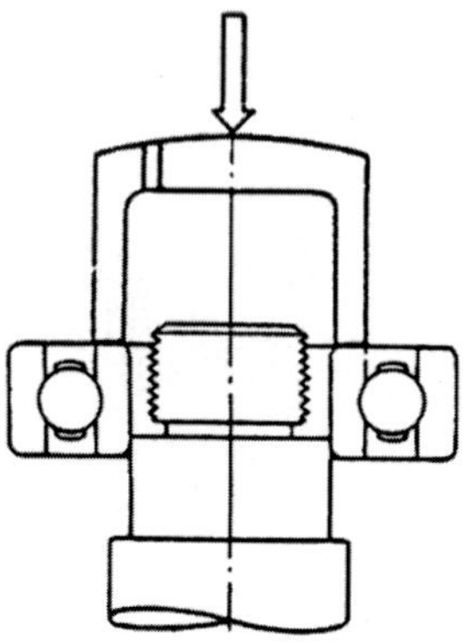

그림 14.9 내륜의 설치

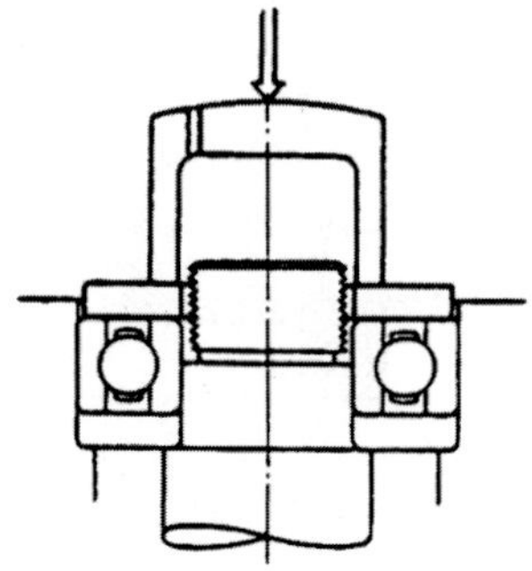

그림 14.10 내륜과 외륜의 동시설치

원통로울러베어링및 테이퍼로울러베어링과 같은 분리형 베어링에서는 내륜, 외륜을 각각 축과 하우징에 설치할 수가 있다. 별개로 설치된 내륜과 외륜을 결합할 때에 중심이 어긋나지 않도록 조용히 맞추는 것이 중요하다. 이 때에 무리하게 밀어 넣으면 전동면에 흠이 생긴다.

3) 오일 가열에 의한 방법

대형 베어링에서는 압입력이 크므로 압입작업이 어렵다. 인화점(引火點)이 높은 오일을 유조(油槽)에 넣어 그림 14.11과 같이 적당한 시간 동안 가열한다. 이 방법을 사용하면 베어링에 무리한 힘이 가해지지 않고 단시간 내에 작업을 할 수가 있다.

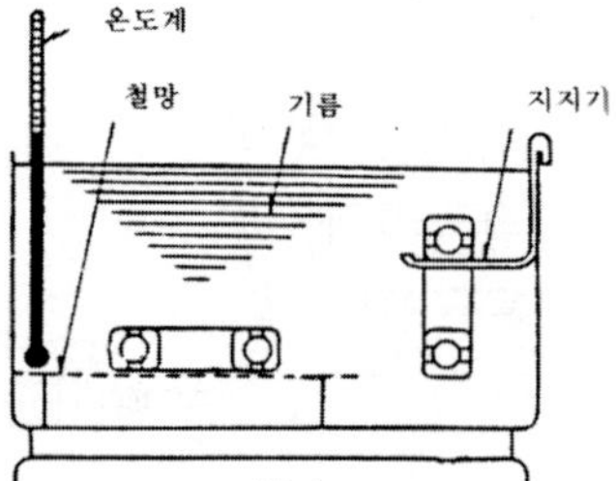

그림 14.11 베어링의 가열장치

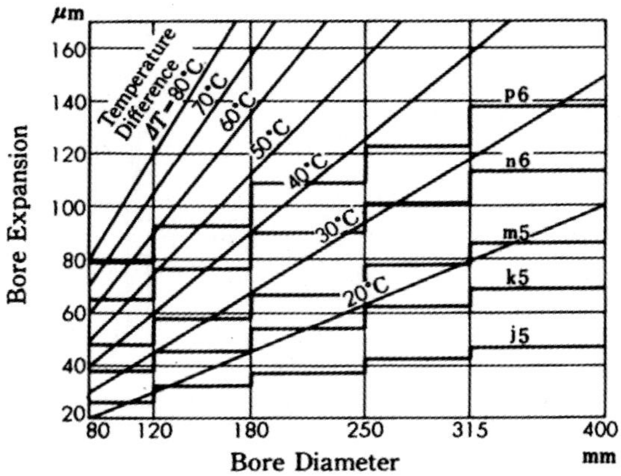

그림 14.12 온도와 내륜의 팽창

베어링의 가열온도는 베어링의 치수와 간섭량을 기준으로 그림 14.12의 내륜 팽창량과 가열 온도차 (내륜과 축과의 온도차)의 관계로 부터 결정할 수가 있다.

- 열박음 작업에서 주의할 사항은 다음과 같다.
  - 베어링을 120℃ 이상 가열하지 않는다.
  - 유조의 밑바닥에 직접 닿지 않도록 베어링을 금망대에 올려놓는다.
  - 설치시에 내륜에 의하여 냉각되므로 베어링을 소요온도 보다 20 ~ 30℃ 높게 가열한다.
  - 설치후 베어링은 냉각되면 폭방향 수축하므로 내륜과 축의 턱 사이에 크리어런스가 생기지 않도록 축너트 또는 다른 방법으로 밀착시킨다.

4) 유도가열에 의한 방법

원통로울러베어링의 턱이 없는 내륜 또는, 한쪽 턱이 있는 내륜이 축에 억지끼워맞춤을 할 때에는 그림 14.13과 같이 유도가열장치를 사용한다.

이 유도가열은 교류전류를 코일(Coil)에 통과시켜 코일 내에 있는 내륜에 교번자속(交番磁束)을 발생시켜 그의 와전류(渦電流)에 의하여 가열하는 방법이다. 내륜이 허용 가열온도를 초과하지 않도록 타이머(Timer)를 가열장치에 부착시킨다. 특히 내륜의 가열이 끝난 후에는 탈자(脫磁)를 하여야 한다.

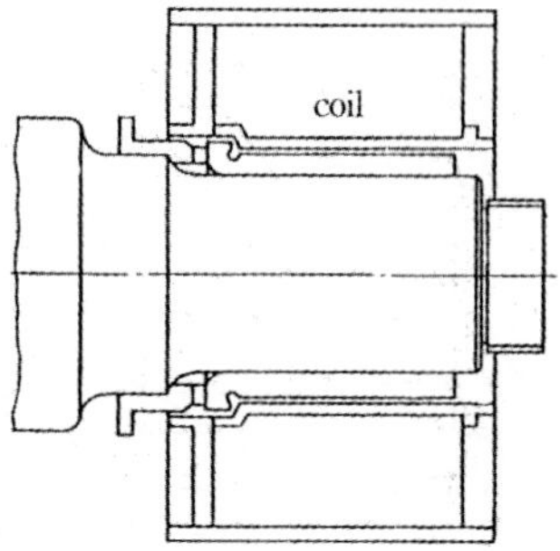

그림 14.13 내륜의 유도가열 장치

5) 냉각에 의한 방법

외륜과 하우징의 간섭량이 크고 설치작업이 곤란한 경우에는 드라이아이스(Dry Ice)를 이용하여 외륜을 냉각하여 끼워맞춤을 한다.

이 방법을 사용한 직후에 베어링의 표면에 공기중의 수분이 응결하므로 수치환방청유를 도포하여야 한다.

14.2.3. 테이퍼구멍베어링의 설치

테이퍼구멍베어링에서는 직접 테이퍼축에 고정하던가 어댑터(Adaptor) 또는, 해체 스리이브(Sleeve)를 사용하여 원통축에 그림 14.14 및 그림 14.15와 같이 설치한다.

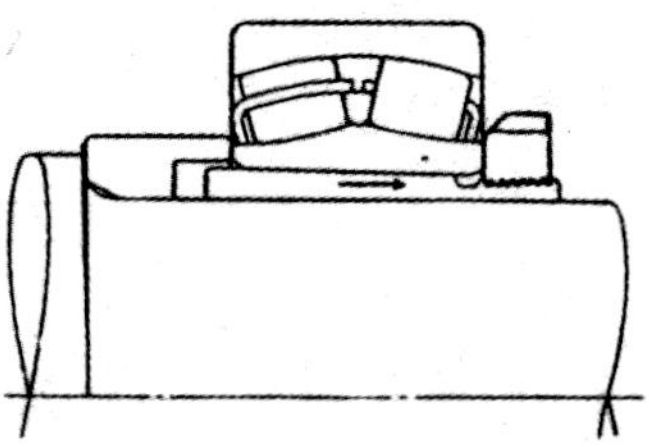

그림 14.14 어댑터에 의한 설치

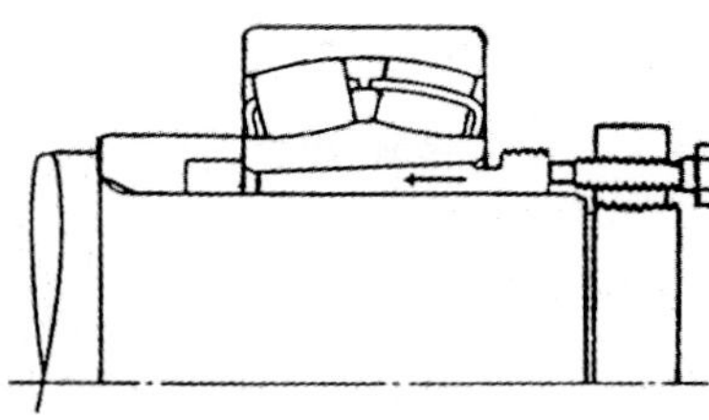

그림 14.15 해체스리이브에 의한 설치

그림 14.16은 유압너트를 사용하여 스리이브를 밀어 넣는 설치의 예이고, 그림 14.17은 스리이브에 오일구멍을 설치하여 가압(加壓)한 오일을 끼워맞춤면으로 보내면서 볼트로 스리이브를 밀어 넣는 방법이다.

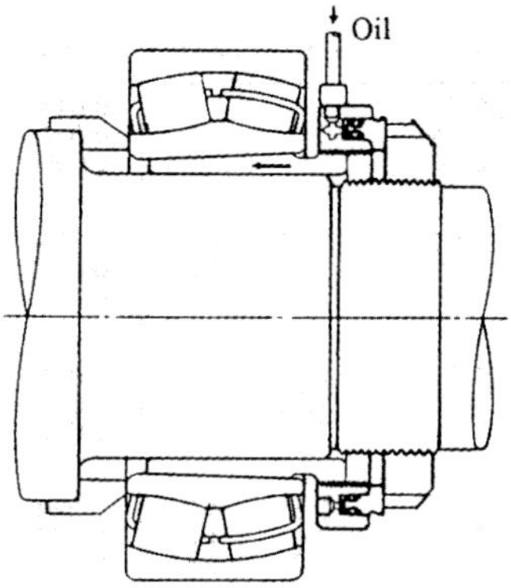

그림 14.16
유압너트에 의한 설치

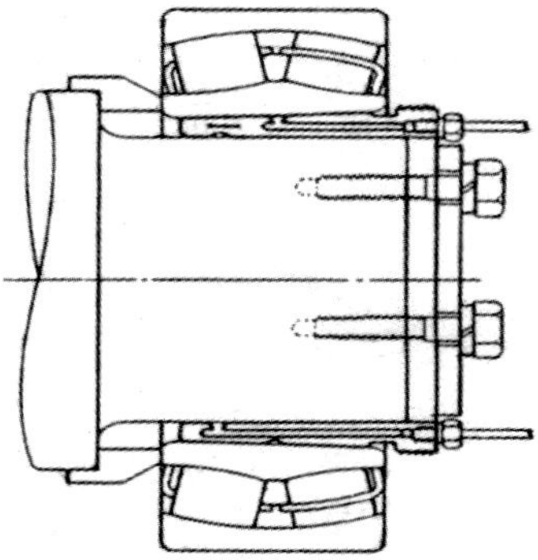

그림 14.17
특별 스리이브와 압축유에 의한 설치

자동조심로울러베어링을 설치시에 압입량(壓込量)은 표 14.3을 기준으로 하여 크리어런스 게이지를 사용하지만 그림 14.18과 같이 양쪽 열의 크리어런스를 동시에 측정하여 거의 같은 측정값이 얻어지도록 주의해야 한다.

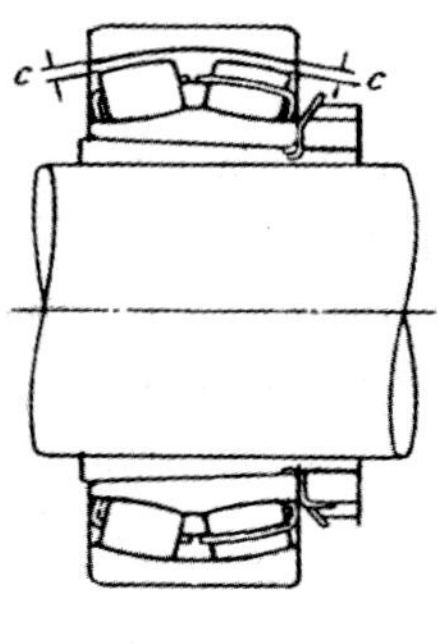

그림 14.18
자동조심 로울러베어링의
크리어런스 측정

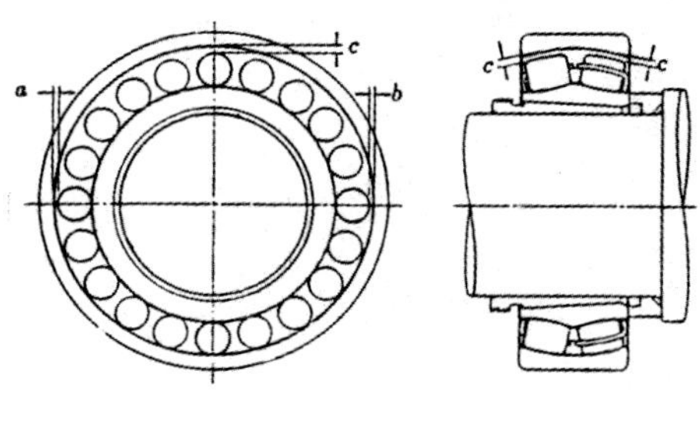

그림 14.19
대형 자동조심로울러베어링의
크리어런스 측정

표 14.3 테이퍼구멍 자동조심로울러베어링의 설치

Bearing bore Diameter d		Reduction in Radial Internal Clearance		Axial Movement				Minimum Permissible Residual Clearance	
				Taper 1/12		Taper 1/30			
Over	Incl	min	max	min	max	min	max	Normal	C3
40	50	0.030	0.035	0.45	0.55	-	-	0.015	0.030
55	65	0.030	0.035	0.45	0.55	-	-	0.025	0.035
65	80	0.040	0.045	0.6	0.70	-	-	0.030	0.040
80	100	0.045	0.055	0.7	0.85	1.75	2.15	0.035	0.050
100	120	0.050	0.060	0.75	0.90	1.9	2.25	0.045	0.056
120	140	0.060	0.070	0.9	1.1	2.25	2.75	0.055	0.080
140	160	0.065	0.080	1	1.3	2.5	3.25	0.060	0.100
160	180	0.070	0.090	1.1	1.4	2.75	3.5	0.070	0.110
180	200	0.080	0.100	1.3	1.6	3.25	4.0	0.070	0.110
200	225	0.090	0.110	1.4	1.7	3.5	4.25	0.080	0.130
225	250	0.100	0.120	1.6	1.9	4.0	4.75	0.090	0.140
250	280	0.110	0.140	1.7	2.2	4.25	5.5	0.100	0.150
280	315	0.120	0.150	1.9	2.4	4.75	6.0	0.110	0.160
315	355	0.140	0.170	2.2	2.7	5.5	6.75	0.120	0.180
355	400	0.15	0.190	2.4	3.0	6.0	7.5	0.130	0.200
400	450	0.170	0.210	2.7	3.3	6.75	8.25	0.140	0.220
450	500	0.190	0.240	3	3.7	7.5	9.25	0.160	0.240
500	560	0.210	0.270	3.4	4.3	8.5	11.0	0.170	0.270
560	630	0.230	0.300	3.7	4.8	9.25	12.0	0.200	0.310
630	710	0.260	0.330	4.2	5.3	10.5	13.0′	0.220	0.330
710	800	0.280	0.370	4.5	5.9	11.5	15	0.240	0.390
800	900	0.310	0.410	5.0	6.6	12.5	16.5	0.280	0.430
900	1000	0.340	0.460	5.5	7.4	14.0	18.5	0.310	0.470

Note: The values for reduction in radial internal clearance are for bearings with normal lcearances

대형 베어링을 축에 설치할 때에 외륜이 자중에 의해 타원형으로 변형한다. 변형된 베어링의 최저부에서 크리어런스를 측정하면 실제 크리어런스 보다 크게 측정된다. 이 값을 사용하여 표 14.3를 기준으로 설치하면 간섭량이 과대하게 되어 잔류크리어런스가 과소하게 되므로 주의해야 한다. 이 경우에 그림 14.19와 같이 수평방향의 횡축 위치에 크리어런스 2개소 a 와 b, 최저부의 크리어런스 c 의 합한 것의 1/2을 잔류크리어런스로 하면 별 문제가 없다.

14.3. 운전검사

베어링의 설치가 끝나면 설치상태가 정상인지를 확인하기 위해서 운전검사를 한다.

14.3.1. 시동운전

소형 기계에서는 손으로 돌려서 대형 기계에서는 무부하로 하여 순간적으로 동력시동을 한 후에 즉시 동력을 끊어서 회전이 원활한 지를 확인한다.

검사항목은 이물질, 먼지, 흠, 압흔 등에 의한 회전 토르크(Torque)의 불균일, 설치불량, 크리어런스의 과소,시일의 마찰에 의한 토르크의 과대, 음향, 진동, 회전부분의 간섭 유무 등이다.

14.3.2. 동력운전

시동운전에서 이상이 없는 것이 확인되면 동력운전을 한다. 동력운전은 무부하 저속으로 설계된 운전조건이 될 때까지 서서히 올려서 정격운전을 한다. 이 때의 검사항목은 이상음의 유무, 베어링 온도의 추이, 윤활제의 누설과 변색이다. 만일, 운전중에 이상이 발견되면 즉시 중지시키고 기계를 점검하며 필요시에 베어링을 해체하여 점검한다. 일반적으로 베어링 온도는 하우징의 오일구멍을 이용하여 직접 베어링 온도를 측정할 수도 있다.

베어링 온도는 운전을 개시한 후 서서히 상승하고 보통 1~2 시간이면 정상상태로 된다. 만약, 베어링의 설치에 잘못이 있으면 베어링 온도는 급격히 상승하여 이상고온이 되는 수도 있다. 이에 대한 원인으로는 윤활제의 과다, 베어링 크리어런스의 과소, 설치 불량, 밀봉장치의 마찰과대 등이 있다. 고속회전에서는 베어링형식 보다 윤활방식의 선정에 오류가 원인이 되기도 한다.

베어링의 회전음은 청음기 등으로 조사하며 높은 금속음, 이상음, 불규칙 음 등은 이상을 나타내는 징후이므로 윤활불량, 축과 하우징의 정도불량, 베어링의 손상, 이물질의 칩입 등에 원인이 있다. 상기 현상에 대한 추정원인과 대책은 표 14.4에 나타내고 있나.

표 14.4 이상발생의 원인과 대책

<table>
<tr><th colspan="2">이상 운전 상태</th><th>추정 원인</th><th>대 책</th></tr>
<tr><td rowspan="14">소 음
(Niose)</td><td rowspan="6">높은
금속음</td><td>이상하중</td><td>끼워맞춤, 크리어런스, 예압, 하우징의 턱 위치의 수정</td></tr>
<tr><td>부정확한 설치</td><td>축과 하우징의 정열의 수정,
설치방법의 정확</td></tr>
<tr><td>불충분, 부적당한 유활제</td><td>윤활제의 보충, 정확한 유활제의 선택</td></tr>
<tr><td>삐걱거리는 소음</td><td>저소음 베어링으로 교체, 적은
크리어런스 베어링으로 교체</td></tr>
<tr><td>볼의 미끄럼</td><td>예압의 조정, 적은 크리어런스의
베어링을 선택, 더 연한 그리이스를
채택</td></tr>
<tr><td>회전부품의 접촉</td><td>라비린스시일등의 수정</td></tr>
<tr><td rowspan="3">높은
규칙음</td><td>궤도면의 흠, 부식, 긁힘</td><td>베어링의 교체, 세척,시일의 개선,
깨끗한 윤활제의 사용</td></tr>
<tr><td>브리넬링</td><td>베어링의 교체, 취급주의</td></tr>
<tr><td>궤도면의 후레이킹</td><td>베어링의 교체</td></tr>
<tr><td rowspan="3">불규칙
음</td><td>과도한 크리어런스</td><td>끼워맞춤, 크리어런스, 예압의 수정</td></tr>
<tr><td>이물질의 침입</td><td>베어링의 교체, 세척,시일의 개선,
깨끗한 윤활제의 사용</td></tr>
<tr><td>볼 표면의 흠, 후레이킹</td><td>베어링의 교체</td></tr>
<tr><td colspan="2" rowspan="6">이상 온도상승
(Abnormal
Temperature
Rise)</td><td>윤활제의 과다</td><td>윤활제량의 감소</td></tr>
<tr><td>불충분, 부적당한 유활제</td><td>윤활제의 보충, 적당한 윤활제를 선정</td></tr>
<tr><td>이상하중</td><td>끼워맞움, 크리어런스, 예압 하우징의 턱 위치의 수정</td></tr>
<tr><td>부정확한 설치</td><td>축과 하우징의 정열을 수정, 설치 및 설치방법의 정확</td></tr>
<tr><td>끼워맞춤면의 크리이프</td><td>베어링의 교체, 끼워맡춤 및 설치의 정확</td></tr>
<tr><td>과도한시일의 마찰</td><td>시일의 개선</td></tr>
</table>

진동 (Vibration)	브리넬링	베어링의 교체, 취급주의
	후레이킹	베어링의 교체
	부정확한 설치	축과 하우징의 턱, 스페이서의 직각도를 수정
	이물질의 침입	베어링의 교체, 세척,시일의 개선
윤활제의 변색,누설 (Leakage or Discoloration of lubricant)	윤활제의 과다	유활제 량의 감소, 단단한 그리이스를 채택
	이물질의 침입	베어링, 윤활제의 교체 하우징, 주변부품의 세척
흔들림 (Runout)	축의 휨	축의 교정, 재균형, 교체
	부정확 설치	기계부품과 정렬절차의 수정
	내·외륜의 직각도 불량	축빛 하우징턱, 스페이서, 스링거의 수정
	보든 부품의 세척, 베어링의 교체(필요시)	깨끗한 윤활제의 사용,시일의 개선
	기계의 변형	기계부품의 보강
내륜 헐거움 (Inner Ring Wears Loose)	부정확한 축 끼워맞춤	추천된 축 끼워맞춤을 사용
	불량한 축	양호한 선삭가공, 연삭가공
외륜 헐거움 (Outer Ring Wears Losse)	부정확한 하우징의 끼워맞춤	추천된 하우징 끼워맞춤을 사용 외륜측면 체결
	불균형된 힘	동력학적 회전부품의 균형유지
	불량한 하우징	하우징 내경의 연삭가공
	연한 하우징 재료	강제 라이너를 사용 내경 경화처리

14.3.3. 재사용 판정

재사용의 가능성 판정은 표 14.2를 참고로 하여 베어링의 손상정도, 기계성능, 중요도, 운전조건, 차기 점검까지의 기간 등을 고려해야 한다.
- 다음과 같은 결함은 재사용할 수가 없으므로 베어링을 교환해야 한다.

· 내륜, 외륜, 전동체, 리테어너에 터짐, 깨짐이 있는 것
· 궤도면, 전동면에 후레이킹이 있는것
· 궤도면, 턱, 전동면에 갉아 먹음이 있는 것
· 리테이너의 마모가 심한 것
· 리벳의 흔들림이 심한 것
· 궤도면, 전동면에 심한 압흔이 있는 것
· 내륜의 내경, 외륜의 외경에 심한 크리이프가 있는 것
· 열에 의한 변색이 심한 것
· 밀봉형 베어링의시일, 쉬일드가 심하게 파손된 것

14.4. 보수

보수는 기계의 운전조건에 맞는 작업표준에 의해 정기적으로 운전상태의 감시, 윤활제의 공급및 교환,정기분해에 의한 검사 등을 행한다. 발전설비와 같은 중요한 기계에 대해서는 감시장치를 부착하여 온도와 진동을 연속으로 측정하고 이상이 있으면 경보를 하며 기계를 정지시키는 것으로 이미 실용화 되어 있다. 이상상태를 발견한 경우에 표 14.4를 참고하여 원인을 파악하고 필요에 따라 베어링을 해체하여 상세히 원인을 규명한다.

14.5. 해체

베어링의 해체는 정기점검과 베어링을 교환할 때에 행한다. 해체한 후에 그 베어링을 재사용할 때 또는, 베어링의 상태를 조사하는 경우에는 베어링과 관련 부품에 흠이 생기지 않도록 주의를 해야 한다.

해체작업을 할 때에는 도면에 의해 해체방법과 순서를 미리 검토하고 베어링의 끼워맞춤 조건 등을 조사하여 해체작업에 만전을 기해야 한다.

14.5.1. 외륜의 해체

억지끼워맞춤을 한 외륜을 해체하는 데에는 그림 14.20에 나타내고 있는 것과 같이 미리 하우징에 외륜 압출(壓出)용 나사를 원주상 수 개소에 설치하여 두고 볼트를 균일하게 조이면서 해체한다. 테이퍼로울러베어링 등 분리형 베어링에서는 그림 14.21과 같이 하우징의 턱에 수 개소의 절취부분(Notch)을 두어 지그를 이용하여 프레스로 해체한다.

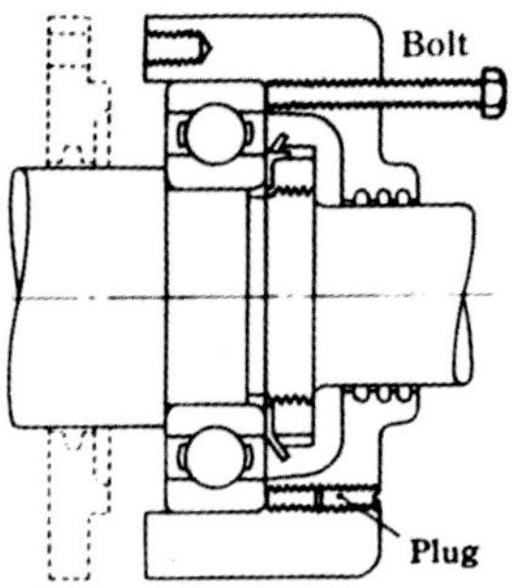

그림 14.20 볼트에 의한 해체

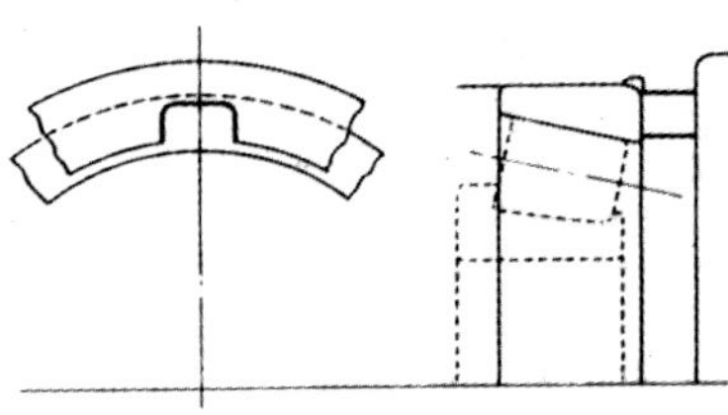

그림 14.21 해체 노치

14.5.2. 원통구멍베어링의 해체

내륜의 해체는 프레스로 인발(引拔)할 수가 있으면 가장 간단하다. 이 때 인발력(引拔力)을 내륜이 받도록 주의를 해야 한다. 그림 14.22는 프레스로, 그림 14.23은 인발지그로 베어링을 해체하는 것을 나타내고 있다. 인발지그를 사용하는 경우에 인발지그의 죠(Jaw)가 내륜의 측면에 충분히 걸리도록 축의 턱치수를 고려하거나 턱이 있는 곳에 인발지그를 사용할 수 있도록 절취부분(Notch)을 가공해야 한다.

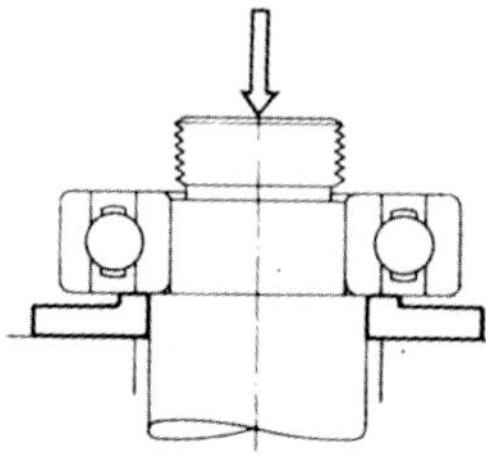

그림 14.22 프레스에 의한 해체

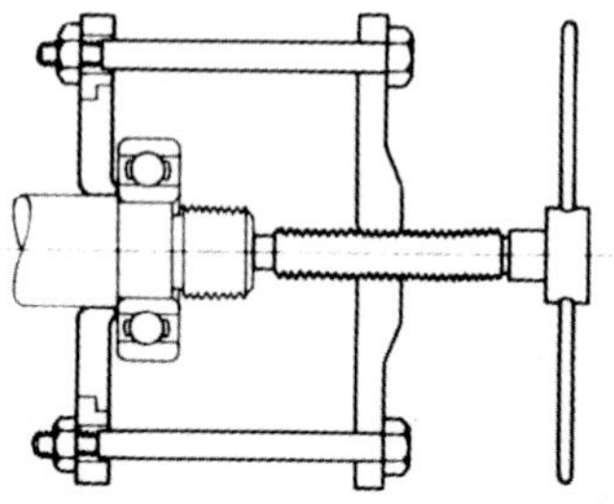

그림 14..23 지그에 의한 해체

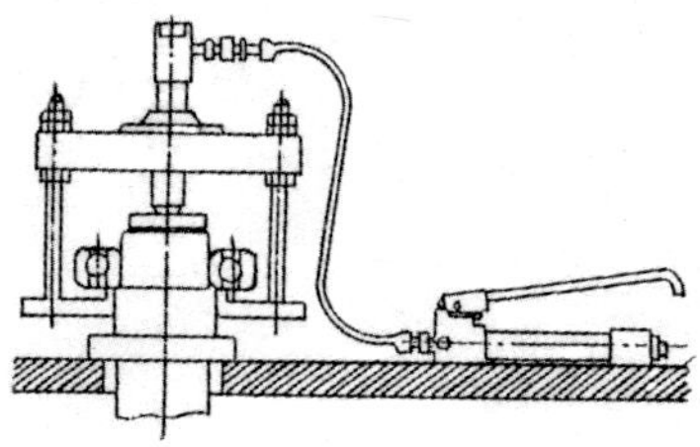

그림 14.24 유압지그

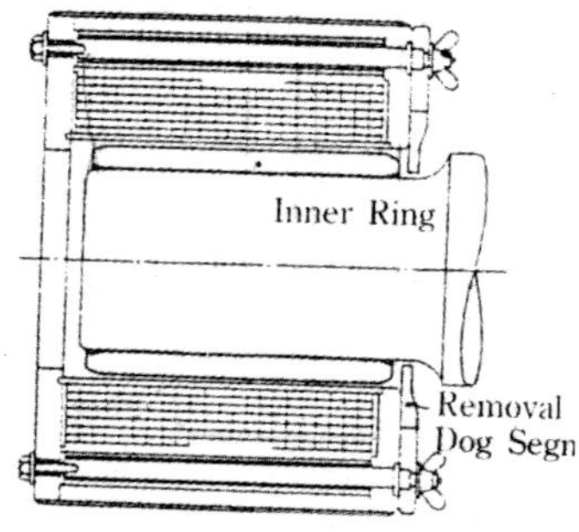

그림 14.25 유도가열장치

대형 베어링의 해체에 그림 14.24와 같이 축에 유압을 가해서 인발을 쉽게 하는 방법이다. 폭이 넓은 베어링은 인발지그를 병용하여 해체작업을 한다.

NU형과 NJ형 원통로울러베어링의 내륜 해체에는 유도가열법(誘導加熱法)을 이용하여 단시간 내에 국부적인 가열로 내륜을 팽창시켜 인발하는 방법이다. 그림 14.25는 내륜의 유도가열장치이다.

14.5.3. 테이퍼구멍베어링의 해체

소형의 어댑터붙이 베어링의 해체는 그림 14.26과 같이 축에 체결된 스톱퍼(Stopper)로 내륜을 지지하고 너트를 수 회 되돌린 후 백킹플레이트(Backing Plate)를 사용하여 스리이브(Sleeve)를 해머로 두들겨서 해체한다. 그림 14.27은 해체스리이브를 인발하는 작업으로 너트를

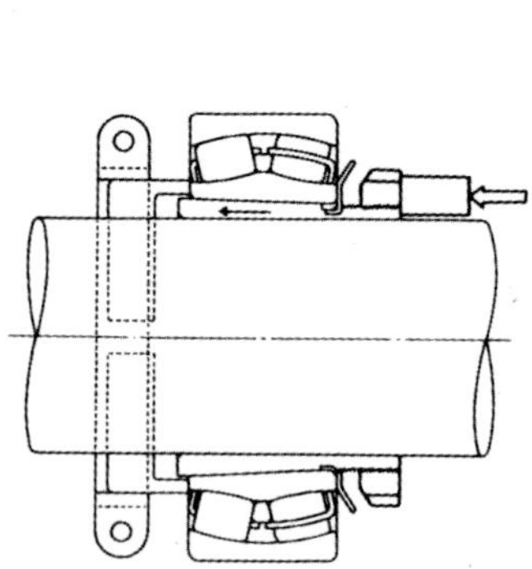

그림 14.26 스톱퍼와 인발 너트에 의한 해체

조여서 행한다. 작업이 곤란한 경우는 그림 14.28과 같이 너트의 원주상 수 개소에 볼트구멍을 설치하여 볼트를 돌려서 스리이브를 인발한다.

대형 베어링에서는 유압을 이용하면 해체가 쉽다. 그림 14.29는 테이퍼축에 설치된 오일구멍에 가압한 오일을 보내서 내륜을 팽창시켜 베어링을 해체하는 방법이다. 그림 14.30은 유압너트(Hydraulic Nut)를 이용한 스리이브의 인발법이다.

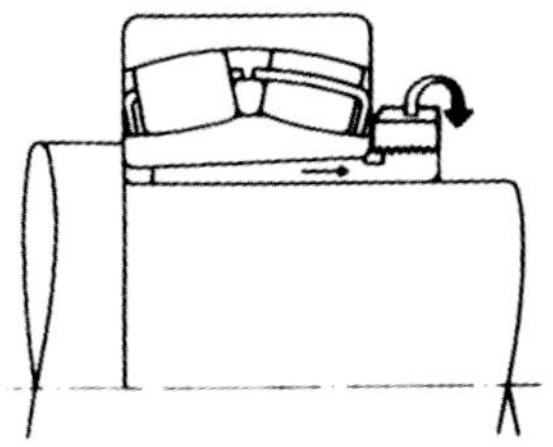

그림 14.27 인발너트에 의한 해체(Ⅰ)

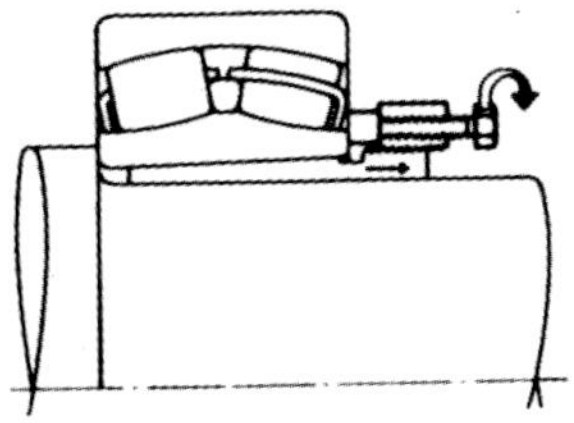

그림 14.28 인발너트에 의한 해체(Ⅱ)

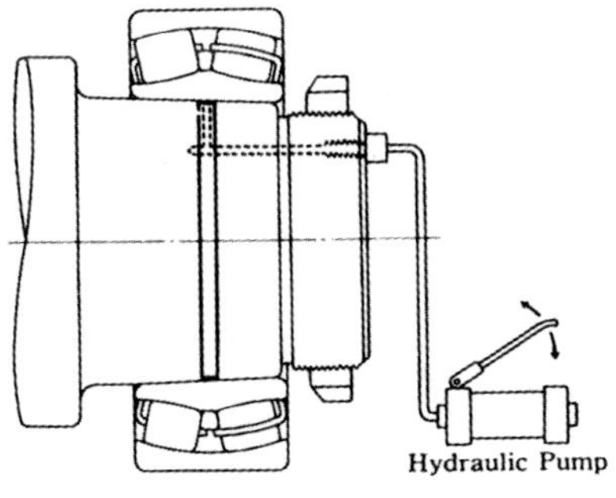

그림 14.29 유압펌프에 의한 해체

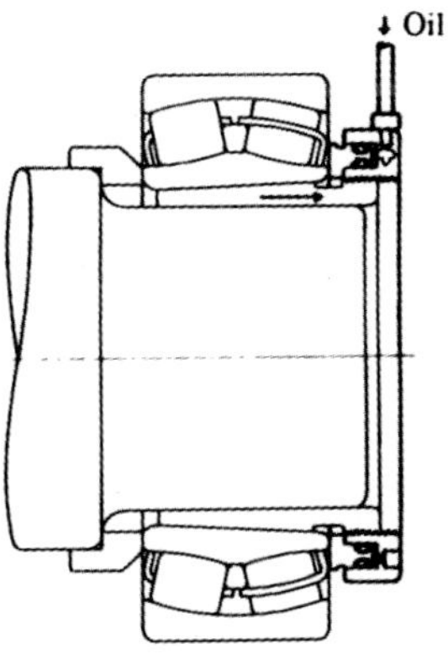

그림 14.30 유압너트에 의한 해체

14.5.4. 베어링의 압입력과 인발력

베어링을 축 또는 하우징에 간섭량(Interference)을 갖고 설치할 때 압입력은 두꺼운 원통의 끼워맞춤 이론에서 구할 수가 있다. 압입력(壓入力) 또는 인발력(引拔力)은 끼워맞춤면의 표면적과 면압(面壓)과 마찰계수에 의해 결정된다.

축및 하우징에 대한 압입력 (또는 인발력)과 면압은 표 14.5에 나타낸 계산식으로 구해진다.

표 14.5 끼워맞춤 계산식

	내륜과 축	외륜과 하우징
끼워맞춤면의 면압 P_m(kgf/mm^2)	중공축 일 때 $P_m=\frac{E}{2}\cdot\frac{\triangle d(1-k^2)\cdot(1-k_0^2)}{d(1-k^2k_0^2)}$ 중실축 일 때 $P_m=\frac{E}{2}\cdot\frac{\triangle d}{d}(1-k^2)$	$D_o\neq\infty$일 때 $p_m=\frac{E}{2}\cdot\frac{\triangle D}{D}\cdot\frac{(1-h^2)(1-h_o^2)}{1-h^2h_0^2}$ $D_o=\infty$일 때 $p_m=\frac{E}{2}\cdot\frac{\triangle D}{D}(1-h^2)$
내륜 궤도경 팽창량 $\triangle D_i$(mm) 외륜 궤도경 수축량 $\triangle D_e$(mm)	$\triangle D_i=2d\cdot\frac{p_m}{E}\cdot\frac{k}{1-k^2}$ $=\triangle dk\frac{1-k_o^2}{1-k^2k_0^2}$ (중공축) $=\triangle dk$ (중실축)	$\triangle D_\rho=2D_\rho\cdot\frac{p_m}{E}\cdot\frac{1}{1-h^2}$ $=\triangle Dh\frac{1-h_o^2}{1-h^2h_o^2}$($D_o\neq\infty$) $=\triangle Dh(D_0=\infty)$($D_o=\infty$)
최대응력 σ_{max}(kgf/mm^2)	내륜 내경 끼워맞춤의 원주응력 $\sigma_{max}=p_m\frac{1+k^2}{1-k^2}$	외륜 내경면의 원주응력 $\sigma_{max}=p_m\frac{2}{1-k^2}$
압입.인발력 K(kgf)	$K=\mu p_m\pi dB$	$K=\mu p_m\pi DB$

마찰계수 μ는 조건에 따라 표 14.6의 값을 선택하면 된다.

표 14.6 압입·인발시의 미끄럼 마찰계수 (평균)

적 용	μ
내(외)륜을 원통축(구멍)에 압입할 때	0.12
내(외)륜을 원통축(구멍)에서 인발할 때	0.18
내륜을 테이퍼축 또는 스리이브에 압입할 때	0.17
내륜을 테이퍼축에서 인발할 때	0.14
축, 베어링에 스리이브를 압입할 때	0.30
축, 베어링에서 스리이브를 인발할 때	0.33

여기서, d : 축경 (mm)

D : 하우징 내경 (mm)

B : 베어링 폭 (mm)

E : 종탄성계수 2.12×10^4 (kg/mm^2)

$\triangle d$: 내륜의 유효간섭량 (mm)

$\triangle D$: 외륜의 유효간섭량 (mm)

k : 내륜의 살 두께비 $k=\dfrac{d}{D_i}$

D_i : 내륜 궤도경 (mm)

k_o : 중공축의 살 두께비 $k_o=\dfrac{d_o}{d}$

d_o : 중공축의 내경 (mm)

중실축에서는 $d_o=0$, $k_o=0$

h : 외륜의 살 두께비

$$h= D_\rho/D$$

D_0 : 외륜 궤도경 (mm)

h_o : 하우징의 살 두께비

$$h_o=D/\ D_o$$

내륜의 살두께비 k의 값은 베어링의 형식과 계열에 따라 다르지만, 보통 $k=$ 0.7 ~ 0.9의 범위 내에 있다. 가장 일반적인 $k=0.8$로 하여 표 14.5 에서 중실축의 경우에 적용하면 인발력 (또는 압입력)은 다음 식으로 주어진다.

$$K = 12,000 \cdot \mu \cdot \triangle d \cdot B \text{ (kgf)} \qquad 14.1$$

식 14.1을 선도로 나타내면 그림 14.31이 된다.

외륜과 하우징의 사이에 대한 압압력과 인발력에 대해서도 똑같이 구하면 그림 14.32가 된다.

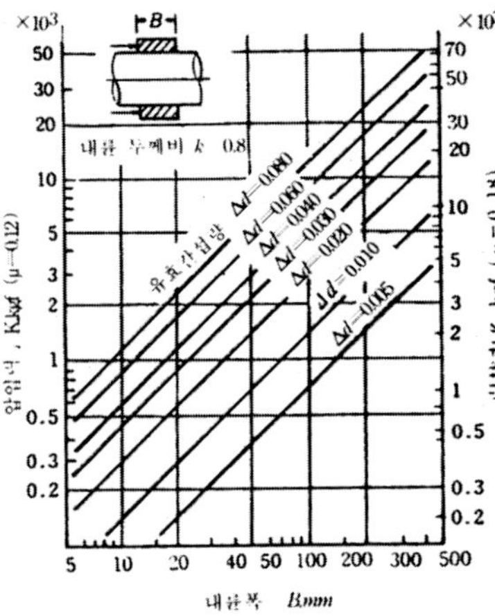

그림 14.31 내륜의 인발력

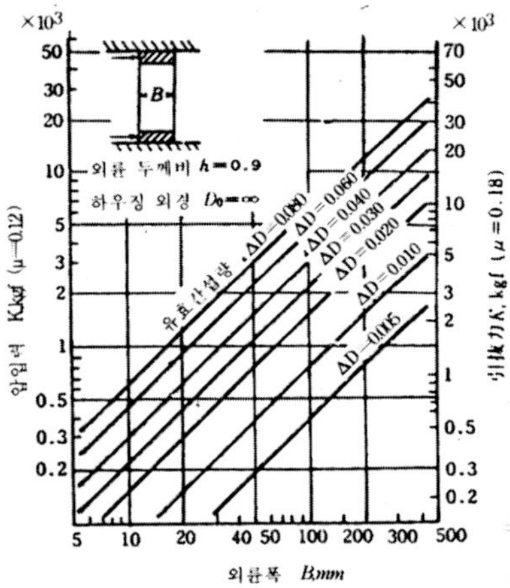

그림 14.32 외륜의 인발력

실제로 압입력과 인발력은 궤도륜과 축 (또는 하우징)이 기울어져 설치되거나 가해진 힘이 궤도륜의 원주상에 균일하게 가해지지 않으면 계산상의 값 보다 훨씬 크게 된다. 그림 14.31과 그림 14.32의 입압력 (또는 인발력)은 하나의 기준치로 하여 해체지그를 설계할 때에는 그림에서 얻은 값의 5 ~ 6 배의 힘에 견디는 강도가 필요하다.

15. 베어링의 손상과 대책

베어링의 조기손상은 설치, 취급, 윤활, 이물질, 축과 하우징의 열 영향에 기인하는 수가 많다. 따라서, 베어링의 손상을 조사하는데 손상된 베어링을 조사하더라도 손상의 원인을 알기는 어렵다. 그러나, 베어링이 사용된 기계, 사용조건, 주변의 구조, 사고발생 전후의 상황을 알고 베어링의 손상상태와 여러가지의 원인을 종합적으로 고찰하면 동종의 사고가 재발되는 것을 예방할 수가 있다.

15.1. 손상의 종류

베어링의 손상은 종류에 따라 생기는 부위(部位)가 한정되어 있다.

1) 피팅 (Pitting)

베어링의 궤도면 또는, 전동면이 구름피로에 의해 국부적으로 반점상(斑點狀)의 작은 구멍이 생기는 현상이다. 후레이킹(Flaking)의 초기에 생기는 수가 있다. 압흔과 부식 등의 움푹한 것과 혼동하기 쉽다. (사진 15.1)

2) 후레이킹(Flaking)

베어링의 궤도면 또는, 전동면이 구름피로에 의해 생선비늘처럼 떨어지는 현상이다. 표면에서 내부로 약간 들어간 위치에 반복 최대전단응력에 의한 재료의 피로균열이 진전되어 궤도면 또는, 전동면의 일부가 박리된다. 이것은 재료의 피로현상이므로 정상적인 운전조건에서도 불가피한 것이며 재료의 수명이면서 베어링의 수명이 된다.

후레이킹의 일종인 필링(Peeling)은 궤도면 또는 전동면의 표피가 얇게 벗겨진 것으로 윤활제에 이물질이 침투하여 생긴다. (사진 15.2)

3) 터짐 (Crack)

터짐은 실금, 균열, 벌어짐 등을 총칭한 것으로 설치및 해체시에 해머 등으로 타격했을 시, 베어링이 큰 충격하중을 받았을 시, 간섭량의 과대 등으로 생긴다. 궤도륜이 접촉하는 부품과의 상대적으로 미끄러지면 마찰열에 의한 마찰터짐(Friction Crack 또는 Thermal Crack)이 생기는 수도 있고 궤도륜의 측면과 끼워맞춤에 일어나기 쉽다. 베어링 자체의 결함으로서 베어링의 제조 - 열처리, 연삭가공 등이 부적당하여 생기는 수도 있다. (사진 15.3)

4) 깨짐 (Fracture)

깨짐은 궤도륜의 턱 일부 또는 로울러 단면의 모서리에 생긴 결손(缺損)을 말한다. 설치 및 해체시에 타격을 가할 시에 비정상적인 큰 스러스트하중과 충격하중이 턱에 가해졌을 시에 생긴다. (사진 15.4, 사진 15.5)

5) 압흔, 타흔(Brinelling)

베어링의 정지 또는, 저속 회전시에 큰 하중이 가해지고 궤도면과 전동면의 접촉에 의한 소성변형으로 움푹 들어간 것을 압흔(Brinelling)이라고 하고 고형이물(固形異物)이 끼어서 궤도면에 작게 움푹 들어간 것도 압흔(壓痕)이라고 한다. 베어링에 이상하중이 가해졌을 시, 설치및 해체시 한편의 궤도륜에 힘을 가해서 다른 편의 궤도륜을 설치및 해체시 등에 궤도면에 전동체의 피치와 등간격의 위치에 압흔이 생긴다. 압흔은 베어링의 마찰,음향,진동 등에 악영향을 준다. 베어링을 햄머로 두들길 시에 타격을 직접 받아 생긴 움푹 들어 간 것을 타흔(打痕)이라고 한다. 압흔과 타흔이 생길 시에는 그의 주변이 튀어 올라오는 수가 많다. (사진 15.6, 사진 17.7)

6) 배껍질 면

배껍질 면은 많은 미소한 이물질이 궤도면에 끼어서 생긴 작은 압흔이 전면에 생긴 현상이며 궤도면이 흐리고 거칠다. (사진 15.8)

7) 찰과흠 뜯김

찰과흠은 미끄럼접촉에 의하여 미끄럼방향으로 생긴 표면의 비교적 얕은 홈이고 뜯김은 열 영향을 상당히 받아서 표면이 국부적으로 용착된 것을 말한다. 일반적으로 찰과흠은 그 주변에 솟아 올라 있고 그 정도가 심한 것을 뜯김이라고 한다. 끼워맞춤면의 찰과흠과 뜯김은 베어링의 설치및 해체시에 이물질이 들어가고 윤활제가 없는 상태에서 축방향으로 이동시킬 때에 생긴다. 간섭량이 부족하여 회전중에 크리이프(Creep)가 생길 때에도 찰과흠과 뜯김이 생긴다. 로울러베어링의 로울러 단면(斷面) 또는 턱면이 사이클로이드(Cycloid)형의 찰과흠이 생기는 것도 있고 전동면의 회전방향으로 찰과흠과 뜯김이 생기는 수도 있다. (사진 15.9)

8) 변색

변색은 오일이 타서 생긴 것 또는 회전중에 발열하여 궤도면및 끼워맞춤의 표면이 착색(着色)된 것을 말한다. 오일이 탄 것은 윤활제의 변질에 의해서 착색 물질이 표면에 부착된 것으로 신나 등 용제에 의해 용해된다. 연한 갈색의 변색은 산화 마모분이 약간 부착된 것이고 진한 갈색과 자색의 변색은 열 영향에 의한 것이다. (사진 15.10)

9) 스미어링(Smearing)

전동면에 생긴 부분적인 미소한 타붙음의 모임으로 생긴 표면손상이다. 스미어링의 원인은 베어링의 사용방법과 윤활이 부적당하기 때문에 회전중에 전동체가 궤도면과의 사이에 미끄럼이 생길 때에 국부적으로 윤활유막(油膜)이 파단되기 때문에 생기는 것이다. 볼베어링에서는 볼이 미끄럼과 스핀(Spin), 로울러베어링에서는 로울러가 부하권(負荷圈)에 들어갈 때와 나올 때에 일어나기 쉽다. 마찰로 인한 높은 온도에 의하여 표면이 녹을 정도로 거친 것도 있다. (사진 15.11)

10) 녹 · 부식

베어링에서 녹 문제는 불결(不潔)의 문제와 함께 귀찮은 것이다. 녹은 금속표면에 물과 산소가 있기 때문이며 표면에 약간의 물이 부착되어 있으면 표면의 전위(電位)가 불균일하므로 국부적으로 양극과 음극이 생기고 양극에서는 철이용해되어 나온 철이온(Ion)으로 되어 부식을 일으킨다. 이 때 산소가 있.으면 수산이온(OH-)과 철이온(Fe+)이 반응하여 녹이 발생한다. 밀폐형 모터(Motor)에서 스테이터(Stator)의 코일을 절연시키기 위한 용제형 바니쉬(Vanish)가 완전히 건조되지 않을 시 베어링에 녹이 발생한다. 이 경우에 사용된 그리이스의 기유(Base Oil)가 디에스텔유(Diester Oil)인 것은 녹이 매우 심하게 발생한다.

방청유는 금속표면의 물을 분산및 치환(置換)하여 유막을 금속표면에 피복하고 공기중의 수증기와 산소는 방청유의 작용으로 금속표면에 흡착할 수가 없기 때문에 녹을 방지할 수가 있다. (사진 15.12)

11) 마모(Wear)

마모는 접촉하는 두 면이 마찰에 의하여 표면부분이 점차로 감소하는 현상으로 금속표면에서 마모분(磨耗粉)으로 탈락하여 감량이 된다. 후렛팅(Fretting), 긁힘, 스미어링(Smearing)도 일종의 마모현상이지만 여기서는 제외한다.

베어링에는 궤도륜과 전동체와의 구름접촉부분, 로울러의 단면과 안내턱, 리테이너의 포켓과 전동체, 궤도륜안내의 리테이너와 궤도륜의 안내면 사이에 미끄럼이 있어 마찰의 원인이 되어 미끄럼면에 마모가 생긴다.

마모는 주로 베어링 내부에 침입한 오물과 이물질, 부적당한 윤활, 수분의 응축에 의한 녹과 부식에 의해 생긴다. 마모가 생기면 궤도면이 거칠어지고, 크리어런스가 증대되어 소음이 커지고, 회전정도가 저하되며, 베어링 내의 분포하중을 나쁘게 하여 수명이 단축된다.

끼워맞춤면에 크리이프(Creep)가 생기면 찰과흠과 긁힘이 생기고 궤도륜, 축 또는 하우징에 마모가 생긴다. (사진 15.13)

12) 후렛팅(Fretting)

후레팅은 후렛팅 코로젼(Fretting Corrosion)의 준말이며 접촉하는 두 면간에 상대적인 반복 미소미끄럼이 생겨서 마모되는 현상이다. 베어링의 궤도면에 전동체에 의한 마모상태가 브리넬 압흔과 유사하므로 홀스브리넬링(False Brinell ing)이라고도 한다. 홀스브리넬링의 발생은 세 가지조건 - 베어링이 하중하에 설치되어 있을 것, 정지되어 있을 것, 심한 외부 진동을 받을 것 -을 모두 갖추어야 한다. 그리이스 윤활의 베어링은 수송중에 진동을 받을 때 생기며 원통로울러베어링에 많고 볼베어링에도 생기는 수가 있다. (사진 15.14, 사진 15.15)

13) 크리이프(Creep)

끼워맞춤면에 생기는 크리이프에 대해서는 13.1.5에 기술되어 있으므로 참조하기 바란다. (사진 15.16)

14) 전식 (Passage of Electric Current)

회전중인 베어링의 내부에 전류가 통전하는 경우에 구름 접촉부분에 얇은 유막을 통하여 스파아크(Spark)가 생겨 표면이 국부적으로 용해되어 작은 구멍이 생기고 피트(Pit)처럼 된다. 이것을 현미경으로 보면 분화구(噴火口)와 같이 움푹 들어간 곳이 보이고 스파아크로 용해된 것을 알 수 있다. 전식이 진행되어 세탁판(Flute)상으로 된다. (사진 15.17, 사진 15.18)

15) 타붙음

긁힘, 스미어링(Smearing) 등도 부분적인 타붙음의 일종이지만 여기서 말하는 타붙음(Seizure)은 베어링 내부의 미끄럼부분에서 마찰이 급증하여 현저한 발열 때문에 용착하여 표면이 거칠어져서 회전상태가 나쁘게 되고 심할 때는 회전이 불가능하게 된다. 열 영향 때문에 표면은 변질되고 경도는 저하한다. (사진 15.19)

16) 다른 베어링 부품의 손상

리테이너(Retainer)는 터짐, 깨짐, 흠, 녹, 부식, 마모 등의 손상이 생긴다. 리테이너는 궤도륜과 전동체에 비하여 연하기 때문에 흠과 변형이 생기기 쉽다.

시일(Seal), 쉬일드(Shield)는 두께가 얇고 연하기 때문에 변형되기 쉽고 변형이 되면 밀봉기능이 저하된다. (사진 15.20, 사진 15.21, 사진 15.22, 사진 15.23, 사진 15.24)

사진 15.1 피팅

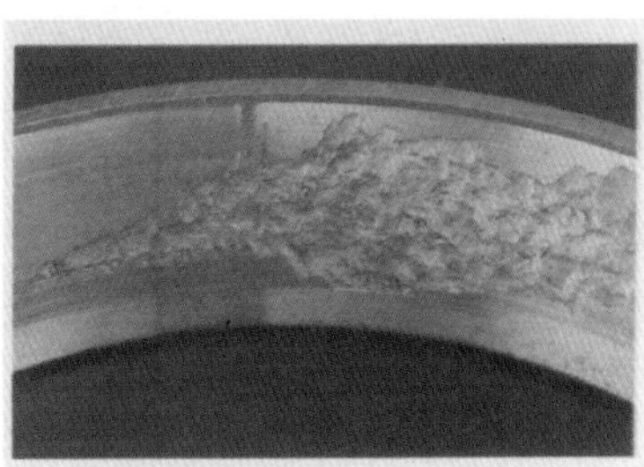

사진 15.2 후레이킹

사진 15.3 터짐

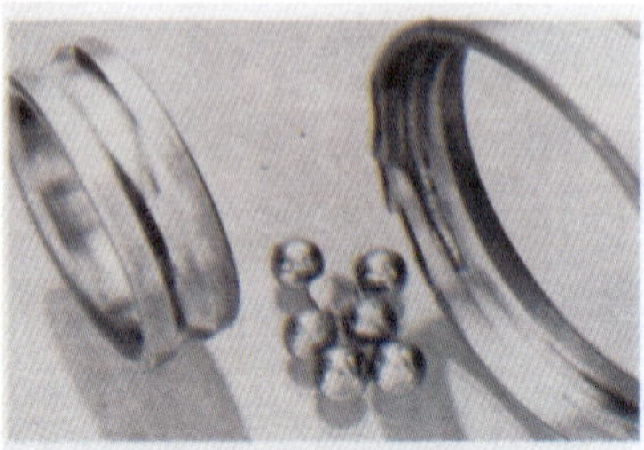

사진 15.4 깨짐

사진 15.5 깨짐

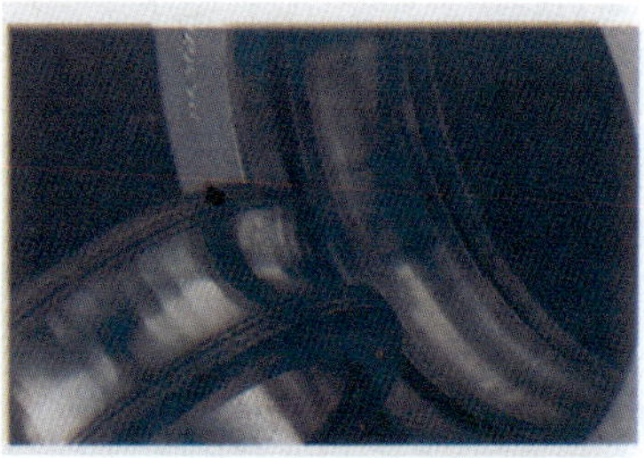

사진 15.6 압흔

사진 15.7 압흔

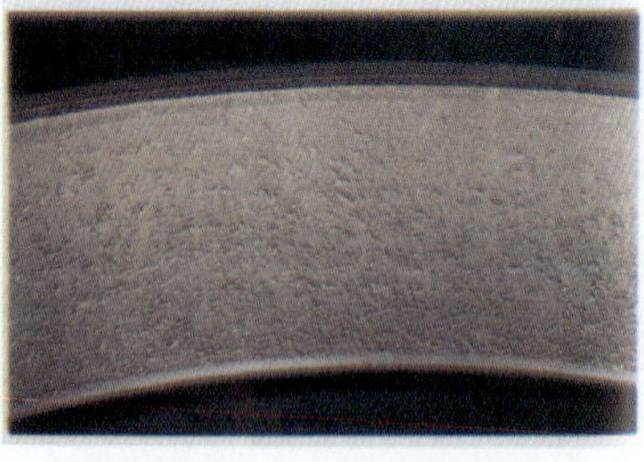

사진 15. 8 배껍질 면

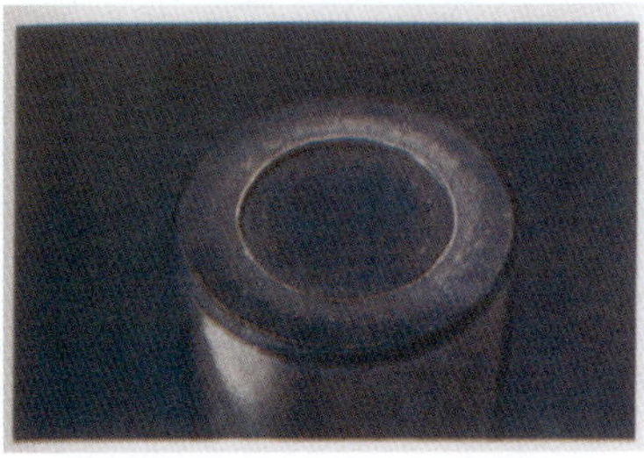

사진 15.9 사이클로이드형 찰과흠

사진 15.10 변색

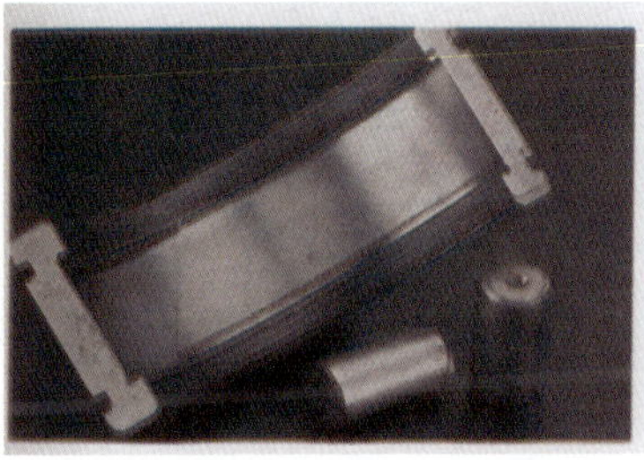

사진 15.11 스미어링

사진 15.12 부식

사진 15.13 마모

사진 15.14 홀스브리넬링

사진 15.15 홀스브리넬링

사진 15.16 크리이프

사진 15.17 전식

사진 15.18 전식

사진 15.19 타붙음

사진 15.20 리테이너의 터짐

사진 15.21 리테이너의 녹 및 변색

사진 15.22 리테이너의 터짐

사진 15.23 강구의 파열

사진 15.24 강구의 전식

15.2. 손상의 원인과 대책

여기서 말하는 베어링의 손상(Failure)은 베어링의 외관상 결함이다. 베어링의 결함및 열화에 의해 생기는 온도, 음향, 진동의 증대 등 고장에 관하여 원인과 대칙을 표 15.1에 나타내고 있다.

표 15.1 베어링의 손상과 대책

손 상 형 태		원 인	대 책
후레이킹 (Flaking)	레이디얼 베어링의 궤도 한쪽 후레이킹 복열 베어링의 궤도 한쪽 후레이킹	이상 액시얼 하중	자유단 베어링 외륜의 설치할 때 축의 축방향 팽창을 허용하도록 헐거운 끼워맞춤을 선택
	궤도의 원주방향 대칭 위치에 후레 이킹	하우징 내경의 진원도 불량	결함이 있는 하우징을 수정
	레이디얼 볼 베어링에서 궤도에 경 사된 후레이킹	부적당한 설치, 축의 처짐,편심	설치시주의 크리어런스가 큰 베어링을 선택, 중심 정열의 조정
	로울러 베어링에서 궤도, 전동체의 끝부분 부근 후레이킹	축, 하우징의 정밀도 불량	축, 하우징 턱의 직각도 수정
	궤도에 전동체 피치간격의 후레이킹	설치시의 큰 충격하중, 운전중지시 녹 발생, 원통 로울러 베어링 조립 흠	설치시 주의 운전중지 기간이 길 때에는 방청처리
	궤도면, 전동체에 조기 후레이킹	과소한 컬리어런스, 과대한 하중, 부 적당한 윤활제, 녹	적정한 끼워맞춤, 크리어런스의 조정, 윤활제의 적당한 선택
	조합 베어링에 조기 후레이킹	과도한 예압	예압의 조정
긁힘 (Scoring Smearing)	궤도면 긁힘	초기 윤활불량, 과도한 경질 그리이스 사용, 시동시 좊은 가속도	연질 그리이스 사용, 급격한 가 속피함
	스러스트 볼 베어링의 궤도가 나선 형 긁힘	궤도륜이 평행하지 않음 과도한 속도	설치의 수정, 예압을 적용, 다른 베어링 형식의 선택
	로울러 단면과 턱면과의 긁힘	부적당한 윤활, 부정확한 설치 큰 액시얼하중	적당한 유활제의 선택 설치의 수정
파손 (Cracks)	내륜, 외륜의 파손	과도한 충격하중,과도한 간섭량 축의 원통도 부정확, 스리이브의 테이퍼의 불량 큰 모페기 치수 열 크랙의 발전 후레이킹의 진전	하중조건의 조정, 끼워맞춤의 수정축과 스리이브의 가공정도 수정 모페기 치수는 베어링의 것 보다 작게 조정
	전동체의 파손 턱의 결손	후레이킹의 진전 설치시에 턱에 타격 취급 중 낙하	취급, 설치에 주의

	리테이너 파손	부적확한 설치에 의한 리테이너에 부적당한 윤활 이상하중	설치오차의 감소 윤활과 윤활제의 적당한 선택
눌린자국 (Indentation)	궤도면에 전동체 피치간격의 자국	설치시에 충격하중, 정지시에 과도한 하중	취급에 주의
	궤도면, 전동면의 자국	금속 미립자 모래등의 이물질 침입	하우징의 세척 시일의 개선 깨끗한 윤활제의 사용
이상마모 (Abnormal Wear)	흘스브리넬링 (False Brinelling)	운반중의 베어링 정지중의 진동작은 진폭의 요동운동	축과 하우징을 고정 윤활제로 오일을 사용 예압을 가하여 진동 감소
	후렛팅(Freetting)	끼워맞춤면의 미소한 틈새에 의한 미끄럼 마모	간섭량의 증가 오일을 도포
	궤도면, 전동면, 턱면, 리테이너의 마모	이물질의 침입, 운활불량, 녹	시일의 개선 하우징의 세척 깨끗한 윤활제의 사용
	크리이프(Creep)	불충분한 간섭량	끼워맞춤의 수정 스리이브의 체결을 수정
용착 (Seizure)	궤도면, 전동체, 턱면의 변색, 용착	불충분한 크리어런스 부적당한 윤활 부적당한 설치	끼워맞춤과 크리어런스의 조정 적절한 윤활제를 적량 공급 설치법과 설치관계의 부품의 조정
전식 (Electric Burns)	궤도면에 빨래판상의 요철	통전에 의한 스파크로 용융	전류흐름을 방지하는 접지선 설치 베어링의 절연
녹·부식 (Rust, Corrosion)	베어링 내부, 끼워맞춤면의 녹, 부식	공기중 수분의 응축, 후렛팅 부식성 물질의 침입	고온 다습한 곳에서는 보관에 주의 장기간 보관시의 방청

16. 베어링의 특성

16.1. 정력학(靜力學)

베어링의 전동체와 궤도륜 사이에는 볼베어링에서는 점접촉(Point Contact)을, 로울러베어링에서는 선접촉(Line Contact)을 하며 하중에 따라 변형이 생긴다.

점접촉과 선접촉은 접촉하중의 증가에 따라 접촉면적이 증가하고 접촉하고 있는 양 물체간의 접근량은 하중의 증가 만큼은 증가하지 않는다. 즉, 베어링의 강성은 비선형(非線形)의 특성이다.

- 축계(軸係)중에 사용되고 있는 베어링의 강성을 높이기 위해 다음과 같이 조치를 한다.

· 접촉부의 변형을 작게 한다.
 볼경, 궤도홈 반경, 로울러 직경및 길이, 전동체수에 관계가 있고 일반적으로 작은 전동체를 많이 사용하는 편이 좋다.

· 접촉부의 변형량이 베어링의 변형량으로 변환시 후자가 적게 되는 편을 취한다.

16.1.1. 탄성접촉

Hertz는 1881년 1월 Berlin에서 "탄성체의 접촉에 관해서"라는 제목으로 탄성체의 접촉면의 응력및 탄성적인 변형에 대한 논문을 발표했다.

- Hertz의 이론은 다음의 가정을 미리 정해 놓고 있다.

· 2 개의 접촉하는 탄성체는 등방성(等方性)을 갖는다.

· 접촉면은 2 개의 탄성체의 전표면에 비하여 매우 적다.
· 접촉면에 작용하는 힘은 접촉부분의 절단평면에 대하여 법선방향으로 향하고 있다.
· 비례한계 이내의 접촉응력이다.

구름베어링이 하중을 받으면 전동체와 궤도륜의 사이에 먼저 탄성적인 접촉변형(接觸變形)이 생기고 더욱 하중이 증가되면 소성변형(塑性變形)-압흔(壓痕)-으로 까지 발전한다. 구름베어링은 하중조건으로는 보통 탄성접촉(彈性接觸)의 범위 내에서 사용된다.

볼베어링의 볼과 궤도륜의 관계에서 접근량에 대한 Hertz가 해석한 계산에는 접촉부분에 가한 수직하중 Q 이외에 접촉하는 두 물체의 탄성계수와 접촉부분 형상(주곡률)이 필요하다.

그림 16.1에서 접촉하는 두 물체를 1, 2 라 하고, 종탄성계수를 E, 포아송수를 m, 두 물체의 접점에 대한 물체 1의 주곡률(주곡률반경의 역수)를 ρ_{I1}, ρ_{I2}로, 물체 2 의 것을 ρ_{II1}, ρ_{II2}로 한다. 양 물체의 주곡률의 방향은 일치하고 ρ_{I1}, ρ_{II1} 및 ρ_{I2}와 ρ_{II2}가 각각 같은 방향에 있다. ρ의 부호는 볼록면으로 곡률의 중심이 물체측에 있는 경우를 정(Positive), 오목면으로 곡률의 중심이 공간측에 있는 경우를 부(Negative)로 한다.

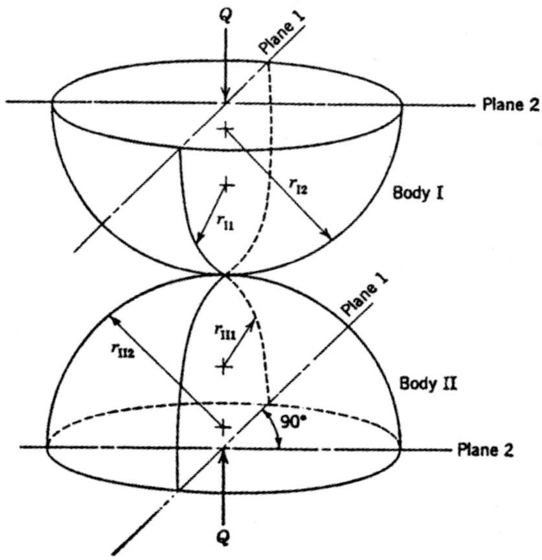

그림 16.1 Geometry of Contacting Bodies.

1) 볼베어링의 곡률함과 보조변수의 계산

레이디얼 볼베어링과 스러스트 볼베어링에서 접촉에 관한 양의 계산은 접촉점 곡률의 합을 $\sum\rho$와 보조변수 $F(\rho)$를 계산한다 또한, $F(\rho)$를 Hertz 는 $\cos\tau$로 표현하고 있으나 여기서는 Palmgren의 기호로서 $F(\rho)$를 사용한다.

곡률(Curvature)은

$$\rho=\frac{1}{r} \tag{16.1}$$

곡률의 합(Curvature Sum)은

$$\begin{aligned}\Sigma\rho&=\frac{1}{r_{I1}}+\frac{1}{r_{I2}}+\frac{1}{r_{II1}}+\frac{1}{r_{II2}}\\&=\rho_{I1}+\rho_{I2}+\rho_{II1}+\rho_{II2}\end{aligned} \tag{16.2}$$

곡률변수(Curvature Difference)

Hertz의 표현

$$\cos\tau=\frac{|\rho_{I1}-\rho_{I2}+\rho_{II1}-\rho_{II2}|}{\Sigma\rho} \tag{16.3}$$

Palmgren의 표현

$$F(\rho)=\frac{(\rho_{I1}-\rho_{I2})+(\rho_{II1}-\rho_{II2})}{\Sigma\rho} \tag{16.4}$$

a) Ball-Inner Ring Raceway Contact의 경우

$$r_{I1}=\frac{1}{2}D_a$$

$$r_{I2}=\frac{1}{2}D_a$$

$$r_{II1}=\frac{1}{2}d_i=\frac{1}{2}\left(\frac{d_p}{\cos\alpha}-D_a\right)$$

$$r_{II2}=f_iD_a$$

$$\gamma=\frac{D_a\cos\alpha}{d_p}\ \text{로 놓으면} \tag{16.5}$$

$$\rho_{I1}=\rho_{I2}-\frac{2}{D_a}$$

$$\rho_{II1}=\frac{2}{D_a}\left(\frac{\gamma}{1-\gamma}\right)$$

$$\rho_{II2}=-\frac{1}{f_i D_a}$$

$$\sum\rho_i=\frac{4}{D_a}-\frac{1}{f_i D_a}+\frac{2}{D_a}\left(\frac{\gamma}{1-\gamma}\right) \qquad 16.6$$

$$F(\rho)=\frac{\frac{2}{D_a}\left(\frac{\gamma}{1-\gamma}\right)-\left(-\frac{1}{f_i D_a}\right)}{\sum\rho}$$

$$=\frac{\frac{1}{f_i}+\frac{2\gamma}{1-\gamma}}{4-\frac{1}{f_i}+\frac{2\gamma}{1-\gamma}} \qquad 16.7$$

b) Ball-Outer Ring Raceway Contact의 경우

$$\rho_{I1}=\rho_{I2}=\frac{2}{D_a} \quad \text{(위에서와 같이)}$$

$$\gamma_{II1}=\frac{1}{2}\left(\frac{d_p}{\cos\alpha}+D_a\right)$$

$$\gamma_{II2}=f_o D_a$$

그러므로

$$\rho_{II1}=-\frac{2}{D_a}\left(\frac{\gamma}{1+\gamma}\right)$$

$$\rho_{II2}=-\frac{1}{f_o D_a}$$

$$\sum\rho_o=\frac{1}{D_a}\left(4-\frac{1}{f_o}-\frac{2\gamma}{1+\gamma}\right) \qquad 16.8$$

$$F(\rho)_o=\frac{\frac{1}{f_0}-\frac{2\gamma}{1+\gamma}}{4-\frac{1}{f_o}+\frac{2\gamma}{1+\gamma}} \qquad 16.9$$

$F(\rho)$의 값은 항상 0 ~ 1 이다.

여기서, D_a : 볼경

α : 접촉각

d_p : 볼의 피치경

$f_i f_o$: 궤도홈의 곡률반경과 볼경과의 비율

(계산 예)

레이디얼 베어링에서 $f_i = f_o = 0.52$, $D_a = 0.5''$, $d_p = 2.559''$ $(=65mm)$일 때 $\sum\rho$와 $F(\rho)$는 얼마인가?

$$\gamma = \frac{D_a \cos\alpha}{d_p} = \frac{0.5\cos 0^\circ}{2.559} = 0.1954$$

$$\sum\rho_i = \frac{1}{D_a}(4 - \frac{1}{f_i} + \frac{2\gamma}{1-\gamma})$$

$$= \frac{1}{0.5}(4 - \frac{1}{0.52} + \frac{2\times 0.1954}{1-0.1954})$$

$$= 5.126\ in^{-1}$$

$$F(\rho)_i = \frac{\frac{1}{f_i} + \frac{2\gamma}{1-\gamma}}{4 - \frac{1}{f_i} + \frac{2\gamma}{1-\gamma}}$$

$$= \frac{\frac{1}{0.52} + \frac{2\times 0.1954}{1-0.1954}}{4 - \frac{1}{0.52} + \frac{2\times 0.1954}{1-0.1954}}$$

$$= 0.9399$$

$$\sum\rho_o = \frac{1}{D_a}(4 - \frac{1}{f_o} - \frac{|2\gamma|}{1+\gamma})$$

$$= \frac{1}{0.5}(4 - \frac{1}{0.52} - \frac{2\times 0.1954}{1+0.1954})$$

$$= 3.500\ in^{-1}$$

$$F(\rho)_o = \frac{\frac{1}{f_o} - \frac{2\gamma}{1+\gamma}}{4 - \frac{1}{f_o} - \frac{2\gamma}{1+\gamma}}$$

$$= \frac{\frac{1}{0.52} - \frac{2\times0.1954}{1+0.1954}}{4 - \frac{1}{0.52} - \frac{2\times0.1954}{1+0.1954}}$$

$$= 0.9120$$

$f_i = f_o$일 때, $F(\rho)_i > F(\rho)_o$이다.

이 조건에서 내륜측이 외륜측에 대하여 보다 큰 타원률을 갖는 타원접촉면적 (Elliptical Contact Areas)이 존재한다.

(계산 예)

앵귤러볼베어링에서 궤도홈의 곡률비 $f_i = f_o = 0.5233$, $\alpha = 40°$, 궤도직경 $d_i = 4.407, d_o = 5.816, D = 0.875$일 때 $\sum\rho$와 $F(\rho)$는 얼마인가 ?

$$\gamma = \frac{D_a \cos\alpha}{d_p}$$

$$= 0.875 \frac{\cos 40°}{\frac{1}{2}(4.047 + 5.816)}$$

$$= 0.1359$$

$$\sum\rho_i = \frac{1}{D_a}\left(4 - \frac{1}{f_i} + \frac{2\gamma}{1-\gamma}\right)$$

$$= \frac{1}{0.875}\left(4 - \frac{1}{0.5232} + \frac{2\times0.1359}{1-0.1359}\right)$$

$$= 2.747\, in^{-1} (= 0.1081\text{mm}^{-1})$$

$$F(\rho)_i = \frac{\frac{1}{f_i} + \frac{2\gamma}{1-\gamma}}{4 - \frac{1}{f_i} + \frac{2\gamma}{1-\gamma}}$$

$$= \frac{\frac{1}{0.5232} + \frac{2\times0.1359}{1-0.1359}}{4 - \frac{1}{0.5232} + \frac{2\times0.1359}{1-0.1359}}$$

$=0.9262$

$$\sum\rho_o=\frac{1}{D_o}(4-\frac{1}{f_o}+\frac{2\gamma}{1-\gamma})$$

$$=\frac{1}{0.975}(4-\frac{1}{0.5232}+\frac{2\times0.1359}{1-0.1359})$$

$=2.114in^{-1}(=0.0832mm^{-1})$

$$F(\rho)_o=\frac{\frac{1}{f_0}-\frac{2\gamma}{1+\gamma}}{4-\frac{1}{f_o}-\frac{2\gamma}{1+\gamma}}$$

$$=\frac{\frac{1}{0.5232}-\frac{2\times0.1359}{1+0.1359}}{4-\frac{1}{0.5232}-\frac{2\times0.1359}{1+0.1359}}$$

$=0.9038$

계산예에서 $F(\rho)_i$와 $F(\rho)_o$를 비교해 보면, 볼베어링은 그의 크기가 0.9 부근으로 예측된다.

f_i, f_o의 큰 값은 $F(\rho)$에서는 반대로 더 작은 값이 된다.

한편, 곡률의 합 $\sum\rho$와 곡률변수 $F(\rho)$를 다른 방법으로 계산은 다음 식으로 주어진다.

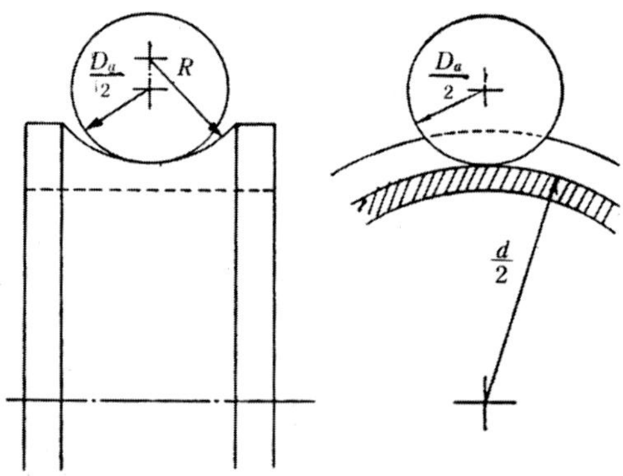

그림 16.2 접촉부분의 곡률반경

그림 16.2에서 $\sum\rho=\rho_{I1}+\rho_{I2}+\rho_{II1}+\rho_{II2}$

$$=-\frac{1}{R}\pm\frac{2}{d}+\frac{4}{D_a} \qquad 16.10$$

$$F(\rho)=\frac{|\rho_{I1}-\rho_{I2}|+|\rho_{II1}-\rho_{II2}|}{\Sigma\rho}$$

$$=\frac{\left|-\frac{1}{R}\pm\frac{2}{d}\right|}{\Sigma\rho} \qquad 16.11$$

여기서, R : 궤도의 곡률반경

d : 궤도경

D_a : 볼경

내륜은 위의 부호, 외륜은 아래의 부호를 사용한다.

(계산 예)

볼의 직경 $D_a=9.525$㎜, 궤도홈의 반경 4.905㎜, 궤도직경 $d=36$㎜라고 하면 $\sum\rho_i$와 $F(\rho_i)$는 얼마인가?

$$\sum\rho_i=-\frac{1}{R}+\frac{2}{d_4}+\frac{4}{D_o}$$

$$=-\frac{1}{4.905}+\frac{2}{36}+\frac{4}{9.525}$$

$$=0.2716$$

$$F(\rho_i)=\frac{\left|-\frac{1}{R}-\frac{2}{d}\right|}{\Sigma\rho}$$

$$=\frac{\left|-\frac{1}{4.905}-\frac{2}{36}\right|}{0.2716}$$

$$=0.955$$

2) 볼베어링의 접촉압력

볼베어링에 대한 최대접촉압력(最大接觸壓力) $p_{\max}$와 평균접촉압력(平均接觸壓力) p_{mean}은 $\sum\rho$와 $F(\rho)$를 사용하여 계산한다.

그림 16.3, 그림 16.4에서 다음 식으로 주어진다.

$$p_{\max}=\frac{1.5}{\pi e_a e_b}\sqrt[3]{(\sum\rho)^2 Q}\quad (\text{kgf/mm}^2) \qquad 16.12$$

$$p_{mean}=\frac{p_{\max}}{1.5}\quad (\text{kgf/mm}^2) \qquad 16.13$$

$$Q=\frac{5}{Z}P\ (\text{kgf})\quad (\text{레이디얼 볼베어링}) \qquad 16.14$$

$$Q=\frac{P}{Z}\ (\text{kgf})\quad (\text{스트러스 볼베어링}) \qquad 16.15$$

여기서, P : 베어링 하중(kgf)

Q : 접촉부분의 최대전동하중(kgf)

Z : 볼의 수

e_a, e_b : $F(\rho)$에서 얻어지는 계수로 Palmgren에 의해 얻지만 e_a, e_b의 적으로 표 16.1에 나타낸다.

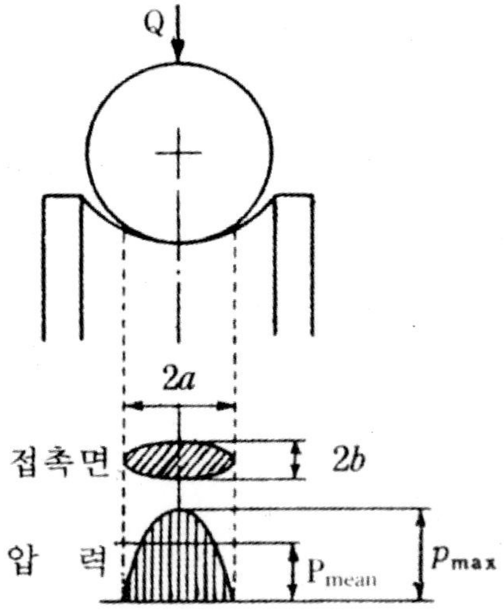

그림 16.3 접촉압력과 접촉면의 크기

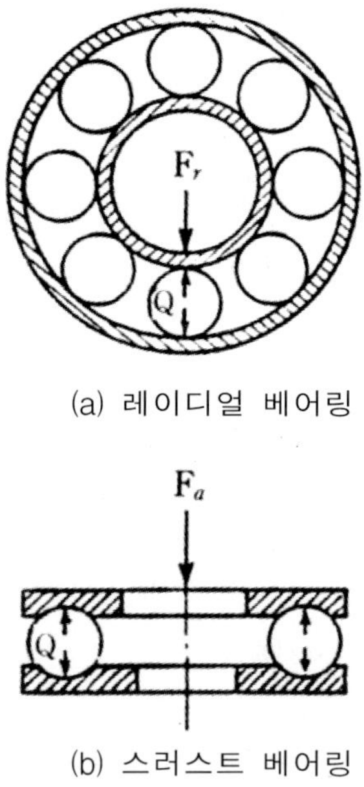

그림 16.4 베어링의 하중과 전동체 하중

(계산 예)

레이디얼 볼베어링의 내륜의 $\sum\rho=0.272$, $F(\rho)=0.955$을 사용하고 베어링 하중 $P=1000$kgf. 볼의 수 $Z=9$일 때 평균 접촉압력은 얼마인가?

$$Q=\frac{5}{Z}P$$

$$=\frac{5}{9}\times 1000$$

$$=556\ (\text{kgf})$$

$$p_{\max}=\frac{1.5}{\pi e_a e_b}\sqrt[3]{(\Sigma\rho)^2 Q}$$

$$=\frac{1.5}{3.41\times 0.00428}\sqrt[3]{(0.272)^2\times 556}$$

$$=385.20\ (\text{kgf/mm}^2)$$

$$p_{mean}=\frac{p_{\max}}{1.5}$$

$$=\frac{385.29}{1.5}$$

$$=256.86\ (\text{kgf/mm}^2)$$

3) 볼베어링 접촉타원의 장경과 단경

$\sum\rho$와 $F(\rho)$를 사용해서 접촉타원의 장축직경 $2a$와 단축직경 $2b$는 다음 식으로 주어 진다.

$$2a=2e_a\sqrt[3]{\frac{Q}{\Sigma\rho}}\quad (\text{mm}) \qquad 16.16$$

$$2b=2e_b\sqrt[3]{\frac{Q}{\Sigma\rho}}\quad (\text{mm}) \qquad 16.17$$

여기서, e_a, e_b : $F(\rho)$에 의해 정해지는 계수로 Palmgren에 의해 표 16.1과 같이 주어지고 있다.

표 16.1 $e_{a}, e_{b}, e_{a}, e_{b}, e_{\delta}$

$F(\rho)$	e_a	e_b	e_ae_b	e_δ	$F(\rho)$	e_a	e_b	e_ae_b	e_δ
0.0000	0.0507	0.0507	0.00257	0.00128	0.8310	0.125	0.0264	0.00330	0.000980
0.0466	0.0523	0.0491	0.00257	0.00128	0.8350	0.126	0.0263	0.00331	0.000975
0.1075	0.0545	0.0470	0.00257	0.00128	0.8389	0.128	0.0261	0.00334	0.000965
0.1900	0.0582	0.0445	0.00259	0.00127	0.8428	0.129	0.0260	0.00335	0.000960
0.2545	0.0607	0.0429	0.00260	0.00126	0.8468	0.130	0.0258	0.00335	0.000970
0.3204	0.0639	0.0411	0.00263	0.00125	0.8507	0.132	0.0256	0.00338	0.000955
0.3954	0.0681	0.0391	0.00266	0.00124	0.8545	0.133	0.0255	0.00339	0.000949
0.4795	0.0738	0.0369	0.00272	0.00121	0.8584	0.135	0.0253	0.00342	0.000943
0.5342	0.0780	0.0354	0.00276	0.00119	0.8623	0.137	0.0251	0.00344	0.000938
0.5721	0.0814	0.0344	0.00280	0.00117	0.8661	0.138	0.0250	0.00345	0.000932
0.6113	0.0853	0.0333	0.00284	0.00116	0.8699	0.140	0.0248	0.0347	0.000926
0.6521	0.0899	0.0322	0.00290	0.00113	0.8737	0.142	0.0246	0.00349	0.000920
0.6716	0.0925	0.0316	0.00292	0.00112	0.8774	0.144	0.0245	0.00353	0.000914
0.6920	0.0953	0.0310	0.00295	0.00111	0.8811	0.146	0.0243	0.00355	0.000907
0.7126	0.0984	0.0304	0.00299	0.00109	0.8849	0.148	0.0241	0.00357	0.000901
0.7332	0.102	0.0298	0.00304	0.00108	0.8885	0.150	0.0239	0.00359	0.000894
0.7538	0.106	0.0291	0.00309	0.00106	0.8922	0.152	0.0237	0.00360	0.000888
0.7579	0.107	0.0290	0.00310	0.00106	0.8958	0.154	0.0236	0.00363	0.000881
0.7620	0.107	0.0289	0.00310	0.00105	0.8994	0.156	0.0234	0.00365	0.000874
0.7661	0.108	0.0287	0.00312	0.00105	0.9030	0.159	0.0232	0.00369	0.000866
0.7702	0.109	0.0286	0.00312	0.00105	0.9065	0.161	0.0230	0.00370	0.000959
0.7743	0.110	0.0285	0.00314	0.00104	0.9100	0.164	0.0228	0.00374	0.000851
0.7794	0.111	0.0283	0.00314	0.00104	0.9134	0.166	0.0226	0.00375	0.000844
0.7825	0.112	0.0282	0.00316	0.00103	0.9269	0.179	0.0208	0.00390	0.000811
0.7866	0.113	0.0280	0.00316	0.00103	0.9428	0.198	0.0206	0.00408	0.000765
0.7907	0.114	0.0279	0.00318	0.00103	0.9458	0.202	0.0204	0.00412	0.000755
0.7948	0.115	0.0278	0.00320	0.00102	0.9488	0.207	0.0202	0.00418	0.000745
0.7988	0.116	0.0276	0.00320	0.00102	0.9517	0.212	0.0199	0.00422	0.000734
0.8029	0.117	0.0275	0.00322	0.00101	0.9574	0.223	0.0194	0.00433	0.000712
.08069	0.118	0.0273	0.00322	0.00101	0.9705	0.258	0.0180	0.00464	0.000650
0.8110	0.119	0.0272	0.00324	0.00100	0.9818	0.312	0.0163	0.00509	0.000575
0.8150	0.120	0.0270	0.00324	0.00100	0.9909	0.408	0.0143	0.00583	0.000481
0.8190	0.121	0.0269	0.00326	0.000995	0.9973	0.648	0.0113	0.00732	0.000347
0.8230	0.123	0.0267	0.00328	0.000990	1.0000	∞	0	–	0
0.8270	0.124	0.0266	0.00330	0.000985					

(계산 예)

$\sum\rho = 0.272$, $F(\rho) = 0.955$를 사용하고 베어링 하중 1,000kgf($Q = 556$kgf), 볼의 수 $Z = 9$일 때 접촉타원의 장축직경과 단축직경은 얼마인가?

표 16.1에서 $e + a = 0.218$, $e + b = 0.0196$

$$2a = 2e_a \sqrt[3]{\frac{Q}{\sum\rho}}$$

$$= 2 \times 0.218 \sqrt[3]{\frac{556}{0.272}}$$

$$= 5.6\text{mm}$$

$$2b = 2e_b \sqrt[3]{\frac{556}{\sum\rho}}$$

$$= 2 \times 0.0196 \sqrt[3]{\frac{556}{0.272}}$$

$$= 0.50\text{mm}$$

4) 로울러베어링의 접촉압력

로울러베어링은 선접촉이고 Hertz식으로는 계산할 수가 없으나 Palmgren에 의해 계산식이 주어진다. 최대접촉압력을 $p_{\max}$(Eschmann의 계수)를 사용한다. 평균접촉압력을 p_{mean}라 하면 그림 16.5에서 다음 식으로 주마진다.

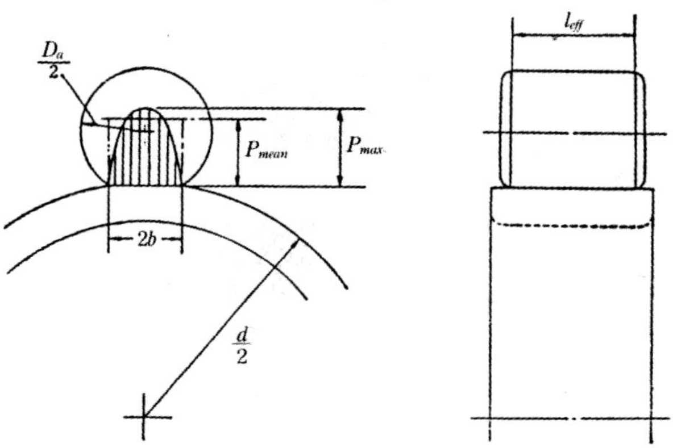

그림 16.5 로울러베어링의 접촉

$$p_{\max} = 86.1\sqrt{\frac{\Sigma\rho}{2} \cdot \frac{Q}{l_{eff}}} \quad 16.18$$

$$p_{mean} = \frac{\pi}{4} p_{\max} (kgf/mm^2) \quad 16.19$$

$$Q = \frac{4.6}{Z} P \text{ (kgf)} \quad \text{(레이디얼 로울러 베어링)} \quad 16.20$$

$$= \frac{P}{Z} \text{ (kgf)} \quad \text{(스러스트 로울러 베어링)} \quad 16.21$$

단) $\sum\rho = \rho + \rho_2$, $\rho_1 = \pm 2/d$(부호: 내륜+, 외륜−), $\rho_2 = \frac{2}{D}$

여기서,

d : 내(외)륜 궤도경

D_a : 로울러 직경

l_{eff} : 로울러 유효길이

P : 베어링 하중 (kgf)

Q : 접촉부분에 걸리는 하중 (kgf)

(계산 예)

원통로울러와 내륜과의 접촉에서 로울러의 직경 $D_a = 10$㎜, 로울러의 유효길이 $l_{eff} = 9$㎜, 로울러수 $Z = 10$, 내륜 궤도경 $d = 51$㎜, 베어링하중 $P = 200$ kgf일 때 접촉압력은 얼마인가?

$$\sum\rho = \frac{1}{\rho_1} + \frac{1}{\rho_2}$$

$$= \frac{2}{51} + \frac{2}{10}$$

$$= 0.239$$

$$Q = \frac{4.6}{Z} P$$

$$= \frac{4.6}{10} \times 2,000$$

$$= 920 \text{ (kgf)}$$

$$= 86.1\sqrt{\frac{0.239}{2} \times \frac{920}{9}}$$

$$= 301(\text{kgf/mm}^2)$$

$$p_{mean} = \frac{\pi}{4} p_{\max}$$

$$= \frac{\pi}{4} \times 301$$

$$= 236 \ (\text{kgf/mm}^2)$$

5) 로울러베어링의 접촉폭

그림 16.5에서 로울러베어링의 로울러와 궤도륜의 사이에 접촉면의 접촉폭 $2b$는 다음 식으로 주어 진다.

$$2b = 0.0210\sqrt{\frac{Q}{l_{eff}\Sigma\rho}}(\text{mm}) \qquad 16.22$$

(계산 예)

앞의 계산에서 계산된 $\sum\rho = 0.239$, $P = 2,000$kgf, $Q = 920$kgf를 사용하고 로울러의 유효길이 $l_{eff} = 9$mm일 때의 접촉폭은 얼마인가?

$$2b = 0.0210\sqrt{\frac{Q}{l_{eff}\sum\rho}}$$

$$= 0.0210\sqrt{\frac{920}{9 \times 0.239}}$$

$$= 0.436(\text{mm})$$

베어링에 기본정정격하중 C_o가 걸릴 때 최대접촉압력과 접촉폭을 베어링의 종류별로 표 16.2 ~ 표 16.4에 나타낸다. 표에서 설계기준의 최대접촉압력이 단열 깊은홈볼베어링은 395 ~ 415kgf/mm^2, 원통로울러베어링과 테이퍼로울러베어링은 295 ~ 320 kgf/mm^2 이다.

단열 깊은홈볼베어링에서 접촉타원의 장경은 볼 직경의 54 ~ 56% 이고 단경은 볼 직경의 4.8 ~ 5.8% 로서 의외로 큰 접촉면적이다. 표 16.5는 접촉타원의 볼 직경에 대한 비율을 나타낸다.

표 16.2 볼베어링의 최대면압과 접촉폭 (NSK)

호칭번호	최대면압(kgf/mm^2)	접촉폭(mm)	
		2 a	2 b
6000	415	2.6	0.25
6005	400	3.5	0.36
6010	395	4.9	0.51
6015	395	6.6	0.70
6020	395	8.4	0.88
6030	395	12.4	1.31
6200	410	2.6	0.25
6205	405	4.4	0.44
6210	400	7.0	0.71
6215	400	9.7	0.98
6220	400	14.1	1.42
6230	395	17.7	1.82
6300	425	3.9	0.35
6305	410	5.7	0.55
6310	410	10.5	1.02
6315	410	14.9	1.45
6320	410	20.1	1.96
6330	415	26.3	2.61

표 16.3 원통로울러베어링의 최대면압과 접촉폭 (NSK)

호칭번호	로울러와 내륜의 접촉		로울러와 외륜의 접촉	
	P_{max} (kgf/mm^2)	2 b (mm)	P_{max} (kgf/mm^2)	2 b (mm)
NU 205	315	0.29	255	0.34
NU 210	310	0.46	270	0.53
NU 215	310	0.64	270	0.74
NU 220	310	0.92	270	1.06
NU 230	310	1.29	270	1.48

NU 305	315	0.39	260	0.48
NU 310	315	0.66	260	0.80
NU 315	315	0.97	260	1.17
NU 320	315	1.24	265	1.49
NU 330	315	1.87	275	2.24
NU 405	320	0.50	250	0.64
NU 410	320	0.85	255	1.07
NU 415	320	1.20	255	1.49
NU 420	320	1.56	260	1.92
NU 430	315	2.27	260	2.77
NU 2205	315	0.29	265	0.34
NU 2210	310	0.46	270	0.53
NU 2215	310	0.65	270	0.74
NU 2220	310	0.92	270	1.06
NU 2230	310	1.30	270	1.48
NU 2305	315	0.39	255	0.48
NU 2310	315	0.66	260	0.80
NU 2315	315	0.97	260	1.17
NU 2320	315	1.25	265	1.49
NU 2330	315	1.86	265	2.23
NU 3005	310	0.23	270	0.26
NU 3010	310	0.33	275	0.37
NU 3015	305	0.43	280	0.47
NU 3020	305	0.53	280	0.58
NU 3030	295	0.79	270	0.86

표 16.4 테이퍼 로울러 베어링의 최대면압과 접촉폭 (NSK)

호칭번호	로울러와 내륜의 접촉		로울러와 외륜의 접촉	
	Pmax (kgf/mm^2)	2b (mm)	Pmax (kgf/mm^2)_	2b (mm)
30205	320	0.30	240	0.31
30210	310	0.47	245	0.50
30215	305	0.67	250	0.72
30220	305	0.93	250	1.03
30230	300	1.36	255	1.52
30305	320	0.42	235	0.47
30310	310	0.66	245	0.75
30315	305	0.94	245	1.10
30320	310	1.27	250	1.48
30324	320	1.60	265	1.89

32206 32210 32215 32220 32224	320 315 305 300 305	0.35 0.49 0.65 0.92 1.11	250 245 255 255 260	0.38 0.52 0.73 1.04 1.26
32305 32310 32315 32319 32324	320 310 310 305 310	0.41 0.65 0.95 1.15 1.52	240 250 255 250 260	0.47 0.75 1.12 1.36 1.81
30305 D 30315 D 30314 D	320 295 300	0.36 0.62 0.87	245 235 245	0.38 0.68 0.98
HR 30205 J HR 30210 J HR 30215 J HR 30220 J HR 30230 J	315 310 310 310 310	0.29 0.47 0.67 0.94 1.37	265 270 270 270 270	0.34 0.55 0.77 1.09 1.58
HR 30305 J HR 30310 J HR 30315 J HR 30320 J 30330	320 320 320 315 315	0.41 0.67 0.98 1.29 1.86	255 265 265 260 265	0.51 0.81 1.18 1.56 2.22
HR 32205 HR 32210 J HR 32215 J HR 32220 32330	315 310 310 310 315	0.29 0.47 0.67 0.94 1.30	265 270 270 270 270	0.34 0.55 0.77 1.09 1.49
HR 32305 J HR 32310 J HR 32315 J HR 32320 J 32330 J	320 320 315 315 315	0.40 0.65 0.94 1.29 1.72	255 265 265 265 265	0.50 0.79 1.16 1.55 2.03
30305 D HR 30310 DJ HR 30315 DJ	315 315 315	0.34 0.64 0.93	265 265 265	0.41 0.76 1.11

표 16.5 접촉타원의 볼에 대한 비율

호칭번호	접촉타원 (mm)		볼직경(Da)	접촉비율	
	2a	2b	mm	2a/Da	2b/Da
6000	2.6	0.25	4.763	0.5459	0.0525
6005	3.5	0.36	6.350	0.5512	0.0567
6010	4.9	0.51	8.731	0.5612	0.0584
6200	2.6	0.25	4.763	0.5459	0.0525
6205	4.4	0.44	7.938	0.5543	0.0554
6210	7.0	0.71	12.700	0.5512	0.0559
6300	3.9	0.35	7.144	0.5459	0.0490
6305	5.9	0.55	10.319	0.5524	0.0533
6310	10.5	1.02	19.050	0.5512	0.0535

16.1.2. 베어링 내의 하중분포

접촉각 α를 갖는 단열 레이디얼 베어링에 레이디얼하중 F_r과 스러스트하중 F_a가 작용하면 F_r과 F_a의 비(比)에 의해 베어링 내부의 부하권(負荷圈)의 크기가 변한다. 부하권의 크기는 부하율 ε으로 나타낸다. 즉, 궤도의 일부분이 하중을 받고 있을 때 ε은 부하권의 투영길이와 궤도경과의 비로 한다.
ε은 궤도의 전원주(全圓周)가 부하를 받을 경우는 다음 식으로 주어진다.

$$\varepsilon = \frac{\delta_{max}}{\delta_{max} - \delta_{min}} \geq 1 \qquad 16.23$$

여기서, δ_{max} : 최대하중을 받는 전동체의 탄성접근량

δ_{min} : 최소하중을 받는 전동체의 탄성접근량

접촉각 α인 베어링에 레이디얼하중과 스러스트하중이 동시에 가해질 때 그 베어링 내에 각각의 전동체가 받는 하중의 크기는 탄성접촉이론에 의해 계산할 수가 있다. 여기서는 레이디얼 볼베어링과 테이퍼로울러베어링에 하중이 가해질 때 베어링 내에서 전동체가 부하를 받는 범위 ε과 최대전동체하중의 크기 Q_{max}를 구하는 방법을 설명한다. 전동체가 부하를 받는 범위는 그림 16.6에 나타낸 것과 같다

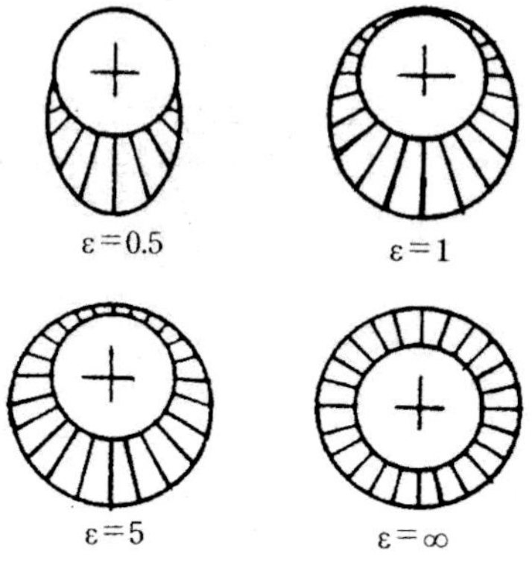

그림 16.6 전동체의 부하범위

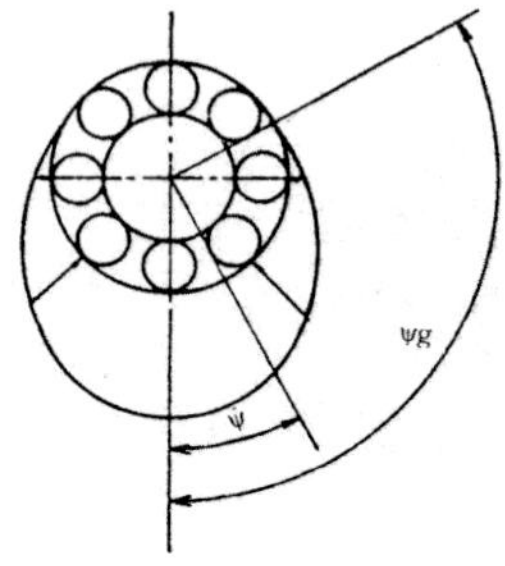

그림 16.7 ϕ와 ϕ_0

부하범위는 부하율 $\varepsilon < 0.5$ 에서 베어링의 반주(半周)이하, $\varepsilon = 0.5$ 에서 반주, $\varepsilon = 1$에서 전주(全周), $\varepsilon = \infty$에서 모든 전동체에 하중이 균등히 가해지는 상태로 된다.

1) 합성하중을 받는 베어링의 하중 부하율과 레이디얼 적분

최대전동하중을 구하기 위해서 미리 레이디얼 적분(積分) J_r ,또는 스러스트 적분 J_a를 구한다. 이것과 부하율 ε, 레이디얼하중 F_r, 스러스트하중 F_a는 다음과 같은 관계가 있다.

$$\frac{F_r \tan\alpha}{F_a} = \frac{J_r}{J_a} \qquad 16.24$$

$$J_r = \frac{1}{2\pi}\int_{+\phi}^{-\phi}[1-\frac{1}{2\varepsilon}(1-\cos\phi)]^t \cos\phi \, d\phi \qquad 16.25$$

$$J_a = \frac{1}{2\pi}\int_{+\phi}^{-\phi}[1-\frac{1}{2\varepsilon}(1-\cos\phi)]^t \, d\phi \qquad 16.26$$

$$\varepsilon = \frac{1}{2}(1-\cos\phi) \qquad 16.27$$

여기서, α : 접촉각

J_r, J_a : SJOVALL의 레이디얼및 스러스트 적분

ϕ : 부하대(負荷帶) 범위의 중심각

ϕ_0	: 부하대 중심각의 1/2
t	: 점접촉은 1.5, 선접촉은 1.1임

윗식의 계산은 ε, $F_r\tan\alpha/F_a$, J_r, J_a의 관계로서 표 16.6과 같이 Palmgren에 의해 주어지고 있다. 보통 수치가 주어지는 것은 F_r, F_a, α 이며 이것만으로는 J_r, J_a, ε은 계산할 수가 없다. 이러한 경우에는 우선 $F_r\tan\alpha = F_a$의 값을 계산하고, 표 16.6을 사용하여 그것에 대응하는 ε, J_r, J_a를 구한다.

표 16.6 단열 레이디얼 베어링의 ε, $F_r\tan\alpha/F_a$, J_r, J_a의 관계

ε	점 접 촉			선 접 촉		
	$F_r\tan\alpha/F\alpha$	J_r	J_a	$F_r\tan\alpha/F\alpha$	J_r	J_a
0	1	0	0	1	0	
0.1	0.9663	0.1156	0.1196	0.9613	0.1268	0.1319
0.2	0.9318	0.1590	0.1707	0.9215	0.1737	0.1885
0.3	0.8964	0.1892	0.2110	0.8805	0.2055	0.2334
0.4	0.8601	0.2117	0.2462	0.8380	0.2286	0.2728
0.5	0.8225	0.2288	0.2782	0.7939	0.2453	0.3090
0.6	0.7835	0.2416	0.3084	0.7480	0.2568	0.3433
0.7	0.7427	0.2505	0.3374	0.6999	0.2636	0.3766
0.8	0.6995	0.2559	0.3658	0.6486	0.2658	0.4098
0.9	0.6529	0.2576	0.3945	0.5920	0.2628	0.4439
1.0	0.6000	0.2546	0.4244	0.5238	0.2523	0.4817
1.25	0.6338	0.2289	0.5044	0.3598	0.2078	0.5775
1.67	0.3088	0.1871	0.6060	0.2340	0.1589	0.6790
2.5	0.1850	0.1359	0.7240	0.1372	0.1075	0.7837
5	0.0831	0.0711	0.8558	0.0611	0.0544	0.8909
∞	0	0	1	0	0	1

(계산 예)

접촉각 30° 의 앵규러볼베어링에 레이디얼하중 $F_r = 500kgf$, 스러스트하중 $F_a = 700kgf$가 가해질 때의 ε과 J_r , J_a은 얼마인가?

$$\frac{F_r\tan\alpha}{F_a} = \frac{500\tan 30^\circ}{700}$$
$$= 0.4124$$

$F_r\tan\alpha/F_a = 0.4124$에 대응한 값을 표 16.3에서 비례 배분에 의해 ε=1.35, J_r = 22,, J_a = 0.53이 된다.

2) 크리어런스가 있는 볼베어링의 하중 부하율과 레이디알 적분

크리어런스가 있는 (크리어런스 0 및 부를 포함) 레이디얼 볼베어링에 순수 레이디얼하중이 가해진 때의 최대 전동체하중도 J_r로 계산할 수가 있다.
베어링의 레이디얼크리어런스 Δ_r은 다음 식으로 주어진다.

$$\Delta_r = \left(\frac{1-2\varepsilon}{\varepsilon} J_r^{-2/3}\right) \cdot C \cdot \left(\frac{F_r}{Z}\right)^{2/3} \cdot D_a^{-1/3} \qquad 16.28$$

여기서, Δ_r : 레이디얼 크리어런스(mm)

C : Hertz의 접촉탄성계수로 표 16.7과 같이 $(1/2)(R_i + R_e)/D_a(1/2)$에의 결정되는 값이다.

Z : 볼 수

표 16.7 접촉탄성계수 C

$\frac{(1/2)\cdot(R_i+R_e)}{D_a}$	0.510	0.515	0.5175	0.520	0.525	0.530	0.540
C	0.00176	0.00194	0.00201	0.00207	0.00218	0.00227	0.00242

여기서, R_i : 내륜 궤도홈 곡률반경

R_e : 외륜 궤도홈 곡률반경

D_a : 볼 직경

Δ_r , D_a , Z 및 F_r이 주어지면 식 16.28에서

$$\frac{1-2\varepsilon}{\varepsilon} J_r^{-2/3} \qquad 16.29$$

의 값을 구한다. ε의 값을 추정하여 표 16.6을 이용하여 식 16.29를 계산한다. 한편, 식 16.28로 구한 식 16.29의 값이 되는 ε과 J_r을 시행착오법으로 구한다.

(계산 예)

볼의 직경 D_a=9.525mm, 궤도홈의 곡률반경비의 합 $(R_i + R_e)/D_a$=105% (C= 0.00218) 볼 수 Z= 9, 레이디얼크리어런스 Δ_r= 0.1mm, 레이디얼하중 F_r=800 kgf 일 때 ε과 F_r은 얼마인가?
식 16.28에서

$$\frac{\varepsilon}{1-2\varepsilon} J_r^{-2/3} = 4.88$$

$$\varepsilon = 0.2 : \frac{1-2\varepsilon}{\varepsilon} J_r^{-2/3} = 10.22$$

$$\varepsilon = 0.3 : \frac{1-2\varepsilon}{\varepsilon} J_r^{-2/3} = 4.05$$

$$\varepsilon = 0.4 : \frac{1-2\varepsilon}{\varepsilon} J_r^{-2/3} = 1.41$$

ε을 변수로 4.88에 대응하는 값을 구하면 ε=0.28 , J_r=0.18이 된다.

3) 레이디얼적분에서 최대전동체하중의 계산

베어링의 임의의 위치에 있는 전동체가 받는 하중 Q_ϕ는 그의 접촉면에서의 탄성접근량 δ_ϕ의 t승에 비례한다. 따라서 ϕ=0에 있어서 최대 전동체하중을 $Q_{\max}$, 탄성접근량을 $\delta_{\max}$라고 하면, 다음 식으로 주어진다.

$$\frac{Q_\phi}{Q_{\max}} = (\frac{\delta_\phi}{\delta_{\max}})^t \qquad 16.30$$

점 접촉시

$$\frac{Q_\phi}{Q_{\max}} = (\frac{\delta_\phi}{\delta_{\max}})^{1.5} \qquad 16.31$$

선 접촉시

$$\frac{Q_\phi}{Q_{\max}} = (\frac{\delta_\phi}{\delta_{\max}})^{1/0.9} = (\frac{\delta_\phi}{\delta_{\max}})^{1.1} \qquad 16.32$$

베어링의 하중과 전동체의 하중에 대한 평형상태로부터 전동체의 최대하중 $Q_{\max}$와 베어링의 하중성분 F_r , F_a 의 사이에 다음과 같은 관계가 있다.

$$F_r = Q_{\max} J_r Z \cos\alpha \ (kgf) \qquad 16.33$$

$$F_a = Q_{\max} J_a Z \sin\alpha \ (kgf) \qquad 16.34$$

윗식을 $Q_{\max}$에 관하여 정리하면 다음 식과 같다.

$$Q_{\max} = \frac{F_r}{J_r Z \cos\alpha} \qquad 16.35$$

$$Q_{\max} = \frac{F_a}{J_a Z \sin\alpha} \qquad 16.36$$

표 16.6에 의하면 ε=0.5 즉, 부하영역이 베어링 원주의 1/2이 되기 위한 스러스트하중은 다음 식으로 주어진다.

점 접촉시

$$F_a = 1.216\, F_r \tan\alpha \qquad 16.37$$

선 접촉시

$$F_a = 1.260\, F_r \tan\alpha \qquad 16.38$$

베어링의 내부크리어런스가 0 일때 ε=0.5에 대해서 식 16.35는 다음과 같이 된다.

점 접촉시

$$Q_{\max} = 4.37 \frac{F_r}{Z\cos\alpha} \qquad 16.39$$

선 접촉시

$$Q_{\max} = 4.08 \frac{F_r}{Z\cos\alpha} \qquad 16.40$$

베어링이 스러스트하중 만을 받을 경우에는 $F_r = 0$, $\varepsilon = \infty$, $J_a = 1$로 되어 다음 식으로 주어진다.

$$Q = Q_{\max} = \frac{F_r}{Z\sin\alpha} \qquad 16.41$$

즉, 모든 전동체는 동일한 크기의 전동체하중을 받는다.

일반적으로 내부크리어런스가 있는 베어링이 레이디얼하중을 받으면 $\varepsilon < 0.5$로 되고 최대전동체하중은 식 16.39와 식 16.40에서 계산한 값 보다 크게 된다.

내부크리어런스가 있는 경우에 실용적인 다음 식으로 주어진다.

점 접촉시

$$Q_{\max} = 5 \frac{F_r}{Z\cos\alpha_0} \qquad 16.42$$

선 접촉시

$$Q_{\max} = 4.6 \frac{F_r}{Z\cos\alpha_0} \qquad 16.43$$

(계산 예)

$J_r = 0.22$, $J_a = 0.53$, 볼 수 $Z = 9$, 레이디얼하중 $F_r = 500\ kgf$, 스러스트하중 $F_a = 700\ kgf$, 접촉각 $\alpha = 30^\circ$ 일때 $Q_{\max}$는 얼마인가?

$$Q_{\max} = \frac{F_r}{J_r Z \cos\alpha}$$

$$= \frac{500}{0.22 \times 9 \times \cos 30^\circ}$$

$$= 291.6 \ (kg)$$

$$Q_{\max} = \frac{F_r}{J_a Z \cos\alpha}$$

$$= \frac{700}{0.53 \times 9 \times \sin 30^\circ} = 293.5 \ (kg)$$

계산식에 따라 계산치에 약간의 차이를 보이나 문제가 될 것은 없다.

4) 레이디일크리어런스와 피로수명

레이디얼크리어런스 Δ_r과 부하율 ε의 함수 $f(\varepsilon)$와의 사이에는 다음 식으로 주어진다.

깊은홈볼베어링

$$\frac{L}{L_0} = \left[\frac{J_a(0.5)}{J_r(0.5)} \frac{J_r}{J_a} \right]^3 \qquad 16.44$$

$$f(\varepsilon) = \frac{1-2\varepsilon}{\varepsilon J_r^{2/3}} = \frac{\Delta_r D_a^{1/3}}{0.002\left(\frac{F_r}{Z}\right)^{2/3}} \qquad 16.45$$

원통로울러베어링

$$\frac{L}{L_0} = \left[\frac{J_a(0.5)}{J_r(0.5)} \frac{J_r}{J_a} \right]^{10/3} \qquad 16.46$$

$$f(\varepsilon) = \frac{1-2\varepsilon}{\varepsilon J_r^{0.9}} = \frac{\Delta_r l_a^{0.8}}{0.0006\left(\frac{F_r}{Z}\right)^{0.9}} \qquad 16.47$$

여기서,
$J_a(0.5)$: ε이 0.5($\Delta_r = 0$)인 J_a
$J_r(0.5)$: ε이 0.5($\Delta_r = 0$)인 J_r
J_a : 레이디얼적분
J_r : 평균 전동체 하중에 관한 적분

$f(\varepsilon)$을 식 16.45와 식 16.47로 구하여 표 16.8에서 부하율 ε과 피로수명비 L/L_0을 구할 수 있다.

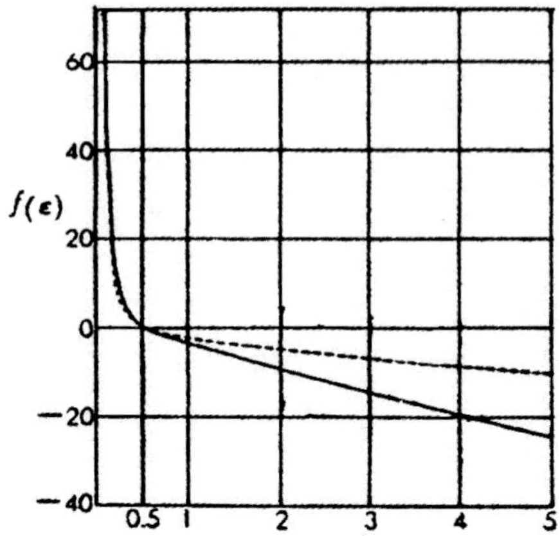

그림 16.8 ε과 $f(\varepsilon)$의 관계

표 16.8 ε과 $f(\varepsilon)$, L/L_0의 관계

ε	볼베어링		로울러베어링	
	$f(\varepsilon)$	$\frac{L}{L_0}$	$f(\varepsilon)$	$\frac{L}{L_0}$
0.1	33.713	0.294	51.315	0.220
0.2	10.221	0.546	14.500	0.469
0.3	4.045	0.737	5.539	0.691
0.4	1.408	0.889	1.887	0.870
0.5	0	1.0	0	1.0
0.6	−0.859	1.069	−1.133	1.075
0.7	−1.438	1.098	−1.897	1.096
0.8	−1.862	1.094	−2.455	1.065
0.9	−2.195	1.041	−2.929	0.968
1.0	−2.489	0.948	−3.453	0.805
1.25	−3.207	0.605	−4.934	0.378
1.5	−3.877	0.371	−6.387	0.196
1.67	−4.283	0.276	−7.335	0.133
1.8	−4.596	0.221	−8.082	0.100
2.0	−5.052	0.159	−9.187	0.067
2.5	−6.114	0.078	−11.904	0.029
3	−7.092	0.043	−14.570	0.015
4	−8.874	0.017	−19.721	0.005
5	−10.489	0.008	−24.903	0.002
10	−17.148	0.001	−48.395	0.0002

한편, 부하율 ε은 그림 16.8의 $f(\varepsilon)$와 ε의 관계에서 구할 수도 있다.

Catalogue에 기재되어 있는 기본정격하중은 유효크리어런스가 0일 때의 값이다. 유효크리어런스가 0일 때의 수명을 L_0, 유효크리어런스가 Δ_r일 때의 수명을 L이라고 하면 그림 16.9는 유효크리어런스와 수명비 L/L_0의 관계를 나타낸다.

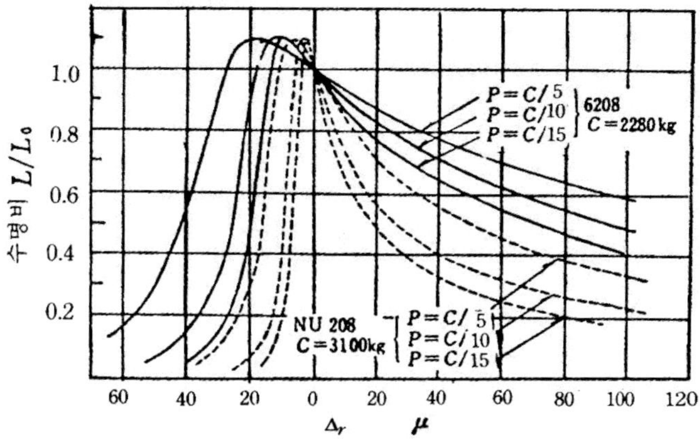

그림 16.9 Δ_r과 L/L_0의 관계

표 16.8에서 베어링의 최대수명이 되는 것은 $\varepsilon=0.7\sim0.8$일 때이고 L은 L_0의 약 1.1배가 된다.

베어링 수명이 최대가 되는 유효크리어런스는 0 보다 약간 음의 값이 될 때이다. 크리어런스가 음의 값이 더욱 커지면 발열이 되고 내외륜의 온도차에 의한 크리어런스의 감소로 수명이 감소된다.

5) 고속회전시 전동체의 부하분포

베어링이 고속회전을 할 시에는 전동체에 생기는 관성력(慣性力)은 외륜의 궤도면 방향으로 크게 작용하여 그것에 의한 외륜상의 부하분포는 저속의 경우와 다르다.

지금 1개의 전동체에 생기는 원심력 F 는 전동체의 중량을 m, 전동체의 중심 주속도를 V_m , 회전반경을 $d_m/2$라고 하면 다음 식으로 주어진다.

$$F=\frac{2m V_m^{\ 2}}{g d_m} \qquad 16.48$$

여기서 V_m의 값은 다음 식으로 주어진다.

$$V_m = n_k \cdot \frac{\pi}{60} = \frac{2\pi n}{60} \cdot \frac{R_i}{R_0} \qquad 16.49$$

여기서, n : 내륜 회전시의 회전수 (rpm)

R_0 : 외륜 궤도의 반경

R_i : 내륜 궤도의 반경

따라서, 원심력 F 는 다음 식으로 주어진다.

$$F = \frac{m}{450g}\left(\pi n \cdot \frac{R_i}{R_0}\right)^2 \qquad 16.50$$

F 는 외륜의 전원주(全圓周)에 걸쳐서 균일하게 작용하기 때문에 그림 16.10과 같이 하중선상의 최대하중을 0° 로 하여 원심력을 고려한 경우의 분포하중을 P_c로 나타내면

$-\frac{\pi}{4} \sim +\frac{\pi}{4}$의 사이

즉, 정하중부하권(靜荷重負荷圈)에서는

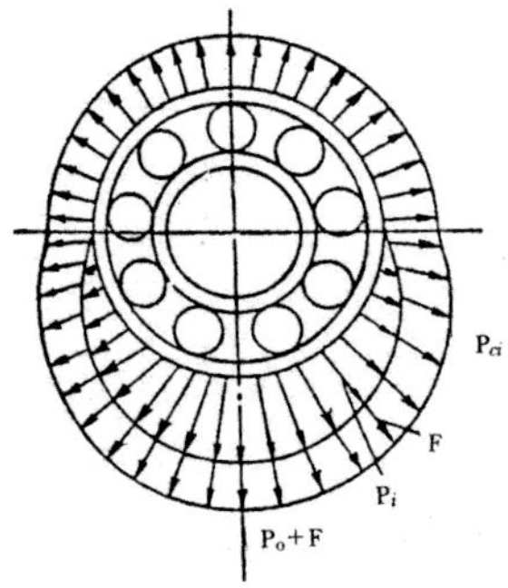

그림 16.10 고속 레이디얼 볼베어링의 부하분포

$$P_c = p_{\max} + F \qquad 16.51$$

기타의 원주에서는

$$P_c = F \qquad 16.52$$

로 된다.

16.1.3. 베어링의 강성(剛性)

1) 베어링의 하중과 변위

하중이 베어링에 가해지면 전동체와 궤도륜의 사이에 접촉부분의 탄성변형은 Hertz의 탄성접촉이론(彈性接觸理論)을 응용해서 계산할 수가 있다.

베어링 내의 하중분포, 접촉부분의 형상과 치수 등을 알기 위한 정확한 계산에 대해서는 다음 항에서 기술하고 여기서는 베어링으로서의 변위량을 개산(概算)에 대해서 표 16.9를 사용하면 편리하다. 이들 식에서 알 수 있는 바와 같이 베어링의 변위는 하중에 정비례하지 않고 하중의 0.7~0.9승에 비례해서 증가한다. 이것은 하중이 크게 되면 할수록 베어링의 강성은 크게 되는 비선형(非線型)의 성질이 있음을 나타낸다.

표 16.9 탄성변위량 (Palmgren)

베어링 형식	반경방향 변위량 δ_r(mm)	축방향 변위량 δ_a(mm)
깊은홈볼베어링	$\delta_r = 0.002\left(\frac{Q_{max}{}^2}{D_a}\right)^{1/3}$	$\delta_a = \frac{0.002}{\sin\alpha}\left(\frac{Q^2}{D_a}\right)^{1/3}$
앵귤러볼베어링	$\delta_r = \frac{0.002}{\cos\alpha}\left(\frac{Q_{max}{}^2}{D_a}\right)^{1/3}$	$\delta_a = \frac{0.002}{\sin\alpha}\left(\frac{Q^2}{D_a}\right)^{1/3}$
자동조심볼베어링	$\delta_r = \frac{0.0032}{\cos\alpha_0}\left(\frac{Q_{max}{}^2}{D_a}\right)^{1/3}$	$\delta_a = \frac{0.0032}{\sin\alpha_0}\left(\frac{Q^2}{D_a}\right)^{1/3}$
스트러스볼베어링	-	$\delta_a = \frac{0.0024}{\sin\alpha_0}\left(\frac{Q^2}{D_a}\right)^{1/3}$
원통로울러베어링	$\delta_r = 0.0006\frac{Q_{max}{}^{0.9}}{l_{eff}{}^{0.8}}$	-
테이퍼로울러베어링	$\delta_r = \frac{0.0006}{\cos\alpha_0}\frac{Q_{max}{}^{3}}{l_{eff}{}^{0.8}}$	$\delta_a = \frac{0.0006}{\sin\alpha_0}\frac{Q_{max}{}^{0.9}}{l_{eff}{}^{0.8}}$
자동조심로울러 베어링	$\delta_r = \frac{0.0012}{\cos\alpha_0}\left(\frac{Q_{max}{}^3}{l_{eff}}\right)^{1/4}$	$\delta_a = \frac{0.0012}{\sin\alpha_0}\left(\frac{Q^3}{l_{eff}}\right)^{1/4}$
최대 전동체하중	레이디얼 하중 F_r (kgf) $Q_{max} = \frac{5F_r}{Z\cos\alpha_0}$ $Q_{max} = \frac{4.6F_r}{Z\cos\alpha}$	스트러스하중 F_a (kgf) $Q = \frac{F_a}{Z\cos\alpha}$

주) D_a : 볼의 직경(mm), l_{eff} : 로울러의 유효길이 (mm), Z : 전동체의 수, α_0 : 무부하시의 접촉각, α : 부하시의 접촉각

2) 볼베어링의 탄성접근량

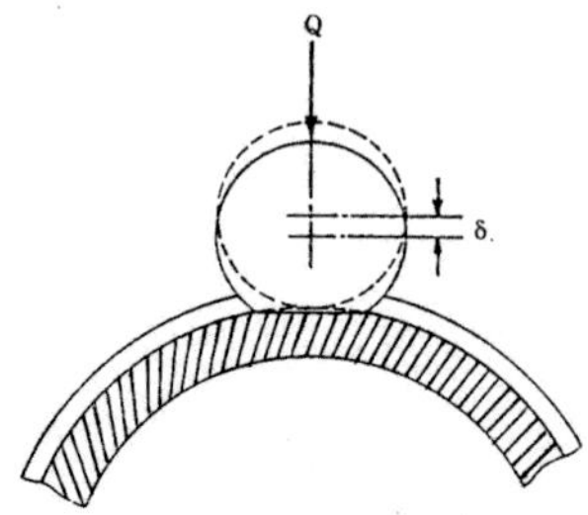

그림 16.11
볼과 궤도륜의 접근량

그림 16.11에서 볼베어링의 볼과 궤도와의 접촉부분에 대한 탄성접근량 δ는 앞에서 구한 $\Sigma\rho$와 $F(\rho)$를 사용해서 계산할 수가 있다.

접촉부분에 있어서 하중 Q가 명확할 경우에는 그 값을 그대로 사용하지만 베어링 전체에 가한 하중 P 만을 알고 있을 때에는 식 16.14, 또는 식 16.15에서 최대전동체하중(레이디얼 볼 베어링), 또는 평균전동체하중(스러스트 볼 베어링) Q를 구해서 이 하중을 사용한다.

볼베어링의 탄성접근량은 다음 식으로 주어진다.

$$\delta = \varepsilon_E^2 \, e_\delta \sqrt[3]{(\Sigma\rho) Q^2} \;\; (mm) \qquad 16.53$$

여기서, e_δ : $F(\rho)$에 의해 정해지는 계수로 Palmgren이 계산한 표 16.1을 사용한다.

ε_E는 접촉하는 두 물체의 재질에 따라 정해지는 값이며 표 16.10에 주어진다.

표 16.10 ε_E의 값

<table>
<tr><th colspan="2">접촉하는 두 물체의 재질</th><th>E (kg/mm^2)</th><th>m</th><th>ε_E</th></tr>
<tr><td>I</td><td>Steel</td><td rowspan="3">21,000</td><td rowspan="3">10/3</td><td rowspan="2">1.00</td></tr>
<tr><td>II</td><td>Steel</td></tr>
<tr><td>I</td><td>Steel</td><td rowspan="2">1.14</td></tr>
<tr><td>II</td><td>Bronze or Cast Iron</td><td>11,000</td><td>4</td></tr>
<tr><td>I</td><td>Steel</td><td>21,000</td><td>10/3</td><td rowspan="2">1.23</td></tr>
<tr><td>II</td><td>Bronze or Cast Iron</td><td>8,000</td><td>4</td></tr>
<tr><td>I</td><td>Bronze or Cast Iron</td><td rowspan="3">11,000</td><td rowspan="6">4</td><td rowspan="2">1.25</td></tr>
<tr><td>II</td><td>Bronze or Cast Iron</td></tr>
<tr><td>I</td><td>Bronze or Cast Iron</td><td rowspan="2">1.33</td></tr>
<tr><td>II</td><td>Bronze or Cast Iron</td><td rowspan="3">8,000</td></tr>
<tr><td>I</td><td>Bronze or Cast Iron</td><td rowspan="2">1.39</td></tr>
<tr><td>II</td><td>Bronze or Cast Iron</td></tr>
</table>

(계산 예)

$\Sigma\rho = 0.272$, $F(\rho) = 0.955$, 베어링에 가한 하중 $P = 1,000\,kgf$, 볼 수 $Z = 9$일 때 탄성접근량은 얼마인가?

$$Q_{\max} = \frac{5}{Z} P$$

$$= \frac{5}{9} \times 1,000$$

$$= 556 \ (kgf)$$

또, $F(\rho) = 0.955$에 대응하는 e_δ는 0.000721이므로

$$\delta = 0.000721 \sqrt[3]{0.272 \times (556)^2}$$

$$= 0.032 \ (mm)$$

3) 로울러베어링의 탄성접근량

로울러베어링에서 로울러와 궤도륜의 접촉부분 탄성접근량 δ는 Palmgren의 식에 의하여 계산할 수가 있다.

내외륜의 접근량을 구하는 경우, 내륜에서의 접근량과 외륜에서의 접근량을 합할 필요가 있다. 또한, 여기서 나타내는 식은 접촉부분의 곡률에는 관계가 없기 때문에 내외륜의 접근량은 여기서 구한 값의 2배가 된다.

로울러베어링의 탄성접근량은 다음 식으로 주어진다.

$$\delta = 0.0003 \, \varepsilon_e^{\,2.7} \frac{Q^{0.9}}{l_{eff}^{\,0.8}} \quad (mm) \qquad 16.54$$

여기서, l_{eff} : 로울러의 유효길이 (mm)

(계산 예)

로울러의 유효길이 $l_{eff} = 9\,mm$, 베어링에 가한 레이디얼하중 $P = 2,000\,kgf$, 로울러의 수 $Z = 10$일 때 탄성접근량은 얼마인가?

$$Q_{\max} = \frac{4.6}{Z} P$$

$$= \frac{4.6}{10} \times 2,000$$

$$= 920 \ (kgf)$$

$$\delta = 0.0003 \, \varepsilon_e^{\,2.7} \frac{Q^{0.9}}{l_{eff}^{\,0.8}}$$

$$= 0.0003 \times 1 \times \frac{920^{0.9}}{9^{0.8}}$$

$$= 0.024 \ (mm)$$

4) 잔류변형(殘留變形)

Hertz의 탄성접촉에서 하중이 크게 되어 접촉면 내에 발생하는 응력(應力)에 의해 하중을 제거한 후 접촉을 했던 곳에 변형이 남는다. 실제의 접촉면은 가공에 의한 표면조도가 있고 가공변질층(加工變質層)이 존재하기 때문에 이론적인 탄성한계를 초과할 정도의 하중에 되어 있지 않은 상태에서도 약간의 잔류변형이 영구히 잔존한다.

더욱 더 대하중이 접촉면에 작용할 때에 생기는 브리넬(Brinell)의 깊이는 Hertz의 이론으로부터 다음과 같이 유도된다.

a) 점 접촉의 경우(볼베어링)

$$\delta_g = 1.25 \times 10^{-5} \frac{P^2}{D_a} (\rho_{11} + \rho_{12})(\rho_{21} + \rho_{22}) \ (mm) \tag{16.55}$$

여기서, δ_g : 접촉면과 볼에 있어서 영구변형 깊이의 합 (mm)

P : 가압면에 수직한 하중 (kg)

D_a : 전동체의 직경 (mm)

$\rho_{11}, \rho_{12}, \rho_{21}, \rho_{22}$: 주곡률 (1/mm)

b) 선 접촉의 경우 (로울러베어링)

$$\delta_g = \frac{2 \times 10^{-8}}{\sqrt{D_a}} \left(\frac{P}{l_w} \sqrt{\rho_1 + \rho_2} \right)^2 \ (mm) \tag{16.56}$$

여기서, D_a : 전동체의 직경 (mm)

l_w : 로울러의 접촉길이 (mm)

ρ_1, ρ_2 : 주곡률 (1/mm)

이상은 소입강(燒入鋼)으로 경도 Hv 800 ~ 850의 것만을 적용한 것이다.

또한, δ_g중 전동체의 영구변형은 $1/3\delta_g$, 궤도면은 $2/3\delta_g$의 비율 정도로 취하고 있다. 잔류변형의 한계로서는 경험적으로 전동체 직경 D_a의 1/10,000 이면 허용하는 관례를 취하고 있다.

16.2. 동력학

구름베어링은 기구학적으로 궤도륜과 전동체의 사이에 구름운동이 되는 구조이다. 베어링의 구조는 매우 간단하나 각 부품의 운동은 의외로 복잡하고 수명과 성능에 큰 영향을 준다.

16.2.1. 부품의 운동 종류

베어링을 회전시키면 전동체는 우주의 태양계 운동처럼 자전(自轉)과 공전(公轉)을 한다. 그림 16.12는 외륜을 고정시키고 내륜을 회전시켰을 때 전동체 상의 한 점 A의 궤적을 나타내고 있다.
로울러베어링은 궤도륜 턱면과 로울러 단면의 사이에 미끄럼운동을 하는 것이 많으나 로울러 단면상 점들의 운동 궤적은 그림 16.13에 나타낸다.

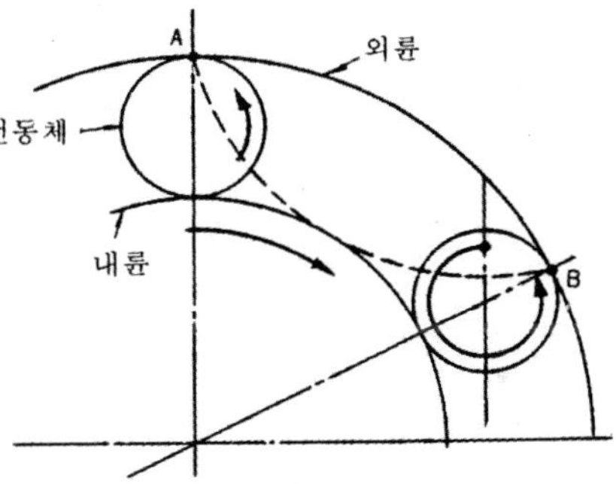

그림 16.12 전동체의 운동

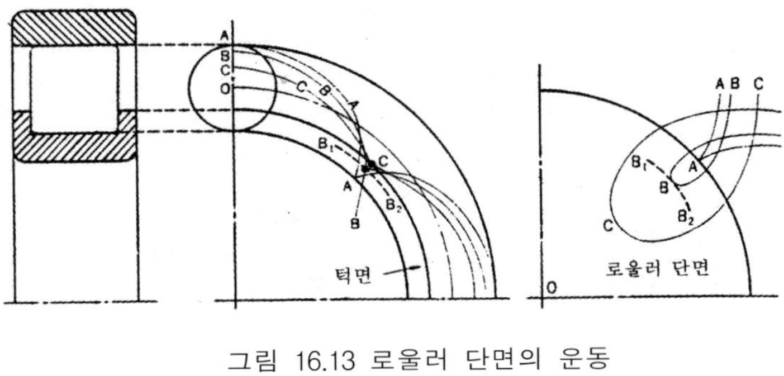

그림 16.13 로울러 단면의 운동

16.2.2. 전동체의 자전과 공전

베어링의 내륜 또는 외륜이 회전할 때 진동체와 궤도면 사이에 크리어런스(Clearance)가 없고, 접촉부분의 변형도 없고, 미끄럼도 없이 마찰구동에 의하여 회전하는 경우 전동체의 자전속도(自轉速度)와 공전속도(公轉速度) 즉, 리테이너(Retainer)의 회전속도는 표 16.11에 나타낸다.

베어링이 실제로 사용되는 조건에서는 예압 등에 의해서 베어링 운전시 크리어런스가 0 보다 적을 경우에는 표 16.11에 근사한 운동을 하나 크리어런스가 있으면 미끄럼을 동반하므로 표 16.11에 근사한 운동을 하지 않는다.

16.2.3. 전동체의 스핀과 스큐

1) 스핀

스핀(Spin)은 전동체와 내외륜의 접촉면 접선이 베어링의 중심축에서 교차하지 않기 때문에 생긴다. 그림 16.14는 각종 베어링의 스핀을 나타낸다.

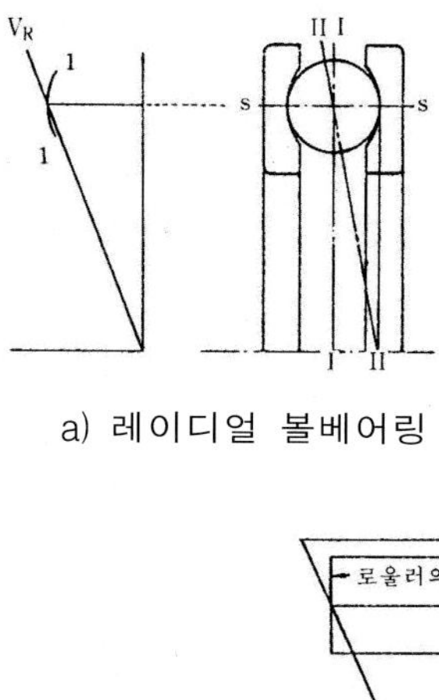

a) 레이디얼 볼베어링

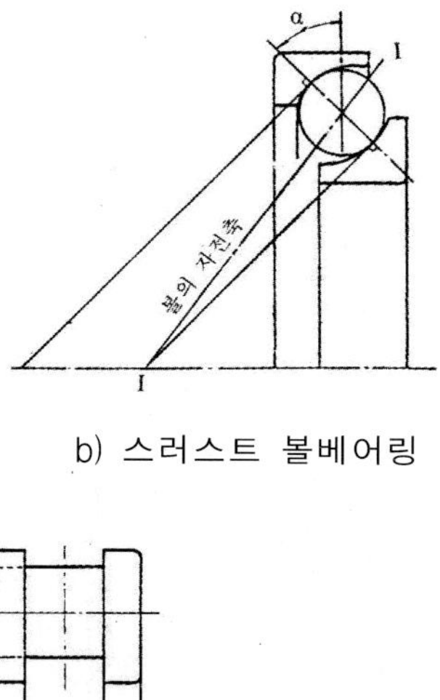

b) 스러스트 볼베어링

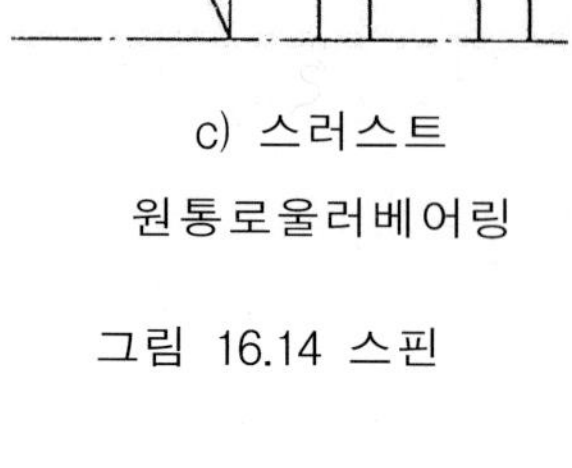

c) 스러스트
원통로울러베어링

그림 16.14 스핀

표 16.11 전동체의 자전속도와 공전속도

궤도륜 회전조건		참 고	자 전		공 전			
			자 전 수 n_w (rpm)	자 전 속 도 v_w (m/sec)	공 전 n_c (rpm)	공 전 속 도 v_c (m/sec)	내륜에 대한 공전수 (rpm)	외륜에 대한 공전수 (rpm)
내륜회전(외륜정지) $n_e=0$			$-\frac{1}{2}\frac{d_m}{D_a}\left[1-\left(\frac{D_a}{d_m}\cos\alpha\right)^2\right]$	$-\frac{\pi}{12\times10^4}n_i d_m\left[1-\left(\frac{D_a}{d_m}\cos\alpha\right)^2\right]$	$\frac{1}{2}n_i\left(1-\frac{D_a}{d_m}\cos\alpha\right)$	$\frac{\pi}{12\times10^4}n_i d_m\left(1-\frac{D_a}{d_m}\cos\alpha\right)$	$-\frac{1}{2}n_i\left(1+\frac{D_a}{d_m}\cos\alpha\right)$	$\frac{1}{2}n_i\left(1-\frac{D_a}{d_m}\cos\alpha\right)$
외륜회전(내륜정지) $n_i=0$		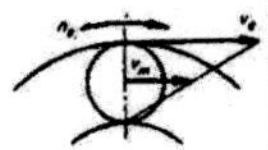	$\frac{1}{2}n_e\frac{d_m}{D_a}\left[1-\left(\frac{D_a}{d_m}\cos\alpha\right)^2\right]$	$\frac{\pi}{12\times10^4}n_e d_m\left[1-\left(\frac{D_a}{d_m}\cos\alpha\right)^2\right]$	$\frac{\pi}{10\times10^4}n_e d_m\left(1+\frac{d_a}{d_m}\cos\alpha\right)$	$\frac{1}{2}n_e\left(1+\frac{D_a}{d_m}\cos\alpha\right)$	$\frac{1}{2}n_e\left(1+\frac{D_a}{d_m}\cos\alpha\right)$	$-\frac{1}{2}n_e\left(1-\frac{D_a}{d_m}\cos\alpha\right)$
내외륜회전	같은 방향 $n_i=n_e$	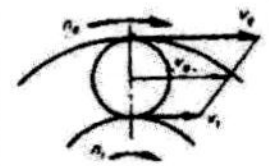	0	0	$n_i=n_e$	$\frac{\pi}{6\times10^4}n_i d_m$	0	0
내외륜회전	반대 방향 $\frac{n_i}{n_e}=\frac{1+\frac{D_a}{d_m}\cos\alpha}{-\left(1-\frac{D_a}{d_m}\cos\alpha\right)}$		$-n_i\frac{d_m}{D_a}\left(1-\frac{D_a}{d_m}\cos\alpha\right)$	$-\frac{\pi}{6\times10^4}n_i d_m\left(1-\frac{D_a}{d_m}\cos\alpha\right)$	0	0	$-n_i$	$-n_e$
내외륜회전	(참고) 일반		$\frac{1}{2}(n_e-n_i)\frac{d_m}{D_a}\left[1-\left(\frac{D_a}{d_m}\cos\alpha\right)^2\right]$	$\frac{\pi}{12\times10^4}(n_e-n_i)d_m$ $\times\left[1-\left(\frac{D_a}{d_m}\cos\alpha\right)^2\right]$	$\frac{1}{2}n_i\left(1-\frac{D_a}{d_m}\cos\alpha\right)$ $+\frac{1}{2}n_e\left(1+\frac{D_a}{d_m}\cos\alpha\right)$	$\frac{\pi}{12\times10^4}n_i d_m\left(1-\frac{D_a}{d_m}\cos\alpha\right)$ $+\frac{\pi}{12\times10^4}n_e d_m\left(1+\frac{D_a}{d_m}\cos\alpha\right)$	$-\frac{1}{2}(n_i-n_e)\left(1+\frac{D_a}{d_m}\cos\alpha\right)$	$\frac{1}{2}(n_i-n_e)\left(1-\frac{D_a}{d_m}\cos\alpha\right)$

접촉각 $\alpha>0$ 인 볼베어링에서 볼(Ball)은 스핀에 의해 본래의 구름축이 아닌 축 주위를 계속하여 회전운동을 한다. 이 때 스핀의 각속도 w_s 및 스핀이 생기지 않는 조건은 다음 식으로 주어진다.

$$w_s = \mp w_w \sin(\alpha - \beta) - (w - w_c)\sin\alpha \qquad 16.57$$

$$\tan\beta = \frac{\sin\alpha}{\cos\alpha \mp \dfrac{D_a}{d_p}} \qquad 16.58$$

여기서, β : 볼의 자전속도 벡터와 축 중심선이 이루는 각

D_a : 볼의 직경

d_p : 베어링의 피치원경

w : 내륜 또는 외륜의 각속도

w_c : 볼의 공전 각속도

w_w : 볼의 자전 각속도

단) 부호의 위는 내륜, 아래는 외륜의 경우이다.

2) 스큐

로울러베어링에서 로울러축이 회전진행 방향에 대하여 직각이 아니고 어떤 각도 만큼 경사진 상태를 스큐(Skew)라고 한다. 스큐는 테이퍼로울러베어링과 자동조심로울러베어링의 안내턱에 의한 마찰저항 이외에 원통로울러베어링과 니들로울러 베어링은 가공정도, 조립오차, 부하에 의한 변형 때문에 발생한다.

그림 16.15는 원통로울러베어링과 니들로울러베어링의 스큐를 나타낸다.

이 스큐에 의한 경사모멘트 $\mu P'\cos\theta$는 외륜의 궤도, 리테이너의 포켓 등이 저항하는 모멘트 $P'\sin\theta$와 균형이 잡힌 상태로 평형이 유지 된다. 한편, 앞에 기술한 스핀의 발생은 기하학적으로 불가피한 현상이나 스큐는 이상적인 상태에서는 발생하지 않으나 실제로 운전시 생기는 현상이다. 그림 16.15에서 스큐각(Skew Angle) λ는 다음 식으로 주어진다.

$$\sin\lambda = \frac{b_r(l+\Delta l) - \sqrt{b_r^{\,2}(l+\Delta l)^2 - 2l\Delta l(l^2 + b_r^{\,2})}}{(l^2 + b_r^{\,2})} \qquad 16.59$$

여기서, b_r : 원통로울러를 턱에 꼭 끼었을 때의 접촉폭

l : 원통로울러의 길이

Δl : 원통로울러베어링의 궤도면 폭(턱간거리)과 로울러 길이와의 차.

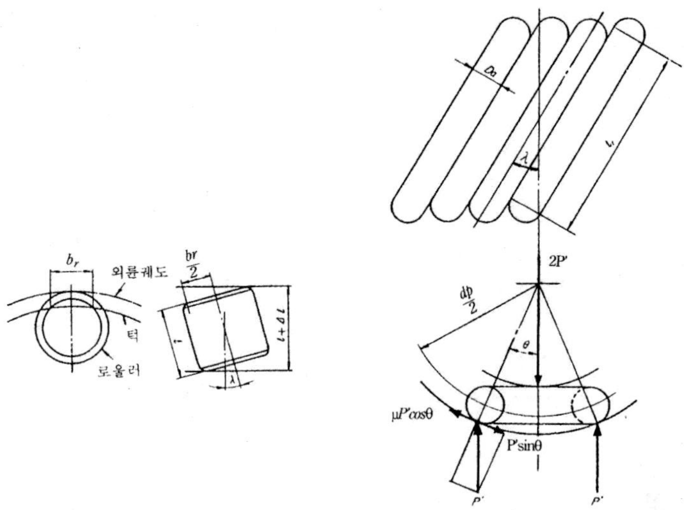

a) 원통로울러베어링의 스큐　　b) 니들로울러베어링의 스큐

그림 16.15 스큐

니들로울러베어링은 가늘고 긴 로울러를 사용하므로 스큐를 일으키기 쉽고 총로울러의 경우는 그림 16.15와 같이 되어 스큐를 방지하기 어렵다.

스큐모먼트와 반 스큐모먼트가 평형을 유지하고 있을 때 스큐각 및 레이디얼 크리어런스와 원주크리어런스는 다음 식으로 주어진다.

$$\sin\lambda = \frac{d_p}{l_r}\sin\theta = \mu\frac{d_p}{l_r} \qquad 16.60$$

$$\Delta_r = d_p(1-\cos\theta)$$
$$\Delta_r = Z D_a(\sec\lambda - 1) \qquad 16.61$$

여기서, λ : 스큐각

l_r : 니들로울러의 유효길이

θ : 로울러와 외륜의 접촉점이 하중방향과 이루는 각

Z : 니들로울러의 수

Δ_r : 레이디얼크리어런스

Δ_r : 원주크리어런스

16.2.4. 전동체의 관성력

1) 원심력

전동체는 베어링의 중심 주위를 공전하므로 다음 식과 같은 원심력(Centrifugal Force)이 생긴다.

$$F_c = 50\, m d_p w_c^{\ 2}\ (kgf) \qquad 16.62$$

여기서, m : 전동체의 질량 (kg)

d_p : 베어링 피치원경 (mm)

w_c : 전동체의 공전각속도 (rad/s)

이 원심력은 접촉각 $\alpha=0$ 인 레이디얼 베어링이 레이디얼하중을 받을 때에는 외륜과 전동체의 사이에 압력이 증가되나 내륜과 전동체 사이에는 압력의 변화가 없다.

접촉각이 α인 레이디얼 볼베어링이 스러스트하중 F_a를 받을 때에는 그림 16.16에 나타낸 것과 같이 원심력 F_c의 영향으로 외륜과 전동체의 접촉각은 α에서 α_e로 감소하고 내륜과 전동체의 접촉각은 α에서 α_i로 증가하게 된다.

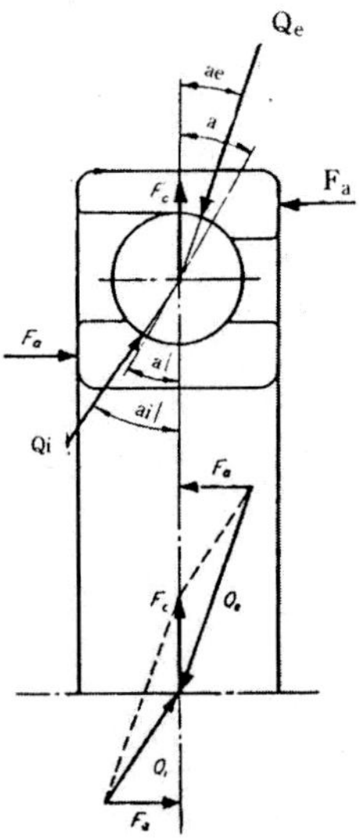

그림 16.16
레이디얼베어의
원심력 영향

이 원심력은 레이디얼 베어링의 경우 보통속도에서는 별로 문제가 되지 않으나 고속도에서는 하중에 비하여 무시할 수가 없으며 베어링의 수명이 감소하게 된다. 또, $\alpha=90^\circ$ 인 스러스트 볼베어링에서 이 영향이 가장 크며, 그림 16.17 (b)와 같이 고속회전에 있어서 볼은 외측 궤도턱에 걸리고 큰 피치원경을 구른다.

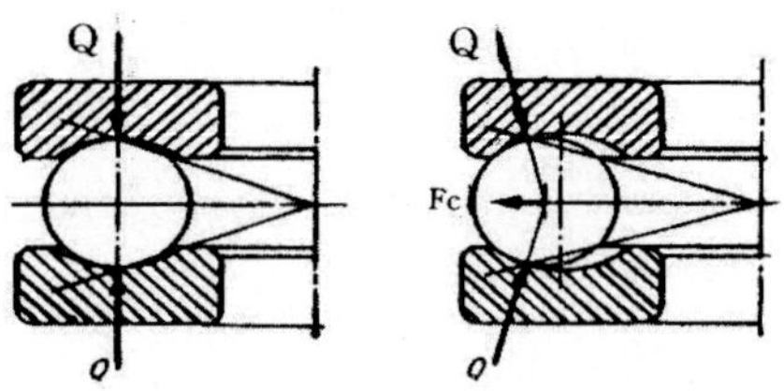

a) 보통 속도　　b) 고속도

그림 16.17
스러스트 볼베어링의 원심력 영향

2) 자이로력

일반적으로 회전체의 회전축 방향이 변하면 자이로모먼트(Gyro Moment)가 발생한다. 접촉각 $\alpha > 0$ 인 베어링에서 전동체의 자전축이 공전축의 주위로 회전방향이 변하므로 전동체에 자이로력(Gyro Force)이 작용한다. 그림 16.18은 앵규러볼베어링이 스러스트하중을 받을 때 그의 회전방향은 피치원의 접선방향이고 볼 1개에 작용하는 자이로모먼트는 다음 식으로 주어진다.

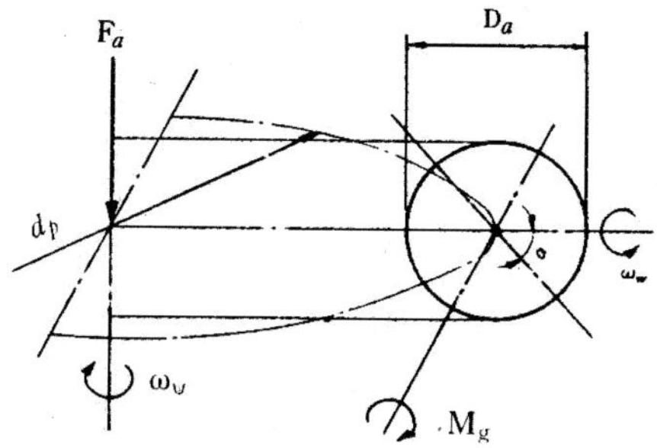

그림 16.18 앵규러볼베어링의 자이로모먼트

$$M_g = I w_c \, w_w \sin\alpha \ (kgf \cdot mm) \quad 16.63$$

여기서, I : 볼의 임의의 직경에 대한 관성 2차 모먼트 (kgf · mm)

$$I = 2/5 \, mr^2 \ (kgf \cdot mm^2)$$

w_w : 볼의 자전 각속도 (rad/s)

w_r : 볼의 공전 각속도 (rad/s)

이 자이로모먼트는 접촉각 α와 함께 증가하고, $\alpha = 90^\circ$ 인 스러스트 볼베어링일 때가 최대로 되고 다음 식으로 주어진다.

$$M_g = 1.15 \times 10^{-10} D_a{}^4 d_p n^2 \ (gf \cdot mm) \quad 16.64$$

여기서, D_a : 볼의 직경 (mm)

n : 축의 회전수 (rpm)

d_p : 피치원경 (mm)

한편, 자이로모먼트는 볼에 가해진 베어링의 하중에 의한 마찰 때문에 제지를 받는다. 이 마찰모먼트는 볼 1개에 대하여 다음 식으로 주어진다.

$$M_f = \frac{\mu_b D_a F_a}{Z \sin\alpha} \quad (kgf \cdot mm) \qquad 16.65$$

여기서, μ_b : 볼과 내·외륜과의 접촉점 마찰계수

F_a : 스러스트하중 (kgf)

D_a : 볼의 직경 (mm)

Z : 볼 수

Palmgren에 의한 볼과 궤도와의 미끄럼마찰계수는 저속에서 0.07 ~ 0.08, 비교적 고속에서 0.02 임이 밝혀졌다. α=90°인 스러스트 볼베어링에서 비교적 고속인 경우에 마찰모먼트는 다음 식으로 주어진다.

$$M_f = 20\frac{D_a F_a}{Z} \quad (gf \cdot mm) \qquad 16.66$$

여기서, F_a : 스러스트하중 (kgf)

D_a : 볼의 직경 (mm)

Z : 볼의 수

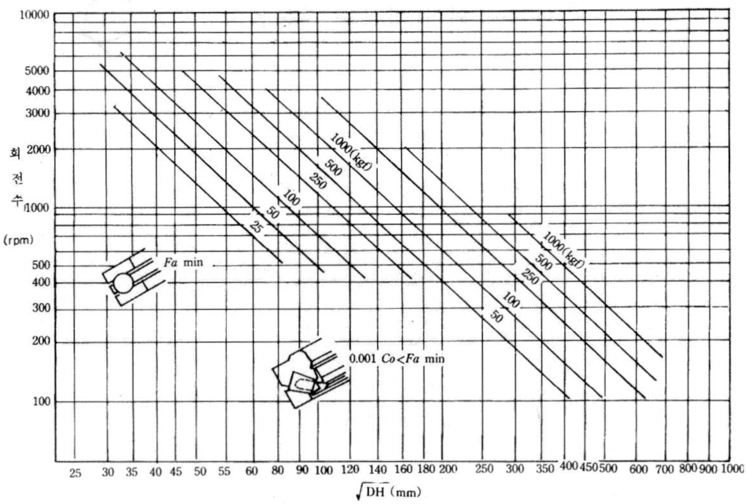

그림 16.19 스러스트 베어링의 예압

미끄럼을 일으키지 않는 조건은 $M_f > M_g$이므로 이 때 필요한 스러스트하중(예압)은 다음 식으로 주어진다.

$$F_a > 5.75 \times 10^{-12} Z D_a^{\ 3} d_p n^2 \ (kgf) \qquad 16.67$$

그러나, 자이로모멘트에 의해 미끄럼이 발생하더라도 베어링의 스러스트하중이 $0.0016\,C_{oa}$(스러스트 정격하중) 이하이고 윤활상태가 좋다면 베어링에 악영향을 주지 않는 것으로 알려지고 있다. 접촉각이 40° 이상 큰 베어링이 고속회전을 할 때에는 자이로력에 의한 스미어링(Smearing)을 방지하기 위하여 예압(Preload)를 가해야 하며 이 때 예압의 크기($F_{a\ min}$)는 그림 16.19에 나타내고 있다. 자이로모먼트가 접촉각의 증가에 따라 함께 증가하므로 접촉각이 큰 베어링 특히, 스러스트 볼베어링이 고속회전에 부적합한 큰 원인이다.

일반적으로 스러스트하중을 받는 고속회전 부분에는 스러스트 베어링 대신에 깊은홈볼베어링 또는, 앵귤러볼베어링을 사용하는 것이 바람직하다.

16.2.5. 리테이너의 운동

베어링에 리테이너가 없다면 전동체는 그림 16.20과 같이 서로 반대방향의 속도로 미끄럼접촉을 하기 때문에 마찰에 의한 마모와 타붙음(Seizure)등의 손상이 쉽게 발생한다.
리테이너는 전동체가 서로 접촉하지 않도록 분리하여 손상을 받지 않게 하는 역할을 한다. 리테이너를 안내하는 방식은 그림 16.21과 같이 전동체안내, 외륜안내, 내륜안내가 있다.

그림 16.20
리테이너가없는베어링의
전동체들의 미끄럼

리테이너는 리테이너의 포켓과 전동체 사이에 상호운동을 자유롭게 하기 위해 포켓 틈새가 있다. 그림 16.21 (a)는 리테이너의 외경측도 내경측도 내외륜과 접촉하지 않도록 되어 있는 리테이너는 전동체에 의해서만 회전안내를 받는다. 이것을 전동체안내 리테이너라고 한다. 소형 베어링에 주로 사용된다.

그림 16.21 (b)는 리테이너의 외경면을 외륜의 턱에 접촉시키고, 그림 16.21 (c)는 리테이너의 내경면을 내륜의 턱에 적극 밀착시켜 리테이너의 회전안내를 하도록 하고 있다. 전자를 외륜안내리테이너, 후자를 내륜안내리테이너라고 하

며 대형 베어링에 사용된다. 베어링의 사용방법이 가장 일반적인 외륜이 정지하고 내륜이 회전하는 경우에는 전동체안내리테이너에서 리테이너는 그의 포켓면의 회전방향과 같은 측에서 베어링의 부하영역에 있는 전동체와 미끄럼접촉을 하면서 전동체로부터 구동력을 얻어서 회전을 한다.

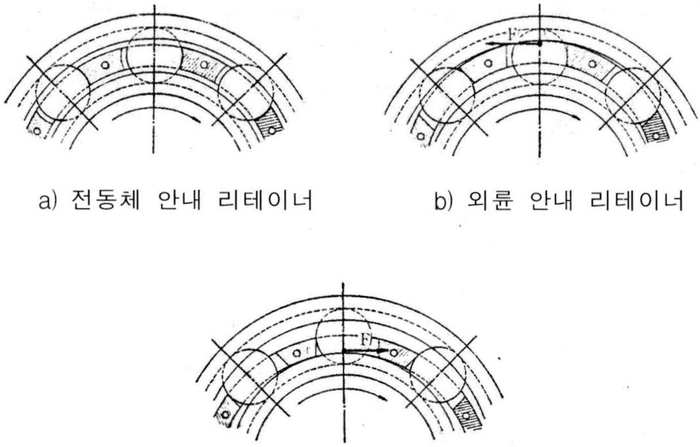

a) 전동체 안내 리테이너 b) 외륜 안내 리테이너

c) 내륜 안내 리테이너

그림 16.21 리테이너를 안내하는 방식

외륜안내리테이너에서도 똑같이 전동체로부터 회전을 위한 구동력을 리테이너의 포켓면에서 받아 회전하지만 외륜안내면에서 리테이너는 미끄럼마찰력에 의해 브레이크(Brake)작용을 한다. 한편, 내륜안내리테이너에서는 내륜안내면과 리테이너와의 접촉면에서 내륜안내면의 주속도는 전동체의 공전속도로 정해지는 리테이너의 안내면의 주속도 보다 항상 크기 때문에 리테이너는 내륜안내면과의 마찰력에 의해 구동되고 부하영역에 있는 전동체는 리테이너 포켓의 회전방향과 반대측에서 접촉한다. 리테이너는 베어링의 하중을 직접 받지 않기 때문에 내외륜및 전동체의 재질 보다 낮은 강도의 것을 사용하지만 미끄럼마찰에 견딜 수 있는 재질을 선정해야 한다.

볼베어링에서 합성하중, 모먼트하중, 스러스트하중 또는, 예압을 받는 경우에 전동체가 부하영역이 클 때 내외륜이 서로 경사진 상태에서 사용하면 베어링 중에서 위치에 따라 볼의 접촉각이 변한다. 그 결과로 1개의 베어링 중에도 볼의 진행거리가 리테이너 포켓의 진행거리 보다 큰 부분과 작은 부분이 생긴다. 이렇게 되면 그림 16.22과 같이 리테이너 포켓은 볼에서 큰 힘을 받고 리테이너에는 큰 응력이 생긴다.

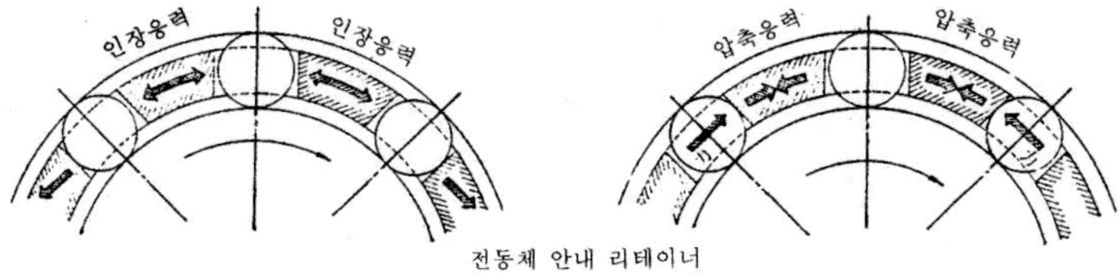

그림 16.22 전동체-리테이너 포켓 간의 힘과 리테이너 안내면에 작용하는 힘

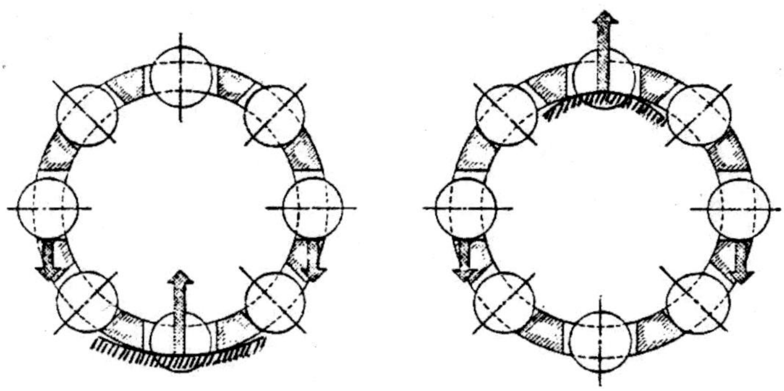

a) 외륜 안내 리테이너　　b) 내륜 안내 리테이너

그림 16.23 전동체-리테이너 포켓 간의 힘과 리테이너 안내면에 작용하는 힘

더우기 그 힘이 합성되어 그림 16.23과 같이 리테이너의 안내면이 궤도륜의 안내면인 턱에 큰 힘으로 누르게 된다.
이들의 힘과 응력은 리테이너가 회전을 할 때마다 반복되어 리테이너의 리벳 구멍을 파손하던지 리테이너 자체를 파손한다. 철도차량과 압연기와 같이 베어링 외부에서 큰 충격하중이 반복하여 작용할 경우에 고속회전에서 축계의 진동수가 리테이너의 공진 진동수에 가까워서 리테이너가 진동하는 경우에는 리테이너는 반복응력이 발생하여 피로파손을 일으킨다.

17. 마찰과 온도 상승

17.1. 마찰

베어링의 마찰은 베어링이 회전할 때에 발생하는 저항이다. 구름베어링의 마찰은 그림 17.1 에 나타낸 각 부분의 마찰이 종합된 형태로 나타난 것이다.

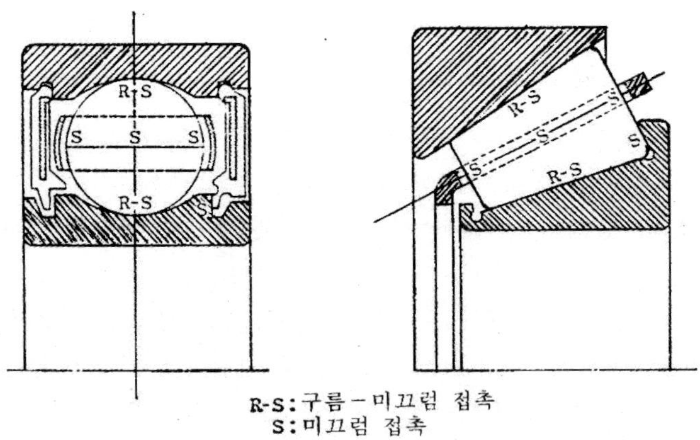

그림 17.1 베어링의 내부마찰 발생 부위

- 마찰의 발생기구(Mechanism)는 다음 5가지로 분류할 수가 있다.
· 전동체와 궤도의 구름및 미끄럼마찰
· 로울러의 단면과 궤도를 턱 안내면의 마찰

· 전동체와 리테이너 포켓및 안내면의 마찰
· 윤활제와 공기의 점성저항
· 밀봉장치의 미끄럼마찰

이들의 마찰비율은 베어링의 사용조건이 하중, 회전속도, 윤활 등에 의하여 변한다.

구름베어링의 마찰에 대한 평가는 마찰모먼트로 나타내는 방법과 마찰계수로 나타내는 방법이 있다.

1) 마찰모먼트

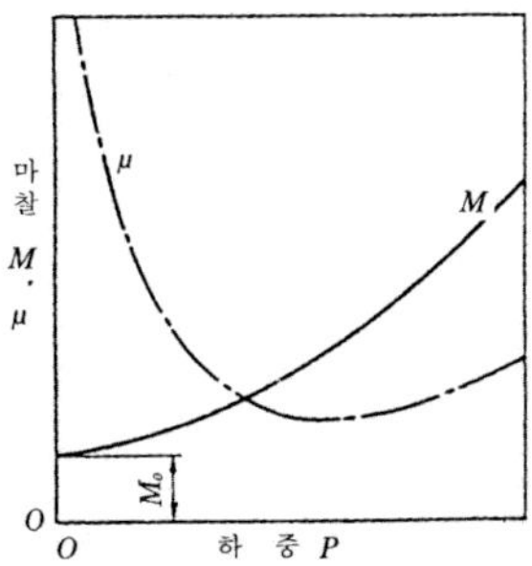

그림 17.2 베어링의 마찰 특성

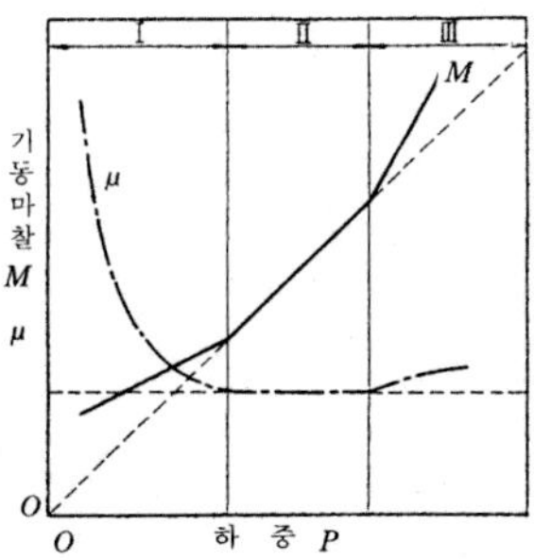

그림 17.3 기동마찰의 특성

베어링의 마찰에는 정마찰(기동마찰)과 동마찰이 있다. 기동마찰모먼트(Starting Friction Moment)는 한편의 궤도륜이 정지하고 있을 때 똑같이 정지하고 있는 다른 편의 궤도륜을 기동하여 어느 원호만큼의 회전을 유지하는데 필요한 모먼트이다. 동마찰모먼트(Running Friction Moment)는 한편의 궤도륜이 일정한 속도로 회전하고 있을 때 다른 편의 궤도륜 운동을 억제하는데에 필요한 모먼트이다. 베어링의 예압량을 확인할 목적으로 기동마찰모먼트를 측정하는 수도 있다.

베어링의 동마찰은 하중에 관계되는 하중항과 회전속도에 관계되는 속도항으로 나누어진다. 하중항은 하중이 증가함에 따라 마찰이 증가하며 속도항은 회전속도가 증가함에 따라 증가하나 실제는 온도상승 때문에 윤활제의 점도가 저하되어 속도에 의하여 거의 변하지 않는 수도 있다.

그림 17.2는 베어링의 마찰특성을 나타내고 있다. 그림 17.3은 기동마찰의 특성을 나타내고, 영역 I, II, III은 구름접촉면의 윤활상태와 탄성역에 관련된다고 생각된다.

Palmgren은 하중항 M_L과 속도항 M_S에 관하여 밀봉장치를 제외하고 다음과 같은 실험식을 만들었다.

$$\text{동마찰모멘트} \quad M = M_L + M_S \qquad 17.1$$

$$\text{하중항} \quad M_L = f \cdot K\left(\frac{d+D}{2}\right) \qquad 17.2$$

여기서, d : 베어링의 내경 (mm)

D : 베어링의 외경 (mm)

f : 마찰계수

K의 값은 레이디얼 볼베어링에 대해서 다음 값 중에서 큰 편을 취한다.

$$K = 0.9\,F_a \cot\alpha - 0.1F \qquad 17.3$$
$$K = F_r$$

K의 값은 레이디얼 로울러베어링에 대해서 다음 값 중에서 큰 편을 취한다.

$$K = 0.8\,F_a \cot\alpha \qquad 17.4$$
$$K = F_r$$

여기서, F_r : 레이디얼하중 (kgf)

F_a : 스러스트하중 (kgf)

α : 접촉각

스러스트 베어링에 대해서는 볼베어링, 로울러베어링 모두 F_a이다.

속도항 M_S에 대하여 다음 식으로 주어진다.

$\nu n \geq 2,000$ 에 대하여

$$Ms = F_0\left(\frac{d+D}{2}\right)^{2/3}(\nu \cdot n)^3 \times 10^{-8} \ (kgf \cdot mm) \qquad 17.5$$

$\nu n < 200$에 대하여

$$Ms = f_0\left(\frac{d+D}{2}\right)^3 \ 159 \times 10^{-8} \ (kgf \cdot mm) \qquad 17.6$$

여기서, f_0 : 표 17.1에 따른다.

ν : 윤활유의 동점도 cst(mm^2/s)

n : 베어링의 회전수 (rpm)

d : 베어링의 내경 (mm)

D : 베어링의 외경 (mm)

표 17.1 마찰 계산식의 정수 (Palmgren)

베어링 형식	f	f_0
깊은홈볼베어링	$0.0009(P_0/C_0)^{0.55}$	1.5 ~ 2
앵귤러볼베어링 $\alpha=30^\circ$	$0.0010(P_0/C_0)^{0.33}$	2
$\alpha=40^\circ$	$0.0013(P_0/C_0)^{0.33}$	2
자동조심볼베어링	$0.0003(P_0/C_0)^{0.4}$	1.5 ~ 2
원통로울러베어링	0.00025~0.00030	2 ~ 3
테이퍼로울러베어링	0.0004~0.0005	3 ~ 4
자동조심로울러베어링	0.0004~0.0005	4 ~ 6
스러스트 볼베어링	$0.0012(P_0/C_0)^{0.33}$	1.5 ~ 2

주) 1. P_0는 정등가하중이고 C_0는 정정격하중이다.

2. f_0는 유욕윤활 또는 그리이스 윤활의 경우이다.

3. f_0는 분무윤활의 경우는 이 값의 ½로 하고 젯트윤활 또는 수직축의 경우는 이 값의 2배로 한다.

4. f_0의 작은 값은 두께가 얇은, 큰 값은 두께가 두꺼운 직경계열의 베어링에 적용한

2) 마찰계수

구름베어링은 구름 행위로 하중을 지탱하므로 구름베어링의 마찰계수는 미끄럼 베어링의 것에 비하여 대단히 작다. 이것은 기동마찰에서 확실히 나타난다. 마찰은 기계의 성능에 가장 중요한 요소이며 운전온도의 상승은 동력 손실을 나타내는 것이다.

구름베어링의 마찰계수는 미끄럼베어링의 경우와 같이 베어링의 내경을 기준으로 나타내면 다음 식으로 주어진다.

$$\mu=\frac{2M}{P\cdot d} \qquad 17.7$$

여기서,
μ : 마찰계수
M : 동마찰모먼트 (kg · m)
P : 베어링 하중 (kgf)
d : 베어링의 내경 (mm)

구름베어링의 경우에 마찰모멘트와 베어링의 내경과는 별로 관계가 없고 오히려 전동체가 공전하는 위치의 직경(Pitch Circle Diameter ; d_p)으로 나타내는 것이 타당하다. 구름베어링의 마찰을 비교하여 취급할 때에는 마찰계수 μ 를 정수로 하여 그의 크기를 판단하는 것이 편리하기 때문에 일반적으로 베어링의 내경 d를 사용한다.

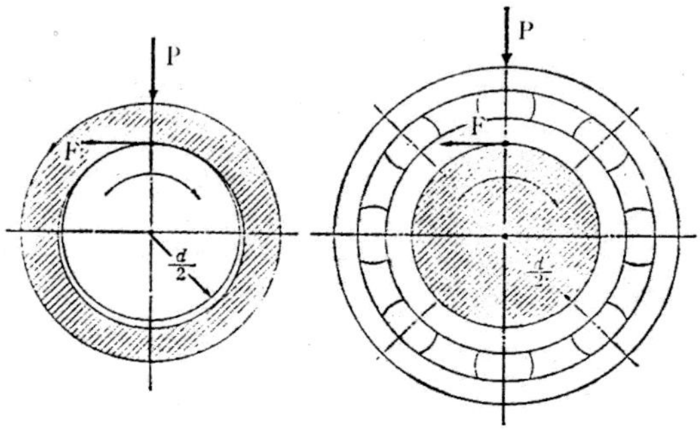

a) 미끄럼 베어링 b) 구름 베어링

그림 17.4 구름베어링의 마찰모멘트

그림 17.4는 축의 직경이 같은 경우에 구름베어링이 미끄럼베어링에 대하여 같은 축의 표면위치에서 어느 만큼의 마찰저항이 되는 가를 실용적으로 비교한 것으로 물리학적으로는 의미가 없다.
회전중의 마찰계수는 윤활과 설치조건이 적당하고 보통하중이면 표 17.2의 값을 취한다.

표 17.2 각종 베어링의 마찰계수

베어링 형식		μ
깊은홈볼베어링		0.0013
앵귤러볼베어링		0.0016
자동조심볼베어링		0.0010
원통로울러베어링		0.0010
테이퍼로울러베어링		0.0022
자동조심로울러베어링		0.0028
니들로울러베어링	(리테이너 있음)	0.0015
	(리테이너 없음)	0.0025
스러스트 볼베어링		0.0013
스러스트자동조심로울러베어링		0.0028

이 마찰계수는 하중에 의해서도 그림 17.5와 같이 된다. 그림에서 하중이 작

은 경우에 마찰계수가 큰 값이 되는 것은 마찰모먼트 M 중에 속도항이 어떤 값을 갖고 있기 때문이다.

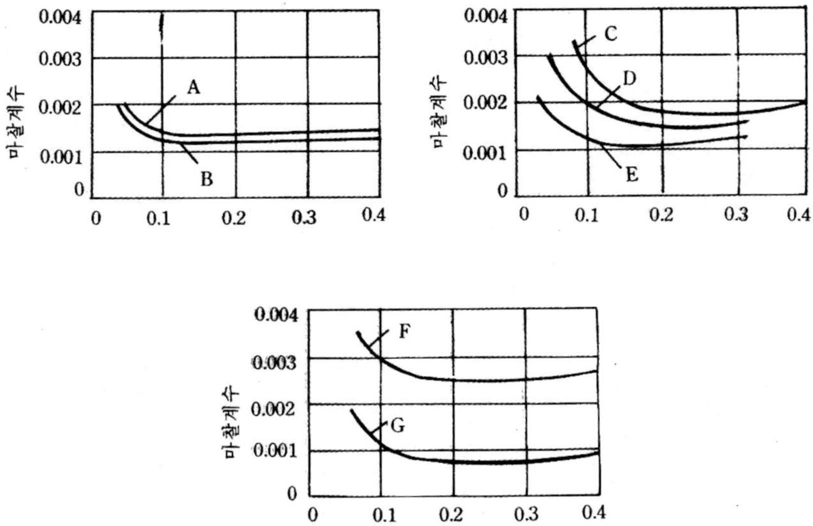

그림 17.5 구름베어링의 하중에 의한 마찰계수

A : 깊은홈볼베어링

B : 자동조심로울러베어링

C : 복열자동조심로울러 베어링

D : 테이퍼로울러베어링

E : 원통로울러베어링

F : 스러스트자동조심로울러 베어링

G : 스러스트 볼베어링

마찰계수는 레이디얼 베어링의 경우에 스러스트하중을 받으면 크게 되고, 스러스트 베어링의 경우에 전동체에 작용하는 원심력 때문에 회전속도가 증가하면 크게 된다. 모먼트하중이 걸리면 마찰이 증가하는 수가 많기 때문에 축과 하우징의 가공을 정밀하게 해야 한다.

마찰에 의한 베어링의 동력손실은 다음 식으로 주어진다.

$$H = 1.05 \times 10^{-7} M \cdot n \qquad 17.8$$

여기서, H : 동력손실 (kw)

n : 회전수 (rpm)

17.2. 온도상승

베어링의 마찰은 열 에너지로 변환되어 베어링의 온도를 상승시키고 발생열량은 마찰과 회전수와의 곱에 비례하므로 베어링의 온도상승이 마찰의 크기를 판단하는 기준이 된다.

베어링의 온도는 베어링의 마찰에 의해 발생한 마찰열과 축및 하우징의 형상과 냉각면적, 베어링 이외의 열원, 회전체의 송풍작용, 주위온도, 윤활방식에 의한 열 방출과의 평형에 따라 결정된다.

이상의 열역학적 관계는 다음 식으로 주어진다.

$$M \cdot w = K \cdot T_B + H \qquad 17.9$$

여기서, M : 동마찰모먼트

w : 각속도

T_B : 비례상수

H : 베어링에서 방출되는 열량

베어링의 온도상승을 정확히 계산하는 것은 대단히 어렵다. 결과론적이지만 베어링이 보통조건에서 사용될 경우에 내륜의 온도는 외륜 보다 5 ~ 10℃가 높고 전동체의 온도는 내륜 보다 10℃ 정도 높고 리테이너의 온도는 의외로 낮은 것으로 알려지고 있다. 이 중에 내외륜및 전동체의 온도차는 베어링의 크리어런스에 영향을 주므로 중요한 특성이다. 실용적인 면에서 베어링의 온도측정은 정지상태에서 측정하기 쉬운 궤도륜(Race)의 온도를 측정하고 온도차를 가감하여 타 부품의 온도를 추정할 수가 있다.

베어링을 설치한 후 운전온도는 그 자체의 마찰,시일의 마찰과 인접부품으로 열방출은 물론 외부 열원에 의한 결과이다. 외부열을 포함하여 중간 속도와 하중에서 구름베어링의 운전온도는 베어링 마찰이 작기 때문에 높지는 않다. 각종 기계에 사용되는 베어링의 평균 운전온도는 표 17.3 에 나타낸다.

표 17.3 Operating Temperatures of Bearings in Different Machines

Bearing application	Operating temperature ℃	Bearing application	Operating temperature ℃
Cutter shaft of planing machine	40	Face grinding machine	55
Bench drill spindle	40	Jaw crusher	60
Horizental boring spindle	40	Axleboxes of loco motives and passenger coaches	60
Circular saw shaft	40	Hammer mill	60
Blooming and slabbing mill	45	Wire mill	65
Lathe spindle	50	Vivratory motor	70
Vertical turret lathe	50	Rope stranding machine	70
Double-crank saw frame	50	Vibrating screen	80
Wood cutter spindle	50	Impact mill	80
Calender roll of a paper	55	Ship's propeller thrust block	80
Backup rolls of hot strip mills	50	Vibrating road roller	90

구름베어링이 외부 열에 노출되었을 때는 운전온도가 여러 경우에 있어서 훨씬 높아진다. 외부 열에 노출된 많은 베어링의 운전온도를 표 17.4에 나타낸다.

표 17.4 Operating Temperature of Bearings Exposed to Extraneous Heat

Bearing application	Extraneous heat	Operating temperature ℃
Electric traction motors	Electrical heat from armature, housing cooled by airflow	80-90
Dryer rolls of paper making machine	Heating steam at 140-150℃ through bearing journal	120-130
Hot gas fans	Heat from transmission to the bearing through the shaft from the impeller exposed to the hot gas	≈90

Water pump in vehicle engine	Heat from cooling water and engine	≈120
Turbocompressors	Dissipation of compression heat through shaft	≈120
Internal combustion engine crankshafts	Dissipation of combustion heat through crankshaft : cooled housing	≈120
Calender for plastic substance	Supply of heat carrier at 200-240℃ through bearing journal	≈120
Wheel bearings of kiln trucks	Heat radiation and transmission from kiln space	200-300

베어링의 온도는 베어링의 적절한 수명유지, 윤활제의 열화방지를 위하여 보통 100℃ 이하, 높더라도 120℃ 이하로 사용하는 것이 바람직하다.

베어링의 온도상승을 억제시키기 위하여 사용조건에 적합한 윤활제와 윤활법을 선택하고, 윤활제의 과다와 부족, 과다한 예압, 과소한 크리어런스, 베어링의 뒤틀림, 먼지의 혼입 등을 방지해야 한다. 베어링의 온도상승은 쉽게 측정할 수가 있으므로 이상 발견의 수단으로 널리 이용되고 있다.

1) 윤활법과 온도상승

온도상승은 윤활제의 유량이 적은 윤활법에서 유량의 증가와 함께 속도항 때문에 증가는 하나 비교적 낮으며 유량이 많고 방출이 없는 유욕 윤활법이 가장 높다.

윤활유의 양과 온도상승의 관계를 정리하면 그림 17.6이 된다.

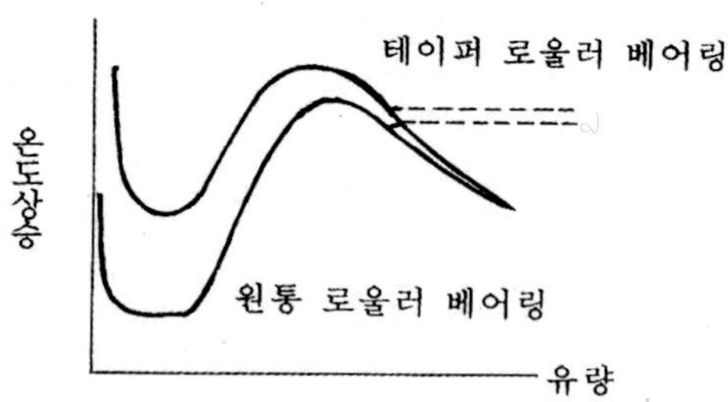

그림 17.6 유량과 온도 상승

그림 17.6에서 윤활제의 유량이 가장 적은 곳은 윤활 불량으로 온도가 상승되어 실용범위를 벗어난다.

유량을 점점 증가시키면 속도항이 커져서 온도가 상승하고 어느 유량이 되면 온도가 최고로 된 다음에 점차로 내려간다. 이것은 윤활제가 발생한 열의 일부를 직접운반, 방출하기 때문이며 강제순활윤활이 이에 해당한다.

윤활제 저장탱크에서 자연냉각 만을 하게 되면 방열면적의 증가 효과 밖에 없으므로 유량과는 관계가 없어 베어링의 온도는 그림 중의 점선과 같이 된다.

한편, 마찰의 하중항이 큰 테이퍼로울러베어링, 작은 원통로울러베어링이나 볼 베어링에서는 유량이 작고 속도항이 작은 곳에서 커다란 차이가 난다. 그러나, 유량이 증가하여 속도항이 증가하면 양자 간의 차이는 점점 줄어든다.

오일미스트(Oil Mist) 윤활은 유량이 적고 마찰의 차이는 속도항이 작으므로 원통로울러베어링, 앵규러볼베어링 등 마찰의 하중항이 작은 베어링에 매우 효과가 크다.

2) 회전속도와 온도상승

베어링의 회전조건 중에서 온도상승과 관계가 깊은 것은 회전속도이다. 베어링이 어느 한계를 초과한 고속회전으로 사용되면 베어링 내부의 마찰열에 의해서 성능상 좋지 않은 온도상승과 타붙음이 발생할 위험이 있다. 이런 문제가 발생하지 않는 경험적인 회전수의 한계를 허용회전수라고 한다.

베어링의 회전속도는 같아도 주속도는 베어링의 크기에 따라 변하기 때문에 베어링의 회전속도를 표시하는 값으로서 dn값 또는 $d_m n$값을 사용한다. 베어링의 온도상승은 이들 값에 비례한다. 이들 양자 간의 관계는 같은 내경 d에 대하여 치수계열에 의해서 피치경(Pitch Circle Diameter)이 다르기 때문에 하나의 dn값에 대하여 여러 개의 $d_m n$ 값이 있게 된다.일반적으로 $d_m n$값은 dn값 보다 약 40% 정도 크다. 허용회전수는 경험상 극히 작은 베어링과 큰 베어링에서는 그 값을 작게 해야 하며 하중의 영향도 고려해야 한다. 이런 것을 고려한 허용회전수는 다음 식으로 주어진다.

레이디얼 베어링

$$n_0 = \frac{f_1 \cdot f_2 \cdot A}{d_m} \qquad 17.10$$

스러스트 베어링

$$n_0 = \frac{f_1' \cdot A}{\sqrt{D \cdot H}} \qquad 17.11$$

여기서,
n_0 : 허용회전수 (rpm)
D : 베어링의 외경 (mm)
H : 스러스트 베어링의 조립높이 (mm)
d_m : 베어링의 외경과 내경의 평균 (mm)
$f_1 f_1'$: 치수계수 (그림 17.7)
f_2 : 하중계수 (표 17.5)
A : 베어링의 형식과 윤활법에 의해 결정되는 상수 (표 17.6)

그림 17.7은 베어링의 치수계수 f_1이고, 표 17.5는 하중계수 f_2이고, 표 17.6은 허용회전수를 구하는 상수 A이다.

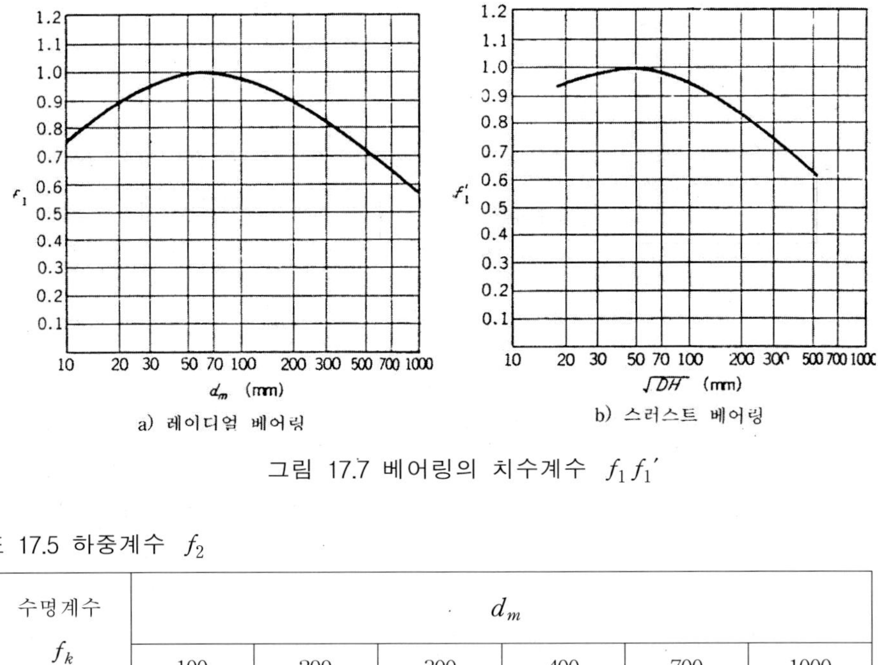

그림 17.7 베어링의 치수계수 $f_1 f_1'$

표 17.5 하중계수 f_2

수명계수 f_k	d_m					
	100	200	300	400	700	1000
1.5	0.90	0.85	0.75	0.6	0.45	0.3
2	0.95	0.9	0.8	0.7	0.6	0.45
3	1	0.95	0.9	0.85	0.8	0.7
4	1	1	1	0.95	0.9	0.85
5	1	1	1	1	1	1

표 17.6 허용회전수를 구하는 상수 A

베어링 형식	윤활제	
	그리이스	오일
깊은홈볼베어링	320000	500000
앵규러볼베어링 (α=15°)	320000	500000
(α=40°)	280000	400000
복열앵규러볼베어링	180000	320000
자동조심볼베어링	250000	350000
원통로울러베어링	280000	450000
니들로울러베어링 (소리드형 리테이너)	250000	400000
테이퍼로울러베어링	180000	300000
자동조심로울러베어링	150000	280000
스러스트 볼베어링	80000	120000
스러스트자동조심로울러베어링		150000

주 1) 그리이스윤활에 대해서는 1,000~1,200 시간을 그리이스의 수명기준으로 한 것이다.
2) 오일윤활은 보통 유욕윤활을 나타낸다.
3) 앵규러볼베어링, 테이퍼로울러베어링 등의 조합베어링에서는 표 17.6에 있는 값의 85%를 취한다.

허용회전수는 베어링의 형식, 치수, 윤활법, 하중 등에 의해 다르다. 시일베어링(Sealed Bearing)에서는 허용회전수가 시일 접촉부분의 주속도에 의해서 제한을 받는다. 베어링 치수표에는 그리이스윤활과 오일윤활의 허용회전수를 각각 표시하고 있다. 실제로 베어링을 사용할 때에는 치수표에 기재된 허용회전수의 75% 이하를 적용하는 것이 안전하다.

만일, 허용회전수의 75% 이상을 적용할 경우에 그리이스윤활에서는 그리이스의 종류와 주입량을, 오일윤활에서는 윤활법과 윤활유를 바르게 선정해야 한다. 허용회전수 이상으로 적용할 경우에는 윤활법, 베어링의 정도, 크리어런스, 리테이너의 재질, 형상 등을 고려해야 한다.

보통 크기의 베어링 사용조건을 고속정도(高速程度)로 나타낼 때에 간단히 하기 위해 $f_1 = f_2 = 1$로 생각해서 $d_m n$(또는 dn)의 값을 말하기도 한다.

표 17.6은 그리이스 윤활의 경우에, 그리이스의 교환주기를 1,000 ~ 1,200 시간으로 하고 있다. 그리이스의 교체기간을 단축하거나 그리이스의 선정을 적당한 것을 하면 다소 높은 값을 취할 수가 있다. 오일 윤활의 경우에 젯트(Jet) 윤활은 상당히 높은 값을 취한다.

고속으로 사용하는 베어링에는 깊은홈볼베어링이 있다. 높은 정밀도(精密度)의 베어링은 레이디얼크리어런스를 크게 하고 동합금 또는 합성수지제 리테이너를 사용하면 고속회전이 가능하다.

17.3. 원통로울러베어링의 허용 스러스트하중

일반적으로 원통로울러베어링은 구조상 레이디얼하중 만을 받으나 내외륜(內外輪) 중에 턱을 갖는 형식의 것(NF, NJ, NUP)에서는 스러스트하중도 받을 수가 있다.

한편, 원통로울러베어렁의 스러스트 부하능력은 레이디얼하중시의 피로수명에 의해 결정되는 동정격하중(動定格荷重)과는 달리 원통로울러의 단면(端面)과 턱과의 사이의 미끄럼면에 있어서 발열의 한계로부터 결정된다.

원통로울러베어링의 스러스트 부하능력은 정성적으로는 다음의 각 인자의 영향을 받는 허용 스러스트하중이라고 생각할 수가 있다.

- 로울러 단면과 턱과의 접촉면의 크기, 평행도, 조도및 접촉상태
- 윤활제및 윤활방법
- 냉각, 방열의 정도
- 스러스트하중을 가한 방향과 부하시간
- 미끄럼속도 또는, 회전수

정량적으로는 다음과 같이 생각할 수가 있다.

미끄럼면에 있어 발열량 Q는 접촉압력을 p, 미끄럼속도 v, 미끄럼마찰계수를 μ로 하면, 일반적으로

$$Q \propto \mu\ (pv) \qquad 17.12$$

로 주어지지만 μ값은 거의 일정하다고 생각되기 때문에 원통로울러베어링의 스러스트 부하능력은 (pv)의 함수라고 할 수가 있다.

일반적으로 Eschmann에 의해 다음 식으로 주어진다.

$$C_A = (pv)\,\lambda/n \qquad 17.13$$

여기서, C_A : 원통로울러베어링의 허용스러스트 하중 (kgf)

(pv) : 사용조건에 의해 정해지는 정수

λ : 베어링의 치수에 의해 정해지는 정수

n : 베어링의 회전수 (rpm)

여기서 주의해야 할 것은 (pv)는 윤활조건과 하중조건에 의해 표 17.7에 나타낸 값이고 하중과 회전수에서 정해지는 Pv값과는 의미가 전혀 다르다. 윤활조건에 관련된 허용회전수라는 것은 최소한계로서 C_A값이 $0.5C_O$ 미만(광폭형은 $0.3\ C_O$미만)으로 된다는 조건에 붙어 있다. 또한 λ의 값은 베어링의 치수에 의해 미끄럼 접촉면적이 다르기 때문에 여러 값이 되지만 직경계열마다 거의 일정한 값을 취하므로 표 17.8과 같이 주어진다.

표 17.7 정수 (pv)

사 용 조 건				(pv)
윤활제	유 량	방 열	부 하	
그리이스		보통	연속	70 ~ 80
그리이스		보통	간헐	130 ~ 160
오일	보통	보통	연속	
오일	보통	양호	연속	190 ~ 220
오일	다량	양호	간헐	270 ~ 320
오일	극히 다량	극히 양호	단시간	550 ~ 700
그리이스		극히 양호	극히 단시간	950 ~ 1350
오일	다량			

표 17.8 정수 λ

직경계열	0	2	3	4
λ	19 d	32 d	45 d	60 d

단) d : 베어링 내경 (mm)

O.Iko와 S.Orte는 다음 식을 발표했다.

a) 그리이스윤활의 경우

$$C_A = f_A f_B d_e^{\,2}\left(2 - \frac{n d_e}{100,000}\right) \qquad 17.14$$

b) 오일윤활의 경우 $n d_e \le 120,000$ 에 대하여

$$C_A = f_A f_B d_e^{\,2}\left(2 - \frac{n d_e}{100,000}\right) \qquad 17.15$$

$n d_e > 120,000$ 에 대하여

$$C_A = f_A f_B d_e^{\,2}\left(1 - \frac{1}{6} \cdot \frac{n d_e}{100,000}\right) \qquad 17.16$$

여기서,
C_A : 원통로울러베어링의 허용 스러스트하중 (kgf)
f_A : 하중조건에 의해 정해지는 계수
f_B : 베어링 형식에 의해 정해지는 계수
d_e : 베어링 외륜의 궤도경 (mm)
n : 베어링 회전수

또한, f_A , f_B의 값은 표 17.9와 표 17.10에 나타낸다.

표 17.9 계수 f_A

하중 조건	f_A
연속 부하	0.2
간헐 부하	0.4
순간 부하	0.6

표 17.10 계수 f_B

베어링의 형식	f_B
NJ2, NF2, NUP2, NJ22	0.24
NJ3, NF3, NUP3, NJ23	0.30
NJ4, NF4, NUP4	0.33

(계산 예)

원통로울러베어링 NJ 312를 회전수 1500 rpm에서 사용하고 간헐적 스러스트 하중을 받을 때 스러스트 부하능력은 얼마인가 ? 단, 그리이스 윤활이다.

$$C_A = (pv)\,\lambda / n$$

$$= \frac{145 \times 45 \times 60}{1500}$$

$$= 216 \ (kgf)$$

실용적으로는 그림 17.8에 나타내는 모노그래프를 사용하면 편리하다.

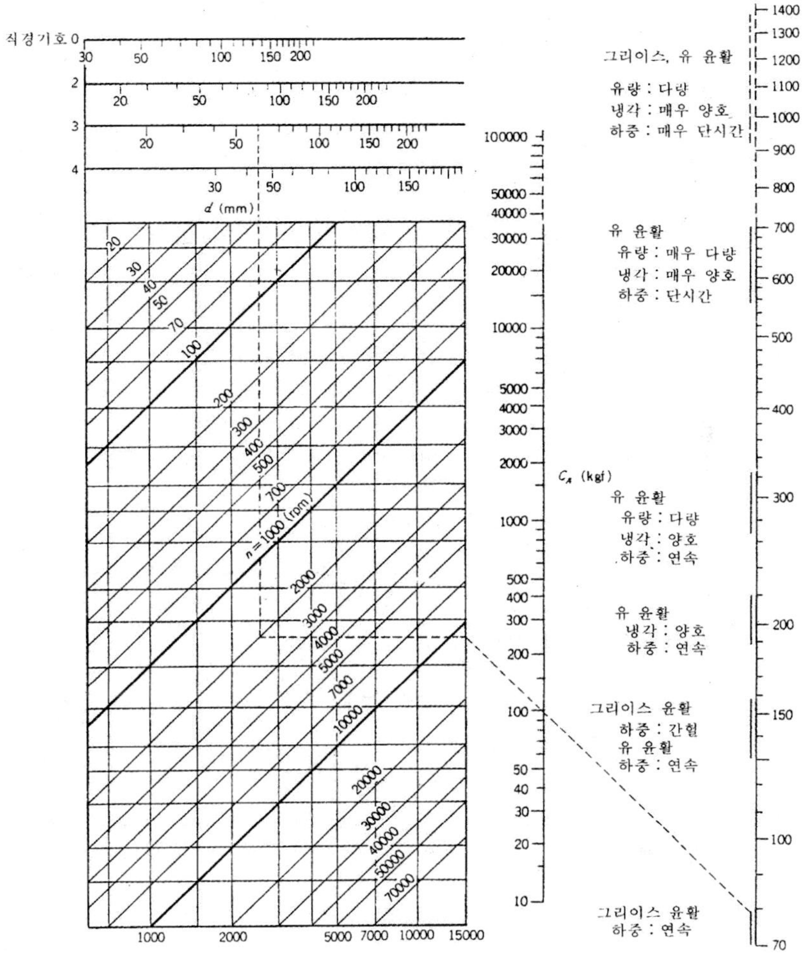

직경기호 0
2
3
4
d (mm)
n=1000 (rpm)
C_A (kgf)
그리이스, 유 윤활
유량 : 다량
냉각 : 매우 양호
하중 : 매우 단시간
유 윤활
유량 : 매우 다량
냉각 : 매우 양호
하중 : 단시간
유 윤활
유량 : 다량
냉각 : 양호
하중 : 연속
유 윤활
냉각 : 양호
하중 : 연속
그리이스 윤활
하중 : 간헐
유 윤활
하중 : 연속
그리이스 윤활
하중 : 연속

그림 17.8 C_A (NTN)

18. 마 모

18.1. 미끄럼과 마모

구름베어링에 있어서 마모는 정상적인 운전상태에서 극히 적은 것이 보통이나 어느 정도 이상으로 마모가 생기는 것을 이상마모(異狀摩耗)라고 한다. 본래 구름베어링은 구름운동으로서 마찰 감소를 기대한 기계요소이므로 마모가 많다는 것은 이상이 있는 것으로 볼 수가 있다.

실제로 구름베어링은 반드시 이론적으로 될 수가 없기 때문에 마모의 원인이 되는 하기와 같은 미끄럼이 발생한다.

- 궤도륜과 전동체의 구름 접촉 부위에서 미끄럼
- 리테이너와 진동체, 궤도륜 사이의 미끄럼
- 로울러와 궤도륜의 안내턱 사이의 미끄럼
- 베어링과 축 또는, 하우징의 끼워맞춤 부위에서 미끄럼
- 접촉형 밀봉베어링에서 밀봉장치와 궤도륜 사이의 미끄럼

1) 궤도륜과 진동체의 구름 접촉 부위에서 마모

구름접촉부위에서 발생하는 미끄럼을 다음과 같이 분류할 수가 있다.

- 매크로(Macro)적 미끄럼
  - 공전미끄럼
  - 자전미끄럼
- 마이크로(Micro)적 미끄럼
  - 차동미끄럼
  - 스핀에 의한 미끄럼
  - 스큐에 의한 미끄럼
  - 후렛팅(Fretting)

a) 공전미끄럼

깊은홈볼베어링,원통로울러베어링 등이 레이디얼하중을 받고 내륜이 회전할 때 내륜의 회전수가 높게 되면 내륜과 전동체의 접촉면에 유막이 생기고 미끄럼이 발생한다. 전동체가 부하영역에 있더라도 유막의 투께가 궤도륜과 전동체의 표면조도(Surface Roughness)의 크기를 합한 것 이상이 되면 미끄럼이 발생하여 이론적인 공전회전수까지 회전하지 않는다. 이런 미끄럼을 공전미끄럼이라고 하며 다음 식으로 주어 진다.

$$\text{미끄럼율} = \frac{\text{기구학적 회전수} - \text{실제 회전수}}{\text{기구학적 회전수}} \times 100 \qquad 18.1$$

일반적으로 하중이 작을수록 회전수가 높을수록 공전미끄럼이 발생하기 쉽다. 보통 $d_m n$값이 30만 이하의 회전에서는 공전미끄럼이 거의 생기지 않는다.

b) 자전 미끄럼

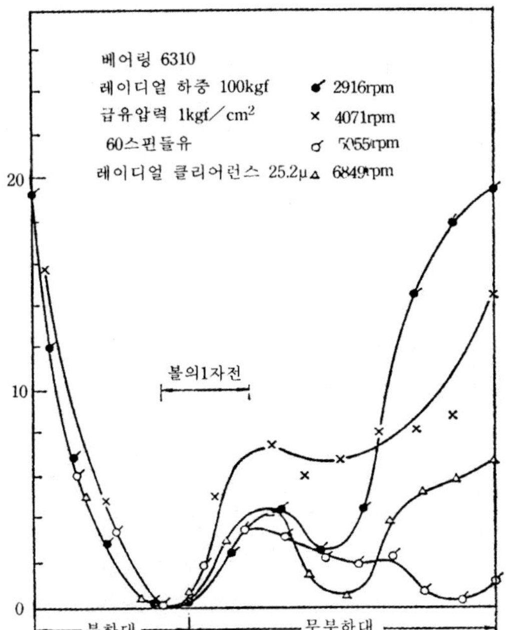

그림 18.1 레이디얼하중을 받는 깊은홈볼베어링의 자전미끄럼

크리어런스 때문에 레이디얼하중을 받는 베어링은 전동체가 하중을 받는 부하영역과 하중을 받지 않는 무부하영역이 발생하는데 무부하영역에서 전동체가 회전하는 데에 필요한 구동력의 공급을 받지 못하기 때문에 미끄럼이 생기고 부하영역으로 들어가기 직전에서 최대의 자전미끄럼이 발생한다. 부하영역에 들어가서부터 자전을 회복하여 부하영역을 나가기 직전에 이론적인 자전회전수에 달한다. 리테이너는 부하영역의 끝 부근에서 전동체로부터 구동력을 얻게 된다.

전동체의 자전미끄럼은 하중이 작을수록 회전속도가 높을수록 크다. 그림 18.1 은 레이디얼하중을 받는 깊은홈볼베어링의 자전미끄럼을 나타내고 있다.

c) 차동 미끄럼

레이디얼하중을 받는 깊은홈볼베어링은 내륜이 회전할 때 접촉곡면에서 궤도륜의 회전축 O-O 까지 거리및 볼의 자전축 B-B 까지 거리는 그림 18.2와 같이 회전축방향의 위치에 따라 모두 다르므로 궤도면의 주속도 분포는 V_R , 전동면의 주속도 분포는 V_B로 된다. 순수한 구름운동에 필요한 조건인 접촉곡면 상에 볼의 전동면과 궤도륜의 궤도면의 주속도가 같아야 한다는 것에 만족시키지 못한다. 그 결과 접촉면의 내측과 외측에서 서로 반대방향의 미끄럼운동이 발생한다. 이 미끄럼을 차동미끄럼(Differential Slip)이라고 하고 궤도면을 구르는 볼 마찰의 주요인이 된다. 그림 18.2 는 볼베어링의 차동미끄럼을 나타낸다.

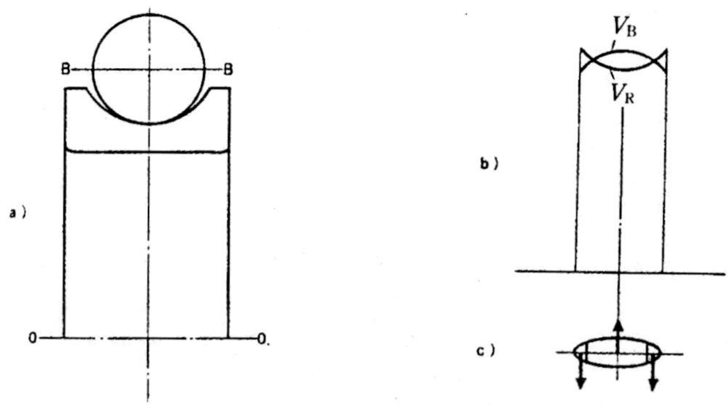

그림 18.2 볼베어링의 차동미끄럼

d) 스핀에 의한 미끄럼

레이디얼 볼베어링이 스러스트하중을 받으면 그림 18.3과 같은 상태가 되어 볼과 궤도가 접촉각 α로 접촉한다.

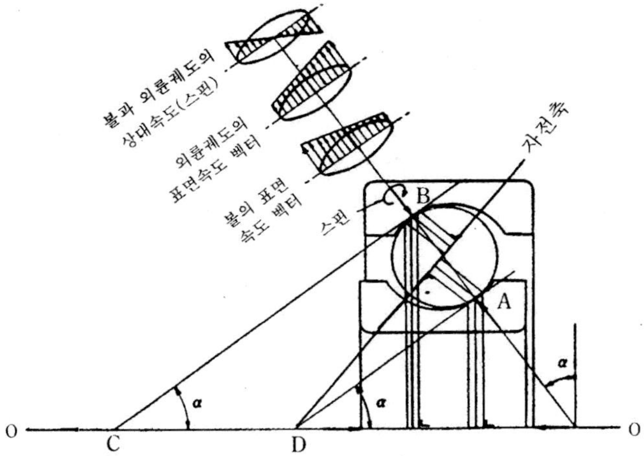

그림 18.3 레이디얼 볼베어링의 스핀

볼과 외륜, 내륜과의 접점을 A, B라고 하고 각 점에서 이은 접선과 베어링 중심 O-O 와의 교점을 C, D라고 한다. 볼과 자전축이 D를 통하도록 하면 볼과 내륜의 접점 B에서는 구름접촉이 되고 외륜이 접점 A에서는 구름과 볼의 법선축 AB를 축으로 하여 볼과 외륜이 상대적 회전에 의한 스핀운동으로 미끄럼이 발생하여 베어링의 마찰 원인이 된다.

볼의 자전축이 D점을 통과하는 경우는 B점의 스핀마찰이 A점의 것 보다 클 때이다. 스핀에 의한 모먼트를 M_p라고 하면 $M_p Z \sin\alpha$ 가 베어링의 마찰이 된다.

스핀에 의한 미끄럼은 스러스트 볼베어링, 스러스트 원통로울러베어링, 스러스트 니들로울러베어링에도 발생한다.

e) 스큐에 의한 미끄럼

로울러베어링의 로울러 접촉부위에 스큐에 의해서 구름공전이 늦은 편의 단면측으로 로울러가 이동되어 거의 축방향으로 미끄럼이 발생한다. 이것을 방지하기 위해서는 운전중에 베어링의 크리어런스를 없게 하는 것이 좋다.

베어링에 예압을 가하면 베어링 중의 무부하영역이 없어져서 모든 전동체가 궤도로부터 마찰력에 의해서 구동력을 받게 되어 전동체의 미끄럼운동을 방지할 수가 있다.

f) 후렛팅

베어링이 유막의 파단이 쉬운 각도 만큼 요동을 하게 되면 처음에 있던 유막이 파단되어 미끄럼 마모를 일으킨다. 마모분이 산화하여 미세한 갈색 가루가

되고 더욱 진행되면 마모분에 의해 접촉면이 랩핑(Lapping)이 되어 광택면이 된다. 따라서, 후렛팅(Fretting)을 방지하는 방법은 오일이 접촉면에 쉽게 들어가도록 하는 것이다.

2) 리테이너와 전동체 또는 궤도륜 사이의 마모

이들 부품 사이의 미끄럼은 단순한 것으로 마모도 비교적 단순한 형태를 갖는다. 그림 18.4 에서 마모곡선은 C점을 경계로 급격히 변하고 마모량도 크게 다르다. 좀 더 자세히 설명하면 C점 보다 저속도 또는 저압력의 영역에서는 마모분이 미세하여 마찰면을 미끄럽게 하여 마찰력의 변동이 작지만 C점 보다 고속도 또는 고압력의 영역에서는 마모분이 커서 마찰면의 조도가 증가하여 마찰력의 변동도 커진다.

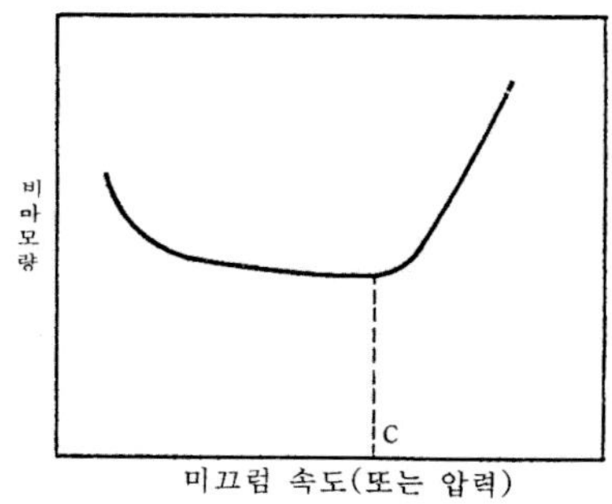

그림 18.4 금속의 미끄럼마모 특성

전자를 비부착마모, 후자를 부착마모, C 점을 부착한계라고 한다. 이 마모 부착이 진척되면 타붙음(Seizure)으로 된다. 부착한계가 안전의 목표중 하나이며 부착한계를 지배하는 압력 p와 미끄럼속도 v와의 사이에는 재료에 따라 (pv) = 일정의 관계가 있다. 이 값을 (pv)값이라 하며 재료에 따라 주어진 값 이하로 사용해야 한다. 표 18.1은 궤도륜과 리테이너용 재료의 (pv)값과 비마모량(比摩耗量)을 나타낸다.

표 18.1 궤도륜과 리테이너 재질의 (pv)값

재 료	pv $kgf/mm^2 \cdot m/s$	비마모량 mm^2/kgf
연 강	0.3~0.4	$(0.1 \sim 0.6) \times 10^{-6}$
주 철	0.5~0.7	$(1 \sim 10) \times 10^{-6}$
황 동	0.8~1.3	$(1 \sim 3) \times 10^{-6}$
청 동	2.8~3.2	$(2 \sim 7) \times 10^{-6}$
훼놀수지	-	$(0.2 \sim 2) \times 10^{-6}$
나이론	-	$(0.2 \sim 2) \times 10^{-6}$
베어링 강	0.9~1.0	$(0.3 \sim 1.2) \times 10^{-7}$

3) 로울러와 궤도륜 안내턱 사이의 마모

이들의 미끄럼은 2)항과 같은 단순한 미끄럼으로 마모에 대해서도 같은 양상을 나타낸다. 이 경우 베어링강 만의 미끄럼으로 (pv)값은 표 18.1의 값을 취하면 된다.

4) 축 또는 하우징과의 끼워맞춤 부위 마모

끼워맞춤 부위가 헐거운끼워맞춤인 경우에 그 끼워맞춤면에 상대적 미끄럼인 크리이프(Creep)가 발행하며 이 때 외부에서 진동이나 접선력이 작용하면 미끄럼면에는 후렛팅(Fretting) 상의 마모가 발생한다. 크리이프를 억제하기 위하여 적당한 간섭량을 주어 억지끼워맞춤을 해야 한다.

5) 밀봉장치와 궤도륜 사이의 마모

이들의 미끄럼은 2)항과 같은 단순한 미끄럼으로서 마모에 대해서도 같은 양상을 나타낸다. 밀봉장치의 재료는 거의 대부분 합성고무이며 접촉압력이 작으므로 안전한계는 주속도에 영향을 받는다. 표 18.2는 밀봉장치용 재료의 허용주속도를 나타낸다. 실제 사용되고 있는 밀봉형 베어링은 제조사의 Catalogue에 표시된 허용주속도 범위 내에서 사용되면 별 문제가 없으나 특별히 고속으로 사용될 경우는 밀봉장치의 재료를 변경해야 한다.

표 18.2 밀봉장치 재료의 허용주속도

재　　료	허용주속도 (m/s)
휄　　트	3 ~ 5
피　　혁	6 ~ 10
합성고무	10 ~ 18

18.2. 마모와 타붙음

베어링 내부의 윤활유막이 파단되었을 때 마모분(摩耗紛)이 마찰표면을 보호하는 산화마모로 되면 마찰력이 작으므로 타붙음이 되지 않고 마모는 조금씩 진행된다. 베어링이 내부에 윤활유가 들어갈 수가 없게 되고 남은 유막까지도 반복되는 마찰로 파단이 될 때 표면은 용융마모로 되어 타붙음이 발생하고 마찰력이 베어링을 회전시키는 구동력 보다 크게 되면 기계는 정지된다.

타붙음이 발생하는 곳은 구름접촉면 보다 미끄럼접촉면이다. 원통로울러베어링과 테이퍼로울러베어링에서는 로울러의 단면과 턱의 안내면이 윤활에 가장 큰 문제로 대두되고 있다. 이를 개선하기 위해서 로울러와 턱면의 형상을 윤활유가 잘 들어갈 수가 있게 해야 한다. 이들 부품의 가공에서 초사상(Super Finishing)으로 표면조도를 향상시키면 유막두께가 얇아도 금속접촉이 어렵기 때문에 타붙음과 마모를 방지할 수가 있다.

베어링이 바르게 설치되어 있으면 리테이너에는 큰 힘이 작용하지 않기 때문에 미끄럼면에 유막이 형성되기 쉽다.

고속회전이나 그리이스 윤활에서 리테이너의 미끄럼면에 오일이 들어가기 어려울 때에는 리테이너의 재질을 섬유가 들어있는 페놀수지, 다공질의 함유프라스틱, 자기윤활성 물질로 만들기도 한다.

19. 진동과 음향

19.1. 진동

19.1.1. 개념

인간이 제작한 산업기계에 사용된 모터(Motor)로부터 진동에 관한 문제가 대두 되었다. 진동이 발생하는 원인은 회전운동이나 왕복운동을 하는 물체 간에 힘의 불균형, 제작오차 등에 의한 동력학적 영향이나 때로는 한 물체의 작은 진동이 다른 물체의 공진주파수에 조화를 이루어 진동과 소음이 증폭되기도 한다.

진동이란 무엇인가 ? 어느 물체의 기준위치에 대한 반복운동을 진동(Vibration)이 라고 한다.

구름베어링의 진동과 음향은 최근에 중요하게 여기고 있다. 이것은 구름베어링을 사용한 기계가 점점 고성능화와 함께 우리들의 생활에 깊숙히 들어왔기 때문이라고 생각된다. 구름베어링의 진동과 음향이 문제로 되고 있는 원인은 다음과 같이 생각된다.

기계의 고성능화 ─┬ 고속화
├ 고출력화 (고마력화)
└ 경량화, 소형화

생활의 현대화 ── 생활의 기계화

이러한 경향은 공업이 발달하는 한 계속될 것이다. 구름베어링의 진동과 음향은 함께 취급되는 수가 많으나 양자를 어떻게 구별하는가 하는 것이 대단히 어려운 문제이지만 지금까지 양자에 관하여 연구한 결과를 종합하면 구름베어링이 보통 사용조건에서 사용되는 경우에 대개 1,000Hz 이하의 것을 진동, 1,000Hz 이상의 것을 음향으로 취급되고 있다.

19.1.2. 분류

구름베어링에 관한 진동은 크게 3개의 그룹(Group)으로 나누어진다. 그것들은 베어링의 스프링(Spring)성질에 관계되는 진동, 베어링의 제작에 관계되는 진동, 베어링의 취급불량에 관계되는 진동이며 이들 3개의 그룹에는 표 19.1 에 나타내는 진동이 존재한다. 이 분류의 순서에 따라 구름베어링의 진동을 기술한다.

표 19.1 구름 베어링에 관한 진동의 분류

- 구름베어링에 관한 진동
  - 베어링의 탄성이 관계되는 진동
    - 전동체 통과에 의한 진동
    - 베어링의 탄성특성에 의한 진동
    - 회전축의 위험속도
  - 베어링의 제작에 관계되는 진동
    - 다듬질면의 웨이브에 의한 진동
    - 리테이너의 진동
  - 베어링의 취급불량에 관계되는 진동
    - 흠에 의한 진동
    - 먼지에 의한 진동

19.1.3. 탄성에 관계되는 진동

이 그룹에 속하는 진동은 제작오차가 전혀 없어도 발생하는 구름베어링의 특유한 진동이다. 구름베어링의 본질적인 진동이라고 할 수가 있다. 이 중에서 기본적인 것은 전동체의 통과진동과 베어링의 탄성특성에 기인하는 진동의 두 가지이다.

1) 전동체 통과에 의한 진동

레이디얼크리어런스가 있는 레이디얼베어링에서 기하학적 형상오차가 없더라도 레이디얼하중 F_r이 가해지면 구름베어링의 특유한 진동이 발생한다. 그림 19.1과 같이 부하권에 있는 각 전동체에 걸리는 하중이 다르므로 각 전동체와 궤도륜의 사이의 탄성변형이 달라진다., 베어링이 회전하면 축의 중심은 수직으로 변위한다.
그림 19.1의 a)와 b)의 중간위치에서는 축의 중심은 수평으로도 움직인다. 축이 회전을 하면 전동체가 레이디얼 하중선(荷重線)을 통과하는 주기의 진동이 발생한다. 이런 진동을 전동체의 통과진동이라고 하며 볼베어링의 경우에는 볼 통과진동이라고도 한다.

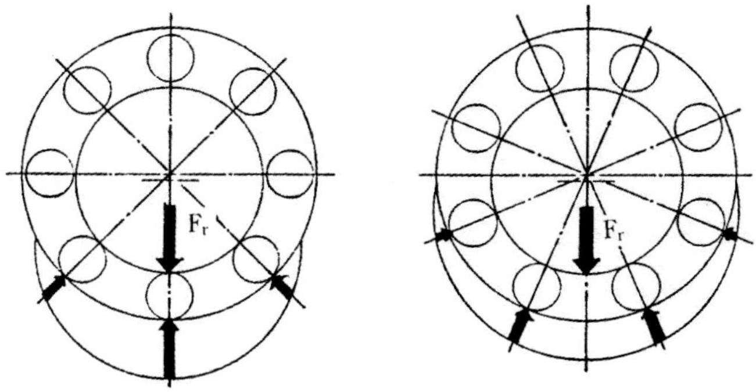

a) 하중선 바로 밑에 있는 경우 b) 하중선에 대칭의 경우

그림 19.1 전동체 위치와 부하상태

전동체의 통과진동수는 다음 식으로 주어진다.

$$f = zf_c \tag{19.1}$$

여기서, f : 전동체의 통과진동수

z : 전동체의 수

f_c : 리테이너의 회전수

진폭은 베어링의 호칭번호, 레이디얼 하중, 레이디얼 크리어런스, 전동체 수에 관계된다.

전동체의 통과진동이 분명하게 나타나는 것은 베어링의 회전수가 낮고 레이디얼크리어런스가 클 경우이다. 실제로 볼베어링에 있어서 볼의 통과진동은 이론적 계산과 거의 일치하는 것으로 알려지고 있다.

진동은 회전체의 질량과 베어링의 마찰력에 영향을 받는다.

- 전동체의 통과진동을 방지하는 방법은 다음과 같다.
  - 레이디얼크리어런스를 작게 한다.
  - 볼베어링은 적당한 예압을 준다.

2) 베어링의 탄성특성에 의한 진동

구름베어링은 궤도륜과 전동체의 탄성접촉에 의하여 하중을 받기 때문에 스프링(Spring)과 같은 성질을 갖고 있으며 비선형의 특성을 갖는다.
볼베어링을 사용한 모터(Motor)에 생기는 스러스트진동과 레이디얼진동에 대하여 기술한다.

a) 스러스트진동

볼베어링을 사용한 모터가 무부하운전이 될 때 그리이스의 윤활성능이 나쁠 경우에 회전축의 축방향진동이 발생될 때가 있다. 이 진동은 부하측과 반부하측에 원통로울러베어링과 볼베어링을 사용해도 발생하나 양쪽을 모두 볼베어링을 사용할 때가 훨씬 많이 발생한다. 이 진동에 의하여 매우 큰 맥놀이 음도 발생한다. 일반적으로 전자의 진동을 스러스트진동, 후자의 음을 맥놀이(Beat)음 이라고 부른다. 스러스트진동은 모터에 설치된 볼베어링에 의한 축의 축방향탄성 특성에 의해 생긴 회전속도의 고주파 진동 또는, j/2차 조파진동 (j는 양의 정수)이 그림 19.2와 같은 축방향 탄성과 모터의 회전체(Rotor)로 이루어진 진동계의 고유진동에 공진(共振)된 것이다.

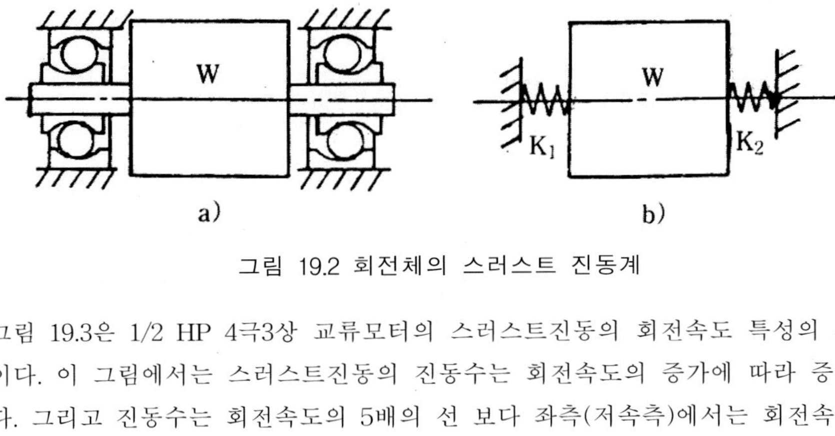

그림 19.2 회전체의 스러스트 진동계

그림 19.3은 1/2 HP 4극3상 교류모터의 스러스트진동의 회전속도 특성의 사례이다. 이 그림에서는 스러스트진동의 진동수는 회전속도의 증가에 따라 증가한다. 그리고 진동수는 회전속도의 5배의 선 보다 좌측(저속측)에서는 회전속도의 홀수배이고 우측(고속측)에서는 j/2배이다. 이 회전속도의 홀수배의 고주파 진동은 모터에 설치된 볼베어링에 의한 축의 축방향탄성 특성이 그림 19.4과 같이 비대칭 비선형이며 이것은 회전속도에서 변화하는 탄성 즉, 가변 비대칭형 탄성 특성 때문에 발생한다. 이와 같은 스러스트진동의 발생기구는 명확하게 되어 있지는 않으나 그리이스의 윤활성능에 관계되기 때문에 볼베어링의 마찰이 원인으로 되어 있다.

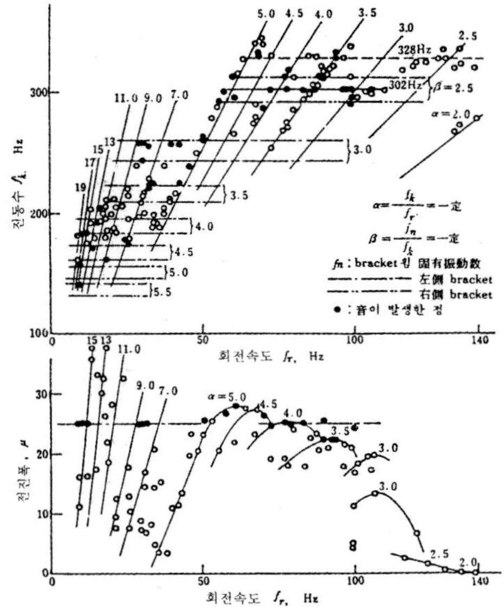

그림 19.3 스러스트진동의 회전속도 특성

(6303 2RSSCM 실리콘 그리이스 사용, 예압이 없음)

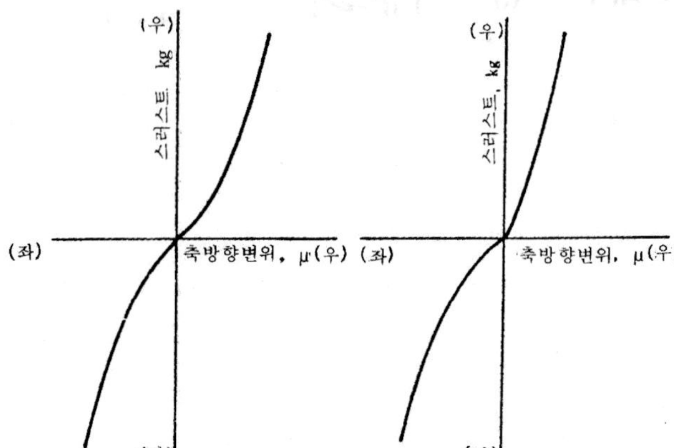

a) 대칭 비선형 탄성　　b) 비대칭 비선형 탄성

그림 19.4 모터축의 축방향탄성 특성

맥놀이음은 매우 큰 소리이며 일정한 주파수를 갖는 경우와 주파수가 변화하여 「웅-」 소리가 나는 경우가 있다. 이 음은 축방향의 강성(剛性)이 비교적 낮은 브라켓트(Bracket)가 사용되고 있는 경우에 겉보기 브라켓트의 축방향 탄성이 축방향 비선형 탄성 특성의 영향을 받아 스러스트진동의 주기로 변화하기 때문에 일종의 가변탄성계가 형성되어 그 결과로 생기는 불안정한 진동에 의한 음이다. 맥놀이음은 브라켓트의 축방향 고유진동수와 관계가 있고, β(브라켓트의 축방향 굽힘 고유진동수/스러스트 고유진동수)가 j/2와 같을 때에 발생한다. 그림 19.3에 표시된 검은색 점은 대부분 이러한 경우에 해당한다. 이 음이 소리를 낼 경우는 한 개의 회전속도에 대하여 두 개 이상의 검은 점의 위치가 변화하기 때문에 발생한다. 맥놀이음의 주파수는 스러스트진동의 진동수와 같다.

- 스러스트 진동과 맥놀이음을 방지하는 것은 다음과 같다.
  - 윤활성능이 좋은 그리이스를 사용한다.
  - 볼베어링 만으로 사용하는 경우 적당한 예압을 준다.
  - 베어링의 레이디얼크리어런스를 작게 한다.
  - 외륜의 끼워맞춤을 헐겁게 한다.
  - 브라켓트의 축방향 강성을 증가시킨다.

b) 레이디얼진동

스러스트진동과 같은 형태로 구름베어링을 사용한 모터에 발생하는 진동이지만 비교적 대형 베어링에서 발생한다. 이것은 회전축이 반경방향으로 격심하게 진동하는 것으로 회전체 통과진동수와 관계가 있는 「디글·디글」하는 소리를 수반한다. 이 진동은 베어링의 반경방향 탄성특성의 비선형성및 가변성에 의해 생긴 전동체 통과진동수의 진동이 반경방향 탄성과 모터의 회전체로 이루어진 진동계(振動系)의 고유진동에 공진하는 것이라고 추정되고 있으나 자세한 것은 알려지지 않고 있다.

- 레이디얼진동을 방지하는 방법은 다음과 같다.
  - 베어링의 레이디얼크리어런스를 작게 한다.
  - 볼베어링에는 예압을 준다.

19.1.4. 제작에 관계되는 진동

볼베어링의 경우 부품의 연삭면 즉, 내륜, 외륜의 궤도면및 전동체의 전동면에 요철을 갖는 원주방향의 굴곡 - 웨이브(Wave) -이 있으면 내외륜의 중심간 거리가 볼(Ball)이 통과할 때 마다 변화하므로 진동을 발생하며 이 때문에 일정한 주파수를 갖는 음을 발생한다.

베어링의 진동은 반경방향진동, 각방향진동, 축방향진동이 있는데 이중에서 반경방향진동이 베어링의 소음에 큰 영향을 준다.

그림 19.5는 내륜에 각각 nz-1 , nz+1 산의 웨이브가 있는 볼베어링의 반경방향진동 발생기구에 대한 그림이며 모두 번호 1의 볼이 웨이브 봉우리에 접촉되어 있는 경우이다.

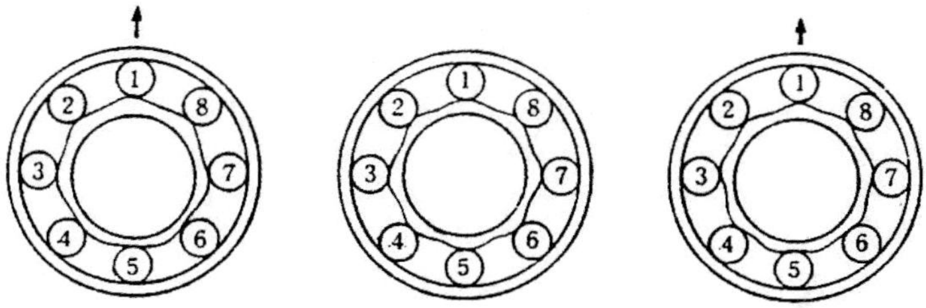

a) nZ-1산의 웨이브　　b) nZ 산의 웨이브　　c) nZ+1산의 웨이브

그림 19.5 웨이브에 의한 외륜의 반경방향진동 발생기구

nz 산의 웨이브는 외륜의 반경방향 움직임이 생기지 않으나 nz-1, nz+1 산의 웨이브는 외륜을 화살표 방향으로 가장 많이 이동시키는 것을 알 수가 있다. 번호 1의 볼이 웨이브 중 골짜기에 접촉될 경우에도 웨이브의 봉우리에 접촉할 때와 똑같다. 외륜을 반경방향으로 진동을 발생하게 하는 것은 내륜의 웨이브의 산수가 홀수인 nz±1 임을 알 수가 있다. 표 19.2는 진동을 발생시키는 웨이브 산수와 진동수를 나타낸다.

표 19.2 진동을 발생시키는 웨이브의 산수와 진동수

웨이브	웨이브의 산수		진동의 진동수	
	반경방향 각 방향	축방향	반경방향 각 방향	축방향
내 륜	$nz \pm 1$	nz	$nzf_i \pm f_r$	nzf_i
외 륜	$nz \pm 1$	nz	nzf_c	nzf_c
전동체	$2n$	$2n$	$2nf_b \pm f_c$	$2nf_b$

n : 정의 정수　　f_r : 리테이너 회전수 (Hz)

z : 전동체 수　　f_b : 전동체 자전수 (Hz)

f_r : 내륜 회전수 (Hz)　　f_i : $f_r - f_c$

그림 19.6과 같이 내륜 궤도면에 n_i각의 웨이브가 있다고 하면 한개의 볼이 웨이브의 봉우리에 접촉하는 회수 즉, 진동수 f_i는 다음 식으로 주어진다.

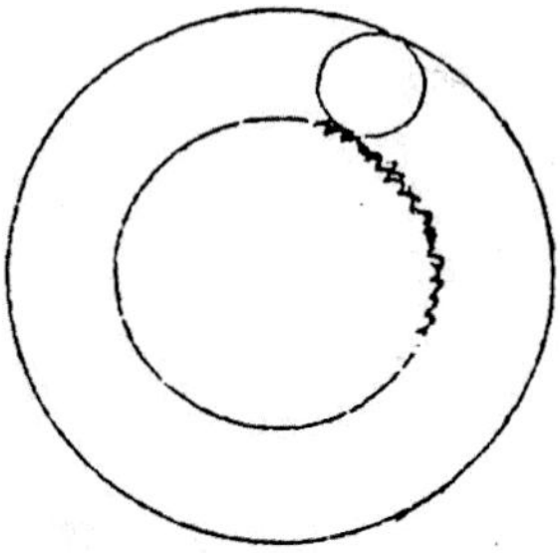

그림 19.6 내륜의 웨이브

$$\begin{aligned} f_i &= (N_i - N_c)n_i \\ &= 0.6\,N_i n_i \end{aligned} \tag{19.2}$$

여기서, N_c : 리테이너의 회전수

N_i : 내륜의 회전수

n_i : 내륜 궤도면의 웨이브 각수

똑같이 외륜 궤도면에 n_o각의 웨이브가 있으면 진동수 f_o는 다음 식으로 주어진다.

$$f_o = N_o n_o = 0.4 N_i n_o \tag{19.3}$$

여기서, N_c : 리테이너의 회전수

N_i : 내륜의 회전수

n_o : 외륜 궤도면의 웨이브 각수

$f_i = f_o$로 가정을 하면

$$0.6 N_i n_i = 0.4 N_i n_o$$

$$\frac{n_o}{n_i} = 1.5 \tag{19.4}$$

내륜의 웨이브에 의한 것과 같은 주파수의 진동을 생기게 하는 외륜의 웨이브 각수는 내륜의 약 1.5배이다.

볼에 n_b각의 웨이브가 있으면 볼의 진동수 f_b는 다음 식으로 주어진다.

$$f_b = N_b n_b = \frac{R_i \cdot R_o}{R_p \cdot D_a} \ N_i n_b \qquad 19.5$$

여기서,
N_b : 볼의 회전수
R_i : 내륜 궤도반경
R_o : 외륜 궤도반경
R_p : $R_i + R_o/2$ (피치원 직경/2)
D_a : 볼직경

이 경우에 n_b가 짝수이면 진동은 발생하지 않는다. 이상의 식은 웨이브 만이 아니고 연삭면의 조도(Roughness)에 의한 진동에도 적용할 수가 있으나 일반적으로 궤도면과 전동면의 조도는 특정한 각수(角數)를 갖지 않은 랜덤(Random)한 형태이므로 주파수도 일정하지 않다. 지금까지 문제를 간단히 하기 위하여 전동체가 한 개일 경우를 고려했으나 전동체가 몇 개일지라도 각 전동체의 위치에서 발생하는 주파수는 변하지 않으므로 전동체의 개수에는 관계가 없다. 베어링 부품들의 주파수가 모두 소음을 형성하기 때문에 볼베어링에 있어서는 궤도면과 볼의 표면 요철이 회전에 의하며 진동을 발생시킬 때 외륜의 레이디얼 및 스러스트 방향의 굽힘고유진동수로 외륜이 선택적 공명을 하여 큰 음이 된다. 이것이 볼 베어링의 레이스음이다.

내외륜과 전동체의 웨이브에 의한 각 주파수의 성분을 비교하면 각각의 웨이브 각수를 $n_o = n_i = n_b$라고 하면 $N_b \rangle N_i - N_o$이므로 결국은 전동체의 웨이브에서 나오는 주파수가 f_b가 가장 높게 되고 이어서 내륜, 외륜의 순으로 된다. 다시 말하면, 내외륜, 전동체의 웨이브 각수가 같을 경우 베어링의 소음에 영향을 주는 크기의 순위는 전동체, 내륜, 외륜이 된다. 베어링의 소음에 대해서는 우선 전동체의 웨이브를 최상으로 해야한다.

그림 19.7은 내륜에 nz_i산의 웨이브가 있는 볼베어링 외륜의 축방향진동에 대한 발생기구를 설명한 것이며 그림 19.7(a)는 모든 볼이 웨이브의 봉우리에 접촉하는 경우이고, 그림 19.7(b)는 모든 볼이 웨이브의 골짜기에 접촉하는 경우이다.

이 그림에서 외륜의 축방향 nz산의 웨이브 봉우리와 골짜기가 교대로 볼에 접촉하여 베어링의 레이디얼크리어런스(Radial Clearance)가 변화함으로서 접촉각이 변화해서 일어나는 것이 분명하다. 이상과 같은 연삭면의 웨이브에 의한 진동은 베어링 부품 연삭면의 웨이브를 없애므로서 방지할 수가 있다. 베어링을 설치하는 축 또는 하우징의 연삭면에 원주방향으로 웨이브가 있으면 끼워맞춤할 때 축 또는, 하우징의 웨이브가 베어링의 궤도면으로 옮겨져서 진동을 유발시키므로 주의를 기울여야 한다.

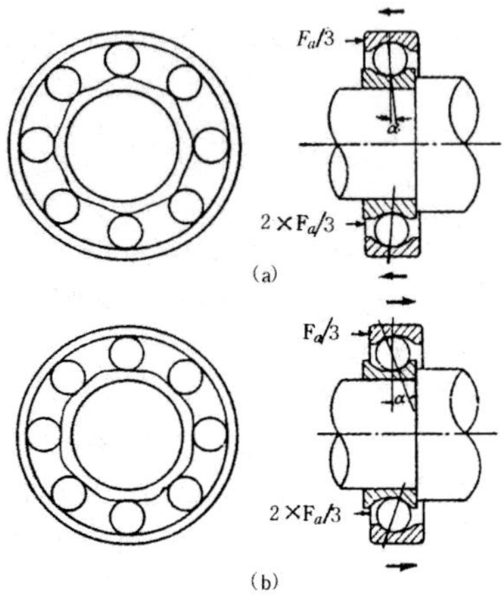

그림19.7 웨이브에 의한 외륜의 축방향진동 발생기구

19.1.5. 취급 부주의에 관계되는 진동

1) 흠에 의한 진동

19.2.2 (3)a의 흠에 의한 음을 참조

2) 오물에 의한 진동

19.2.2 (3)b의 오물에 의한 음을 참조

19.2. 음향

19.2.1. 개념

물체가 고속으로 움직이면 반드시 음을 발생한다., 모든 구름베어링은 회전에 의해 정도의 차이는 있지만 소음(Noise)이 발생하는 것은 당연하며 소음이 없는 베어링을 만들 수는 없다.

베어링 단체(單體)의 음향은 결함이 인정되지 않더라도 기계에 조립한 시점에서 이상한 소음이 발생하는 수도 있다. 바꾸어 말하면, 베어링 단체의 음향은 베어링을 사용하는 조건에 의하여 좌우되는 경우가 많다는 것이다.

베어링의 제작시 결함에 의하여 발생한 소음은 정량화시키기 어려운 특성(예를 들면, 홈음, 먼지음, 리테이너음)도 있어서 감각에 의한 판단에 의존할 수밖에 없는 문제도 있다. 베어링 단체의 음향을 논하는 데에는 사용되고 있는 기계에 관한 광범위한 지식을 갖고 있어야 한다.

음이란 무엇인가 ? 음을 발생시킬 때에는 반드시 진동원이 있다. 진동원이 없으면 음은 발생하지 않는다. 음은 공기중에 전달되는 종파(縱波)의 일종이고 어느 점의 평균기압을 $\overline{P}$ 라고 하면 $\overline{P}$ 보다 급격한 압력의 교번 변화이고 인간의 귀가 공기, 물 또는, 다른 매체를 통하여 감지해 낼 수 있는 어떤 압력의 변동이다. 변화하는 기상조건으로 발생하는 압력(기압)의 변동은 너무 느리므로 인간의 귀가 감지하지 못한다. 보통 건강한 사람이 들을 수 있는 가청범위는 약 20Hz～20,000Hz이므로 대기압의 변동이 초당 20회 (20Hz) 이상이면 음(Sound)이라고 한다.

공기중에서 압력변동을 측정하기 위한 계기는 기압계인데 충분히 빠르게 반응을 하지 못하므로 음을 측정하는 데에 사용할 수가 없다.

우리의 일상생활은 수많은 소리와 접하게 되는데 이중에 불쾌하고 원하지 않는 소리들을 소음(Noise)이라 하고 소음이 가청범위 전체에 걸쳐서 균일하게 분포된 주파수를 갖는 것을 백색소음(White Noise)라고 부르며 「쉬 -」 소리와 같이 들린다.

음은 높이, 음색, 강도 또는 크기에 의하여 성질을 나타낼 수가 있다. 음의 높이는 주파수에 의하여 정해지며 높은 음은 주파수가 높다. 음색은 파형에 의하여 정해진다. 음의 강도는 단위시간당 단위면적을 통과하는 에너지(Energy)로 나타내지만 일반적으로 음압레벨(Sound Pressure Lever : SPL)이 사용된다.

$$\beta = 20\log_{10}\frac{P}{P_0} \quad (dB) \qquad 19.6$$

여기서,

P : 측정된 음압 (μ Bar)

P_0 : 기준음압 (0.0002 μ Bar)

β : 음압레벨 (dB)

데시벨은 절대단위가 아니고 어떤 기준과 측정된 양 사이의 비율이다.

데시벨 단위는 대수적이고 가청 음압의 최저치인 $20\mu P_a$을 기준으로 이를 0 dB로 정의한다. P_a단위의 음압에 10을 곱할 때마다 dB 단위에는 20 dB를 더한다. 일상생활에서 접하는 소리의 음압을 dB와 P_a 단위로 대비하여 그림 19.8 에서 나타내고 있다.

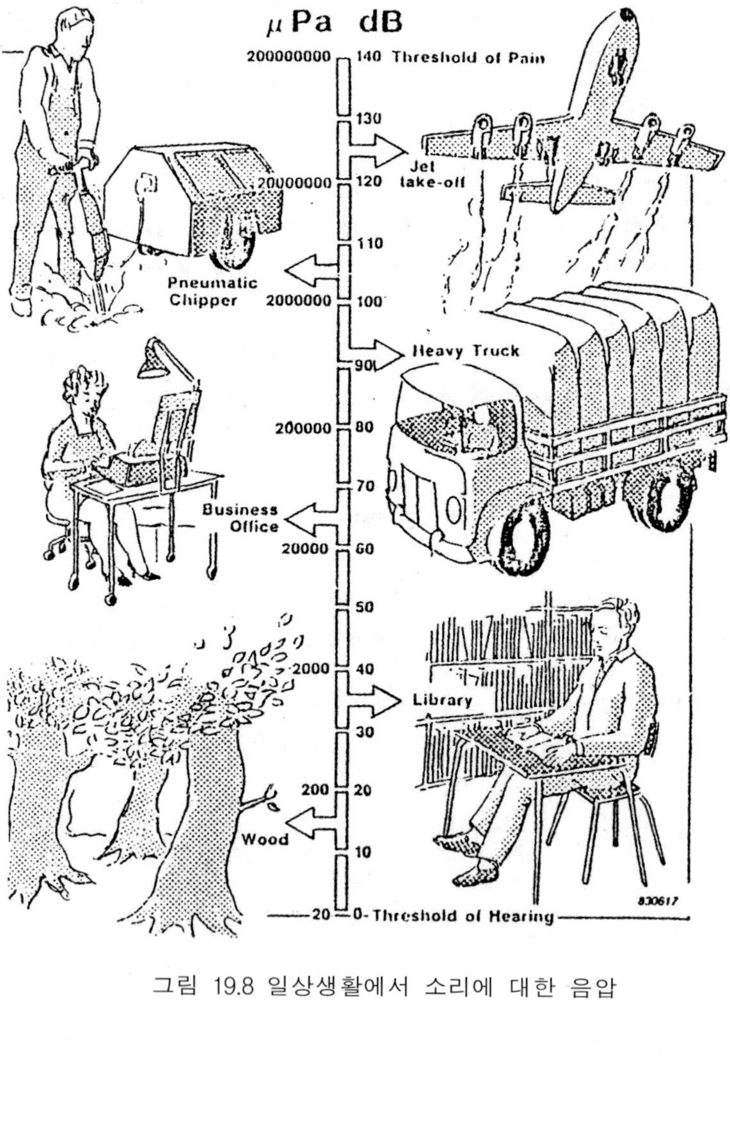

그림 19.8 일상생활에서 소리에 대한 음압

베어링의 소음은 종전에는 소음계로 측정한 소음레벨을 폰(Phon)으로 타나내지만 현재는 음압계를 사용하여 음압레벨(dB)로 나타내고 있다. 그 이유는 소음계가 음압계에 비하여 주파수 특성의 허용범위, 지시오차, 과부하특성, 안정도가 떨어지기 때문에 변경된 것이다.

19.2.2. 분류

구름베어링에 관한 음은 두 개 그룹으로 나눌 수가 있다. 하나는 베어링 자신이 발생하는 음 즉, 베어링 음이며 베어링을 끼웠을 때는 어느 것이나 같다는 성질이다. 다른 하나는 베어링을 끼웠을 때만 생기는 특수한 음이며 베어링 자체에서 발생하는 음과 관계가 없다.

베어링의 음은 본질적인 음, 베어링의 제작에 관계되는 음, 베어링의 취급불량에 의한 음으로 나누어지며 표 19.3에 표시한 것과 같이 세분화 된다. 표의 괄호 속은 음을 발생시키는 베어링을 표시한다.

표 19.3 구름베어링의 음 분류

<table>
<tr><td rowspan="7">구름베어링에 관한 음</td><td rowspan="6">베어링 음</td><td rowspan="2">본질적인 음</td><td>레이스 음(모든 베어링)</td></tr>
<tr><td>삐걱거리는 음(원통로울러베어링)</td></tr>
<tr><td rowspan="2">베어링 제작에 관계된 음</td><td>리테이너 음(볼베어링, 테이퍼로울러베어링)</td></tr>
<tr><td>진동음 (모든 베어링)</td></tr>
<tr><td rowspan="2">베어링취급량에 관계된 음</td><td>흠에 의한 음 (모든 베어링)</td></tr>
<tr><td>오물에 의한 음 (모든 베어링)</td></tr>
<tr><td colspan="2">베어링을 설치시에 생기는 음</td><td>모터의 맥놀이음(볼베어링,원통로울러베어링)</td></tr>
</table>

19.2.3. 베어링의 음

이 그룹에 속하는 음은 베어링이 원인으로 되어 발생한다. 베어링 자체의 음, 베어링을 설치했을 때 생기는 음 어느 쪽이나 같은 성질을 갖고 있다는 것이 특징이다.

1) 본질적인 음

이 그룹에 속하는 음은 현재의 뛰어난 가공기술을 사용해서 베어링을 제작해도 발생하는 구름베어링의 본래 음이다.
이 그룹의 음은 레이스(Race)음과 삐걱거리는 음의 두 가지가 있다.

a) 레이스 음

레이스(Race)음은 모든 베어링에서 발생하는 음이며 구름베어링의 특유의 음이다. 이 음은 궤도면과 전동면의 웨이비네스(Waviness), 조도(Roughness)등 랜덤한 표면의 상태에 의해서 발생하며 매끈하고 연속적이다.

스러스트하중을 받는 단열 깊은홈볼베어링의 대표적인 음이다.

- 볼베어링의 레이스 음은 다음과 같은 특징을 가지고 있다.

· 약 1000 Hz 이상의 주파수를 갖는다.

· 회전수가 변하면 음의 크기는 변하나 음색은 변하지 않는다.

· 일정한 회전수에서 음의 크기는 급격히 변하지 않는다.

· 전음압 수준은 레이디얼크리어런스가 작아지면 급격히 증가한다. (그림 19.9 참조)

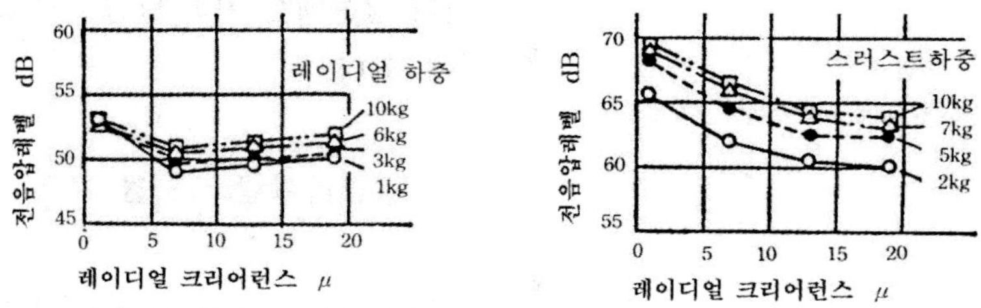

a) 레이디얼하중의 경우　　b) 스러스트하중의 경우

그림 19.9 레이스 음의 전음압 레벨과 하중및 크리어런스의 관계

(6308 백등오일 윤활)

· 윤활제를 변경하면 음의 크기는 변한다.

· 하우징의 강성이 높을수록 음의 전음압 수준은 낮아진다. (그림 19.10)

레이스 음은 베어링및 사용조건을 잘 선정하여 매우 작게 할 수가 있다. 레이스의 연삭면의 상태가 좋은 것을 사용하는 것이 중요하다. 이에 대한 관리방법은 음압치와 안데론(Anderon)치에 의해서 할 수가 있다.

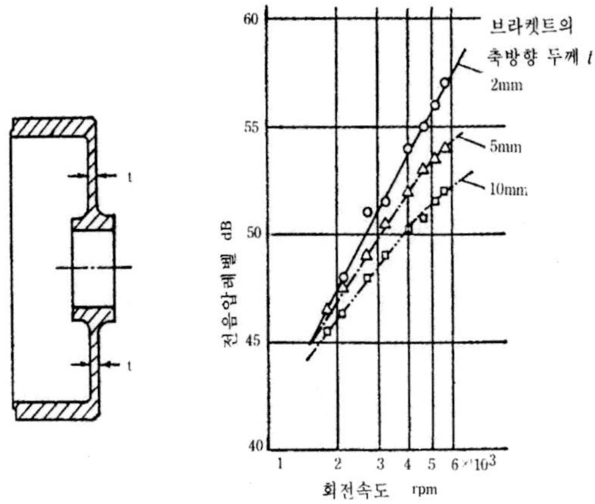

그림 19.10 레이스 음과 하우징의 강성

(6303 스핀들오일 윤활)

b) 삐걱거리는 음

삐걱거리는 음은 대부분의 경우 원통로울러베어링에서 발생하는 이상음이다. 삐걱거리는 음은 글자 그대로「삐걱삐걱」거리는 것과 같은 금속성의 음이며 불쾌한 음색을 갖고 있다.

- 이 음에는 다음과 같은 특징이 있다.

· 그리이스윤활의 경우에 발생하고 오일윤활의 경우에는 거의 발생하지 않는다. 윤활성능이 나쁜 그리이스 일수록 발생하기 쉽다.

· 겨울철에 발생하는 일이 많다.

· 레이디얼하중 만을 가해져서 베어링의 레이디얼크리어런스가 클 경우에 발생한다.

· 어떤 회전속도 범위 내에서 발생한다. 이 발생속도의 범위는 베어링 크기에 의해 차이가 있다.

삐걱거리는 음은 외륜과 로울러의 사이에서 일어나며 그림 19.11에 나타난 것과 같이 삐걱거리는 음이 발생하면 외륜의 반경방향 2차 및 3차의 고유진동에 의한 음이 커져서 외륜의 반경방향 1차고유진동에 의한 음은 작아지는 것이 일반적이다.

- 삐걱거리는 음을 방지하는 방법은 다음과 같다.

· 베어링을 설치한 후 베어링의 잔류 레이디얼크리어런스를 작게 한다.

· 윤활성능이 좋은 그리이스를 사용한다.

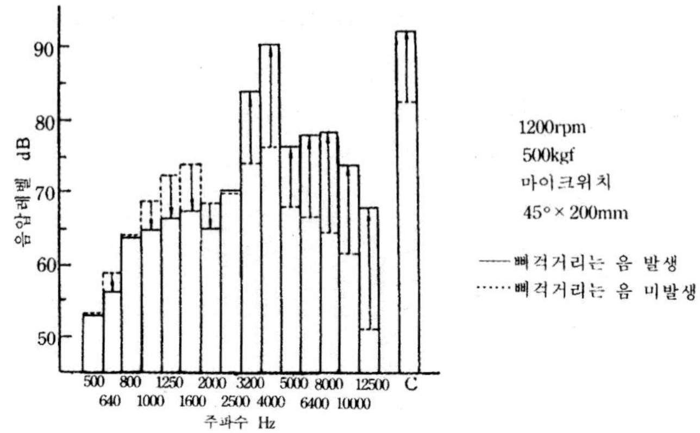

그림 19.11 삐걱거리는 음의 주파수 특성 (NU319)

2) 베어링의 제작에 관계된 음

이 그룹에 속하는 음은 모두 구름베어링의 제작오차에 의하여 발생하는 것이다. 이 그룹의 음은 어느 정도 발생해도 하는 수가 없는 경우도 있다.

a) 진동 음

이 음은 연삭면의 웨이브(Wave)에 의해서 발생된다.

- 이 음은 다음과 같은 특징이 있다.
  - 음의 주파수는 궤도면, 전동면의 상태 또는 다각흔들림의 각수에 의해서 정해진다. 특정한 회전수에서 음이 급격히 커진다.
  - 사이렌 또는, 기적소리에 유사한 음이 발생하는 경우가 많다.
  - 회전수가 변하면 음의 크기와 높이도 변한다.
  - 윤활제에 의하여 변하나 큰 효과는 없다.

이에 대한 관리방법은 안데론(Anderon)치에 의해서 할 수가 있다.

b) 리테이너 음

리테이너 음은 볼베어링과 원통로울러베어링에서 주로 발생하고 베어링의 회전중에 전동체가 무부하권에서 부하권으로 진입할 때에 상당한 충격을 받으며 동시에 리테이너(Retainer)에도 이 충격이 가해져서 발생하는 음이다.

이 음은 회전수가 높게 되면 연속적이 되고 그다지 귀에 들리지 않으며 베어링 전체의 소음이 크게 되는 것처럼 들린다.

이 음의 주파수는 다음 식으로 주어진다.

$$f_R = \frac{1}{2}\left(1 - \frac{D_a}{2R_p}\right) z \cdot N_i \qquad 19.7$$

여기서, D_a : 전동체 직경

z : 전동체수

R_p : 피치원 직경/2

N_i : 내륜 회전수

리테이너 음의 원인은 리테이너 포켓 크리어런스(Retainer Pocket Clearance)의 불량, 리테이너의 변형, 가체(Riveting)의 불량, 전동체의 상호차 불량 등이다.

- 이 음은 다음과 같은 특징이 있다.
  - 파형 리테이너와 기계가공 리테이너의 어느 것에도 발생한다.
  - 베어링의 외륜에 모멘트가 가해지면 발생하기 쉽다.
  - 윤활제의 점도가 높으면 음이 소멸된다.
  - 간헐적인 타음(打音)이며 주기성이 있다.
  - 저속에서는 확실히 들을 수가 있다.
  - 레이디얼 볼베어링에서는 예압을 가하면 음이 작게 된다.

이에 대한 관리방법은 관능검사 이외에는 없다.

3) 베어링 취급 불량에 관계된 음

a) 흠에 의한 음

베어링의 궤도면과 전동면에 생긴 흠 (타격흠, 압흔, 녹, 모래흠 등)이 있으면 충격적인 진동과 음을 발생시킨다.

흠음의 원인은 거의 대부분 베어링의 취급 부주의에 의한 것이며 추정되는 원인은 다음과 같다.

① 레이스 흠

- 초사상 전후의 궤도륜의 충돌에 의한 타격 흠
- 초사상중 궤도면과 슈(Shoe) 또는, 드라이브 로울러(Drive Roller)의 사이에 칩(Chip)이 끼어 생긴 흠
- 궤도면에 발생한 측정자에 의한 흠
- 궤도면에 고착된 오일및 먼지에 의한 흠
- 재료의 기지(Matrix)흠과 비금속개재물에 의한 흠
- 지석입자가 궤도면을 긁어서 생긴 흠

· 조립시 궤도면과 전동체의 물림에 의한 압흔
· 궤도면에 발생한 녹에 의한 흠

② 전동체 흠

· 전동체의 가공중에 발생한 가공흠
· 재료의 기지 흠과 비금속개재물에 의한 흠
· 전동면에 발생한 녹에 의한 흠
· 전동체들 끼리의 충돌에 의한 흠
· 전동체에 고착된 오일및 먼지에 의한 흠
· 조립시 궤도륜과의 충돌에 의한 흠
· 베어링을 설치시 충격에 의한 흠

- 이 음은 다음과 같은 특징이 있다.

· 충격적인 음이며 주기성이 있다.
· 회전수가 일정하면 진동과 음의 주기는 일정하다.
· 볼베어링의 경우 진동과 음은 흠이 궤도륜에 있으면 연속적으로 발생하나 볼에 있으면 발생하기도 하고 발생하지 않기도 한다. 이 음은 먼지음과 달리 비교적 단시간 내에 재발생한다.

이에 대한 관리방법은 진동측정기(Vibration Meter)로 파고치, 파고수로 가능하나 일반적으로 관능검사로 대체한다.

볼의 흠에 대한 원인 중에 충돌에 의한 영구변형량은 다음 식으로 주어진다.

$$\delta_B = 5.76 \times 10^{-6}\left(1+\frac{1}{n}\right)^{17/9} H \cdot D \qquad 19.8$$

낙하하는 볼과 충돌되는 볼의 직경이 같으면 식 19.8은 다음과 같이 된다.

$$\delta_B = 2.13 \times 10^{-4} \cdot H \cdot D \qquad 19.9$$

여기서, δ_B : 영구 변형량 (μ)
n : D_a'/D_a
D_a : 낙하하는 볼 직경 (mm)
D_a' : 충돌되는 볼 직경 (mm)

볼 제조사인 AKS에서 볼의 충돌에 의한 영구변형량이 음압에 주는 영향에 대하여 실험한 결과를 그림 19.13에 나타낸다.

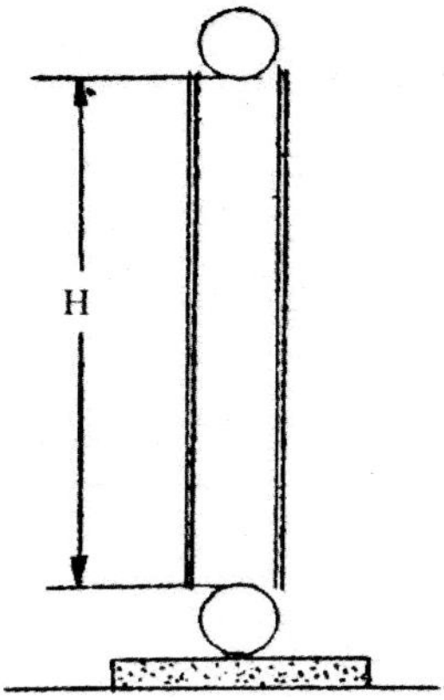

그림 19.12 볼의 충돌

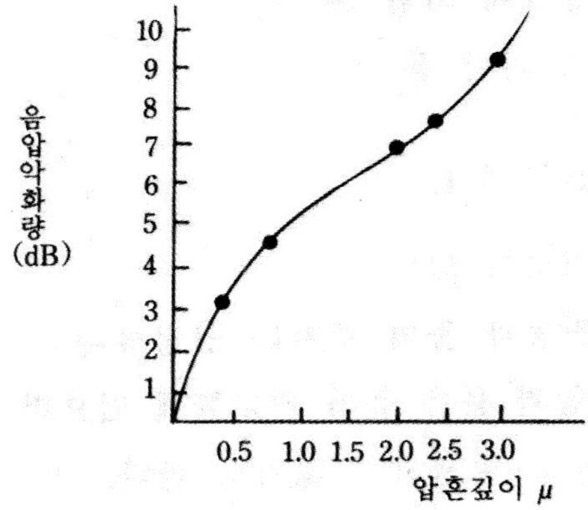

그림 19.13 압흔의 깊이와 음압 악화량

흠음의 주파수는 전동체 중의 1개에 결함이 있는 경우에는 다음 식으로 주어진다.

$$f_{BD}=\frac{1}{2}\left(1-\frac{D_a}{2R_p}\right) N_i \qquad 19.10$$

다시 말하면 전동체의 공전수와 같은 주파수를 발생시킨다.

궤도륜의 흠음에 대해서도 궤도면에 n 개의 흠이 있는 경우에는 내・외륜에 발생하는 주파수는 다음 식으로 주어진다.

$$f_{ID}=0.6\, N_i\, n \qquad 19.11$$

$$f_{OD}=0.4\, N_i\, n \qquad 19.12$$

볼베어링의 궤도륜의 흠음과 볼의 흠음은 주기성 여부에 의해 구별이 가능하다. 볼의 흠음은 볼의 자전축이 변하므로 음이 들리기도 하고 들리지 않기도 하는데 이것으로 구별이 가능하다.

이 음에 대한 대책은 전동체는 전공정에 걸쳐 취급, 운반 낙차의 제한 실시하고 궤도륜은 내륜의 취급과 운반에 주의를 기울여야 한다.

b) 오물에 의한 음

오물음의 원인은 베어링 세척의 불충분, 윤활제 중에 이물질의 혼입, 운전중에 오물의 침투 등이다. 특히, 윤활제가 그리이스(Grease)인 경우 증주제 또는, 첨가제의 종류에 따라 초기 내지 일정기간에 걸쳐 소음이 발생한다.

오물이 베어링의 궤도면과 전동면의 사이에서 오물음을 발생시키는 크기는 입자경(粒子經)이 0.1 μm 이상인 것으로 알려지고 있다. 실제로 0.1 μm의 오물을 제거하는 것은 대단히 어려운 일이다. 오물음의 양부를 조사할 시에 특수한 경우 이외는 0.1 ~ 0.2 mm가 양부의 한계로 생각된다.

- 이 음은 다음과 같은 특징이 있다.

· 음의 크기, 간격은 주기성이 없고 순간적인 큰 음을 발생한다.

· 회전수에는 무관하다.

· 금속성 오물과 지석입자에 의한 음은 크나 연질 오물에 의한 음은 작다.

· 베어링을 잘 세척하면 오물음을 방지할 수가 있다.

· 그리이스 중의 이물질은 그리이스의 성질에 의한 것으로 일반 오물과 혼동하기가 쉽다.

그리이스에 방청제로 첨가되는 아초산나트리움 ($NaNO_2$)이 들어 있는 경우에 베어링의 소음은 그림 19.14와 같이 시간이 경과함에 따라 아초산나트리움의 입자가 분쇄되면서 점점 감소하게 된다. 이에 대한 관리방법은 진동측정기로 파고치, 파고수로 가능하나 일반적으로 한도견본에 의한 관능검사로 대체한다.

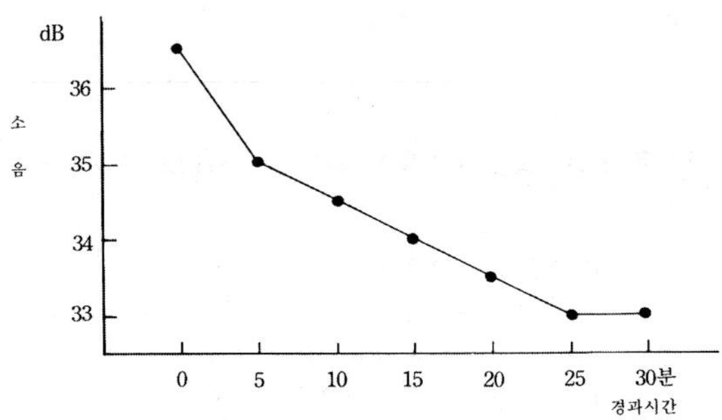

그림 19.14 경과시간과 소음과의 관계

베어링의 내부 결함을 해석하기 위하여 FFT(Fast Fourier Transform)분석기가 사용된다. 이 분석기는 복잡한 Fourier 변환의 계산을 1965년 Cooley와 Tukey에 의해 종래의 수백분의 1로 단축시킨 계산법으로 파형을 분석하는 장치이다. 이 분석기로 베어링의 결함 유형별로 오실로스코프(Oscilloscope)상의 파형과 스펙트럼(Spectrum)을 표 19.3에 나타낸다.

표 19.3 FFT상의 파형 분석

<table>
<tr><th>구분</th><th>FFT상의 파형</th><th>파형판정</th><th>소음</th></tr>
<tr><td>양품</td><td>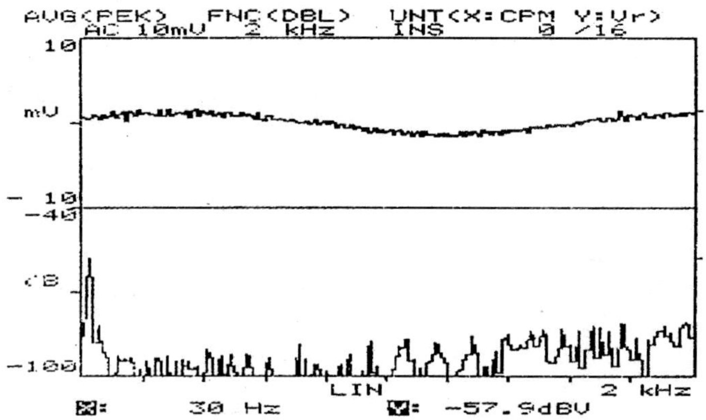
</td><td>○</td><td>○</td></tr>
<tr><td>진동불량</td><td>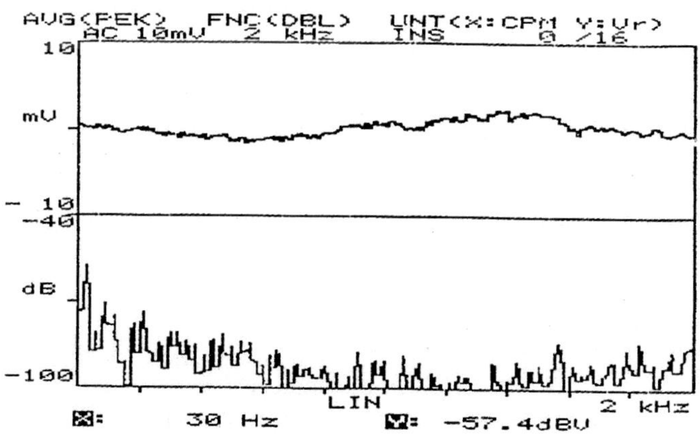
</td><td>×</td><td>×</td></tr>
</table>

(○ : 양호, △ : 보통, × : 불량)

<table>
<tr><td>레이스불량</td><td>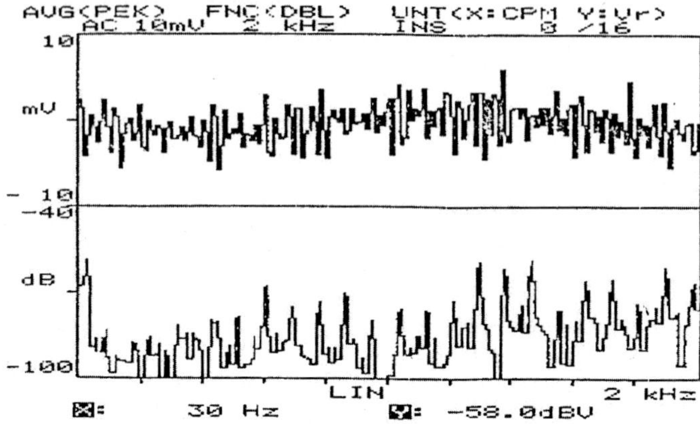
</td><td>×</td><td>△</td></tr>
<tr><td>궤도불량</td><td>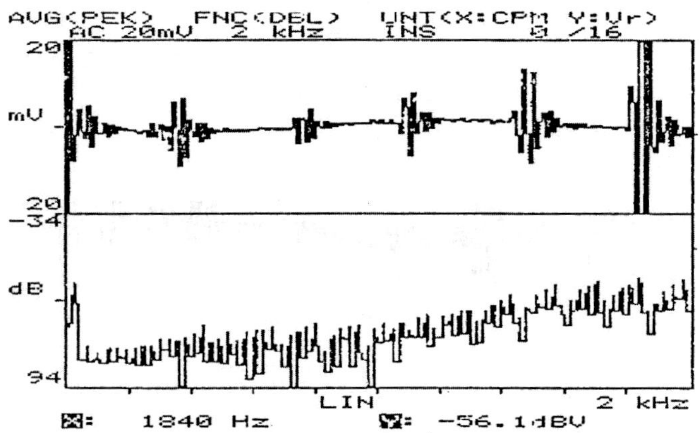
</td><td>×</td><td>○</td></tr>
<tr><td>슈퍼피니싱불량</td><td>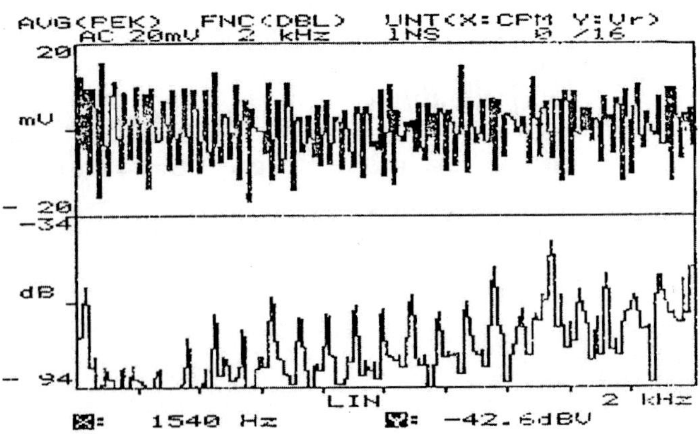
</td><td>×</td><td>×</td></tr>
</table>

강구불량	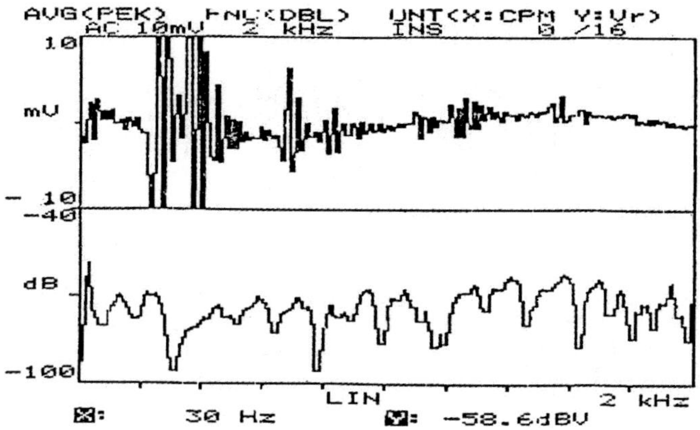	×	×
오물불량	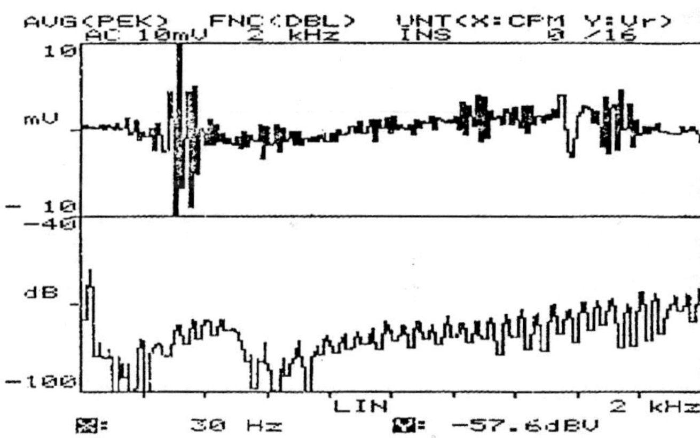	×	×

19.2.4. 설치시에 생기는 음

이러한 종류의 음은 베어링 자체의 음과 관계가 없는 음이다. 이 음의 원인을 베어링 자체에서 찾는 것은 무의미하다. 이러한 종류의 음은 베어링의 탄성특성에 의한 진동이 원인으로 되어 생기기 때문에 사용되고 있는 기계로 주의를 기울여야 한다.

19.3. 진동과 음향의 관계

진동과 음향은 서로 밀접한 관계가 있다. 표 19.4는 진동과 음향의 관계를 정리한 것이며 화살표는 두가지 모두 관련이 있는 것을 나타낸다.

표 19.4 구름베어링의 진동과 음향 관계

<table>
<tr><th colspan="2">분 류</th><th>진 동</th><th>음 향</th></tr>
<tr><td rowspan="3">베어링의 단독</td><td>본질에 관계</td><td>전동체의 통과진동</td><td>레이스 음
삐걱거리는 음</td></tr>
<tr><td>제작에 관계</td><td>연삭면의 웨이브에 의한 진동
리테이너의 진동</td><td>진동 음
리테이너 음</td></tr>
<tr><td>취급 불량에 관계</td><td>흠에 의한 진동
먼지에 의한 진동</td><td>흠 음
먼지 음</td></tr>
<tr><td colspan="2">베어링 주변에 관계</td><td>스러스트진동
레이디얼진동
회전축의 위험속도</td><td>맥놀이 음</td></tr>
</table>

정상적인 구름베어링의 진동및 음향은 전동체의 통과진동과 레이스음 두 가지이나 이외에 넓은 주파수 범위의 베어링 자체의 진동이 있다.

19.4. 음향의 검사방법과 규격

19.4.1. 검사방법의 종류

음향 검사방법은 여러가지가 있으나 대표적인 것을 나타내면 하기와 같다.

1) 촉감에 의한 방법

한 손에 베어링을 지지하고 다른 손으로 외륜을 회전시켜 지지한 손끝에 느껴지는 촉감에 의해 판정하는 방법이다. 이 방법은 매우 간단하나 개인별 차이가 많고 숙련을 요하고 오류를 범하는 경우가 많기 때문에 최근에는 잘 사용하지 않는다.

2) 청각에 의한 방법

정반 위에 베어링을 놓고 외륜을 손으로 회전시켜 청각에 의해 판정하는 방법이다. 이 방법은 숙련을 요하고 테이퍼로울러베어링에 주로 사용되나 절대비교는 할 수가 없고 상대비교 만이 가능한다.

3) 시험축과 청각에 의한 방법

시험축에 베어링을 장착하고 외륜에 스러스트하중을 가하면서 내륜을 회전시켜 청각으로 판정하는 방법이다. 이 방법은 가장 일반적인 방법이며 방음실에서 행하여야 하며 시험축용 베어링은 스라이딩 베어링(Sliding Bearing)을 사용하며 암소음(暗騷音)을 작게 해야 한다. 시험축의 회전수는 쉽게 얻을 수 있는 1800 rpm(AC 60Hz, 4극 모터)이 적당하다. 이 방법은 베어링 단체의 각 특성을 거의 대부분 판별할 수가 있으며 윤활제를 임의로 변경하여 검사할 수도 있다.

4) 음압계에 의한 방법

3)의 방법에서 청각 대신에 음압계로 대체한 것으로 레이스 음의 검사는 가능하나 흠과 레테이너에 관한 음은 청각에 의존해야 하는 결점이 있다. 이 방법은 레이스음을 정량적인 음향품질로 나타낼 수가 있다. 측정의 단위는 데시벨(dB)이다. 볼베어링의 음압레벨을 측정시 문제는 베어링과 마이크로 폰의 위치, 스러스트하중에 의한 변동이다. 그림 19.15는 베어링과 마이크로 폰의 위치를 나타내고, 표 19.5와 표 19.6은 KSB 2011의 규정된 위치를, 그림 19.16은 마이크로 폰의 위치에 의한 음압레벨의 변동을 나타낸다. 표 19.7과 표 19.8은 KSB 2011에 규정된 음압레벨 측정시 예압(스러스트하중)을, 그림 19.17은 예압에 의한 음압레벨의 변동을 나타낸다.

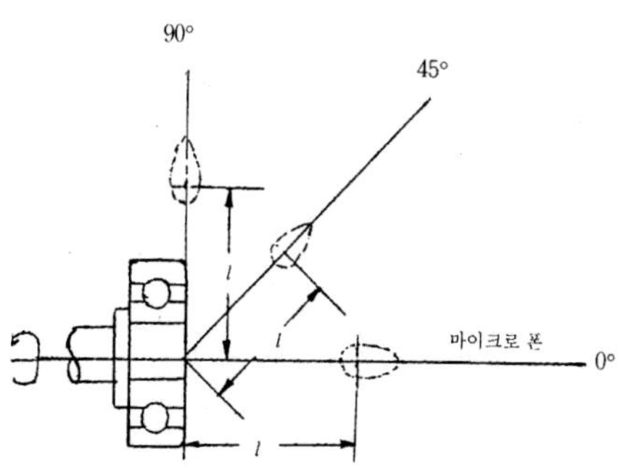

그림 19.15 마이크로 폰의 위치

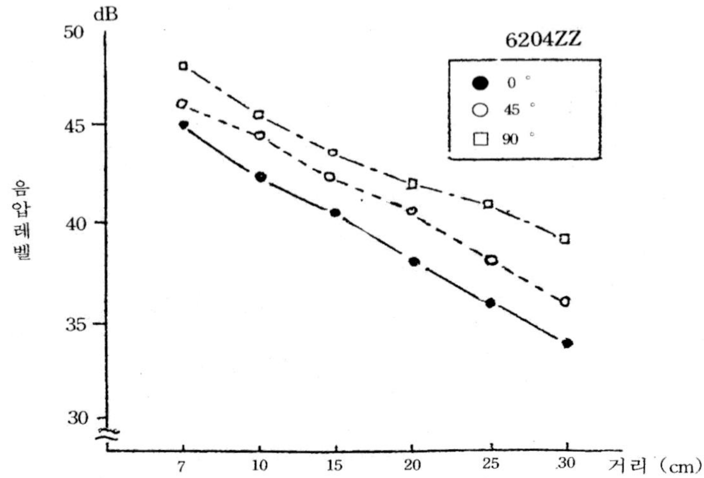

그림 19.16 마이크로 폰의 위치에 의한 음압레벨의 변동

표 19.5 깊은홈볼베어링 및 앵규러볼베어링의 마이크로 폰 위치

베어링 호칭외경	마이크로 폰의 거리	각도
30 이상 50 이하	70 ± 5	45°
50 초과 120 이하	100 ± 5	

표 19.6 테이퍼로울러베어링의 마이크로 폰 위치

베어링 호칭외경	마이크로 폰의 거리 (l)	각도
30 이상 120 이하	100 ± 5	45°

표 19.7 깊은홈볼베어링 및 앵규러볼베어링의 스러스트하중

베어링 호칭외경	스러스트하중 (kgf)
30 이상 50 이하	2
50 초과 120 이하	4

표19.8 테이퍼로울러베어링의 스러스트하중

베어링 호칭외경	스러스트하중 (kgf)
30 이상 80 이하	4
80 초과 120 이하	8

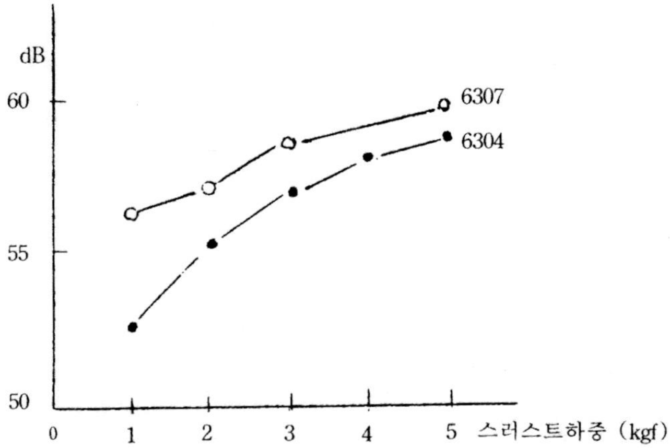

그림 19.17 스러스트하중에 의한 음압레벨의 변동

음압레벨을 측정시에는 반드시 규격에 정해진 대로 실행하지 않으면 큰 오차가 발생하게 된다.

5) 안데론미터에 의한 방법

안데론미터(Anderon Meter)는 미국의 MMC(Micro Metrical Co)에서 개발한 베어링 진동시험기이다. 3)의 방법에서 청각 대신에 안데론미터로 교체한 것으로 레이스의 검사는 내륜을 회전시켜 외륜의 반경방향 변위를 각도로 미분한 값으로 정량적으로 음향품질을 나타낼 수가 있다. 측정의 단위는 안데론(Anderon)이며, 1 안데론 = 0.62 마이크로 인치/레디언이다.

기기는 좌로부터 Low, Medium, High로 대역(Band)이 구분되며 해당 대역은 표 19.9에 나타난다.

표 19.9 대역별 범위

대 역 별	범 위
Low	1⅔ ~ 10 cycle/회전
Medium	10 ~ 60 cycle/회전
High	60 ~ 330 cycle/회전

안데론미터를 사용시 음향결함이 다음과 같이 나타난다.

a) 레이스 음

기기의 Medium Band, High Band가 높게 나타나고 레이스 음을 스피커로 분명히 들을 수가 있다.

b) 레이스 흠

기기의 Medium Band, High Band가 높게 나타나고 레이스 흠음을 스피커로 들을 수가 있다.

c) 볼 흠

기기의 각 밴드는 천천히 상당히 큰 진폭으로 증감하며 볼 흠음을 스피커로 들을 수가 있다.

d) 먼지 음

기기의 Medium Band, High Band가 동시에 돌발적으로 높게 되고 지속시간은 랜덤하다. 볼 흠과 유사하나 변화가 급격한 것으로 구분된다.

6) 진동검사기에 의한 방법

진동검사기(Vibration Meter)는 안데론미터의 변형으로 대역은 Low Band, High Band 만이 있으며 제반 사항은 안데론미터와 유사하다.

19.4.2. 음향 규격

음향규격의 기준은 음압레벨과 안데론치가 있으며 한국과 일본은 전자를, 미국과 유럽은 후자를 기준으로 삼고 있다. 구름베어링의 음향규격으로 공표되어 있는 것은 미군규격 MIL-17931으로 잠수함용 베어링의 안데론 규격 및 이 규격을 발전시킨 국방성 규격 NDS ××F-8312 이외는 없다. 베어링 제조사는 개별적으로 사내 규격으로 안데론치를 갖고 있으나 대외적으로 공표하지는 않고 있다. 음향규격은 제조사에서 베어링의 사용조건에 따라 등급을 정하여 수요자의 요구에 부응하고 있다.
표 19.10은 외국 제조사의 음향등급을 나타낸다.

표 19.10 음향등급의 사례

등급	내 역
1	Super Quiet Bearing
2	Extra Quiet Bearing
3	Standard Electric Motor Bearing
4	Poor Honed Bearing
5	Unhoned Bearing
6	Unground Bearing

음향규격은 베어링이 범용으로 사용되는 경우에는 적용할 필요가 없으나 일상 생활중 소음이 문제로 되는 경우에만 적용하는 것이 통례이다. 음향규격은 전술한 바와 같이 공표된 것이 없기 때문에 저소음용 베어링에는 표 19.11에 안데론 규격을 추천한다.

표 19.11 안데론 규격

Bore Code	Low	Medium	High
00	8	4	5
01	8	4	6
02	9	5	6
03	10	6	7
04	11	6	8
05	12	7	10
06	13	7	12
07	14	8	15
08	15	8	20
09	17	9	25
10	20	9	30
11	21	10	40
12	22	11	47
13	25	12	50
14	27	13	57
15	30	14	60

20. 베어링에 발생하는 문제와 해결

문 1) 베어링에 축을 끼워맞춤을 할 경우에 너링(Knurling)을 하기도 하는데 적절한 조치인가?

— 축외경의 치수가 미달될 시에 현장 작업자들이 가끔 축외경에 너링하여 사용하고 있으나 일시적인 방편이 되지만 완전한 하중을 받을 수가 없고 베어링의 정밀도에 악영향을 준다.

문 2) 베어링의 보정작업을 하는데 가장 일반적인 장애는 무엇인가?

— 베어링은 정밀한 부품이므로 정밀한 시계의 취급시와 동일하게 깨끗한 공구, 말끔한 작업대, 깨끗한 용제(Solvent)와 세척유(Flushing Oil), 깨끗한 포리에틸렌 필름 표면에 베어링을 놓는 것 등을 시행하지 않는 것이다. 이런 것들을 제대로 시행하는 것이 베어링을 양호하게 보정작업을 하는 핵심이다.

문 3) 윤활유가 오일시일(Oil Seal)을 통하여 누설되는 경우가 많이 있는데 이들에 대한 원인은 무엇인가?

— 손상된 오일시일의 70%~ 80%는 두가지 기본적인 원인에 기인한다.

첫째는 축과 하우징의 치수와 조건이다. 닳았거나 긁힌 축과 하우징은 윤활유 누설의 원인이 되므로 재연마, 부싱의 삽입과 교환 등을 행하여야 한다. 오일시일 립(Lip)의 방향은 먼지가 있는 방향으로 향하고, 윤활유가 압력하에 있으면 압력측으로 향하여야 한다.

둘째는 오일시일을 조립하는 지그(Jig)의 빈약이다. 오일시일에 손상을 주어 누설의 원인이 된다

문 4) 베어링을 교체할 때마다 축과 하우징을 크게 해야 하는가?

– 베어링은 축((Shaft) 또는 하우징(Housing)에 설치되어 있는 것에 불과하다. 끼워맞춤의 적합성은 시간을 두고 점검해야 한다. 교체되는 베어링의 상태가 축 또는 하우징을 확대할 필요성이 있는지에 대한 정보를 제공한다. 예를들면, 황갈색 얼룩이 베어링 내경면에 있으면 축이 치수미달(Under Size)이고, 베어링 외경면에 있으면 하우징이 치수초과(Over Size)이다. 특히 운전중에 이상음, 진동 등은 끼워맞춤이 잘 되어 있지 않은 것이다.

문 5) 유체윤활 조건에서 원통로울러베어링의 마찰토르크는 베어링의 회전속도와 윤활유 점도에 어떤 영향을 받는가?

– 베어링하중이 비교적 작은 영역에서는 베어링 전체 접촉부위에 강체(剛體) 및 동점도조건(等粘度條件)에 따른 유체윤활 이론을 적용한 결과에 의하면 베어링의 마찰토르크는 베어링하중의 0.2 ~ 0.3 승에 비례하여 증가하고 회전속도와 윤활유점도의 0.7 ~ 0.8 승에 비례한다.

하중이 큰 영역에서는 큰 접촉압력을 받는 각 위치의 접촉부위에 대해서는 탄성유체윤활 이론을 적용하고 작은 접촉압력을 받는 각 위치의 접촉부위는 유체윤활 이론을 적용하면 마찰토르크는 전체적으로 베어링하중에 거의 의존하지 않고 회전속도와 윤활유 점도에 대하여 거의 0.7 승에 비례하여 증가한다.

문 6) 브리넬링(Brinelling)과 훨스브리넬링(False Brinelling)의 차이는 무엇인가?

– 브리넬링은 베어링의 정지 또는, 저속 회전시에 큰 하중이 가해져서 베어링의 궤도면과 전동면의 접촉점에 눌린 자국이 발생한 것이다.

훨스브리넬링은 베어링이 정지한 상태에서 하중이 가해지고 진동을 받으면 윤활제를 밀어내면서 금속간 마찰을 일으키고 산화철을 발생시키면서 궤도면과 전동면의 접촉점이 움푹 패이는 것이다.

베어링이 운전중에 움푹 패인 곳에서는 진동과 소음이 발생한다. 훨스브리넬링의 방지는 베어링을 잘 고정시키고, 진동원을 제거하고 윤활을 충분히 하고, 끼워맞춤을 적절하게 하고, 윤활제를 상황에 맞추어 가능한 저점도유를 사용하는 것이다.

베어링 레이스(Race)의 최종공정인 초사상(Super Finishing)은 미국 자동차의 메카인 디트로이트 (Detroit)에서 생산된 자동차를 철도 운송중에 발생된 홀스브리넬링을 제거하기 위한 수리작업에서 유래된 것이다.

문 7) 윤활시스템의 작동하는 상태를 나타내는 투시창급유기(Sight Glass Oiler)를 사용하고 있는데 정기적으로 점검하면 베어링에 적절한 윤활유의 공급이 보장되는가?

— 한마디로 보장이 불가능하다. 먼지와 오염물질이 많은 환경 속에서는 급유관이 차단되는 수가 있으므로 오일게이지(Oil Gauge)가 ½을 표시하더라도 윤활유가 부족하여 베어링이 파손되는 경우가 많이 있다. 새로운 베어링을 교환할 때는 반드시 압축공기로 윤활배관을 청소하고 관통상태를 확인해야 한다

문 8) 송풍기에 사용되는 필로우블록(Pillow Block)으로부터 윤활유가 빨려 나오는 것에 대한 조치는 무엇인가?

— 베어링의 주위로 분출하는 공기의 힘에 의하여 윤활유가 외부로 누출되는 것을 막기 위해서는

- 순환급유시스템(Circulating Oil System)
- 공기의 균형유지(Air Balancing)
- 회전판(Rotating Shield)의 설치 등을 하여야 한다.

문 9) 축과 하우징의 끼워맞춤 중요성에 대한 좋은 사례가 있는가?

— 축이나 하우징의 치수를 측정하지 않고 베어링을 설치했을 경우에는 수명을 다하여 해체시 과도한 끼워맞춤으로 인하여 정과 해머로 낡은 베어링을 제거하는 과정에서 베어링이 깨져서 파편이 비산하여 공장내 유리창이나 시설물을 파손시킨 경우도 있었다.

문 10) 베어링을 유압풀러(Hydraulic Puller)를 사용하여 베어링을 추출하는 작업중 풀러볼트가 휘거나 파손되고 베어링은 추출되지 않는 것에 대하여 특별한 추출 방법이 있는가?

– 유압풀러를 작동하면서 베어링의 주위에 뜨거운 열처리용 오일을 계속 부으면 비교적 쉽게 추출할 수가 있다.

문 11) 볼베어링(Ball Bearing)의 볼(Ball)이 희귀하게 중공볼(Hollow Ball)로 발견되는데 이에 대한 원인은 볼 내부의 재료 결함인가?

– 대부분의 사람들은 볼의 동공(胴空)이 사용중 열영향으로 인하여 발생하는 것을 이해하지 못하고 제조자의 잘못으로 생각하고 있다. 열은 내외륜과 볼을 무르게 한다. 볼은 내외륜 보다 열전도가 낮으므로 무르고 불충분한 윤활상태에서 고속회전을 하면 높은 원심력에 의하여 금속유동(Metal Flow) 을 일으킨다. 이것이 중공볼(Hollow Ball)을 만든다. 볼의 표면은 중심보다 온도가 낮다. 볼이 화 산 처럼 폭발현상을 일으키는 원인은 온도차이다. 그림 20.1은 볼이 동공이 된 중공볼이다.

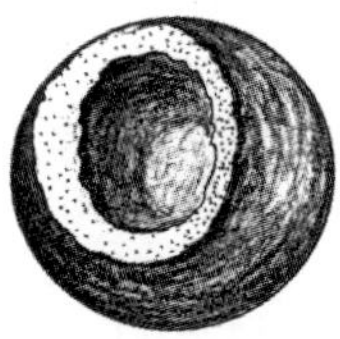

그림 20.1 동공이 된 중공볼

문 12) 새로 구입한 장비중 일부는 불량 베어링이 들어 있어서 작동 초기에 소음과 진동으로 수백시간 내에 파손되는 이유는 무엇인가?

– 불량 베어링의 극히 일부는 제조자의 검사 오류로 사용자에게 넘어간다. 대부분은 장비에 조립중, 이동중, 보관중에 발생한다.

1) 소조립품(Sub Assembly)이 떨어뜨려졌을 시, 심하게 충돌 시, 조립중에 압력이 베어링의 내외륜에 가해졌을 시에 브리넬링(Brinelling)을 일으킨다.
2) 장비의 운송중 또는, 외부 심한 진동이 있는 설비에서의 충돌, 충격으로 인하여 홀스브리넬링(False Brinelling)을 발생시킨다.
3) 필로우블록(Pillow Block)과 후랜지유니트트(Flange Unit)의 설치가 견고하게 체결되어 있지 않을 시에 소음과 진동을 발생시킨다.

1)항과 2)항은 베어링을 교체함으로써 문제가 해결될 것이나 만일 해결되지 못할 시는 축과 하우징의 치수를 검사하여 끼워맞춤에 유의하면 된다.

3)항은 스크류(Screw)의 체결상태를 자주 점검하고 조정을 해야한다.

문 13) 베어링 윤활에 있어서 오일(Oil)과 그리이스(Grease)를 각각 언제 사용해야하는가?

-윤활제의 선택은 개별적인 기초위에 취급되어야 한다. 베어링의 운전상황, 윤활방식, 설치위치, 하중, 보수유지, 설비종류, dn값을 충분히 고려하여 전동체와 사이에 유막을 항상 형성시킬 수 있는 탄성유체윤활(Elasto Hydrody Lubrication : EHL)이 되도록 윤활제를 선정해야 한다

문 14) 축에 베어링을 설치하기 위해 가열하는 가장 좋은 방법은 무엇인가?

- 베어링을 가열하는 적절한 방법은 베어링의 종류와 크기에 의하여 결정해야 한다. 베어링을 가열하는 방법은 가열등(Heat Lamp), 유도가열기(Induction Heater), 유욕조(Oil Bath), 전기오븐(Electric Oven)이 있다. 토오치(Torch)를 사용해서는 안된다. 베어링을 가열중에 베어링의 내경을 자주 측정해야 하고 온도를 조절하는 것이 매우 중요하다. 가열온도를 너무 높이면 템퍼링(Tempering) 효과로 경도가 저하되어 베어링의 수명이 감소된다.

15) 어댑터(Adapter)에 록크너트(Lock Nut)를 조일 때 사용할 적절한 공구는 무엇인가?

- 일반적으로 작업현장에서 작업자들은 해머에 펀치(Punch) 또는, 정(Chisel)을 사용하고 있으나 견고하게 조여지지도 않고 록크너트를 손상시켜 해체시에는 불편하고 재사용이 불가능하다. 반드시 스패너렌치(Spanner Wrench)를 사용해야 한다.

문 16) 볼베어링에는시일형(Seal Type)과 쉬일드형(Shield Type)이 있는데 모두 시일형으로 단일화하여 사용하면 안되는가?

- 쉬일드는 외륜(Outer Ring)에 부착되어 있으면서 내륜(Inner Ring)과의 사이에 틈새(Clearance)를 갖고 있다. 그러나, 시일은 외륜에 부착되어 있으면서 내륜과 마찰접촉(Rubbing Contact)를 하고 있다.

우리가 모든 적용에 쉬일드형 대신에 시일형으로 대체 사용할 수가 없는 중요한 이유는 다음과 같다.

- 속도(Speed)
- 열(Heat)
- 기동토르크(Starting Torque)

시일은 쉬일드가 내륜에서 틈새를 갖는 곳에서 마찰로 인하여 이들 세 분야에서 문제를 야기시킬 수가 있다.

문 17) 볼베어링의 파손이 너무 많이 발생할 때에 크기를 변경시키지 않고 중하중(Heavy Load)을 받을 수 있는 베어링을 구할 수가 있는가?

– 표준형 깊은홈볼베어링 보다 볼이 더 많은 것으로 부하능력을 향상시킨 맥시멈볼베어링(Maximum Ball Bearing)이 있다. 추가되는 볼(Ball)을 더 넣기 위해 내외륜의 측면에 휠링홈(Filling Slot)을 갖고 있기 때문에 스러스트하중의 방향은 일방향으로 제한을 받으며 고속회전에는 부적당하다.

문 18) 베어링을 깨끗히 취급하라는 말은 많이 들었으나 축과 하우징에 대하여 언급된 일이 없는데 어떻게 해야하는가?

– 축과 하우징은 베어링과 함께 사용되는 기계부품이므로 베어링과 같은 수준으로 청정도를 유지해야 한다. 만일, 축과 하우징의 청정도가 베어링의 것 보다 뒤진다면 오물 때문에 베어링이 정확한 위치에 설치될 수가 없기 때문에 시스템(System)의 정밀도와 수명이 저하하게 된다

문 19) 축에 설치한 단열 깊은홈볼베어링의 외륜을 잡고 움직였을 때 약간의 끝 흔들림(End Shake)를 느낄 수가 있다. 이 베어링이 내부적으로 문제가 있는 것이 아닌가?

– 베어링이 회전하기 위하여 운전크리어런스를 반드시 가져야 하므로 걱정할 것이 아니다. 단열 깊은홈볼베어링의 기하학적 형상은 그림 4.2 와 같으며 $f = r/Da$ 의 값은 $0.51 \leq f \leq 0.54$ 이며 일반적으로 $f = 0.52$ 이다. 따라서, 약간의 운전크리어런스(Operating Clearance)만 있으면 끝흔들림이 발생하게 되어있다. 운전크리어런스는 내외륜의 끼워맞춤, 내외륜의 온도차, 탄성변위 등을 고려하지 않으면 발열과 조기파손을 일으켜 진동과 소음의 원인이 된다.

문 20) 오일윤활(Oil Lubrication}에서 변색 및 과열된 베어링, 타붙음(Seizure) 등이 있는데 왜 발생하는가?

– 원인은 많지만 선풍기(Fan)와 송풍기(Blower)에서 오일윤활의 경우 압력차와 난류(Turbulence)는 오일을 하우징 밖으로 빨려 나오게 하기 때문이다. 다른 부품에도 문제가 있으리라는 생각이 든다. 설비를 제작하거나 수리할 시에 윤활구멍을 찾아서 오물이 들어가지 못하도록 헝겊이나 비닐 등으로 막아야 한다. 그렇지 않으면 윤활계통이 막혀서 윤활사고가 반복하여 발생할 것이다.

문 21) 기계 본체에 대형 베어링이 밀착되어 풀러(Puller)의 후크(Hook)가 들어갈 공간이 없어서 토오치(Torch)로 절단을 하였는데 다른 좋은 방법이 없는가?

– 기계 본체에 풀러의 후크가 들어갈 홈(Groove)과 암나사를 180도의 간격으로 2개소에 미리 가공을 하면 풀러와 볼트를 사용하여 베어링을 쉽게 분리할 수가 있다.

문 22) 베어링이 파손되고 있음을 알려주는 가장 좋은 징후는 무엇인가?

– 주요한 세가지 징후는 과열(Excessive Heat), 소음(Noise), 진동(Vibration)이다. 이들 중에 하나의 징후가 나타나면 베어링이 파손되고 있음을 의미한다.

문 23) 찰과상(Chafing)이 발생하는 기구(Mechanism)는 무엇인가?

– 압력하에 약간의 진동이 있을 때 매끄러운 강철 표면의 초현미경적 입자들이 접촉정점(Contact Apex)으로부터 떨어져 나간다. 이 작은 입자들은 공기중에서 즉시 산화된다. 산화된 입자들은 랩제(Lapping Compound)로 작용하여 다른 입자들을 강제로 잡아떼므로서 후렛팅코로젼(Fretting Corrosion)이 확산되고 결과적으로 찰과상이 된다. 베어링의 표면정점들의 금속간 접촉을 감소시키기 위하여 고체윤활제가 추천되어지기도 한다. 그림 20.2와 같이 극한하중에서 액체윤활제는 밖으로 밀려 나가지만 고체윤활제는 윤활층이 그대로 유지된다.

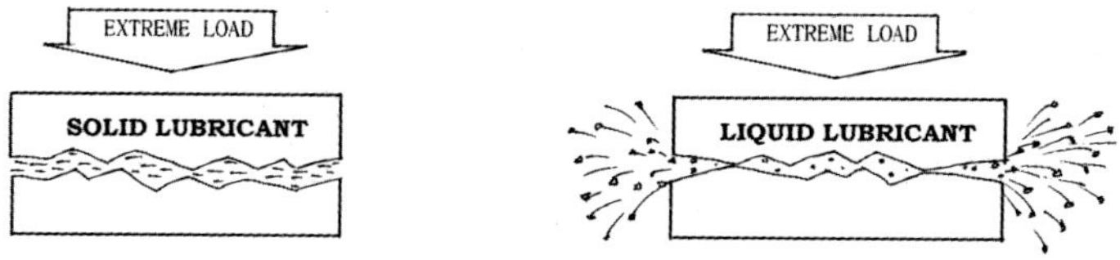

그림 20.2 극한 하중하에서 윤활제의 거동

문 24) 찰과상(Chafing)은 베어링과 관련하여 어떻게 발생하는가?

– 홀스브리넬링(False Brinelling)은 정지된 베어링에서 볼(Ball)과 내외륜(Race)에 그림 20.3와 같이 축방향진동(Axial Virbration) 또는, 요동진동(Oscillatory Vibration)에 의해서 발생한다. 그러나, 찰과상 (Chafing)은 베어링의 외륜(Outer Race)과 하우징(Housing) 또는, 베어링의 내륜(Inner Race)과 축(Shaft)의 진동에 의해서 발생한다.

그림 20.3 진동의 종류

문 25) 베어링을 설치할 때에 가장 부적당한 방법은 무엇인가?

– 기계 또는, 장비에 설치중 베어링의 오염과 축 또는, 하우징에 끼워맞춤을 하지 않은 측의 레이스(Race)에 힘을 가하는 것이다. 이것은 베어링의 궤도(Raceway)와 전동면에 압흔(Brinelling)이 발생되어 진동과 소음을 유발시키고 수명도 단축된다. 베어링을 압입할 때는 끼워맞춤면이 되는 레이스에 반드시 유압프레스(Hydraulic Press)로 힘이 가해져야 한다.

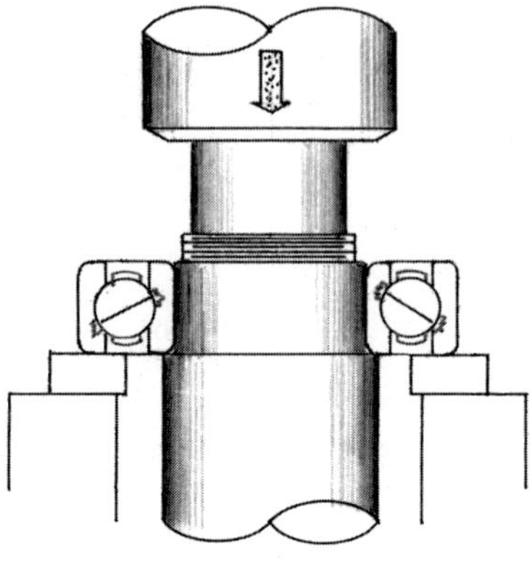

그림 20.4 레이스에 무리하게 하중이 작용

문 26) 테이퍼로울러베어링(Tapered Roller Bearing)과 조합베어링(Duplex Bearing)에 예압(Preload)를 가하여 사용해야 한다는데 초기하중(Initial Load)이 베어링수명을 단축시키지 않는가?

– 예압사용은 미끄럼베어링(Sliding Bearing)에는 없는 구름베어링(Rolling Bearing)의 특징 중의 하나이다. 베어링에 예압을 가할 때 회전속도가 높으면 예압을 감소시키고 회전속도가 낮으면 예압을 증가시켜 베어링수명의 단축을 최소화 시킬 수가 있다. 예압을 가하면 수명은 단축되나다음과 같은 이점이 있기 때문에 많이 활용되고 있다.

- 축의 강성을 크게 한다.
- 진동과 음향을 방지한다
- 운전중 과대 크리어런스를 방지한다.
- 스미어링(Smearing)을 방지한다.
- 홀스브리넬링(False Brinelling)을 방지한다.
- 공전미끄럼과 자전미끄럼을 방지한다.

문 27) 탄성유체윤활 이론은 높은 압력하에서도 윤활유는 액체상태에 있다는 전제 조건을 기초로 하고 있지만 집중접촉에서도 반드시 성립하는가?

– 반드시 성립하는지는 명확히 되어 있지 않다. Hertz 접촉과 같은 높은 압력

하에서 윤활유는 고형화되고 이 고형화 현상은 구름베어링의 작동과 수명에 심각한 영향을 준다.

오일의 고형화 조건은 大野信義 등이 분자량이 다른 많은 오일을 사용하여 αp 값으로 다음과 같이 규정하였다.

$\alpha p < 13$: 액체(液體)

$13 < \alpha p < 25$: 점탄성고체 (粘彈性固體)

$\alpha p > 25$: 탄소성고체 (彈塑性固體)

여기서, α: 점도압력계수 , p : 평균 Hertz 압력

문 28) 팽창시키기 위하여 열이 가해진 베어링의 내륜을 축에 설치하는데 주의해야 할 사항은 무엇인가?

– 차가운 축의 견부(Shoulder)로부터 뜨거운 내륜이 떨어져 나가려는 성질이 있기 때문에 고정 너트로 견부의 방향으로 조인다. 충분히 식은 후에 휠러 게이지(Feeler Gauge)로 장착상태를 점검해야 한다.

문 29) 축에 있는 버어(Burr)가 베어링을 설치하는 데에 문제가 되는가?

– 축에 베어링을 설치할 때에 버어는 정위치 시키는데 장애물이 된다. 반드시 버어를 점검및 수리한 후에 베어링을 설치하여야 한다.

문 30) 테이퍼로울러베어링은 볼베어링 만큼 조심스럽게 취급하지 않아도 되는가?

– 모든 베어링은 항상 똑같이 취급되어야 한다. 테이퍼로울러베어링은 내외륜 분리형으로 콘어썸브리(Cone Assembly)가 손상을 받기 쉬우므로 더욱 주의를 요한다.

문 31) 볼베어링의 과대한 크리어런스가 수명에 어떠한 영향을 주는가?

– 볼베어링이 크리어런스가 0 이라고 하더라도 하중을 받아 부하권에 있는 볼들이 위치에 따라 각각의 볼이 받는 하중이 다르다. 크리어런스가 어떤 한계

를 초과하면 내외륜의 구속력이 없어져서 극단의 경우에 볼 1 개가 전체하중을 받을 수도 있을 것이다. 따라서, 볼베어링이 크리어런스가 과대하면 수명은 감소한다.

한편, 크리어런스가 과대한 베어링에 대한 수명이론에 있어서 하중지수 p 는 현재 적용되고 있는 값 p = 3 보다 큰 p = 4 ~ 5 가 될 것이며 수명식에 대입하면 수명 L 은 감소할 것이다.

크리어런스가 표준에서 부품의 파손 비중의 순위가 내륜 ,외륜, 볼이나 어떤 한계를 넘어서면 내륜, 볼, 외륜으로 된다.

문 32) 베어링을 적절하게 취급하면 얼마나 오랫동안 사용할 수가 있는가?

– 베어링을 오랫동안 사용한 사례를 얻을 기회가 없으나 외국문헌에 의하면 공작기계에서 30년간 사용한 경우와 철강회사의 재료 스탠드(Stand)에서 19년간 250만톤의 재료를 통과한 경우가 베어링회사의 기술서비스팀에 의해 발견된 일이 있다.

문 33) 앵규러콘택트베어링을 교환할 때에 많은 문제가 발생하는 이유는 무엇인가?

– 앵규러콘택트(Angular Contact)는 여러 종류의 접촉각(Contact Angle)으로 된 특징을 갖는다. 작은 접촉각을 갖는 베어링은 스러스트하중(Thrust Load)에 대한 레이디얼하중(Radial Load)의 비율이 높은 곳과 반경방향 변형(Radial Deflection)이 작은 곳에 채택된다. 큰 접촉각을 갖는 베어링은 스러스트하중에 대한 레이디얼하중의 비율이 낮은 곳과 축방향 강성이 요구되는 곳에 채택된다. 흔히 발생되는 문제는 외곽치수(Boundary Dimension)는 같으나 접촉각이 다른 베어링을 교환했을 때에 필요한 스러스트능력 또는, 레이디얼능력을 잃었을 경우에 설비나 기계의 성능이 저하되는 것이다

문 34) 복열 볼베어링을 사용하는데 구조에 따라 충분한 수명을 얻을 수가 없는 이유는 무엇인가?

– 복열 볼베어링(Double Row Ball Bearing)은 볼(Ball)과 궤도(Raceway)의 사이에 내부맞춤(Internal Fit)으로 고정된 두개의 단열 앵규러볼베어링(Single

Row Angular Contact Ball Bearing)의 구조로 되어 있다. 이들은 중레이디얼능력(Heavy Radial Capacity) 또는 중스러스트능력(Heavy Thrust Capacity)중 어느 것에도 사용할 수가 있다. 복열 볼베어링이 비록 앵규러콘택트(Angular Contact)로서 설계되어 있지만 레이디얼하중이 성능을 결정하는 중요한 요소이다. 복열 볼베어링은 외곽치수(Boundary Dimension)가 같다고 할지라도 하중선(Load Line)의 방향, 스톳홈(Filling Slot)의 유무, 볼의 수와 크기에 따라 수명이 다양하다. 기본정정격하중 Co = fo i ZDa2cosα에서 ZDa^2 의 값이 다양하므로 수명의 차이도 현저하다.

문 35) 전기아크(Electric Arc)는 베어링에 어떤 영향을 주는가?

– 볼베어링 또는, 로울러베어링이 장착된 설비에 전기용접을 할 때에 베어링을 관통하는 접지를 하면 안된다. 베어링의 내외륜(Race)과 볼(Ball) 또는, 로울러(Roller)의 접촉부위에서 스파크(Spark)가 발생되어 국부적인 용해로 작은 구멍이 생기고 피트(Pit)처럼 된다. 이것을 현미경으로 보면 분화구처럼 움푹 들어가 있다. 그밖에 아크의 발생원은 정전기(Static Electricity), 누전(Electric Leakage), 단락 (Short Circuit) 등이 있다. 베어링에 주는 손상의 정도는 전압보다는 전류의 지배를 받는다. 직류와 교류 모두 베어링에 손상을 일으킬 수가 있다. 설비의 용접에서 절제된 전류는 베어링에 별문제가 없으나 높은 전류의 급격한 변화는 심한 손상을 일으킨다. 전기용접을 할 때에 미리 베어링의 위치, 용접할 위치, 접지할 위치 등을 고려하면 베어링의 심한 손상은 피할 수가 있다.

문 36) 베어링을 사용하는데 문제가 많이 발생되는 주요 항목은 무엇인가?

– 산업현장에는 여러가지 문제가 발생되고 있으나 분류하면 다음과 같다.

- 소음(Noise)
- 시일과 쉬일드(Seal and Shield)
- 윤활(Lubrication)
- 설치와 해체(Mounting and Dismounting)
- 축과 하우징의 끼워맞춤(Shaft and Housing Fits)
- 예압(Preload)

이들에 정확한 해답은 산업별로 실패의 요인별로 달라진다.

문 37) 윤활이 잘 이루어지고 있는 상태에서 베어링이 고속 운전중에 이상고온이 되는 원인은 무엇인가?

– 과도한 윤활(Over-Lubrication)이 문제일 것이다. 고속으로 사용되고 있는 베어링에 과도한 윤활은 불충분한 윤활과 같이 문제가 된다. 과도한 윤활은 베어링의 토르크(Torque)나 마찰을 증가시키는 오일(Oil)이나 그리이스(Grease)의 교반작용을 일으키게 한다. 이것이 베어링을 고온에서 작동하게 한다.

문 38) 부적절한 윤활이 베어링의 손상에 어느 정도로 영향을 주는가?

– 베어링은 많은 이유로 파손되나 그 중에서 부적절한 윤활로 파손되는 것이 비중이 가장 크다.

외국에서 발생한 베어링 파손 원인의 개략적인 명세는

- 부적절한 윤활 40%
- 부적절한 설치 30%
- 기타 20%
- 재료의 피로 10% 이다.

– 윤활의 실패에 대한 이유

- 오일(Oil)을 사용할 상황에서 그리이스(Grease)의 사용
- 특수한 적용에 그리이스의 기유를 부적절하게 선정
- 양이나 점성이 불충분한 윤활
- 주기적인 재윤활을 못함에 따른 윤활제의 악화
- 이물질에 의한 윤활제와 베어링의 오염

문 39) 베어링에 윤활제가 갖는 주기능은 무엇인가?

– 윤활제의 주기능은 베어링의 궤도(Raceway)와 전동체(Rolling Element)의 사이에 오일의 박막 분리층 (Micro Thickness Separating Film)을 형성하고 유지하는 것이다. 탄성유체층(Elastohydro dynamic Film)의 형성은 베어링의 궤도와 전동체의 사이에 윤활제의 쐐기작용이 발생한 결과이다. 그림 20.4은 윤활제의 쐐기작용을 나타낸 것이다.

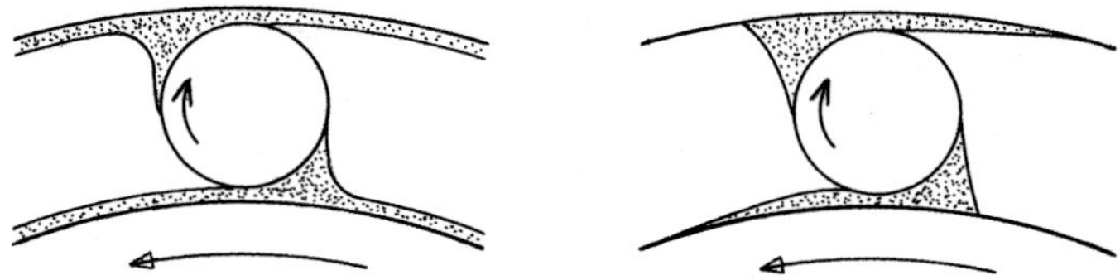

a) 부분적 운전속도에서 탄성유체유막의 초기현상　　b) 전 운전속도에서 탄성유체유막의 완전한현상

그림 20.5 윤활제의 쐐기 작용

문 40) 축에서 낡은 베어링을 해체할 수가 없을 경우에 내륜을 팽창시키기 위해서 열을 가하는 속도를 높이기 위해 토오치를 사용하는 것이 어떤가?

– 토오치(Torch)를 사용해서는 안된다. 베어링의 해체는 해체용 지그(Jig)와 뜨거운 오일을 이용하므로서 설비와 장치의 정밀도를 보호하여야 한다. 미장착 베어링에 대한 내륜을 안전하게 팽창시키는 수단은 전등(Electric Lamp), 유도 가열기(Induction Heater), 오일가열조, 실내 난방기(Space Heater) 등이 있다.

가열온도를 120℃ 이하로 유지해야만 정격하중의 감소를 줄일 수가 있다. 표 20.1은 온도에 따른 동정격하중의 변화를 나타낸다. 베어링에 가해지는 온도가 높아질수록 동정격하중이 감소가 되는 것이다.

표 20.1 온도에 따른 수명감소 계수

온 도(℃)	100	125	150	175	200	225	250
볼베어링	1.00	0.95	0.90	0.85	0.75	0.65	0.50
로울러베어링	1.00	0.93	0.86	0.81	0.68	0.58	0.50

문 41) 베어링을 저장하는 동안에는 적절하게 관리하여 왔으나 불결한 환경에서 설치하는 것이 사리에 맞는가?

– 그것은 사리에 전혀 맞지 않다. 그러나, 그 환경을 청결하게 할 수는 있다. 우선 작업대와 도구를 깨끗히 하고 짧은 순간이라도 더러운 표면에 베어링이 노출되어서는 안되고 비닐로 덮어야 한다. 오일미스트(Oil Mist)나 오일순환방식(Circulating Oil System)이 아니라면 베어링을 굳이 세척할 필요는 없다.

문 42) 밀봉형 베어링의 시일(Seal)에서 누설이 발생되는 원인이 무엇인가?

－시일 자체의 손상이 없고 원활히 운전되고 있다면 그리이스(Grease)가 베어링에 과다하게 주입되어 유체마찰(Fluid Friction)과 열(Heat)에 의해 누설된다. 베어링에 주입이 되는 양은 너무 적어도 안되지만, 반면에 너무 많아도 안됨을 알 수가 있다.

문 43) 대부분 작업자들은 베어링이 계속적으로 파손되어도 근본적인 원인을 조사하지 않고 동일한 상표, 형식, 번호의 베어링 만을 교체하는 이유는 무엇인가?

－ 작업자가 베어링에 대한 지식의 부족으로 아무런 생각도 하지 않고 습관적으로 교체작업을 하기 때문이다. 짧은 기간 내에 베어링의 파손이 자주 반복된다면 문제는 끼워맞춤(Fit), 온도(Temperature), 진동 (Vibration), 축의 치수미달(Under Size), 윤활(Lubrication) 등 일 것이다. 대부분 베어링의 파손에는 소음(Noise), 얼룩(Staining), 흠(Pitting) 등의 단서가 있다. 베어링을 두번째로 교체하기 전에 이들의 단서를 조사하여 적절히 조치를 하면 교체기간이 3~4 배로 늘어날 수가 있을 것이다.

문 44) 베어링이 사용되는 조건이 완전하다고 할지라도 결국은 파손을 일으키는데 금속파손(Metal Breakdown)의 본질은 무엇인가?

－ 철선을 절단이 될 때까지 반복해서 굽혀 펴기를 하면 답은 곧 알게 될 것이다. 철선을 더 빨리(속도), 더 많이 굽히면(하중) 더 빨리 절단(파손)이 된다.

문 45) 베어링의 회전을 더 천천히 하면 수명을 얼마나 더 길게 연장할 수가 있는가? 그리고 하중을 더 줄이면 수명은 얼마나 연장시킬 수가 있는가?

－ 베어링의 회전을 1/2 로 줄이면 수명은 2 배로 연장되고 하중을 1/2 로 줄이면 수명은 볼베어링의 경우는 8 배, 로울러베어링의 경우는 10 배로 연장시킬 것이다. 그러나, 필요한 결과를 얻기 위해서 여러 번 반대의 상황 — 베어링에 더 높은 속도와 더 무거운 하중을 가하는 것 — 을 강제로 행하여야 한다.

현재 사용하고 있는 하중이 필요한 하중임을 확신도록 해야 한다. 축의 버어(Burr), 베어링과 축의 견부(Shoulder)의 사이 칩(Chip), 비원형 조건(Out of Round Condition), 과도한 장력을 준 벨트(Belt) 등을 잘 관찰하여야 한다. 이것들이 베어링을 파손시키는 요인이 된다.

문 46) 스러스트하중(Thrust Load)에 대하여 걱정해야 할 것이 있는가?

– 베어링의 파손 중에는 스러스트 파손(Thrust Failure)이 꽤 많다. 순수 스러스트베어링과 범용 앵귤러베어링 또는, 레이디얼 스러스트형 베어링의 차이를 숙지해야 한다. 때때로 스러스트하중 만을 조절하고 속도만 허용한다면 순수 스러스트베어링을 사용할 수가 있다. 볼베어링은 일방향 스러스트하중에 대하여 설계가 되어있다. 볼(Ball)을 통한 하중선(Load Line)이 축선에 평행하게 되면 높은 스러스트능력과 축방향 변형이 최소가 된다.

문 47) 깊은홈볼베어링과 앵귤러볼베어링의 사이에 설치상 차이점이 있는가?

– 베어링의 내부 구조상 깊은홈볼베어링은 양방향 스러스트하중을 받을 수가 있으나 앵귤러볼베어링은 일방향 스러스트하중 만을 받을 수가 있다. 그러므로, 하중의 성질에 따라 베어링의 설치방향에 주의를 해야 한다.

문 48) 베어링의 재료로 사용되는 질화규소세라믹(Si3N4)과 고탄소크롬강(Suj2)의 차이는 무엇인가?

– 질화규소세라믹(Si3N4), 탄화규소(SiC) 등 엔지니어링 세라믹은 내열성, 내식성, 내마모성 등의 우수한 특성을 갖고 있기 때문에 이제까지 금속재료로서 생각할 수도 없었던 가혹한 환경에서도 견디는 대체재료로서 많은 분야에 응용되고 있다. 세라믹베어링에 사용되는 질화규소와 일반베어링에 사용되는 고탄소크롬강의 특성을 비교하면 표 20.2 와 같이 나타낸다.

표 20.2 질화규소 세라믹과 고탄소크롬강의 특성 비교

항 목	단위	질화세라믹	고탄소크롬강	세라믹의 적용 장점
내열성	℃	800	180	고온에서 고부하능력 유지
밀도	g/cm^3	3.2	7.8	전동체의 원심력감소 -- 수명향상, 승온방지
열팽창계수	1/℃	3.2×10-6	12.5×10-6	크리어런스의변화감소--예압변화 감소
비커스경도	Hv	1400~1700	700~800	구름접촉부위의 감소 -- 고강성화
종탄성계수	MPa	31.36×10^4	$20,58 \times 10^4$	
포아송비	_	0,26	0.30	
내식성	_	양호	불량	특수환경에서도 사용가능
자성	_	비자성체	강자성체	강한 자계 중에서 사용가능
도전성	_	절연체	도전체	전식에 의한 손상 방지가능
결합형태	_	고유결합	금속결합	유막 불형성에 의한 구름접촉부위의 융착 극소

문 49) 원통로울러베어링의 외륜궤도면 1개소에 후레이킹이 발생하였는데 원인과 대책은 무엇인가?

– 하우징의 국부적인 변형에 의하여 외륜이 변형하고 국부적으로 과부하가 걸려서 후레이킹이 발생한 것이다. 하우징의 형상정도를 향상하여야 한다

문 50) 대형 펌프의 자유단에 사용되는 깊은홈볼베어링의 볼(Ball)에 후레이킹이 발생하였는데 원인과 대책은 무엇인가?

– 베어링의 레이디얼크리어런스가 너무 작기 때문에 조기 후레이킹이 발생한 것이다. 구름베어링(Rolling Bearing)은 여러 범위의 크리어런스가 있으므로 크리어런스가 큰 것을 선택하는 것이 좋다

문 51) 특수환경용 베어링에는 어떤 종류가 있는가?

– 일반환경에서 사용되는 베어링은 탄소강이나 고탄소크롬강을 재료로 사용하여 오일과 그리이스에 의한 윤활이 주류를 이루고 있다. 그러나 ,다른 산업의 요구에 의하여 제품및 사용에 영향을 주는 청정환경, 진공환경, 부식환경, 고온환경, 방사선환경에 알맞은 특수환경용 베어링에는 4 개의 타입이 있다. 표 20. 3은 특수환경용 베어링의 부품구성을 나타낸다.

표 20.3 특수환경용 구름베어링의 기본타입

구 분	All Ceramic Bearing	Hybrid Bearing	Coated Bearing	Stainless Bearing
내외륜	Ceramics	Bearing강 Stainless강	Stainless강	Stainless강
전동체	Ceramics	Ceramics	Stainless강	Stainless강
그리이스	없음 또는, 고체윤활피막	Grease , Oil 또는, 없음	불소수지피막 또는, 고체윤활피막	불소Grease 또는, 리치윰Grease
리테이너	불소수지 또는, 고온용복합재	나이론수지 또는, 불소수지	불소수지 또는, 고온용복합재	Stainless강 나이론수지

문 52) 질화규소 세라믹베어링은 어떠한 분야에 적용되고 있는가?

— 질화규소 세라믹베어링은 다른 재질의 베어링에 비하여 가격이 상당히 비싸기 때문에 사용되고 있는 분야가 극히 제한되어 있다. 한편, 세라믹베어링의 종류에는 순세라믹베어링 (All Ceramic Bearing)과 조합세라믹베어링 (Hybrid Ceramic Bearing)의 2종류가 있다. 순세라믹베어링은 내륜, 외륜, 전동체가 모두 세라믹이고 조합세라믹베어링은 전동체만 세라믹이다. 설계자가 어떤 종류의 베어링을 선택할 것인가 하는 결정은 베어링이 적용되는 환경을 충분히 검토하여야 한다. 따라서, 중점적으로 적용되고 있는 분야는 고속회전, 고온분위기, 부식분위기, 자기장분위기, 진공분위기 등이 있으며 상세한 것은 다음과 같이 기술한다.

1) 고속회전에 적용

고속회전용 구름베어링은 전동체가 질화규소인 세라믹베어링이 적용이 되고 있다. 이것은 고속회전하는 베어링의 전동체에 밀도가 낮은 질화규소를 사용하면 전동체에 생기는 원심력과 자이로모먼트에 의한 스립을 경감시켜 더 높은 고속회전이 가능하게 된다. 이 때문에 고속회전및 저승온이 요구되는 공작기계의 주축용에 적용되고 있다. 표준베어링에 비하여 조합세라믹베어링은 동일하중에서 변형은 10% 정도 감소하고, 강성은 10% 정도 증가한다.

2) 고온분위기에 적용

질화규소는 베어링강에 비하여 고온에서 경도와 강도가 저하되지 않기 때문에 세라믹베어링이 고온분위기에 적용되고 있으며 윤활은 오일과 그리이스를 사용할 수가 없기 때문에 고체윤활제를 사용해야한다. 고체윤활제에는 이유화 모리브덴, 이유화텅크스텐, 흑연 등이 있다.

3) 부식분위기에 적용

산, 알카리 등을 비롯한 각종 화학물질 중에서 일반적으로 세라믹은 내식성이 우수하지만 화학물질의 종류 , 농도, 온도에 의하여 세라믹도 부식이 될 수가 있다. 이것은 질화규소에 사용되고 있는 소결 결합제(Al_2O_3-Y_2O_3)가 부식이 되기 때문이다.

4) 자기장분위기에 적용

반도체 제조설비와 각종 검사기기 등은 자기장 내에서 사용되는 수가 있다. 자기장분위기에서 강제(鋼製)베어링을 사용하게 되면 자기장을 혼란시켜서 베어링의 회전토르크가 크게 변동하므로 설비나 기기의 성능에 큰 영향을 주기 때문에 세라믹베어링이 적용되고 있다.

자기장분위기에서 베어링의 회전토르크의 변동은 강제베어링이 심하고, 조합세라믹베어링이 약간, 순세라믹베어링은 거의 없다.

5) 진공분위기에 적용

일반적으로 진공분위기에서 윤활제인 오일과 그리이스를 사용할 수가 없다. 따라서, 세라믹베어링은 다른 물질과 친화력이 거의 없어 윤활조건이 나쁘더라도 응착이나 타붙음이 발생되지 않으므로 진공분위기에 적용되고 있다.

문 53) 일부 기계들은 약간의 스러스트하중과 동시에 레이디얼하중이 필요한데 어떤 베어링을 사용해야 하는가?

– 단열 깊은홈볼베어링 중에서 스롯홈형(Filling Slot Type)이나 콘러드형 (Conrad Type) 이어야 한다. 약간의 레이디얼하중과 함께 스러스트하중이 더 강하게 요구되면 앵귤러콘택트베어링을 사용해야 한다

문 54) 약간의 레이디얼하중을 그대로 갖고 스러스트하중을 증가시키기 위하여 어떻게 하면 되는가?

– 앵규러볼베어링을 사용해야 하며 스러스트하중의 정도에 따라 7000계열, 7200계열, 7300계열 중에서 선정하면 된다. 높은 스러스트하중은 내륜과 외륜의 턱 반대편의 높이에 의해 생성된다.

문 55) 압축공기로 베어링을 돌리거나 세척을 하면 손상을 주는가?

– 베어링에 윤활이 되어 있지 않다면 고속회전에서 건조한 상태로 돌리게 되어 베어링에 손상을 주게 된다. 한편, 베어링에 오물 또는, 이물질이 있는 경우에는 작업자의 눈에 손상을 줄 수도 있다. 압축공기를 사용해야 한다면 건조하고 깨끗하게 정제된 것으로 베어링이 회전되지 않도록 내외륜을 동시에 손으로 잡고 세척을 해야한다.

문 56) 식료품 제조공장에서 사용되고 있는 포장식품용 종이를 베어링 포장에 사용하여도 좋은가?

– 거의 대부분 사용해서는 안될 것이다. 내산, 내식성의 휘발성 부식방지제(VCI : Volatile Corrosion Inhibitor) 종이로 포장하여야 한다. VCI 종이로 포장전에 반드시 베어링에 방청유를 도포하여야 한다. 베어링을 카튼(Carton)이나 박스(Box)에 넣은 후에 베어링의 사양과 수량을 기재하여 보관하는 것이 관리에 편리하다.

문 57) 한번도 사용하지 않은 더러운 베어링을 구제할 방법이 있는가?

– 베어링을 조심스럽게 취급한다면 방법은 있다. 베어링을 세척하는 동안에 조금이라도 회전시켜서는 안된다. 오물은 베어링에 심한 상처를 줄 수가 있다. 밀봉형 베어링은 세척하지 말고 세척유를 헝겁에 묻혀서 세척유가 베어링 내부에 침투하지 않도록 오물을 닦아낸다. 그 후에 방청유 또는 윤활유를 베어링에 도포하고 포장을 하면 된다.

문 58) 어느 정도의 정하중이 베어링에 가해지면 전동체와 궤도륜에 변형이 나타나는데 경화된 합금강 베어링이 원활한 회전과 큰 손상이 없는 최대접촉응력은 얼마인가?

– 전동체(볼 또는 로울러)와 궤도륜과의 총영구변형량이 전동체 직경의 0.0001배에 상당하는 응력수준을 기준으로 하면 볼베어링은 접촉중심, 로울러베어링은 균일한 부하를 받는 로울러의 접촉중심에 작용하는 것으로 하였을 때 최대접촉응력은 표 20.4와 같이 나타난다.

표 20.4 베어링 종류별 적정 최대접촉응력

구 분	적정 최대접촉응력
깊은홈볼베어링 앵귤러볼베어링 스러스트 볼베어링	4200 MPa (428 kgf/mm^2)
자동조심볼베어링	4600 MPa (469 kgf/mm^2)
레이디얼로울러베어링 스러스트로울러베어링	4000 MPa (408 kgf/mm^2)

원활한 회전과 큰 손상이 없이 사용하려면 최대접촉응력을 4000 MPa (408kgf/mm^2) 이하로 하는 것이 좋다. 베어링 회전의 원활, 마찰 또는 음향수준에 대한 요구에 의해 정정격하중을 변경시킬 수가 있다.

문 59) 필로우블록의 분할하우징에 대하여 유의할 사항은 무엇인가?

– 사용자가 필로우블록(Pillow Block) 에 대하여 간과하기 쉬운 2가지가 있다.
- 주철제 하우징이 단단한 강제 베어링에 의해 마모되어 수명이 짧아진다.
- 하우징의 상부 캡(Cap)과 하부 캡의 짝(Pair)이 다른 것과 뒤섞이면 쓸모가 없게 된다.

문 60) 표준베어링과 정밀베어링의 차이점은 무엇인가?

– 정밀베어링(Precision Bearing)의 정밀도는 표준베어링(Standard Bearing)보다 정밀도가 (등급에 따라 차이가 각기 다르나) 최대 2 배이다. 정밀도 베어링은 흔들림이 적기 때문에 고속회전에서 낮은 운전온도가 가능하고 모든 속도범위에서 온도의 변동이 매우 작다.

문 61) 정밀베어링은 어떤 기계에 사용되는가?

– 정밀베어링은 회전축의 흔들림을 적게 하거나 기계의 진동과 소음을 적게 하는 데에 사용된다.

대표적인 적용은 공작기계, 보링기, 밀링기, 머시닝센터, 연마기, 비디오, 복사기, 컴퓨터의 프린터, 검사장비, 로봇 등이다.

문 62) 정밀베어링을 보수유지를 하는데 가장 보편적인 잘못은 무엇인가?

– 정밀베어링에 적용되는 취급상 원칙은 대부분 이미 기술한 표준베어링의 것과 동일하다. 단지 추가되는 사항은 항온항습이 되어 있는 청정실(Clean Room)에서 작업자는 에어샤워(Air Shower)를 하고 청정복을 입고 작업을 해야한다. 이런 사항을 지키지 않는 경우가 대부분이다.

문 63) 정밀베어링을 올바르게 구했는지를 어떻게 확신할 수가 있는가?

– 일반적으로 정밀베어링은 시중에서 거래되지 않고 제조사에 직접 주문하여 거래한다.

1) 공신력이 있는 제조사의 직판점과 거래한다.

2) 사용자가 공급자에게 베어링에 관한 상세한 정보를 제시해야 한다.

· 전기펜의 에칭(Etching)을 포함한 낡은 베어링에 각인된 모든 문자와 숫자

· 기계, 장비 제조사의 부품번호

· 베어링이 사용되는 부위와 위치

· 운전속도(회전수)

· 윤활방식

3) 베어링의 성적서와 요구 정밀도를 비교하여 검토한다.

4) 베어링에 에칭된 정밀도의 등급 표시를 확인한다.

문 64) 베어링의 종류와 크기가 같으나 제조사 별로 추천된 축과 하우징의 끼워맞춤(Fit)이 다른 이유는 무엇인가?

– 추천된 끼워맞춤은 제조사들 사이에 설계와 제조방식에 의해 약간 차이가 있다. 그들의 추천치는 기계의 특별한 요구조건에 의해서도 약간 차이가 있을 수가 있다. 가장 안전한 것은 기계 제조사의 도면과 수리지침서에 의해 처리하는 것이다.

문 65) Timken제 정밀한 테이퍼로울러베어링의 외륜과 내륜의 표면에 있는 작은 표시점(Copper Dot)은 무엇인가?

– 구리로 된 표시점은 정밀한 베어링임을 확인할 수 있게 한다. 그것의 주기능은 외륜(Cup)과 내륜(Cone)의 흔들림(Run-outs)의 정점(High Spot)을 가리키는 것이다. 외륜과 내륜의 구리로 된 표시점은 축(Shaft) 또는, 하우징 (Housing)의 정점과 180° 가 되게 설치하여야 한다.

문 66) 앵규러볼베어링과 테이퍼로울러베어링 등 단열 앵규러콘택트베어링(Single Angular Contact Bearing)은 왜 한개 만으로 사용하지 않는가?

– 이런 형식의 베어링들은 레이디얼하중(Radial Load) Fr이 작용하면 가상작용점(Pressure Cone Apex)이 있는 방향으로 축방향분력 Fa가 생기며 그의 크기는

$$Fa = Fr \tan \alpha$$
$$= Fr / 2Y$$

여기서, α : 접촉각

Y : 스러스트 계수

이므로 이들 베어링은 한개 만으로 사용하지 않고 조합으로 사용한다.

문 67) 베어링을 장시간 사용하여 마모고장이 되기 전에 교체해야 되는데 교환주기를 증가시키려면 어떻게 해야 하는가?

– 일반적으로 기기(제품)및 시스템의 라이프사이클(Life Cycle)은 그림7.9와 같이 초기고장기간(I), 우발고장기간(Ⅱ), 마모고장기간(Ⅲ)로 되어 있다.

베어링의 고장 중에서 (I), (Ⅱ) 영역의 고장을 감소시키려면 베어링과 주위의 설계를 포함한 사용방법과 취급방법을 개선해야 한다.

- 사용방법과 취급방법이 잘못된 사례는 다음과 같다.
  - · 큰 설치오차에 의한 조기후레킹, 타붙음
  - · 예압, 크리어런스, 끼워맞춤의 부적절에 의한 발열, 타붙음, 조기후레킹
  - · 윤활제의 종류및 점도 선정의 부적절, 보수·교환의 부적절에 의한 마모, 타붙음
  - · 먼지, 수분, 이물질의 침입에 의한 마모
  - · 부식및 조기후레이킹

문 68) 공산품 중에서 베어링 만이 수명을 최소피로수명(Minimum Fatigue

Life)으로 처리해야 하는가?

– 생명을 갖고 있는 동물은 생존여건에 따라 수명이 천차만별이다. 베어링도 치수, 구조, 재료, 가공방법, 윤활조건, 하중조건, 사용환경 등에 의하여 개개의 수명이 다를 수 밖에 없고 수명산포도 매우 크다. 이런 문제를 시스템에 적용하기 위해서는 확률 사상으로 처리해야 하는 문제가 대두가 된다. 그림 7.10은 베어링의 통계적인 수명분포가 전구나 인간의 것과 매우 유사함을 나타낸다. 베어링의 수명은 시스템의 안전성을 고려하여 최소피로수명을 택하게 된다.

문 69) 베어링 제조사의 Catalogue에서 앵규러타입 베어링은 하중작용점 위치(a)가 표시되어 있는데 이것은 무엇인가?

– 앵규러타입 베어링인 앵규러볼베어링과 테이퍼로울러베어링은 구조상 레이디얼하중을 받으면 스러스트분력이 발생된다. 하중작용점의 위치는 스러스트분력이 베어링과 조립된 축에 작용하는 가상의 위치이다. 하중작용점의 위치가 일반베어링은 그림 7.37에서 a)와 같이 폭의 중심선에, 앵규러볼베어링과 테이퍼로울러베어링은 그림 b), 그림 c)와 같이 나타내고 있다. 접촉각이 클수록 작용점위치 a 값이 커진다.

문 70) 조합 앵규러볼베어링에서 조합형식과 하중작용점 위치 a는 어떤 상관관계가 있는가?

– 조합방식에는 정면조합, 배면조합, 병렬조합이 있다. 조합된 베어링의 하중작용점간 거리가 정면조합은 짧기 때문에 강성과 모먼트하중에 약하고 배면조합은 길기 때문에 강성과 모먼트하중에 강하고 병렬조합은 강성과 모먼트하중이 중간이다, 표 3.1은 앵규러볼베어링의 조합방식에 따른 영향은 앵규러볼베어링과 하중작용점 간의 거리 차이를 나타낸다.

문 71) 앵규러볼베어링의 허용회전수는 접촉각에 영향을 받는가?

– 앵규러볼베어링에서 볼과 내외륜의 궤도와의 접촉점을 연결하는 선이 레이디얼방향에 대하여 일정한 각도(접촉각 : α)를 갖는데 허용회전수는 접촉각의 기호가 B인 40° , A인 30° , C인 15° 의 순서로 증가한다. 표 20.5은 접촉각에

따른 베어링의 허용회전수의 비를 나타낸다.

표 20.5 접촉각에 따른 허용회전수의 비

구 분	접 촉 각		
	40°(B)	30°(A)	15°(C)
Oil	1	1.10	1.80
Grease	1	1.15	1.80

문 72) 베어링의 레이스을 질화처리하면 마모특성과 소착성이 개선되는가?

– 현재 실용화되어 있는 질화계 표면처리에는 오래전부터 행하여 온 가스질화 이외에 2단질화, 산질화, 산질화침탄 등이 있다. 질화처리의 특징은 어느 것이나 훼라이트(Ferrite) 계역(界域)에서 행하기 때문에 전처리 단계에서 충분히 잔류응력을 제거하면 뒤틀림의 발생이 규칙적이어서 교정하기 쉽다.

특히, 표면 부근에 생성된 0.4 ~ 0.5 mm 화합물층이 비금속물성이므로 열적 안정성을 갖기 때문에 상대 재료와의 사이에 응착과 용착이 발생하기 어렵다. 표면부근에 질소가 침투하여 압축응력을 잔류시켜 피로한계를 증가시킨다. 표면에 치밀한 화합물층이 있으므로 산화성 분위기와 직접접촉을 방지하여 내산성이 개선된다.

가장 일반적인 질화처리법은 가열로에서 암모니아 분위기 중에 840℃ ~ 850℃로 약 2시간을 시행하면 현재의 열처리법 보다 수명은 2배 이상되고 경도는 HRC로 2도 정도 상승한다.

문 73) 베어링의 이상현상을 판정하는 방법은 어떤 것이 있는가?

– 베어링의 이상현상을 판정하는 방법 중에 현장에서 할 수가 있는 것은 세 가지가 있다.

1) 음을 듣고 판정하는 방법.
   청음봉을 사용하여 정상상태의 베어링음을 기준으로 하여 현재 발생되고 있는 베어링음을 비교하여 판정한다.
2) 운전중의 온도로 판정하는 방법.
   일상 운전시 일정한 주기로 온도를 측정하거나 자동기록계에 나타난 데이터를 기준으로 온도상승을 비교하여 판정한다.
3) 윤활제의 상태에 의하여 판정하는 방법.

사용중인 윤활제를 채취하여 휠터페이퍼 (Filter Paper)에 여과시켜 오염정도를 표준오염등급과 비교하여 판정한다.

문 74) 밀봉형 베어링에 주입된 그리이스의 양은 토르크(Torque)와 온도에 어떤 영향을 주는가?

- 전공간체적(全空間體積)은 정지공간체적(靜止空間體的)과 동공간체적(動空間體積)의 합이다. 고속회전에서 베어링에 그리이스의 주입량을 증가시켜 정지공간체적의 100%가 되면 토르크는 급격히 증대된다. 이에 대한 이유는 저속회전에서는 불과 리테이너 등 동공간체적에 있던 그리이스가 고속회전이 되면 원심력에 의해 정지공간으로 밀려 들어오므로 정지공간체적 이상으로 주입된 그리이스는 불과 리테이너에 의해 교반되어 큰 마찰력이 작용하기 때문이다. 이 때에 온도는 급격히 상승하게 된다. 그리이스를 누설시키기 시작하는 한계주입량이 있는데 일반적으로 정지공간체적의 100%이나 특수한 경우에는 정지공간체적의 130%도 있다.

베어링의 온도상승에 따른 동력손실 P는

$$P = 0.1\ M \cdot n\ (w) \tag{20.1}$$

여기서, M : 토르크(N.m)

n : 회전수(rpm)

문 75) 밀봉형 베어링에서 그리이스의 누설이 생기지 않는 적정주입량은 어떻게 계산되는가?

- 友部友綱, 谷洋郎의 계산식에 의하면

$$Qo = (Kn \cdot Kt)\ d^{2 \cdot 24} / 214 \tag{20.2}$$

여기서, Kn = 1.054 - 1.07× 10-6 (d · n)

Kt = 1.189 - 5.4 × 10-3 (t)

밀봉형 베어링의 윤활수명은 그리이스의 주입량이 많을수록 길게 되지만 어느 한계량을 넘으면 수명증가가 저하되며 그리이스가 누설된다. 이 한계량은 적정주입량과 거의 일치한다.

문 76) 최근 수년 동안에 전밀폐형(全密閉型) 소형 모터용 베어링이 주로 여

름철에 녹이 발생하고 있는데 모터를 생산하는 업체에 따라 심한 차이를 나타내는 이유는 무엇인가?

– 전밀폐형 소형 모터는 선풍기, 환기설비, 쿨러(Cooler), 사무기기에 사용되며 용량은 200W 이하이다. 이들 신품 모터에 조립되어 있는 베어링의 궤도면에 녹이 발생되어 이상소음이 발생된다.

이런 종류의 사고 특징은

1) 조립후 시운전에서 이상이 없던 모터가 기계에 설치후 또는 모터 만을 비닐 포장하여 수개월 지난 후에 사용할 경우에 소음이 발생한다.
2) 녹 발생의 전후에 모터 전선용 함침 바니쉬(Vanish)의 종류 또는 건조공정의 조건을 변경할 시에 많이 발생한다.
3) 녹이 발생된 모터는 제조시기 또는 보관시기가 고온다습한 계절이다.
4) 그리이스의 기유가 디에스텔유를 사용할 시에 녹 발생이 많고, 광유를 사용할 시에는 녹 발생이 비교적 적다.

녹의 특징은

1) 베어링에 발생한 녹은 명백한 방향성이 있다. , 녹은 모터 내부에 접한 측의 궤도면, 쉬일드, 리테이너 등에 발생한다.
2) 녹이 발생된 베어링에 주입된 그리이스는 특이한 냄새를 갖는다.
3) 녹이 발생된 베어링의 공간 내에서 유기성 개스가 검출된다.

4) 녹이 발생된 모터에 새로운 베어링을 교환하여 고온다습하에 방치하더라도 재차 녹이 발생하는 것은 아니다. 전밀폐형 소형 모터의 녹 발생은 바니쉬, 수분 및 그리이스의 3자 관계가 있다. 전밀폐 모터는 내부에 잔존한 유해한 개스가 베어링을 통하여 외부로 방출될 때에 녹이 발생하는 것으로 추정된다. 전밀폐형 모터라고 할지라도 대형 모터에서는 개스 발생량에 비하여 베어링 공간체적이 크므로 개스가 내부에 정체하지 않아 녹을 발생시키지 않는다. 녹 발생의 원천적인 문제는 모터 생산업체가 바니쉬의 내열성 향상 및 바니쉬의 건조공정에서 속건성 불포화 포리에스텔계 무용제 바니쉬로의 변경에 따른 것이다.

이에 대한 대증요법적인 대책은

1) 산성도가 낮은 바니쉬로 산성개스의 방출을 가급적 줄인다.
2) 바니쉬의 건조도를 좋게 하기 위해 모터 조립 전에 가스를 충분히 추출시키도록 건조온도를 상승시키고 건조시간을 증가시킨다.
3) 광유계 기유로 방청성이 좋은 그리이스를 선정한다.
4) 모터를 조립하는 작업은 가능한 저습도 환경에서 행한다.

5) 모터 완성품을 비닐로 포장할 시에는 완전한 밀폐상태로 하지 않고 통기 구멍을 뚫어 놓는다.

6) 모터를 보관하는 창고의 습도관리에 주의한다.

문 77) 후렛팅(Fretting)은 접촉하는 두 면간에 상대적인 반복 미소미끄럼이 생겨서 마모되는 현상인데 특성과 기구는 무엇인가?

– 일본윤활학회에서 정한 후렛팅의 정의는 「접촉하는 두 고체 간에 미소한 접선방향의 진동이 주어질 때에 생기는 표면손상」으로 되어있다.

1930년대에 강(鋼)에서 발견된 이 현상은 대기중 미세한 산화 또는 수산화분말이 발생되어 초기에는 부식현상으로 인식되어 후렛팅부식(Fretting Corrosion)이란 이름이 붙게 되었다. 그 후에 후렛팅 손상이 불활성가스와 진공에서도 발생되어 지금은 마모현상의 하나로 생각되어 후렛팅(Fretting)으로 표시하는 것이 적절할 것이다. 후렛팅의 마모를 일반(왕복) 미끄럼 마모와 비교하면 표 20.6와 같다.

표 20.6 후렛팅 마모의 특성

항 목	일반(왕복)미끄럼 마모	후렛팅 마모
진폭	임계진폭 이상	임계진폭 이하
마모분	마모분이 크고 두 면간에 개재하기 어렵다.	마모분이 작고 두 면간에 개재하기 쉽다.
분위기 영향	받기 쉽다	받기 어렵다
윤활제 공급	쉽다	어렵다
윤활막 생성	비교적 쉽다	어렵다

임계진폭(臨界振幅)이란 정마찰력과 같은 접선력이 작용할 때의 진폭이다. 진폭이 작고 중첩영역이 큰 경우에는 윤활제의 공급이 어렵기 때문에 마모는 최초에 부여된 윤활막의 강도에 지배되므로 이 영역에서는 고체윤활제가 우수하고, 진폭이 크고 중첩영역이 작은 경우에는 윤활제의 공급이 쉽기 때문에 두 면의 운동에 의하여 형성된 윤활막의 강도에 지배되고 이 영역에서는 액체윤활제가 우수하다.

후렛팅의 기구는

1) 미끄럼영역 내에서 국부적 소성변형과 그에 따른 활성화및 응착 발생

2) 응착부분의 피로파괴를 주체로 하는 파괴
3) 접촉면 간에 마모분이 개재한 상태에서 마모이다.

대기중에서 산화마모분이 밖으로 배출되는 과정은 다음과 같다.

마찰면의 미세파괴	→	유리분	→	유리분의 산화와 분쇄	→	미세산화분의 배출

이들의 과정을 진행하는 데에는 에너지가 필요하고 외부에서 공급을 받아야 한다.

문 78) 구름베어링의 형식별 그리이스를 사용할 수 있는 한계 dn 값은 얼마인가?

– 운전조건에는 속도지수 (d : 베어링 내경 mm, n : 매분당 회전수)와 하중조건이 있으나 일반적으로 구름베어링에 그리이스를 적용하는 한계 dn 값은 표 20.7과 같다.

표 20.7 한계 dn 값

베어링 형식	dn 값
단열 깊은홈볼베어링	180,000
앵규러볼베어링	180,000
자동조심볼베어링	140,000
스러스트볼베어링	80,000
원통로울러베어링	150,000
테이퍼로울러베어링	100,000

시스템 설계상 dn 값이 추천된 한계 dn 값을 초과할 때는 그리이스의 교환과 보충하는 주기를 짧게하면 그리이스의 사용이 가능하다. dn 값이 크게 되면 베어링의 온도는 상승하고 연화(軟化)와 열화(劣化)가 촉진되므로 그리이스의 선택은 산화안전성, 내열성, 기계안전성에 중점을 두어야 한다. 자동차의 휠베어링(Wheel Bearing)에 사용되는 그리이스는 교환 또는 보충시기에 대해서 주

행거리를 기준으로 획일적으로 정해져 있는 실정이다.

문 79) 사용중인 베어링에 그리이스를 보충해야 하는데 공급상 문제로 인하여 동일한 그리이스를 구하지 못할 때에 어떻게 조치를 해야 하는가?

– 원칙적으로 윤활유는 동일 제조사 동일 규격의 제품을 사용해야만 윤활성능과 베어링수명이 보장된다. 실무에서는 그리이스를 보충할 시기에 대용품을 사용하지 않으면 안될 경우가 종종 발생하게 되는데 표 20.8은 이종(異種) 그리이스의 혼합시에 적합성을 검토할 시에 참고하면 도움이 될 것이다.

표 20.8 이종 그리이스의 혼합시 적합성

증주제	칼슘	나트륨	알루미늄	리치움	벤토나이트	실리카	우레아
칼슘	○	△	△	○	×	△	-
나트륨	△	○	△	×	×	△	△
알루미늄	△	△	○	○	×	×	△
리치움	○	×	○	○	×	△	△
벤토나이트	×	×	×	×	○	×	×
실리카	△	△	×	△	×	○	×
우레아	-	△	△	△	×	×	○

범례) ○ : 양측의 조화된 변화를 한다.
△ : 동떨어진 변화를 하는 수가 있다.
× : 현저히 동떨어진 변화를 한다.

문 80) 그리이스의 주도(Consistency)를 설정하는데 무엇을 기준으로 해야 하는가?

– 주도란 그리이스의 경도(硬度)라고 생각하고 주도번호가 클수록 단단한 그리이스이다. 그리이스의 주도를 선정하는 데에는 베어링의 온도, 하중, 회전속도와 그리이스의 누설성 등을 고려하고 그 기준은 표 20.9을 참조하면 될 것이

다.

표 20.9 운전조건과 주도의 선정

주도번호 / 윤활유조건	0호 1호 2호 3호 4호
dn 값	대 ← 소
하중	경 → 중
온도	저 → 고

문 81) 자동차의 휠베어링(Wheel Bearing)에 적합한 그리이스의 특성은 무엇인가?

– 브레이크(Brake)의 마찰에 의하여 발생한 열로 휠베어링은 빈번하게 고온으로 되는 수가 있다. 디스크형 브레이크(Disc Type Brake) 는 드럼형 브레이크(Drum Type Brake)에 비하여 온도상승이 높기 때문에 그리이스는 이 온도에 충분히 견딜 수가 있는 것이어야 한다. 즉, 내열성이 우수한 것이 요구된다. 만일 이 온도에서 그리이스가 액화되어 브레이크 슈(Brake Shoe)에 흘러 들어가게 되면 브레이크의 고장을 일으켜 교통사고의 원인이 될 것이다. 휠베어링용 그리이스는 장기간에 걸쳐서 사용되기 때문에 산화안정성이 우수한 것도 대단히 중요하다. 실용성능 중에서 가장 중요한 것은 기계적 안정성이 우수한 것이다. 휠베어링용 그리이스는 휠의 고속회전으로 심한 기계적 교반을 받기 때문에 사용중에 연화되지 않는 것이 바람직하다.

문 82) 자동차의 등속도조인트(Constant Velocity Joint)에 적합한 그리이스의 특성은 무엇인가?

– 소형차에서 대형차에 이르기까지 등속도조인트가 채용되고 있으며 사용되는 그리이스는 윤활성이 좋은 내마모성과 내열성이 요구된다.

문 83) 베어링을 둘러 싼 환경, 운전조건, 급유방식에 따른 그리이스를 어떻게 선정하면 좋은가?

– 그리이스의 선정은 표 20.10 를 기준으로 하면 별 무리가 없으리라고 생각된다.

표 20.10 그리이스의 선정기준

그리이스 종류 / 윤활개소 조건			비누기 종류				비비누기 종류		기유점도			주 도		
			Ca	Na	Al	Li	벤토나이트	우레아	고	중	저	경	중	연
베어링	미끄럼		○	○	○	○	○	○						
	구름		○	○	×	○	○	○						
환경	수분접촉		○	×	○	○	○	○						
	약품접촉		×	×	×	×	○	×						
	베어링 온도	고	×	○	×	○	○	○	○	×	×	○	○	×
		중	○	○	○	○	○	○	×	○	×	○	○	○
		저	○	×	×	○	○	○	×	×	○	×	○	○
운전 조건	dn	대	×	○	×	○	○	○	×	○	○	○	○	×
		소	○	○	○	○	○	○	○	○	×	×	○	○
	하중	대	×	○	○	○	×	○	○	×	×	○	○	×
		소	○	○	○	○	○	○	×	○	○	×	○	○
	충격하중		×	○	○	○	×	○	○	○	×	○	○	×
급유 방법	수동		○	○	○	○	○	○	○	○	○	○	○	×
	컾		○	○	○	○	○	○	○	○	○	○	○	○
	그리이스건		○	○	○	○	○	○	×	○	○	×	○	○
	집중		○	×	○	○	○	○	×	○	○	×	○	○
○ : 사용에 적당, × : 사용에 부적당														

문 84) 그리이스의 종류에는 어떤 것이 있는가?

– 그리이스는 원료인 기유(Base Oil)에 증주제(Thickener), 첨가제(Additives)의 조합에 의하여 매우 많은 종류가 판매되고 있으나 현재 사용되는 대표적인 분류방법에 의하면 다음과 같다.

1) 증주제의 종류에 의한 분류 :
   칼시움비누가 그리이스, 나트륨비누기 그리이스, 알루미늄비누기 그리이스, 리치움비누기 그리이스, 우레아 그리이스, 벤톤 그리이스, 실리콘 그리이스
2) 특성에 의한 분류 :
   내수성 그리이스, 내열성 그리이스, 저온용 그리이스, 저소음용 그리이스, 중 하중용 그리이스
3) 용도에 의한 분류 :
   자동차용 그리이스, 철도차량용 그리이스, 산업기계용 그리이스, 전동기용 그리이스, 집중급유용 그리이스, 압연기용 그리이스, 건설기계용 그리이스, 베어링용 그리이스

문 85) 구름베어링의 손상을 감시할 수는 없는가?

– 기계설비의 안전성과 가동율을 향상시키기 위하여 운전상황을 자동감시를 하는 것이 오래전부터 강하게 요구되어 왔다. 구름베어링은 기계설비의 주요한 구성부품이므로 타붙음을 예지하여 미리 조치되어야 한다. 베어링의 궤도면과 전동체와의 구름접촉 상태에 밀접하게 관련되는 고주파성분(100KHz이상)을 검출할 수 있는 AE센서(Air-Electronoc Sensor)를 사용하면 베어링의 손상을 감시할 수가 있다.

문 86) 구름접촉에서 접촉면 아래에 발생하는 후레이킹의 기구는 어떻게 되어 있는가?

– 구름접촉에서 최대전단응력이 작용하는 위치는 학자에 따라 차이는 있으나 원통과 평면의 접촉폭을 2b 라고 하면 Zo = 0.5 ~ 0.7 b 에 있으며 이 부근에 있는 재료의 취약점(비금속 개재물의 선단)에 최초의 마크로적 피로균열이 생긴다. 이것이 전달, 성장 또는 연결되어 피팅(Pitting)과 표면에 평행한 후레이킹(Flaking)으로 된다. 윤활상태에서는 윤활유가 균열틈에 눌려 들어가서 구름

운동으로 균열바닥에 유압이 대단히 높게 되어 피팅이 빠른 속도로 진전된다. 구름접촉 표면 아래의 경도는 표 20.11과 같으며 최대전단응력이 작용하는 부근의 경도가 가장 높으며 표면 아래 0.1 mm 부근이 경도가 가장 낮다. 실선으로 표시된 경도커브(Curve)는 궤도면(Raceway)를 연삭 가공시에 나타나는 열전달에 따른 현상이며 점(Plot)은 베어링을 일정시간 운전 후 측정한 경도이다.

베어링의 운전 전후에 표면 아래의 깊이에 나타난 경도 차이는 반복응력에 의한 소성변형, 재질 변화에 따른 것으로 추정된다.

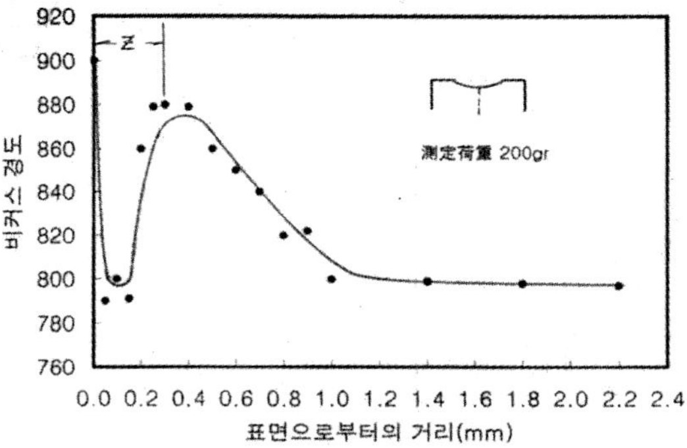

그림 20.6 구름접촉 표면하의 경도

문 87) 볼베어링의 볼에 발생하는 후레이킹(Flaking)은 어떤 양상으로 발생하는가?

– 볼(Ball)의 제조공정중 최초인 압조(Heading) 공정에서 금속섬유흐름(Metal Fiber Flow)이 선재의 주조및 인발시 형성된 평행선이 유선형 곡선으로 된다. 후레이킹이 발생된 볼을 조사하면 그림 20.7와 같은 후레이킹의 발생 밀도도를 얻을 수가 있다.

섬유 다발로 모아지는 양단(Pole)부분이 후레이킹의 발생밀도가 높은 것은 금속섬유 흐름의 방향과 동일한 방향으로 응력을 받는 것과 주조시에 내재된 비금속 개재물의 밀도가 높기 때문이다.

볼 제조용 원재의 주조방법은 비금속 개재물의 제거가 어려운 연속주조법(Continuous Casting Method : CC법) 보다는 인곳 주조법(Ingot Casting Method : IC법)을 채택하고 있다. 현재의 주조기술을 기준으로 볼의 수명을 비교하면 CC재가 IC재와 거의 같거나 약간 우수한 수준이다.

그러나 유럽의 베어링 제조회사들은 보수적인 사고를 갖고 IC재를 고수하나 일본의 베어링 제조회사들은 그렇지 않다.

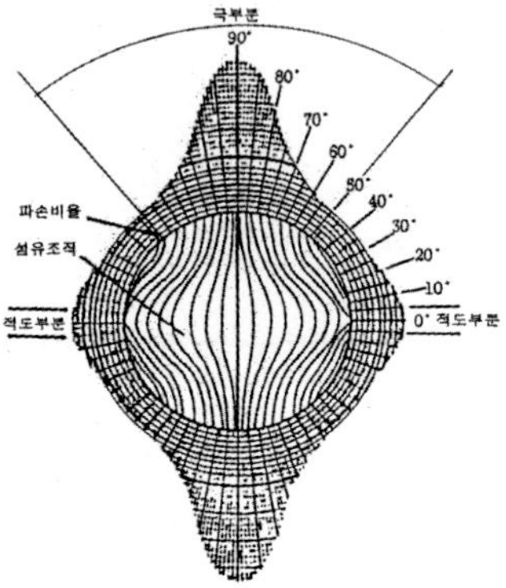

그림 20.7 금속섬유흐름과 후레이킹 발생밀도

문 88) 액체윤활제를 사용할 경우와 고체윤활제를 사용할 경우의 구름접촉 압력분포는 같은가?

– 그림 20.8 은 T.L Carter의 구름접촉 압력분포의 모형도이다.

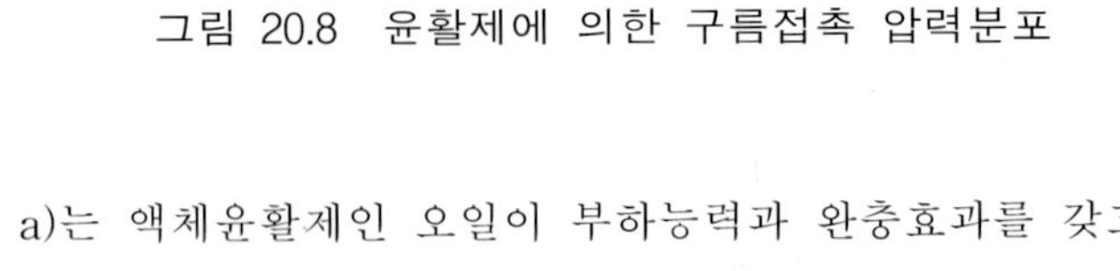

그림 20.8 윤활제에 의한 구름접촉 압력분포

그림 20.8 a)는 액체윤활제인 오일이 부하능력과 완충효과를 갖고 있는 상태로 안정적인 접촉압력분포를 갖고 있으나, 그림 20.8 b)는 고체윤활제의 불균일한 입자에 의해 접촉압력분포가 국부적으로 피크(Peak)를 발생시키고 하중부담면적(荷重負擔面積)이 적게 되어 베어링의 수명이 저하된다. 고체윤활제를 사용하는 경우 분말의 입도(粒度), 양, 공급방법을 충분히 고려하지 않으면 고체윤활막이 항시 충분히 형성되지 않아 전동피로(轉動疲勞)에 대한 효과가 없을 뿐

만 아니라 역으로 결과가 나쁘게 된다.

문 89) 철도차량용 베어링의 잔류내부응력이 외주면에서 인장응력이 되어 반복충격과 반복온도변화에 의하여 균열의 원인이 되는가?

– 그렇게 될 가능성이 크다고 생각된다. 거시적 잔류응력으로서는 내륜균열을 일으킬 정도로 큰 값이 아니라고 할지라도 미시적으로는 잔류응력은 국부적으로 상당히 큰 값이 되어 반복적으로 충격을 받게 되면 미시적 균열(Micro Crack)이 확대되어 결국은 거시적 균열(Macro Crack)로 성장하게 된다. 반복온도변화에 따른 수축과 팽창이 반복되면 미시적 균열이 확대되어 거시적 균열로 성장된다. 따라서 적어도 거시적 잔류내부응력으로서는 외주면에서 큰 인장응력이 되는 것을 피해야 한다.

이 잔류내부응력의 크기와 분포를 좌우하는 가장 지배적 요인은 퀜칭(Quenching) 시의 냉각속도이다. 철도차량에 사용되는 것은 외주면에서 접선방향으로 수십 kg/mm^2 의 거시적 잔류인장응력이 존재한다. 퀜칭시의 냉각속도를 느리게 하면 표면의 인장응력이 점차 적게되고 결국 압축응력으로 전환하게 된다. 이처럼 퀜칭방법을 개선하면 잔류인장응력을 작게 함과 동시에 인성을 크게 하여 미시적 내부응력의 이상집중을 방지하는 조치가 된다.

문 90) 환기용 불로워(Blower)에 사용중인 깊은홈볼베어링이 조기에 이상음이 발생하여 해체하니 외륜의 궤도면(Raceway)의 2개소에 대칭이 되게 후레이킹(Flaking)이 발생하였는데 원인과 대책은 무엇인가?

– 베어링의 하우징이 분리형으로 볼트를 체결시에 베어링의 외륜이 타원형으로 변형되어 궤도면의 2개소에 과부하가 걸려서 후레이킹이 발생한 것이다. 하우징의 끼워맞춤면의 정도를 향상하여야 한다.

문 91) 깊은홈볼베어링의 내륜 궤도면에 볼의 피치(Pitch) 간격으로 후레이킹이 발생하였는데 원인과 대책은 무엇인가?

– 축에 베어링을 조립시에 충격하중에 의하여 내륜 궤도면에 압흔이 발생한 것이다. 베어링을 압입할 때는 적절한 지그(Jig), 프레스(Press) 등을 사용하여 정숙하게 압입해야 한다.

문 92) 테이퍼로울러베어링의 리테이너 포켓(Pocket) 부분이 마모되어 버어(Burr)가 밖으로 발생하였는데 원인과 대책은 무엇인가?

– 윤활유를 저점도유를 사용하였기 때문에 베어링의 회전 초기에 궤도면과 로울러의 접촉부분에 스미어링이 발생하여 로울러면이 거칠게 되어 이것이 리테이너의 포켓면에 마모와 버어를 발생시키게 된 것이다. 윤활제를 고점도유로 사용하여야 한다.

문 93) 원통로울러베어링의 내륜 궤도면이 마모되어 소음과 진동이 발생하였는데 원인과 대책은 무엇인가?

– 베어링의 가공시에 부착된 연마제가루, 가는 흙먼지, 금속마모분, 등이 윤활제 중에 혼입되어 마모가 발생한 것이다. 밀봉장치를 개선하거나 윤활제의 여과 또는 교체주기를 단축하여야 한다.

문 94) 원통로울러베어링의 크리어런스가 C_1 인데 로울러의 전동면에 축방향으로 직선형 흠이 발생하였는데 원인과 대책은 무엇인가?

– 로울러가 조립된 내륜 서브어셈브리(Sub-Assembly)가 외륜에 대하여 경사진 상태 또는 로울러가 쓰러진 상태에서 축방향으로 무리하게 압입하였기 때문에 발생된 것이다. 베어링을 조립시에 적절한 지그를 사용하여 무리한 힘이 가해지지 않도록 한다.

문 95) 스러스트 볼베어링의 궤도면의 일부에 압흔이 발생하였는데 원인과 대책은 무엇인가?

– 베어링을 설치시 축에 경사되게 체결되어 과대한 모먼트가 가해짐과 동시에 외부의 불규칙적인 충격에 의해 압흔이 발생된 것이다. 베어링의 취급과 주변의 정밀도가 향상이 되어야 한다.

문 96) 원통로울러베어링의 로울러 한쪽 끝부분이 균열되었는데 원인과 대책은 무엇인가?

– 로울러의 한쪽 끝부분이 균열된 것은 내외륜의 상대적 경사로 인하여 과도한 하중이 로울러의 선단 하중(Edge Load)으로 작용되었기 때문이다. 원통로울러베어링을 축에 설치할 때는 경사되지 않도록 세심한 주의를 해야한다.

문 97) 테이퍼로울러베어링의 내륜 큰턱이 부분적으로 떨어졌는데 원인과 대책은 무엇인가?

– 레이디얼하중을 동반한 스러스트하중이 충격적으로 특정 로울러에 집중되었기 때문이다. 축의 턱(Shoulder)높이를 증가시켜 베어링의 내륜 큰턱을 충분히 지지하도록 한다.

문 98) 깊은홈볼베어링의 리벳트가 절단되고 리테이너의 포켓 형상이 변형되었는데 원인과 대책은 무엇인가?

– 베어링의 궤도면에 후레이킹이 발생한 후에도 베어링을 계속 사용하였기 때문에 리테이너에 이상하중(異狀荷重)이 가해져서 리벳이 절단되고 이로 인하여 볼의 운동이 산란해져서 리테이너는 소성변형을 일으킨 것이다. 후레이킹의 징후가 발생하는 것을 조기에 발견하여 베어링을 적기에 교환해야 한다.

문 99) 그리이스윤활을 하고 있는 원통로울러베어링의 외륜 부하권에 균열이 발생하였는데 원인과 대책은 무엇인가?

– 내외륜의 상대적 경사가 크기 때문에 외륜 부하권에서 후레이킹이 발생하고 이것이 점점 진행되어 균열로 된 것이다. 베어링 주변의 정밀도를 높게 한다.

문 100) 깊은홈볼베어링의 외륜에 원주방향으로 균열이 발생되었는데 원인과 대책은 무엇인가?

– 외륜이 원주방향으로 균열이 발생되는 것은 매우 진기한 일이며 베어링이 회전중에 충돌사고에 의한 이상 충격하중을 받아 설치불량과 함께 과대한 내부응력을 발생시켜 파손된 것이다. 베어링을 해체시에도 부주의로 국부적인 충격을 받을 경우에도 발생한다. 베어링이 회전중 또는 해체시에 이상 충격하중을

받지 않도록 한다.

문 101) 베어링의 외륜 외경면에 원주방향으로 긁힌 자국이 있는 전면 광택을 나타내는데 원인과 대책은 무엇인가?

– 외륜의 외경과 하우징의 사이에 끼워맞춤면에 발생한 미끄럼에 의한 크리이프(Creep)이다. 베어링 외경과 하우징 내경의 끼워맞춤의 간섭량을 크게 한다.

문 102) 베어링의 전동면(轉動面) 의 조도가 구름피로에 어떤 영향을 주는가?

– 베어링의 구름피로에 영향을 주는 인자는 여러가지가 있으나 표면조도는 대단히 중요하다.

구름피로의 발생은 접촉면이 탄성유체윤활(EHL)에 의한 유막으로 분리되는지 여부에 의존하고 유막이 파단시 조도의 돌기 간의 간섭상태에 크게 지배된다.

Dawson이 도입한 D 값은 두면의 초기조도(최대높이)의 합과 유막두께와의 비는

$$D = (Ry1 + Ry2) / ho \qquad 20.3$$

이다.

여기서, ho : 유막의 두께(나중에 EHL 이론에 의한 최소유막두께 hmin로 사용된다.)의 값이 작을수록 금속간 접촉이 일어나기 어렵기 때문에 피팅수명이 증대되고 특히, D≦ 0.2에서는 접촉면에 소성유동이 발생하는 것 같은 높은 접촉압력 조건에서도 피팅이 발생하지 않는다.

한편, D와 역수적 관계에 있는 EHL 유막두께와 두면의 합성조도의 비를 Tallian 유막두께비 (유막두께 – 조도 비)라고 하며 Λ 로 표시한다. Λ 는 유막 파라미터(Parameter)라고도 불리우며 다음과 같은 식으로 나타낸다.

$$A = h_0 / \sqrt{\sigma_1^2 + \sigma_2^2} \qquad 20.4$$

여기서 σ_1, σ_2 : 2면의 제곱평방근 조도

ho : 중앙유막두께 또는 최소유막두께

마모와 표면피로(Surface Distress) 로 나타나는 구름피로는 Λ 가 작은 영역에서는 조기에 발생하기 쉽고 Λ 가 커지게 됨에 따라 발생하기 어렵게 되어 베어링 수명이 길어진다.

로울러베어링을 이용한 Skurka 의 실험에 의하면 수명이 Λ 가 1 ~ 2 에서 급격히 감소하고 Λ 가 1.5 이하에서는 유막형성이 충분하지 않고 전동면은 경계윤활막을 뚫고 금속접촉을 한다. Λ 가 3 이상이면 상시 유막을 형성한다.

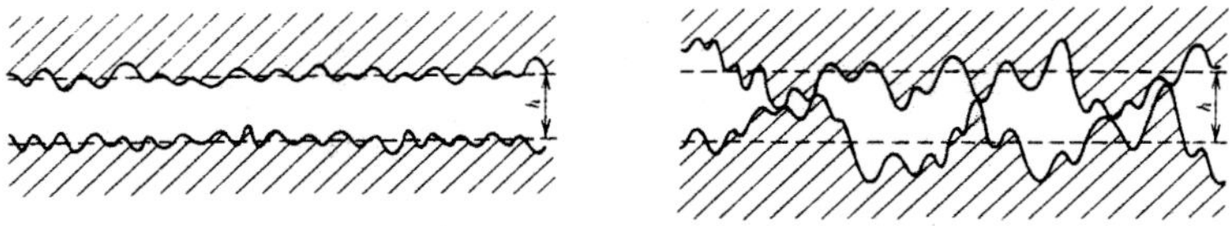

그림 20.9 유막과 표면조도

문 103) 깊은홈볼베어링의 후렛팅마모를 베어링 자체적으로는 줄이는 방안은 없는가?

– 깊은홈볼베어링이 축으로부터 요동(搖動)을 받아서 차동(差動)미끄럼의 반복이 후렛팅마모(Fretting Wear)의 주요인이며 그의 손상의 정도와 τ δ(접선응력 × 상대미끄럼량)의 사이에는 강한 상관관계가 있다. 후렛팅마모를 억제하기 위해서 가급적 τ δ를 줄여야 한다.

그의 방법에는 적절한 윤활제를 사용하는 방법과 설계조건을 변경하는 방법이 있다. 여기서는 설계조건을 변경하는 방법에 대하여 기술한다.

차동미끄럼이 존재하지 않는 로울러베어링에서 착안을 하면 τ δ = 0 이므로 τ를 줄이는 것이 문제해결의 핵심이다. 로울러베어링은 깊은홈볼베어링의 궤도홈(Raceway)의 곡률반경이 무한대로 확장된 것이기 때문에 깊은홈볼베어링의 궤도홈의 곡률반경을 본래의 기능을 크게 손상하지 않는 범위 내에서 크게 하면 효과가 있을 것이다.

佐藤準一(埼玉大學)외 4명의 연구논문에 의하면 깊은홈볼베어링의 궤도홈의 곡률반경을 2 % 증가시켜서 τ δ를 30 % 이상 감소시켰다. 이러한 감소는 차동미끄럼에 의한 상대미끄럼량이 궤도홈의 곡률반경의 영향을 강하게 받았기 때문이다. 궤도홈의 곡률반경의 증가에 의한 최대접촉압력이 증가한다. 이것은 베어링의 부하능력의 감소를 초래한다. 일단 심한 후렛팅이 발생하면 균열발생에 따른 구름피로강도의 저하는 접촉압력의 증가에 따른 구름피로수명의 감소를 훨씬 상회한다. 후렛팅마모가 문제가 되는 부분에 대해서는 부하능력을 희생하던지 아니면 복열베어링을 사용하면 될 것이다.

문 104) 구름접촉(Rolling Contact)을 하는 전동면의 최초 경도차가 수명에 어떠한 영향을 주는가?

– Zaretsky의 연구에 의하면 응력반복이 많은 측의 경도(Hardness) 가 HRC 1 ~ 2 ° 가 작을 때 수명이 최대가 되는 것을 표 20.11에 결과를 나타내고 있다. 이것은 경도가 낮은 측의 재료가 전동하중에 따른 가공경화가 생겨서 접촉표면 아래 최대전단응력이 발생하는 위치의 부근에 잔류압축응력(Residual Compressive Stress)이 형성이 되어 피로 내구성을 증가시키고 이것이 수명이 최대가 되는 조건이라고 생각이 된다.

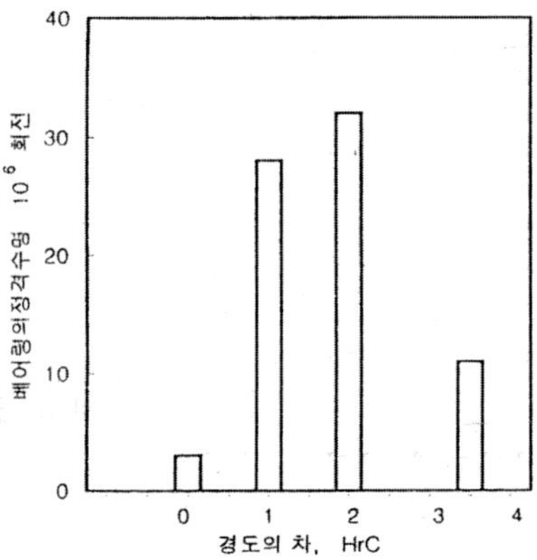

표 20.11 경도차와 수명

문 105) 스러스트 베어링에는 최소하중이 왜 필요한가?

– 스러스트 베어링에서는 전동체의 원심력에 의한 미끄럼운동으로 전동면이 마모되는 것을 피하기 위하여 최소한의 하중이 필요하다. 외부의 하중이 계산된 최소하중 보다 작을 경우에는 예압(Preload)를 가해야한다.

최소하중의 계산식은 다음과 같다.

$$C_a(\min) = 1.02 \cdot f_{la} \cdot (\frac{n}{1,000})^2 \qquad 20.5$$

여기서, f_{la} : 최소 하중 계수(치수표 참조)

n : 회전수(rpm)

문 106) 베어링을 대체 사용하기 위하여 교환일람표(Interchange List)를 사용하는 것이 좋은가?

– 베어링을 대체사용하기 위하여 교환일람표는 도움을 줄 수가 있으나 그것의 한계에 대하여 잘 생각하여야 한다. 이름을 대체사용할 수가 있으나 베어링을 대체사용할 수는 없다. 대체사용할 베어링의 외곽치수(Boundary Dimension)가 같다고 그것이 반드시 적절한 베어링이라고 할 수는 없다. 베어링에 있어서 하중의 기초와 성질에 대한 약간의 이해는 교환할 베어링에 관한 판단에 도움을 줄 것이다.

문 107) 국내에서 유통되고 있는 깊은홈볼베어링이 제조사 별로 각기 다른 기호를 표시하고 있는데 이에 대한 호환 가능성을 식별할 수 있는 방법이 있는가?

– 베어링의 호칭번호는 기본번호와 보조기호로 구성이 되어 있으나 이중에 기본번호는 국제규격화가 되어 있으나 보조기호는 제조사의 기술수준이 각기 다르기 때문에 표시도 다르게 된다. 국내에 유통되고 있는 깊은홈볼베어링의 보조기호 중에시일과 쉬일드에 관한 부분에 대하여 제조사별 서로 상응되는 것은 표 20.12와 같이 나타낸다.

표 20.12 제조사별 보조기호의 대비표

구 분	KBC	GMB	FAG	SKF	NSK	NTN	NACH
개방형	–	–	–	–	–	–	–
한쪽쉬일드	Z	Z	ZR	Z	Z	Z	Z
양쪽쉬일드	ZZ	ZZ	2ZR	2Z	ZZ	ZZ	ZZ
한쪽접촉시일	D	RS	RSR	RS	DU	LU	NSL
양쪽접촉시일	DD	2RS	2RSR	2RS	DDU	LLU	2NSL
한쪽비접촉시일	U	RU	VSR	LS	V	LB	NK
양쪽비접촉시일	UU	2RU	2VSR	2LS	VV	LLB	2NK
스냅링홈	N	N	N	N	N	N	N
스냅링	NR	NR	NR	NR	NR	NR	NR

문 108) 베어링을 조립할 때에 크리어런스를 규정범위 내에 들어가게 하기 위하여 레이스(내륜,외륜)와 강구를 어떤 방식으로 매칭(Matching)하는가?

− 베어링은 크리어런스의 규정범위가 매우 좁기 때문에 치수산포를 갖고 있는 내륜, 외륜과 강구를 임의로 조합시키면 거의 대부분이 규정범위 내에 들어갈 수가 없다. 이것을 해결하기 위하여 짝(Pair)를 맞추는데 선택적 조합방식(Selecting Mataching)과 임의적 조합방식(Random Matching)이 사용된다.

선택적 조합방식은 1935년경에 사용하던 것으로 현재도 비양산품에 사용되고 있다. 이 방식은 지수산포가 있는 내륜, 외륜의 궤도경을 측정하여 1 ~ 2 ㎛의 간격으로 그룹을 만들어 준비된 1개의 강구에 대하여 조립한 후에 크리어런스가 규정범위 내에 있도록 내륜과 외륜을 선택하여 조합하여 조립하는 것이다.

임의적 조합방식은 1960년경부터 베어링의 조립자동화와 함께 사용하였던 것으로 강구의 기준치수를 중심으로 하여 ± 10㎛ 이내에서 1 ~ 2 ㎛ 간격의 그룹을 만들어 내륜과 외륜을 임의로 조합을 시켜서 각각의 궤도경을 측정하여 규정 크리어런스 내에 있도록 해당 공차를 갖는 강구로 조립하는 것이다. 그림 20.10은 임의적 조합방식을 나타낸다.

그림 20.10 임의적 조합방식

문 109) 구름베어링은 유막을 개재시킨 미끄럼베어링에 비하여 소음이 왜 많이 발생하는가?

− 구름베어링은 전동체가 내륜과 외륜의 사이에 크리어런스를 갖고 회전하기

때문에 진동과 음을 발생시킨다. 베어링 단체(單體)의 경우는 베어링과 공기와의 경계면에서 베어링이 기계에 조립된 경우에는 기계와 공기와의 경계면에서 공기의 소밀파(疏密波) 즉, 음파(音波)가 발생한다. 음파의 공기분자가 소한 부분과 밀한부분이 이동하면서 변하는 것을 그림 20.11에 나타낸 것이다. 베어링의 진동과 음향은 이 베어링이 조립된 기계를 사용하는 사람에게 불쾌감을 주며 기계의 성능을 저해하기 때문에 낮을수록 좋다. 베어링의 진동이 문제가 되는 공작기계, 정밀계기, 정보화기기 등은 주파수가 약 1000Hz 이하의 낮은 주파수이고 음향이 문제가 되는 자동차,전동기 등은 주파수가 약 1000Hz 이상의 높은 주파수이다. 기계가 운전중에 발생하는 진동의 증가에 의하여 조기에 베어링의 손상을 알아낼 수가 있다.

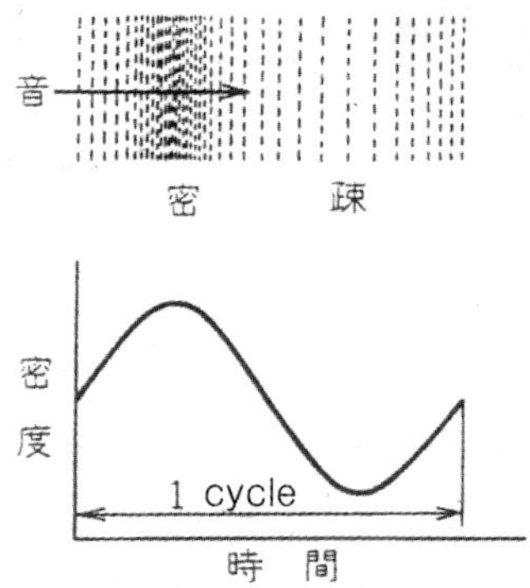

그림 20.11 음의 파형

문 110) 베어링의 전동접촉 부분에 어느 정도의 오염이 있으면 전동면에 찍힘이 발생하면서 재료의 조기파손을 일으키는데 이에 대한 청정도의 규격 또는 등급이 있는가?

– 청정도의 보통 청정도는 V=1, 양호한 청정도는 V=0.5, 최상 청정도는 V=0.3, 약간 오염된 청정도는 V=2, 심하게 오염된 청정도는 V=3이다. 청정도에 대한 규격은 ISO 4406에 규정되어 있다. 한편, 같은 청정도일지라도 큰 베어링보다 작은 베어링이 오염에 더 민감하고 선접촉을 하는 베어링이 점접촉을 하는 베어링 보다 더 손상이 크다.

문 111) 앵규러콘택트볼베어링이 사용중에 이상음과 진동이 발생하여 분해,

조사한 결과 강구에 띠(Band) 형상의 마모 흔적이 발견되었는데 원인은 무었인가?

– 앵귤러콘택트볼베어링은 예압(Preload)를 과도하게 가하게 되면 부의 크리어런스가 되어 강구(Steel Ball)가 공전 1회전하는 동안에 자신의 자전축을 랜덤하게 변경시킬 기회를 상실하여 최초의 전동접촉면이 계속 유지되므로 강구에 띠 형상의 마모가 생겨서 강구의 진구도와 조도가 악화되어 이상음과 진동을 일으킨다. 이를 방지하기 위하여 강구가 공전 1회전중 어느 순간 만이라도 자유롭게 하던지 또는 받는 하중이 0 에 가깝게 해야한다. 앵귤러콘택트볼베어링을 사용하는 수요자는 시스팀의 안전을 위하여 예압하중을 어느 정도로 할 것인지를 미리 정하여 두는 것이 중요하다.

문 112) 앵귤러콘택트볼베어링 만이 강구에 띠 형상의 마모가 발생하는가?

– 그렇지 않다. 띠 형상의 마모가 발생하는 것은 강구의 자전축이 상당히 장시간 변경되지 않았다는것을 나타낸 것이다. 이것은 강구가 회전중 상시 부하를 받아서 생긴 것이다. 일반적으로 레이디얼하중 만을 받는 베어링은 약간의 크리어런스를 갖는 것이 보통이므로 회전하면 크리어런스가 있는 부분에서 자유롭고 랜덤하게 자전축을 변경하여 다시 부하권에 들어가서 강구는 균등하게 마모되지만 레이디얼볼베어링도 부의 크리어런스가 되면 즉, 예압을 받으면 강구의 자전축은 변경하기 어렵다. 레이디얼볼베어링과 스러스트 볼베어링에서도 강구에 띠 형상의 마모가 발생한다.

문 113) 베어링 중에서 테이퍼로울러베어링 만이 명칭, 치수, 재질 등이 통일되어 있지 않은 이유는?

– 현재 테이퍼로울러베어링은 세계적으로 양대 산맥을 형성하고 있는 스웨덴의 SKF와 미국의 Timken이 태생적으로 서로 상이한 토양에서 거의 1세기가 지났기 때문에 앞으로도 통일이 거의 불가능하다고 사료된다. 이들 두 회사의 차이점을 표 20.13에 나타낸다.

표 20.13 SKF 형과 Timken 형의 차이점

구 분	SKF 형	Timken 형
명 칭	- 내륜과 외륜의 조립품에 단일번호를 부여함. 예) 30309	- 내륜(Cone)과 외륜(Cup)의 각각에 번호를 부여함. 예) 596/592A
치 수	- Metric System을 사용함 - 계단식으로 수를 증감 - 동일한 내경치수에 4-6종의 외경치수가 있음	- English System을 사용함 - 규칙성이 없고 종류가 많음 - 동일한 내경치수에 1-3종의 외경치수가 있음
형 태	- 단열만 표준화가 되어 있음	- 전혀 표준화가 되어 있지 않음
재 질	- 베어링강(고탄소크롬강)을 사용함	- 침탄강(저탄소강)을 사용함
외 관	- 로울러는 굵고 수량이 적음 - 내경에 비하여 외경의 비율이 큼	- 로울러는 가늘고 수량이 많음 - 내경에 비하여 외경의 비율이 작음

문 114) 깊은홈볼베어링을 사용하는 곳에 레이디얼하중을 높게 하기 위하여 원통로울러베어링으로 대체하는데 액시얼하중을 깊은홈볼베어링 만큼 받게 할 수가 있는가?

– 원통로울러베어링은 본래 레이디얼하중 만을 받는 베어링이고 내륜과 외륜의 측면에 턱이 있다고 하더라도 그의 기능은 흔들림방지와 조립상의 필요에 의한 것에 불과하다. 높은 액시얼하중을 받기 위한 적극적인 조치를 다음과 같이 하면 될 것이다.

1) 내외륜의 턱과 로울러의 접촉면적을 크게 하여 접촉면 압력을 감소시킨다.
2) 내외륜의 턱에 적당한 각도를 주어 로울러의 경사와 스큐에 대하여 닿는 위치의 변화를 적게 한다
3) 내외륜의 턱과 로울러의 단면의 흔들림을 적게 한다.
4) 내외륜의 턱과 로울러의 단면의 조도(粗度)를 향상시킨다.
5) 로울러의 단면을 구형(球形)으로 하여 턱과의 닿는 위치의 변화를 적게 한다.
6) 로울러 길이의 상호차를 작게 하여 로울러에 균일한 부하를 받게 한다.

문 115) 로울러베어링에서 선접촉이란 무엇이며 하중을 받을 시에 로울러와 궤도의 사이에 응력은 어떻게 되는가?

– 선접촉(Line Contact) 은 두 표면이 직선 또는 폭이 0 인 곡선을 따라 접촉하는 것이다.

유한한 길이를 갖는 로울러가 길이가 더 큰 궤도와 접촉을 할 때 하중을 받으면 로울러의 양 끝의 바깥측 궤도가 함몰(Depression) 되어 궤도의 재료는 인장응력을 받으므로 로울러의 양 끝의 압축응력은 접촉의 중앙 보다 더 높다. 그림 20. 12 는 엣지하중(Edge Load)의 상태를 나타낸 것이다. 이에 대한 대책은 로울러 또는 궤도를 크라우닝(Crowning)을 하는 것이다.

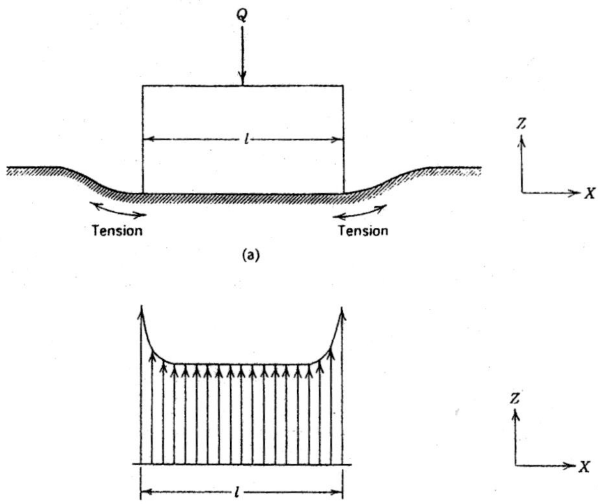

그림 20.12 엣지하중의 상태와 궤도의 압축응력의 분포

문 116) 선접촉을 하는 로울러베어링은 로울러의 양단하중(Edge Load) 에 의하여 박리파손이 발생하는데 이상적인 크라우닝을 어떻게 설정하면 되는가?

– T.A.Harris에 의하면 엣지응력(Edge Contact Stress) Qmax는 중앙응력(Central Contact Stress)Pmax 보다 1.42배 크게 작용한다. T,A.Meyer는 Pmax = Qmax 가 되는 크라우닝량을 최적으로 하고 있다. 엣지에서 박리하는 확률은 Qmax / Pmax 의 값에 의하여 결정되며 다음 식이 성립한다.

엣지에 박리하는 확률

$$\alpha = (Q_{max} / P_{max})^{20/3} / 1+(Q_{max} / P_{max})^{20/3} \times 100\% \qquad 20.6$$

이식으로 계산하면 표20.14 와 같이 나타낸다.

표 20.14 엣지에서 박리하는 확률

Qmax /Pmax	0.4	0.5	0.6	0.7	0.8	0.9	1.0	1.1	1.2	1.3	1.4	1.5
수명비	449.71	101.59	30.13	10.78	4.43	2.02	1.00	0.53	0.30	0.17	0.11	0.07
확률(%)	0.22	0.97	3.2	8.5	18.4	33.1	50.0	65.4	77.1	85.2	90.4	93.1

문 117) 베어링의 부품인 레이스,전동체를 퀜칭(Quenching)을 완료한 후에 템퍼링(Tempering)을 할 때에 가열온도를 180 ~ 200℃ 로 하는 이유는무엇인가?

– 강(Steel)을 퀜칭한 상태에서는 단단하지만 스트레스(Stress)가 내부에 존재한다. 이 스트레스는 열응력과 변태응력이 중첩되어 있다. 마모는 마찰면에서 발생하는 일종의 기계적 파괴현상이므로 스트레스가 존재하면 마모가 많게 된다. 강을 퀜칭한 그대로 방치하면 단단하더라도 마모가 많게 된다. 강의 피로에 대하여 마이너스 스트레스(Minus Stress) – 압축응력은 이롭고 플러스 스트레스(Plus Stress) – 인장응력은 해롭다. 내마모성을 증대시키기 위하여 퀜칭을 한후에 180～200℃에서 템퍼링을 하게 되면 스트레스가 50 % 정도 해소가 된다. 템퍼링온도를 더 높이면 스트레스가 더 많이 해소가 되지만 경도가 떨어지고 마모는 다시 증가한다. 템퍼링을 하기 전에 서브제로(Sub-Zero) 처리 특히, 초서브제로(Super Sub-Zero)처리를 하면 내마모성의 향상이 더욱 뚜렷해진다. 그림 20.13 은 템퍼링온도, 마모, 경도, 스트레스 의 관계를 나타낸다.

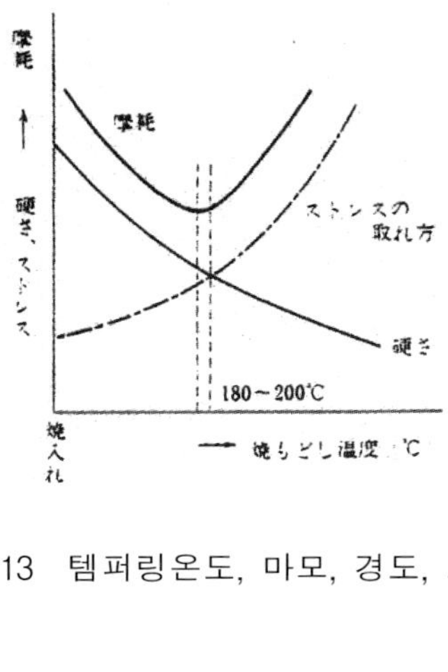

그림 20.13 템퍼링온도, 마모, 경도, 스트레스의 관계

문 118) 베어링의 조기마모를 조사중에 경도가 낮은 것이 발견되어 현미경 조직에 탈탄층이 발견이 되었는데 탈탄이 발생하는 원인과 종류에는 어떤 것이 있는가?

– 탈탄이란 산소의 산화작용에 의하여 강의 탄소량이 적게 되는 현상이다.

1) 원재료의 제강, 압연, 소둔시
2) 기계가공품의 퀜칭, 템퍼링시
3) 연삭가공시 가공열

상기 사항들이 초사상(Super Finishing) 작업에서 완전히 제거되지 않았기 때문에 문제가 발생한다.

탈탄에 의하여 생긴 훼라이트(Ferrite) 결정입자의 형상은 입상탈탄과 주상탈탄이 있다. 입상탈탄은 910℃ 이상의 온도 또는 A1 변태점 이상에서 약탈탄이고 주상탈탄은 910℃ 이하 또는 A3변태점 이상에서 강탈탄이며 그림 20.14 에 나타낸다.

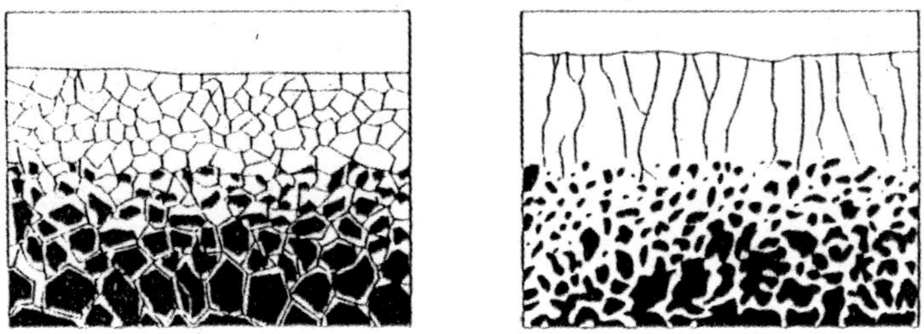

a) 입상 탈탄 b) 주상 탈탄

그림 20.14 탈탄조직의 형태

문 119) 대형베어링의 외륜을 하우징에 끼워맞춤하는 적절한 방법은 무엇인가?

– 베어링을 끼워맞춤할 하우징의 내경치수와 베어링의 외경치수를 측정한 후에 필요한 수축량을 다음 식으로 계산한다.

$$\delta = 1.1\times 10\text{-}5\times D_m\times \triangle t \ (\text{mm}) \qquad 20.7$$

드라이아이스를 넣은 메틸알콜에 베어링을 침전시켜 필요한 수축량을 얻기 위하여 메틸알콜 온도를 드라이아이스량으로 조절한다. 메틸알콜 온도가 목표치에 도달하면 즉시 베어링을 하우징에 끼워 맞춘다. 이 때에 반드시 냉각된 베어링이 신체에 접촉되어 동상의 피해를 방지하도록 보호장구를 착용하여야 한다.

문 120) 축과 하우징의 사상면의 조도(Roughness) 가 끼워맞춤할 때에 어떤 영향을 주는가?

– 끼워맞춤에서 축과 하우징의 사상면이 조도가 나쁘면 체결량을 감소시키며 돌기는 베어링의 정확한 위치를 흐트리고 변형시켜서 오물과 같이 나쁜 영향을 준다. 하우징의 내경, 축의 외경 및 턱은 가능한 조도를 높이는 것이 좋다. 조도와 체결량의 관계를 표 20.15에 나타낸다. 올바른 체결량을 얻기 위하여 끼워맞춤면의 조도와 양 금속간의 열팽창계수의 차를 고려해야 한다.

표 20.15 조도와 체결량의 감소량

단위: μm

끼워맞춤면	조도(Hmax)	직경체결감소량
초사상	0.3	0
연삭상사상	0.8	1
연삭중사상	2	2.5
선삭상사상	4	5
선삭중사상	6	7

문 121) 구름베어링 마모의 일종인 스미어링(Smearing)이 발생한 사례는 어떤 것이 있는가?

– 스미어링은 마모의 일종으로 용융마모(Welding Wear)이며 Normal Wear, Abrasive Wear, Corrosive Wear와 구별된다. 구름베어링에서 스미어링이 발생한 사례를 구분하면 다음과 같다.

1) 고속경하중의 스러스트 볼베어링
스러스트 볼베어링의 레이스 전동면에 볼(Ball)에 작용한 자이로모먼트(Gyratory Moment)에 의하여 레이스와의 사이에 미끄럼이 발생하여 레이스의 전동면에 스파이럴 형태의 스미어링이 발생한다.

2) 주도가 높은 그리이스를 과도하게 채운 로울러베어링에서 로울러의 회전에 대하여 그리이스의 저항이 크고 베어링의 무부하권에서 감속한 로울러

가 부하권으로 들어와서 급격한 과속이 될 때 미끄럼이 원인이 되어 레이스의 전동면과 로울러의 외주면에 스미어링이 발생한다.

3) 윤활상태가 불량한 테이퍼로울러베어링

스러스트하중을 매우 크게 받으면 내륜의 큰턱면과 로울러의 대단면에는 윤활상태가 지극히 불량하여 스미어링이 발생한다.

4) 대형 로울러베어링

무게가 무거운 로울러는 관성모멘트가 크기 때문에 로울러가 급속히 감속 또는 가속으로 인한 미끄럼으로 레이스와 로울러의 전동면에 스미어링이 발생한다. 레이디얼하중이 극히 작으면 저속에도 스미어링이 발생하지만 그것은 하중을 받는 로울러 수가 적고 무부하권이 크기 때문이다. 무부하권 내에서도 로울러의 자전수가 현저히 감소하고 그것이 부하권으로 들어갈 때에 미끄럼으로 인한 스미어링이 발생한다.

문 122) 베어링 레이스의 전동면에 일정한 구름하중이 가해지면 금속조직은 어떤 변화가 있는가?

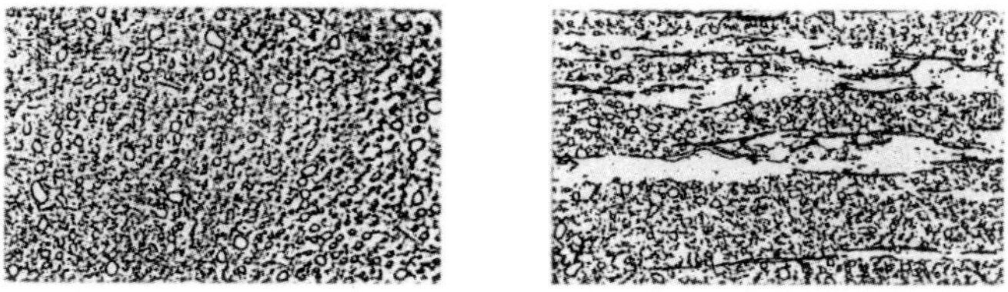

a) 정상적인 조직 b) 변형된 조직

그림 20.15 전동면의 표면 아래 금속현미경 조직

― 레이스(Race)의 제조공정중에 생긴 정상적 금속조직이 반복적인 구름하중에 의하여 변형이 된다. 그림 20,15는 전동면의 표면 아래 금속현미경 조직을 나타낸다.

문 123) 베어링 전동체의 공전수(公轉數)와 자전수(自轉數)는 어떻게 구하는가?

― 상하 두 개의 평판 사이에 볼(Ball)을 놓고 상판을 L 만큼 이동시키면 볼은 상판과 하판의 사이를 구르며 볼의 중심은 L/2 만큼 이동한다.

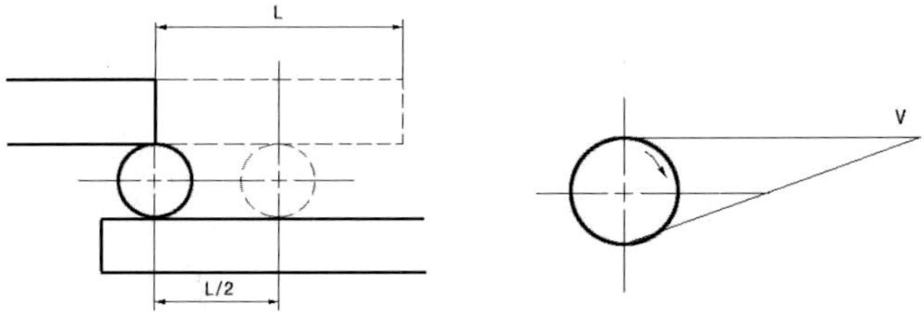

1) 레이디얼 볼베어링과 원통로울러베어링

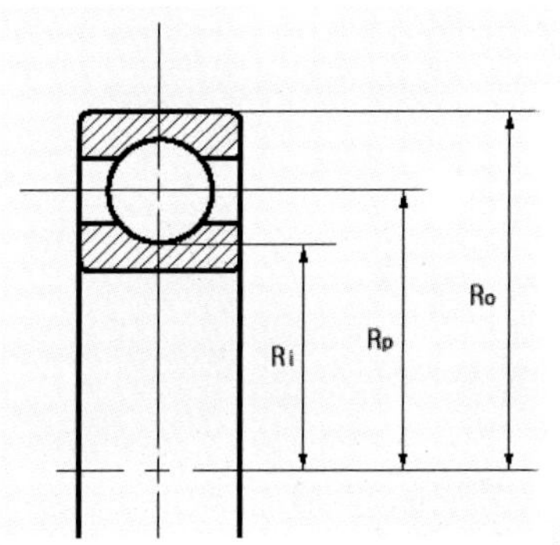

N_i : 내륜 회전수
N_C : 전동체 공전수(리테이너 회전수)
N_d : 전동체 자전수
d : 전동체 직경
Ri : 내륜궤도 반경
Ro : 외륜궤도 반경
R_P : Ri + Ro / 2

a) 전동체의 공전수

내륜의 표면속도는 $2\pi R_i N_i$ 이고 볼의 중심속도는 $2\pi R_P N_C$ 이다. 위의 그림에서 볼의 중심속도는 내륜의 표면속도의 1/2 이라고 생각된다.

$$
\begin{aligned}
2\pi R_P N_C &= 1/2 \cdot 2\pi R_i \cdot N_i \\
N_C &= 1/2\ (R_i / R_P)\ N_i \\
&= 1/2\ \{ (R_P - d/2) / R_P \}\ N_i \\
&= 1/2\ (1 - d / 2R_P)\ N_i \qquad 20.8
\end{aligned}
$$

b) 전동체의 자전수

전동체의 자전수는 전동체가 외륜 궤도면을 구르는 속도가 될 때까지

$$
\begin{aligned}
N_d &= 2\pi R_o \cdot N_C / \pi d \\
&= (2R_o / d \times R_i / 2R_P)\ N_i \\
&= \{(R_o / d \times R_i / R_P)\}\ N_i \qquad 20.9
\end{aligned}
$$

2) 앵귤러콘택트 볼베어링

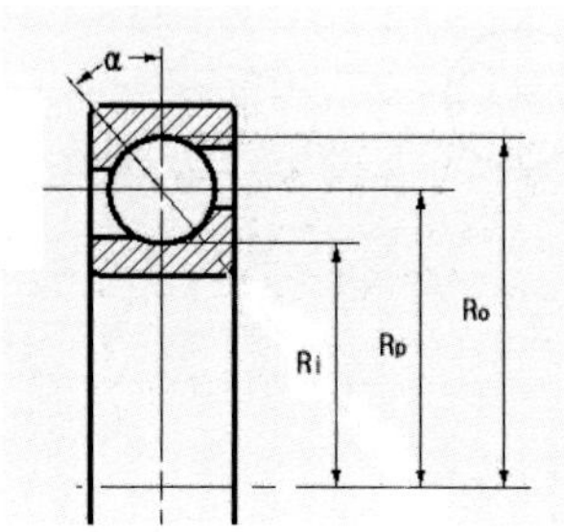

α : 접촉각

Ri : 접촉점에서 내륜궤도 반경

$R_P - d\cos\alpha/2$

Ro : 접촉점에서 외륜궤도 반경

$R_P + d\cos\alpha/2$

a) 전동체의 공전수

식 (1) 에서

$$
\begin{aligned}
N_C &= 1/2\,(Ri / R_P)\,Ni \\
&= 1/2 \cdot 1/R_P\,(R_P - d\cos\alpha/2)\,Ni \\
&= 1/2\,(1 - d\cos\alpha / 2R_P)\,Ni \qquad 20.10
\end{aligned}
$$

b) 전동체의 자전수

식 (2) 에서

$$
\begin{aligned}
N_d &= (Ro / d \times Ri / R_P)\,Ni \\
&= (Ro \cdot Ri / d \cdot R_P)\,Ni \\
&= \{(R_P + d\cos\alpha/2)(R_P - d\cos\alpha/2) / d \cdot R_P\}\,Ni \\
&= \{R_P^2 - (d/2)^2\cos^2\alpha / d \cdot R_P\}\,Ni \qquad 20.11
\end{aligned}
$$

3) 테이퍼로울러베어링

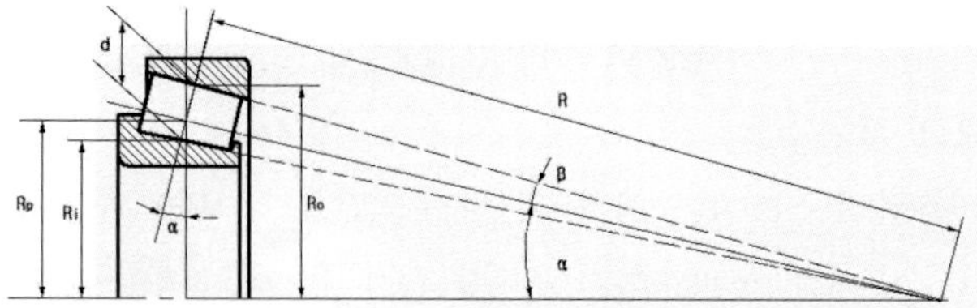

$$R_i = R\cos\alpha(\tan\alpha - \tan\beta)$$

$$R_o = R\cos\alpha(\tan\alpha + \tan\beta)$$

$$R_P = R\cos\alpha\ \tan\alpha$$

$$N_i = 2R\tan\beta$$

a) 전동체의 공전수

식 (1)에서

$$\begin{aligned} N_C &= 1/2\ (Ri / R_P)\ Ni \\ &= 1/2\ \{(R\cos\alpha(\tan\alpha - \tan\beta) / R\cos\alpha\ \tan\alpha\}\ Ni \\ &= 1/2\{(\tan\alpha - \tan\beta) / \tan\alpha\}\ Ni \end{aligned} \quad 20.12$$

b) 전동체의 자전수

식 (2)에서

$$\begin{aligned} N_d &= \{(Ro / d \times Ri / R_P)\}\ Ni \\ &= \{R\cos\alpha(\tan\alpha + \tan\beta) \cdot R\cos\alpha\ (\tan\alpha - \tan\beta) / 2R\tan\beta \cdot R\cos\alpha\ \tan\alpha\}\ Ni \\ &= \{(\tan\alpha + \tan\beta)(\tan\alpha - \tan\beta) / 2\tan\alpha\tan\beta\}\ Ni \\ &= (\tan^2\alpha - \tan^2\beta / 2\tan\alpha\tan\beta)\ Ni \end{aligned} \quad 20.13$$

부 록

부록1.Vibration Level Meter에 나타나는 파형과 특성

NO	명칭	검출방법	파 형	특 징
1	레이스음	-스러스트하중을 가함 -청각 및 Oscilloscope에 의해 판정함	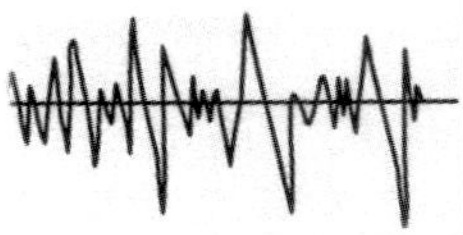	-흠의 위치에 따라 파형과 음색이 다름
2	레이스음	-모먼트하중을 가함 -청각및 Oscilloscope에 의해 정함	상동	
3	레이스음	-스러스트하중을 적게 -청각및 Oscilloscope에 의해 판정함	상동	
4	내륜 레이스음	-청각및 Oscilloscope에 의해 판정함	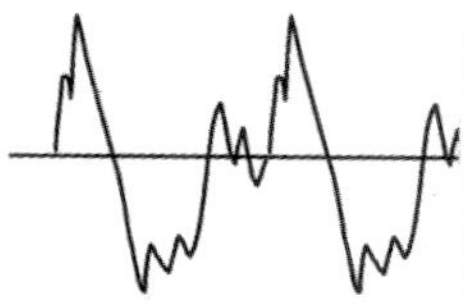	-내륜연삭공정시 흠 발생 양측의 음이 동일함
5	외륜 레이스음	-하중위치를 변화시킴 =청각및 Oscilloscope에 의해 판정함	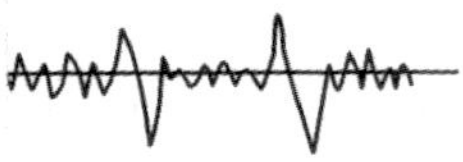	-파형이 보이지 않을 수가 있음. -조립시에 흠이 발생함 -소음이 큼
6	레이스음	-청각및 Oscilloscope에 의해 판정함	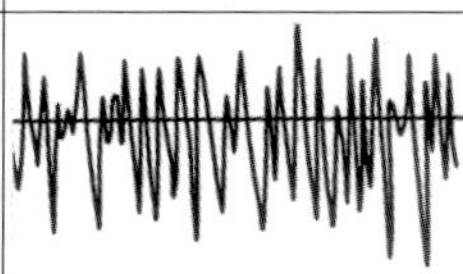	-연삭가공시 칩이 잔존함 판정이 용이함
7	진동	-Low Band와 촉감으로 진동을 판정함	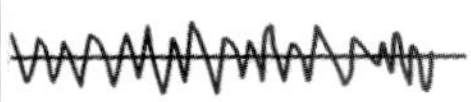	-축방향 진동이 큼
8	파도음	-청각및 Oscilloscope에 의해 판정함		-파형이 큼 -슈퍼피니싱의 광택이 불량 함
9	강구음	-청각및 Oscilloscope에 의해 판정함	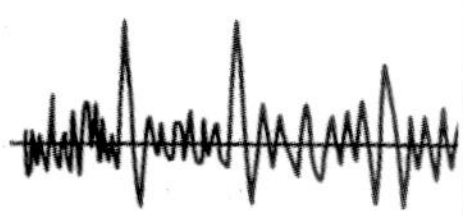	-파형이 일정하지 않거나 소멸이 됨
10	먼지음	- Oscilloscope에 의해 판정함	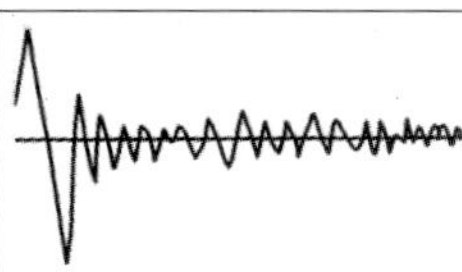	-회전초기에 발생함 -먼지가 큰 것은 레이스음 으로 판정되는 수도 있음

NO	명칭	검출방법	파형	특징
11	리테이너음	-청각,Oscilloscope에 의해 판정함		-파형은 변하고 낮고 작다
12	커버음	-촉감,Oscilloscope에 의해 판정함		-접촉 마찰음이 발생
13	그리이스음	-Oscilloscope에 의해 판정함	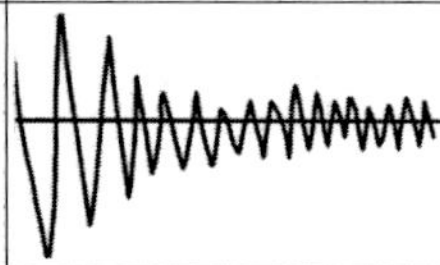	-회전초기에 발생한 음이 곧 소멸됨
14	리벳팅음	-촉감에 의해 판정함		-Level Meter의 지침은 안정
15	크랙	-청각,Oscilloscope에 의해 판정함	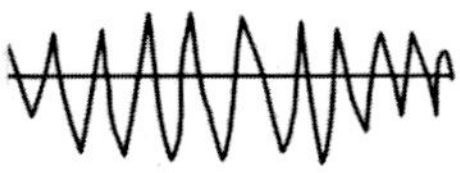	-이상음이 발생함
16	그리이스 없음	-촉감,Oscilloscope에 의해 판정함	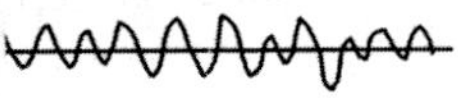	-토르크가 가벼움
17	크리어런스 불량	-촉감, 청각, Oscilloscope에 의해 판정함		-느슨하게 느껴짐
18	강구수량 부족	-촉감에 의해 판정함		-베어링을 검사기의 Arbor 에서 추출할 때에 진동함
19	강구치수 혼합	-촉감, 청각, Oscilloscope에 의해 판정함	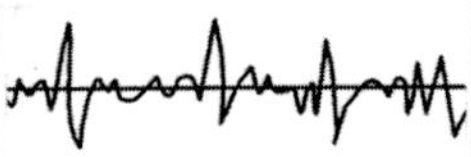	-진동이 느껴짐
20	궤도곡률 불량	-청각, Oscilloscope에 의해 판정함		-소음이 발생함

부록 2. 자동차에 사용되는 베어링의 위치

2 - 1 전륜 구동 승용차

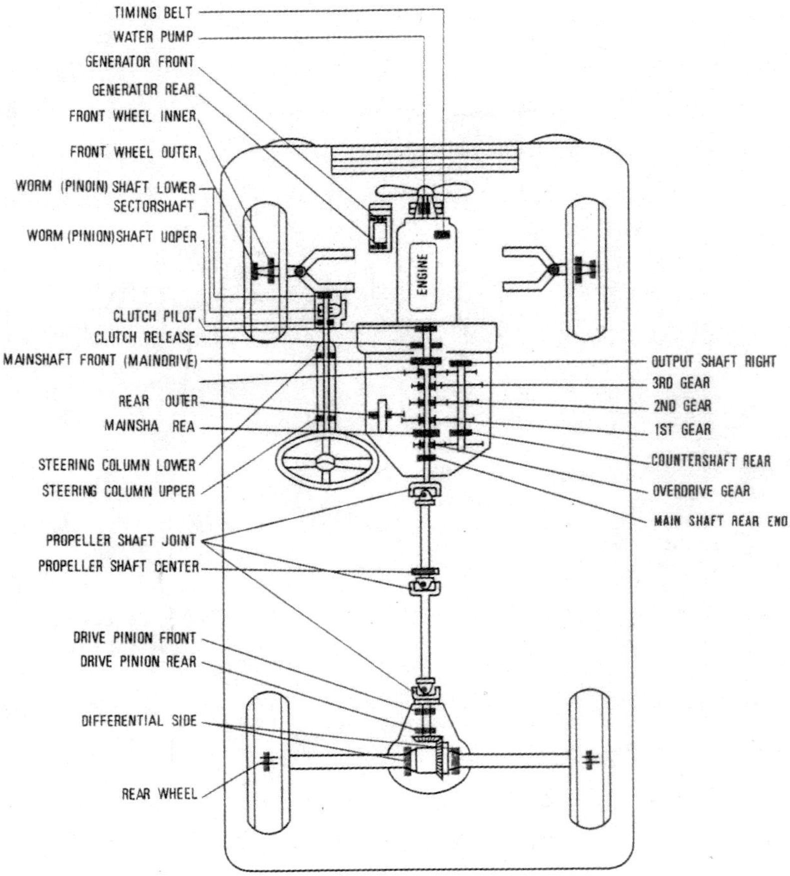

2 - 2 후륜구동 승용차 / 트럭

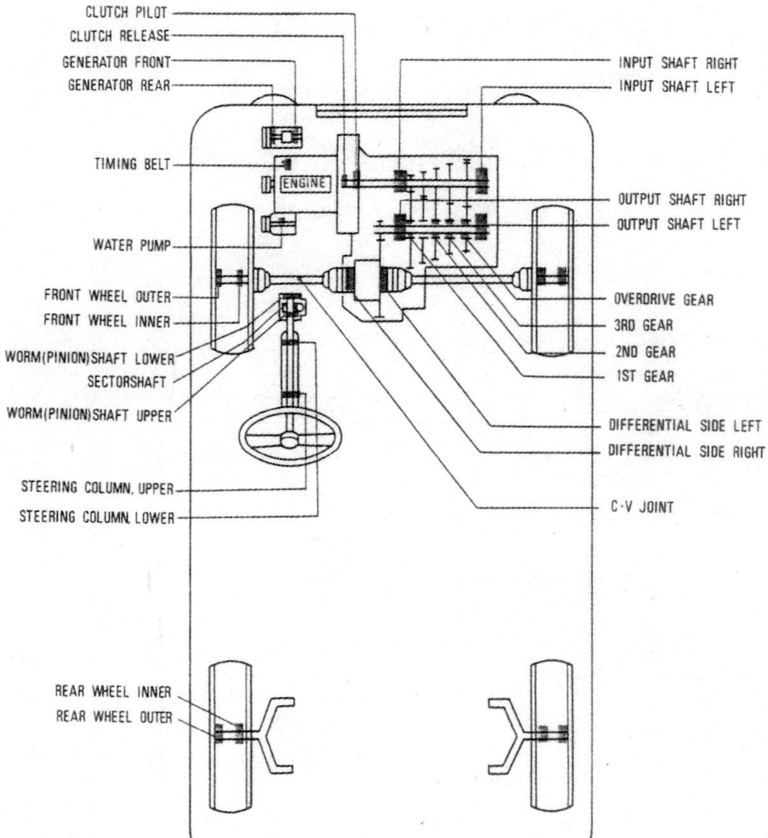

부록 3. Ball Bearing 의 Reference Table

Type	C (KN)	Co (KN)	Ball Size	Ball Number	P.C.D (mm)
6000	4.58	1.96	3/16	7	18.0
6001	5.10	2.24	3/16	8	20.0
6002	5.59	2.51	3/16	9	23.5
6003	6.00	2.79	3/16	10	26.0
6004	9.38	4.47	1/4	9	31.0
6005	10.07	4.96	1/4	10	35.5
6006	13.22	6.91	9/32	11	43.0
6007	15.97	8.53	5/16	11	43.5
6008	16.76	9.30	5/16	12	54.0
6009	19.88	11.26	11/32	12	60.0
6010	20.76	12.19	11/32	13	65.0
6011	30.73	18.23	7/16	12	74.0
6012	29.42	18.34	13/32	14	77.5
6013	30.53	19.65	13/32	15	82.5
6014	38.63	24.41	15/32	14	90.0
6016	45.31	29.12	17/32	13	102.5
6200	5.12	2.24	3/16	8	20.5
6201	6.80	3.06	15/64	7	22.0
6202	7.64	3.49	15/64	8	25.5
6203	9.57	4.48	17/64	8	29.0
6204	12.34	6.20	5/16	8	34.5
6205	14.02	6.98	5/16	9	39.0
6206	19.46	10.05	3/8	9	46.5
6207	25.67	13.67	7/16	9	54.0
6208	29.11	15.70	15/32	9	60.0
6209	32.69	17.86	1/2	9	65.0
6210	35.07	19.84	1/2	10	70.0
6211	43.35	25.11	9/16	10	77.5
6212	52.40	31.00	5/8	10	86.5
6213	57.21	34.18	21/32	10	92.5
6214	62.20	37.51	11/16	10	97.5
6215	60.70	37.60	21/32	11	102.5
6216	71.53	45.10	23/32	11	111.0
6217	83.21	53.28	25/32	11	117.5

Type	C (KN)	Co (KN)	Ball Size	Ball Number	P.C.D(mm)
6218	95.97	60.76	7/8	10	125.0
6219	103.72	69.75	15/16	10	132.0
6220	122.10	79.36	1	10	141.4
6300	8.10	3.77	9/32	6	22.5
6301	9.71	4.65	5/16	6	24.5
6302	11.43	5.43	5/16	7	29.5
6303	13.63	6.57	11/32	7	33.0
6304	15.94	7.82	3/8	7	36.0
6305	20.57	10.48	13/32	8	44.5
6306	26.65	13.95	15/32	8	52.0
6307	32.61	17.92	17/32	7	58.0
6308	33.32	22.38	19/32	8	65.0
6309	40.72	30.01	11/16	8	74.5
6310	62.73	35.71	3/4	8	82.0
6311	71.48	41.91	13/16	8	87.5
6312	81.86	48.61	7/8	8	96.0
6313	92.64	55.80	15/16	8	102.5
6314	104.14	63.49	1	8	110.0
6315	113.42	71.67	17/16	8	117.5
6316	123.09	80.35	9/8	8	126.3
6317	132.67	89.53	19/16	8	132.5
6318	142.77	99.20	5/4	8	141.4
6319	152.75	109.36	21/16	8	147.5
6320	173.21	131.19	23/16	8	159.2
608	3.30	1.36	5/32	7	15.0
626	2.62	1.06	3.5	7	13.0
627	3.30	1.36	5/32	7	15.0
628	4.00	168	3/16	6	16.0
629	4.55	1.96	3/16	7	17.5
689	1.33	0.55	2.0	11	13.0
696	1.35	0.49	3/32	7	10.5
62/22	12.90	6.20	5/16	8	36.0
62/28	16.64	8.44	11/32	9	43.0
62207	25.67	13.67	7/16	9	54.0

Type	C(KN)	Co (KN)	Ball Size	Ball Number	P.C.D(mm)
62210	35.07	19.84	1/2	10	70.0
63202	7.64	3.49	15/64	8	25.5
63203	9.57	4.48	17/64	8	29.0
63207	25.67	13.67	7/16	9	54.0
63208	29.11	15.70	15/32	9	60.0
63209	32.69	17.86	1/2	9	65.0
63210	35.07	19.84	1/2	10	70.0
62308	40.72	22.38	19/32	8	65.0
62309	52.96	30.01	11/16	8	74.5
63/22	18.51	9.17	13/32	7	40.0
63/28	26.79	13.89	1/2	7	48.3
63/32	29.84	15.87	1/2	8	54.0
B18Z-1B1	6.38	3.07	3/16	11	28.5
6904	6.38	3.07	3/16	11	28.5
S6203	9.57	4.48	17/64	8	29.0
S6209	36.39	20.16	17/32	9	65.0
S6210	35.07	19.84	1/2	10	70.0
S6212	52.40	31.00	5/8	10	86.5
S6014	38.03	24.41	15/32	14	90.0
EE7S	9.39	4.47	1/4	9	31.5
9201	6.80	3.06	15/64	7	22.0
9204	12.84	6.20	5/16	8	34.5
30B60	11.73	6.45	1/4	13	46.5
303210	33.63	22.79	7/16	15	108.5
113R	27.03	17.86	3/8	16	85.5
B25-139	26.79	13.89	1/2	7	48.3
ZTC-8	7.64	3.49	15/64	8	25.5
B823	3.30	1.36	5/32	7	15.0
FL207	25.67	13.67	7/16	9	54.0
FL306	26.65	13.95	15/32	8	52.0
FL307	33.32	13.92	17/32	8	58.0
FL308	40.72	22.38	19/32	8	65.0
FL309	52.96	30.01	11/32	8	74.5
FL312	81.86	48.61	7/8	8	96.0

부록 4. Ball Bearing race 주요치수

4 - 1 외 륜

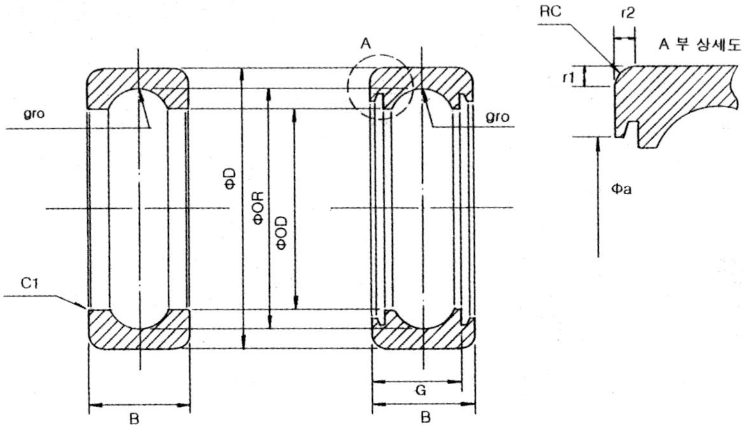

항목 항번	ϕD +0.05 -0.03	ϕOR ±0.04	ϕOD ±0.05	B +0.05 -	Cl +0.2 -	RC	rlxr 2 +0.1 -	ϕa +0.1 0	G 0 -0.1	gro +0.05 -	대칭도 (최대)	편육 (최대)	삼각 타원 (최대)
6000	26.18	22.35	21.2	8.10	0.2	1.5	0.8×1. 0	22.7	6.8	2.50× 2	0.08	0.08	0.05
6001	28.18	25.05	23.8	8.10	0.2	1.5	〃	25.6	6.8	〃	〃	〃	〃
6002	32.18	28.05	27.1	9.10	0.2	1.5	〃	28.0	7.4	〃	〃	〃	〃
6003	35.18	31.05	29.9	10.10	0.2	1.5	〃	31.4	8.4	〃	〃	〃	〃
6004	42.18	37.65	35.8	12.10	0.3	2.0	1.0×1. 2	37.6	10.4	3.33× 2	〃	〃	〃
6005	47.18	41.85	40.0	12.10	0.3	.0	〃	42.65	10.4	〃	〃	〃	〃
6006	55.18	49.40	47.3	13.10	0.5	3.0	1.5×1. 7	49.95	11.15	3.75× 2	〃	〃	〃
6007	62.18	56.70	54.4	14.12	0.8	3.0	〃	56.55	11.8	4.17× 2	〃	〃	〃
6008	68.20	61.90	55.4	15.12	0.5	3.0	〃	61.70	12.9	〃	〃	〃	〃
6009	75.20	68.50	59.1	16.12	0.5	3.0	〃	69.50	13.9	〃	〃	〃	〃

항목 항번	ΦD +0.05 -0.03	ΦOR ±0.04	ΦOD ±0.05	B +0.05 –	Cl +0.2 –	RC	rlxr 2 +0.1 –	Φa +0.1 0	G 0 -0.1	gro +0.05 –	대칭도 (최대)	편육 (최대)	삼각 타원 (최대)
6200	30.18	25.05	23.7	9.10	0.4	2.0	1.0×1.2	25.4	7.4	2.50×2	0.08	0.08	0.05
6201	32.18	27.75	25.8	10.10	0.6	2.0	〃	27.6	0.4	3.13×2	〃	〃	〃
6202	35.18	31.25	29.2	11.10	0.6	2.0	〃	31.0	9.1	〃	〃	〃	〃
6203	40.18	35.53	33.4	12.10	0.6	2.0	〃	352	10.1	3.54×2	〃	〃	〃
6204	17.18	42.23	39.5	14.10	0.8	3.0	1.5×1.7	41.5	11.3	4.17×2	〃	〃	〃
6205	52.18	46.73	44.0	15.10	0.8	3.0	〃	46.0	12.8	〃	〃	〃	〃
6206	62.18	56.00	52.5	16.15	1.0	3.0	〃	54.5	13.8	5.00×2	〃	〃	〃
6207	72.20	64.85	60.9	17.18	1.0	3.5	2.0×2.3	62.9	14.7	5.84×2	〃	〃	〃
6208	80.20	71.65	67.5	18.18	1.0	3.5	〃	69.7	15.7	6.25×2	〃	〃	〃
6209	85.20	77.50	72.8	19.18	1.0	3.5	〃	75.4	16.85	6.35×2	〃	〃	〃
6300	35.18	29.45	26.9	11.10	0.6	2.0	1.0×1.2	28.9	9.4	3.75×2	〃	〃	〃
6301	37.18	32.23	29.4	12.10	0.8	3.0	1.5×1.7	31.4	10.4	4.17×2	〃	〃	〃
6302	32.18	37.23	34.4	13.10	0.8	3.0	〃	36.4	11.1	〃	〃	〃	〃
6303	47.18	41.53	38.8	14.10	0.8	3.0	〃	40.45	12.1	4.58×2	〃	〃	〃
6304	52.18	45.30	42.1	15.15	1.0	3.5	2.0×2.3	44.1	12.8	5.00×2	〃	〃	〃
6305	62.18	54.90	50.9	17.15	1.0	3.5	〃	52.9	16.8	5.42×2	〃	〃	〃
6306	72.20	63.70	59.4	19.15	1.0	3.5	〃	62.6	16.85	5.95×2	〃	〃	〃
6307	80.20	71.25	66.3	21.18	1.0	3.5	〃	69.4	18.85	6.75×2	〃	〃	〃
6308	90.20	79.80	74.3	23.18	1.0	3.5	〃	77.5	20.85	7.54×2	〃	〃	〃
6309	100.22	91.70	85.2	25.20	1.0	3.5	〃	88.2	22.85	8.73×2	〃	〃	〃

4 - 2 내 륜

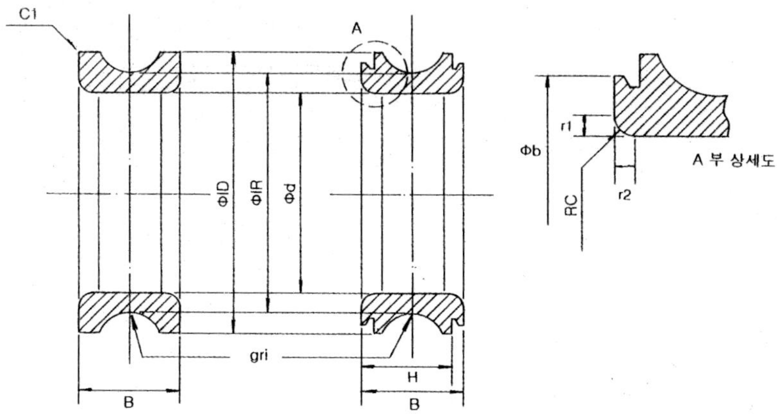

항목 항번	ΦID +0.05 −	ΦIR +0.04 −	Φd 0 −0.08	B +0.05 −	Cl +0.1 −	RC	rlxr 2 +0.1 −	Φb +0.5 0	H +0.1 0	gri +0.05 −	대칭도 (최대)	편육 (최대)
6000	14.6	13.25	9.8	8.1	0.2	1.5	0.8×1.0	12.6	6.9	2.43×2	0.08	0.08
6001	17.2	15.95	11.8	8.1	0.2	1.5	〃	15.5	6.9	〃	〃	〃
6002	20.1	18.95	14.8	9.1	0.2	1.5	〃	19.3	7.6	〃	〃	〃
6003	23.1	21.95	16.8	10.1	0.2	1.5	〃	21.8	8.6	〃	〃	〃
6004	27.1	25.35	19.8	12.1	0.3	2.0	1.0×1.2	25.4	10.60	3.24×2	〃	〃
6005	31.5	29.55	24.8	12.1	0.3	2.0	〃	29.95		〃	〃	〃
6006	37.9	35.60	29.8	13.1	0.5	3.0	1.5×1.7	36.4	11.35	3.64×2	〃	〃
6007	44.0	41.30	34.8	14.1	0.8	3.0	〃	41.8	12.0	4.05×2	〃	〃

항목 항번	ϕID +0.05 –	ϕIR +0.04 –	ϕd 0 −0.08	B +0.05 –	Cl +0.1 –	RC	rlxr 2 +0.1 –	ϕb +0.5 0	H +0.1 0	gri +0.05 –	대칭도 (최대)	편육 (최대)
6200	17.2	15.95	9.8	9.1	0.4	2.0	1.0×1. 2	16.0	7.6	2.43×2		
6201	18.2	16.25	11.8	10.1	0.6	2.0	〃	17.0	8.6	3.04×2	〃	〃
6202	21.7	19.75	14.8	11.1	0.6	2.0	〃	20.5	9.3	〃	〃	〃
6203	26.7	22.50	16.8	12.1	0.6	2.0	〃	23.5	10.3	3.44×2	〃	〃
6204	29.4	26.80	19.8	14.1	0.8	3.0	1.5×1. 7	27.5	12.0	4.05×2	〃	〃
6205	34.0	31.30	24.8	14.1	0.8	3.0	〃	32.2	13.0	4.05×2	〃	〃
6206	30.6	37.40	29.8	16.1	1.0	3.0	〃	38.8	14.0	4.86×2	〃	〃
6207	47.1	43.20	34.8	17.1	1.0	3.5	2.0×2. 3	45.3	14.9	5.67×2	〃	〃
6208	52.6	48.40	39.8	18.1	1.0	3.5	〃	50.8	15.9	6.08×2	〃	〃
6209	57.1	52.50	44.8	19.1	1.0	3.5	〃	54.2	17.0	6.35×2	〃	〃
6300	18.0	15.55	9.8	11.1	0.6	2.0	1.0×1. 2	16.8	9.6	3.64×2	〃	〃
6301	19.5	16.80	11.8	12.1	0.8	3.0	1.5×1. 7	18.3	10.6	4.05×2	〃	〃
6302	23.6	21.80	14.8	13.1	0.8	3.0	〃	22.8	11.3	〃	〃	〃
6303	27.5	24.50	16.8	14.1	0.8	3.0	〃	26.0	12.3	4.41×2	〃	〃
6304	30.1	26.70	19.8	15.1	1.0	3.5	2.0×2. 3	28.3	13.0	4.86×2	〃	〃
6305	38.1	34.70	24.8	17.1	1.0	3.5	〃	36.3	15.0	5.26×2	〃	〃
6306	42.3	40.30	29.8	19.1	1.0	3.5	〃	42.2	17.0	5.95×2	〃	〃
6307	49.7	44.75	34.8	21.1	1.0	3.5	〃	47.4	18.7	6.75×2	〃	〃
6308	55.7	50.20	39.8	23.1	1.0	3.5	〃	53.4	20.7	7.54×2	〃	〃
6309	63.7	57.20	44.8	25.1	1.0	3.5	〃	61.7	22.7	8.73×2	〃	〃

부록 5. Bearing의 수명 계산도표

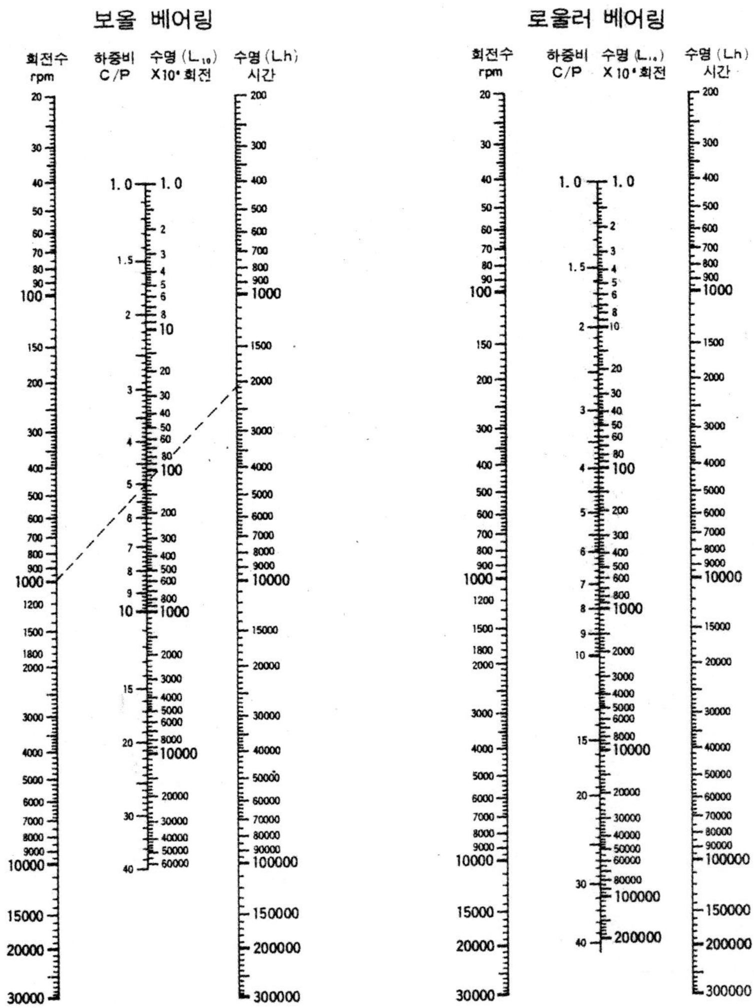

Ex) 보올 베어링 : n=1000rpm, C/P = 5 ↔ L_{10} = 125×10⁶ 회전, Lh = 2080시간

부록 6. Centerless Grinding Machine에서 가공물의 중심 계산

Centerless Grinding 작업에서 가공물 외경의 품질을 좌우하는 가공물의 중심에 대한 이론식을 유도하고, 이를 현장작업에 손쉽게 사용할 수 있는 개략식을 만들어 소개한다.

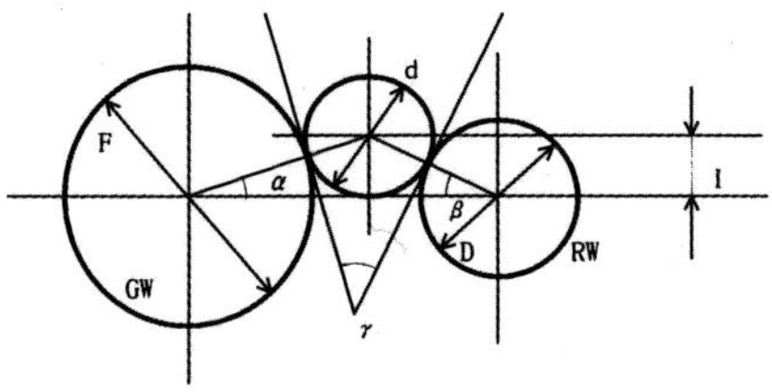

여기서, F : 연삭지석의 직경

D : 조정지석의 직경

d : 가공물의 직경

H : 가공물의 중심

그림에서 가공물과 연삭지석 및 조정지석의 접선이 이루는 각을 γ(심고각)이라고 하면,

$$\gamma = \alpha + \beta \tag{1}$$

의 관계를 얻는다.

$$\sin\alpha = \frac{H}{\frac{1}{2}(F+d)} = \frac{2H}{F+d} \doteq \alpha \tag{2}$$

$$\sin\beta = \frac{H}{\frac{1}{2}(D+d)} = \frac{2H}{D+d} \doteq \beta \tag{3}$$

식 (3), (2)를 식 (1)에 대입하면,

$$\begin{aligned}\gamma &= \alpha + \beta \\ &= \frac{2H}{F+d} + \frac{2H}{D+d} \\ &= \frac{2H(D+F+d)}{(F+d)(D+d)} \end{aligned} \tag{4}$$

그림은 중심각과 진원도의 관계를 나타낸 것이고 , 중심각 7° 부근에서 진원도가 최소치를 나타내고 있다.

따라서 $\gamma = 7°\ (0.122\,Rad)$ (5)

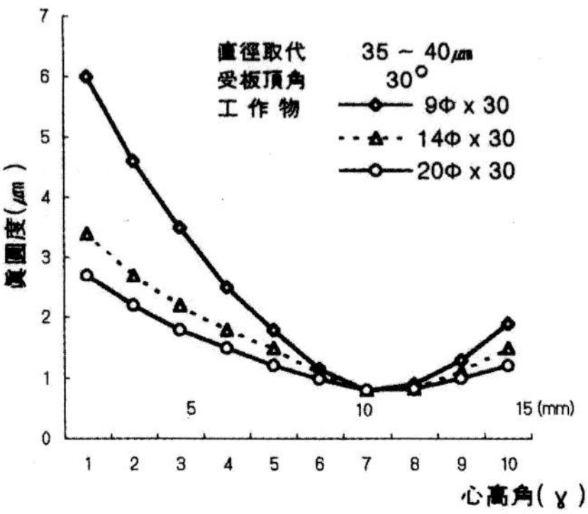

식(4)에 (5)를 대입하여 H에 관하여 정리하면

$$\therefore H = \frac{0.061(F+d)(D+d)}{D+F+2d} \quad (6)$$

식(6)을 반경으로 하여 계산하면,

$$H = \frac{0.061(F+d)(D+d)}{D+F+2d} = \frac{0.061(2f+2r)(2R+2r)}{2R+2f+4r} = \frac{0.122(f+r)(R+r)}{R+f+2r} \quad (7)$$

[심고의 개략식]

식(7)을 현장작업에 쉽게 적용하기 위한 개략치을 얻기 위해 공작물의 크기에 따라 계산하면 표와 같다.

표 21.1 H와 D+d의 관계

d	10	20	30	40	50	60	70	80	90	100
H	11.97	12.29	12.61	12.93	13.02	13.57	13.89	14.21	14.53	14.85
$D+d$	315	325	335	345	355	365	375	385	395	405
$\frac{H}{D+d}$	0.0380	0.0378	0.0376	0.0375	0.0367	0.0372	0.0370	0.0369	0.0368	0.0367

d	110	120	130	140	150	160	170	180	190	200
H	15.16	15.48	15.80	16.11	16.43	16.74	17.09	17.37	17.69	18.00
$D+d$	415	425	435	445	455	465	475	485	495	505
$\frac{H}{D+d}$	0.0365	0.0364	0.0363	0.0362	0.0.61	0.0360	0.0360	0.0358	0.0357	0.0.54

단, 여기서 F = 510mm D = 305 mm

상기 표에서

$d=10\sim200$ 일 때

$$\frac{H}{D+d} = 0.0354\sim0.0380$$
$$\fallingdotseq 0.04$$

$$\therefore H=0.04(D+d) \tag{8}$$

즉, 가공물의 중심은 개략적으로 조정지석의 직경과 가공물의 직경의 합의 4%(=0.04)를 취하면, 현장에서는 진원도에 영향 없이 쉽게 작업을 할 수가 있다고 사료된다.

부록 7. Ball Bearing Grooveway의 곡률 측정법

궤도홈(Groove) R치수를 갖는 마스터 링(Master Ring)에 대하여 볼(Ball)이 붙은 측정자와 원주(圓柱)가 붙은 측정자의 2종류로 홈경 치수를 측정하여 계산으로 간단하게 홈 R치수를 산출하는 것이다.

그림에 의해 ΔR과 ΔH의 관계를 유도하면,

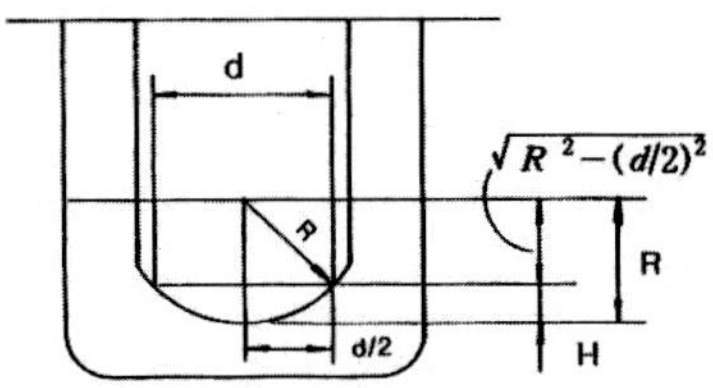

여기에서

H : 볼이 붙은 측정자와 원주가 붙은 측정자에 의해 측정된 홈경 치수차의 1/2

R : 홈 R치수

ΔH : H의 변화량

ΔD : 홈경 차의 변화량

d : 원주측정자의 직경

우선 H와 R의 관계를 피타고라스의 정리에 의하여 나타내면,

$$H= R-\left\{R^{2-}\left(\frac{d}{2}\right)^2\right\}^{\frac{1}{2}} \qquad (1)$$

ΔH에 대한 ΔR은 $\frac{\Delta H}{\Delta R}$이고, 이 경우 $\frac{\Delta H}{\Delta R}$는 미분 정의에 구해지는 식 (1)의 양변을 R을 변수로 미분한다.

참고적으로 $y=(x^2-a^{r})^n$을 변수 x로 미분하면

$$dy= n(x-a)^{n-1}\cdot 2x\cdot dx$$

$$\frac{dy}{dx}= n(x-a)^{n-1}\cdot 2x$$

가 된다. 이하 근사적으로 $\frac{dy}{dx}\fallingdotseq\frac{\Delta y}{\Delta x}$로 생각한다.

$$\Delta H=\left[1-\frac{1}{2}\cdot 2R\left\{R^2-\left(\frac{d}{2}\right)^2\right\}^{\frac{1}{2}-1}\right]\cdot \Delta R$$

$$=\left\{1-\frac{R}{\sqrt{R^2-\left(\frac{d}{2}\right)^2}}\right\}\cdot \Delta R$$

$$=\frac{\sqrt{R^2-\left(\frac{d}{2}\right)^2}-R}{\sqrt{R^2-\left(\frac{d}{2}\right)^2}}-\Delta R \qquad (2)$$

식 (2)를 ΔR을 중심으로 변형시키면

$$\Delta R=-\frac{\sqrt{R^{2-}\left(\frac{d}{2}\right)^2}}{R-\sqrt{R^{2-}\left(\frac{d}{2}\right)^2}}\cdot \Delta H \qquad (3)$$

홈 경차의 변화 ΔD와 ΔH의 관계는

$$\Delta D=-2\Delta H \qquad (4)$$

(-) 부호는 절대치를 맞추기 위한 것으로 무시해도 좋다.

따라서 식 (3)에 식 (4)를 대입하면

$$\Delta R=\frac{1}{2}\frac{\sqrt{R^{2-}\left(\frac{d}{2}\right)^2}}{R-\sqrt{R^{2-}\left(\frac{d}{2}\right)^2}}\cdot \Delta D \qquad (5)$$

식 (5)에 의하여 ΔR과 ΔD의 관계가 분명해졌다.

또한 $\frac{\Delta R}{\Delta D}$의 배율, 즉 2종류의 측정자에 의한 직경차를 몇 배하면 홈 R치수가 되는가의 배율은 원주측정자의 직경 (d)에 의하여 변한다.

여기서 식 (5)를 간단히 하면

$$\Delta R=K\cdot \Delta D \quad 단, K=\frac{1}{2}\cdot\frac{\sqrt{R^{2-}\left(\frac{d}{2}\right)^2}}{R-\sqrt{R^{2-}\left(\frac{d}{2}\right)^2}} \qquad (6)$$

예를 들면, 식 (6)에서

i) $\frac{d}{R}=1$인 경우

$$\frac{\Delta R}{\Delta D}=K=\frac{1}{2}\frac{\sqrt{R^{2-}\left(\frac{d}{2}\right)^2}}{R-\sqrt{R^{2-}\left(\frac{d}{2}\right)^2}}\fallingdotseq 3.23$$

ii) $\frac{d}{R}=1.5$인 경우

$$\frac{\Delta R}{\Delta D}=K=\frac{1}{2}\frac{\sqrt{R^{2-}\left(\frac{1.5R}{2}\right)^2}}{R-\sqrt{R^{2-}\left(\frac{1.5R}{2}\right)^2}}\fallingdotseq 1$$

$\frac{\Delta R}{\Delta D}=(=K)$와 $\frac{d}{R}$의 관계를 계산하면 아래의 표가 되고, 그래프로 나타낸 것이 (그림 21-4) 이다.

표 21.2 K와 d/R의 관계

$K\left(=\frac{\Delta R}{\Delta D}\right)$	5/1	4/1	3/1	2/1	1/1
$\frac{d}{R}$	0.835	0.915	1.030	1.200	1.500

일반적으로 K = 3 / 1을 적용하고 있다. 따라서 식 (6)을 고쳐 쓰면 다음과 같은 식이 된다.

$$\Delta R=3\cdot\Delta D \tag{7}$$

볼 베어링에서 식 (7)이 갖고 있는 의미는 궤도홈(Raceway Groove)의 곡률반경 변화량(ΔR)은 죠 스탠드의 원통형 측정자(Feeler)의 직경을 궤도 곡률반경의 1.030배로 하면 직경방향 변화량 (ΔD)의 3배임을 나타낸다.

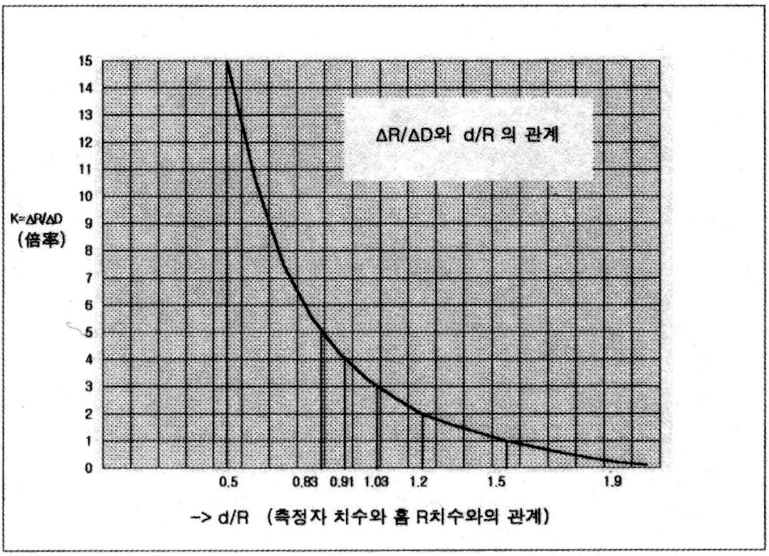

$\frac{\Delta R}{\Delta D}$와 $\frac{d}{R}$의 관계

부록 8. Grinding Process에서 Grinding Stone의 입도와 가공조도의 관계

구 분	Grinding Stone의 입도	가공면의 조도
조 립	60 - 80	- 4.0 μm
	100 - 200	3.0 - 1.0 μm
	300 - 800	0.8 - 0.4 μm
미 립	1000 - 2000	200 - 80 nm
	4000 - 6000	60 - 40 nm
	8000 - 10000	30 - 20 nm
초 미 립	20000 - 30000	20 - 10 nm
	60000	100 A
	120000	80 A

부록 9. 밀봉형 깊은홈볼베어링의 Seal Groove 가공용 Bite 형상

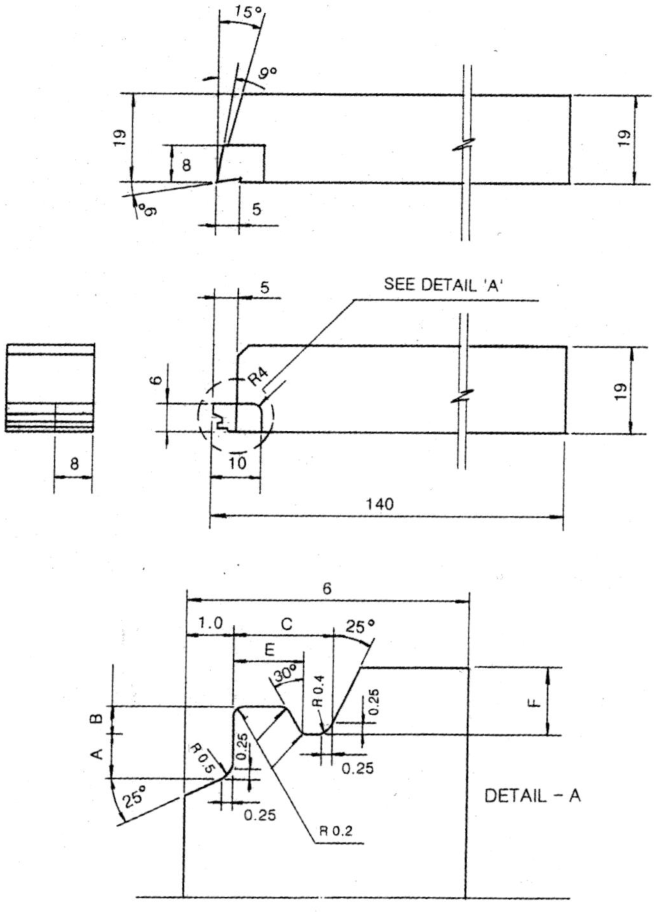

부록 10. 청정도를 계량화하기 위한 오염계수

Dm (mm)	오염계수 V	점접촉		선접촉	
		필요청정도등급	여과비의기준치	필요청정도등급	여과비의기준치
≤ 12.5	0.3	11/8	≥200	12/9	≥200
	0.5	12/9	≥200	13/10	≥75
	1	14/11	≥75	15/12	≥75
	2	15/12	≥75	16/13	≥75
	3	16/13	≥75	17/14	≥75
12.5 - 20	0.3	12/9	≥200	13/10	≥75
	0.5	13/10	≥75	14/11	≥75
	1	15/12	≥75	16/13	≥75
	2	16/13	≥75	17/14	≥75
	3	18/14	≥75	19/15	≥75
20 - 35	0.3	13/10	≥75	14/11	≥75
	0.5	14/11	≥75	15/12	≥75
	1	16/13	≥75	17/14	≥75
	2	17/14	≥75	18/15	≥75
	3	18/15	≥75	20/16	≥75
35 ≤	0.3	14/11	≥75	14/11	≥75
	0.5	15/12	≥75	15/12	≥75
	1	17/14	≥75	18/14	≥75
	2	19/15	≥75	19/16	≥75
	3	20/16	≥75	21/17	≥75

-오염계수는 베어링의 단면적, 전동접촉부분의 종류, 오일의 청정도에 따른 값이다.

- 여과비 $\beta \geq 200$ 이라는 것은 3μm 이상의 입자 200개 중에 1개가 필터를 통과하는 것을 의미한다.

부록 11. ISO 4406에 의한 Oil 청정도 등급

- 100 ml 당 입자수

기호	5μm 초과		15μm 초과	
	초과	이하	초과	이하
20/17	500000	1000000	64000	130000
19/16	250000	500000	32000	64000
18/15	130000	250000	16000	32000
17/14	64000	130000	8000	16000
16/13	32000	64000	4000	8000
15/12	16000	32000	2000	4000
14/11	8000	16000	1000	2000
13/10	4000	8000	500	1000
12/9	2000	4000	250	500
11/8	1000	2000	130	250
11/7	1000	2000	64	130
10/6	500	1000	32	64
9/6	250	500	32	64

- Oil의 청정도 등급은 5 μm 보다 큰 입자수와 15 μm 보다 큰 입자수로 결정한다.
- Oil 청정도 15/12 는 Oil 100ml 당 5 μm 보다 큰 입자수가 16000- 32000 , 15 μm 보다 큰 입자수가 2000~ 4000 개가 있음을 의미한다.
- 한 등급의 차에 의하여 입자의 수가 2배 또는 1/2 로 줄어든다.

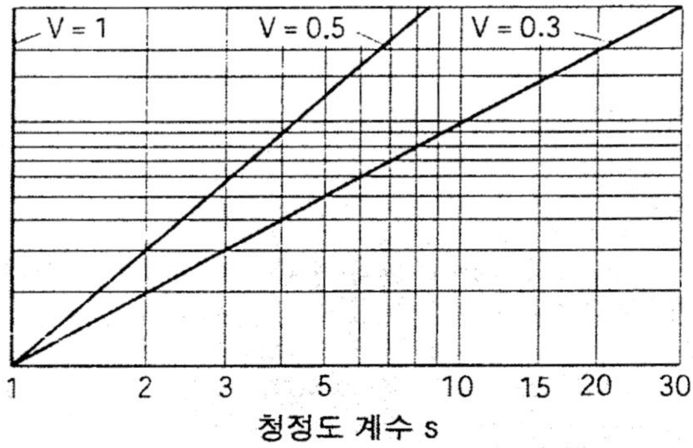

부록 12. 경도 환산표

Rockwell C scale (150kg)	Vickers	Brinell Standard ball	Brinell Tungsten carbide ball	Rockwell A scale (60kg)	Rockwell B scale (100kg)	Shore
68	940	—	—	85.6	—	97
67	900	—	—	85.0	—	95
66	865	—	—	84.5	—	92
65	832	—	739	83.9	—	91
64	800	—	722	83.4	—	88
63	772	—	705	82.8	—	87
62	746	—	688	82.3	—	85
61	720	—	670	81.8	—	83
60	697	—	654	81.2	—	81
59	674	—	634	80.7	—	80
58	653	—	615	80.1	—	78
57	633	—	595	79.6	—	76
56	613	—	577	79.0	—	75
55	595	—	560	78.5	—	74
54	577	—	543	78.0	—	72
53	560	—	525	77.4	—	71
52	544	500	512	76.8	—	69
51	528	487	496	76.3	—	68
50	513	475	481	75.9	—	67
49	498	464	469	75.2	—	66
48	484	451	455	74.7	—	64
47	471	442	443	74.1	—	63
46	458	432	432	73.6	—	62
45	446	421	421	73.1	—	60
44	434	409	409	72.5	—	58
43	423	400	400	72.0	—	57
42	412	390	390	71.5	—	56
41	402	381	381	70.9	—	55
40	392	371	371	70.4	—	54
39	382	362	362	69.9	—	52
38	372	353	353	69.4	—	51
37	363	344	344	68.9	—	50
36	354	336	336	68.4	(109.0)	49
35	345	327	327	67.9	(108.5)	48
34	336	319	319	67.4	(108.0)	47
33	327	311	311	66.8	(107.5)	46
32	318	301	301	66.3	(107.0)	44
31	310	294	294	65.8	(106.0)	43
30	302	286	286	65.3	(105.5)	42
29	294	279	279	64.7	(104.5)	41
28	286	271	271	64.3	(104.0)	41
27	279	264	264	63.8	(103.0)	40
26	272	258	258	63.3	(102.5)	38
25	266	253	253	62.8	(101.5)	38
24	260	247	247	62.4	(101.0)	37
23	254	243	243	62.0	100.0	36
22	248	237	237	61.5	99.0	35
21	243	231	231	61.0	98.5	35
20	238	226	226	60.5	97.8	34
(18)	230	219	219	—	96.7	33
(16)	222	212	212	—	95.5	32
(14)	213	203	203	—	93.9	31
(12)	204	194	194	—	92.3	29
(10)	196	187	187	—	90.7	28
(8)	188	179	179	—	89.5	27
(6)	180	171	171	—	87.1	26
(4)	173	165	165	—	85.5	25
(2)	166	158	158	—	83.5	24
(0)	160	152	152	—	81.7	24

부록 13. Inch - mm 환산표

inch=25.4mm

inch 분수	inch 소수	0	1	2	3	4	5	6	7	8	9	10
		mm										
0	0.000000	0.000	25.400	50.800	76.200	101.600	127.000	152.400	177.800	203.200	228.600	254.000
1 / 64	0.015625	0.397	25.797	51.197	76.597	101.997	127.397	152.797	178.197	203.597	228.997	254.397
1 / 32	0.031250	0.794	26.194	51.594	76.994	102.394	127.794	153.194	178.594	203.994	229.394	254.794
3 / 64	0.046875	1.191	26.591	51.991	77.391	102.791	128.191	153.591	178.991	204.391	229.791	255.191
1 / 16	0.062500	1588	26.988	52.388	77.788	103.188	128.588	153.988	179.388	204.788	230.188	255.588
5 / 64	0.078125	1.984	27.384	52.784	78.184	103.584	128.984	154.384	179.784	205.184	230.584	255.984
3 / 32	0.093750	2.381	27.781	53.181	78.581	103.981	129.381	154.781	180.181	205.581	230.981	256.381
7 / 64	0.109375	2.778	28.178	53.578	78.978	104.378	129.778	155.178	180.578	205.978	231.378	256.778
1 / 8	0.125000	3.175	28.575	53.975	79.375	104.775	130.175	155.575	180.975	206.375	231.775	257.175
9 / 64	0.140625	3.572	28.972	54.372	79.772	105.172	130.572	155.972	181.372	206.772	232.172	257.572
5 / 32	0.156250	3.969	29.369	54.769	80.169	105.569	130.969	156.369	181.769	207.169	232.569	257.969
11 / 64	0.171875	4.366	29.766	55.166	80.566	105.966	131.366	156.766	182.166	207.566	232.966	258.366
3 / 16	0.187500	4.762	30.162	55.562	80.962	106.362	131.762	157.162	182.562	207.962	233.362	258.762
13 / 64	0.203125	5.159	30.559	55.959	81.359	106.759	132.159	157.559	182.959	208.359	233.759	259.159
7 / 32	0.218750	5.556	30.956	56.356	81.756	107.156	132.556	157.956	183.356	208.756	234.156	259.556
15 / 64	0.234375	5.953	31.353	56.753	82.153	107.553	132.953	168.353	183.753	209.153	234.553	259.953
1 / 4	0.250000	6.350	31.750	57.150	82.550	107.950	133.350	158.750	184.150	209.550	234.950	260.350
17 / 64	0.265625	6.747	32.147	57.547	82.947	108.347	133.747	159.147	184.547	209.947	235.347	260.747
9 / 32	0.281250	7.144	32.544	57.944	83.344	108.744	134.144	159.544	184.944	210.344	235.744	261.144
19 / 64	0.296875	7.541	32.941	58.341	83.741	109.141	134.541	159.941	185.341	210.741	236.141	261.541
5 / 16	0.312500	7.938	33.338	58.738	84.138	109.538	134.938	160.338	185.738	211.138	236.538	261.938
21 / 64	0.328125	8.334	33.734	59.134	84.534	109.934	135.334	160.734	186.134	211.534	236.934	262.334
11 / 32	0.343750	8.731	34.131	59.531	84.931	110.331	135.731	161.131	186.531	211.931	237.331	262.731
23 / 64	0.359375	9.128	34.528	59.928	85.328	110.728	136.128	161.528	186.928	212.328	237.728	263.128
3 / 8	0.375000	9.525	34.925	60.325	85.725	111.125	136.525	161.925	187.325	212.725	238.125	263.525
25 / 64	0.390625	9.922	35.322	60.722	86.122	111.522	136.922	162.322	187.722	213.122	238.522	263.922
13 / 32	0.406250	10.319	35.719	61.119	86.519	111.919	137.319	162.719	188.119	213.519	238.919	264.319
27 / 64	0.421875	10.716	36.116	61.516	86.916	112.316	137.716	163.116	188.516	213.916	239.316	263.716
7 / 16	0.437500	11.112	36.512	61.915	87.312	112.712	138.112	163.512	188.912	214.312	239.712	265.112
29 / 64	0.453125	11.509	36.909	62.309	87.709	113.109	138.509	163.909	189.309	214.709	240.109	265.509
15 / 32	0.468750	11.906	37.306	62.706	88.106	113.506	138.906	164.306	189.706	215.106	240.506	265.906
31 / 64	0.484375	12.303	37.703	63.103	88.503	113.903	139.303	164.703	190.103	215.503	240.903	266.303
1 / 2	0.500000	12.700	38.100	63.500	88.900	114.300	139.700	165.100	190.500	215.900	241.300	266.700
33 / 64	0.515625	13.097	38.497	63.897	89.297	114.697	140.097	165.497	190.897	216.297	241.697	268.684
17 / 32	0.531250	13.494	38.894	64.294	89.694	115.094	140.494	165.894	191.294	216.694	242.094	269.081
35 / 64	0.546875	13.891	39.291	64.691	90.091	115.491	140.891	166.291	191.691	217.091	242.491	269.478
9 / 16	0.562500	14.288	39.688	65.088	90.488	115.888	141.288	166.688	192.088	217.488	242.888	268.288
37 / 64	0.578125	14.684	40.084	65.484	90.884	116.284	141.684	167.084	192.484	217.884	243.284	267.097
19 / 32	0.593750	15.081	40.481	65.881	91.281	116.681	142.081	167.481	192.881	218.281	243.681	267.494
39 / 64	0.609375	15.478	40.878	66.278	91.678	117.078	142.478	167.878	193.278	218.678	244.078	267.891
5 / 8	0.625000	15.875	41.275	66.675	92.075	117.475	142.875	168.275	193.675	219.075	244.475	269.875
41 / 64	0.640625	16.272	41.672	67.072	92.472	117.872	143.272	168.672	194.072	219.472	244.872	270.272
21 / 32	0.656250	16.669	42.069	67.469	92.869	118.269	143.669	169.069	194.469	219.869	245.269	270.669
43 / 64	0.671875	17.066	42.466	67.866	93.266	118.666	144.066	169.466	194.866	220.266	245.666	271.066
11 / 16	0.687500	17.462	42.862	68.262	93.662	119.062	144.462	169.862	195.262	220.662	246.062	271.462
45 / 64	0.703125	17.859	43.259	68.659	94.059	119.459	144.859	170.259	195.659	221.059	246.459	271.859
23 / 32	0.718750	18.256	43.656	69.056	94.456	119.856	145.256	170.656	196.056	221.456	246.856	272.256
47 / 64	0.734375	18.653	44.053	69.453	94.853	120.253	145.653	171.053	196.453	221.853	247.253	272.653
3 / 4	0.750000	19.050	44.450	69.850	95.250	120.650	146.050	171.450	196.850	222.250	247.650	273.050
49 / 64	0.765625	19.447	44.847	70.247	95.647	121.047	146.447	171.847	197.247	222.647	258.047	273.447
25 / 32	0.781250	19.844	45.244	70.644	96.044	121.444	146.844	172.244	197.644	223.044	248.444	273.844
51 / 64	0.796875	20.241	45.641	71.041	96.441	121.841	147.241	172.641	198.041	223.441	248.841	274.241
13 / 16	0.812500	20.638	46.038	71.438	96.838	122.238	147.638	173.038	198.438	223.838	249.238	274.638
53 / 64	0.828125	21.034	46.434	71.834	97.234	122.634	148.034	173.434	198.834	224.234	249.634	275.034
27 / 32	0.843750	21.431	46.831	72.231	97.631	123.031	148.431	173.831	199.231	224.631	250.031	275.431
55 / 64	0.859375	21.828	47.228	72.628	98.028	123.428	148.828	174.228	199.628	225.028	250.428	275.828
7 / 8	0.875000	22.225	47.625	73.025	98.425	123.825	149.225	174.625	200.025	225.425	250.825	276.225
57/ 64	0.890625	22.622	48.022	73.422	98.822	124.222	149.622	175.022	200.422	225.822	251.222	276.622
29 / 32	0.906250	23.019	48.419	73.819	99.219	124.619	150.019	175.419	200.819	226.219	251.619	277.019
59 / 64	0.921875	23.416	48.816	74.216	99.616	125.016	150.416	175.816	201.216	226.616	252.016	277.416
15 / 16	0.937500	23.812	49.212	74.612	100.012	125.412	15,0.812	176.212	201.612	227.012	252.412	277.812
61 / 64	0.953125	24.209	49.609	75.009	100.409	125.809	151.209	176.609	202.009	227.409	252.809	278.209
31 / 64	0.968750	24.606	50.006	75.406	100.806	126.206	151.606	177.006	202.406	227.806	253.206	278.606
63 / 64	0.984375	25.003	50.403	75.803	101.203	126.603	152.003	177.403	202.803	228.203	253.603	279.003

부록 14. 점도 환산표

Centi-stokes (cSt)	Saybolt SUS (sec.)		Redwood R (sec.)		Englar E (deg)
	100°F	210°F	50°C	100°C	
2	32.6	32.8	30.8	31.2	1.14
3	36.0	36.3	33.3	33.7	1.22
4	39.1	39.4	35.9	36.5	1.31
5	42.3	42.6	38.5	39.1	1.40
6	45.5	45.8	41.1	41.7	1.48
7	48.7	49.0	43.7	44.3	1.56
8	52.0	52.4	46.3	47.2	1.65
9	55.4	55.8	49.1	50.0	1.75
10	58.8	59.2	52.1	52.9	1.84
11	62.3	62.7	55.1	56.0	1.93
12	65.9	66.4	58.2	59.1	2.02
13	69.6	70.1	61.4	62.3	2.12
14	73.4	73.9	64.7	65.6	2.22
15	77.2	77.7	68.0	69.1	2.32
16	81.1	81.7	71.5	72.6	2.43
17	85.1	85.7	75.0	76.1	2.54
18	89.2	89.8	78.6	79.7	2.64
19	93.3	94.0	82.1	83.6	2.76
20	97.5	98.2	85.8	87.4	2.87
21	102	102	89.5	91.3	2.98
22	106	107	93.3	95.1	3.10
23	110	111	97.1	98.9	3.22
24	115	115	101	103	3.34
25	119	120	105	107	3.46
26	123	124	109	111	3.58
27	128	129	112	115	3.70
28	132	133	116	119	3.82
29	137	138	120	123	3.95
30	141	142	124	127	4.07
31	145	146	128	131	4.20
32	150	150	132	135	4.32
33	154	155	136	139	4.45
34	159	160	140	143	4.57
35	163	164	144	147	4.70
36	168	170	148	151	4.83
37	172	173	153	155	4.96
38	177	178	156	159	5.08
39	181	183	160	164	5.21
40	186	187	164	168	5.34
41	190	192	168	172	5.47
42	195	196	172	176	5.59
43	199	201	176	180	5.72
44	204	205	180	185	5.85
45	208	210	184	189	5.98
46	213	215	188	193	6.11
47	218	219	193	197	6.24
48	222	224	197	202	6.37
49	227	228	201	206	6.50
50	231	233	205	210	6.63
55	254	256	225	231	7.24
60	277	279	245	252	7.90
65	300	302	266	273	8.55
70	323	326	286	294	9.21
75	346	349	306	315	9.89
80	371	373	326	336	10.5
85	394	397	347	357	11.2
90	417	420	367	378	11.8
95	440	443	387	399	12.5
100	464	467	408	420	13.2
120	556	560	490	504	15.8
140	649	653	571	588	18.4
160	742	747	653	672	21.1
180	834	840	734	757	23.7
200	927	933	816	841	26.3
250	1 159	1 167	1 020	1 051	32.9
300	1 391	1 400	1 224	1 241	39.5

부록 15. Kgf - N 환산표

1 kgf = 9.80665N
1 N = 0.101972kgf

kgf		N	kgf		N	kgf		N
0.1020	1	9.8066	3.4670	34	333.43	6.8321	67	657.05
0.2039	2	19.613	3.5690	35	343.23	6.9341	68	666.85
0.3059	3	29.420	3.6710	36	353.04	7.0360	69	676.66
0.4079	4	39.227	3.7729	37	362.85	7.1380	70	686.47
0.5099	5	49.033	3.8749	38	372.65	7.2400	71	696.27
0.6118	6	58.840	3.9769	39	382.46	7.3420	72	706.08
0.7138	7	68.647	4.0789	40	392.27	7.4439	73	715.89
0.8158	8	78.453	4.1808	41	402.07	7.5459	74	725.69
0.9177	9	88.260	4.2828	42	411.88	7.6479	75	735.50
1.0197	10	98.066	4.3848	43	421.69	7.7498	76	745.31
1.1217	11	107.87	4.4868	44	431.49	7.8518	77	755.11
1.2237	12	117.68	4.5887	45	441.30	7.9538	78	764.92
1.3256	13	127.49	4.6907	46	451.11	8.0558	79	774.73
1.4276	14	137.29	4.7927	47	460.91	8.1577	80	784.53
1.5296	15	147.10	4.8946	48	470.72	8.2597	81	794.34
1.6310	16	156.91	4.9966	49	480.53	8.3617	82	804.15
1.7335	17	166.71	5.0986	50	490.33	8.4636	83	813.95
1.8355	18	176.52	5.2006	51	500.14	8.5656	84	823.76
1.9375	19	186.33	5.3025	52	509.95	8.6676	85	833.57
2.0394	20	196.13	5.4045	53	519.75	8.7696	86	843.37
2.1414	21	205.94	5.5065	54	529.56	8.8715	87	853.18
2.2434	22	215.75	5.6084	55	539.37	8.9735	88	862.99
2.3454	23	225.55	5.7104	56	549.17	9.0755	89	872.79
2.4473	24	235.36	5.8124	57	558.98	9.1774	90	882.60
2.5493	25	245.17	5.9144	58	568.79	9.2794	91	892.41
2.6513	26	254.97	6.0163	59	578.59	9.3814	92	902.21
2.7532	27	264.78	6.1183	60	588.40	9.4834	93	912.02
2.8552	28	274.59	6.2203	61	598.21	9.5853	94	921.82
2.9572	29	284.39	6.3222	62	608.01	9.6873	95	931.63
3.0592	30	294.10	6.4242	63	617.82	9.7893	96	941.44
3.1611	31	303.01	6.5262	64	627.63	9.8912	97	951.25
3.2631	32	313.81	6.6282	65	637.43	9.9932	98	961.05
3.3651	33	323.62	6.7301	66	647.24	10.0952	99	970.86

참고문헌

1. NSK Catalogue(Pr No lllA. No 130. No.2125 a)
2. 轉がり軸受の應用設計(小野繁)
3. 轉がり軸受工學(養賢堂)
4. 轉がり軸受(岡本純三, 角田和雄)
5. 轉がり軸受の選び方(日本規格協會)
6. 軸受(曾田範宗)
7. New Departure.
8. Ball & Roller Bearing Engineering (A. Palmgren)
9. Rolling Bearing Analysis (T.A. Harris)
10. Ball Bearing Lubrication (Bernard J. Hamrock)
11. NACHI Catalogue
12. NTN Catalogue (CAT. No 2010)
13. NSK Bearing Journal (日本精工)
14. 轉がり軸受(未詳)
15. 鋼の熱處理
16. 軸受の設計 (曾田範宗監修)
17. 轉がり軸受 (中野幸久)
18. ミニアチュア 玉軸受 (井戸守, 羽地務)
19. SKF General Catalogue (3200 E)
20. 潤滑故障例とその對策 (日本潤滑學會)
21. 潤滑クリースと 合成潤滑油 (星野道男外 2人)
22. NSK Report (Pr. No. 727)
23. Ball and Roler Bearings (Eschmann, Paul)
24. KBC Catalogue (한화기계)
25. 機械要素の 應用設計 (宗孝)
26. ベアリングのおはなし (線林英一, 田原久祺)
27. NB 綜合 Catalogue (日本ベアリング株式會社)
28. 機械要素(吉本 勇)
29. 轉がり軸受の基本定格荷重の最近の動向(品田健一)

30. 베어링 기술 3호 (한화기계)
31. ワイブル 確率紙の 使い方(眞壁肇)
32. THK Bearing Catalogue
33. 特殊鋼カイド(特殊鋼カイド編集委員會)
34. 진동의 측정 (Brüel & Kjær)
35. 소리의 측정 (Brüel & Kjær)
36. NSK 50年史 (日本精工)

略歷

高麗大學校 機械工學科卒業
한화機械(株) 베어링 生產課長
한화機械(株) 品質管理部長
韓國鋼球工業(株) 代表理事

機械技術者를 위한 베어링 技術

1990年 2月 20日 初版 發行
2010年 10月 20日 改訂版 發行

著 者 李 英 信
發行人 李 英 信
發行處 白 岩 社
서울特別市 永登浦區 堂山洞 2街 30-2
電 話 02) 3667 - 6200
팩 스 02) 3667 - 5766
登 錄 2010年 8月 30日
第2010-000127號

定 價 20,000원
ISBN 978 - 89 - 965049 - 0 - 0